中国科学院国家天文台
基本天文学及其应用系列丛书

人造卫星与空间碎片的轨道和探测

吴连大　著

中国科学技术出版社

·北京·

图书在版编目（CIP）数据

人造卫星与空间碎片的轨道和探测/吴连大著. —北京：
中国科学技术出版社，2011.9
　（中国科学院国家天文台基本天文学及其应用系列丛书）
　ISBN 978-7-5046-5925-5
Ⅰ. ①人… Ⅱ.①吴… Ⅲ. ①人造卫星 - 卫星轨道
②太空垃圾 - 探测 Ⅳ. ①P173.1②X738

中国版本图书馆 CIP 数据核字（2011）第 181787 号

本社图书贴有防伪标志，未贴为盗版

中国科学技术出版社出版

北京市海淀区中关村南大街 16 号　邮政编码：100081

电话：010-62173865　传真：010-62179148

http://www.cspbooks.com.cn

科学普及出版社发行部发行

北京长宁印刷有限公司印刷

*

开本：787 毫米×1092 毫米　1/16　印张：29.5　字数：500 千字

2011 年 9 月第 1 版　2011 年 9 月第 1 次印刷

定价:58.00 元

ISBN 978-7-5046-5925-5/P・144

《中国科学院国家天文台基本天文学及其应用系列丛书》序

由中国科学院国家天文台支持的天文专业书出版工作，将改变当前天文专业书籍非常缺乏的局面。天文专业门类颇多，按原来的分类：天体物理、天体力学、天体测量已不太合适。近年来，国际天文学联合会已将其专业委员会分属 11 个分部，其中的历表、天体力学与动力天文学、天体测量、地球自转、时间五个专业委员会归属于基本天文学分部。在天文专业书出版工作中，我们把以上领域归总为"基本天文学及其应用"系列。

20 世纪以来，基本天文学的各个分支都在观测精度上有了数量级的提高，与天体物理、地球科学和空间科学的有关研究形成学科交叉，并且拓展了多种应用。

以地球自转为例，当前采用的射电、激光、GPS、卫星测高等技术，已经可以监测到地球上厘米甚至毫米级的运动，包括地壳形态变化和海平面变化。地球自转变化是地球整体角动量变化的体现，自必牵涉到地球的核、幔、地壳、海洋、大气各圈层的物质运动及其相互作用，与地球科学和空间科学关系十分密切，其技术与研究方法，适用于对月球和行星的探测。高精度的观测，既对天空和地面的参考系以及有关的天文常数、历表和时间系统提出更高的要求，又为它们的改进提供了前所未有的高精度观测数据。在人造卫星和飞船的精密定轨以及其在有关的对地观测的应用上，都少不了天体力学的工作，从而推进了高精度的天体力学发展。

新兴的天文地球动力学是从地球自转研究发展而来的分支，是用空间技术对地观测，研究地球的整体运动以及其各圈层的相互作用，是基本天文学与地球科学，空间科学的交叉。

同样，时间原来全属天文学范畴，原子频率标准出现之后，时间已成为计量科学与基本天文学的交叉学科。地面上的导航定位，原来是整个基本天文学各个分支（即历表、天体力学、天体测量、地球自转、时间）的综合应用。采用卫星技术之后，空基导航定位系统，如 GPS 和欧盟即将投入的伽利略系统，各方面使用很广泛而且很成功的技术集成，是基本天文学与空基技术的结合。

正在酝酿中的天基导航定位系统，将采用脉冲星作为天然的高精度空间钟，从而把导航定位的精度和安全性提得更高。这就需要有脉冲星的结构和物理性质等的天体物理研究，以及更精确的太阳系行星历表来提供脉冲到达地球的时刻。总之，一项新技术的实现往往要求学科交叉并从而推动它的发展。

天体测量是为天文的各项研究提供天体位置、距离速度等基本数据的分支，并且为地球科学、空间科学提供应用。近年来，空间和地面的观测设备，往往同时提供天体的位置、距离、光度、光谱、视向速度等的测定，成为天文学研究的更为完备的基本数据。天体测量就在恒星、银河系、星系以及太阳系外的行星系统搜索研究中，与有关的天体物理研究交叉发展。已经工作多年的天体测量卫星依巴谷以及哈勃望远镜中的天体测量设备，给天文学提供了前所未有的基本数据。今后的天体测量卫星 Gaia，还将提供上亿颗恒星的庞大数据源，空间天体测量为天文学研究开阔了新的境界。

"基本天文学及其应用"系列丛书，将为天文学、地球科学、空间科学领域的读者(研究生和专业人员)提供详尽的参考。本系列将为读者提供有关学科的阐述和最新的资料。

叶叔华

2006 年 2 月

内 容 提 要

本书以无奇点根数的平均根数法为主线，介绍人造卫星各种摄动函数的展开，给出准到二阶的半分析的卫星运动理论，介绍各种初轨计算方法、轨道改进的稳健估计方法、卫星轨道的应用和空间目标编目定轨方法。在空间碎片探测方面，介绍空间碎片的实时天文定位方法和空间目标的天基探测原理和方法。可供从事天文、测绘、航天和空间碎片探测研究的科研、教育工作者参考。

感　谢

在本书即将出版之际，我首先要感谢南京大学天文系的易照华老师，孙义燧老师，朱耀鑫老师，黄天衣老师，是他们在学校的教导，使我走上了专研天体力学之路，我还要特别感谢刘林老师对我工作的不断指导，才有今天这本专著的出版。我还要感谢我的紫金山天文台的同事，包括童傅，张家祥，黄坤仪，顾继明，王昌彬等，这本专著的许多内容，包括半分析方法和大气模型的建模，是我们大家共同研究完成的，我还要特别感谢我的同学贾沛璋，书中有关初轨计算和稳健估计的章节，是我和他一起研究的成果。感谢紫金山天文台王传晋，顾光德，裴元自和翁天祥等同志，在空间目标探测方面的有益的讨论。

在本书成稿过程中，我要感谢我们室组的赵长印，他通读了全部书稿，提出了许多改进的意见。我还要感谢张伟，熊建宁，汪宏波，平一鼎，张晓祥等人校验了书中的公式或提供了书中的材料，我还要特别感谢上海天文台的金文敬老师对第二章写作的指导，紫金山天文台的李广宇，付燕宁，邓雪梅等同志也为此提供了资料，并进行了许多有益的讨论。

最后，我要特别感谢叶叔华院士和易照华老师为本书写了序言，感谢韩延本研究员为本书出版付出的努力。感谢国家天文台对本书出版的支持。

作者　吴连大
2011 年 2 月 9 日

序

人造卫星上天，接着空间天文学建立，使天文学发展进入了一个新时代。天文学诞生以来，共经历了四次飞跃发展：古代天文学主要研究天体在空中的视位置变化及其应用，是经典天体测量学内容；17世纪创立了牛顿力学，由此建立起天体（主要是太阳系）的运动和形状理论，即天体力学，使天文学从研究天体的视运动深化为研究真运动，这是第一次飞跃；19世纪中期，天体物理学诞生，使天文学从研究天体的机械运动深化到研究天体的物理本质，这是天文学发展的第二次飞跃；20世纪40年代，射电天文学出现，使人们能观测天体的微波辐射，开阔了眼界，实现了天文学发展的第三次飞跃；空间天文学建立是第四次飞跃，实现大气层外观测，可接收天体各种波段的辐射。

人造卫星出现还建立起航天科学和技术，它的迅猛发展也促进了大批其他学科和技术的进步；航天器已成为很多学科的实验室或技术工具。50多年来，各国共发射4000余次；近地空间出现了大量人造天体：包括航天器、运载火箭、附件、丢弃物和碎片等。根据美国NASA的统计，到2009年6月为止，大于10厘米的目标有14000多；至于大于1厘米的估计有几十万。这种情况不但给航天器发射造成麻烦，还随时威胁地面安全。因此，对这些空间目标进行跟踪观测，掌握它们的轨道变化、予以编目，就成为迫切的大课题。

《人造卫星与空间碎片的轨道和探测》一书是人造卫星轨道理论和探测的专著，也是此课题的专著。作者吴连大于1964年在南京大学天文系毕业后，就到紫金山天文台参加人造卫星的观测、轨道研究、预报和应用研究工作。1994~2004年曾担任中国科学院人造卫星观测研究中心主任。这本专著也就是他和同事们从事多年理论工作和实践经验的结晶。书中理论上自成系统，起点较低，只要有高等数学和球面天文学知识就可阅读。全书共10章加上辅助计算的几个附录；前4章是自成系统的天体力学、天体测量学、卫星动力学方面的基础知识，因限于篇幅，很多公式只列出结果，推导过程可参阅所引文献。第 5~9 章是本书的中心内容，也是作者和同事们多年工作的实践结果；其中还有些他们的创新点，例如 "参考矢量法"，"稳健估计法"，"半分析方法"，"摄动函数的无奇点展开和计算"，"空间目标的天基探测" 等。值得提出的是，这些内容是我看到的国内外文献中，讨论得最深刻和全面的。这也是本书的特色。

　　本书可作为天文学（特别是天体力学和天体测量学）、航天科学、大地测量学的科研和教学工作者的参考书，也可作为高年级本科生或研究生的教材。

　　我国的天文学和航天科学近年来进展很快，预计今后会有更快发展。但愿本书出版能对此发展起到推动作用。

易照华

2011 年 1 月于南京大学

目　录

第1章 引　言

第一颗人造卫星上天已经有 50 多年了，现在在轨的空间目标已经超过 14000 个，人造卫星的轨道和探测的研究内容大大丰富，单颗卫星的定轨和预报，变成了众多目标的卫星编目，初轨计算扩展为目标关联和 UCT（没有与轨道关联的数据，下同）处理，人造卫星的地面观测，已变成天地一体化的观测，空间碎片的碰撞预警，又提出了许多研究课题……《人造卫星与空间碎片的轨道和探测》一书就是在这样的背景下开始编写的。

1.1　空间目标的分类

空间目标，包括在轨工作航天器和空间碎片。空间碎片是人类遗留在空间的废弃物，包括完成任务的火箭箭体和卫星本体、火箭的喷射物、在执行航天任务过程中的抛弃物、空间目标碰撞产生的碎片等，空间目标的组成如下。

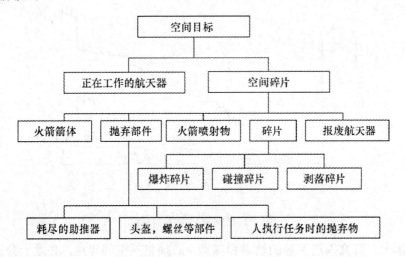

1.2 空间目标的大小和数量

50多年来，世界各国进行的空间发射已经超过4000次，送入空间并曾经被跟踪观测的目标超过26000个，大约还有1/2仍遗留在空间沿轨道飞行。目前可跟踪的空间目标（观测设备能观测到、能测定轨道的空间碎片）已超过14000个（含新发现的碎片），其中只有6%是仍在工作的航天器，其余均为空间碎片，现在能跟踪的碎片大小可达5cm，但是，在编目库中的碎片，仍然是近地空间碎片10cm，同步碎片1m。尺度小的空间碎片数量则要大得多，直径大于1cm的空间碎片数量超过了11万个，有人甚至说有40万个，总质量超过450万kg。空间碎片和航天器的撞击速度，或者空间碎片之间的撞击速度在1~15.5km/s之间。

图1.1是NASA 2009年6月提供的空间目标数量增长图，图中可见，那时空间目标总数已达14000个。其中，有效载荷只有3000多个，运载火箭只有1000多个，航天发射有关的碎片有1000多个，由碰撞和爆炸产生的碎片已达7000多个，也就是说，空间碎片已占在轨空间目标的2/3。也许，再过几年，这一比例还要增加。

图1.1 空间目标年增长情况

因此，研究人造卫星的轨道和探测，必须包括空间碎片，必须十分重视空间碎片的特点。

1.3　空间目标的星等

空间目标的星等，可用下式计算：

$$m = A + 2.5\lg\rho^2 - 2.5\lg(L \times D) + \Delta m(\sigma) + 大气消光 \qquad （1.1）$$

其中，A 为常数，如果假定卫星表面为漫反射系数，A 取值为 2.5~2.9；

ρ 为目标到测站的距离，以 100km 为单位；

L 为卫星的长度（米）；

D 为卫星底面直径（米）；

$\Delta m(\sigma) = -2.5\lg[\sin\sigma + (\pi - \sigma)\cos\sigma]$ 为相位系数

由于空间目标的表面特性和卫星姿态均不清楚，A 的取值不能给定，因此，空间目标的星等只能估算，不能严格给定。为了使读者对人造卫星的亮度有一个直观概念，表 1.1 举例给出了一些亮目标的形体大小，以及目标在仰角为 40°时的估算星等范围（对应于位相好的最亮星等和对应于位相差的最暗星等），在估算时，略去大气消光，A 取值 2.5。

表 1.1　空间亮目标的轨道和亮度

Catalogue	Name	ID	i	Hp	Ha	$L \times D = S$	仰角=40° 的星等	
03019	Cosmos 185 r	67104B	64.0	213	219	6.0× 2.0= 12.0	2.50	4.89
04813	Cosmos 389	70113A	81.1	400	418	5.0× 1.5= 7.5	4.36	6.74
10582	Cosmos 975 r	78004B	81.2	447	489	2.8× 2.6= 7.3	4.67	7.06
10967	Seasat	78064A	108.0	746	756	21.0× 1.5=31.5	4.06	6.45
10973	Cosmos 1025	78067A	82.5	453	465	6.0× 2.0= 12.0	4.09	6.47
11601	Cosmos 1143 r	79093B	81.2	444	478	2.8× 2.6= 7.3	4.64	7.03
19650	Cosmos 1980 r	88102B	71.0	831	845	10.4× 3.9= 40.6	4.01	6.40
20390	Cosmos 2053 r	89100B	73.5	325	342	7.4× 2.4= 17.8	3.00	5.38
20580	HST	90037B	28.5	574	583	.13.3× 4.3= 57.2	2.87	5.26
20625	Cosmos 2082 r	90046B	71.0	835	850	10.4× 3.9= 40.6	4.02	6.41
20638	Rosat	90049A	53.0	461	472	4.8× 2.3= 11.0	4.22	6.60
21701	UARS	91063B	57.0	547	569	9.8× 4.6= 45.1	3.06	5.44
22566	Cosmos 2237 r	93016B	71.0	839	843	10.4× 3.9= 40.6	4.02	6.40
23343	Resurs 1-3 r	94074B	97.7	633	656	10.4× 3.9= 40.6	3.47	5.86
23608	Helios 1A r	95033D	98.3	604	631	9.9× 2.6= 25.7	3.88	6.26
23705	Cosmos 2322 r	95058B	71.0	826	856	10.4× 3.9= 40.6	4.02	6.40
25063	TRMM	97074A	35.0	398	406	5.0× 4.0= 20.0	3.26	5.65
25407	Cosmos 2360 r	98045B	71.0	831	846	10.4× 3.9= 40.6	4.01	6.40
25544	ISS	98067A	51.6	390	398	20.0×10.0=200.0	.72	3.10

（续表）

Catalogue	Name	ID	i	Hp	Ha	$L×D=S$	仰角=40°的星等	
25860	Okean-O	99039A	97.9	642	657	6.0× 3.0= 18.0	4.37	6.76
25861	Okean-O r	99039B	97.9	633	644	10.4× 3.9= 40.6	3.45	5.84
25979	Helios 1B r	99064C	98.2	620	630	8.0× 3.0= 24.0	3.98	6.36
26070	Cosmos 2369 r	00006B	71.0	823	856	10.4× 3.9= 40.6	4.01	6.40
26873	Koronas F	01032A	82.5	442	453	5.0× 2.0= 10.0	4.24	6.62
26874	Koronas F r	01032B	82.5	470	493	7.4× 2.4= 17.8	3.76	6.15
27386	ENVISAT	02009A	98.5	773	789	6.0× 2.0= 12.0	5.19	7.57
27387	ENVISAT Ari5 r	02009B	98.5	741	802	10.0× 2.5= 25.0	4.37	6.75
27424	Aqua	02022A	98.2	691	707	8.0× 4.0= 32.0	3.90	6.28
21147	Lacrosse 2	91017A	68.0	644	647	18.0× 4.5= 81.0	2.72	5.11
23728	KH-11	95066A	97.9	400	833	15.0× 3.0= 45.0	3.27	5.65

1.4　空间目标的分布

据统计，到 2009 年 5 月，在轨目标总数 14271 个，其中，有效载荷 3445 个，火箭 1857 个，空间碎片 8969 个。已知轨道的 13620 个，轨道高度、倾角和 RCS（雷达散射截面积，下同）分布如表 1.2，偏心率分布如图 1.2，倾角分布如图 1.3。

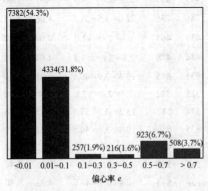

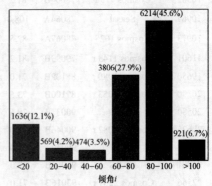

图 1.2　空间目标的偏心率分布　　图 1.3　空间目标的倾角分布

从以上图表可以看出，在轨空间目标的分布特点有：

1）在轨空间目标主要是近地目标，有 10000 多个，另外有同步轨道的目标 1000 多个，同步卫星的转移轨道和 GPS 卫星的转移轨道碎片 1000 多个，GPS 目标近 300 个。

表 1.2 已编目的空间目标的高度分布

倾角 i (度) 大小 Hp	Ha	0~40						40~80						80~120						>120
		未知	0 10	10 30	30 50	50 100	>100	未知	0 10	10 30	30 50	50 100	>100	未知	0 10	10 30	30 50	50 100	>100	
0 ~ 500	0-500	0	0	1	0	0	5	3	7	32	7	3	14	11	10	12	4	8	41	0
	500-1k	1	4	5	0	2	13	7	27	90	4	2	11	12	102	123	15	4	26	1
	1k-2k	4	2	5	2	2	8	18	10	16	3	1	8	3	21	17	1	1	13	0
	2k-6k	1	2	3	0	3	14	2	0	5	3	2	3	2	0	2	0	8	10	2
	>6k	123	11	32	44	56	268	29	3	57	21	44	52	0	0	2	2	0	0	0
500 ~ 1000	500-1k	7	7	17	7	16	33	71	288	668	138	113	237	107	895	1883	228	193	679	10
	1k-2k	12	4	33	6	13	19	72	60	377	68	24	43	23	282	701	77	47	219	0
	2k-6k	1	1	10	4	4	7	10	12	69	22	12	13	3	3	26	1	7	3	17
	>6k	11	3	26	83	67	78	22	4	50	46	30	41	3	0	5	2	5	5	0
1000 ~ 2000	1k-2k	0	0	0	0	0	0	26	3	114	38	406	136	25	67	634	139	142	209	0
	2k-6k	1	0	0	0	0	3	5	12	38	23	14	5	5	1	62	23	3	0	0
	>6k	3	1	4	28	27	28	10	0	9	28	12	76	0	0	1	0	0	2	0
2000 ~ 3000	2k-6k	1	0	0	0	2	4	4	0	0	1	1	2	5	0	8	17	5	1	0
	>6k	0	0	0	0	3	13	3	0	4	3	11	40	2	0	0	0	0	0	0
> 3000	2k-6k	0	0	0	0	0	0	0	0	0	0	0	1	2	0	3	16	29	12	3
	>6k	2	2	8	76	240	674	30	1	5	77	180	202	8	1	0	5	24	27	2
小计		216	36	144	250	435	1167	312	427	1554	482	856	884	209	1382	3479	530	476	1247	35

2）空间目标的大小：只有 3000 多个在 1m 以上，在 30cm 以下有 7000 多个。

3）大多数空间碎片的偏心率较小，偏心率小于 0.01 的碎片数量在 7000 个以上。但是，也有近 1500 个碎片的偏心率大于 0.5。

4）空间碎片的倾角较大，有 10000 多个目标的倾角大于 60°，除了地球同步卫星之外，几乎没有倾角小于 10°的空间目标。

1.5　空间碎片的轨道问题

空间碎片与一般人造卫星一样，均在近地空间运动，均受到地球引力场、大气阻力、太阳光压、日月引力和固体潮等摄动因素的影响，其动力学模型和运动理论，与一般卫星运动理论是一样的。

但是，空间碎片在应用层面上，提出了许多一般卫星运动不会碰到的问题，例如：

- 空间碎片的碰撞预警，提出了众多空间目标相互近距接近的计算问题，不仅计算量很大，而且，中长期预报的精度要求也较高，还有碰撞概率的计算问题。
- 危险目标的陨落预警，提出了精确预报危险目标的陨落时间和陨落地点的问题。
- 空间碎片的轨道演化提出了小空间碎片（面质比相对大）的长期演化，在轨寿命的问题。
- 同步卫星的坟墓轨道，提出了如何设计坟墓轨道，以保证所有其他工作的同步卫星的安全问题。
- 空间碎片的减缓，特别是 GTO（地球同步卫星发射的转移轨道，下同）目标的减缓，提出了如何设计卫星的初始轨道，缩短 GTO 火箭寿命的问题。
- 空间目标的相互碰撞，会一下子产生大量新的空间碎片，这就产生了空间碎片（特别是碰撞开始时，会有大量未知目标和 UCT 目标数据）数据关联和碎片来源的确认问题，与此相关的，还有空间事故分析的技术和法律问题。

1.6　空间碎片轨道计算的特点

空间碎片轨道计算的特点，来源于：

- 空间碎片众多，而且会在很短时间内产生许多新目标。
- 空间碎片无源目标，无法进行精密观测。
- 相对于一般卫星来说，空间碎片的面质比较大，而且是未知的。

基于以上原因，空间碎片轨道计算的特点有：

（1）轨道计算一般只使用比较简单的理论和方法

大量的空间目标的编目，必须维持数以万计的空间目标轨道，它需要大量的观测数据，观测数据精度一般不高，而且由于目标数量众多，更新频繁，轨道计算的工作量很大。因此，尽管现在的轨道理论和定轨方法已经可以做得很精确，但是，在空间目标编目中，我们仍然只能使用比较简单的理论和方法。

这不仅是计算时间的问题，也不完全因为数据和目标面质比的不准确，而是由于空间目标的轨道需要面向大众，它必须向公众发布，必须能使公众比较方便地使用这些轨道，而公众不可能提供精密定轨和精密预报的计算条件，如计算机和精密定轨必须的外部参数文件。

（2）更加重视初轨计算和数据的关联

由于新目标的大量产生和 UCT 观测的存在，空间目标的轨道计算时刻面临着新目标的确认，而要确认新目标，必须经常进行初轨计算和 UCT 数据的关联。

（3）更加重视预报精度

对于一般卫星轨道，首先重视的是定轨精度。而空间碎片的轨道，主要应用在预警方面，需要更加重视预报精度。要预报必须解决大气模型问题，因此，空间碎片的轨道计算必须与大气模型研究同步进行。

（4）必须重视空间碎片数据的公众性

空间碎片的轨道计算，有许多数据和计算结果，需要向公众（或用户）发布，有些数据还是比较敏感的，如空间碎片与卫星的碰撞预警、卫星陨落区域等，这些数据是不能随便发布的，发布时必须有很大的把握，也就是说，预警必须有较高的精度，如果不准确预警发布多了，也就没人相信了。

为了提高预警的准确性，必须进行空间碎片的精密定轨和精密预报，当然，这可以在专门单位进行，即我们在进行空间碎片编目定轨的同时，必须进行重点空间碎片的精密测轨预报。

1.7 空间碎片观测对探测系统需求

空间碎片探测的特点主要是：

- 空间碎片的数量多。
- 经常会产生许多新的碎片。
- 空间碎片的体积小，而且漫反射系数低。
- 空间碎片在旋转，RCS 和星等均在变化，经常会发生这次能观测到，下次可能观测不到的情况，增加了空间碎片关联的困难。

根据这些特点，可以看出空间碎片观测对探测系统的主要要求有：

1）必须有足够的设备数量，用来观测数量众多的空间碎片，而且最好为全天候观测设备，即雷达。现在，10cm 以上的空间碎片有 14000 个，根据航天器安全的需求，需要观测 1~5cm 的空间碎片，它的数量约为 110000 个，如果空间碎片编目需要每天观测一圈，观测系统每年的观测量就要 4000 万圈，建设这样的观测系统是一项非常艰巨的工程。

2）在探测系统中，必须有近地空间目标观测设备，也有同步轨道目标的探测设备。

3）观测设备的探测能力最好能观测 1cm 的空间碎片，如果一时做不到，起码也要有观测 10cm 的能力，美国观测空间碎片的主干雷达的指标已达到 40000km @ $1m^2$，对于光学观测设备，其探测星等的要求，约为近地目标 14~15 等，同步目标 21 等。

4）关于观测精度。对于编目设备，只要中低精度（测角 15 角秒，测距 20m）即可，但是，观测系统中必须有高精度的设备，测距精度要达到 1m，测角精度要达到 3mas。

5）由于经常出现新的空间碎片，观测系统必须有发现新目标的能力，必须有足够数量的相控阵雷达等多目标观测设备，不能只有单目标观测设备，系统软件必须具备新目标捕获和数据关联的能力，特别是 UCT 数据的处理能力。

以上要求只考虑了空间目标编目的需求，没有考虑空间目标的识别要求，没有包括成像、光度和光谱等信号特性数据的采集设备。

1.8　本专著的章节内容

本书第一章介绍当前在轨空间目标的情况，包括数量、大小、轨道分布，空间碎片轨道计算的特点和对探测系统的要求；第二章介绍天体测量的基础，包括时间系统和坐标系统，特别介绍了 IAU 决议定义的各种参考系及其转换关系；第三章介绍天体力学基础和二体问题，重点介绍椭圆运动的展开，平均值的计算，人造卫星的各种运动方程，以及运动方程的奇点；第四章介绍卫星动力学，详细介绍摄动计算的分析方法、半分析方法和数值方法，给出了摄动计算的主要分析公式，重点介绍了半分析卫星运动理论，特别介绍了摄动函数的无奇点展开，无奇点计算，包括倾角函数的核、Hansen 系数的核以及递推计算方法；第五章介绍各种卫星初轨计算的方法；第六章介绍轨道改进和精密预报方法，特别介绍了卫星轨道的稳健估计方法，无奇点根数的定轨方法；第七章介绍国外空间目标编目的历史和进展，完整给出了近地目标和地球同步卫星的编目定轨方法，特别介绍了观测数据的轨道关联方法；第八章介绍空间目标的探测设备、探测能力，特别介绍了近地空间目标的天基探测方法；第九章介绍空间目标轨道的应用，主要介绍利用编目轨道建立大气密度模型的方法、空间碎片碰撞预警的方法，利用选择发射轨道面缩短 GTO 目标寿命的方法等；第十章介绍在人造卫星轨道计算中用到的特殊函数和计算方法。附录中给出了一些常用的模型、计算程序和研究工作中常用的便查表。

第 2 章　天体测量基础

本章主要介绍在卫星动力学中使用到的天体测量的基础知识。

2.1　天体测量的基本概念

在介绍天体测量的基本概念之前,首先要说明的是:从 1991 年 IAU 21 届全会到 2006 年 IAU26 届全会,通过了一系列决议(以下简称决议),有关时间和坐标的基本概念[1-5],与坐标系变换有关的岁差、章动模型和地球自转角的计算都发生了较大的变化,而且,可能还要进一步变化。为了大家使用方便,决议实施时,特别是在坐标转换时,还进行了人性化处理,允许一些经典方法与推荐方法同时存在,甚至提供了转换软件[6-8]。

为了适应这种情况,在本章中,采取了经典概念和新决议同时介绍的方法。介绍的内容截至 2008 年(2009 年使用的模型和方法)。

2.1.1　坐标系统和天球

在天文学中,由于许多量均为角度,因此,常用天球的概念。

所谓天球,就是球心与坐标原点重合、半径任意(常取为 1)的球。通过天球中心的平面与天球的交线是大圆,过球心与该平面垂直的直线与天球的交点,称为该大圆的极。

与地球赤道平行的平面与天球交成的大圆称为天赤道,与地球公转平面平行的平面与天球交成的大圆称为黄道,它们的极分别称为天极和黄极,其中,靠近北极星的那个极称为北天极和北黄极,另一个称为南天极和南黄极,赤道和黄道的交点为春分点(黄道由南向北)和秋分点(黄道由北向南),赤道和黄道的交角称为黄赤交角。

2.1.2　岁差、章动的基本概念

在天文工作中,常常选取北天极和春分点作为坐标系的基本方向,然

而，它们在天球上的位置，不是固定不变的，它们的运动由岁差和章动两部分组成：

（1）岁差

岁差由两部分组成：

—日月岁差（现称为赤道岁差）：日月引力引起的天极绕黄极的运动

—行星岁差（现称为黄道岁差）：行星引力使黄道运动和黄赤交角变化

赤道岁差和黄道岁差的总和，称为总岁差。

（2）章动

章动是日月、行星引力变化引起的天极运动的起伏，它由赤经章动和交角章动两部分组成。

只考虑岁差的天极（赤道）和春分点，称为平天极（平赤道）和平春分点，考虑岁差和章动的天极（赤道）和春分点，称为真天极（真赤道）和真春分点。必须记住：地球瞬时自转轴在天球上的投影与真天极重合。

2.1.3　测站坐标

（1）基本概念

●天文经纬度（λ_A, φ_A）和海拔高 h

天文经纬度（λ_A, φ_A）是以地方铅垂线为准的，海拔高 h 也是沿铅垂线量度的。而铅垂线即为大地水准面的法线，因此，我们可以说，天文经纬度（λ_A, φ_A）和海拔高 h，是以大地水准面为准的。

大地水准面是地球某一等势面，它的形状很复杂，到现在为止，我们还不能用天文经纬度（λ_A, φ_A）和海拔高 h，来准确表达测站的空间位置，因此，在大地测量中，我们又引进了大地经纬度和大地高。

●大地经纬度（L, B）和大地高 H

大地经纬度（L, B）是以参考椭球体的法线为准的，大地高 H 是沿参考椭球体的法线量度的。参考椭球体的形状较简单，大地经纬度（L, B）和大地高 H，可以准确表达测站的空间位置。

●垂线偏差和高程异常

铅垂线（即为大地水准面的法线）和参考椭球体的法线之差，称为垂线偏差，海拔高和大地高之差称为高程异常。不同的参考椭球体的垂线偏差和高程异常是不同的。高程异常在总体上取极小的参考椭球体，称为地球总椭球体。

● 在人造卫星的轨道计算中，测站坐标要有 5 个量

一地心直角坐标（X, Y, Z）

可由大地经纬度（L, B）和大地高 H 通过换算得到，或用 GPS 测定。

一天文经纬度（λ_A, φ_A）

用来进行地平坐标系到赤道坐标系的转换。

（2）地心纬度和地理纬度

在参考椭球体表面上的一点的地心纬度 φ' 和地理纬度 φ 满足如下关系：

$$\text{tg}\varphi' = (1 - e^2)\text{tg}\varphi = (1 - f)^2 \text{tg}\varphi$$

其中，e 为参考椭球体子午线偏心率；f 为参考椭球体椭率。

在换算时，可用如下公式：

$$\varphi' = \varphi - \text{tg}^{-1}(\frac{q \sin 2\varphi}{1 + \cos 2\varphi})$$

$$\varphi = \varphi' + \text{tg}^{-1}(\frac{q \sin 2\varphi'}{1 - \cos 2\varphi'}) \tag{2.1}$$

这里，$q = \dfrac{e^2}{2 - e^2}$

（3）地心直角坐标和（L, B, H）之间的换算

$$X = (N + H)\cos B \cos L$$
$$Y = (N + H)\cos B \sin L \tag{2.2}$$
$$Z = [N(1 - e^2) + H]\sin B$$

其中，N 为卯酉圈半径， $\qquad N = a(1 - e^2 \sin^2 B)^{-1/2} \tag{2.3}$

对于 WGS84：

$$e^2 = 2f - f^2 = 6.69437999014 \times 10^{-3}, \quad f^{-1} = 298.257223563$$

反之[12]：

$$\text{tg}L = Y / X$$
$$p = (X^2 + Y^2)^{1/2}$$
$$r = (p^2 + Z^2)^{1/2}$$

$$\operatorname{tg}\mu = \frac{Z}{p}[(1-f) + \frac{ae^2}{r}]$$

$$\operatorname{tg}B = \frac{Z(1-f) + ae^2 \sin^3 \mu}{(1-f)(p - ae^2 \cos^3 \mu)} \tag{2.4}$$

$$H = p \cos B + Z \sin B - a(1 - e^2 \sin^2 B)^{1/2}$$

要说明的是：上式还不是严格的封闭公式，它只相当于迭代 2 次的结果，其精度已经达到 0.0000001 角秒，可以满足我们的要求。当然，研究大地坐标换算的方法很多，例如 SOFA[8] 就采用了 Fukushima 的方法[13]等，这已不是本书研究的范围，这里不再作详细讨论。

2.1.4　极移的基本概念

观测发现，测站的天文经纬度不是固定不变的，其主要原因是作为天文经纬度起量点的地球自转轴，在地面上不断运动。通过长期研究，现在用 IERS 定义的地固坐标系（ITRS）来定义地球瞬时极（现称为中间极 CIP）的位置：以地固坐标系的极为原点，X 轴指向经度原点 TIO，Y 轴与 X 轴垂直，向西为正，现常用（x_p, y_p）来表示瞬时极的位置。要说明的是，瞬时极的位置（x_p, y_p）现在仍不能准确预报，可以从 IERS 公报上查到。

准确的极移应按下式计算[1]：

$$(x_p, y_p) = (x, y)_{IERS} + (\Delta x, \Delta y)_{tidal} + (\Delta x, \Delta y)_{nutation} \tag{2.5}$$

其中，$(x, y)_{IERS}$ 为 IERS 公布的极移值，$(\Delta x, \Delta y)_{tidal}$，$(\Delta x, \Delta y)_{nutation}$ 分别是极移的海洋潮汐分量和章动分量，$(\Delta x, \Delta y)_{tidal}$，$(\Delta x, \Delta y)_{nutation}$ 的数值很小（小于 0.3mas），在人造卫星定轨时，一般可以忽略。

2.2　球面三角基本公式

设 A, B, C 为球面三角形的三个角，而 a, b, c 分别为 A, B, C 的对边，则：

正弦定理

$$\frac{\sin a}{\sin A} = \frac{\sin b}{\sin B} = \frac{\sin c}{\sin C}$$

边的余弦定理
$$\cos a = \cos b \cos c + \sin b \sin c \cos A$$

角的余弦定理
$$\cos A = -\cos b \cos C + \sin B \sin C \cos a$$

边的五元素公式
$$\sin a \cos B = \cos b \sin c - \sin b \cos c \cos A$$

角的五元素公式
$$\sin A \cos b = \cos B \sin C + \sin B \cos C \cos a$$

四元素公式
$$\mathrm{ctg}\, a \sin b = \cos b \cos C + \sin C \mathrm{ctg} A$$

对于直角球面三角形，设 $C = 90°$，则有：
$$\cos c = \cos a \cos b = \mathrm{ctg} A \mathrm{ctg} B$$
$$\cos A = \cos a \sin B = \mathrm{tg} b \mathrm{ctg} c$$
$$\sin a = \sin A \sin c = \mathrm{tg} b \mathrm{ctg} B$$

在人造卫星轨道计算中，常遇到如下解球面三角形的问题：

1）已知 b, c, A，求 a, B
$$\cos a = \cos b \cos c + \sin b \sin c \cos A$$
$$\sin a \sin B = \sin A \sin b$$
$$\sin a \cos B = \cos b \sin c - \sin b \cos c \cos A$$

使用第一式求 a，第二、第三式求 B，当 a 很小时，使用 $\cos^{-1} x$ 求 a 会影响精度，建议使用下式代替第一式：
$$a = 2\sin^{-1}\left[\sin^2\left(\frac{b-c}{2}\right) + \sin b \sin c \sin^2\left(\frac{A}{2}\right)\right]^{1/2}$$

2）已知 a, b, c，求 A
$$\cos A = \frac{\cos a - \cos b \cos c}{\sin b \sin c}$$

3）在直角球面三角形中（$C = 90°$），已知 c, A，求 a, b：
$$\sin a = \sin c \sin A$$
$$\cos a \cos b = \cos c$$
$$\cos a \sin b = \sin c \cos A$$

2.3 坐标系统

人造卫星工作中常用的坐标系有：

2.3.1　地平坐标系

地平坐标系的基本平面和 X 轴方向的定义如下：

一基本平面：地平面（由铅垂线决定）

一X 轴方向：北点

天体与天顶的角距称为天顶距，常用符号 z 表示，天体和地平圈之间的角距称高度角（或仰角），常用符号 h 表示，显然 $h+z=90°$，天体在地平圈上的投影和北点之间的角距，称为方位角 A（从北点向东量为正），地平装置的观测仪器的观测数据，属于地平坐标系。

2.3.2　赤道坐标系

天文工作中有两种赤道坐标系，第一赤道坐标系和第二赤道坐标系。由于第二赤道坐标系，现在已经改称为天球坐标系，因此，现在的赤道坐标系已特指第一赤道坐标系，它的基本平面和 X 轴方向为：

一基本平面：赤道平面

一X 轴方向：南点

天体方向和赤道面之间的角距称为赤纬 δ，天体方向在赤道面投影点与子午线之间的夹角称为时角 t，向西为正。

赤道装置的观测仪器的度盘数据，属于第一赤道坐标系。

2.3.3　黄道坐标系

黄道坐标系的基本平面和 X 轴方向为：

一基本平面：黄道平面

一X 轴方向：春分点

天体方向和黄道面之间的角距称为黄纬 β，天体方向在黄道面投影点与春分点之间的夹角称为黄经 λ。

2.3.4　天球坐标系（CRS）

该坐标系的基本平面和 X 轴方向为：

一基本平面：历元平赤道平面

一X 轴方向：历元春分点

现在常用的历元是 J2000.0，因此称为 $(CRS)_{J2000.0}$，或称 J2000 坐标

系。天体方向和历元平赤道面之间的角距称赤纬 δ，天体方向在历元平赤道面投影点与历元平春分点之间的夹角称为赤经 α。

传统的恒星星表位置，在天球坐标系中表达，天文定位的结果属于该坐标系，严格说来，今后的星表和天文定位的结果均属于（ICRS）。

2.3.5 国际天球坐标系（ICRS）

国际天球坐标系（ICRS）[1-9]，由数百个河外星系的位置定义，它与地球的极、赤道和黄道均无关，是"空固坐标系"，ICRS 只定义了空间方向，在应用时，还需定义坐标原点，这就产生了：太阳系质心天球坐标系（BCRS）和地心天球坐标系（GCRS），BCRS 适用于太阳系天体历表，GCRS 适用于地球附近的天体历表。

ICRS 与时间是没有关系的，因此，也没有历元。在实施时，它与J2000.0 的天球参考系十分接近。三个方向的偏置为：

$$d\alpha_0 = (-0.01460 \pm 0.00050)''$$
$$\xi_0 = (-0.0166170 \pm 0.0000100)'' \qquad (2.6)$$
$$\eta_0 = (-0.0068192 \pm 0.0000100)''$$

其中，$d\alpha_0$ 为历元春分点的赤经补偿；ξ_0, η_0 为历元时刻的天极补偿；这些量的数值由 VLBI 得到。

由 ICRS 到 J2000.0 的天球参考系的坐标转换矩阵为：

$$(CRS)_{J2000.0} = B(ICRS)$$
$$B = R_1(-\eta_0)R_2(\xi_0)R_3(d\alpha_0) \qquad (2.7)$$

依巴谷星表是 ICRS 在光学波段的具体实现。当然，由于依巴谷星表的历元是 1991.25，因此，如果要将依巴谷星表作为 ICRS，还要对每个星改正自行。

人造卫星的精密定轨常在 GCRS 进行。但这个坐标系，不是惯性坐标系，在运动方程中，需要加 Coliolis 力，并注意测地岁差的应用[8]。

2.3.6 地球参考系（ITRS）

地球参考系又称地固参考系[1-9]。决议使用 ITRS(IERS TERRESTRIAL REFERENCE SYSTEM)作为地球参考系。该参考系的原点为地球质量（包括海洋和大气）中心；ITRS 是由 IUGG 定义的，由许多地面点位的位置和速度维持的。现在常用的 ITRF 是 ITRF2000（最近已有 ITRF2008）。由于地球引力场和测站坐标均在地球参考系中表达，因此，该参考系非常重要。

地球中间原点（TIO，决议开始时称为地球历书原点 TEO，2006 年 IAU 26 届全会改称为 TIO）在 ITRS 坐标系中的经度由量 s' 决定。

2.3.7　天球中间坐标系（CIRS）[3-7]

该坐标系与过去的瞬时真春分点真赤道坐标系类似，它由天球中间极（CIP）和天球中间原点（CIO，决议开始时称为天文历书原点 CEO，2006 年 IAU 26 届全会改称为 CIO）所定义。

CIP 与过去的天文历书极（CEP）类似，它们之间的差别只有几十微角秒。差别的来源是极移和章动的分离方法不同。

天球中间原点（CIO）是天球中间坐标系的赤经原点，根据定义，它没有赤道运动分量。天球中间原点（CIO）在 ICRS 坐标系中的赤经由量 s 决定。

当然，经典的瞬时平春分点平赤道，瞬时真春分点真赤道的坐标系仍然保留。因此，CIRS 有多种基准。我们定义：

1）以 CIP 为极，CIO 为经度原点的坐标系，为 $(CIRS)_{CIO}$；

2）以 CIP 为极，瞬时真春分点为经度原点的坐标系，为 $(CIRS)_{EQU}$。

从 CIO 到瞬时真春分点的角距（向东为正）称为零点差 E_O（eqution of origin）。

2.3.8　地球中间坐标系（TIRS）[3-7]

以 CIP 为极，TIO 为经度原点的坐标系为（TIRS）。

地球自转角 θ，亦称恒星角，与过去恒星时相当，它是 CIO 到 TIO，在中间极（CIP）的赤道上度量的角度。

2.3.9　轨道坐标系

轨道坐标系是一种人造卫星定轨专用的坐标系。

—基本平面：瞬时真赤道平面

—X 轴方向：瞬时真春分点以东 $\mu + \Delta\mu$ 的地方（历元平春分点）

其中，μ 为赤经总岁差；$\Delta\mu$ 为赤经章动

以上定义，并没有实现轨道坐标系在经度方向无旋转。要严格实现无

旋转，应将 $\mu+\Delta\mu$ 改为：$\mu+\Delta\mu-s$ [3]，由于，还有一些附加项不好处理，因此，我们建议将轨道坐标系定义为：

——基本平面：瞬时真赤道平面，即 z 轴指向 CIP

——x 轴方向：瞬时真春分点以东 $-E_o=GST-\theta$ 的地方，即 CIO。其中，E_o 为零点差，GST 为格林尼治真恒星时，θ 为地球自转角。

根据这样的定义，轨道坐标系和天球中间坐标系 $(CIRS)_{CIO}$ 就完全相同。

该坐标系的优点：

1）地球引力场基本不变；

2）坐标系运动引起的附加摄动较小；

3）恒星时，即恒星角，计算较简单。

卫星的轨道根数，特别是国内的平根数，常在轨道坐标系中表达。

以上各个坐标系中的基准点的相互关系，可参见图 2.1。图中，$\sum_0$ 为 GCRS 的原点，σ 为 CIO 的原点，ω 为 TIO 的原点，N 为 CIP 赤道在 GCRS 上的升交点，$\sum$ 为 CIP 赤道上的点，$\sum N=\sum_0 N$，γ_0 为 J2000 的春分点，γ 为瞬时平春分点，γ_1 为 J2000 黄道在 CIP 赤道上的升交点。

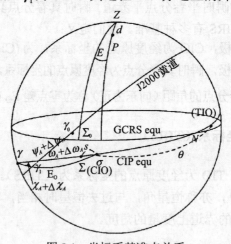

图 2.1　坐标系基准点关系

2.4　时间系统[1,2,5,6]

2.4.1　人造卫星工作中常用的时间基准

在人造卫星轨道计算中，涉及以下 7 种时间基准（不含 GPS 时间）：

1）地球时 TT，适用于地心天球参考系和地球参考系，它是卫星运动方程的时间变量；

2）协调世界时 UTC，是地面系统的时间记录标准；

3）地心坐标时 TCG，也可用作运动方程的时间变量；

4）太阳系质心坐标时 TCB，适用于太阳系质心参考系，可作太阳系质心历书和运动方程的引数；

5）太阳系质心力学时 TDB，是太阳系质心历书 DE405 的时间引数；

6）国际原子时 TAI；

7）表示地球自转的世界时 UT1。

2.4.2　时间基准间的转换关系：

（1）TT，UTC 和 TAI

$$TT = TAI + 32.184 \text{ 秒}$$

UTC 和 TAI 之间差为整秒。1994 年 7 月 1 日，其差为 29 秒，考虑到 UTC 的闰秒（请注意 IERS 公报），UTC 和 TAI 的关系应为：

UTC－TAI＝－（29 秒＋1994 年 7 月后的闰秒数）

因而，

$$TT = UTC + 61.184 \text{ 秒} + 1994 \text{ 年 7 月后的闰秒数}$$

1994 年以后的闰秒（UTC－TAI）情况如下：

表 2.1　（UTC－TAI）表

年月	闰秒数	年月	闰秒数
1994 年 7 月 1 日	-29	1996 年 1 月 1 日	-30
1997 年 7 月 1 日	-31	1999 年 1 月 1 日	-32
2006 年 1 月 1 日	-33	2009 年 1 月 1 日	-34

今后是否还闰秒，正在研究。

（2）TT，TCG，TDB 和 TCB[1-3]

$$TCG - TT = L_G \times (MJD - 43144) \times 86400 s$$

$$TCB - TCG = L_C \times (JD - 2443144.5) \times 86400 s$$
$$+ 0.001658 \sin g + 0.000014 \sin 2g$$

$$TDB = TCB - L_B \times (JD_{TCB} - T_0) \times 86400 s + TDB_0$$

其中，

$$L_G = 8.969290134 \times 10^{-10}$$

$$L_C = 1.4808268457 \times 10^{-8}$$

$$g = 357.^{\circ}53 + 0.985003(\text{JD} - 2451545)$$

$$T_0 = 2443144.500375$$

$$L_B = 1.550519768 \times 10^{-8}, \quad \text{TDB}_0 = -6.55 \times 10^{-5} s$$

在计算行星／月球历表和岁差章动时，DE405使用的时间为 T_{eph}，它与

TDB，TT的关系[5]为：

$T_{eph} \approx \text{TDB} \approx \text{TT} + 0.001657 \sin (628.3076\, T + 6.2401)$

$+ 0.000022 \sin (575.3385\, T + 4.2970) + 0.000014 \sin (1256.6152\, T + 6.1969)$

$+ 0.000005 \sin (606.9777\, T + 4.0212) + 0.000005 \sin (52.9691\, T + 0.4444)$

$+ 0.000002 \sin (21.3299\, T + 5.5431) + 0.000010\, T \sin (628.3076\, T + 4.2490) + \cdots$

由此可见：TDB和TT间的差别不超过2毫秒，在计算日月摄动时，计算日月历表的时间，以及计算岁差章动的时间，均可使用TT。

（3）UTC 和 UT1

UT1＝UTC+ΔUT1（ΔUT1 的绝对值＜0.9 秒）

ΔUT1 由观测决定。IERS 负责综合处理全球各种观测资料，对地球自转参数（ΔUT1 和极移量 x_p, y_p）进行测定。IERS 每周发布一次公报 A，每月发布一次公报 B。公报 A 给出 ΔUT1 和极移量 x_p, y_p 的近期测量值和预报值，公报 B 给出它们的事后处理的最终结果。UT1 将用于地球自转角（恒星时）的计算，它与极移量 x_p, y_p 一起，最终给出地球参考系的瞬时位置。

2.4.3 地球瞬时位置的计算

时间系统的应用，除了作为时间的量度基准之外，由于历史的原因，还要给出地球的瞬时位置。有了世界时 UT1，计算地球的瞬时位置的关键是：给出计算地球自转角（恒星时）的方法。

由于恒星时有多种定义，如由于起量的春分点的不同，有真恒星时、平恒星时之分；由于测站不同，又有各种地方恒星时，其中，最重要的是，格林尼治恒星时，即经度为 0 度的地方恒星时。下面给出这些恒星时之间的关系：

（1）地方恒星时 S 和地球自转角的关系

恒星时的定义为春分点的时角，格林尼治恒星时 S_0 和地方恒星时 S，即为春分点对于格林尼治和地方的时角，显然有：

$$S = S_0 + \lambda_A \tag{2.8}$$

如果将格林尼治恒星时换成地球自转角 θ，以上关系不变，即：

$$S = \theta + \lambda_A \tag{2.9}$$

其中，λ_A 为测站的瞬时天文经度（相对于 CIP）。如果，测站在 ITRS 坐标系中的天文经纬度为 $(\lambda_{A0}, \varphi_{A0})$，则测站的瞬时天文经纬度 (λ_A, φ_A) 为：

$$\lambda_A = \lambda_{A0} + (x_p \sin \lambda_{A0} + y_p \cos \lambda_{A0}) \mathrm{tg} \varphi_{A0}$$
$$\varphi_A = \varphi_0 + (x_p \cos \lambda_{A0} - y_p \sin \lambda_{A0}) \tag{2.10}$$

（2）世界时和恒星时的基本关系

在决议实施前，世界时和恒星时的基本关系为：

$$\mathrm{UT1} \times ratio - 12^h + \alpha_\odot + \Delta\mu = S_0 \tag{2.11}$$

其中，$ratio = 1.002737909350795 + 5.9006 \times \tau - 5.9 \times \tau^2$；

$\tau = [\mathrm{JD}(t_{\mathrm{UT1}}) - 2451545.0] / 36525$

——世界时零时的格林尼治真恒星时

$$\bar{S}_0 = -12^h + \alpha_\odot + \Delta\mu \tag{2.12}$$

——世界时零时的格林尼治平恒星时

$$\bar{S}_{00} = -12^h + \alpha_\odot \tag{2.13}$$

其中，$\alpha_\odot$ 为平太阳赤经；$\Delta\mu = \Delta\psi \cos \varepsilon_A$ 为赤经章动。只要给出 $\alpha_\odot$ 和 $\Delta\mu$ 的表达式，以上恒星时均可算出。

决议开始实施（2003 年）时，IAU 还给出了瞬时真恒星时 GST 的表达式[1,6]：

$$\mathrm{GST} = \mathrm{GMST} + EECT$$

其中，GMST 为格林尼治平恒星时；$EECT$ 为二分差。它们的表达式为：

$$\mathrm{GMST} = 0''.014506 + \theta + 4612''.15739966T + 1''.39667721T^2$$
$$- 0''.00009344T^3 + 0.00001882T^4 \tag{2.14}$$

$$EECT = \Delta\psi \cos \varepsilon_A - \sum_k C_k \sin \alpha_k - 0''.00000087T \sin \Omega$$

$$T = [\mathrm{JD}(t) - 2451545.0] / 36525.0$$

这里，Ω 为月亮升交点经度，ε_A 为黄赤交角，还给出了式中 $\sum_k C_k \sin \alpha_k$ 表达式。

到 2006 年，IAU 又通过了新决议，GST 的表达式为：

$$GST = \theta - E_O \qquad (2.15)$$

其中，E_O 为零点差，即瞬时真春分点到 CIO 的角距，研究者[3]给出的表达式为：

$$
\begin{aligned}
E_O = &-0''.014506 - 4612''.15653353t - 1''.39158165t^2 \\
&+ 0''.00000044t^3 + 0''.000029956t^4 - \Delta\psi\cos\varepsilon_A \qquad (2.16) \\
&+ \sum_k [(C'_{s,0})_k \sin\alpha_k + (C'_{c,0})_k \cos\alpha_k] + 0''.00000087t\sin\Omega
\end{aligned}
$$

到新决议实施时，E_O 也没有利用上式计算，而利用（CIP）的坐标 X, Y, Z，以及 CIO 的定位参数 s 来计算（计算方法后详）。这样做的原因，可能是省去二分差的计算，希望使用该参考系更加方便。

（3）决议定义的地球自转角[1-10]

决议实施后，地球的瞬时位置由地球自转角 θ（CIO 到 TIO 的角距）来定义，θ 的计算公式如下：

$$
\begin{aligned}
\theta(T_u) &= 2\pi(0.7790572732640 + 1.00273781191135448T_u) \\
T_u &= JD(t + \Delta UT1) - 2451545.0
\end{aligned} \qquad (2.17)
$$

恒星角表达式可简化为：

$$
\begin{aligned}
\theta(T_u) = &\ 99°.9678122309962 \\
&+ 0°.985612288088 \times (MJD - 51544) \qquad (2.18) \\
&+ 360°.985612288088 \times (UTC + \Delta UT1)
\end{aligned}
$$

其中，MJD 为约简儒略日，它与儒略日 JD 的关系为：

$$MJD = JD - 2400000.5$$

2.5　常用坐标系之间的转换

2.5.1　球面天文的方法

● α, δ 和 t, δ

$$t = S - \alpha$$

其中，S 为地方恒星时。

● t, δ 和 A, h

$$\cos h \sin A = -\cos \delta \sin t$$
$$\cos h \cos A = \cos \varphi_A \sin \delta - \sin \varphi_A \cos \delta \cos t$$
$$\sin h = \sin \varphi_A \sin \delta + \cos \varphi_A \cos \delta \cos t$$
$$\cos \delta \sin t = -\cos h \sin A$$
$$\cos \delta \cos t = \cos \varphi_A \sin h - \sin \varphi_A \cos h \cos A$$
$$\sin \delta = \sin \varphi_A \sin h + \cos \varphi_A \cos h \cos A$$

其中，φ_A 为瞬时天文纬度。

● α, δ 和 λ, β

$$\cos \delta \cos \alpha = \cos \beta \cos \lambda$$
$$\cos \delta \sin \alpha = -\sin \beta \sin \varepsilon_A + \cos \beta \cos \varepsilon_A \sin \lambda$$
$$\sin \delta = \cos \varepsilon_A \sin \beta + \sin \varepsilon_A \cos \beta \sin \lambda$$
$$\cos \beta \cos \lambda = \cos \delta \cos \alpha$$
$$\cos \beta \sin \lambda = \sin \varepsilon_A \sin \delta + \cos \varepsilon_A \cos \delta \sin \alpha$$
$$\sin \beta = \cos \varepsilon_A \sin \delta - \sin \varepsilon_A \cos \delta \sin \alpha$$

式中 ε_A 按（2.49）计算。

2.5.2 观测向量的坐标变换

定义：

$$\vec{l}_{地} = \begin{pmatrix} \cos h \cos A \\ -\cos h \sin A \\ \sin h \end{pmatrix}, \quad \vec{l}_{赤} = \begin{pmatrix} \cos \delta \cos \alpha \\ \cos \delta \sin \alpha \\ \sin \delta \end{pmatrix}, \quad \vec{l}_{黄} = \begin{pmatrix} \cos \beta \cos \lambda \\ \cos \beta \sin \lambda \\ \sin \beta \end{pmatrix} \quad （2.19）$$

则，转换为：

$$\vec{l}_{地} = R_2(\varphi_A - 90°) R_3(S - 180°) \vec{l}_{赤}$$
$$\vec{l}_{赤} = R_3(180° - S) R_2(90° - \varphi_A) \vec{l}_{地}$$
$$\vec{l}_{赤} = R_1(-\varepsilon_A) \vec{l}_{黄}$$
$$\vec{l}_{黄} = R_1(\varepsilon_A) \vec{l}_{赤}$$

（2.20）

其中，S 为地方恒星时；φ_A 为瞬时天文纬度；ε_A 按（2.49）计算；$R_1(\theta), R_2(\theta), R_3(\theta)$ 为三个绕坐标轴旋转矩阵，即：

$$R_1(\theta) = \begin{pmatrix} 1 & 0 & 0 \\ 0 & \cos\theta & \sin\theta \\ 0 & -\sin\theta & \cos\theta \end{pmatrix}, R_2(\theta) = \begin{pmatrix} \cos\theta & 0 & -\sin\theta \\ 0 & 1 & 0 \\ \sin\theta & 0 & \cos\theta \end{pmatrix}, R_3(\theta) = \begin{pmatrix} \cos\theta & \sin\theta & 0 \\ -\sin\theta & \cos\theta & 0 \\ 0 & 0 & 1 \end{pmatrix} \quad （2.21）$$

2.5.3 岁差矩阵的算法[11]

岁差矩阵（从 J2000.0 到瞬时平春分点平赤道坐标系的转换矩阵）有多种等效的算法，决议没有规定采取哪种算法，留给用户选择，但是，岁差常数均应使用决议推荐的 P03 岁差模型的数值，下面介绍三种算法：

（1）Newcomb-Lieske 三参数方法

该算法为最经典的算法，只需 3 次旋转，如图 2.2，P_0 为历元平天极，P 为瞬时平天极，γ_0 为历元平春分点，γ 为瞬时平春分点，NA 为历元平赤道，NB 为瞬时平赤道，$\angle AP_0\gamma_0 = A\gamma_0 = \varsigma_A$，$\angle BP\gamma = B\gamma = z_A$，$P_0P = \theta_A$，因此，转换即为：

图 2.2 Newcomb-Lieske 三参数方法

$$P(t) = R_3(-z_A)R_2(\theta_A)R_3(-\varsigma_A) \qquad (2.22)$$

其中，

$$\varsigma_A = 2''.5976176 + 2306''.0809506T + 0''.3019015T^2 + 0''.0179663T^3$$
$$- 0''.0000327T^4 - 0''.0000002T^5$$

$$\theta_A = 2004''.1917476T - 0''.4269353T^2 + 0''.0418251T^3 \qquad (2.23)$$
$$- 0''.0000601T^4 - 0''.0000001T^5$$

$$z_A = -2''.5976176 + 2306''.0803226T + 1''.0947790T^2 + 0''.0182273T^3$$
$$- 0''.0000470T^4 - 0''.0000003T^5$$

（2）Capitaine 方法

也称"正则 4 旋转方法"岁差改正方法，如图 2.3，历元黄道和历元平赤道的夹角为 ε_0，历元黄道和瞬时平赤道的夹角为 ω_A，弧 $AB = \psi_A$，

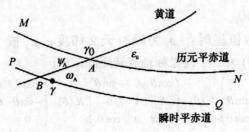

图 2.3 Capitaine 方法

弧 $B\gamma = \chi_A$，因此，转换为：

$$P(t) = R_3(\chi_A)R_1(-\omega_A)R_3(-\psi_A)R_1(\varepsilon_0) \tag{2.24}$$

其中，$\varepsilon_0 = 84381''.406$

$$\begin{aligned}
\psi_A &= 5038''.481507T - 1''.0790069T^2 + 0''.00114045T^3 \\
&\quad + 0''.000132851T^4 - 9''.51\times10^{-8}T^5
\end{aligned}$$

$$\begin{aligned}
\omega_A &= 84381''.406 - 0''.025754T - 0''.0512623T^2 - 0''.00772503T^3 \\
&\quad + 4''.67\times10^{-7}T^4 + 3''.337\times10^{-7}T^5
\end{aligned} \tag{2.25}$$

$$\begin{aligned}
\chi_A &= 10''.556403T - 2''.3814292T^2 - 0''.00121197T^3 \\
&\quad + 0''.000170663T^4 - 5''.60\times10^{-8}T^5
\end{aligned}$$

这种方法，物理意义比较明确，决议中的经典方法常采用这种方法表达。

（3）Fukusima 方法

这种方法也需旋转 4 次，如图 2.4，P_0 为历元平天极，P 为瞬时平天极，Π_0 为历元黄极，Π 为瞬时黄极，角 $\Pi_0P_0\Pi = \gamma$，弧 $P_0\Pi = \varphi$，角 $P_0\Pi P = \psi$，弧 $\Pi P = \varepsilon_A$，因此，岁差转换为：

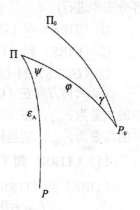

$$P(t) = R_1(-\varepsilon_A)R_3(-\psi)R_1(\phi)R_3(\gamma) \tag{2.26}$$

由于，$\quad N(t) = R_1(-\varepsilon_A - \Delta\varepsilon)R_3(-\Delta\psi)R_1(\varepsilon_A)$

因此，采用这种方法，

$$N(t)P(t) = R_1(-\varepsilon_A - \Delta\varepsilon)R_3(-\psi - \Delta\psi)R_1(\phi)R_3(\gamma) \tag{2.27}$$

其中，$\Delta\psi, \Delta\varepsilon$ 为黄经章动和交角章动。这也可

图 2.4　Fukusima 方法

从图 2.4 这样理解：P 为瞬时真天极，Π 为瞬时黄极，这时角 $P_0\Pi P = \psi + \Delta\psi$，弧 $\Pi P = \varepsilon_A + \Delta\varepsilon$，因此，岁差章动转换就为（2.27）式。即岁差章动同时改正，也只需旋转 4 次。γ, ϕ, ψ 均为岁差基本常数，其取值如下：

$$\begin{aligned}
\gamma &= 10''.556403T + 0''.4932044T^2 - 0''.00031238T^3 \\
&\quad - 2''.788\times10^{-6}T^4 + 2''.60\times10^{-8}T^5
\end{aligned}$$

$$\begin{aligned}
\phi &= 84381''.406 - 46''.811015T + 0''.0511269T^2 \\
&\quad + 0''.00053289T^3 - 4''.4\times10^{-7}T^4 - 1''.76\times10^{-8}T^5
\end{aligned} \tag{2.28}$$

$$\begin{aligned}
\psi &= 5038''.481507T + 1''.5584176T^2 - 0''.00018522T^3 \\
&\quad - 0''.000026452T^4 - 1''.48\times10^{-8}T^5
\end{aligned}$$

在以上岁差常数的表达式中，T 的定义为：

$$T = [JD(t) - 2451545.0] / 36525$$

另外，如果图 2.4 中的 P_0 理解为 GCRS 的极，P 理解为瞬时真天极，Π_0 为历元黄极，Π 为瞬时黄极，角 $\Pi_0 P_0 \Pi = \gamma_1$，弧 $P_0 \Pi = \phi_1$，角 $P_0 \Pi P = \psi_1 + \Delta\psi$，弧 $\Pi P = \varepsilon_A + \Delta\varepsilon$，因此，岁差章动和偏置矩阵一起，仍可用 4 次旋转完成：

$$N(t)P(t)B = R_1(-\varepsilon_A - \Delta\varepsilon)R_3(-\psi_1 - \Delta\psi)R_1(\phi_1)R_3(\gamma_1)$$

式中 γ_1, ϕ_1, ψ_1 的表达式请见（2.49）式。

2.5.4 （GCRS）和（ITRS）间的转换[1-9]

根据决议，从地心天球参考系(GCRS)和地球参考系（ITRS）间的转换，可分三步进行：

① （TIRS）到（ITRS）

② （CIRS）到（TIRS）

③ （GCRS）到（CIRS）

设某天体方向在（GCRS）坐标系中的向量为 $\vec{r}_{GCRS}$，在（CIRS）坐标系中的向量为 $\vec{r}_{CIRS}$，在（TIRS）坐标系中的向量为 $\vec{r}_{TIRS}$，在（ITRS）坐标系中的向量为 $\vec{r}_{ITRS}$，则坐标系之间的转换为：

（1）（TIRS）到（ITRS）的转换

（TIRS）到（ITRS）的转换关系为：

$$\vec{r}_{TIRS} = W(t)\vec{r}_{ITRS}$$
$$\vec{r}_{ITRS} = W^{-1}(t)\vec{r}_{TIRS} \tag{2.29}$$

其中，$W(t)$ 称为极移矩阵：

$$W(t) = R_3(-s')R_2(x_p)R_1(y_p)$$
$$W^{-1}(t) = R_1(-y_p)R_2(-x_p)R_3(s') \tag{2.30}$$

其中，(x_p, y_p) 为极移；s' 为经度零点差；$s' = -47 \times t(\mu as)$，数值很小（在 21 世纪内小于 0.4mas），在人造卫星定轨时，一般可以忽略。

（2）（CIRS）到（TIRS）的转换

（CIRS）有两种：以 CIO 为经度原点的 $(CIRS)_{CIO}$ 以及以瞬时真春分点为经度原点为 $(CIRS)_{EQU}$，转换均是旋转一个角：

$$\vec{r}_{TIRS} = R(t)\vec{r}_{CIRS}$$

$$\vec{r}_{CIRS} = R^{-1}(t)\vec{r}_{TIRS}$$

(2.31)

● 对于 $(CIRS)_{CIO}$，地球自转矩阵为：

$$R(t) = R_3(\theta)$$

$$R^{-1}(t) = R_3(-\theta)$$

(2.32)

其中，θ 为恒星角（CIO 到 TIO 的角距），参见（2.17）式。

● 对于 $(CIRS)_{EQU}$，地球自转矩阵为：

$$R(t) = R_3(\mathrm{GST})$$

$$R^{-1}(t) = R_3(-\mathrm{GST})$$

(2.33)

其中，GST 为格林尼治真恒星时[4]，表达式如下：

$$\mathrm{GST} = \theta - \mathrm{E_O}$$

(2.34)

零点差 $\mathrm{E_O}$ 的计算方法后详。

（3）（GCRS）到（CIRS）的转换的基础知识[3-7]

由于（CIRS）有两种基准，（CIO）基准和春分点基准，因此，转换关系也有两种，在具体给出转换矩阵的表达式之前，先介绍两种转换的基础知识：

1）（CIO）基准的转换关系

$$\vec{r}_{GCRS} = M_{CIO}^{-1}(t)\vec{r}_{CIRS}$$

$$\vec{r}_{CIRS} = M_{CIO}(t)\vec{r}_{GCRS}$$

(2.35)

2）春分点基准的转换关系

$$\vec{r}_{GCRS} = M_{class}^{-1}(t)\vec{r}_{CIRS}$$

$$\vec{r}_{CIRS} = M_{class}(t)\vec{r}_{GCRS}$$

(2.36)

3）M_{CIO} 和 M_{class} 的关系

根据(CIO)以及零点差 $\mathrm{E_O}$ 的定义，显然有：

$$M_{CIO} = R_3(-\mathrm{E_O})M_{class}$$

$$M_{class} = R_3(\mathrm{E_O})M_{CIO}$$

(2.37)

4）M_{CIO} 的基本表达式

设 CIP 在 ICRS 中的坐标为 X, Y, Z，而 d, E 为其极坐标，即：

$$X = \sin d \cos E, \quad Y = \sin d \sin E, \quad Z = \cos d$$

M_{CIO} 矩阵可展为：

$$M_{CIO} = R_3(-E-s)R_2(d)R_3(E)$$

(2.38)

其中，

$$E = \mathrm{tg}^{-1}(Y/X)$$

$$d = \sin^{-1}[(X^2 + Y^2)^{1/2}]$$

M_{CIO} 矩阵又可表为：

$$M_{CIO} = R_3(-s)M_\Sigma \tag{2.39}$$

其中

$$M_\Sigma = \begin{pmatrix} 1 - aX^2 & -aXY & -X \\ -aXY & 1 - aY^2 & -Y \\ X & Y & 1 - a(X^2 + Y^2) \end{pmatrix} \tag{2.40}$$

5）M_{class} 的基本表达式

$$M_{class} = N(t)P(t)B \tag{2.41}$$

其中，$N(t)$ 为章动矩阵；$P(t)$ 为岁差矩阵；B 为历元偏置矩阵。

根据 Fukusima 方法

$$N(t)P(t)B = R_1(-\varepsilon_A - \Delta\varepsilon)R_3(-\psi - \Delta\psi_1)R_1(\phi_1)R_3(\gamma_1)$$

另外，M_{class} 还可表为：

$$M_{class} = R_3(\mathrm{E_O} - s)M_\Sigma \tag{2.42}$$

6）M_{CIO} 和 M_{class} 矩阵的统一计算方法

前面已经得到如下关系：

$$M_{CIO} = R_3(-s)M_\Sigma \tag{2.43}$$

$$M_{class} = R_3(\mathrm{E_O} - s)M_\Sigma \tag{2.44}$$

此两式的结构是一样的，因此可以用同一程序计算[4]：

$$A(1,1) = \cos\beta + aX(Y\sin\beta - X\cos\beta)$$

$$A(1,2) = -\sin\beta + aY(Y\sin\beta - X\cos\beta)$$

$$A(1,3) = (Y\sin\beta - X\cos\beta)$$

$$A(2,1) = \sin\beta - aX(Y\cos\beta + X\sin\beta) \tag{2.45}$$

$$A(2,2) = \cos\beta - aY(Y\cos\beta + X\sin\beta)$$

$$A(2,3) = -(Y\cos\beta + X\sin\beta)$$

$$A(3,1) = X, \quad A(3,2) = Y, \quad A(3,3) = Z$$

其中，$Z = (1 - X^2 - Y^2)^{1/2}, \quad a = 1/(1+Z)$

计算 M_{CIO} 时，$\beta = s$，计算 M_{class} 时，$\beta = s - \mathrm{E_O}$，显然，令 $\beta = 0$，计算所得的就是 M_Σ，$\beta = s + \theta$ 时，计算所得的就是 $R_3(\theta)M_{CIO} = R_3(GST)M_{class}$

7）M_{CIO} 和 M_{class} 矩阵的特性[4]

不管采用哪种基准转换，(CIRS)坐标系的 z 轴均是（CIP），因此，M_{CIO}

和 M_{class} 的最后一行元素均为：

$$\vec{l}_{CIP}^{\tau} = (X, Y, Z)$$

其中，$\vec{l}_{CIP}$ 为（CIP）方向的单位向量，(X, Y, Z) 为其三个分量。当然，矩阵 M_{Σ} 也具有这一特性，我们下面将用这一特性，由 $s + \dfrac{1}{2}XY$ 计算 s，并进行 s 和 E_O 的互换。

另外，M_{class} 的第一行为瞬时真春分点方向的单位向量 $\vec{\gamma}$，第二行为 $(CIRS)_{EQU}$ 坐标系 y 轴方向的单位向量 $\vec{y}$，M_{CIO} 的第一行为 CIO 方向的单位向量，第二行为 $(CIRS)_{CIO}$ 坐标系 y 轴方向的单位向量。

8）s 和 E_O 的互换[4]

互换时，需要已知 M_{class}，即我们已知了 $\vec{\gamma}$ 和 $\vec{y}$，也已知了（CIP）的坐标 (X, Y, Z)，于是，Σ 点方向（参见图 2.1）的单位向量即为：

$$\vec{\Sigma} = \begin{pmatrix} 1 - X^2 / (1 + Z) \\ -XY / (1 + Z) \\ -X \end{pmatrix} \qquad (2.46)$$

由关系式 $\qquad M_{class} = R_3(E_O - s) M_{\Sigma}$

即得： $\qquad R_3(E_O - s) = M_{class} M_{\Sigma}^{\tau}$

也就是

$$\cos(E_O - s) = \vec{\gamma} \cdot \vec{\Sigma}$$
$$-\sin(E_O - s) = \vec{y} \cdot \vec{\Sigma} \qquad (2.47)$$

于是 $\qquad E_O = s - \mathrm{tg}^{-1} \dfrac{\vec{y} \cdot \vec{\Sigma}}{\vec{\gamma} \cdot \vec{\Sigma}} \qquad (2.48)$

由此，即可进行 s 和 E_O 的互换，当然，有了 E_O，恒星时即可由（2.15）计算。

(4)（GCRS）到（CIRS）的转换[3-8]

1）春分点基准方法

$$M_{class} = N(t) P(t) B$$

其中，$N(t)$ 为章动矩阵；$P(t)$ 为岁差矩阵；B 为历元偏置矩阵。

根据 Fukusima 方法

$$M_{class} = N(t) P(t) B = R_1(-\varepsilon_A - \Delta\varepsilon) R_3(-\psi - \Delta\psi_1) R_1(\phi_1) R_3(\gamma_1)$$

计算步骤如下：

①基本参数的计算

根据岁差计算的 Fukusima 方法，首先计算 PB，即包括岁差和历元偏置矩阵的岁差改正，其基本参数为：

$$\gamma_1 = -0.052928 + 10.556378T + 0.4932044T^2$$
$$- 0.00031238T^3 - 2.788 \times 10^{-6}T^4 + 2.60 \times 10^{-8}T^5$$

$$\phi_1 = 84381.412819 - 46.811016T + 0.0511268T^2$$
$$+ 0.00053289T^3 - 4.4 \times 10^{-7}T^4 - 1.76 \times 10^{-8}T^5 \qquad (2.49)$$

$$\psi_1 = -0.041775 + 5038.481484T + 1.5584175T^2$$
$$- 0.00018522T^3 - 0.000026452T^4 - 1.48 \times 10^{-8}T^5$$

$$\varepsilon_A = 84381''.406 - 46''.836769T - 0''.0001831T^2$$
$$+ 0''.0020340T^3 - 5.76 \times 10^{-7}T^4 - 4.34 \times 10^{-8}T^5$$

②利用 IAU2000A 章动模型计算 $\Delta\psi_{2000A}, \Delta\varepsilon_{2000A}$

$\Delta\psi_{2000A}, \Delta\varepsilon_{2000A}$ 为黄经章动和交角章动，可以用 IAU2000A 模式计算。IAU2000A 模式准到 0.2mas，包含了 678 项日月章动和 687 项行星章动，但没有包括自由核章动，它的表达形式如下：

对于日月章动，5 个引数：

$$\Delta\psi_{2000A} = \sum_{i=1}^{678} [(A_i + A_i't)\sin(ARGUMENT) + (A_i'' + A_i'''t)\cos(ARGUMENT)]$$

$$\Delta\varepsilon_{2000A} = \sum_{i=1}^{678} [(B_i + B_i't)\cos(ARGUMENT) + (B_i'' + B_i'''t)\sin(ARGUMENT)] \qquad (2.50)$$

对于行星章动，14 个引数：

$$\Delta\psi_{2000A} = \sum_{i=1}^{687} [A_i \sin(ARGUMENT) + A_i''\cos(ARGUMENT)]$$

$$\Delta\varepsilon_{2000A} = \sum_{i=1}^{687} [B_i \cos(ARGUMENT) + B_i''\sin(ARGUMENT)] \qquad (2.51)$$

③对 $\Delta\psi_{2000A}, \Delta\varepsilon_{2000A}$ 进行修正

为了与 P03 岁差模型一致，$\Delta\psi_{2000A}, \Delta\varepsilon_{2000A}$ 需进行修正：

$$\Delta\psi = \Delta\psi_{2000A} + (0.4697 \times 10^{-6} + f)\Delta\psi_{2000A},$$
$$\Delta\varepsilon = \Delta\varepsilon_{2000A} + f\Delta\varepsilon_{2000A} \qquad (2.52)$$

其中，　　$f = (\dot{J}_2 / J_2)t = -0.27774 \times 10^{-6}t$

　　　　　$t = [JD(t) - 2451545.0] / 36525$

则，　　　$\psi = \psi_1 + \Delta\psi, \quad \varepsilon = \varepsilon_A + \Delta\varepsilon$

按理，还要改正自由核章动，即 IERS 发布的天极偏置，但量级小于 1mas，只有精度要求极高的用户需要改正，改正方法请参见[5]。

④计算 $M_{class} = NPB$

$M_{class} = NPB$ 可以表达为：

$$M_{class} = R_1(-\varepsilon)R_3(-\psi)R_1(\phi_1)R_3(\gamma_1)$$

⑤计算 s

利用 $s+\dfrac{1}{2}XY$ 的级数表达式（参见附录 A）计算 $s+\dfrac{1}{2}XY$，有了 M_{class}，则 CIP 在 ICRS 中的坐标 X,Y 就可得到：$X = M_{class}(3,1)$，$Y = M_{class}(3,2)$，$s+\dfrac{1}{2}XY$ 减去 $\dfrac{1}{2}XY$ 即得 s。

⑥计算零点差 E_O 和恒星时 GST

有了 M_{class} 和 s，E_O 可由（2.48）计算，于是恒星时 GST 就可得到，为 $(\text{CIRS})_{EQU}$ 到 (ITRS) 的坐标转换创造了条件。

⑦计算 M_{CIO}

有了 s 和 (X,Y,Z)，如果必要，令 $\beta = s$，利用（2.45）式可计算 M_{CIO}。

2）CIO 基准方法

由于决议的计算过程是专门为此方法设计的，因此计算步骤特别简单：

①利用 IAU2000A 岁差章动模型，计算 X,Y

$$
\begin{aligned}
X = &-0''.016617 + 2004''.191898t - 0''.4297829t^2 \\
&- 0''.19861834t^3 + 7''.578\times10^{-6}t^4 + 5''.9258\times10^{-6}t^5 \\
&+ \sum_i\sum_{j=0}^{n} t^j[(a_{s,j})_i \sin(ARGUMENT) + (a_{c,j})_i \cos(ARGUMENT)]
\end{aligned}
\tag{2.53}
$$

$$
\begin{aligned}
Y = &-0''.006951 - 0''.025896t - 22''.4072747t^2 \\
&+ 0''.00190059t^3 + 0''.001112526t^4 + 1''.358\times10^{-7}t^5 \\
&+ \sum_i\sum_{j=0}^{n} t^j[(b_{s,j})_i \sin(ARGUMENT) + (b_{c,j})_i \cos(ARGUMENT)]
\end{aligned}
\tag{2.54}
$$

②利用 IAU2000A 岁差章动模型，计算 $s+\dfrac{1}{2}XY$

$$
\begin{aligned}
s(t) + \frac{1}{2}XY = &\ 0''.000094 + 0''.00380865t - 0''.00012268t^2 \\
&- 0''.07257411t^3 + 0''.00002798t^4 + 0''.00001562t^5 \\
&+ \sum_i\sum_{j=0}^{n} t^j[(c_{s,j})_i \sin(ARGUMENT) + (c_{c,j})_i \cos(ARGUMENT)]
\end{aligned}
\tag{2.55}
$$

③计算 s

有了 $s+\dfrac{1}{2}XY$ 和 X,Y，$s+\dfrac{1}{2}XY$ 减去 $\dfrac{1}{2}XY$ 即得 s。对于精度要求极

高的用户，还要改正天极偏置[5]。

④计算 M_{CIO}

M_{CIO} 可按照（2.38）式计算，也可令 $\beta = s$，利用（2.45）式计算 M_{CIO}。

⑤计算 M_{class}

如果需要，可以按下面方法计算 M_{class}，令

$$\vec{k} = \begin{pmatrix} \sin\phi_1 \sin\gamma_1 \\ -\sin\phi_1 \cos\gamma_1 \\ \cos\phi_1 \end{pmatrix}, \quad \vec{n} = \begin{pmatrix} X \\ Y \\ Z \end{pmatrix} \tag{2.56}$$

则 $\qquad M_{class} = [\vec{n} \times \vec{k}, \vec{n} \times (\vec{n} \times \vec{k}), \vec{n}]$ （2.57）

⑥计算 E_O 和 GST

有了 M_{class} 和 s，E_O 和恒星时 GST 就可得到（方法同前）。

说明：

① X, Y 的级数（包括系数和幅角）表达式，可以从 IERS 得到（表 5.2a, 5.2b）。网址为：ftp://maia.usno.navy.mil/conv2000/chapter5/

②IAU Division I 指定的 SOFA 工作组提供转换软件，所有转换均可以用 SOFA 软件库中的有关程序计算。（下同）。

对于 IAU2000A 章动模型，日月章动项中的幅角，也称 Delaunay 变量，其定义和计算公式如下：

$F_1 \equiv l = $ 月球平近点角

$= 134°.96340251 + 1717915923''.2178t + 31''.8792t^2$

$+ 0''.051635t^3 - 0''.00024470t^4$

$F_2 \equiv l' = $ 太阳平近点角

$= 357°.52910918 + 129596581''.0481t - 0''.5532t^2$

$+ 0''.000136t^3 - 0''.00001149t^4$

$F_3 \equiv F = L - \Omega$

$= 93°.27209062 + 1739527262''.8478t - 12''.7512t^2$ （2.58）

$- 0''.001037t^3 + 0''.00000417t^4$

$F_4 \equiv D = $ 日月平角距

$= 297°.85019547 + 1602961601''.2090t - 6''.3706t^2$

$+ 0''.006593t^3 - 0''.00003169t^4$

$F_5 \equiv \Omega =$ 月球升交点平黄经

$= 125°.04455501 - 6962890''.5431t + 7''.4722t^2$

$+ 0''.007702t^3 - 0''.00005939t^4$

行星章动项中的幅角，除了以上 5 个 Delaunay 变量外，还有 9 个变量，分别是水星、金星、地球、火星、木星、土星、天王星、海王星 8 个行星的平黄经以及黄经总岁差。它们的表达式（单位为弧度）如下：

$F_6 \equiv l_{Me} = 4.402608842 + 2608.7903141574t$

$F_7 \equiv l_{Ve} = 3.176146697 + 1021.3285546211t$

$F_8 \equiv l_E = 1.753470314 + 628.3075849991t$

$F_9 \equiv l_{Ma} = 6.203480913 + 334.0612426700t$

$F_{10} \equiv l_{Ju} = 0.599546497 + 52.9690962641t$

$F_{11} \equiv l_{Sa} = 0.874016757 + 21.3299104960t$

$F_{12} \equiv l_{Ur} = 5.481293872 + 7.4781598567t$

$F_{13} \equiv l_{Ne} = 5.311886287 + 3.8133035638t$ 　　　　　（2.59）

$F_{14} \equiv p_a = 0.024381750t + 0.00000538691t^2$

（2.53），（2.54），（2.55），（2.58），（2.59）式中的 t 为：

$t = [\mathrm{JD}(t) - 2451545.0] / 36525$

3）小结

①IAU2000A 模型的计算量

要计算转换所需的量，需要计算岁差章动量的级数，决议实施时，已经尽量减少所需的计算量，但是，起码要计算 3 个量的级数，各个岁差章动量的级数的项数，请见表 2.2[4]。

从表 2.2 可见：春分点基准方法和 CIO 基准方法，计算量基本相当，甚至后者还稍大一些。

表 2.2　岁差章动量级数的项数

量	系数					
	t^0	t	t^2	t^3	t^4	t^5
γ_1	1	1	1	1	1	1
φ_1	1	1	1	1	1	1
ψ	1321	38	1	1	1	1
ε	1038	20	1	1	1	1
X	1307	254	37	5	2	1
Y	963	278	31	6	2	1
$s + \frac{1}{2}XY$	34	4	26	5	2	1

②转换矩阵的计算流程

春分点基准需要计算 $\psi = \psi_1 + \Delta\psi, \varepsilon = \varepsilon_A + \Delta\varepsilon, s$，而 CIO 基准方法需要计算 X, Y, s，我们要选择的是，计算 $\Delta\psi, \Delta\varepsilon$，还是计算 X, Y，鉴于以下考虑：

—$\Delta\psi, \Delta\varepsilon$ 的章动理论的直接导出量，在进一步改进模型时，比较直观；

—可省去 X, Y 的级数；

—对于各种精度需求不同的用户，$\Delta\psi, \Delta\varepsilon$ 比较容易截断；

—$\Delta\psi, \Delta\varepsilon$ 比较符合传统使用习惯。

我们建议采用以下流程计算转换矩阵：

—利用春分点基准方法计算 M_{class}，从矩阵中抽出 X, Y，不直接计算 X, Y 级数；

—计算 $s + \frac{1}{2}XY$，得到 s，即可计算 M_{CIO}；

—需要时将 s 换算成 E_O，从而计算 GST。

实际上，SOFA 软件的 2006 模型[7]，采用的就是以上计算流程。

③模型精度的选择

对于大多数用户，包括人造卫星定轨的用户，并不需要 1 μas 的转换精度，为了节省计算时间，可以不用 IAU2000A 章动模型，可改用其他符合决议的章动模型：

—对于 0.1mas 精度的用户，可使用 IAU2000k 模型，该模型为美国海军天文台使用的模型(参见附录 A)；

—对于 1 mas 精度的用户，可使用 IAU2000B 模型(参见附录 A)；

—对于 0.1 角秒精度的用户，可使用以下方法计算章动[6]：

$$\Delta\psi = 0''.0033\cos\Omega + \sum_{i=1}^{13}[(A_i + A_i't)\sin(ARGUMENT)]$$

$$\Delta\varepsilon = 0''.0015\sin\Omega + \sum_{i=1}^{13}[(B_i + B_i't)\cos(ARGUMENT)]$$

式中系数（单位为角秒）如表 2.3，这相当于在 IAU2000B 模型取前 13 项。对于人造卫星观测资料的改正，该模型的精度已经足够。

—对于 1 角秒精度的用户，可使用以下方法计算转换矩阵[4]：

$$M_{CIO} = \begin{pmatrix} 1 & 0 & -X \\ 0 & 1 & -Y \\ X & Y & 1 \end{pmatrix} \tag{2.60}$$

其中，

$$X = 2.6603 \times 10^{-7}\tau - 33.2 \times 10^{-6}\sin\Omega$$
$$Y = -8.14 \times 10^{-14}\tau^2 + 44.6 \times 10^{-6}\cos\Omega$$
$$\Omega = 2.182 - 9242 \times 10^{-4}\tau \qquad (2.61)$$
$$\tau = \mathrm{JD}(t) - 2451545.0$$

式中，各量的单位为弧度。

表 2.3　截断章动项的表

sin	$T\sin$	cos	$T\cos$	l	l'	F	D	Ω
-17.2064	-0.01747	9.2052	0.00091	0	0	0	0	1
-1.3171	-0.00017	0.5730	-0.00030	0	0	2	-2	2
-0.2276	-0.00002	0.0978	-0.00005	0	0	2	0	2
0.2075	0.00002	-0.0897	0.00005	0	0	0	0	2
0.1476	-0.00036	0.0074	-0.00002	0	1	0	0	0
-0.0517	0.00012	0.0224	-0.00007	0	1	2	-2	2
0.0711	0.00001	-0.0007	0.00000	1	0	0	0	0
-0.0387	-0.00004	0.0201	0.00000	0	0	2	0	1
-0.0301	0.00000	0.0129	-0.00001	1	0	2	0	2
0.0216	-0.00005	-0.0096	0.00003	0	-1	2	-2	2
0.0128	0.00001	-0.0069	-0.00000	0	0	2	-2	1
0.0123	0.00000	-0.0053	0.00000	-1	0	2	0	2
0.0157	0.00000	-0.0001	0.00000	-1	0	0	2	0

2.6　星　　表

在人造卫星的天文定位中，我们需要定标星的正确位置，因此，需要一个较好的星表。E.HΦg 和 P.K. Seidelmann 给出了光学和射电星表精度发展的历史，如图 2.5。

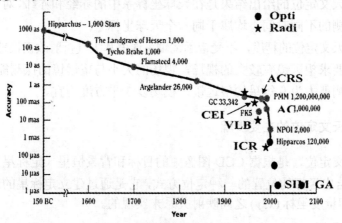

图 2.5　星表发展历史简图

从图 2.5 可见：星表的精度，在 100 年之前，就达到了 1 个角秒，空间天体测量的发展，使星表中的恒星数量和位置精度都有了一个飞跃，Hipparcos 星表的精度达到了 1mas，在不久的将来，星表的精度可能将达到 1 μas 微角秒。星表精度远比观测设备的测量精度要高，因此，选择星表，主要的选择条件为：

①星表的坐标系必须是 ICRS;

②星表中包含有足够的定标星，而且，全天分布均匀。

Hipparcos 星表是 ICRS 的光学实现，坐标系当然是最好的，但是，它的平均观测历元为 1991.25，而且星的数量只有 12 万个，不够天文定位使用，特别是对于小视场望远镜的天文定位，无法使用。

我们建议使用 Tycho-2 星表[14-16]，该表给出亮于 12.0 等的 250 万颗恒星（平均密度为银道面上为 $150\,\mathrm{deg}^{-2}$，在银极附近为 $25\,\mathrm{deg}^{-2}$）的 J2000.0 的位置，平均精度为 60mas，坐标系属于 ICRS。

2.7 天文定位

2.7.1 天文定位的基本原理和特点

天文定位，是根据 CCD 图像中的目标和背景恒星的相对位置，给出目标的位置的定位方式，这种定位方式与传统的照相定位方式基本一致。

天文定位的特点为：

①天文定位的给出结果是在天球坐标系中的赤经和赤纬，对于每个测站，观测的不同时间，均属于同一个天球坐标系；

②天文定位的精度，不受望远镜轴系误差和大气折射改正误差的影响；

③要求望远镜有较大的视场，视场的大小与望远镜的探测能力有关，对于探测能力为 9 等星的望远镜，视场以 3 平方度为宜。

2.7.2 天文定位的主要步骤

天文定位，是根据 CCD 图像中的目标和背景恒星（定标星）的相对位置，给出目标的位置的一种定位方式，它是通过建立定标星的理想坐标 (ζ,η) 和量度坐标 (x,y) 之间映射关系来实现的。

（1）定标星的理想坐标（ζ,η）

理想坐标系是在切平面上定义的一种直角坐标系。定标星在此坐标系中的理想坐标（ζ_i,η_i）和其赤道坐标（α_i,δ_i）是一一对应的。它的计算公式为：

$$\begin{cases} \zeta_i = \dfrac{\cos\delta_i\sin(\alpha_i-\alpha_0)}{\sin\delta_i\sin\delta_0+\cos\delta_i\cos\delta_0\cos(\alpha_i-\alpha_0)} \\ \eta_i = \dfrac{\sin\delta_i\cos\delta_0-\cos\delta_i\sin\delta_0\cos(\alpha_i-\alpha_0)}{\sin\delta_i\sin\delta_0+\cos\delta_i\cos\delta_0\cos(\alpha_i-\alpha_0)} \end{cases} \tag{2.62}$$

其中，（α_0,δ_0）为 CCD 图象中心对应的赤经和赤纬。

（2）天文定位的 CCD 图像处理模型

在不考虑影响星象质量因素的前提下，可以采用以下三种 CCD 图像处理模型，在理想坐标和量度坐标之间建立映射关系。

1）六常数模型（需要 3 个以上的定标星）

$$\begin{cases} \zeta_i = a+bx_i+cy_i \\ \eta_i = d+ex_i+fy_i \end{cases} \tag{2.63}$$

2）四常数模型（需要 2 个以上定标星，并假定 CCD 图像 x 和 y 两方向的比例尺相同）

$$\begin{cases} \zeta_i = a+bx_i+cy_i \\ \eta_i = d-cx_i+by_i \end{cases}$$

3）二常数模型（需要 1 个定标星，并假定 CCD 图像 x 和 y 两方向的比例尺相同以及理想坐标系（ζ,η）和量度坐标系（x,y）的夹角 θ 是已知的）

$$\begin{cases} \zeta_i = a+\cos(\theta)x_i+\sin(\theta)y_i \\ \eta_i = d-\sin(\theta)x_i+\cos(\theta)y_i \end{cases}$$

（3）恒星星表平位置到观测位置（J2000.0）的归算

恒星星表平位置到观测位置（J2000.0）的计算过程如下：

● 改正自行。

● 改正周年光行差。

● 改正大气折射。

（4）空间目标位置的归算

设 n 个定标星的理像想坐标（ζ_i,η_i），及 CCD 在图像上的对应的量度坐标为（x_i, y_i），根据定标星的个数，采用不同的 CCD 处理模型，计算出 CCD 图像处理模型的系数。若卫星在图像上的量度坐标为（x_s, y_s），利用（2.63）式，就可得到卫星的理想坐标（ζ_s, η_s）。则卫星的观测位置 (α_s, δ_s)，可由下式得到

$$\begin{cases} \mathrm{tg}(\alpha_s - \alpha_0) = \dfrac{\zeta_s}{\cos\delta_0 - \eta_s \sin\delta_0} \\[3mm] \mathrm{tg}\,\delta_s = \dfrac{(\eta_s \cos\delta_0 + \sin\delta_0)\cos(\alpha_s - \alpha_0)}{\cos\delta_0 - \eta_s \sin\delta_0} \end{cases} \tag{2.64}$$

2.7.3 观测资料归算的基本概念

在这一节里，我们研究卫星观测位置改正为真位置的基本概念，给出它们的改正方法。

造成观测位置和真位置之差的原因，主要有：

—传播介质引起的光线的偏转；

—观测者运动引起的光线的变化；

—卫星发光中心和卫星质心的差别；

—天文定位中，恒星位置和卫星位置含义不同引起的改正。

（1）恒星自行

恒星位置在天球坐标系中，不是不变的，在星表中，不仅给出了恒星在星表历元时刻的赤经 α_0 和赤纬 δ_0，还给出了赤经自行 μ_α 和赤纬自行 μ_δ，则观测时刻的恒星位置就为：

$$\begin{aligned} \alpha &= \alpha_0 + \mu_\alpha(t - t_0) \\ \delta &= \delta_0 + \mu_\delta(t - t_0) \end{aligned} \tag{2.65}$$

其中，t 为观测时刻；t_0 为星表历元时刻。这就是自行改正，在天文定位中，我们必须用改正自行后的恒星位置来计算卫星的位置。

（2）周年光行差

由于观测者随地球公转运动，使得天体方向的变化，称为周年光行差。周年光行差使得天体方向向着地球奔赴点方向靠近，光线偏转的角度为：

$$\beta = \frac{v}{c}\sin(\alpha - \beta) \doteq \frac{v}{c}\sin\alpha \tag{2.66}$$

其中，v 为地球运动速度；c 为光速；α 为天体真方向与地球奔赴点方向

的夹角。地球运动速度可用下式计算：

$$v = \frac{2\pi a}{P\sqrt{1 - e_\oplus^2}}(1 + e_\oplus \cos f)$$

奔赴点方向和太阳之间的夹角为 $90° + \eta$，而 $\eta = e_\oplus \sin f$。式中，$e_\oplus$ 为地球轨道偏心率；f 为地球真近点角；P 为恒星年；a 为地球轨道的半长径。

在天文中，称 $k = \dfrac{2\pi a}{P\sqrt{1 - e_\oplus^2}c}$ 为光行差常数，取值 $20''.496$。

要特别指出的是：在地球公转时，恒星不随地球运动，因此，有周年光行差，而卫星随地球公转，卫星本身是没有周年光行差的。因此，在天文定位中就引起了周年光行差反改正的问题：

如果在天文定位中，恒星改正了周年光行差（视→真），则计算出卫星位置后，必须进行卫星位置的周年光行差反改正（真→视）。因此，一种简单的方法为：在天文定位中，恒星不改正周年光行差，卫星位置也不进行周年光行差反改正，这样引起的误差为周年光行差的较差。较差的量级很小，一般情况下是可以忽略的。

（3）蒙气差

蒙气差使天体的天顶距变小，也就是说，视仰角 h' 要比真仰角 h 高，它们之间的关系为：

$$h = h' - 0.0002923\mathrm{ctg}h'$$
$$h' = h + 0.0002923\mathrm{ctg}(h + 0.0002923\mathrm{ctg}h) \tag{2.67}$$

卫星的 A, h 观测资料，如经纬仪资料，需要进行蒙气差改正，当然，最好利用精度更高的改正公式。对于天文定位的观测数据，由于定标星和卫星均有蒙气差，不要改正蒙气差本身，只要改正蒙气差的较差即可。

（4）周日光行差

由于观测者随地球自转运动，使得天体方向的变化，称为周日光行差。周日光行差使得天体方向向着东点方向靠近，光线偏转的角度为：

$$\beta_1 = 0''.319 \cos\varphi\sin\alpha_1 \tag{2.68}$$

其中，φ 为测站地心纬度；α_1 为观测方向和东点之间的夹角。

（5）折射视差

对于相同视方向的卫星和恒星，它们的真方向是不同的，由于大气折

39

射引起的卫星真方向和恒星真方向之间的差别，称为折射视差。折射视差使得卫星的天顶距变小，变化的角度为：

$$\Delta z = -0''.08\sec^2 z \sin z / \rho \tag{2.69}$$

其中，z 为卫星天顶距；ρ 为卫星的斜距，以地球赤道半径为单位。

（6）卫星质心位置和亮度中心之差

对于一般卫星，卫星质心位置和亮度中心之差是无法计算的。对于球形镜反射卫星，此项误差是可以改正的。卫星的质心位置可以从卫星的亮度中心位置向着太阳方向偏转一个角度得到：

$$\beta_2 = -\frac{R}{\rho}\cos\frac{\alpha_2}{2} \tag{2.70}$$

其中，R 为卫星的半径；ρ 为卫星的斜距；α_2 为观测方向和太阳方向之间的夹角。

（7）行星光行差

假定观测系统采用测站记时，则卫星的发光时刻为：

$$t = t_{记录} - \rho / c \tag{2.71}$$

在经典天文中，只有在研究行星运动时，才需要改正这项时间差，因此，常称为行星光行差。ρ 为卫星的斜距，c 为光速。行星光行差的改正，必须在轨道改进中进行，因为，行星光行差的改正对 ρ 的精度有较高的要求。

参考文献

1.D.D. McCarthy，et al．IERS TECHNICAL NOTE32，2003．

2.N. Capitaine，et al．IERS TECHNICAL NOTE29，2002．

3.N. Capitaine，et al．A&A，2006（450）：855-872．

4.P.T. Wallace．A&A，2006（459）：981-985．

5.T.Fukushima．A.J，2003（126）：494-534．

6.G. H. Kaplan．USNO CIRCULAR NO.179，2005．

7.G. H. Kaplan，et al．User's Guide to NOVAS Version F3.0，2009．

8.P.T. Wallace，et al．IAU Standards Of Fundamental Astronomy，2010．

9.李广宇．天球参考系变换及其应用．北京：科学出版社，2010．

10.P.K. Seidelmann，et al．A&A，2002（392）：341-351．

11.J.L.Hilton，et al．Celest. Mech. Dyn. Astron，2006（94）：351-367．

12.Bowring B.R．Surv. Rev.，1985（28）：202-206．

13.T.Fukushima．J Geod，2006（79）：689-693．

14.P.K．Optical Reference Star Catalogs for Space Surveillance：Future Plans，Latest Developments．US-CHINA Surveillance Technical interchange，2009．

15.E. Høg，et al．Astron. Astrophys，2000（355）：L27-L30．

16.赵铭．天体测量学导论．北京：中国科学技术出版社，2006．

第3章 天体力学基础

本章主要介绍在卫星动力学中经常使用的天体力学的基础知识。

3.1 人造卫星的运动方程

人造卫星主要在地球的引力控制下运动，它的运动方程可写为：

$$\frac{d^2 \vec{r}}{d t^2} = -\mu \frac{\vec{r}}{r^3} + \vec{F} \tag{3.1}$$

其中，$\vec{r}$ 为人造卫星的地心向量；$\mu = G(M+m)$，G 为万有引力常数，M 为地球的质量，m 为人造卫星的质量；第一项 $-\mu \dfrac{\vec{r}}{r^3}$ 为地球中心引力；$\vec{F}$ 为其他摄动力的总和，包括地球的非球形摄动、大气阻力、太阳光压、日月引力等。要说明的是：（3.1）式中，以及在本书中，长度量均以地球赤道半径为单位。

如果忽略摄动力，只考虑地心引力，运动方程就变为：

$$\frac{d^2 \vec{r}}{d t^2} = -\mu \frac{\vec{r}}{r^3} \tag{3.2}$$

在天体力学中，该方程描述的运动，称为二体问题（或二体运动），二体问题有分析解。二体运动比较简单，解的方法很多，在许多天体力学的书籍中都能找到。[1-6]

3.2 二体问题的积分

二体问题方程有分析解，有如下积分[3]：

面积积分

$$\vec{r} \times \dot{\vec{r}} = \vec{h} \tag{3.3}$$

能量积分

$$\dot{\vec{r}} \cdot \dot{\vec{r}} = \frac{2\mu}{r} + c \tag{3.4}$$

Laplace 积分

$$\dot{\vec{r}} \times \vec{h} = \mu \frac{\vec{r}}{r} + \vec{e} \tag{3.5}$$

其中，$\vec{h}$，$\vec{e}$ 为积分常数向量；c 为积分常数。以上 7 个积分中，只有 5 个是独立的，因为，这些积分常数满足下列关系式：

$$\vec{h} \cdot \vec{e} = 0$$

$$\vec{e} \cdot \vec{e} - c(\vec{h} \cdot \vec{h}) = \mu^2$$

由以上积分，不难导出轨道方程：

$$r = \frac{h^2/\mu}{1 + e\cos\angle(\vec{e}, \vec{r})} \tag{3.6}$$

这是一个圆锥曲线的方程，对于人造卫星来说，由于运动速度小于第二宇宙速度，这时，人造卫星的轨道为椭圆，即：$0 \le e < 1$。

二体问题的最后一个积分是描述 M 变化的克普勒方程，在导出这个积分时，引进了偏近点角 E，它的定义为：

$$r = a(1 - e\cos E) \tag{3.7}$$

由面积积分和活力公式，可得克普勒方程：

$$E - e\sin E = M \tag{3.8}$$

3.3 克普勒根数的定义

椭圆运动的轨道根数，常用 6 个克普勒根数来表示，即：轨道半长径 a，轨道偏心率 e，近地点角距 ω，轨道倾角 i，升交点经度 Ω 和平近点角 M。

由于人造卫星是围绕地球运动的，因此，在研究人造卫星运动时，自然取地球赤道平面为基本平面，沿用天文上的常规，采用春分点为基本起量点，于是：

轨道面和赤道面之间的夹角称为轨道倾角 i；

轨道面和赤道面的交点 N 与春分点之间的角距称为升交点经度 Ω；

近地点方向 OⅡ 和 ON 之间的夹角，称为近地点角距 ω。

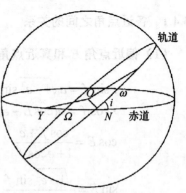

图 3.1 轨道参数示意图

显然，i, Ω 决定了轨道平面在空间中的位置，加上 ω 就决定了椭圆长轴在空间中的位置，而根数 a, e 决定了椭圆的大小和形状。

M 为描述卫星在轨道上位置的一个根数：

$$M = n(t - \tau) \tag{3.9}$$

其中，

$$n = \sqrt{\frac{\mu}{a^3}} \tag{3.10}$$

我们常称 n 为平运动，而 τ 为人造卫星过近地点时刻。

向径 $\vec{r}$ 和近地点之间的夹角，称为真近点角 f。我们不难导出轨道根数和积分常数之间的关系：

$$c = -\frac{\mu}{a}$$

$$\vec{h} \cdot \vec{h} = h^2 = \mu a(1 - e^2)$$

$$\vec{e} \cdot \vec{e} = e^2 \mu^2$$

$$\angle(\vec{e}, \vec{r}) = f$$

于是，轨道方程和能量积分就为：

$$r = \frac{a(1 - e^2)}{1 + e \cos f} \tag{3.11}$$

$$v^2 = \mu \left(\frac{2}{r} - \frac{1}{a} \right) \tag{3.12}$$

在天体力学中，（3.12）式常称为活力公式。

3.4　二体问题的基本关系

3.4.1　各近点角之间的关系

（1）偏近点角 E 和真近点角 f 之间的关系[1-6]

$$r \sin f = a\sqrt{1 - e^2} \sin E$$

$$r \cos f = a(\cos E - e) \tag{3.13}$$

$$\cos E = \frac{\cos f + e}{1 + e \cos f}$$

$$\sin E = \frac{\sqrt{1 - e^2} \sin f}{1 + e \cos f} \tag{3.14}$$

$$\cos f = \frac{\cos E - e}{1 - e\cos E}$$

$$\sin f = \frac{\sqrt{1-e^2}\sin E}{1-e\cos E}$$

(3.15)

$$\mathrm{tg}\frac{f}{2} = \sqrt{\frac{1+e}{1-e}}\,\mathrm{tg}\frac{E}{2}$$

(3.16)

$$\sqrt{r}\cos\frac{f}{2} = \sqrt{a(1-e)}\cos\frac{E}{2}$$

$$\sqrt{r}\sin\frac{f}{2} = \sqrt{a(1+e)}\sin\frac{E}{2}$$

(3.17)

$$f = E + 2\mathrm{tg}^{-1}\left(\frac{e\sin E}{1+\sqrt{1-e^2}-e\cos E}\right)$$

$$E = f - 2\mathrm{tg}^{-1}\left(\frac{e\sin f}{1+\sqrt{1-e^2}+e\cos f}\right)$$

(3.18)

我们推荐使用（3.18）式进行 f 和 E 的换算，因为：

——它在 f 和 E 等于180°时，不损失精度；

——不必进行近点角的象限判别。

（2）　平近点角 M 和偏近点角 E 之间的关系

$$E - e\sin E = M$$

(3.19)

由 M 求 E 时，必须解超越方程，有多种解法，解法从略。

（3）　平近点角 M 和真近点角 f 之间的关系

由 M 求 f 时，先解克普勒方程求出 E，再用 E 求 f；

由 f 求 M 时，先求 E，再用克普勒方程求 M。

3.4.2　Lambert 方程

从克普勒方程，很容易推导出 Lambert 方程[7]：

$$n(t_2 - t_1) = \varepsilon - \delta - (\sin\varepsilon - \sin\delta)$$

(3.20)

其中，

$$\sin\frac{\varepsilon}{2} = \pm\sqrt{\frac{r_1 + r_2 + \sigma}{4a}}, \qquad \sin\frac{\delta}{2} = \pm\sqrt{\frac{r_1 + r_2 - \sigma}{4a}}$$
$$\cos\frac{\varepsilon}{2} = \pm\sqrt{1 - \frac{r_1 + r_2 + \sigma}{4a}}, \qquad \cos\frac{\delta}{2} = +\sqrt{1 - \frac{r_1 + r_2 - \sigma}{4a}} \tag{3.21}$$

式中，r_1, r_2 为卫星向径，σ 为弦长，即：

$$\sigma = \sqrt{(x_1 - x_2)^2 + (y_1 - y_2)^2 + (z_1 - z_2)^2} \tag{3.22}$$

$\sin\frac{\varepsilon}{2}, \sin\frac{\delta}{2}, \cos\frac{\varepsilon}{2}$ 的符号比较复杂，但可以证明：当 $0 < E_2 - E_1 < \pi$ 时，它们恒为正号。

3.4.3 一些量之间的微分关系

不难推导：

$$\Delta r = \frac{r}{a}\Delta a - a\cos f \Delta e + \frac{ae}{\sqrt{1 - e^2}}\sin f \Delta M$$
$$\Delta f = \frac{1}{1 - e^2}(1 + \frac{p}{r})\sin f \Delta e + (\frac{a}{r})^2 \sqrt{1 - e^2}\Delta M \tag{3.23}$$
$$\Delta E = \frac{a}{r}\sin E \Delta e + \frac{a}{r}\Delta M$$

其中，$p = a(1 - e^2)$

在积分时，积分变量有如下关系：

$$\mathrm{d}M = n\mathrm{d}t = \frac{r}{a}\mathrm{d}E = \frac{1}{\sqrt{1 - e^2}}(\frac{r}{a})^2 \mathrm{d}f$$
$$\mathrm{d}f = n(\frac{a}{r})^2 \sqrt{1 - e^2}\mathrm{d}t = (\frac{a}{r})^2 \sqrt{1 - e^2}\mathrm{d}M = (\frac{a}{r})\sqrt{1 - e^2}\mathrm{d}E \tag{3.24}$$
$$\mathrm{d}E = \frac{na}{r}\mathrm{d}t = \frac{a}{r}\mathrm{d}M = \frac{1}{\sqrt{1 - e^2}}\frac{r}{a}\mathrm{d}f$$
$$\mathrm{d}t = \frac{1}{n}\mathrm{d}M = \frac{1}{n}\frac{r}{a}\mathrm{d}E = \frac{1}{n}\frac{1}{\sqrt{1 - e^2}}(\frac{r}{a})^2 \mathrm{d}f$$

3.4.4 根数对坐标和速度的偏导数

定义 $\quad \vec{N}_1 = \begin{pmatrix} 1 \\ 0 \\ 0 \end{pmatrix}, \quad \vec{N}_2 = \begin{pmatrix} 0 \\ 1 \\ 0 \end{pmatrix}, \quad \vec{N}_3 = \begin{pmatrix} 0 \\ 0 \\ 1 \end{pmatrix}, \quad \vec{e} = \dot{\vec{r}} \times \vec{h} - \mu\frac{\vec{r}}{r}$

$$\vec{R} = \begin{pmatrix} \sin i \sin \Omega \\ -\sin i \cos \Omega \\ \cos i \end{pmatrix} = \frac{\vec{h}}{h}, \quad \vec{A} = \frac{\vec{N}_3 \times \vec{h}}{|\vec{N}_3 \times \vec{h}|}, \quad \vec{B} = \frac{\vec{h} \times \vec{A}}{|\vec{h} \times \vec{A}|}$$

其中，　　　$\vec{h} = \vec{r} \times \dot{\vec{r}}, \quad h = |\vec{h}|$

① a 对 $\vec{r}, \dot{\vec{r}}$ 的偏导数

$$\frac{\partial a}{\partial \vec{r}} = \frac{2a^2 \vec{r}}{r^3}, \qquad \frac{\partial a}{\partial \dot{\vec{r}}} = \frac{2a^2 \dot{\vec{r}}}{\mu} \tag{3.25}$$

② i 对 $\vec{r}, \dot{\vec{r}}$ 的偏导数

$$-\sin i \frac{\partial i}{\partial \vec{r}} = \frac{\dot{\vec{r}} \times \vec{N}_3}{h} - \frac{(\vec{N}_3 \cdot \vec{h})}{h^3}(\dot{\vec{r}} \times \vec{h})$$

$$-\sin i \frac{\partial i}{\partial \dot{\vec{r}}} = \frac{\vec{N}_3 \times \vec{r}}{h} - \frac{(\vec{N}_3 \cdot \vec{h})}{h^3}(\vec{h} \times \vec{r}) \tag{3.26}$$

③ Ω 对 $\vec{r}, \dot{\vec{r}}$ 的偏导数

$$\frac{\partial \Omega}{\partial \vec{r}} = -\frac{\cos^2 \Omega}{(\vec{N}_2 \cdot \vec{h})}(\dot{\vec{r}} \times \vec{N}_1 + \operatorname{tg}\Omega \dot{\vec{r}} \times \vec{N}_2)$$

$$\frac{\partial \Omega}{\partial \dot{\vec{r}}} = -\frac{\cos^2 \Omega}{(\vec{N}_2 \cdot \vec{h})}(\vec{N}_1 \times \vec{r} + \operatorname{tg}\Omega \vec{N}_2 \times \vec{r}) \tag{3.27}$$

④ e 对 $\vec{r}, \dot{\vec{r}}$ 的偏导数

$$\mu^2 e \frac{\partial e}{\partial \vec{r}} = \dot{\vec{r}} \times (\vec{e} \times \dot{\vec{r}}) - \mu \left[\frac{\vec{e}}{r} - \frac{(\vec{e} \cdot \vec{r})}{r^3} \vec{r} \right] \tag{3.28}$$

$$\mu^2 e \frac{\partial e}{\partial \dot{\vec{r}}} = (\vec{h} \times \vec{e}) + (\vec{e} \times \dot{\vec{r}}) \times \vec{r}$$

⑤ ω 对 $\vec{r}, \dot{\vec{r}}$ 的偏导数

$$\frac{\partial \omega}{\partial \vec{r}} = \frac{\mu \vec{e} \cdot \vec{A}}{\vec{e} \cdot \vec{e}} \frac{\partial \xi}{\partial \vec{r}} - \frac{\mu \vec{e} \cdot \vec{B}}{\vec{e} \cdot \vec{e}} \frac{\partial \eta}{\partial \vec{r}}$$

$$\frac{\partial \omega}{\partial \dot{\vec{r}}} = \frac{\mu \vec{e} \cdot \vec{A}}{\vec{e} \cdot \vec{e}} \frac{\partial \xi}{\partial \dot{\vec{r}}} - \frac{\mu \vec{e} \cdot \vec{B}}{\vec{e} \cdot \vec{e}} \frac{\partial \eta}{\partial \dot{\vec{r}}} \tag{3.29}$$

其中，

$$\frac{\partial \xi}{\partial \vec{r}} = \dot{\vec{r}} \times \vec{C} - \mu \left[\frac{\vec{B}}{r} - \frac{(\vec{B} \cdot \vec{r})}{r^3} \vec{r} \right]$$

$$\frac{\partial \xi}{\partial \dot{\vec{r}}} = \vec{h} \times \vec{B} + \vec{C} \times \vec{r}$$

$$\frac{\partial \eta}{\partial \vec{r}} = \dot{\vec{r}} \times \vec{D} - \mu \left[\frac{\vec{A}}{r} - \frac{(\vec{A} \cdot \vec{r})}{r^3} \vec{r} \right] \tag{3.30}$$

$$\frac{\partial \eta}{\partial \dot{\vec{r}}} = \vec{h} \times \vec{A} + \vec{D} \times \vec{r}$$

式中，

$$\vec{C} = \vec{B} \times \dot{\vec{r}} + \vec{A} \times \vec{G} + \vec{F}^* \times \vec{N}_3$$

$$\vec{D} = \vec{A} \times \dot{\vec{r}} + \vec{F} \times \vec{N}_3$$

$$\vec{F} = \frac{1}{\left| \vec{N}_3 \times \vec{h} \right|} \left[\vec{e} - (\vec{e} \cdot \vec{A}) \vec{A} \right]$$

$$\vec{G} = \frac{1}{\left| \vec{h} \times \vec{A} \right|} \left[\vec{e} - (\vec{e} \cdot \vec{B}) \vec{B} \right]$$

$$\vec{F}^* = \frac{1}{\left| \vec{N}_3 \times \vec{h} \right|} \left[\vec{G} \times \vec{h} - (\vec{G} \times \vec{h} \cdot \vec{A}) \vec{A} \right]$$

⑥ M 对 $\vec{r}, \dot{\vec{r}}$ 的偏导数

$$\frac{\partial M}{\partial \vec{r}} = (\frac{e \cos E}{e^2} - 1)(\frac{\dot{\vec{r}}}{na^2} - \frac{\vec{r} \cdot \dot{\vec{r}}}{na} \frac{\vec{r}}{r}) - \frac{e \sin E}{e^2} \frac{\dot{\vec{r}} \cdot \dot{\vec{r}}}{\mu} \frac{\vec{r}}{r} \tag{3.31}$$

$$\frac{\partial M}{\partial \dot{\vec{r}}} = (\frac{e \cos E}{e^2} - 1)(\frac{\vec{r}}{na^2} - \frac{\vec{r} \cdot \dot{\vec{r}}}{na} \frac{\dot{\vec{r}}}{\mu}) - \frac{e \sin E}{e^2} \frac{2r}{\mu} \dot{\vec{r}}$$

其中，$e \sin E = \frac{\vec{r} \cdot \dot{\vec{r}}}{na^2}$，$e \cos E = 1 - \frac{r}{a}$，$e^2 = (e \sin E)^2 + (e \cos E)^2$

3.4.5 坐标和速度对根数的偏导数

对于克普勒根数，有：

$$\Delta \vec{r} = \frac{1}{a} [\vec{r} - \frac{3}{2} \dot{\vec{r}} (t - t_0)] \Delta a + (H \vec{r} + K \dot{\vec{r}}) \Delta e + \frac{\dot{\vec{r}}}{n} \Delta M_0$$
$$+ (\vec{\Omega} \times \vec{r}) \Delta i + (\vec{N} \times \vec{r}) \Delta \Omega + (\vec{R} \times \vec{r}) \Delta \omega \tag{3.32}$$

$$\Delta \dot{\vec{r}} = \frac{3}{2a} \left[\frac{\mu}{r^3} \vec{r} (t - t_0) - \frac{1}{3} \dot{\vec{r}} \right] \Delta a + (H \dot{\vec{r}} + K \ddot{\vec{r}}) \Delta e - \frac{\mu \vec{r}}{nr^3} \Delta M_0$$
$$+ (\vec{\Omega} \times \dot{\vec{r}}) \Delta i + (\vec{N} \times \dot{\vec{r}}) \Delta \Omega + (\vec{R} \times \dot{\vec{r}}) \Delta \omega$$

其中，

$$H = -\frac{a}{p} (\cos E + e), \quad K = \frac{p + r}{np} \sin E$$

$$I = -\frac{1}{\sqrt{1-e^2}}\sin E, \quad J = \frac{1}{n\sqrt{1-e^2}}(\frac{e}{1+\sqrt{1-e^2}} - 2\cos E + e\cos^2 E)$$

$$H' = -\frac{na^2}{rp}[1 - \frac{a}{r}(1+\frac{p}{r})]\sin E, \quad K' = \frac{a}{p}\cos E \quad\quad (3.33)$$

$$I' = \frac{na^2}{r^2\sqrt{1-e^2}}[-\frac{e}{1+\sqrt{1-e^2}} + \frac{a}{r}\sqrt{1-e^2}\cos E + e\cos^2 E]$$

$$J' = \frac{1}{\sqrt{1-e^2}}\sin E$$

这里，n 为平运动，$p = a(1-e^2)$

$$\vec{\Omega} = \begin{pmatrix} \cos\Omega \\ \sin\Omega \\ 0 \end{pmatrix}, \quad \vec{N} = \begin{pmatrix} 0 \\ 0 \\ 1 \end{pmatrix}, \quad \vec{R} = \begin{pmatrix} \sin\Omega\sin i \\ -\cos\Omega\sin i \\ \cos i \end{pmatrix} \quad\quad (3.34)$$

这些公式的推导请参见第 6 章。

3.4.6　椭圆运动的展开

在天体力学中，有许多以 M（即时间）、f 或 E 为引数的三角级数展开式，其系数是 e 的幂级数，这些展开式在研究分析解时非常有用的，因此，得到广泛的重视，下面给出一些重要的结果：

（1）　利用超几何级数展开一些量为 E 的三角级数[6]

$$(\frac{r}{a})^n \cos mf = A_0^{n,m}\cos mE + \sum_{k=1}^{\infty} A_k^{n,m}\cos(m+k)E + \sum_{k=1}^{\infty} B_k^{n,m}\cos(m-k)E$$
$$\quad\quad (3.35)$$
$$(\frac{r}{a})^n \sin mf = A_0^{n,m}\sin mE + \sum_{k=1}^{\infty} A_k^{n,m}\sin(m+k)E + \sum_{k=1}^{\infty} B_k^{n,m}\sin(m-k)E$$

其中，

$$A_0^{n,m} = (1-e^2)^{n/2}(1-\beta^2)^m T_0(n,m)$$

$$A_k^{n,m} = (-\beta)^k C_k^{n-m}(1-e^2)^{n/2}(1-\beta^2)^m T_k(n,m)$$

$$B_k^{n,m} = (-\beta)^k C_k^{n+m}(1-e^2)^{n/2}(1-\beta^2)^m T_k(n,-m)$$

$$T_k(n,m) = F(-n-m, n-m+1, k+1, -\frac{\beta^2}{1-\beta^2})$$

$$C_k^q = \frac{q(q-1)(q-2)\cdots(q-k+1)}{k!}$$

$$\beta = \frac{e}{1+\sqrt{1-e^2}}$$

式中，n, m 为整数；$F(a,b,c,x)$ 为超几何级数，它的定义和性质将在第 10 章讨论。

作为特例，有：

$$\left(\frac{r}{a}\right)^n = A_0^{n,0} + 2\sum_{k=1}^{\infty} A_k^{n,0} \cos kE \qquad (3.36)$$

其中，$A_0^{n,0} = (1-e^2)^{n/2} F(-n, n+1, 1, -\frac{\beta^2}{1-\beta^2})$

$$A_k^{n,0} = (-\beta)^k C_k^n (1-e^2)^{n/2} F(-n, n+1, k+1, -\frac{\beta^2}{1-\beta^2})$$

另外，还有

$$f = E + 2\sum_{n=1}^{\infty} \frac{\beta^n}{n} \sin nE$$

$$\cos f = -\beta + (1-\beta^2)\sum_{n=1}^{\infty} \beta^{n-1} \cos nE \qquad (3.37)$$

$$\sin f = (1-\beta^2)\sum_{n=1}^{\infty} \beta^{n-1} \sin nE$$

（2）利用超几何级数展开一些量为 f 的三角级数[6]

$$\left(\frac{a}{r}\right)^n = (1-e^2)^{-n/2}[T_0(n,0) + 2\sum_{k=1}^{\infty} C_k^n \beta^k T_k(n,0) \cos kf] \qquad (3.38)$$

式中的符号定义同前。作为特例，有：

$$\frac{r}{a} = \sqrt{1-e^2}[1 + 2\sum_{n=1}^{\infty} (-1)^n \beta^n \cos nf]$$

$$\left(\frac{r}{a}\right)^2 = \sqrt{1-e^2}[1 + 2\sum_{n=1}^{\infty} (-1)^n (1+n\sqrt{1-e^2}) \beta^n \cos nf] \qquad (3.39)$$

另外，还有

$$E = f + 2\sum_{n=1}^{\infty} \frac{(-\beta)^n}{n} \sin nf$$

$$\cos E = \beta + (1-\beta^2)\sum_{n=1}^{\infty} (-\beta)^{n-1} \cos nf \qquad (3.40)$$

$$\sin E = (1-\beta^2)\sum_{n=1}^{\infty} (-\beta)^{n-1} \sin nf$$

（3）利用拉格朗日级数展开一些量为 M 的三角级数[2]

设 y 是 x 的函数，有关系：

$$y = x + \alpha\phi(y)$$

其中，α（$0 < \alpha < 1$）为某一参数；$\phi(y)$ 是 y 的解析函数，则 y 的任意解析函数 $F(y)$ 可以展开成 α 的幂级数，而系数为 x 的函数：

$$F(y) = F(x) + \sum_{n=1}^{\infty} \frac{\alpha^n}{n!} \frac{\partial^{n-1}}{\partial x^{n-1}} [\phi^n(x) \frac{\partial F(x)}{\partial x}]$$

上式称为拉格朗日级数。利用拉格朗日级数，可将一些量展成 e 的幂级数，而系数为 M 的三角级数，整理后，就为 M 的三角级数，例如：

$$E = M + e\sin M + \frac{e^2}{2}\sin 2M + \frac{e^3}{3!2^2}(3^2\sin 3M - 3\sin M) + \cdots \qquad (3.41)$$

等，其他一些量的展开式可以在许多天体力学书上找到。这些级数在 $e < e_1 = 0.66274342$ 时收敛。而 e_1 称为拉普拉斯极限。

（4）利用 Bessel 函数展开一些量为 M 的三角级数

利用白塞耳函数的 $J_n(x)$ 的积分表达式：

$$J_n(x) = \frac{1}{\pi} \int_0^{\pi} \cos(n\theta - x\sin\theta)\mathrm{d}\theta \qquad (3.42)$$

可以将一些量的 Fourier 分析系数简单地表达出来，例如：

① $\cos kE = \sum_{n=1}^{\infty} \frac{k}{n}[J_{n-k}(ne) - J_{n+k}(ne)]\cos nM \qquad k \neq 1$

$\cos E = -\frac{e}{2} + \sum_{n=1}^{\infty} \frac{1}{n}[J_{n-k}(ne) - J_{n+k}(ne)]\cos nM$

$\qquad\qquad\qquad\qquad\qquad\qquad\qquad\qquad\qquad (3.43)$

$\sin kE = \sum_{n=1}^{\infty} \frac{k}{n}[J_{n-k}(ne) + J_{n+k}(ne)]\sin nM \qquad k \neq 1$

$\sin E = \frac{2}{e} \sum_{n=1}^{\infty} \frac{1}{n} J_n(ne)\sin nM$

② $\cos f = -e + \frac{2(1-e^2)}{e} \sum_{n=1}^{\infty} J_n(ne)\cos nM$

$\sin f = \sqrt{(1-e^2)} \sum_{n=1}^{\infty} [J_{n-1}(ne) - J_{n+1}(ne)]\sin nM \qquad (3.44)$

③中心差 $f - M$ 的展开式[6]

$$f - M = \sum_{k=1}^{\infty} H_k \sin kM \qquad (3.45)$$

其中，

$$H_k = \frac{2\sqrt{1-e^2}}{k} \sum_{n=1}^{\infty} a_k^n e^n$$

$$a_k^n = \frac{1}{2^n} \sum_{s=0}^{n} C_n^s [J_{k+n-2s}(ke) + J_{k-n+2s}(ke)]$$

展开之，准到 e 的 7 次幂，则有：

$$H_1 = 4\left(\frac{e}{2}\right) - 2\left(\frac{e}{2}\right)^3 + \frac{5}{3}\left(\frac{e}{2}\right)^5 + \frac{107}{36}\left(\frac{e}{2}\right)^7 + \cdots$$

$$H_2 = 5\left(\frac{e}{2}\right)^2 - \frac{22}{3}\left(\frac{e}{2}\right)^4 + \frac{17}{3}\left(\frac{e}{2}\right)^6 + \cdots$$

$$H_3 = \frac{26}{3}\left(\frac{e}{2}\right)^3 - \frac{43}{2}\left(\frac{e}{2}\right)^5 + \frac{95}{4}\left(\frac{e}{2}\right)^7 + \cdots$$

$$H_4 = \frac{103}{6}\left(\frac{e}{2}\right)^4 - \frac{902}{15}\left(\frac{e}{2}\right)^6 + \cdots \qquad (3.46)$$

$$H_5 = \frac{1097}{30}\left(\frac{e}{2}\right)^5 - \frac{5957}{36}\left(\frac{e}{2}\right)^7 + \cdots$$

$$H_6 = \frac{1223}{15}\left(\frac{e}{2}\right)^6 + \cdots$$

$$H_7 = \frac{47273}{252}\left(\frac{e}{2}\right)^7 + \cdots$$

另外，利用

$$f = E - 2\sum_{n=1}^{\infty} \frac{(-\beta)^n}{n} \sin nf = M + e\sin E - 2\sum_{n=1}^{\infty} \frac{(-\beta)^n}{n} \sin nf$$

再利用 $\sin E = (1-\beta^2)\sum_{n=1}^{\infty}(-\beta)^{n-1}\sin nf$ ，即有

$$f = E - 2\sum_{n=1}^{\infty} \frac{(-\beta)^n}{n} \sin nf = M + e(1-\beta^2)\sum_{n=1}^{\infty}(-\beta)^{n-1}\sin nf - 2\sum_{n=1}^{\infty} \frac{(-\beta)^n}{n} \sin nf$$

$$= M + e(1-\beta^2)\sum_{n=1}^{\infty}(-\beta)^{n-1}\sin nf - 2\sum_{n=1}^{\infty} \frac{(-\beta)^n}{n} \sin nf$$

即

$$f - M = 2\beta\sqrt{1-e^2}\sum_{n=1}^{\infty}(-\beta)^{n-1}\sin nf - 2\sum_{n=1}^{\infty} \frac{(-\beta)^n}{n} \sin nf \qquad (3.47)$$

$$= -2\sum_{n=1}^{\infty}\left(\sqrt{1-e^2} + \frac{1}{n}\right)(-\beta)^n \sin nf$$

（5）利用 Hansen 系数展开 $(\dfrac{r}{a})^n \begin{matrix}\sin\\\cos\end{matrix} k(f+\omega)$ [6]

展开式 $(\dfrac{r}{a})^n \exp(ikf) = \displaystyle\sum_{j=-\infty}^{\infty} X_j^{nk} \exp(ijM)$ 中的系数 X_j^{nk}，称为 Hansen

系数。X_j^{nk} 的一般表达式为：

$$X_j^{nk} = (1+\beta^2)^{-n-1} \sum_{p=-\infty}^{\infty} E_{j-p}^{nk} J_p(je) \tag{3.48}$$

其中，

$$E_{j-p}^{nk} = (-\beta)^{j-p-k} \binom{n-k+1}{j-p-k} F(j-p-n-1, -k-n-1, j-p-k+1, \beta^2)$$

这里，$\beta = \dfrac{e}{1+\sqrt{1-e^2}}$；$F(a,b,c,x)$ 为超几何级数。

Hansen 系数更实用的表达式为 [8]：

令
$$X_j^{nk} = \sum_{\substack{\rho-\sigma=j-k\\\rho,\sigma\geq 0}} X_{\rho,\sigma}^{n,k} e^{\rho+\sigma}$$

则有
$$X_{\rho,\sigma}^{n,k} = \begin{cases} \dfrac{J_{\rho\sigma}^{nk}}{2^{\rho+\sigma}\rho!\sigma!} & \rho \geq \sigma \\ X_{\rho,\sigma}^{n,-k} & \rho < \sigma \end{cases}$$

其中，$J_{\rho,\sigma}^{n,k}$ 为 n,k 的具有整数系数的多项式，它可以用递推关系求得：

$$
\begin{aligned}
J_{0,0}^{n,k} &= 1\\
J_{1,0}^{n,k} &= 2k-n\\
J_{\rho,0}^{n,k} &= (2k-n)J_{\rho-1,0}^{n,k+1} + (\rho-1)(k-n)J_{\rho-2,0}^{n,k+2}\\
J_{\rho,\sigma}^{n,k} &= (2k-n)J_{\rho,\sigma-1}^{n,k-1} - (\sigma-1)(k+n)J_{\rho,\sigma-2}^{n,k-2}\\
&\quad - \rho(\rho-5\sigma+4+4k+n)J_{\rho-1,\sigma-1}^{n,k}\\
&\quad + \rho(\rho-\sigma+k)\sum_{\tau\geq 2}C_{\rho\sigma\tau}J_{\rho-\tau,\sigma-\tau}^{n,k}
\end{aligned}
\tag{3.49}
$$

这里，

$$C_{\rho\sigma\tau} = (\rho-1)(\rho-2)\cdots(\rho-\tau+1)(\sigma-1)(\sigma-2)\cdots(\sigma-\tau+1)C_\tau$$

$$C_\tau = (-1)^\tau \binom{3/2}{\tau} 2^{2\tau-1} = 3,2,3,6,14,36,99\cdots$$

递推时 ρ, σ 为负值的 $J_{\rho,\sigma}^{n,k}$ 取值为 0。下面给出 $\rho+\sigma \leq 6$ 的 $J_{\rho,\sigma}^{n,k}$ 表达式：

$$J_{0,0}^{n,k} = 1$$

$$J_{1,0}^{n,k} = 2k - n$$

$$J_{2,0}^{n,k} = -3n + n^2 + 5k - 4kn + 4k^2$$

$$J_{1,1}^{n,k} = n + n^2 - 4k^2$$

$$J_{3,0}^{n,k} = -17n + 9n^2 - n^3 + 26k - 33kn + 6kn^2 + 30k^2 - 12k^2n + 8k^3$$

$$J_{2,1}^{n,k} = 3n + n^2 - n^3 - 2k + 5kn + 2kn^2 - 10k^2 + 4k^2n - 8k^3$$

$$J_{4,0}^{n,k} = -142n + 95n^2 - 18n^3 + n^4 + 206k - 330kn + 102kn^2 - 8kn^3$$
$$+ 283k^2 - 192k^2n + 120k^3 - 32k^3n + 16k^4$$

$$J_{3,1}^{n,k} = 22n - n^2 - 6n^3 + n^4 - 22k + 47kn + 3kn^2 - 4kn^3$$
$$- 64k^2 + 48k^2n - 60k^3 + 16k^3n - 16k^4$$

$$J_{2,2}^{n,k} = 2n - n^2 - 2n^3 + n^4 - 9k^2 - 8k^2n^2 + 16k^4$$

$$J_{5,0}^{n,k} = -1569n + 1220n^2 - 305n^3 + 30n^4 - n^5 + 2194k - 4080kn$$
$$+ 1660kn^2 - 230kn^3 + 10kn^4 + 3360k^2 - 2995k^2n + 660k^2n^2$$
$$- 40k^2n^3 + 1790k^3 - 840k^3n + 80k^3n^2 + 400k^4 - 80k^4n + 32k^5$$

$$J_{4,1}^{n,k} = 231n - 68n^2 - 41n^3 + 14n^4 - n^5 - 258k + 572kn - 76kn^2 - 42kn^3$$
$$+ 6kn^4 - 648k^2 + 617k^2n - 60k^2n^2 - 8k^2n^3 - 614k^3 + 296k^3n$$
$$- 16k^3n^2 - 240k^4 + 48k^4n - 32k^5$$

$$J_{3,2}^{n,k} = 3n - 8n^2 - 5n^3 + 6n^4 - n^5 + 10k - 10kn - 12kn^2 + 2kn^3$$
$$+ 2kn^4 - 12k^2 - 9k^2n - 36k^2n^2 + 8k^2n^3 + 26k^3 - 24k^3n \qquad (3.50)$$
$$- 16k^3n^2 + 80k^4 - 16k^4n + 32k^5$$

$$J_{6,0}^{n,k} = -21576n + 18694n^2 - 5595n^3 + 745n^4 - 45n^5 + n^6$$
$$+ 29352k - 60752kn + 29535kn^2 - 5530kn^3 + 435kn^4 - 12kn^5$$
$$+ 48538k^2 - 51615k^2n + 15345k^2n^2 - 1680k^2n^3 + 60k^2n^4$$
$$+ 29835k^3 - 18860k^3n + 3240k^3n^2 - 160k^3n^3$$
$$+ 8660k^4 - 3120k^4n + 240k^4n^2 + 1200k^5 - 192k^5n + 64k^6$$

$$J_{5,1}^{n,k} = 3096n - 1466n^2 - 255n^3 + 185n^4 - 25n^5 + n^6$$
$$- 3608k + 8454kn - 2280kn^2 - 340kn^3 + 130kn^4 - 8kn^5$$
$$- 8588k^2 + 9535k^2n - 1765k^2n^2 - 80k^2n^3 + 20k^2n^4$$
$$- 8200k^3 + 5280k^3n - 640k^3n^2$$
$$- 3740k^4 + 1360k^4n - 80k^4n^2 - 800k^5 + 128k^5n - 64k^6$$

$$J_{4,2}^{n,k} = -72n - 58n^2 + 5n^3 + 41n^4 - 13n^5 + n^6$$
$$+ 136k - 344kn - 115kn^2 + 66kn^3 + 17kn^4 - 4kn^5$$
$$+ 314k^2 - 399k^2n - 255k^2n^2 + 112k^2n^3 - 4k^2n^4$$
$$+ 593k^3 - 452k^3n - 136k^3n^2 + 32k^3n^3$$
$$+ 788k^4 - 304k^4n - 16k^4n^2 + 400k^5 - 64k^5n + 64k^6$$

$$J_{3,3}^{n,k} = 24n - 26n^2 - 15n^3 + 25n^4 - 9n^5 + n^6$$
$$- 172k^2 + 39k^2n - 93k^2n^2 + 48k^2n^3 - 12k^2n^4$$
$$+ 196k^4 - 48k^4n + 48k^4n^2 - 64k^6$$

利用以上的 $J_{\rho,\sigma}^{n,k}$，我们可以得到如下展开式：

$$(\frac{r}{a})^n \frac{\cos}{\sin}(kf + k\omega) = [J_{0,0}^{n,k} + \frac{e^2}{4}J_{1,1}^{n,k} + \frac{e^4}{64}J_{2,2}^{n,k} + \frac{e^6}{2304}J_{3,3}^{n,k}]\frac{\cos}{\sin}(kM + k\omega)$$

$$+ [\frac{e}{2}J_{1,0}^{n,k} + \frac{e^3}{16}J_{2,1}^{n,k} + \frac{e^5}{384}J_{3,2}^{n,k}]\frac{\cos}{\sin}[(k+1)M + kw]$$

$$+ [\frac{e}{2}J_{1,0}^{n,-k} + \frac{e^3}{16}J_{2,1}^{n,-k} + \frac{e^5}{384}J_{3,2}^{n,-k}]\frac{\cos}{\sin}[(k-1)M + k\omega]$$

$$+ [\frac{e^2}{8}J_{2,0}^{n,k} + \frac{e^4}{96}J_{3,1}^{n,k} + \frac{e^6}{3072}J_{3,2}^{n,k}]\frac{\cos}{\sin}[(k+2)M + k\omega]$$

$$+ [\frac{e^2}{8}J_{2,0}^{n,-k} + \frac{e^4}{96}J_{3,1}^{n,-k} + \frac{e^6}{3072}J_{3,2}^{n,-k}]\frac{\cos}{\sin}[(k-2)M + k\omega]$$

$$+ [\frac{e^3}{48}J_{3,0}^{n,k} + \frac{e^5}{768}J_{4,1}^{n,k}]\frac{\cos}{\sin}[(k+3)M + k\omega]$$

$$+ [\frac{e^3}{48}J_{3,0}^{n,-k} + \frac{e^5}{768}J_{4,1}^{n,-k}]\frac{\cos}{\sin}[(k-3)M + k\omega]$$

（3.51）

$$+[\frac{e^4}{384}J_{4,0}^{n,k}+\frac{e^6}{7680}J_{4,1}^{n,k}]_{\sin}^{\cos}[(k+4)M+k\omega]$$

$$+[\frac{e^4}{384}J_{4,0}^{n,-k}+\frac{e^6}{7680}J_{4,1}^{n,-k}]_{\sin}^{\cos}[(k-4)M+k\omega]$$

$$+\frac{e^5}{3840}J_{5,0}^{n,k}{}_{\sin}^{\cos}[(k+5)M+k\omega]+\frac{e^5}{3840}J_{5,0}^{n,-k}{}_{\sin}^{\cos}[(k-5)M+k\omega]$$

$$+\frac{e^6}{46080}J_{6,0}^{n,k}{}_{\sin}^{\cos}[(k+6)M+k\omega]+\frac{e^6}{46080}J_{6,0}^{n,-k}{}_{\sin}^{\cos}[(k-6)M+k\omega]$$

3.4.7 一些函数的平均值

在研究卫星的长期和长周期摄动时，需要求取摄动函数的平均值，摄动函数中包含：$(\frac{a}{r})^p\sin qf$，$(\frac{a}{r})^p\cos qf$，$(\frac{a}{r})^p(f-M)\sin qf$ 和 $(\frac{a}{r})^p(f-M)\cos qf$ 等函数，本节将推导这些函数平均值的表达式[7]。

（1）基础知识

1）二项式定理

$$(a+b)^n=\sum_{m=0}^{n}\binom{n}{m}a^{n-m}b^m$$

2）三角函数的复数表达式

$$\sin f=\frac{e^{if}-e^{-if}}{2i},\quad \cos f=\frac{e^{if}+e^{-if}}{2},\quad i=\sqrt{-1}$$

$$e^{if}=\cos f+i\sin f,\quad e^{ikf}=(\cos f+i\sin f)^k=\cos kf+i\sin kf$$

3）$\cos^n f,\sin^n f$ 的倍角表达式

$$\cos^n f=\frac{1}{2^n}\sum_{m=0}^{n}\binom{n}{m}\cos(n-2m)f \tag{3.52}$$

$$\sin^n f=\frac{1}{2^n}\sum_{m=0}^{n}\binom{n}{m}(-1)^m\cos[(n-2m)f-n\frac{\pi}{2}] \tag{3.53}$$

4）三角函数的正交性

$$\frac{1}{2\pi}\int_0^{2\pi}\sin kf\sin nf\mathrm{d}f=\frac{1}{2\pi}\int_0^{2\pi}\cos kf\cos nf\mathrm{d}f=\begin{cases}0 & k\neq n\\ \dfrac{1}{2} & k=n\end{cases}$$

$$\frac{1}{2\pi}\int_0^{2\pi}\sin kf\cos nf\mathrm{d}f=0$$

5）$(\frac{a}{r})^{p-2}$ 展开为 f 的三角级数

在 $p\geq 2$ 时，下式成立：

$$(\frac{a}{r})^{p-2}=(1-e^2)^{-(p-2)}(1+e\cos f)^{p-2}$$

$$=(1-e^2)^{-(p-2)}\sum_{n=0}^{p-2}\binom{p-2}{n}e^n\cos^n f \tag{3.54}$$

$$=(1-e^2)^{-(p-2)}\sum_{n=0}^{p-2}\binom{p-2}{n}e^n\frac{1}{2^n}\sum_{m=0}^{n}\binom{n}{m}\cos(n-2m)f$$

6）$f-M$ 展开为 f 的三角级数

$$f-M=-2\sum_{n=1}^{\infty}(\sqrt{1-e^2}+\frac{1}{n})(-\beta)^n\sin nf \tag{3.55}$$

其中，$\beta=\dfrac{e}{1+\sqrt{1-e^2}}$

（2）一些函数的平均值

下面我们用 $\langle x\rangle$ 表示函数 x 的平均值：

1）$(\frac{a}{r})^p\sin qf$ 的平均值

根据定义：

$$\langle(\frac{a}{r})^p\sin qf\rangle=\frac{1}{2\pi}\int_0^{2\pi}(\frac{a}{r})^p\sin qf\mathrm{d}M$$

$$=\frac{1}{2\pi}\int_0^{2\pi}(\frac{a}{r})^{p-2}\sin qf(1-e^2)^{-1/2}\mathrm{d}f \tag{3.56}$$

利用（3.54）和三角函数的正交性，即有

$$\langle(\frac{a}{r})^p\sin qf\rangle=0 \tag{3.57}$$

2）$(\frac{a}{r})^p\cos qf$ 的平均值

根据定义：

$$\langle(\frac{a}{r})^p\cos qf\rangle=\frac{1}{2\pi}\int_0^{2\pi}(\frac{a}{r})^p\cos qf\mathrm{d}M=\frac{1}{2\pi}\int_0^{2\pi}(\frac{a}{r})^{p-2}\cos qf(1-e^2)^{-1/2}\mathrm{d}f$$

- $p = 0$

$$\langle \cos qf \rangle = \frac{1}{2\pi} \int_0^{2\pi} (\frac{r}{a})^2 \cos qf (1 - e^2)^{-1/2} \mathrm{d}f$$

$$= \frac{1}{2\pi} \int_0^{2\pi} [1 + 2\sum_{n=1}^{\infty} (-1)^n (1 + n\sqrt{1 - e^2}) \beta^n \cos nf] \cos qf \mathrm{d}f \qquad (3.58)$$

$$= (1 + q\sqrt{1 - e^2})(-\beta)^q = (1 + q\sqrt{1 - e^2})(\frac{-e}{1 + \sqrt{1 - e^2}})^q$$

- $p = 1$

$$\langle (\frac{a}{r}) \cos qf \rangle = \frac{1}{2\pi} \int_0^{2\pi} (\frac{r}{a}) \cos qf \mathrm{d}M$$

$$= \frac{1}{2\pi} \int_0^{2\pi} [1 + 2\sum_{n=1}^{\infty} (-1)^n \beta^n \cos nf] \cos qf \mathrm{d}f = (-\beta)^q = (\frac{-e}{1 + \sqrt{1 - e^2}})^q \qquad (3.59)$$

- $p \geq 2$

$$\langle (\frac{a}{r})^p \cos qf \rangle = \frac{1}{2\pi} \int_0^{2\pi} (\frac{a}{r})^p \cos qf \mathrm{d}M = \frac{1}{2\pi} \int_0^{2\pi} (\frac{a}{r})^{p-2} \cos qf (1 - e^2)^{-1/2} \mathrm{d}f$$

$$= \frac{1}{2\pi} \int_0^{2\pi} (1 - e^2)^{-(p-3/2)} \sum_{n=0}^{p-2} \binom{p-2}{n} \frac{e^n}{2^n} \sum_{m=0}^{n} \binom{n}{m} \cos(n - 2m)f \cos qf \mathrm{d}f \qquad (3.60)$$

显然，只有当 $q = |n - 2m|$ 时，平均值才不等于 0。而 $q = |n - 2m| \leq |n| \leq p - 2$，因此，只有在 $q \leq p - 2$ 平均值才不等于 0。换句话说，在 $q \geq p - 1$ 时，平均值为 0，即：

$$\langle (\frac{a}{r})^p \cos qf \rangle = 0 \quad (p \geq 2, q \geq p - 1) \qquad (3.61)$$

在 $q = |n - 2m|$ 时，即 $m = \frac{1}{2}(n - q)$ 和 $m = \frac{1}{2}(n + q)$ 时，平均值不等于 0，于是：

$$\langle (\frac{a}{r})^p \cos qf \rangle = (1 - e^2)^{-(p-3/2)} \sum_{n=0}^{p-2} \binom{p-2}{n} \frac{e^n}{2^{n+1}} \left[\binom{n}{\frac{1}{2}(n-q)} + \binom{n}{\frac{1}{2}(n+q)} \right]$$

作变换 $k = \frac{1}{2}(n - q)$, $n = q + 2k$，即有

$$\langle (\frac{a}{r})^p \cos qf \rangle = (1 - e^2)^{-(p-3/2)} \sum_{k=0}^{[\frac{1}{2}(p-2-q)]} \binom{p-2}{q+2k} \frac{e^{q+2k}}{2^{q+2k+1}} \left[\binom{q+2k}{k} + \binom{q+2k}{q+k} \right]$$

$$= (1 - e^2)^{-(p-3/2)} \sum_{k=0}^{[\frac{1}{2}(p-2-q)]} \binom{p-2}{q+2k} \binom{q+2k}{k} (\frac{e}{2})^{q+2k} \quad (p \geq 2, q \leq p - 2) \qquad (3.62)$$

3）$(\frac{a}{r})^p(f-M)\cos qf$，$(\frac{a}{r})^p(f-M)\sin qf$ 的平均值

由于 $(\frac{a}{r})^p\cos qf$ 可展为 $\sum_k A_k\cos kf$，$f-M$ 可展为 $\sum_k B_k\sin kf$，其

乘积为 $\sum_k C_k\sin kf$，因此，根据三角函数的正交性可知：

$$(\frac{a}{r})^p(f-M)\cos qf = 0$$

对于 $(\frac{a}{r})^p(f-M)\sin qf$，有：

- $p=2$

$$\langle(\frac{a}{r})^2(f-M)\sin qf\rangle$$

$$=-(1-e^2)^{-1/2}\frac{1}{2\pi}\int_0^{2\pi}2\sum_{n=1}^{\infty}(\sqrt{1-e^2}+\frac{1}{n})(-\beta)^n\sin nf\sin qf\mathrm{d}f \quad (3.63)$$

$$=-(1-e^2)^{-1/2}(\sqrt{1-e^2}+\frac{1}{q})(-\beta)^q$$

- $p\geq 3$

$$\langle(\frac{a}{r})^p(f-M)\sin qf\rangle=(1-e^2)^{-1/2}\frac{1}{2\pi}\int_0^{2\pi}(\frac{a}{r})^{p-2}(f-M)\sin qf\mathrm{d}f$$

$$=-2(1-e^2)^{-(p-3/2)}\sum_{n=0}^{p-2}\sum_{m=0}^{n}\binom{p-2}{n}\binom{n}{m}\frac{e^n}{2^n}$$

$$\times\sum_{k=1}^{\infty}\frac{1}{2\pi}\int_0^{2\pi}(\sqrt{1-e^2}+\frac{1}{k})(-\beta)^k\sin kf\cos(n-2m)f\sin qf\mathrm{d}f \quad (3.64)$$

$$=-2(1-e^2)^{-(p-3/2)}\sum_{n=0}^{p-2}\sum_{m=0}^{n}\binom{p-2}{n}\binom{n}{m}\frac{e^n}{2^n}\sum_{k=1}^{\infty}\frac{1}{2\pi}\int_0^{2\pi}(\sqrt{1-e^2}+\frac{1}{k})$$

$$\times(-\beta)^k\sin kf[\sin(q+n-2m)f+\sin(q-n+2m)f]\mathrm{d}f$$

积分即得：

$$\langle(\frac{a}{r})^p(f-M)\sin qf\rangle=-(1-e^2)^{-(p-3/2)}\sum_{n=0}^{p-2}\sum_{m=0}^{n}\binom{p-2}{n}\binom{n}{m}$$

$$\times\frac{e^n}{2^{n+1}}[(2\sqrt{1-e^2}+\frac{1}{(q+n-2m)})(-\beta)^{(q+n-2m)}+\frac{1}{(q-n+2m)})(-\beta)^{(q-n+2m)}]$$

$$(3.65)$$

4）$\langle (\frac{r}{a})^n \cos mf \rangle$ 的平均值[9]

对于 $n \geq 0$ 的情况，一般采用下式计算平均值：

$$\langle (\frac{r}{a})^n \cos mf \rangle = \frac{1}{2\pi} \int_0^{2\pi} (\frac{r}{a})^{n+1-m} (\cos E - e) \mathrm{d}E \qquad (3.66)$$

其中，E 为偏近点角。可以证明：对于 $n \geq 0, 0 \leq m \leq n$，有表达式：

$$\langle (\frac{r}{a})^n \cos mf \rangle = (-1)^m \frac{(n+1+m)!}{(n+1)!}$$
$$\times \sum_{l=0}^{[(n+1-m)/2]} \frac{(n+1-m)!}{l!(m+l)!(n+1-m-2l)!} (\frac{e}{2})^{m+2l} \qquad (3.67)$$

（3）函数平均值与 Hansen 系数的关系

根据 Hansen 系数的定义：

$$X_k^{n,m} = \frac{1}{2\pi} \int_0^{2\pi} (\frac{r}{a})^n \cos(mf - kM) \mathrm{d}M$$

当 $k = 0$ 时，有

$$X_0^{n,m} = \frac{1}{2\pi} \int_0^{2\pi} (\frac{r}{a})^n \cos mf \mathrm{d}M$$

因此，Hansen 系数就是平均值：

$$\langle (\frac{r}{a})^n \cos mf \rangle = X_0^{n,m} \qquad (3.68)$$

显然有 $\qquad X_0^{n,-m} = X_0^{n,m}$

当 $n \leq -2$ 时，就相当于（3.60）计算的平均值，这时，Hansen 系数 $X_0^{-n,m}$ 可用下面递推公式计算：

$$(1-e^2) X_0^{-n-1,m} = X_0^{-n,m} + \frac{1}{2} e[X_0^{-n,m+1} + X_0^{-n,m-1}] \qquad (3.69)$$
$$m = 0, \cdots, n-1$$

递推初值为：$\qquad X_0^{-2,0} = (1-e^2)^{-1/2} \qquad (3.70)$

递推时，$m \geq n-1$ 的项为 0。并注意第三项出现 $m-1 < 0$ 时，需要利用 $X_0^{n,-m} = X_0^{n,m}$ 计算。

当 $n \geq 0$ 时，就相当于（3.66）计算的平均值，这时有递推关系式[9]：

$$X_0^{n,m} = \frac{1}{n+2-m} [\frac{2}{e}(m-1) X_0^{n,m-1} + (n+m) X_0^{n,m-2}] \qquad (3.71)$$

初值为：

$$X_0^{n,0} = \sum_{m=0}^{[(n+1)/2]} \frac{(n+1)!}{m!\, m!(n+1-2m)!} \left(\frac{e}{2}\right)^{2m} \tag{3.72}$$

$$X_0^{n,1} = -(n+2) \sum_{m=0}^{[n/2]} \frac{n!}{m!(m+1)!(n-2m)!} \left(\frac{e}{2}\right)^{2m+1} \tag{3.73}$$

由此可见，平均值也可利用 Hansen 系数的递推公式（3.69）、（3.71）计算。

3.5 人造卫星的摄动运动方程[7]

由于摄动力的存在，人造卫星的运动不是二体运动，卫星轨道也就不是一个不变的椭圆。它的运动方程为：

$$\frac{\mathrm{d}^2 \vec{r}}{\mathrm{d}t^2} = -\mu \frac{\vec{r}}{r^3} + \vec{F}$$

如果已知了人造卫星某一时刻 t_0 的位置和速度 $\vec{r}_0, \dot{\vec{r}}_0$，积分上式，即可得到人造卫星任意时刻的位置和速度 $\vec{r}, \dot{\vec{r}}$。这就是运动方程的数值解。但是，在研究人造卫星时，天文界用得最多的是运动方程的分析解。

在天体力学中，求运动方程的分析解时，不用位置和速度 $\vec{r}, \dot{\vec{r}}$ 作变量。而将运动方程转换为根数变化的方程来研究。即，我们认为：在有摄动力存在时，根数不再是常数，而不断在变化。

根数变化的方程为：

$$
\begin{aligned}
\frac{\mathrm{d}a}{\mathrm{d}t} &= \frac{2}{n\sqrt{1-e^2}}\left[Se\sin f + \frac{p}{r}T\right] \\[2mm]
\frac{\mathrm{d}e}{\mathrm{d}t} &= \frac{\sqrt{1-e^2}}{na}\left[S\sin f + T(\cos E + \cos f)\right] \\[2mm]
\frac{\mathrm{d}i}{\mathrm{d}t} &= \frac{r\cos u}{na^2\sqrt{1-e^2}}W \\[2mm]
\frac{\mathrm{d}\Omega}{\mathrm{d}t} &= \frac{r\sin u}{na^2\sqrt{1-e^2}\,\sin i}W \\[2mm]
\frac{\mathrm{d}\omega}{\mathrm{d}t} &= \frac{\sqrt{1-e^2}}{nae}\left[-S\cos f + T(1+\frac{r}{p})\sin f\right] - \cos i\frac{\mathrm{d}\Omega}{\mathrm{d}t} \\[2mm]
\frac{\mathrm{d}M}{\mathrm{d}t} &= n + \frac{1-e^2}{nae}\left[S(\cos f - \frac{2er}{p}) - T(1+\frac{r}{p})\sin f\right]
\end{aligned}
\tag{3.74}
$$

式中，r 为向径；f 为真近点角；$n = \sqrt{\dfrac{\mu}{a^3}}$ 为平运动；$p = a(1-e^2)$；$u = f + \omega$；S,T,W 为摄动力在向径方向、横向和轨道面法向的投影。

上式称为高斯方程，在摄动力有势时，它等同于著名的拉格朗日方程：

$$\frac{\mathrm{d}a}{\mathrm{d}t} = \frac{2}{na}\frac{\partial R}{\partial M}$$

$$\frac{\mathrm{d}e}{\mathrm{d}t} = \frac{1-e^2}{na^2 e}\frac{\partial R}{\partial M} - \frac{\sqrt{1-e^2}}{na^2 e}\frac{\partial R}{\partial \omega}$$

$$\frac{\mathrm{d}i}{\mathrm{d}t} = \frac{\cos i}{na^2\sqrt{1-e^2}\sin i}\frac{\partial R}{\partial \omega} - \frac{1}{na^2\sqrt{1-e^2}\sin i}\frac{\partial R}{\partial \Omega}$$

$$\frac{\mathrm{d}\Omega}{\mathrm{d}t} = \frac{1}{na^2\sqrt{1-e^2}\sin i}\frac{\partial R}{\partial i} \qquad (3.75)$$

$$\frac{\mathrm{d}\omega}{\mathrm{d}t} = \frac{\sqrt{1-e^2}}{na^2 e}\frac{\partial R}{\partial e} - \cos i \frac{\mathrm{d}\Omega}{\mathrm{d}t}$$

$$\frac{\mathrm{d}M}{\mathrm{d}t} = n - \frac{1-e^2}{na^2 e}\frac{\partial R}{\partial e} - \frac{2}{na}\frac{\partial R}{\partial a}$$

轨道根数的变化，分为长期变化、长周期变化和短周期变化。只包含长期变化的根数 $\bar{\sigma}$，称为平均根数；包含长期、长周期变化的根数 σ^*，称为平根数；包含所有变化的根数 σ，称为密切根数。这些根数之间的关系为：

$$\bar{\sigma} = \bar{\sigma}_0 + \dot{\sigma}(t - t_0) = \sigma^* - \Delta\sigma_l = \sigma - \Delta\sigma_l - \Delta\sigma_s$$

$$\sigma^* = \bar{\sigma} + \Delta\sigma_l = \sigma - \Delta\sigma_s \qquad (3.76)$$

其中，$\dot{\sigma}$ 为根数的长期变率；$\Delta\sigma_l$ 为长周期项；$\Delta\sigma_s$ 为短周期项。

给出各种摄动的 S,T,W（或摄动函数 R），解出对应的长期、长周期和短周期摄动，得到任意时刻的密切根数，就是卫星动力学要解决的基本问题。

3.6 运动方程的奇点和无奇点根数

在这节中，我们讨论运动方程的奇点问题，运动方程的奇点有以下几种：

（1）由根数选择引起的奇点

考察克普勒根数（$a, e, i, \Omega, \omega, M$）的摄动运动方程，不管是拉格朗日方程，还是高斯方程，它们都有 e 和 $\sin i$ 在分母上，也就是说，它们均有 $e = 0$ 和 $i = 0$ 的奇点。但是，在人造卫星的运动方程（3.1）中，却没有这些奇点，这说明这些奇点，不是本质性的，而是我们使用了不确当的变量引起的。我们可以引进无奇点根数来克服这些奇点，常用的无奇点根数有：

1）无 $e = 0$ 奇点根数（$a, i, \Omega, \xi = e\sin\omega, e\cos\omega, \lambda = M + \omega$）

这组根数的 Gauss 型摄动方程为：

$$\frac{\mathrm{d}a}{\mathrm{d}t} = \frac{2}{n\sqrt{1-e^2}}[Se\sin f + \frac{p}{r}T]$$

$$\frac{\mathrm{d}i}{\mathrm{d}t} = \frac{r\cos u}{na^2\sqrt{1-e^2}}W$$

$$\frac{\mathrm{d}\Omega}{\mathrm{d}t} = \frac{r\sin u}{na^2\sqrt{1-e^2}\sin i}W \tag{3.77}$$

$$\frac{\mathrm{d}\xi}{\mathrm{d}t} = -\eta\cos i\frac{\mathrm{d}\Omega}{\mathrm{d}t} + \frac{\sqrt{1-e^2}}{na}[-S\cos u + T(\sin u + \sin\tilde{u}) + T\frac{e\eta\sin E}{\sqrt{1-e^2}(1+\sqrt{1-e^2})}]$$

$$\frac{\mathrm{d}\eta}{\mathrm{d}t} = \xi\cos i\frac{\mathrm{d}\Omega}{\mathrm{d}t} + \frac{\sqrt{1-e^2}}{na}[S\sin u + T(\cos u + \cos\tilde{u}) - T\frac{e\xi\sin E}{\sqrt{1-e^2}(1+\sqrt{1-e^2})}]$$

$$\frac{\mathrm{d}\lambda}{\mathrm{d}t} = n - \cos i\frac{\mathrm{d}\Omega}{\mathrm{d}t} - \frac{2r}{na^2}S + \frac{e\sqrt{1-e^2}}{na(1+\sqrt{1-e^2})}[-S\cos f + T\sin f(1+\frac{r}{p})]$$

相应的拉格朗日型摄动方程为：

$$\frac{\mathrm{d}a}{\mathrm{d}t} = \frac{2}{na}\frac{\partial R}{\partial \lambda}$$

$$\frac{\mathrm{d}i}{\mathrm{d}t} = \frac{\cos i}{na^2\sqrt{1-e^2}\sin i}(\eta\frac{\partial R}{\partial \xi} - \xi\frac{\partial R}{\partial \eta} + \frac{\partial R}{\partial \lambda}) - \frac{1}{na^2\sqrt{1-e^2}\sin i}\frac{\partial R}{\partial \Omega}$$

$$\frac{\mathrm{d}\Omega}{\mathrm{d}t} = \frac{1}{na^2\sqrt{1-e^2}\sin i}\frac{\partial R}{\partial i}$$

$$\frac{\mathrm{d}\xi}{\mathrm{d}t} = -\frac{\sqrt{1-e^2}}{na^2}\frac{\xi}{1+\sqrt{1-e^2}}\frac{\partial R}{\partial \lambda} + \frac{\sqrt{1-e^2}}{na^2}\frac{\partial R}{\partial \eta} - \eta\cos i\frac{\mathrm{d}\Omega}{\mathrm{d}t} \tag{3.78}$$

$$\frac{\mathrm{d}\eta}{\mathrm{d}t} = -\frac{\sqrt{1-e^2}}{na^2}\frac{\eta}{1+\sqrt{1-e^2}}\frac{\partial R}{\partial \lambda} - \frac{\sqrt{1-e^2}}{na^2}\frac{\partial R}{\partial \xi} + \xi \cos i \frac{\mathrm{d}\Omega}{\mathrm{d}t}$$

$$\frac{\mathrm{d}\lambda}{\mathrm{d}t} = \frac{\mathrm{d}M}{\mathrm{d}t} + \frac{\mathrm{d}\omega}{\mathrm{d}t} = n - \frac{2}{na}\frac{\partial R}{\partial a} + \frac{\sqrt{1-e^2}}{na^2(1+\sqrt{1-e^2})}(\xi\frac{\partial R}{\partial \xi} + \eta\frac{\partial R}{\partial \eta}) - \cos i \frac{\mathrm{d}\Omega}{\mathrm{d}t}$$

由这些方程可见：分母中已没有 e，这说明这组根数已没有 $e=0$ 的奇点。

2）无 $e=0$ 和 $\sin i=0$ 奇点根数[10]

$$[\,a, h = e\sin(\omega+\Omega), k = e\cos(\omega+\Omega),$$
$$p = \mathrm{tg}(i/2)\sin\Omega, q = \mathrm{tg}(i/2)\cos\Omega, \lambda = M+\omega+\Omega\,]$$

这种根数的 h,k,p,q 有几何意义，如图 3.2，W 轴指向轨道面法向，在轨道平面内定义，F 轴使 $FN=\Omega$，G 轴与之组成右手系。偏心率向量的大小为偏心率 e，它从地心指向近地点，根数 h 和 k 分别是它在参考架坐标轴 G 和 F 轴上的分量；升交点向量的大小为 $\mathrm{tg}\frac{i}{2}$，它从地心指向升交点，根数 p 和 q 分别是它在坐标轴 G 和 F 轴上的分量。(F,G,W) 三个轴上的单位向量 $(\vec{f}, \vec{g}, \vec{w})$，在 (X,Y,Z) 坐标系中的坐标，可表达为 p,q 的函数：

$$\vec{f} = \frac{1}{1+p^2+q^2}\begin{pmatrix} 1-p^2+q^2 \\ 2pq \\ -2q \end{pmatrix}, \vec{g} = \frac{1}{1+p^2+q^2}\begin{pmatrix} 2pq \\ 1+p^2-q^2 \\ 2q \end{pmatrix},$$

$$\vec{w} = \frac{1}{1+p^2+q^2}\begin{pmatrix} 2p \\ -2q \\ 1-p^2-q^2 \end{pmatrix} \tag{3.79}$$

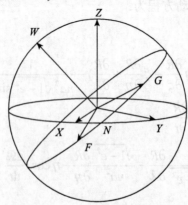

图 3.2　无奇点根数的几何意义

在使用这组根数时，经常定义两种辅助经度：

$$\text{真经度 } L: \qquad L = f + \omega + \Omega$$

$$\text{偏经度 } F: \qquad F = E + \omega + \Omega$$

这组根数的 Gauss 运动方程为：

$$\frac{\mathrm{d}a}{\mathrm{d}t} = \frac{2}{n\sqrt{1-e^2}}[Se\sin f + \frac{p}{r}T]$$

$$\frac{\mathrm{d}h}{\mathrm{d}t} = \frac{\sqrt{1-e^2}}{na}[-S\cos L + T(\sin L + \sin F) + \frac{Tek\sin E}{\sqrt{1-e^2}(1+\sqrt{1-e^2})}] + \frac{r\,\mathrm{tg}(i/2)\sin u}{na^2\sqrt{1-e^2}}kW$$

$$\frac{\mathrm{d}k}{\mathrm{d}t} = \frac{\sqrt{1-e^2}}{na}[S\sin L + T(\cos L + \cos F) - \frac{Teh\sin E}{\sqrt{1-e^2}(1+\sqrt{1-e^2})}] - \frac{r\,\mathrm{tg}(i/2)\sin u}{na^2\sqrt{1-e^2}}hW$$

$$\frac{\mathrm{d}p}{\mathrm{d}t} = \frac{r\sin L}{na^2\sqrt{1-e^2}(1+\cos i)}W \qquad\qquad (3.80)$$

$$\frac{\mathrm{d}q}{\mathrm{d}t} = \frac{r\cos L}{na^2\sqrt{1-e^2}(1+\cos i)}W$$

$$\frac{\mathrm{d}\lambda}{\mathrm{d}t} = n - \frac{2r}{na^2}S + \frac{e\sqrt{1-e^2}}{na(1+\sqrt{1-e^2})}[-S\cos f + T(1+\frac{r}{p})\sin f] + \frac{r\,\mathrm{tg}(i/2)\sin u}{na^2\sqrt{1-e^2}}W$$

其中，$a, e, i, \omega, \Omega, M$ 为克普勒根数；L 为真经度；F 为偏经度；$u = f + \omega, f$ 和 E 分别为真近点角和偏近点角；n 为平运动；$e = \sqrt{h^2 + k^2}$ 为偏心率；$r = a(1 - k\cos F - h\sin F)$ 为卫星地心距；$p = a(1 - h^2 - k^2)$ 为半通径；

S, T, W 为三个方向的摄动加速度。其他量的计算方法如下：

$$e\sin E = k\sin F - h\cos F$$

$$e\cos E = k\cos F + h\sin F$$

$$e\sin f = k\sin L - h\cos L \qquad\qquad (3.81)$$

$$e\cos f = k\cos L + h\sin L$$

$$\mathrm{tg}\frac{i}{2}\sin u = q\sin L - p\cos L$$

这组根数的拉格朗日方程为：

$$\frac{\mathrm{d}a}{\mathrm{d}t} = \frac{2}{na}\frac{\partial R}{\partial \lambda}$$

$$\frac{dh}{dt} = \frac{-h\sqrt{1-e^2}}{na^2(1+\sqrt{1-e^2})}\frac{\partial R}{\partial \lambda} + \frac{\sqrt{1-e^2}}{na^2}\frac{\partial R}{\partial k} + \frac{k}{na^2\sqrt{1-e^2}}\frac{1}{1+\cos i}(\frac{\partial R}{\partial p}p + \frac{\partial R}{\partial q}q)$$

$$\frac{dk}{dt} = \frac{-k\sqrt{1-e^2}}{na^2(1+\sqrt{1-e^2})}\frac{\partial R}{\partial \lambda} - \frac{\sqrt{1-e^2}}{na^2}\frac{\partial R}{\partial h} - \frac{h}{na^2\sqrt{1-e^2}}\frac{1}{1+\cos i}(\frac{\partial R}{\partial p}p + \frac{\partial R}{\partial q}q)$$

$$\frac{dp}{dt} = -\frac{1}{na^2\sqrt{1-e^2}}\frac{p}{1+\cos i}(k\frac{\partial R}{\partial h} - h\frac{\partial R}{\partial k} + \frac{\partial R}{\partial \lambda})$$
$$+ \frac{1}{na^2\sqrt{1-e^2}}\frac{1}{(1+\cos i)^2}\frac{\partial R}{\partial q} \tag{3.82}$$

$$\frac{dq}{dt} = -\frac{q}{na^2\sqrt{1-e^2}(1+\cos i)}(k\frac{\partial R}{\partial h} - h\frac{\partial R}{\partial k} + \frac{\partial R}{\partial \lambda}) - \frac{1}{na^2\sqrt{1-e^2}(1+\cos i)^2}\frac{\partial R}{\partial p}$$

$$\frac{d\lambda}{dt} = -\frac{2}{na}\frac{\partial R}{\partial a} + \frac{\sqrt{1-e^2}}{na^2(1+\sqrt{1-e^2})}(\frac{\partial R}{\partial h}h + \frac{\partial R}{\partial k}k)$$
$$+ \frac{1}{na^2\sqrt{1-e^2}}\frac{1}{1+\cos i}(p\frac{\partial R}{\partial p} + \frac{\partial R}{\partial q}q)$$

我们不难看出在无奇点根数的运动方程中，已没有 $e=0, i=0$ 的奇点，但有 $i=180°$ 的奇点。由于，在轨的空间目标没有 $i=180°$ 的目标，因此，这组无奇点根数可以适用于现在所有的空间目标。

拉格朗日方程还有一种大家不很熟悉的形式：

$$\frac{da}{dt} = \frac{2a}{A}\frac{\partial R}{\partial \lambda}$$

$$\frac{dh}{dt} = \frac{-hB}{A(1+B)}\frac{\partial R}{\partial \lambda} + \frac{B}{A}\frac{\partial R}{\partial k} + \frac{k}{AB}(pR_{,\alpha\gamma} - qR_{,\beta\gamma})$$

$$\frac{dk}{dt} = \frac{-kB}{A(1+B)}\frac{\partial R}{\partial \lambda} - \frac{B}{A}\frac{\partial R}{\partial h} - \frac{h}{AB}(pR_{,\alpha\gamma} - qR_{,\beta\gamma})$$

$$\frac{dp}{dt} = \frac{C}{2AB}[p(R_{,hk} - R_{,\alpha\beta} - \frac{\partial R}{\partial \lambda}) - R_{,\beta\gamma}] \tag{3.83}$$

$$\frac{dq}{dt} = \frac{C}{2AB}[q(R_{,hk} - R_{,\alpha\beta} - \frac{\partial R}{\partial \lambda}) - R_{,\alpha\gamma}]$$

$$\frac{d\lambda}{dt} = -\frac{2a}{A}\frac{\partial R}{\partial a} + \frac{B}{A(1+B)}(\frac{\partial R}{\partial h}h + \frac{\partial R}{\partial k}k) + \frac{1}{AB}(pR_{,\alpha\gamma} - qR_{,\beta\gamma})$$

其中，$A = na^2$，$B = \sqrt{1-p^2-q^2}$，$C = 1+p^2+q^2$

而 $R_{,\alpha\beta}$ 的定义为：
$$R_{,\alpha\beta} = \alpha\frac{\partial R}{\partial \beta} - \beta\frac{\partial R}{\partial \alpha}$$

(α, β, γ) 为摄动对称轴 $\vec{z}_B$，在无奇点根数框架上的方向余弦，即：
$$\alpha = \vec{z}_B \cdot \vec{f}, \quad \beta = \vec{z}_B \cdot \vec{g}, \quad \gamma = \vec{z}_B \cdot \vec{w}$$

这种形式的拉格朗日方程，对于地球引力场摄动，日月摄动等可以避免展开为 p,q 函数的困难，对于地球的引力球谐函数，$\vec{z}_B$ 为质心到北极的单位向量，对于日月摄动和无地影太阳辐射压摄动，$\vec{z}_B$ 为地心到太阳（月亮）的单位向量。

（2）由方法选择引起的奇点

在第 4 章中，我们将会看到，对于分析方法，在计算长周期项时，在分母上将出现（$4-5\sin^2 i$），这是对 ω 积分，使 $\dot{\omega} = \frac{3J_2 n}{4p^2}(4-5\sin^2 i)$ 出现在分母上引起的，这就是所谓"临界角"问题。而对于半分析方法和数值方法中，没有这种问题。在短周期项中，也没有 $4-5\sin^2 i$ 分母。这说明"临界角"问题是由方法选择引起的，只要不选择平均根数的分析方法，不计算长周期项，就没有"临界角"问题。

（3）共振奇点

还有一种奇点出现在田谐摄动中，在积分得出田谐摄动后，分母上将出现：
$$(l-2p+q)(n+\dot{M}_0) - q\dot{\omega} + m(\dot{\Omega} - \dot{\theta})$$

其中，n 为卫星平运动；$\dot{\theta}$ 为地球自转速度；$\dot{M}_0, \dot{\Omega}, \dot{\omega}$ 为根数的一阶长期摄动。略去摄动项，当 $(l-2p+q)n = m\dot{\theta}$ 时，即出现所谓的共振项，该项摄动就变得很大，这种奇点对于分析方法是本质性的。对于近地卫星来说，在计算 30 阶次以下的田谐摄动时，共振项只会出现在 $(l-2p+q)=1$ 或 $(l-2p+q)=2$，而且，对于给定的卫星，共振项对应的 m 是确定的。因此，可以建议采用如下方法处理这些共振项：

当发现共振项对应的 m 和 $(l-2p+q)$ 后，在计算田谐摄动时，将不求出这项摄动表达式，而将其对应的变率加入平根数的方程。这样，共振奇点就不会出现。

根据以上分析，在选择根数系统和计算摄动方法时，我们建议：

1）　在精密定轨和精密预报时，尽量采用数值方法，这可以避免奇点问题；

2） 在人造卫星的轨道计算中，我们不可避免地将要采用分析方法，这时我们建议尽量采用无奇点根数。对于近地卫星，可采用无 $e = 0$ 奇点根数（ $a, i, \Omega, \xi = e \sin \omega, e \cos \omega, \lambda = M + \omega$ ）；对于地球同步卫星，可采用无 $e = 0$ 和 $\sin i = 0$ 奇点根数：

$$a, h = e \sin(\omega + \Omega), k = e \cos(\omega + \Omega),$$
$$p = \text{tg}(i / 2) \sin \Omega, q = \text{tg}(i / 2) \cos \Omega, \lambda = M + \omega + \Omega ;$$

3） 选择根数系统时，尽量采用包括长周期项的平根数 σ^* ，避免计算长周期项的积分；

4） 在计算田谐摄动时，对共振项进行适当处理，避免出现共振问题。

3.7 星历表计算

3.7.1 由克普勒根数计算卫星坐标和速度

已知了 t 时刻的人造卫星的密切根数（ $a, e, i, \Omega, \omega, M$ ），计算卫星坐标和速度的方法较多，最常见的有如下四种：

（1）方法一

①计算 $\vec{P}, \vec{Q}$

设 $\vec{P}$ 为指向卫星近地点方向的单位向量， $\vec{Q}$ 为在轨道面内与 $\vec{P}$ 垂直的单位向量，它们由轨道根数 i, Ω, ω 确定，具体表达式如下：

$$\vec{P} = \begin{pmatrix} \cos \Omega \cos \omega - \sin \Omega \sin \omega \cos i \\ \sin \Omega \cos \omega + \cos \Omega \sin \omega \cos i \\ \sin \omega \sin i \end{pmatrix}$$

$$\vec{Q} = \begin{pmatrix} -\cos \Omega \sin \omega - \sin \Omega \cos \omega \cos i \\ -\sin \Omega \sin \omega + \cos \Omega \cos \omega \cos i \\ \cos \omega \sin i \end{pmatrix}$$

$$(3.84)$$

②解克普勒方程得 E

$$E - e \sin E = M_0 + n(t - t_0), \quad n = \sqrt{\frac{\mu}{a^3}}$$

③计算坐标速度 $\vec{r}, \dot{\vec{r}}$

$$\vec{r} = a[(\cos E - e)\vec{P} + \sqrt{1-e^2}\sin E\vec{Q}]$$

$$\dot{\vec{r}} = \frac{na^2}{r}[-\sin E\vec{P} + \sqrt{1-e^2}\cos E\vec{Q}]$$

（3.85）

其中，$r = a(1 - e\cos E)$

（2）方法二

①解克普勒方程得 E（同方法一）
②计算位置和速度 $\vec{r}, \dot{\vec{r}}$

$$\vec{r} = R_3(-\Omega)R_1(-i)R_3(-\omega)\begin{pmatrix} a(\cos E - e) \\ a\sqrt{1-e^2}\sin E \\ 0 \end{pmatrix}$$

$$\dot{\vec{r}} = R_3(-\Omega)R_1(-i)R_3(-\omega)\frac{a^2 n}{r}\begin{pmatrix} -\sin E \\ \sqrt{1-e^2}\cos E \\ 0 \end{pmatrix}$$

（3.86）

其中，$n = \sqrt{\dfrac{\mu}{a^3}}$；$r = a(1 - e\cos E)$；$R_1(\theta), R_2(\theta), R_3(\theta)$ 为坐标旋转变换算子，定义同前。

（3）方法三

①解克普勒方程得 E（同方法一）
②计算 f, u, ξ, r, v

$$f = E + 2\mathrm{tg}^{-1}[\frac{e\sin E}{1 + \sqrt{1-e^2} - e\cos E}]$$

$$u = f + \omega, \quad \xi = \mathrm{tg}^{-1}(\frac{e\sin E}{\sqrt{1-e^2}})$$

（3.87）

$$r = a(1 - e\cos E), \quad v = \sqrt{\mu(\frac{2}{r} - \frac{1}{a})}$$

③计算 $\vec{S}, \vec{V}$

$\vec{S}$ 为卫星向径方向，$\vec{V}$ 为卫星速度方向，其表达式为：

$$\vec{S} = \begin{pmatrix} \cos\Omega\cos u - \sin\Omega\sin u\cos i \\ \sin\Omega\cos u + \cos\Omega\sin u\cos i \\ \sin u\sin i \end{pmatrix}$$

$$\vec{V} = \begin{pmatrix} \cos(u+\dfrac{\pi}{2}-\xi)\cos\Omega - \sin(u+\dfrac{\pi}{2}-\xi)\sin\Omega\cos i \\ \cos(u+\dfrac{\pi}{2}-\xi)\sin\Omega + \sin(u+\dfrac{\pi}{2}-\xi)\cos\Omega\cos i \\ \sin(u+\dfrac{\pi}{2}-\xi)\sin i \end{pmatrix}$$　　　（3.88）

④计算位置和速度 $\vec{r}, \dot{\vec{r}}$

$$\begin{aligned} \vec{r} &= r\vec{S} \\ \dot{\vec{r}} &= v\vec{V} \end{aligned}$$　　　（3.89）

$\dot{\vec{r}}$ 也可用坐标旋转方法计算：

$$\dot{\vec{r}} = R_3(-\Omega)R_1(-i)R_3\left[-(u+\frac{\pi}{2}-\xi)\right]\begin{pmatrix} v \\ 0 \\ 0 \end{pmatrix}$$　　　（3.90）

（4）方法四

①解克普勒方程得 E（同方法一）
②计算 f, u, r（同方法三）
③计算位置和速度 $\vec{r}, \dot{\vec{r}}$

$$\vec{r} = R_3(-\Omega)R_1(-i)R_3(-u)\begin{pmatrix} r \\ 0 \\ 0 \end{pmatrix}$$

$$\dot{\vec{r}} = R_3(-\Omega)R_1(-i)R_3(-u)\frac{a^2 n}{r}\begin{pmatrix} e\sin E \\ \sqrt{1-e^2} \\ 0 \end{pmatrix}$$　　　（3.91）

$$= R_3(-\Omega)R_1(-i)R_3(-u)\sqrt{\frac{\mu}{p}}\begin{pmatrix} e\sin f \\ 1+e\cos f \\ 0 \end{pmatrix}$$

其中，$p = a(1-e^2)$，在以上四种方法中，方法二最简单，值得推荐。

3.7.2 由无奇点根数计算坐标和速度

对于无 $e=0$ 奇点根数

$$a, i, \Omega, \xi = e\sin\omega, e\cos\omega, \lambda = M + \omega$$

和无 $e=0$ 和 $i=0$ 奇点根数

$$a, h = e\sin(\omega+\Omega), k = e\cos(\omega+\Omega),$$
$$p = \text{tg}(i/2)\sin\Omega, q = \text{tg}(i/2)\cos\Omega, \lambda = M + \omega + \Omega$$

我们不仅需要在摄动运动方程中，不出现奇点，而且还需要在计算卫星坐标和速度等方面均不出现奇点。由于计算坐标和速度的方法很多，为了简单起见，对每种无奇点根数只列出 1~2 种计算方法。

（1）无 $e=0$ 奇点根数

已知无奇点根数：$a, i, \Omega, \xi = e\sin\omega, e\cos\omega, \lambda = M + \omega$ 卫星的坐标和速度的计算方法如下：

1）定义 $\tilde{u} = E + \omega$，已知 λ, ξ, η，解克普勒方程 $\lambda = \tilde{u} - \eta\sin\tilde{u} + \xi\cos\tilde{u}$ 即可解超越方程得到 $\tilde{u}$

2）计算 u, r

$$u = \tilde{u} + 2\text{tg}^{-1}\left[\frac{\eta\sin\tilde{u} - \xi\cos\tilde{u}}{1 + \sqrt{1-e^2} - \eta\cos\tilde{u} - \xi\sin\tilde{u}}\right] \tag{3.92}$$
$$r = a(1 - \eta\cos\tilde{u} - \xi\sin\tilde{u})$$

3）计算位置和速度 $\vec{r}, \dot{\vec{r}}$

$$\vec{r} = R_3(-\Omega)R_1(-i)\begin{pmatrix} r\cos u \\ r\sin u \\ 0 \end{pmatrix} \tag{3.93}$$

$$\dot{\vec{r}} = R_3(-\Omega)R_1(-i)\sqrt{\frac{\mu}{p}}\begin{pmatrix} -(\sin u + \xi) \\ (\cos u + \eta) \\ 0 \end{pmatrix} \tag{3.94}$$

其中，$p = a(1 - \xi^2 - \eta^2)$

（2）无 $e=0$ 和 $i=0$ 奇点根数

已知无奇点根数：

$$a, h = e\sin(\omega+\Omega), k = e\cos(\omega+\Omega),$$

$$p = \text{tg}(i/2)\sin\Omega, q = \text{tg}(i/2)\cos\Omega, \lambda = M + \omega + \Omega$$

下面介绍两种计算卫星的坐标和速度的方法：

第一种方法：

1）定义 $F = E + \omega + \Omega$，$L = f + \omega + \Omega$，已知 λ, h, k，解克普勒方程 $\lambda = F - k\sin F + h\cos F$，解超越方程即可得到 F

2）计算 L, ξ, r, v

$$L = F + 2\text{tg}^{-1}[\frac{k\sin F - h\cos F}{1 + \sqrt{1 - h^2 - k^2} - k\cos F - h\sin F}]$$

$$\xi = \text{tg}^{-1}(\frac{k\sin F - h\cos F}{\sqrt{1 - e^2}}) \tag{3.95}$$

$$r = a(1 - k\cos F - h\sin F)$$

$$v = \sqrt{\mu(\frac{2}{r} - \frac{1}{a})}$$

3）计算 $\vec{S}, \vec{V}$

$\vec{S}$ 为卫星向径方向，$\vec{V}$ 为卫星速度方向，其表达式为：

$$\vec{S} = \begin{pmatrix} \cos L + p\sin i\sin u \\ \sin L - q\sin i\sin u \\ \sin i\sin u \end{pmatrix}, \quad \vec{V} = \begin{pmatrix} \cos(L + \frac{\pi}{2} - \xi) + p\sin(u + \frac{\pi}{2} - \xi)\sin i \\ \sin(L + \frac{\pi}{2} - \xi) - q\sin(u + \frac{\pi}{2} - \xi)\sin i \\ \sin(u + \frac{\pi}{2} - \xi)\sin i \end{pmatrix}$$

$$\tag{3.96}$$

其中，$\quad \sin i\sin u = (1 + \cos i)(q\sin L - p\cos L)$

$$\sin(u + \frac{\pi}{2} - \xi)\sin i = \sin i\sin u\sin\xi + \sin i\cos u\cos\xi$$

$$= (1 + \cos i)[(q\sin L - p\cos L)\sin\xi + (q\cos L + p\sin L)\cos\xi]$$

计算位置和速度 $\vec{r}, \dot{\vec{r}}$

$$\vec{r} = r\vec{S}, \qquad \dot{\vec{r}} = v\vec{V}$$

第二种方法[10]：

计算位置和速度的第一步是：首先计算无奇点根数参考系的基础向量 $(\vec{f}, \vec{g})$：

$$\vec{f} = \frac{1}{1+p^2+q^2}\begin{pmatrix} 1-p^2+q^2 \\ 2pq \\ -2q \end{pmatrix}, \qquad \vec{g} = \frac{1}{1+p^2+q^2}\begin{pmatrix} 2pq \\ 1+p^2-q^2 \\ 2q \end{pmatrix} \qquad (3.97)$$

第二步是计算偏经度 F 和真经度 L，解克普勒方程：

$$\lambda = F - k\sin F + h\cos F,$$

即可得到 F。再用下式计算 L：

$$L = F + 2\mathrm{tg}^{-1}[\frac{k\sin F - h\cos F}{1+\sqrt{1-h^2-k^2}-k\cos F - h\sin F}] \qquad (3.98)$$

第三步为计算在无奇点参考架中的位置 (x,y) 和速度 $(\dot{x},\dot{y})$，向径为：

$$r = a(1+h\sin F + k\cos F) = \frac{a(1-h^2-k^2)}{1+h\sin L + k\cos L} \qquad (3.99)$$

位置分量为：

$$x = r\cos L, \quad y = r\sin L \qquad (3.100)$$

速度分量为：

$$\dot{x} = -\frac{na(\sin L + h)}{\sqrt{1-h^2-k^2}}, \quad \dot{y} = \frac{na(\cos L + k)}{\sqrt{1-h^2-k^2}} \qquad (3.101)$$

其中，n 为平运动。最后一步为计算位置和速度：

$$\vec{r} = x\vec{f} + y\vec{g}, \qquad \dot{\vec{r}} = \dot{x}\vec{f} + \dot{y}\vec{g} \qquad (3.102)$$

3.7.3　测站坐标的计算

测站坐标包括在地球参考系 ITRS 中的直角坐标和天文经纬度，一共 5 个量，即：

$$\vec{R}_0 = \begin{pmatrix} X_0 \\ Y_0 \\ Z_0 \end{pmatrix} \quad 和 \quad \lambda_{A0}, \varphi_{A0}$$

测站的速度：

$$\dot{\vec{R}}_0 = \begin{pmatrix} \dot{X}_0 \\ \dot{Y}_0 \\ \dot{Z}_0 \end{pmatrix} = \begin{pmatrix} 0 \\ 0 \\ \omega_\oplus \end{pmatrix} \times \vec{R}_0 \qquad (3.103)$$

其中，$\omega_\oplus$ 为地球自转速度，取值 6.300387488 弧度/天。

为了计算卫星的星历表，必须将测站坐标和速度换算到与卫星坐标速度相同的坐标系中去。

1）卫星坐标速度在轨道坐标系中计算

这时转换关系为：

$$\vec{R} = R_3(-\theta)R_1(y_p)R_2(x_p)\vec{R}_0$$
$$\dot{\vec{R}} = R_3(-\theta)R_1(y_p)R_2(x_p)\dot{\vec{R}}_0 \tag{3.104}$$

其中，θ 为地球自转角，算法请见（2.18）式。

2）卫星坐标速度在 J2000.0 天球参考系中计算

设测站坐标在地球参考系中的坐标为 $\vec{R}_0$，而在地心天球参考系中的坐标为 $\vec{R}$，则两者间的关系可写成：

$$\vec{R} = E(t)\vec{R}_0, \quad \dot{\vec{R}} = E(t)\dot{\vec{R}}_0 \tag{3.105}$$

其中，

$$E(t) = R_3(-\gamma)R_1(-\phi)R_3(\psi + \Delta\psi)$$
$$R_1(\varepsilon_A + \Delta\varepsilon)R_3(-\theta + E_O)R_1(y_p)R_2(x_p) \tag{3.106}$$

式中各量的表达式，请参见 2.5.5 节。

3.7.4 卫星星历表的计算

1）计算 ρ, α, δ

已知卫星坐标速度 $\vec{r}, \dot{\vec{r}}$ 和测站坐标速度 $\vec{R}, \dot{\vec{R}}$ 后，就可计算测站到卫星的向量和它的变率：

$$\vec{\rho} = \vec{r} - \vec{R}$$
$$\dot{\vec{\rho}} = \dot{\vec{r}} - \dot{\vec{R}} \tag{3.107}$$

根据 $\quad \vec{\rho} = \begin{pmatrix} \rho\cos\delta\cos\alpha \\ \rho\cos\delta\sin\alpha \\ \rho\sin\delta \end{pmatrix}$, $\quad$ 就可计算出 ρ, α, δ

2）计算 $\dot{\rho}$

$$\dot{\rho} = \vec{\rho} \cdot \frac{\dot{\vec{\rho}}}{\rho} \tag{3.108}$$

3）计算 A, h

假定 $\quad \vec{l}_{赤} = \dfrac{\vec{\rho}}{\rho}$，则：

● 对于轨道坐标系，可直接使用下式：

$$\vec{l}_{地} = R_2(\varphi_A - 90°)R_3(S - 180°)\vec{l}_{赤} \tag{3.109}$$

- 对于 J2000.0 天球参考系，要麻烦一些，需要将坐标系的极转到地球瞬时极（CIP）后，再计算 A, h

$$\vec{l}_{地} = R_2(\varphi_A - 90°)R_3(S - E_O - 180°)$$

$$R_1(-\varepsilon_A - \Delta\varepsilon)R_3(-\psi - \Delta\psi)R_1(\phi)R_3(\gamma)\vec{l}_{赤} \tag{3.110}$$

（3.109）和（3.110）中，$S = \theta + \lambda_A$；θ 为地球自转角；λ_A, φ_A 为瞬时天文经纬度；γ, ϕ, ψ 为岁差量；$\Delta\psi, \Delta\varepsilon$ 为章动量，按 IAU2000B 模式计算；E_O 为零点差，算法请见第 2 章。

根据　$\vec{l}_{地} = \begin{pmatrix} \cosh \cos A \\ -\cosh \sin A \\ \sinh \end{pmatrix}$，即可求出 A, h

应该指出：以上计算星历表时，卫星和测站的时刻是相同的，对于需要精密星历表时，卫星和测站的时间应是不同的。不同的记时方式，严格计算 $\vec{\rho}, \dot{\rho}$ 的方法是不一样的。下面假定我们是测站记时，说明严格计算 $\vec{\rho}, \dot{\rho}$ 的方法：

$$\vec{\rho}(t) = \vec{r}(t - \Delta t) - \vec{R}(t) \tag{3.111}$$

其中，$\Delta t = \dfrac{\rho}{c}$

求导数得：　$\dot{\vec{\rho}}(t) = \dot{\vec{r}}(t - \Delta t) - \dot{\vec{R}}(t) - \dfrac{1}{c\rho}\vec{\rho}(t) \cdot \dot{\vec{\rho}}(t)\dot{\vec{r}}(t - \Delta t)$

上式两端点乘 $\vec{\rho}(t)$，有：

$$\vec{\rho}(t) \cdot \dot{\vec{\rho}}(t) = \vec{\rho}(t) \cdot [\dot{\vec{r}}(t - \Delta t) - \dot{\vec{R}}(t)] - \dfrac{1}{c\rho}\vec{\rho}(t) \cdot \dot{\vec{\rho}}(t)\vec{\rho}(t) \cdot \dot{\vec{r}}(t - \Delta t)$$

令　$\lambda\dot{\vec{\rho}}(t) = \dot{\vec{r}}(t - \Delta t) - \dot{\vec{R}}(t)$，并略去二阶项，即有：

$$\vec{\rho}(t) \cdot \dot{\vec{\rho}}(t)[1 + \dfrac{1}{c\rho}\vec{\rho}(t) \cdot \dot{\vec{r}}(t - \Delta t)] = \vec{\rho}(t) \cdot \lambda\dot{\vec{\rho}}(t)$$

比较即得：　$\lambda = 1 + \dfrac{1}{c\rho}\vec{\rho} \cdot \dot{\vec{r}}$，且最终有：

$$\dot{\vec{\rho}}(t) = \dot{\vec{r}}(t - \Delta t) - \dot{\vec{R}}(t) - \dfrac{1}{c\lambda\rho}\vec{\rho}(t) \cdot [\dot{\vec{r}}(t - \Delta t) - \dot{\vec{R}}(t)]\dot{\vec{r}}(t - \Delta t) \tag{3.112}$$

而　$$\rho(t) = [\vec{\rho}(t) \cdot \vec{\rho}(t)]^{1/2} \tag{3.113}$$

$$\dot{\rho}(t) = \dfrac{\vec{\rho}(t)}{\rho(t)} \cdot \dot{\vec{\rho}}(t) \tag{3.114}$$

要说明的是：$\dot{\rho}$ 中的第二项对视向速度的影响，其量级约为厘米/秒，在精密定轨中是不能忽略的，而且，严格说来，ρ 和 Δt 必须迭代计算，当然迭代一次即可。

参考文献

1. 南京大学天文系. 天体力学讲义. 1974.

2. 易照华，等. 天体力学引论. 北京：科学出版社，1978.

3. Escobal P.R. Methods of orbit determination. London，1965.

4. Smart W.M. Celestial mechanics. London，1953.

5. Brouwer D，Clemence G.M. Methods of Celestial mechanics. New York，1961.

6. Добошина Г.Н. Справочное руководство по небесной механике и Астрознамике. Москва，1971.

7. 刘林. 人造地球卫星轨道力学. 北京：高等教育出版社，1992.

8. Cherniack J.R. SAO Spec. Rep.346，1972.

9. J.Laskar，et al. A&A，2010，522A（60）.

10. D.A. Danielson，et al. SEMIANALYTIC SATELLITE THEORY, 研究生教材, 1994.

第4章 卫星动力学

4.1 动力学模型

4.1.1 摄动函数

（1）地球引力场

1）带谐摄动的摄动函数 R

$$R = -\frac{\mu}{r}\sum_{n=2}^{\infty} J_n (\frac{R}{r})^n P_n(\sin\varphi) \tag{4.1}$$

其中，J_n 为地球引力场带谐系数；$P_n(x)$ 为 Legendre（非正规化）多项式；$\mu = GM$；r 为卫星地心距；i 为轨道倾角；$u = f + \omega$ 为卫星纬度角；φ 为卫星的地心纬度。

2）田谐摄动的摄动函数

$$R = \frac{\mu}{r}\sum_{n=2}^{\infty}\sum_{m=1}^{n} (\frac{R}{r})^n \overline{P}_{n,m}(\sin\varphi)(\overline{C}_{nm}\cos m\lambda + \overline{S}_{nm}\sin m\lambda) \tag{4.2}$$

其中，$\overline{C}_{nm}, \overline{S}_{nm}$ 为地球引力场正规化田谐系数；$\overline{P}_{nm}(x)$ 为正规化缔合 Legendre 多项式；λ, φ 是卫星的地心经纬度。

正规化田谐系数和非正规化田谐系数的关系：

$$\overline{P}_{n,m}(\sin\varphi) = N_{n,m}P_{n,m}(\sin\varphi)$$
$$\overline{C}_{n,m} = N_{n,m}^{-1}C_{n,m} \tag{4.3}$$
$$\overline{S}_{n,m} = N_{n,m}^{-1}S_{n,m}$$

其中，$N_{nm} = \sqrt{\dfrac{(n-m)!(2n+1)(2-\delta_{0,m})}{(n+m)!}}$；$\delta_{0,m} = \begin{cases} 1 & m = 0 \\ 0 & m \neq 0 \end{cases}$ （4.4）

3）地球引力场展开式的由来

地球对球体外某点 P 的引力位 V 可表为：

$$V = \iiint\limits_{\text{全球}} \frac{G}{\Delta}\mathrm{d}m \tag{4.5}$$

其中，$\Delta^{-1} = (r^2 + \rho^2 - 2r\rho\cos H)^{-1/2}$，$r$ 为点 P 到地心的距离，ρ 为

积分体元到地心的距离，H 为 P 点和体元在地心处的夹角。

式中 $\quad \Delta^{-1} = (r^2 + \rho^2 - 2r\rho\cos H)^{-1/2} = r^{-1}\left[1 + (\frac{\rho}{r})^2 - 2\frac{\rho}{r}c\right]^{-1/2}$

正好是 Legendre 多项式的母函数，于是：

$$\Delta^{-1} = (r^2 + \rho^2 - 2r\rho\cos H)^{-1/2} = \frac{1}{r}\left[1 + \sum_{n=1}^{\infty}(\frac{\rho}{r})^n P_n(\cos H)\right]$$

根据 Legendre 多项式的加法定理：

$$P_n(\cos H) = P_n(\sin\varphi_s)P_n(\sin\varphi_0)$$
$$+ 2\sum_{m=1}^{n}\frac{(n-m)!}{(n+m)!}P_n^m(\sin\varphi_s)P_n^m(\sin\varphi_0)\cos m(\lambda_0 - \lambda_s) \tag{4.6}$$

其中，下标 0 为体元的量；下标 S 为 P 点的量。于是：

$$V = \frac{GM}{r}\{1 + \sum_{m=1}^{\infty}\iiint\frac{1}{M}(\frac{\rho}{R})^n P_n(\sin\varphi_0)\mathrm{d}m(\frac{R}{r})^n P_n(\sin\varphi_s)$$
$$+ \sum_{n=1}^{\infty}(\frac{R}{r})^n P_n^m(\sin\varphi_s)\left[\sum_{m=1}^{\infty}\iiint\frac{2}{M}\frac{(n-m)!}{(n+m)!}(\frac{\rho}{R})^n P_n^m(\sin\varphi_0)\cos m\lambda_0\mathrm{d}m\cos m\lambda_s\right.$$
$$+ \sum_{m=1}^{\infty}\iiint\frac{2}{M}\frac{(n-m)!}{(n+m)!}(\frac{\rho}{R})^n P_n^m(\sin\varphi_0)\sin m\lambda_0\mathrm{d}m\sin m\lambda_s]\} \tag{4.7}$$

定义：

$$\iiint\frac{1}{M}(\frac{\rho}{R})^n P_n(\sin\varphi_0)\mathrm{d}m = C_{n0}$$
$$\iiint\frac{2}{M}\frac{(n-m)!}{(n+m)!}(\frac{\rho}{R})^n P_n^m(\sin\varphi_0)\cos m\lambda_0\mathrm{d}m = C_{nm} \tag{4.8}$$
$$\iiint\frac{2}{M}\frac{(n-m)!}{(n+m)!}(\frac{\rho}{R})^n P_n^m(\sin\varphi_0)\sin m\lambda_0\mathrm{d}m = S_{nm}$$

我们就得：

$$V = \frac{GM}{r}\left[1 + \sum_{n=1}^{\infty}C_{n0}(\frac{R}{r})^n P_n(\sin\varphi_s)\right.$$
$$+ \sum_{n=1}^{\infty}\sum_{m=1}^{\infty}(\frac{R}{r})^n P_n^m(\sin\varphi_s)(C_{nm}\cos m\lambda_s + S_{nm}\sin m\lambda_s)] \tag{4.9}$$

由于，我们采用地心为原点，就有：

$$C_{10} = K \iiint \zeta \, \mathrm{d}m = 0$$

$$C_{11} = K \iiint \xi \, \mathrm{d}m = 0 \qquad\qquad (4.10)$$

$$S_{11} = K \iiint \eta \, \mathrm{d}m = 0$$

于是：

$$
V = \frac{GM}{r}[1 + \sum_{n=2}^{\infty} C_{n0}(\frac{R}{r})^n P_n(\sin\varphi_s)
$$

$$
\qquad\qquad (4.11)
$$

$$
+ \sum_{n=2}^{\infty}\sum_{m=1}^{\infty}(\frac{R}{r})^n P_n^m(\sin\varphi_s)(C_{nm}\cos m\lambda_s + S_{nm}\sin m\lambda_s)]
$$

此即地球引力场展开式的由来。在许多文献中常定义：$J_n = -C_{n0}$，于是：

$$
V = \frac{GM}{r}[1 - \sum_{n=2}^{\infty} J_n(\frac{R}{r})^n P_n(\sin\varphi_s)
$$

$$
\qquad\qquad (4.12)
$$

$$
+ \sum_{n=2}^{\infty}\sum_{m=1}^{\infty}(\frac{R}{r})^n P_n^m(\sin\varphi_s)(C_{nm}\cos m\lambda_s + S_{nm}\sin m\lambda_s)]
$$

当然，上式中的系数仍没有正规化，正规化处理方法同前。最后，摄动函数 R 为：$R = V - \dfrac{GM}{r}$。即得上面给出的地球引力场摄动函数。

（2）大气和光压

大气阻力和光压摄动是非保守力，没有摄动函数。

（3）日月引力和潮汐

1）日月摄动的摄动函数

日月摄动必须分开计算，摄动函数 R 的表达式如下：

$$
R = n'^2 \beta r^2 (\frac{a'}{r'})^3 [P_2(\cos H) + \frac{r}{r'} P_3(\cos H) + \cdots] \qquad (4.13)
$$

其中，$\beta = \begin{cases} \dfrac{m'}{m+m'} & \text{月亮} \\ 1 & \text{太阳} \end{cases}$；$n', a', r'$ 表示太阳或月亮的平运动，半长径和

地心向径；H 为日月和卫星在地心处的张角。注意，对于月球摄动，摄动函数中的第二项不能略去。

2）潮汐摄动的摄动函数

$$
R = n'^2 \beta (\frac{a'}{r'})^3 r^{-3} k_2 P_2(\cos H) \qquad (4.14)
$$

式中所有量的含义同日月摄动，潮汐摄动也需分开计算，k_2 为 Love 数，约为 0.30。

4.1.2 摄动力

（1）地球引力场

1）带谐摄动的 S,T,W

$$S = \sum_{n=2}^{\infty} \mu J_n \frac{n+1}{r^{n+2}} P_n(\sin\varphi)$$

$$T = -\sum_{n=2}^{\infty} \mu J_n \frac{1}{r^{n+2}} P'_n(\sin\varphi)\sin i\cos u \qquad (4.15)$$

$$W = -\sum_{n=2}^{\infty} \mu J_n \frac{1}{r^{n+2}} P'_n(\sin\varphi)\cos i$$

其中，J_n 为地球引力场带谐系数；

$P_n(x), P'_n(x)$ 为非正规化 Legendre 多项式及其导数；

φ 为卫星的地心纬度；μ, r, u, i 的定义同前。

2）田谐摄动的 S,T,W

$$S = -\sum_{n=2}^{\infty} \mu(n+1)\frac{1}{r^{n+2}} \sum_m \bar{P}_n^m(\sin\varphi)(\bar{C}_{nm}\cos m\lambda + \bar{S}_{nm}\sin m\lambda)$$

$$T = \sum_{n=2}^{\infty} \mu \frac{1}{r^{n+2}} \sum_m \bar{P}_n'^m(\sin\varphi)(\bar{C}_{nm}\cos m\lambda + \bar{S}_{nm}\sin m\lambda)\cos k$$

$$- \sum_{n=2}^{\infty} \mu \frac{1}{r^{n+2}\cos\varphi} \sum_m \bar{P}_n^m(\sin\varphi)m(\bar{C}_{nm}\sin m\lambda - \bar{S}_{nm}\cos m\lambda)\sin k \qquad (4.16)$$

$$W = \sum_{n=2}^{\infty} \mu \frac{1}{r^{n+2}} \sum_m \bar{P}_n'^m(\sin\varphi)(\bar{C}_{nm}\cos m\lambda + \bar{S}_{nm}\sin m\lambda)\sin k$$

$$+ \sum_{n=2}^{\infty} \mu \frac{1}{r^{n+2}\cos\varphi} \sum_m \bar{P}_n^m(\sin\varphi)m(\bar{C}_{nm}\sin m\lambda - \bar{S}_{nm}\cos m\lambda)\cos k$$

其中，$\sin k = \dfrac{\cos i}{\cos\varphi}$；$\cos k = \dfrac{\sin i\cos u}{\cos\varphi}$；$\bar{C}_{nm}, \bar{S}_{nm}$ 为地球引力场正规化田谐系数；$\bar{P}_n^m(x), \bar{P}_n'^m(x)$ 为正规化的 Legendre 多项式及其对 φ 导数；λ, φ 是卫星的地心经纬度。

（2）大气

大气阻力摄动的 S,T,W

$$S = -\frac{1}{2}C_D A/m\rho VV_S$$

$$T = -\frac{1}{2}C_D A/m\rho V(V_T - \omega_E r\cos i) \tag{4.17}$$

$$W = -\frac{1}{2}C_D A/m\rho V\omega_\oplus r\sin i\cos u$$

其中，C_D 为阻尼系数；A/m 为面质比；$\omega_\oplus$ 地球大气旋转速度；ρ 为大气密度，按大气密度模式计算（参见附件 D，在附件 D 中，给出了 CIRA-1972，DTM-1994，PMO-2000 三个大气模式的软件及其说明）；V,V_S,V_T 为人造卫星与大气的相对运动速度及其在 $\vec{S},\vec{T}$ 方向上的投影，即：

$$V_S = \sqrt{\frac{\mu}{p}}e\sin f$$

$$V_T = \sqrt{\frac{\mu}{p}}(1+e\cos f) \tag{4.18}$$

$$V = \sqrt{V_S^2 + V_T^2 - 2V_T\omega_\oplus r\cos i + (\omega_\oplus r\cos\varphi)^2}$$

（3）光压

太阳光压摄动的 S,T,W

$$S = -\frac{A}{m}Fc\vec{r}_\odot \cdot \vec{S}$$

$$T = -\frac{A}{m}Fc\vec{r}_\odot \cdot \vec{T} \tag{4.19}$$

$$W = -\frac{A}{m}Fc\vec{r}_\odot \cdot \vec{W}$$

其中，F 为太阳光压常数；c 为地影因子，在地影中为 0，不在地影中为 1；$\frac{A}{m}$ 为面质比；$\vec{r}_\odot$ 为太阳方向的单位向量；$\vec{S},\vec{T},\vec{W}$ 为 S,T,W 方向的单位向量，即：

$$\vec{S}=\begin{pmatrix}\cos\Omega\cos u-\sin\Omega\sin u\cos i\\\sin\Omega\cos u+\cos\Omega\sin u\cos i\\\sin u\sin i\end{pmatrix},\vec{T}=\begin{pmatrix}-\cos\Omega\cos u-\sin\Omega\cos u\cos i\\-\sin\Omega\cos u+\cos\Omega\cos u\cos i\\\cos u\sin i\end{pmatrix},\vec{W}=\begin{pmatrix}\sin i\sin\Omega\\-\sin i\cos\Omega\\\cos i\end{pmatrix}$$

（4）日月引力和潮汐

1）日月摄动的 S,T,W

日月摄动必须分开计算，S,T,W 的表达式如下：

$$S = n'\beta(\frac{a'}{r'})^3[2rP_2(\cos H) + \frac{3r^2}{r'}P_3(\cos H)]$$

$$T = n'\beta(\frac{a'}{r'})^3 r[P_2'(\cos H) + \frac{r}{r'}P_3'(\cos H)]$$

$$\times[\frac{\partial(\cos H)}{\partial\varphi}\frac{\cos u\sin i}{\cos\varphi} + \frac{\partial(\cos H)}{\partial\lambda}\frac{\cos i}{\cos^2\varphi}] \qquad (4.20)$$

$$W = n'\beta(\frac{a'}{r'})^3 r[P_2'(\cos H) + \frac{r}{r'}P_3'(\cos H)]$$

$$\times[\frac{\partial(\cos H)}{\partial\varphi}\frac{\cos i}{\cos\varphi} - \frac{\partial(\cos H)}{\partial\lambda}\frac{\cos u\sin i}{\cos^2\varphi}]$$

其中，$\beta = \begin{cases} \dfrac{m'}{m+m'} & \text{月亮} \\ 1 & \text{太阳} \end{cases}$；$n',a',r'$ 表示太阳或月亮的平运动，半长径和

地心向径；H 为日月和卫星在地心处的交角，即：

$$\cos H = \frac{\vec{r'}}{r'}\cdot\frac{\vec{r}}{r}, \quad \frac{\partial\cos H}{\partial\varphi} = \frac{\vec{r'}}{r'}\cdot\vec{A}, \quad \frac{\partial\cos H}{\partial\lambda} = \frac{\vec{r'}}{r'}\cdot\vec{B} \qquad (4.21)$$

$$\vec{A} = \begin{pmatrix} -\cos S\sin\varphi \\ -\sin S\sin\varphi \\ \cos\varphi \end{pmatrix}, \quad \vec{B} = \begin{pmatrix} -\sin S\cos\varphi \\ \cos S\cos\varphi \\ 0 \end{pmatrix} \qquad (4.22)$$

其中，λ,φ 为卫星的地心经纬度；S 为星下点处的地方恒星时。

2）潮汐摄动的 S,T,W

$$S = -3n'^2\beta(\frac{a'}{r'})^3 r^{-4}k_2 P_2(\cos H)$$

$$T = n'^2\beta(\frac{a'}{r'})^3 r^{-4}k_2 P_2'(\cos H)[\frac{\partial(\cos H)}{\partial\varphi}\frac{\cos u\sin i}{\cos\varphi} + \frac{\partial(\cos H)}{\partial\lambda}\frac{\cos i}{\cos^2\varphi}] \qquad (4.23)$$

$$W = n'^2\beta(\frac{a'}{r'})^3 r^{-4}k_2 P_2'(\cos H)[\frac{\partial(\cos H)}{\partial\varphi}\frac{\cos i}{\cos\varphi} - \frac{\partial(\cos H)}{\partial\lambda}\frac{\cos u\sin i}{\cos^2\varphi}]$$

式中所有量的含义同日月摄动，潮汐摄动也需分开计算。

4.1.3 日月潮汐的附加位[1]

日月潮汐摄动，还可利用地球引力场的位系数的变化来表示，如果只考虑二阶项，潮汐摄动的摄动函数为

$$R = n'^2 \beta (\frac{a'}{r'})^3 (\frac{R_E}{r})^3 k_2 P_2(\cos H)$$

利用 Legendre 多项式的加法定理，有

$$
\begin{aligned}
P_2(\cos H) &= P_2(\sin \varphi') P_2(\sin \varphi) \\
&+ 2 \sum_{m=1}^{2} \frac{(2-m)!}{(2+m)!} P_2^m(\sin \varphi') P_2^m(\sin \varphi) \cos(\lambda' - \lambda) \\
&= P_2(\sin \varphi') P_2(\sin \varphi) + \frac{1}{3} P_2^1(\sin \varphi') P_2^1(\sin \varphi) \cos m(\lambda' - \lambda) \\
&+ \frac{1}{12} P_2^2(\sin \varphi') P_2^2(\sin \varphi) \cos 2(\lambda' - \lambda)
\end{aligned}
\tag{4.24}
$$

于是

$$
\begin{aligned}
R = n'^2 \beta (\frac{a'}{r'})^3 (\frac{R_E}{r})^3 k_2 [& P_2(\sin \varphi') P_2(\sin \varphi) \\
&+ \frac{1}{3} P_2^1(\sin \varphi') P_2^1(\sin \varphi) \cos m(\lambda' - \lambda) \\
&+ \frac{1}{12} P_2^2(\sin \varphi') P_2^2(\sin \varphi) \cos 2(\lambda' - \lambda)]
\end{aligned}
\tag{4.25}
$$

化为正规化的 Legendre 多项式，有

$$
\begin{aligned}
R = n'^2 \beta (\frac{a'}{r'})^3 (\frac{R_E}{r})^3 k_2 \{ & P_2(\sin \varphi') \frac{1}{\sqrt{5}} \overline{P}_2(\sin \varphi) \\
&+ \overline{P}_2^1(\sin \varphi) \frac{1}{3} P_2^1(\sin \varphi') \sqrt{\frac{3}{5}} [\cos \lambda' \cos \lambda - \sin \lambda' \sin \lambda] \\
&+ \overline{P}_2^2(\sin \varphi) \frac{1}{12} P_2^2(\sin \varphi') 2 \sqrt{\frac{3}{5}} [\cos 2\lambda' \cos 2\lambda - \sin 2\lambda' \sin 2\lambda] \}
\end{aligned}
\tag{4.26}
$$

与二阶地球引力位比较有：

$$
\begin{aligned}
\Delta C_{20} &= \frac{k_2 M_\odot}{\sqrt{5} M_\oplus} (\frac{R_E}{r_\odot})^3 P_2(\sin \varphi_\odot) + \frac{k_2 M'}{\sqrt{5} M_\oplus} (\frac{R_E}{r'})^3 P_2(\sin \varphi') \\
\Delta C_{21} &= \frac{k_2 M_\odot}{\sqrt{15} M_\oplus} (\frac{R_E}{r_\odot})^3 P_2^1(\sin \varphi_\odot) \cos \lambda_\odot + \frac{k_2 M'}{\sqrt{15} M_\oplus} (\frac{R_E}{r'})^3 P_2^1(\sin \varphi') \cos \lambda' \\
\Delta S_{21} &= \frac{k_2 M_\odot}{\sqrt{15} M_\oplus} (\frac{R_E}{r_\odot})^3 P_2^1(\sin \varphi_\odot) \sin \lambda_\odot + \frac{k_2 M'}{\sqrt{15} M_\oplus} (\frac{R_E}{r'})^3 P_2^1(\sin \varphi') \sin \lambda' \\
\Delta C_{22} &= \frac{k_2 M_\odot}{2 \sqrt{15} M_\oplus} (\frac{R_E}{r_\odot})^3 P_2^2(\sin \varphi_\odot) \cos 2\lambda_\odot + \frac{k_2 M'}{2 \sqrt{15} M_\oplus} (\frac{R_E}{r'})^3 P_2^2(\sin \varphi') \cos 2\lambda'
\end{aligned}
\tag{4.27}
$$

这就是日月潮汐引起的引力场附加位，其中，$M_\odot, r_\odot, \varphi_\odot, \lambda_\odot$ 分别为太阳的

质量，地心距离，纬度和经度，$M', r', \varphi', \lambda'$ 为月球相应的量，$M_\oplus$ 为地球质量，R_E 为地球赤道半径。要说明的是，上面推导中，没有考虑潮汐的延迟，实际计算时，上式中的 $\lambda_\odot, \lambda'$ 应换成 $\lambda_\odot - \delta, \lambda' - \delta$，$\delta$ 为潮汐延迟角。

4.1.4 坐标系附加摄动

摄动运动方程只在惯性坐标系中成立，在非惯性坐标系中，除了要考虑以上摄动外，还要考虑坐标系运动引起的摄动，在卫星动力学中，这种摄动称为坐标系附加摄动。另外，在惯性坐标系中，地球的赤道平面又是在运动的，地球引力场系数又将发生变化，也必须考虑这种变化引起的摄动。

（1） 非地固坐标系的引力场系数

1）天球坐标系的引力场系数[2]

这里天球坐标系是指有 J2000.0 平春分点，平赤道定义的坐标系，它是一个惯性坐标系，利用坐标变换关系：

$$\begin{pmatrix} X^* \\ Y^* \\ Z^* \end{pmatrix} = R_3(\varsigma_A)R_2(-\theta_A)R_3(z_A)R_3(-\varepsilon_A)R_2(\Delta\psi)R_1(\varepsilon_A+\Delta\varepsilon)R_3(-S)R_1(x_p)R_2(y_p)\begin{pmatrix} x \\ y \\ z \end{pmatrix}$$

其中，$\begin{pmatrix} X^* \\ Y^* \\ Z^* \end{pmatrix}$ 为天球坐标系中的坐标；$\begin{pmatrix} x \\ y \\ z \end{pmatrix}$ 为地固坐标系中的坐标；

$\varsigma_A, \theta_A, z_A$ 为岁差常数；ε_A 为黄赤交角；$\Delta\psi, \Delta\varepsilon$ 为黄经、倾角章动；S 为瞬时真恒星时；x_p, y_p 为瞬时地极坐标。

代入地球二阶位函数的表达式：

$$C_{20} = \frac{1}{2}K\iiint(-x^2-y^2+2z^2)\mathrm{d}M$$

$$C_{21} = K\iiint xz\mathrm{d}M$$

$$S_{21} = K\iiint yz\mathrm{d}M \tag{4.28}$$

$$C_{22} = \frac{1}{2}K\iiint(x^2-y^2)\mathrm{d}M$$

$$S_{22} = \frac{1}{2}K\iiint xy\mathrm{d}M$$

保留岁差一阶，二阶量，章动，极移和 C_{20} 的乘积，就得：

$$C^*{}_{20} = C_{20}(1 - \frac{3}{2}\theta_A{}^2)$$

$$C^*{}_{21} = C_{21} + [(\theta_A + \Delta\psi\sin\varepsilon_A)\cos S + (\Delta\varepsilon + \theta_A z_A)\sin S - y_p]C_{20}$$
$$- z_A\theta_A(C_{22}\cos S - S_{22}\sin S)$$

$$S^*{}_{21} = S_{21} + [-(\theta_A + \Delta\psi\sin\varepsilon_A)\sin S + (\Delta\varepsilon + \theta_A z_A)\cos S + x_p]C_{20}$$
$$- z_A\theta_A(C_{22}\sin S - S_{22}\cos S)$$

$$C^*{}_{22} = C_{22} + \frac{1}{4}\theta_A{}^2 C_{20}\cos 2S$$

$$S^*{}_{22} = S_{22} - \frac{1}{4}\theta_A{}^2 C_{20}\sin 2S$$

（4.29）

同理可得轨道坐标系的引力场系数：

$$\overline{C}_{20} = C_{20}$$
$$\overline{C}_{21} = C_{21} - y_p C_{20}$$
$$\overline{S}_{21} = S_{21} + x_p C_{20}$$
$$\overline{C}_{22} = C_{22}$$
$$\overline{S}_{22} = S_{22}$$

（4.30）

如果略去极移和 C_{20} 的乘积，轨道坐标系的地球引力场位函数可以认为是不变的。

（2）非惯性坐标系中的摄动运动方程

设在天球坐标系中，轨道倾角为 J，近地点角距为 Φ，升交点经度为 N，在轨道坐标系中，相应的量为 i, ω, Ω，Kozai 和 Kinoshita（1973）[3] 给出了 i, ω, Ω 和 J, Φ, N 的几何关系（参见图 4.1）：

$$i = J - \theta\cos(\alpha - N) + \frac{\theta^2}{2}\text{ctg}J\sin^2(\alpha - N)$$

$$\Omega = N - \theta\sin(\alpha - N) - \frac{\theta^2}{4}(1 + 2\text{ctg}^2 J)\sin 2(\alpha - N)$$

$$\omega = \Phi + \theta\cos ecJ\sin(\alpha - N) + \frac{\theta^2}{2}\text{ctg}J\cos ecJ\sin 2(\alpha - N)$$

（4.31）

其中，θ, α 可用下式计算：

$$\sin\theta\sin\alpha = \sin\varepsilon_1\sin\psi$$
$$\sin\theta\cos\alpha = \sin\varepsilon_0\cos\varepsilon_1 - \cos\varepsilon_0\sin\varepsilon_1\cos\psi$$

（4.32）

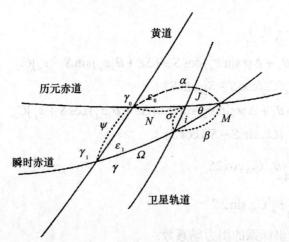

图 4.1 i, ω, Ω 和 J, Φ, N 的几何关系

并给出了轨道坐标系中的摄动运动方程：

$$\frac{\mathrm{d}a}{\mathrm{d}t} = \frac{2}{na}\frac{\partial R}{\partial M}$$

$$\frac{\mathrm{d}e}{\mathrm{d}t} = \frac{1-e^2}{na^2 e}\frac{\partial R}{\partial M} - \frac{\sqrt{1-e^2}}{na^2 e}\frac{\partial R}{\partial \omega}$$

$$\frac{\mathrm{d}i}{\mathrm{d}t} = \frac{\cos i}{na^2\sqrt{1-e^2}\sin i}\frac{\partial R}{\partial \omega} - \frac{1}{na^2\sqrt{1-e^2}\sin i}\frac{\partial R}{\partial \Omega} + \frac{\partial i}{\partial t}$$

$$\frac{\mathrm{d}\Omega}{\mathrm{d}t} = \frac{1}{na^2\sqrt{1-e^2}\sin i}\frac{\partial R}{\partial i} + \frac{\partial \Omega}{\partial t} \qquad (4.33)$$

$$\frac{\mathrm{d}\omega}{\mathrm{d}t} = \frac{\sqrt{1-e^2}}{na^2 e}\frac{\partial R}{\partial e} - \frac{\mathrm{ctg}i}{na^2\sqrt{1-e^2}}\frac{\partial R}{\partial i} + \frac{\partial \omega}{\partial t}$$

$$\frac{\mathrm{d}M}{\mathrm{d}t} = n - \frac{1-e^2}{na^2 e}\frac{\partial R}{\partial e} - \frac{2}{na}\frac{\partial R}{\partial a}$$

其中，

$$\frac{\partial i}{\partial t} = -\frac{\mathrm{d}(\theta\cos\alpha)}{\mathrm{d}t}\cos\Omega - \frac{\mathrm{d}(\theta\sin\alpha)}{\mathrm{d}t}\sin\Omega$$

$$\frac{\partial \Omega}{\partial t} = -\mathrm{ctg}i[\frac{\mathrm{d}(\theta\sin\alpha)}{\mathrm{d}t}\cos\Omega - \frac{\mathrm{d}(\theta\cos\alpha)}{\mathrm{d}t}\sin\Omega]$$

$$+ \frac{1}{2}[\frac{\mathrm{d}(\theta\sin\alpha)}{\mathrm{d}t}\theta\cos\alpha - \frac{\mathrm{d}(\theta\cos\alpha)}{\mathrm{d}t}\theta\sin\alpha]$$

$$\frac{\partial \omega}{\partial t} = \operatorname{cosec} i[\frac{\mathrm{d}(\theta \sin \alpha)}{\mathrm{d}t} \cos \Omega - \frac{\mathrm{d}(\theta \cos \alpha)}{\mathrm{d}t} \sin \Omega]$$

$$\frac{\mathrm{d}(\theta \cos \alpha)}{\mathrm{d}t} = -(\sin \varepsilon_0 \sin \varepsilon_1 + \cos \varepsilon_0 \cos \varepsilon_1 \cos \psi) \frac{\mathrm{d}\varepsilon_1}{\mathrm{d}t}$$

$$+ \sin \varepsilon_1 \cos \varepsilon_0 \sin \psi \frac{\mathrm{d}\psi}{\mathrm{d}t} \tag{4.34}$$

$$\frac{\mathrm{d}(\theta \sin \alpha)}{\mathrm{d}t} = \cos \varepsilon_1 \sin \psi \frac{\mathrm{d}\varepsilon_1}{\mathrm{d}t} + \sin \varepsilon_1 \cos \psi \frac{\mathrm{d}\psi}{\mathrm{d}t}$$

根据岁差章动理论和表达式，就可计算 $\psi, \varepsilon, \frac{\mathrm{d}\psi}{\mathrm{d}t}, \frac{\mathrm{d}\varepsilon}{\mathrm{d}t}$，于是 $\frac{\partial i}{\partial t}, \frac{\partial \Omega}{\partial t}, \frac{\partial \omega}{\partial t}$ 就可得到。这样摄动运动方程的右端就可算出，积分之，我们就可得到轨道根数的变率和任意时刻的轨道根数。

4.1.5 摄动因素量级分析[4]

在分析摄动因素量级时，假定卫星是近地卫星，地心距假定为1，计算各摄动因素的摄动力和地球中心引力之比，得到各摄动因素的量级。卫星的主要摄动的量级如下：

地球引力场： J_2 10^{-3}

$\qquad\qquad\quad J_2^2, J_n$ $10^{-6} - 10^{-7}$

田谐 $10^{-6} - 10^{-9}$

大气   500km 2×10^{-7} 假定 $\frac{A}{m} = 0.3 \text{cm}^2 / \text{g}$

$\qquad\qquad$ 1000km 2×10^{-10} 假定 $\frac{A}{m} = 0.3 \text{cm}^2 / \text{g}$

光压 10^{-8} 假定 $\frac{A}{m} = 0.3 \text{cm}^2 / \text{g}$

月球引力 10^{-7}

太阳引力 0.5×10^{-7}

潮汐 10^{-8}

坐标系附加 0.25×10^{-7}

其中，J_2 最大，称为一阶量，其余都认为是二阶量，由于卫星动力学的特殊性，一阶长期项很快变为 0 阶项，二阶长期项很快变成一阶项，因此，通常卫星的一阶运动理论，要考虑一阶周期摄动和二阶长期摄动；而二阶理论，需要考虑二阶周期摄动和三阶长期摄动。

应该说明：以上的量级分析不是严格的，例如，大气和光压摄动的量级要随着卫星面质比变化，对于气球卫星，大气和光压摄动的量级，就会变得很大；另外，日月摄动的大小与卫星的高度有关，地球同步卫星的日月摄动的量级就可变为 10^{-5}。因此，对于具体卫星，摄动因素的量级还需进一步分析。

4.2 平均根数法的基本原理[4,5]

由于人造卫星运动角速度很大，一般一天运动十多圈，平运动 $n \approx 4000$ 度/天，长期摄动又与平运动成正比，这使得人造卫星的长期摄动要比自然天体大数万倍，十天之后，长期摄动就不再是小量，于是，传统的在 t_0 时密切根数附近展开的方法就不能适用。

人造天体的摄动运动方程，常采用平均根数法来解。所谓平均根数法，是一种在平根数 σ^*（或平均根数 $\bar{\sigma}$）附近的级数展开法。下面，我们介绍在平根数 σ^* 附近展开的平均根数法的基本原理：

将摄动运动方程简写为：

$$\frac{d\sigma}{dt} = f^{(0)}(a) + f^{(1)}(\sigma) + f^{(2)}(\sigma) \tag{4.35}$$

其中，$f^{(0)}(a) = n$，为 0 阶量，只有根数 M 有此项，$f^{(1)}(\sigma), f^{(2)}(\sigma)$ 分别为一阶摄动和二阶摄动。另外根据平根数的定义，有：

$$\sigma = \sigma^* + \Delta\sigma_s = \sigma^* + \Delta\sigma_s^{(1)} + \Delta\sigma_s^{(2)} \tag{4.36}$$

上两式中的上标，表示摄动的阶数，在人造卫星摄动运动方程中，常以地球引力场二阶带谐系数 $J_2 = 0.001082626$ 为一阶小量。其它摄动均认为是二阶小量。将摄动运动方程在平根数 σ^* 附近展开，准到三阶，有：

$$\frac{d\sigma}{dt} = f^{(0)}(a^*) + \frac{\partial f^{(0)}}{\partial a}(\Delta a_s^{(1)} + \Delta a_s^{(2)} + \Delta a_s^{(3)}) + \frac{1}{2}\frac{\partial^2 f^{(0)}}{\partial a^2}(\Delta a_s^{(1)} + \Delta a_s^{(2)})^2$$

$$+ \frac{1}{6}\frac{\partial^3 f^{(0)}}{\partial a^3}(\Delta a_s^{(1)})^3 + f^{(1)}(\sigma^*) + \sum_j \frac{\partial f^{(1)}}{\partial \sigma_j}(\Delta\sigma^{(1)}{}_{sj} + \Delta\sigma^{(2)}{}_{sj})$$

$$+ \frac{1}{2}\sum_j \frac{\partial^2 f^{(1)}}{\partial \sigma_j{}^2}(\Delta\sigma^{(1)}{}_{sj})^2 + \sum_{i \neq j}\sum \frac{\partial^2 f^{(1)}}{\partial \sigma_j \partial \sigma_i}(\Delta\sigma^{(1)}{}_{sj}\Delta\sigma^{(1)}{}_{si})$$

$$+ f^{(2)}(\sigma^*) + \sum_j \frac{\partial f^{(2)}}{\partial \sigma_j}(\Delta\sigma^{(1)}{}_{sj})\Big|_{\sigma=\sigma^*} \equiv F(\sigma^*) \tag{4.37}$$

于是：
$$\frac{\mathrm{d}\sigma^*}{\mathrm{d}t} = [F(\sigma^*)]_{\text{常数、长周期项}}$$

$$\frac{\mathrm{d}\Delta\sigma_s}{\mathrm{d}t} = [F(\sigma^*)]_{\text{短周期项}} \tag{4.38}$$

再将 $F(\sigma^*), \dfrac{\mathrm{d}\sigma^*}{\mathrm{d}t}, \Delta\sigma_s$ 分阶：

$$F(\sigma^*) = F^{(0)}(\sigma^*) + F^{(1)}(\sigma^*) + F^{(2)}(\sigma^*) + F^{(3)}(\sigma^*)$$

$$\frac{\mathrm{d}\sigma^*}{\mathrm{d}t} = \frac{\mathrm{d}\sigma^{*(0)}}{\mathrm{d}t} + \frac{\mathrm{d}\sigma^{*(1)}}{\mathrm{d}t} + \frac{\mathrm{d}\sigma^{*(2)}}{\mathrm{d}t} + \frac{\mathrm{d}\sigma^{*(3)}}{\mathrm{d}t} \tag{4.39}$$

$$\Delta\sigma_s = \Delta\sigma_s^{(1)} + \Delta\sigma_s^{(2)} + \Delta\sigma_s^{(3)}$$

与前面的表达式比较，有：

$$F^{(0)}(\sigma^*) = f^{(0)}(a^*) = n^*$$

$$F^{(1)}(\sigma^*) = \frac{\partial f^{(0)}}{\partial a}(\Delta a_s^{(1)}) + f^{(1)}(\sigma^*)$$

$$F^{(2)}(\sigma^*) = \frac{\partial f^{(0)}}{\partial a}(\Delta a_s^{(2)}) + \frac{1}{2}\frac{\partial^2 f^{(0)}}{\partial a^2}(\Delta a_s^{(1)})^2$$
$$+ \sum_j \frac{\partial f^{(1)}}{\partial \sigma_j}(\Delta\sigma^{(1)}{}_{sj}) + f^{(2)}(\sigma^*) \tag{4.40}$$

$$F^{(3)}(\sigma^*) = \frac{\partial f^{(0)}}{\partial a}(\Delta a_s^{(3)}) + \frac{\partial^2 f^{(0)}}{\partial a^2}\Delta a_s^{(1)}\Delta a_s^{(2)} + \frac{1}{6}\frac{\partial^3 f^{(0)}}{\partial a^3}(\Delta a_s^{(1)})^3$$
$$+ \sum_j \frac{\partial f^{(1)}}{\partial \sigma_j}(\Delta\sigma^{(2)}{}_{sj}) + \frac{1}{2}\sum_j \frac{\partial^2 f^{(1)}}{\partial \sigma_j^2}(\Delta\sigma^{(1)}{}_{sj})^2$$
$$+ \sum_{i \neq j}\sum \frac{\partial^2 f^{(1)}}{\partial \sigma_j \partial \sigma_i}(\Delta\sigma^{(1)}{}_{sj}\Delta\sigma^{(1)}{}_{si}) + \sum_j \frac{\partial f^{(2)}}{\partial \sigma_j}(\Delta\sigma^{(1)}{}_{sj})$$

于是：

$$\frac{\mathrm{d}\sigma^{*(0)}}{\mathrm{d}t} = [F^{(0)}(\sigma^*)]_{\text{常数、长周期项}} = n^*$$

$$\frac{\mathrm{d}\sigma^{*(1)}}{\mathrm{d}t} = [F^{(1)}(\sigma^*)]_{\text{常数、长周期项}}$$

$$\frac{\mathrm{d}\Delta\sigma_s^{(1)}}{\mathrm{d}t} = [F^{(1)}(\sigma^*)]_{\text{短周期项}}$$

$$\frac{\mathrm{d}\sigma^{*(2)}}{\mathrm{d}t} = [F^{(2)}(\sigma^*)]_{\text{常数、长周期项}} \tag{4.41}$$

$$\frac{\mathrm{d}\Delta\sigma_s^{(2)}}{\mathrm{d}t} = [F^{(2)}(\sigma^*)]_{短周期项}$$

$$\frac{\mathrm{d}\sigma^{*(3)}}{\mathrm{d}t} = [F^{(3)}(\sigma^*)]_{常数、长周期项}$$

上面方程的求解次序为：

① 由于在 a 的方程中不含 $f^{(0)}$，因此，$F^{(1)}(\sigma^*)$ 是已知的，因此，可以求得 $\Delta a_s^{(1)}$，于是所有根数的 $F^{(1)}(\sigma^*)$ 就可计算，可计算出 $\dfrac{\mathrm{d}\sigma^{*(1)}}{\mathrm{d}t}, \Delta\sigma_s^{(1)}$；

② 有了 $\Delta\sigma_s^{(1)}$，对于 a，就可计算 $F^{(2)}(\sigma^*)$，就可计算 $\Delta a_s^{(2)}$，于是所有根数的 $F^{(2)}(\sigma^*)$ 就可计算，可计算出 $\dfrac{\mathrm{d}\sigma^{*(2)}}{\mathrm{d}t}, \Delta\sigma_s^{(2)}$；

③ 有了 $\Delta\sigma_s^{(1)}, \Delta\sigma_s^{(2)}$，对于 a，就可计算 $F^{(3)}(\sigma^*)$，就可计算 $\Delta a_s^{(3)}$，于是所有根数的 $F^{(3)}(\sigma^*)$ 就可计算，可计算出 $\dfrac{\mathrm{d}\sigma^{*(3)}}{\mathrm{d}t}, \Delta\sigma_s^{(3)}$，但 $\Delta a_s^{(3)}$ 对 $\dfrac{\mathrm{d}\sigma^{*(3)}}{\mathrm{d}t}$ 没有贡献，因此，对于二阶理论 $\Delta a_s^{(3)}$ 不需计算，$\Delta\sigma_s^{(3)}$ 也不需计算。

要说明的是：

① $\dfrac{\mathrm{d}\sigma^*}{\mathrm{d}t}$ 中包含长周期项，$\dfrac{\mathrm{d}\sigma^*}{\mathrm{d}t}$ 不是常数（即使是平均根数的 $\dfrac{\mathrm{d}\bar{\sigma}}{\mathrm{d}t}$，由于大气摄动，它也在变化），因此，求取任意时刻的 σ^*（或 $\bar{\sigma}$），需要进行数值积分；

② 在计算 $\dfrac{\mathrm{d}\sigma^*}{\mathrm{d}t}, \Delta\sigma_s$ 时，必须计算 $[F(\sigma^*)]_{常数、长周期项}$ 和短周期项 $[F(\sigma^*)]_{短周期项}$，它的计算方法如下：

$$[F(\sigma^*)]_{常数、长周期项} = \frac{1}{2\pi}\int_0^{2\pi} F(\sigma^*)\mathrm{d}M^* \tag{4.42}$$

$$[F(\sigma^*)]_{短周期项} = F(\sigma^*) - [F(\sigma^*)]_{常数、长周期项} \tag{4.43}$$

在卫星动力学中，称包含 $\dfrac{\mathrm{d}\sigma^{*(1)}}{\mathrm{d}t}, \Delta\sigma_s^{(1)}$ 和 $\dfrac{\mathrm{d}\sigma^{*(2)}}{\mathrm{d}t}$ 的运动理论为一阶运动理论，称包含 $\dfrac{\mathrm{d}\sigma^{*(1)}}{\mathrm{d}t}, \Delta\sigma_s^{(1)}, \dfrac{\mathrm{d}\sigma^{*(2)}}{\mathrm{d}t}, \Delta\sigma_s^{(2)}$ 和 $\dfrac{\mathrm{d}\sigma^{*(3)}}{\mathrm{d}t}$ 的理论为二阶运动理论。

4.3 摄动函数的展开

对于有势力，有摄动函数，为了解摄动运动方程，必须将摄动函数，展开为轨道根数的函数，由于，在研究人造卫星运动时，用到几种轨道根数系统，因此，摄动函数的展开，也有几种展开形式，即：

- 展开为克普勒根数。
- 展开为无 $e=0$ 奇点的根数。
- 展开为无 $e=0, i=0$ 奇点的根数。

对于人造卫星，有摄动函数的摄动，主要有：

- 地球引力场摄动。
- 日月摄动和潮汐摄动。

下面逐一讨论这些摄动函数的展开，以及展开式的计算方法。

4.3.1 地球引力场摄动函数的展开

地球引力场摄动函数为：

$$R = -\frac{GM}{r}\sum_{n=2}^{\infty} J_n (\frac{R}{r})^n P_n(\sin\varphi_s)$$

$$+\frac{GM}{r}\sum_{l=2}^{\infty}\sum_{m=1}^{n}(\frac{R}{r})^l \bar{P}_l^m(\sin\varphi_s)(\bar{C}_{lm}\cos m\lambda_s + \bar{S}_{lm}\sin m\lambda_s) \quad (4.44)$$

第一项为带谐摄动函数，第二项为田谐摄动函数，一般田谐系数 $\bar{C}_{lm}, \bar{S}_{lm}$ 是正规化的，因此，对应的 Legendre 多项式 $\bar{P}_l^m(\sin\varphi_s)$ 也是正规化的。

（1）带谐摄动函数的展开

带谐摄动函数为：

$$R = \sum_{n=2}^{\infty} R_n \quad (4.45)$$

其中， $R_n = -\frac{\mu J_n}{p^{n+1}}(\frac{p}{r})^{n+1}P_n(\sin\varphi_s)$ ； $p = a(1-e^2)$ 。需要说明的是：带谐系数 J_n 一般是非正规化的。而 C_{n0} 一般是正规化的。带谐摄动函数的展开，主要是研究长期和长周期摄动，下面介绍两种展开方法：

1）方法一

根据 Legendre 多项式的定义，有：

$$P_n = \sum_{\delta=0}^{[\frac{n}{2}]} \frac{1}{2^n} C_n^\delta C_{2(n-\delta)}^n (-1)^\delta (\sin\varphi_s)^{n-2\delta} \tag{4.46}$$

这里，φ_s 为卫星的地心纬度，利用：

$$\sin^k x = \sum_{\beta=0}^{k} \frac{1}{2^k} (-1)^\beta C_k^\beta \cos[(k-2\beta)x - k\frac{\pi}{2}] \tag{4.47}$$

$$\sin\varphi_s = \sin i \sin u$$

可得：

$$R_n = -\frac{\mu J_n}{p^{n+1}} (\frac{p}{r})^{n+1} \sum_{\delta=0}^{[\frac{n}{2}]} \sum_{\beta=0}^{n-2\delta} \frac{(-1)^\delta}{4^{n-\delta}} C_n^\delta C_{2(n-\delta)}^n C_{n-2\delta}^\beta \sin^{n-2\delta} i \tag{4.48}$$

$$\times \cos[(n-2\delta-2\beta)(f+\omega) - \frac{n\pi}{2}]$$

到此为止，摄动函数展开式为有限级数，对短周期项，利用：

$$dt = \frac{1}{n} dM = \frac{1}{n\sqrt{1-e^2}} (\frac{r}{a})^2 df \tag{4.49}$$

可化为对真近点角 f 的积分，得到短周期摄动的封闭公式。

对于平根数变率，需要得到平均摄动函数。定义 $n' = n - 2\delta - 2\beta$，由 （4.48）式，根据：

$$\langle (\frac{p}{r})^{n+1} \cos n'f \rangle = (1-e^2)^{\frac{3}{2}} \sum_{k=0}^{\frac{n-1-|n'|}{2}} C_{n-1}^{2k+|n'|} C_{2k+|n'|}^k (\frac{e}{2})^{2k+|n'|} \tag{4.50}$$

$$\langle (\frac{p}{r})^{n+1} \sin n'f \rangle = 0 \qquad\qquad n' \le n-1$$

交换求和次序，不难求出：

$$\bar{R}_n = -\frac{2\mu J_n}{p^{n+1}} (1-e^2)^{\frac{3}{2}} \sum_{n'=n-2}^{1,0} \sum_{\delta=0}^{[\frac{n-n'}{2}]} \delta_n I_\delta^{n'} \sin^{n-2\delta} i \tag{4.51}$$

$$\times \sum_{k=0}^{[\frac{n-1-n'}{2}]} E_k^{n'} e^{2k+n'} \cos[n'\omega - \frac{n\pi}{2}]$$

其中，

$$I_\delta^{n'} = 4^{\delta-n} C_n^\delta C_{2(n-\delta)}^n (-1)^{\frac{n-n'}{2}-\delta} C_{n-2\delta}^{\frac{n-n'}{2}-\delta}$$

$$E_k^{n'} = C_{n-1}^{2k+n'} C_{2k+n'}^k 2^{-(2k+n')} \qquad\qquad (4.52)$$

$$\delta_{n'} = \begin{cases} \dfrac{1}{2} & n' = 0 \\ 1 & n' \neq 0 \end{cases}$$

当然，如果需要，（4.48）式也可以与田谐摄动一样，利用 Hansen 系数进一步展开，但是，这时的展开式将是无限级数了。

2）方法二

利用

$$\overline{P}_l(\sin\varphi_s) = \overline{P}_l^0(\sin\varphi_s) = \sum_{p=0}^{l} j^l D_{l0p}(I) \exp j[(l-2p)u] \qquad (4.53)$$

将摄动函数展为：

$$R_l = \mathrm{Re}\, \frac{\mu C_{l0}}{a^{l+1}} \left(\frac{a}{r}\right)^{l+1} \sum_{p=0}^{l} j^l D_{l0p}(I) \exp j[(l-2p)u]$$

$$= \frac{\mu C_{l0}}{a^{l+1}} \left(\frac{a}{r}\right)^{l+1} \sum_{p=0}^{l} D_{l0p}(I) \cos\left[(l-2p)u + \frac{l}{2}\pi\right] \qquad (4.54)$$

由于 $p=i$ 的项和 $p=l-i$ 的项，有如下关系：

$$D_{l,0,p}(I) = (-1)^l D_{l,0,l-p}(I)$$

$$\cos\left\{[(l-2(l-p)]u + \frac{l}{2}\pi\right\} = (-1)^l \cos\left[(l-2p)u + \frac{l}{2}\pi\right] \qquad (4.55)$$

并注意到当 $p=l-p$ 时，只有一项，因此：

$$R_l = \frac{\mu C_{l0}}{a^{l+1}} \left(\frac{a}{r}\right)^{l+1} \sum_{p=0}^{[l/2]} D_{l,0,p}(I)(2-\delta_{p,l-p}) \cos\left[(l-2p)u + \frac{l}{2}\pi\right] \qquad (4.56)$$

其中，

$$\delta_{p,l-p} = \begin{cases} 0 & p \neq l-p \\ 1 & p = l-p \end{cases}$$

再用 Hansen 系数展开：

$$R_l = \frac{\mu C_{l0}}{a^{l+1}} \sum_{p=0}^{[l/2]} \sum_{q=-\infty}^{\infty} D_{l,0,p}(I)(2-\delta_{p,l-p}) G_{lpq}(e)$$

$$\times \cos\left[(l-2p+q)M + (l-2p)\omega + \frac{l}{2}\pi\right] \qquad (4.57)$$

式中 $l-2p+q=0$ 的项，即为摄动函数的平均值：

$$\overline{R}_l = \frac{\mu C_{l0}}{a^{l+1}} \sum_{p=0}^{[l/2]} D_{l,0,p}(I)(2-\delta_{p,l-p}) G_{lp,2p-l} \cos[(l-2p)\omega + \frac{l}{2}\pi] \tag{4.58}$$

这里，
$$G_{lp,2p-l}(e) = X_0^{-l-1,l-2p} \tag{4.59}$$

由于，在 $p=0$ 时，$G_{lp,2p-l}(e) = 0$。因此，

$$\overline{R}_l = \frac{\mu C_{l0}}{a^{l+1}} \sum_{p=1}^{[l/2]} D_{l,0,p}(I)(2-\delta_{p,l-p}) G_{lp,2p-l} \cos[(l-2p)\omega + \frac{l}{2}\pi] \tag{4.60}$$

以上两种方法，均可将平均摄动函数，展开为 a,e,i,ω 的有限级数形式，而且，后一种方法表达式更简洁一些，但是，要将 $(e,\omega) \Rightarrow (\xi,\eta)$，前一种方法更直观一些。如果，希望计算带谐摄动的短周期项，建议将 $J_n, n \geq 3$ 的项作为田谐摄动处理更加方便。

（2）田谐摄动函数的展开

田谐摄动函数为：

$$R = \sum_{l=2}^{\infty} \sum_{m=1}^{l} R_{lm} \tag{4.61}$$

其中，

$$R_{lm} = \frac{\mu R^n}{a^{l+1}} (\frac{a}{r})^{l+1} \overline{P}_l^m(\sin\varphi_s)(\overline{C}_{lm}\cos m\lambda_s + \overline{S}_{lm}\sin m\lambda_s) \tag{4.62}$$

这里，λ_s, φ_s 为卫星的经纬度，如果引进：$\overline{G}_{lm} = \overline{C}_{lm} - j\overline{S}_{lm}, j = \sqrt{-1}$，则有：

$$\overline{C}_{lm}\cos m\lambda_s + \overline{S}_{lm}\sin m\lambda_s = \text{Re}\,\overline{G}_{lm} \exp jm\lambda_s \tag{4.63}$$

于是：

$$R_{lm} = \text{Re}\frac{\mu}{r}(\frac{R_E}{r})^l \overline{P}_l^m(\sin\varphi_s)\overline{G}_{lm} \exp jm\lambda_s \tag{4.64}$$

1）克普勒根数展开式[6]

一般，在摄动函数展开时，先将 λ_s 表为：

$$\lambda_s = L_s + (\Omega - \theta)$$
$$\exp jm\lambda_s = \exp jm((\Omega - \theta) \times \exp jmL_s \tag{4.65}$$

再将 $\overline{P}_l^m(\sin\varphi) \exp jmL_s$ 展为：

$$\overline{P}_l^m(\sin\varphi_s) \exp jmL_s = \sum_{p=0}^{l} j^{l-m} D_{lmp}(I) \exp j[(l-2p)u] \tag{4.66}$$

这里，$D_{lmp}(I)$ 为正规化倾角函数，它的表达式如下：

$$D_{lmp}(I) = \frac{N_{lm}(l+m)!}{2^l p!(l-p)!} \sum_{j=\max(0,l-2p-m)}^{\min(l-m,2l-2p)} (-1)^j$$

$$\times \binom{2l-2p}{j}\binom{2p}{l-m-j} s^{m+2j-l+2p} c^{3l-m-2j-2p} \qquad (4.67)$$

其中，$N_{lm} = [\frac{(l-m)!(2l+1)(2-\delta_{0.m})}{(l+m)!}]^{1/2}$，$\delta_{0,m} = \begin{cases} 1 & m=0 \\ 0 & m \neq 0 \end{cases}$

这样

$$R = \mathrm{Re}\sum_{p=0}^{l} \mu \bar{G}_{lm}(\frac{R_E}{a})^l \frac{1}{a}(\frac{a}{r})^{l+1} j^{l-m} D_{lmp}(I) \exp j[(l-2p)u + m(\Omega-\theta)] \quad (4.68)$$

再用 Hansen 系数展开

$$R_{lm} = \mathrm{Re}\sum_{p=0}^{n}\sum_{q=-\infty}^{\infty} \mu \bar{G}_{lm}(\frac{R_E}{a})^l \frac{1}{a}(\frac{a}{r})^{l+1} j^{l-m} D_{lmp}(I) G_{lpq}(e) \exp j\psi \quad (4.69)$$

其中，$\psi = (l-2p+q)(M+\omega) - q\omega + m(\Omega-\theta)$，$G_{lpq}(e)$ 为 Hansen 系数，它是偏心率 e 的函数。如果，定义：

$$\bar{C}_{lm} = J_{lm}\cos\theta_{lm}, \quad \bar{S}_{lm} = J_{lm}\sin\theta_{lm}, \quad \theta_{lm} = \mathrm{tg}^{-1}(\frac{\bar{S}_{lm}}{\bar{C}_{lm}})$$

$$J_{lm} = (\bar{C}_{lm}^2 + \bar{S}_{lm}^2)^{1/2}, \quad \lambda_{lm} = \frac{l-m}{2}\pi - \mathrm{tg}^{-1}(\frac{\bar{S}_{lm}}{\bar{C}_{lm}}) \qquad (4.70)$$

并注意到 $j^{l-m} = e^{j\frac{l-m}{2}\pi}$，$\bar{G}_{lm} = J_{lm} e^{-\mathrm{tg}^{-1}(\frac{\bar{S}_{lm}}{\bar{C}_{lm}})}$，则田谐摄动函数就可表达为：

$$R = \sum_{lmpq} R_{lmpq}$$

$$R_{lmpq} = \mu J_{lm}(\frac{1}{a})^{l+1} D_{lmp}(I) G_{lpq}(e)\cos(\psi + \lambda_{nm}) \qquad (4.71)$$

（4.69）或（4.71）式即为田谐摄动函数对于克普勒根数的展开式。

2）无 e=0 奇点根数展开式

对于无奇点根数 $a,i,\Omega,\xi = e\sin\omega, e\cos\omega, \lambda = M+\omega$，展开方法如下：引进定义 $G_{lpq} = e^{|q|}K_{lpq}$，则摄动函数为：

$$R_{lmpq} = \mu J_{lm}(\frac{1}{a})^{l+1} D_{lmp}(I) K_{lpq}(e)$$

$$\times [C_q(\xi,\eta)\cos(\psi_1 + \lambda_{lm}) + S_q(\xi,\eta)\sin(\psi_1 + \lambda_{lm})] \qquad (4.72)$$

其中，

$$S_q(\xi,\eta) = e^{|q|}\sin q\omega = \mathrm{sgn}(q)\sum_{j(2)=1}^{|q|}(-1)^{[\frac{j}{2}]}C_{|q|}^j\eta^{|q|-j}\xi^j$$

$$(4.73)$$

$$C_q(\xi,\eta) = e^{|q|}\cos q\omega = \sum_{j(2)=0}^{|q|}(-1)^{[\frac{j}{2}]}C_{|q|}^j\eta^{|q|-j}\xi^j$$

式中，求和 $j(2)=0$，表示，从 0 开始，间隔为 2，$[\frac{j}{2}]$ 为 $\frac{j}{2}$ 的整数部分，而幅角 ψ_1 为：

$$\psi_1 = (l-2p+q)\lambda + m(\Omega-\theta)$$

$$(4.74)$$

（4.72）式即为田谐摄动函数，对无 $e=0$ 奇点根数的展开式。下面给出摄动函数对根数的偏导数的表达式：

$$\frac{\partial R}{\partial a} = -(l+1)\mu J_{lm}(\frac{1}{a})^{l+2}D_{lmp}(I)K_{lpq}(e)$$
$$\times[C_q(\xi,\eta)\cos(\psi_1+\lambda_{lm}) + S_q(\xi,\eta)\sin(\psi_1+\lambda_{lm})]$$

$$\frac{\partial R}{\partial i} = \mu J_{lm}(\frac{1}{a})^{l+1}D'_{lmp}(I)K_{lpq}(e)$$
$$\times[C_q(\xi,\eta)\cos(\psi_1+\lambda_{lm}) + S_q(\xi,\eta)\sin(\psi_1+\lambda_{lm})]$$

$$\frac{\partial R}{\partial \Omega} = \mu m J_{lm}(\frac{1}{a})^{l+1}D_{lmp}(I)K_{lpq}(e)$$
$$\times[-C_q(\xi,\eta)\sin(\psi_1+\lambda_{lm}) + S_q(\xi,\eta)\cos(\psi_1+\lambda_{lm})]$$

$$(4.75)$$

$$\frac{\partial R}{\partial \xi} = \mu J_{lm}(\frac{1}{a})^{l+1}[C'_{q\xi}(\xi,\eta)K_{lpq}(e) + 2\xi C_q(\xi,\eta)\frac{dK_{lpq}}{de^2}]D_{lmp}(I)\cos(\psi_1+\lambda_{lm})$$
$$+ \mu J_{lm}(\frac{1}{a})^{l+1}[S'_{q\xi}(\xi,\eta)K_{lpq}(e) + 2\xi S_q(\xi,\eta)\frac{dK_{lpq}}{de^2}]D_{lmp}(I)\sin(\psi_1+\lambda_{lm})$$

$$\frac{\partial R}{\partial \eta} = \mu J_{lm}(\frac{1}{a})^{l+1}[C'_{q\eta}(\xi,\eta)K_{lpq}(e) + 2\eta C_q(\xi,\eta)\frac{dK_{lpq}}{de^2}]D_{lmp}(I)\cos(\psi_1+\lambda_{lm})$$
$$+ \mu J_{lm}(\frac{1}{a})^{l+1}[S'_{q\eta}(\xi,\eta)K_{lpq}(e) + 2\eta S_q(\xi,\eta)\frac{dK_{lpq}}{de^2}]D_{lmp}(I)\sin(\psi_1+\lambda_{lm})$$

$$\frac{\partial R}{\partial \lambda} = \mu(l-2p+q)J_{lm}(\frac{1}{a})^{l+1}D_{lmp}(I)K_{lpq}(e)$$
$$\times[-C_q(\xi,\eta)\sin(\psi_1+\lambda_{lm}) + S_q(\xi,\eta)\cos(\psi_1+\lambda_{lm})]$$

其中，

$$S'_{q\xi}(\xi,\eta) = \mathrm{sgn}(q)\sum_{j(2)=1}^{|q|}(-1)^{[\frac{j}{2}]}C_{|q|}^j\eta^{|q|-j}j\xi^{j-1}$$

$$S'_{q\eta}(\xi,\eta) = \mathrm{sgn}(q) \sum_{j(2)=1}^{|q|-1} (-1)^{[\frac{j}{2}]} C_{|q|}^j (|q|-j) \eta^{|q|-j-1} \xi^j$$

$$C'_{q\xi}(\xi,\eta) = \sum_{j(2)=0}^{|q|} (-1)^{[\frac{j}{2}]} C_{|q|}^j \eta^{|q|-j} j \xi^{j-1} \tag{4.76}$$

$$C'_{q\eta}(\xi,\eta) = \sum_{j(2)=0}^{|q|-1} (-1)^{[\frac{j}{2}]} C_{|q|}^j (|q|-j) \eta^{|q|-j-1} \xi^j$$

$$\frac{1}{e} K'_{lpq} = 2 \frac{\mathrm{d}K_{lpq}}{\mathrm{d}e^2}$$

再定义,

$$C'_\xi = [C'_{q\xi}(\xi,\eta) K_{lpq}(e) + 2\xi C_q(\xi,\eta) \frac{\mathrm{d}K_{lpq}}{\mathrm{d}e^2}]$$

$$S'_\xi = [S'_{q\xi}(\xi,\eta) K_{lpq}(e) + 2\xi S_q(\xi,\eta) \frac{\mathrm{d}K_{lpq}}{\mathrm{d}e^2}]$$

$$C'_\eta = [C'_{q\eta}(\xi,\eta) K_{lpq}(e) + 2\eta C_q(\xi,\eta) \frac{\mathrm{d}K_{lpq}}{\mathrm{d}e^2}] \tag{4.77}$$

$$S'_\eta = [S'_{q\eta}(\xi,\eta) K_{lpq}(e) + 2\eta S_q(\xi,\eta) \frac{\mathrm{d}K_{lpq}}{\mathrm{d}e^2}]$$

则

$$\frac{\partial R}{\partial \xi} = \mu J_{lm} (\frac{1}{a})^{l+1} D_{lmp}(I)[C'_\xi \cos(\psi_1 + \lambda_{lm}) + S'_\xi \sin(\psi_1 + \lambda_{lm})] \tag{4.78}$$

$$\frac{\partial R}{\partial \eta} = \mu J_{lm} (\frac{1}{a})^{l+1} D_{lmp}(I)[C'_\eta \cos(\psi_1 + \lambda_{lm}) + S'_\eta \sin(\psi_1 + \lambda_{lm})]$$

注意到

$$\xi C'_{q\xi}(\xi,\eta) + \eta C'_{q\eta}(\xi,\eta) = |q| C_q(\xi,\eta)$$

$$\xi S'_{q\xi}(\xi,\eta) + \eta S'_{q\eta}(\xi,\eta) = |q| S_q(\xi,\eta)$$

$$\eta C'_{q\xi}(\xi,\eta) - \xi C'_{q\eta}(\xi,\eta) = -q S_q(\xi,\eta) \tag{4.79}$$

$$\eta S'_{q\xi}(\xi,\eta) - \xi S'_{q\eta}(\xi,\eta) = q C_q(\xi,\eta)$$

即有:

$$\xi \frac{\partial R}{\partial \xi} + \eta \frac{\partial R}{\partial \eta} = \mu J_{lm} (\frac{1}{a})^{l+1} D_{lmp}(I)[|q| K_{lpq}(e) + 2e^2 \frac{\mathrm{d}K_{lpq}}{\mathrm{d}e^2}] \tag{4.80}$$

$$\times [C_q(\xi,\eta) \cos(\psi_1 + \lambda_{lm}) + S_q(\xi,\eta) \sin(\psi_1 + \lambda_{lm})]$$

$$\eta \frac{\partial R}{\partial \xi} - \xi \frac{\partial R}{\partial \eta} = \mu J_{lm} (\frac{1}{a})^{l+1} D_{lmp}(I) K_{lpq}(e)$$

$$\times q[C_q(\xi,\eta)\sin(\psi_1+\lambda_{lm})-S_q(\xi,\eta)\cos(\psi_1+\lambda_{lm})] \tag{4.81}$$

3）无 e=0, i=0 根数的展开式[7,8]

对于无奇点根数：

$$a, h = e\sin(\omega+\Omega), k = e\cos(\omega+\Omega),$$
$$P = \text{tg}(i/2)\sin\Omega, Q = \text{tg}(i/2)\cos\Omega, \lambda = M+\omega+\Omega \tag{4.82}$$

利用倾角函数 $D_{lmp}(I)$ 和 Hansen 系数 $G_{lpq}(e)$，田谐摄动函数，可表为：

$$R = \sum_{lmpq} R_{lmpq}$$

$$R_{lmpq} = \mu J_{lm}(\frac{1}{a})^{l+1} D_{lmp}(I) G_{lpq}(e)\cos(\psi+\lambda_{lm}) \tag{4.83}$$

其中，

$$\psi = (l-2p+q)\lambda - q(\omega+\Omega) + (m-l+2p)\Omega - m\theta$$

将倾角函数 $D_{lmp}(I)$ 和 Hansen 系数 $G_{lpq}(e)$ 分解为：

$$G_{lpq}(e) = e^{|q|} K_{lpq}(e) \tag{4.84}$$

$$D_{lmp}(I) = \text{tg}^{|K|}(\frac{i}{2}) A_{lmp}(I) \tag{4.85}$$

并定义

$$S_q(h,k) = e^{|q|}\sin q(\omega+\Omega) = \text{sgn}(q)\sum_{j(2)=1}^{|q|}(-1)^{[\frac{j}{2}]}C_{|q|}^j k^{|q|-j}h^j$$

$$C_q(h,k) = e^{|q|}\cos q(\omega+\Omega) = \sum_{j(2)=0}^{|q|}(-1)^{[\frac{j}{2}]}C_{|q|}^j k^{|q|-j}h^j \tag{4.86}$$

$$S_K(P,Q) = \text{tg}^{|K|}(\frac{i}{2})\sin K\Omega = \text{sgn}(K)\sum_{j(2)=1}^{|K|}(-1)^{[\frac{j}{2}]}C_{|K|}^j Q^{|K|-j}P^j$$

$$C_K(P,Q) = \text{tg}^{|K|}(\frac{i}{2})\cos K\Omega = \sum_{j(2)=0}^{|K|}(-1)^{[\frac{j}{2}]}C_{|K|}^j Q^{|K|-j}P^j \tag{4.87}$$

则摄动函数可表为：

$$R_{lmpq} = \mu J_{lm}(\frac{1}{a})^{l+1} A_{lmp}(I) K_{lpq}(e)[C_q(h,k)C_K(P,Q)$$
$$+ S_q(h,k)S_K(P,Q)]\cos(\psi_1+\lambda_{lm})$$
$$+ \mu J_{lm}(\frac{1}{a})^{l+1} A_{lmp}(I) K_{lpq}(e)[S_q(h,k)C_K(P,Q)$$
$$- C_q(h,k)S_K(P,Q)]\sin(\psi_1+\lambda_{lm}) \tag{4.88}$$

其中，

$$\psi_1 = (l-2p+q)\lambda - m\theta$$
$$K = m-l+2p$$

令

$$W(h,k,P,Q) = C_q(h,k)C_K(P,Q) + S_q(h,k)S_K(P,Q)$$
$$V(h,k,P,Q) = S_q(h,k)C_K(P,Q) - C_q(h,k)S_K(P,Q)$$

(4.89)

则摄动函数最终展开为：

$$R_{lmpq} = \mu J_{lm}(\frac{1}{a})^{l+1} A_{lmp}(I)K_{lpq}(e)[W(h,k,P,Q)\cos(\psi_1 + \lambda_{lm})$$
$$+ V(h,k,P,Q)\sin(\psi_1 + \lambda_{lm})]$$

(4.90)

此即田谐摄动函数对无 $e = 0, i = 0$ 奇点根数的展开式。下面我们给出摄动函数对根数的偏导数的表达式

考虑到

$$\frac{\partial K_{lpq}(e)}{\partial h} = 2h\frac{\mathrm{d}K_{lpq}}{\mathrm{d}e^2}, \quad \frac{\partial K_{lpq}(e)}{\partial k} = 2k\frac{\mathrm{d}K_{lpq}}{\mathrm{d}e^2}$$

(4.91)

以及

$$\frac{\partial A_{lmp}(I)}{\partial P} = A'_{lmp}(I)\frac{\partial i}{\partial P} = A'_{lmp}(I)\operatorname{ctg}\frac{i}{2}(1 + \cos i)P$$

(4.92)

$$\frac{\partial A_{lmp}(I)}{\partial Q} = A'_{lmp}(I)\frac{\partial i}{\partial Q} = A'_{lmp}(I)\operatorname{ctg}\frac{i}{2}(1 + \cos i)Q$$

(4.93)

并定义 $\tilde{A}'_{lmp}(I) = A'_{lmp}(I)\operatorname{ctg}\frac{i}{2}$ 。不难求得偏导数：

$$\frac{\partial R}{\partial \lambda} = (l - 2p + q)\mu J_{lm}(\frac{1}{a})^{l+1} A_{lmp}(I)K_{lpq}(e)$$
$$\times [V(h,k,P,Q)\cos(\psi_1 + \lambda_{lm}) - W(h,k,P,Q)\sin(\psi_1 + \lambda_{lm})]$$

$$\frac{\partial R}{\partial a} = -(l + 1)\mu J_{lm}(\frac{1}{a})^{l+2} A_{lmp}(I)K_{lpq}(e)$$
$$\times [W(h,k,P,Q)\cos(\psi_1 + \lambda_{lm}) + V(h,k,P,Q)\sin(\psi_1 + \lambda_{lm})]$$

$$\frac{\partial R}{\partial h} = \mu J_{lm}(\frac{1}{a})^{l+1} A_{lmp}(I)K_{lpq}(e)[W'_h(h,k,P,Q)\cos(\psi_1 + \lambda_{lm})$$
$$+ V'_h(h,k,P,Q)\sin(\psi_1 + \lambda_{lm})] + \mu J_{lm}(\frac{1}{a})^{l+1} 2hA_{lmp}(I)\frac{\mathrm{d}K_{lpq}(e)}{\mathrm{d}e^2}$$
$$\times [W(h,k,P,Q)\cos(\psi_1 + \lambda_{lm}) + V(h,k,P,Q)\sin(\psi_1 + \lambda_{lm})]$$

$$\frac{\partial R}{\partial k} = \mu J_{lm}(\frac{1}{a})^{l+1} A_{lmp}(I) K_{lpq}(e)[W'_k(h,k,P,Q)\cos(\psi_1+\lambda_{lm})$$

$$+ V'_k(h,k,P,Q)\sin(\psi_1+\lambda_{lm})] + \mu J_{lm}(\frac{1}{a})^{l+1} 2k A_{lmp}(I)\frac{\mathrm{d}K_{lpq}}{\mathrm{d}e^2} \qquad (4.94)$$

$$\times[W(h,k,P,Q)\cos(\psi_1+\lambda_{lm}) + V(h,k,P,Q)\sin(\psi_1+\lambda_{lm})]$$

$$\frac{\partial R}{\partial P} = \mu J_{lm}(\frac{1}{a})^{l+1} A_{lmp}(I) K_{lpq}(e)[W'_P(h,k,P,Q)\cos(\psi_1+\lambda_{lm})$$

$$+ V'_P(h,k,P,Q)\sin(\psi_1+\lambda_{lm})] + \mu J_{lm}(\frac{1}{a})^{l+1} \tilde{A}'_{lmp}(I)(1+\cos i)P K_{lpq}(e)$$

$$\times[W(h,k,P,Q)\cos(\psi_1+\lambda_{lm}) + V(h,k,P,Q)\sin(\psi_1+\lambda_{lm})]$$

$$\frac{\partial R}{\partial Q} = \mu J_{lm}(\frac{1}{a})^{l+1} A_{lmp}(I) K_{lpq}(e)[W'_Q(h,k,P,Q)\cos(\psi_1+\lambda_{lm})$$

$$+ V'_Q(h,k,P,Q)\sin(\psi_1+\lambda_{lm})] + \mu J_{lm}(\frac{1}{a})^{l+1} \tilde{A}'_{lmp}(I)(1+\cos i)Q K_{lpq}(e)$$

$$\times[W(h,k,P,Q)\cos(\psi_1+\lambda_{lm}) + V(h,k,P,Q)\sin(\psi_1+\lambda_{lm})]$$

其中，

$$W'_h(h,k,P,Q) = C'_{qh}(h,k)C_K(P,Q) + S'_{qh}(h,k)S_K(P,Q)$$

$$V'_h(h,k,P,Q) = S'_{qh}(h,k)C_K(P,Q) - C'_{qh}(h,k)S_K(P,Q)$$

$$W'_k(h,k,P,Q) = C'_{qk}(h,k)C_K(P,Q) + S'_{qk}(h,k)S_K(P,Q) \qquad (4.95)$$

$$V'_k(h,k,P,Q) = S'_{qk}(h,k)C_K(P,Q) - C'_{qk}(h,k)S_K(P,Q)$$

$$W'_P(h,k,P,Q) = C_q(h,k)C'_{KP}(P,Q) + S_q(h,k)S'_{KP}(P,Q)$$

$$V'_P(h,k,P,Q) = S_q(h,k)C'_{KP}(P,Q) - C_q(h,k)S'_{KP}(P,Q) \qquad (4.96)$$

$$W'_Q(h,k,P,Q) = C_q(h,k)C'_{KQ}(P,Q) + S_q(h,k)S'_{KQ}(P,Q)$$

$$V'_Q(h,k,P,Q) = S_q(h,k)C'_{KQ}(P,Q) - C_q(h,k)S'_{KQ}(P,Q)$$

这里 $S'_{qh}(h,k), C'_{qh}(h,k), S'_{qk}(h,k), C'_{qk}(h,k)$ 为 $S_q(h,k), C_q(h,k)$ 对 h, k 的偏导数，$S'_{KP}(P,Q), C'_{KP}(P,Q), S'_{KQ}(P,Q), C'_{KQ}(P,Q)$ 为 $S_K(P,Q), C_K(P,Q)$ 对 P, Q 的偏导数，可以直接微分 $S_q(h,k), C_q(h,k), S_K(P,Q), C_K(P,Q)$ 的表达式得到。注意有关系式：

$$hW'_h(h,k,P,Q) + kW'_k(h,k,P,Q) = |q|W(h,k,P,Q)$$

$$hV'_h(h,k,P,Q) + kV'_k(h,k,P,Q) = |q|V(h,k,P,Q)$$

$$kW'_h(h,k,P,Q) - hW'_k(h,k,P,Q) = -qV(h,k,P,Q)$$

$$kV'_h(h,k,P,Q) - hV'_k(h,k,P,Q) = qW(h,k,P,Q)$$

$$PW_P'(h,k,P,Q) + QW_Q'(h,k,P,Q) = |K|W(h,k,P,Q)$$
$$PV_P'(h,k,P,Q) + QV_Q'(h,k,P,Q) = |K|V(h,k,P,Q)$$

（4.97）

于是有

$$\frac{\sqrt{1-e^2}}{na^2(1+\sqrt{1-e^2})}(\frac{\partial R}{\partial h}h + \frac{\partial R}{\partial k}k)$$

$$= \frac{n\sqrt{1-e^2}J_{lm}}{(1+\sqrt{1-e^2})}(\frac{1}{a})^l A_{lmp}(I)[|q|K_{lpq}(e) + 2e^2\frac{\partial K_{lpq}(e)}{\partial e^2}]$$

$$\times [W(h,k,P,Q)\cos(\psi_1 + \lambda_{lm}) + V(h,k,P,Q)\sin(\psi_1 + \lambda_{lm})]$$

（4.98）

$$\frac{1}{na^2\sqrt{1-e^2}(1+\cos i)}(k\frac{\partial R}{\partial h} - h\frac{\partial R}{\partial k})$$

$$= \frac{nJ_{lm}}{\sqrt{1-e^2}(1+\cos i)}(\frac{1}{a})^l A_{lmp}(I)K_{lpq}(e)q$$

$$\times [W(h,k,P,Q)\sin(\psi_1 + \lambda_{lm}) - V(h,k,P,Q)\cos(\psi_1 + \lambda_{lm})]$$

（4.99）

$$\frac{1}{na^2\sqrt{1-e^2}}\frac{1}{1+\cos i}(P\frac{\partial R}{\partial P} + \frac{\partial R}{\partial Q}Q)$$

$$= \frac{n}{\sqrt{1-e^2}}J_{lm}(\frac{1}{a})^l K_{lpq}(e)[\frac{A_{lmp}(I)|K|}{1+\cos i} + \tilde{A}_{lmp}'(I)(\text{tg}^2(\frac{i}{2})]$$

$$\times [W(h,k,P,Q)\cos(\psi_1 + \lambda_{lm}) + V(h,k,P,Q)\sin(\psi_1 + \lambda_{lm})]$$

（4.100）

4）Hansen 系数的核的计算[9-11]

Hansen 系数的核 K_{lpq} 及其导数 $\dfrac{\mathrm{d}k_j^{ns}}{\mathrm{d}e} = 2e\dfrac{\mathrm{d}k_j^{ns}}{\mathrm{d}e^2}$ 的计算，有几类算法：

① Newcomb-Poincare 方法

此类方法常用的表达式为：

$$K_{lpq} = K_j^{n,s} = \sum_{\alpha=0}^{\infty} X_{\alpha+a,\alpha+b}^{ns} e^{2\alpha}$$

$$\frac{\mathrm{d}K_j^{n,s}}{\mathrm{d}e^2} = \sum_{\alpha=0}^{\infty} \alpha X_{\alpha+a,\alpha+b}^{ns} e^{2(\alpha-1)}$$

（4.101）

其中，$a = \max(j-s,0)$；$b = \max(s-j,0)$

$X_{\rho\sigma}^{ns}$ 称为 Newcomb 算子，有如下递推关系：

$$4(\rho+\sigma)X_{\rho,\sigma}^{n,s} = 2(2s-n)X_{\rho-1,\sigma}^{n,s+1} - 2(2s+n)X_{\rho,\sigma-1}^{n,s-1}$$

$$+(s-n)X_{\rho-2,\sigma}^{n,s+2} - (s+n)X_{\rho,\sigma-2}^{n,s-2} + 2(2\rho+2\sigma-4-n)X_{\rho-1,\sigma-1}^{n,s}$$

（4.102）

初值为

$$X_{0,0}^{n,s}=1, \quad X_{1,0}^{n,s}=s-\frac{n}{2}, \quad X_{0,1}^{n,s}=-s-\frac{n}{2} \tag{4.103}$$

为了提高收敛性，R.J.Ploulx 给出

$$K_{lpq}=K_j^{n,s}=(1-e^2)^{n+3/2}\sum_{\alpha=0}^{\infty}Y_{\alpha+a,\alpha+b}^{ns}e^{2\alpha}$$

$$\frac{\mathrm{d}K_j^{n,s}}{\mathrm{d}e^2}=\frac{(n+3/2)}{(1-e^2)}K_j^{n,s}+(1-e^2)^{n+3/2}\sum_{\alpha=0}^{\infty}\alpha Y_{\alpha+a,\alpha+b}^{ns}e^{2(\alpha-1)} \tag{4.104}$$

其中，$a=\max(j-s,0)$；$b=\max(s-j,0)$ \hfill (4.105)

显然，a,b 之中，总有一个为 0，另一个为 $|q|$

$Y_{\rho\sigma}^{ns}$ 称为改进 Newcomb 算子，有如下递推关系：

$$4(\rho+\sigma)Y_{\rho,\sigma}^{n,s}=2(2s-n)Y_{\rho-1,\sigma}^{n,s+1}-2(2s+n)Y_{\rho,\sigma-1}^{n,s-1}$$

$$+(s-n)Y_{\rho-2,\sigma}^{n,s+2}-(s+n)Y_{\rho,\sigma-2}^{n,s-2}+(4\rho+4\sigma+4+6n)Y_{\rho-1,\sigma-1}^{n,s} \tag{4.106}$$

初值为

$$Y_{0,0}^{n,s}=1, \quad Y_{1,0}^{n,s}=s-\frac{n}{2}, \quad Y_{0,1}^{n,s}=-s-\frac{n}{2} \tag{4.107}$$

（4.102）、（4.106）式递推时，碰到下标为负数，取值为 0。当然式中 $n=-l-1, s=l-2p, j=l-2p+q$

② Hansen-Mclain 方法

W.D.McClain[10]给出了两个公式（原文公式有误）：

$$X_t^{n,s}=(1-\beta^2)^{2n+3}(1+\beta^2)^{-(n+1)}(-\beta)^{|t-s|}\sum_{i=0}^{\infty}L_{i+a}^{(n-t+1)}(\mu)L_{i+b}^{(n+t+1)}(-\mu)\beta^{2i} \tag{4.108}$$

$$\mu=t(1-\beta^2)/(1+\beta^2)=t\sqrt{1-e^2}$$

以及

$$X_t^{n,s}=(1+\beta^2)^{-(n+1)}(-\beta)^{|t-s|}\sum_{i=0}^{\infty}L_{i+a}^{(n-s-i-a+1)}(\nu)L_{i+b}^{(n+s-i-b+1)}(-\nu)\beta^{2i} \tag{4.109}$$

$$\nu=t(1+\beta^2)^{-1}=\frac{1}{2}\frac{te}{\beta}$$

其中，

$$\beta=\frac{e}{1+\sqrt{1-e^2}}$$

$$a=[|t-s|+(t-s)]/2$$

$$b=[|t-s|-(t-s)]/2 \tag{4.110}$$

式中，$L_m^{(j)}(x)$ 为广义 Laguerre 多项式，广义 Laguerre 多项式的定义为：

$$L_m^{(j)}(x) = \sum_{k=0}^{m} (-1)^k \binom{m+j}{m-k} \frac{x^k}{k!} \qquad (4.111)$$

广义 Laguerre 多项式有递推关系：

$$(n+1)L_{n+1}^{(\alpha)}(x) = (2n + \alpha + 1 - x)L_n^{(\alpha)}(x) - (n+\alpha)L_{n-1}^{(\alpha)}(x) \qquad (4.112)$$

初值为：

$$L_0^{(\alpha)}(x) = 1, \quad L_1^{(\alpha)}(x) = \alpha + 1 - x \qquad (4.113)$$

以及

$$\frac{\mathrm{d}L_n^{(\alpha)}(x)}{\mathrm{d}x} = -L_{n-1}^{(\alpha+1)}(x) = \frac{1}{x}[nL_n^{(\alpha)}(x) - (n+\alpha)L_{n-1}^{(\alpha)}(x)] \qquad (4.114)$$

下面以（4.108）式为例，给出 $K_t^{n,s}$ 和 $\dfrac{\mathrm{d}K_t^{n,s}}{\mathrm{d}e^2}$ 的表达式：

定义 $A = (1-\beta^2)^{2n+3}(1+\beta^2)^{-(n+1)+|t-s|}$，即有：

$$K_t^{n,s} = A(-\frac{1}{2})^{|t-s|} \sum_{i=0}^{\infty} L_{i+a}^{(n-t+1)}(\mu) L_{i+b}^{(n+t+1)}(-\mu)\beta^{2i} \qquad (4.115)$$

$K_t^{n,s}$ 对 β^2 求导数

$$
\begin{aligned}
\frac{\mathrm{d}K_t^{n,s}}{\mathrm{d}\beta^2} = {} & \frac{\mathrm{d}A}{\mathrm{d}\beta^2}(-\frac{1}{2})^{|t-s|} \sum_{i=0}^{\infty} L_{i+a}^{(n-t+1)}(\mu) L_{i+b}^{(n+t+1)}(-\mu)\beta^{2i} \\
& + A(-\frac{1}{2})^{|t-s|} \sum_{i=0}^{\infty} [L_{i+a}^{(n-t+1)}(\mu) L_{i+b-1}^{(n+t+2)}(-\mu) \\
& - L_{i+a-1}^{(n-t+2)}(\mu) L_{i+b}^{(n+t+1)}(-\mu)]\frac{\mathrm{d}\mu}{\mathrm{d}\beta^2}\beta^{2i} \\
& + A(-\frac{1}{2})^{|t-s|} \sum_{i=0}^{\infty} L_{i+a}^{(n-t+1)}(\mu) L_{i+b}^{(n+t+1)}(-\mu)i\beta^{2(i-1)}
\end{aligned} \qquad (4.116)
$$

其中，

$$
\begin{aligned}
\frac{\mathrm{d}A}{\mathrm{d}\beta^2} = {} & -(2n+3)(1-\beta^2)^{2n+2}(1+\beta^2)^{-(n+1)+|t-s|} \\
& + [-(n+1)+|t-s|](1-\beta^2)^{2n+3}(1+\beta^2)^{-(n+2)+|t-s|} \\
\frac{\mathrm{d}\mu}{\mathrm{d}\beta^2} = {} & -2t(1+\beta^2)^{-2}
\end{aligned} \qquad (4.117)
$$

最后 $\dfrac{\mathrm{d}K_t^{n,s}}{\mathrm{d}e^2}$ 可用下式计算：

$$\frac{\mathrm{d}K_t^{n,s}}{\mathrm{d}e^2} = \frac{\mathrm{d}K_t^{n,s}}{\mathrm{d}\beta^2}\frac{\mathrm{d}\beta^2}{\mathrm{d}e^2} = \frac{(1+\beta^2)^3}{4(1-\beta^2)}\frac{\mathrm{d}K_t^{n,s}}{\mathrm{d}\beta^2} \tag{4.118}$$

与改进 Newcomb 算子 $Y_{\rho\sigma}^{ns}$ 方法相比，表达式复杂一些，但递推公式简单得多（$Y_{\rho\sigma}^{ns}$ 需要文字递推）。（4.108）与（4.109）相比，与改进 Newcomb 算子 $Y_{\rho\sigma}^{ns}$ 方法类似，在（4.108）中，也含有 $(1-e^2)^{n+3/2}$ 的因子，收敛性要好得多，有利于较大偏心率卫星摄动的计算。

当然，计算 Hansen 系数及其导数，还可利用定积分计算：

$$X_k^{n,m} = \frac{1}{2\pi}\int_0^{2\pi}\left(\frac{r}{a}\right)^n\cos(mf-kM)\mathrm{d}M$$

$$\frac{\partial X_k^{n,m}}{\partial e} = \frac{1}{2\pi}\int_0^{2\pi}-\left(\frac{r}{a}\right)^n[n\frac{a}{r}\cos f\cos(mf-kM)$$

$$+\frac{m}{1-e^2}(2+e\cos f)\sin f\sin(mf-kM)]\mathrm{d}M$$

但用定积分方法计算 Hansen 系数的核及其导数时，将出现 e 分母。综上所述，我们推荐使用（4.115）和（4.118）来计算 Hansen 系数的核及其导数，用作下节递推的初值，甚至，可以直接进行计算 Hansen 系数的核及其导数。

5）Hansen 系数核及其导数的递推

G..E.O.Giacaglia[9]给出了 Hansen 系数的递推公式：

$$G_{l-2,p-1,q} = \frac{(l-2p)}{(l-2p+q)}\sqrt{1-e^2}\,G_{lpq}$$

$$+\frac{(l-1)}{2(l-2p+q)}\frac{e}{\sqrt{1-e^2}}(G_{l-1,p-1,q-1}-G_{l-1,p,q+1}) \tag{4.119}$$

将 $G_{lpq} = e^{|q|}K_{lpq}$，代入上式，得 K_{lpq} 的递推公式：

$$e^{|q|}K_{l-2,p-1,q} = \frac{(l-2p)}{(l-2p+q)}\sqrt{1-e^2}\,e^{|q|}K_{lpq}$$

$$+\frac{(l-1)}{2(l-2p+q)}\frac{e}{\sqrt{1-e^2}}(e^{|q-1|}G_{l-1,p-1,q-1}-e^{|q+1|}G_{l-1,p,q+1}) \tag{4.120}$$

递推需分 3 种情况：

● $q = 0$

$$K_{l-2,p-1,q} = \frac{(l-2p)}{(l-2p+q)}\sqrt{1-e^2}\,K_{lpq}$$

$$+\frac{(l-1)}{2(l-2p+q)}\frac{e^2}{\sqrt{1-e^2}}(K_{l-1,p-1,q-1}-K_{l-1,p,q+1}) \tag{4.121}$$

- $q \geq 1$

$$K_{l-2,p-1,q} = \frac{(l-2p)}{(l-2p+q)} \sqrt{1-e^2} K_{lpq}$$
$$+ \frac{(l-1)}{2(l-2p+q)} \frac{1}{\sqrt{1-e^2}} (K_{l-1,p-1,q-1} - e^2 K_{l-1,p,q+1}) \quad (4.122)$$

- $q \leq -1$

$$K_{l-2,p-1,q} = \frac{(l-2p)}{(l-2p+q)} \sqrt{1-e^2} K_{lpq}$$
$$+ \frac{(l-1)}{2(l-2p+q)} \frac{1}{\sqrt{1-e^2}} (e^2 K_{l-1,p-1,q-1} - K_{l-1,p,q+1}) \quad (4.123)$$

令

$$A = \frac{(l-2p)}{(l-2p+q)} \sqrt{1-e^2}, \quad B = \frac{(l-1)}{2(l-2p+q)\sqrt{1-e^2}}, \quad (4.124)$$

$$C = \frac{(l-1)e^2}{2(l-2p+q)\sqrt{1-e^2}} = Be^2 \quad (4.125)$$

则有

$$\begin{aligned}
K_{l-2,p-1,q} &= AK_{lpq} + Be^2(K_{l-1,p-1,q-1} - K_{l-1,p,q+1}) & q=0 \\
K_{l-2,p-1,q} &= AK_{lpq} + B(K_{l-1,p-1,q-1} - e^2 K_{l-1,p,q+1}) & q \geq 1 \\
K_{l-2,p-1,q} &= AK_{lpq} + B(e^2 K_{l-1,p-1,q-1} - K_{l-1,p,q+1}) & q \leq -1
\end{aligned} \quad (4.126)$$

上式求导数，得到导数的递推公式：

$$\begin{aligned}
K'_{l-2,p-1,q} &= A'K_{lpq} + C'K_{l-1,p-1,q-1} - C'K_{l-1,p,q+1} \\
&\quad + AK'_{lpq} + CK'_{l-1,p-1,q-1} - CK'_{l-1,p,q+1} & q=0
\end{aligned}$$

$$\begin{aligned}
K'_{l-2,p-1,q} &= A'K_{lpq} + B'K_{l-1,p-1,q-1} - C'K_{l-1,p,q+1} \\
&\quad + AK'_{lpq} + BK'_{l-1,p-1,q-1} - CK'_{l-1,p,q+1} & q \geq 1
\end{aligned} \quad (4.127)$$

$$\begin{aligned}
K'_{l-2,p-1,q} &= A'K_{lpq} + C'K_{l-1,p-1,q-1} - B'K_{l-1,p,q+1} \\
&\quad + AK'_{lpq} + CK'_{l-1,p-1,q-1} - BK'_{l-1,p,q+1} & q \leq -1
\end{aligned}$$

其中，

$$A' = -\frac{1}{2}\frac{(l-2p)}{(l-2p+q)}(1-e^2)^{-1/2} = -\frac{1}{2(1-e^2)}A$$

$$B' = \frac{(l-1)}{4(l-2p+q)}(1-e^2)^{-3/2} = \frac{1}{2(1-e^2)}B \qquad (4.128)$$

$$C' = \frac{(l-1)}{4(l-2p+q)}(2-e^2)(1-e^2)^{-3/2} = B'(2-e^2) = \frac{(2-e^2)}{2(1-e^2)}B$$

经整理即有：

$$K'_{l-2,p-1,q} = A(K'_{lpq} - \frac{1}{2(1-e^2)}K_{lpq}) \qquad\qquad q=0$$

$$+ B[\frac{(2-e^2)}{2(1-e^2)}(K_{l-1,p-1,q-1} - K_{l-1,p,q+1}) + e^2(K'_{l-1,p-1,q-1} - K'_{l-1,p,q+1})]$$

$$K'_{l-2,p-1,q} = A(K'_{lpq} - \frac{1}{2(1-e^2)}K_{lpq}) \qquad\qquad q\geq 1$$

$$+ B(\frac{1}{2(1-e^2)}K_{l-1,p-1,q-1} + K'_{l-1,p-1,q-1} - \frac{(2-e^2)}{2(1-e^2)}K_{l-1,p,q+1} - e^2 K'_{l-1,p,q+1})$$

$$(4.129)$$

$$K'_{l-2,p-1,q} = A(K'_{lpq} - \frac{1}{2(1-e^2)}K_{lpq}) \qquad\qquad q\leq -1$$

$$+ B[\frac{(2-e^2)}{2(1-e^2)}K_{l-1,p-1,q-1} + e^2 K'_{l-1,p-1,q-1} - \frac{1}{2(1-e^2)}K_{l-1,p,q+1} - K'_{l-1,p,q+1}]$$

（4.126）、（4.129）即为最后的递推公式。其中，只有两个与 l,p,q 有关的

参数，与 e^2 有关的参数有：$\sqrt{1-e^2}, e^2, \frac{1}{2(1-e^2)}, \frac{(2-e^2)}{2(1-e^2)}$

要说明的是：

①本方法是 l 从大到小的递推，初值计算量较大，而且，由于误差的积累，低阶 Hansen 系数的精度反而较低；

②本方法有 $l-2p+q=0$ 的奇点，需要一面递推，一面用级数展开式计算不能递推的 Hansen 系数及其导数的值；

③递推计算有"临边昏暗"现象：如果，我们希望所有 Hansen 系数都准到 e^Q，在递推时，计算 $e^{\pm Q}$ 的系数，需要高阶 $e^{\pm(Q+1)}$ 的系数，如果，略去这些项，递推结果误差很大，因此，需要利用分析公式计算这些系数。

④递推方法中的"临边昏暗"现象很难避免，因为，有些方法虽然没

有"临边昏暗"现象，但是，有小分母，例如，文献[22]的（19）式，就是这样。

⑤总之，Hansen 系数的递推计算没有很好解决，因此我们建议使用（4.115）（4.118）式计算 Hansen 系数。

6）倾角函数的核计算[12-17]

在田谐摄动函数表达式（4.71）式中，$D_{lmp}(I)$ 含有 $\mathrm{tg}^{|m-l+2p|}\dfrac{I}{2}$ 的因子，而

$$\begin{aligned}
\psi &= (l-2p+q)(M+\omega)-q\omega+m(\Omega-\theta) \\
&= (l-2p+q)\lambda-q(\omega+\Omega)+(m-l+2p)\Omega-m\theta
\end{aligned} \tag{4.130}$$

含有 $(m-l+2p)\Omega$，将 $D_{lmp}(I)$ 的 $\mathrm{tg}^{|m-l+2p|}\dfrac{I}{2}$ 因子吸出来，即令：

$$D_{lmp}(I)=\mathrm{tg}^{|m-l+2p|}(\frac{I}{2})A_{lmp}(I) \tag{4.131}$$

$A_{lmp}(I)$ 称为倾角函数的核，由 $D_{lmp}(I)$ 的表达式（4.67），定义，

$$H_{lmp}=\frac{N_{lm}(l+m)!}{2^l\,p!(l-p)!},\quad N_{lm}=[\frac{(l-m)!(2l+1)(2-\delta_{0.m})}{(l+m)!}]^{1/2} \tag{4.132}$$

不难得到 $A_{lmp}(I)$ 的表达式：

$$A_{lmp}(I)=\begin{cases}
\displaystyle\sum_{j=0}^{\min(l-m,2l-2p)}\frac{(-1)^j\,H_{lmp}(2l-2p)!}{j!(2l-2p-j)!} & m-l+2p\geq 0 \\[2mm]
\displaystyle\times\frac{2p!}{(2p-l+m+j)!(l-m-j)!}s^{2j}c^{2l-2j} & \\[2mm]
\displaystyle\sum_{q=0}^{\min(l+m,2p)}\frac{(-1)^{l-m+q}\,H_{lmp}(2l-2p)!}{(l-2p-m+q)!(l+m-q)!} & m-l+2p<0 \\[2mm]
\displaystyle\times\frac{(2p)!}{(2p-q)!q!}s^{2q}c^{2l-2q} &
\end{cases} \tag{4.133}$$

为了下面递推方便，根据 J. Kostelesky(1984)[15]的建议，定义：

$$A_{lmp}(I)=\sqrt{(2l+1)(2-\delta_{0,m})}\,\tilde{A}_{lmp}(I) \tag{4.134}$$

则

$$\tilde{A}_{lmp}(I) = \begin{cases} \sum_{j=0}^{\min(l-m,2l-2p)} \dfrac{(-1)^j \tilde{H}_{lmp}(2l-2p)!}{j!(2l-2p-j)!} & m-l+2p \geq 0 \\ \quad \times \dfrac{2p!}{(2p-l+m+j)!(l-m-j)!} s^{2j} c^{2l-2j} \\ \sum_{q=0}^{\min(l+m,2p)} \dfrac{(-1)^{l-m+q} \tilde{H}_{lmp}(2l-2p)!}{(l-2p-m+q)!(l+m-q)!} & m-l+2p < 0 \\ \quad \times \dfrac{(2p)!}{(2p-q)!q!} s^{2q} c^{2l-2q} \end{cases}$$ （4.135）

其中 $$\tilde{H}_{lmp} = \frac{M_{lm}(l+m)!}{2^l p!(l-p)!}, \quad M_{lm} = [\frac{(l-m)!}{(l+m)!}]^{1/2}$$ （4.136）

定义符号：

$$(\alpha)_n = \alpha(\alpha-1)(\alpha-2)\cdots(\alpha-n+1)$$

$$C_n^m = \frac{n!}{(n-m)!m!} = \frac{(n)_m}{(m)_m}$$ （4.137）

分子和分母项数相同，因此，只要分子和分母对应的项相除后再连乘，计算就没有困难。因此，求和号内的计算没有问题，主要困难是求系数：

$$\tilde{H}_{lmp} = \frac{M_{lm}(l+m)!}{2^l p!(l-p)!}$$ （4.138）

但不难看出，该系数可以按下式计算：

$$\tilde{H}_{lmp} = \frac{M_{lm}(l+m)!}{2^l p!(l-p)!} = \frac{l!}{2^l p!(l-p)!} [\frac{(l-m)!(l+m)!}{l!l!}]^{1/2}$$
$$= \frac{1}{2^l} C_l^p [\frac{(l-m)!(l+m)!}{l!l!}]^{1/2} = \frac{1}{2^l} C_l^p [\frac{(l+m)_m}{(l)_m}]^{1/2}$$ （4.139）

计算就没有困难，计算的真正困难在于（4.135）是一个交叉级数，因为，级数中一半为正，一半为负，到阶数较高时，会出现正项的和，与负项的和相减，会损失大量的有效数字，甚至完全损失殆尽。对于双精度运算，精度完全损失的阶数，约为 70 阶。要计算更高的阶，需要四倍精度的计算。

对 $\tilde{A}_{lmp}(I)$ 的表达式求导，即得 $\tilde{A}'_{lmp}(I)$ 的表达式：

$$\tilde{A}'_{lmp}(I) = \begin{cases} \sum\limits_{j=\max(0,l-2p-m)}^{\min(l-m,2l-2p)} \dfrac{(-1)^j \tilde{H}_{lmp}(2l-2p)!}{j!(2l-2p-j)!} & m-l+2p \geq 0 \\[2mm] \quad \times \dfrac{2p!(jc^2-(l-j)s^2)}{(2p-l+m+j)!(l-m-j)!} s^{2j-1}c^{2l-2j-1} \\[3mm] \sum\limits_{q=0}^{\min(l+m,2p)} \dfrac{(-1)^{l-m+q}\tilde{H}_{lmp}(2p)!}{(2p-q)!q!} & m-l+2p < 0 \\[2mm] \quad \times \dfrac{(2l-2p)!(qc^2-(l-q)s^2)}{(l-2p-m+q)!(l+m-q)!} s^{2q-1}c^{2l-2q-1} \end{cases} \qquad (4.140)$$

利用计算 $\tilde{A}_{lmp}(I)$ 的方法，也可计算 $\tilde{A}'_{lmp}(I)$。不难看出：$\tilde{A}'_{lmp}(I)$ 含有 $\dfrac{s}{c}$ 的因子。注意，求和的第一项，由于 $j=0$ 或 $q=0$，不含 s^{-1} 的因子。

7）倾角函数核及其导数的递推

J. Kostelesky(1984)定义[15]：

$$\overline{F}_{lmp}(I) = [(2-\delta_{0,m})(2l+1)]^{1/2}\tilde{F}_{lmp}(I) \qquad (4.141)$$

他根据文献[14]给出的 $\overline{F}_{lmp}(I)$ 的递推公式，给出了 $\tilde{F}_{lmp}(I)$ 的递推公式（文献[15]中（13）和（14）式），略去 F 上方的波浪号后即为：

$$2pF_{lmp} = s^2(l+m)^{\frac{1}{2}}(l+m-1)^{\frac{1}{2}}F_{l-1,m-1,p-1}$$
$$+ 2cs(l+m)^{\frac{1}{2}}(l-m)^{\frac{1}{2}}F_{l-1,m,p-1} + c^2(l-m)^{\frac{1}{2}}(l-m-1)^{\frac{1}{2}}F_{l-1,m+1,p-1} \qquad (4.142)$$

$$2(l-p)F_{lmp} = c^2(l+m)^{\frac{1}{2}}(l+m-1)^{\frac{1}{2}}F_{l-1,m-1,p}$$
$$- 2cs(l+m)^{\frac{1}{2}}(l-m)^{\frac{1}{2}}F_{l-1,m,p} + s^2(l-m)^{\frac{1}{2}}(l-m-1)^{\frac{1}{2}}F_{l-1,m+1,p}$$

按照 E. Wnuk（1988）[16]的建议，将两式相加得：

$$2lF_{lmp} = (l+m)^{\frac{1}{2}}(l+m-1)^{\frac{1}{2}}(s^2F_{l-1,m-1,p-1} + c^2F_{l-1,m-1,p})$$
$$+ 2cs(l+m)^{\frac{1}{2}}(l-m)^{\frac{1}{2}}(F_{l-1,m,p-1} - F_{l-1,m,p}) \qquad (4.143)$$
$$+ (l-m)^{\frac{1}{2}}(l-m-1)^{\frac{1}{2}}(c^2F_{l-1,m+1,p-1} + s^2F_{l-1,m+1,p})$$

由于我们引进了：

$$F_{lmp}(I) = (\frac{s}{c})^{|m-l+2p|}A_{lmp}(I)$$

将此关系代入（4.143）式，得

$$2l(\frac{s}{c})^{|m-l+2p|}A_{lmp}(I)=(l+m)^{\frac{1}{2}}(l+m-1)^{\frac{1}{2}}$$

$$\times[s^2(\frac{s}{c})^{|m-l+2p-2|}A_{l-1,m-1,p-1}(I)+c^2(\frac{s}{c})^{|m-l+2p|}A_{l-1,m-1,p}(I)]$$

$$+2cs(l+m)^{\frac{1}{2}}(l-m)^{\frac{1}{2}}[(\frac{s}{c})^{|m-l+2p-1|}A_{l-1,m,p-1}(I)-(\frac{s}{c})^{|m-l+2p+1|}A_{l-1,m,p}(I)]$$

$$+(l-m)^{\frac{1}{2}}(l-m-1)^{\frac{1}{2}}[c^2(\frac{s}{c})^{|m-l+2p|}A_{l-1,m+1,p-1}(I)+s^2(\frac{s}{c})^{|m-l+2p+2|}A_{l-1,m+1,p}(I)]$$

$$\hspace{10cm}（4.144）$$

根据 $m-l+2p$ 的数值，可以得到 5 个 $A_{lmp}(I)$ 的递推关系，可整理为：

$$A_{lmp}(I)=a^{(j)}_{lmp}A_{l-1,m-1,p-1}+b^{(j)}_{lmp}A_{l-1,m-1,p}+c^{(j)}_{lmp}A_{l-1,m,p-1}$$
$$+d^{(j)}_{lmp}A_{l-1,m,p}+e^{(j)}_{lmp}A_{l-1,m+1,p-1}+f^{(j)}_{lmp}A_{l-1,m+1,p} \hspace{1cm}（4.145）$$
$$j=1,2,3,4,5$$

系数 $a^{(j)}_{lmp},b^{(j)}_{lmp},c^{(j)}_{lmp},d^{(j)}_{lmp},e^{(j)}_{lmp},f^{(j)}_{lmp}$ 如表 4.1。

表 4.1　倾角函数递推系数表

$a^{(j)}_{lmp},b^{(j)}_{lmp},c^{(j)}_{lmp},d^{(j)}_{lmp},e^{(j)}_{lmp},f^{(j)}_{lmp}$

$k=m$	$A_{l-1,m-1,p-1}$	$A_{l-1,m-1,p}$	$A_{l-1,m,p-1}$	$A_{l-1,m,p}$	$A_{l-1,m+1,p-1}$	$A_{l-1,m+1,p}$
$-l+2p$	$(l+m)^{\frac{1}{2}}(l+m-1)^{\frac{1}{2}}/2l$		$(l+m)^{\frac{1}{2}}(l-m)^{\frac{1}{2}}/l$		$(l-m)^{\frac{1}{2}}(l-m-1)^{\frac{1}{2}}/2l$	
$k\geq2$	c^2	c^2	c^2	$-s^2$	c^2	$s^2(s/c)^2$
$k=1$	s^2	c^2	c^2	$-s^2$	c^2	$s^2(s/c)^2$
$k=0$	$s^2(s/c)^2$	c^2	c^2	$-s^2$	c^2	$s^2(s/c)^2$
$k=-1$	$s^2(s/c)^2$	c^2	s^2	$-c^2$	c^2	s^2
$k\leq-2$	$s^2(s/c)^2$	c^2	s^2	$-c^2$	c^2	c^2

（4.145）式对倾角求导：

$$A'_{lmp}(I)=a'^{(j)}_{lmp}A_{l-1,m-1,p-1}+b'^{(j)}_{lmp}A_{l-1,m-1,p}+c'^{(j)}_{lmp}A_{l-1,m,p-1}$$
$$+d'^{(j)}_{lmp}A_{l-1,m,p}+e'^{(j)}_{lmp}A_{l-1,m+1,p-1}+f'^{(j)}_{lmp}A_{l-1,m+1,p}$$
$$+a^{(j)}_{lmp}A'_{l-1,m-1,p-1}+b^{(j)}_{lmp}A'_{l-1,m-1,p}+c^{(j)}_{lmp}A'_{l-1,m,p-1} \hspace{1cm}（4.146）$$
$$+d^{(j)}_{lmp}A'_{l-1,m,p}+e^{(j)}_{lmp}A'_{l-1,m+1,p-1}+f^{(j)}_{lmp}A'_{l-1,m+1,p}$$
$$j=1,2,3,4,5$$

根据 $(s^2)' = sc$, $(c^2)' = -sc$, $[s^2(\dfrac{s}{c})^2]' = sc(2\dfrac{s^2}{c^2}+\dfrac{s^4}{c^4})$ 可得 $a'^{(j)}_{lmp}, b'^{(j)}_{lmp}$,

$c'^{(j)}_{lmp}$ $d'^{(j)}_{lmp}, e'^{(j)}_{lmp}, f'^{(j)}_{lmp}$ 系数如表 4.2,系数 $a^{(j)}_{lmp}, b^{(j)}_{lmp}, c^{(j)}_{lmp}, d^{(j)}_{lmp}, e^{(j)}_{lmp}, f^{(j)}_{lmp}$ 同表 4.1。

表 4.2　倾角导数函数递推系数表

$a'^{(j)}_{lmp}, b'^{(j)}_{lmp}, c'^{(j)}_{lmp}, d'^{(j)}_{lmp}, e'^{(j)}_{lmp}, f'^{(j)}_{lmp}$

$k=m$ $-l+2p$	$A_{l-1,m-1,p-1}$ $(l+m)^{\frac12}(l+m-1)^{\frac12}/2l$	$A_{l-1,m-1,p}$	$A_{l-1,m,p-1}$ $(l+m)^{\frac12}(l-m)^{\frac12}/l$	$A_{l-1,m,p}$	$A_{l-1,m+1,p-1}$ $(l-m)^{\frac12}(l-m-1)^{\frac12}/2l$	$A_{l-1,m+1,p}$
$k\geq 2$	$-sc$	$-sc$	$-sc$	$-sc$	$-sc$	$sc(2\dfrac{s^2}{c^2}+\dfrac{s^4}{c^4})$
$k=1$	sc	$-sc$	$-sc$	$-sc$	$-sc$	$sc(2\dfrac{s^2}{c^2}+\dfrac{s^4}{c^4})$
$k=0$	$sc(2\dfrac{s^2}{c^2}+\dfrac{s^4}{c^4})$	$-sc$	sc	$-sc$	$-sc$	$sc(2\dfrac{s^2}{c^2}+\dfrac{s^4}{c^4})$
$k=-1$	$sc(2\dfrac{s^2}{c^2}+\dfrac{s^4}{c^4})$	$-sc$	sc	sc	$-sc$	$-sc$
$k\leq -2$	$sc(2\dfrac{s^2}{c^2}+\dfrac{s^4}{c^4})$	$-sc$	sc	sc	$-sc$	$-sc$

（4.145）即为计算倾角函数核 $A_{lmp}(I)$ 的递推计算公式。（4.146）式即为递推倾角函数核的导数的递推公式。由于这些系数中没有 s 出现在分母上,因此,递推计算不出现倾角 $i=0$ 的奇点。

递推的初值为:

$$A_{111}(I) = \frac{1}{2}\sqrt{2}c^2,\ A_{110}(I) = \frac{1}{2}\sqrt{2}c^2,\ A_{101}(I) = c^2,\ A_{100}(I) = -c^2$$

$$A'_{111}(I) = -\frac{1}{2}\sqrt{2}sc,\ A'_{110}(I) = -\frac{1}{2}\sqrt{2}sc,\ A'_{101}(I) = -sc,\ A'_{100}(I) = sc$$

要说明的是:当 $m=0$ 时,出现的 $A_{l,-m,p}(I)$ 可利用下式计算:

$$A_{l,-m,p}(I) = (-1)^{l-m}A_{l,m,(l-p)}(I)$$

$$A'_{l,-m,p}(I) = (-1)^{l-m}A'_{l,m,(l-p)}(I)$$

而,　　　　　　$F_{l,m,\alpha} = 0 \quad \alpha < 0, \alpha > l, m > l$

计算表明:使用（4.143）式,比使用（4.141）、（4.142）式,精度要高,在 $l\leq 180$ 时,可以保证 12 位有效数字,速度仅慢 5%。如果希望计算更高阶的倾角函数,需要更有效、更稳定的计算方法,还需深入研究,但对于人造卫星定轨来说,该方法已经够用了。

8）利用倾角函数计算导数

倾角函数的导数，不一定需要利用（4.146）进行递推，可利用倾角函数直接计算，推导过程如下：

根据倾角函数 $D_{lmp}(I)$ 的导数的计算公式（参见下面说明）：

$$D'_{lmp}(I) = \frac{m+2p-l-2ms^2}{2sc}D_{lmp}(I) - \sqrt{(l-m)(l+m+1)}D_{l,m+1,p}(I) \qquad (4.147)$$

为了简化递推关系，定义

$$D_{lmp}(I) = (\frac{s}{c})^{|m-l+2p|}A_{lmp}(I) \qquad (4.148)$$

$$D_{l,m+1,p}(I) = (\frac{s}{c})^{|m+1-l+2p|}A_{l,m+1,p}(I) \qquad (4.149)$$

微分（4.148）式有

$$D'_{lmp}(I) = |m-l+2p|(\frac{s}{c})^{|m-l+2p|-1}\frac{1}{2c^2}A_{lmp}(I) + (\frac{s}{c})^{|m-l+2p|}A'_{lmp}(I) \qquad (4.150)$$

令（4.147）和（4.150）相等，有

$$(\frac{s}{c})^{|m-l+2p|}A'_{lmp}(I) = \frac{m+2p-l-|m-l+2p|-2ms^2}{2sc}(\frac{s}{c})^{|m-l+2p|}A_{lmp}(I)$$
$$- \sqrt{(l-m)(l+m+1)}(\frac{s}{c})^{|m-l+2p|+1}A_{lm+1p}(I) \qquad (4.151)$$

在 $m-l+2p > 0$ 时，第一项为 0，于是：

$$A'_{lmp}(I) = -m(\frac{s}{c})A_{lmp}(I) - \sqrt{(l-m)(l+m+1)}(\frac{s}{c})A_{l,m+1,p}(I) \qquad (4.152)$$

另外，根据递推公式：

$$D'_{lmp}(I) = -\frac{m+2p-l-2ms^2}{2sc}D_{lmp}(I) + \sqrt{(l+m)(l-m+1)}D_{l,m-1,p}(I) \qquad (4.153)$$

（4.150）与（4.153）相等

$$(\frac{s}{c})^{|m-l+2p|}A'_{lmp} = -\frac{m+2p-l+|m-l+2p|-2ms^2}{2c^2}(\frac{s}{c})^{|m-l+2p|-1}A_{lmp}$$
$$+ \sqrt{(l+m)(l-m+1)}(\frac{s}{c})^{|m-1-l+2p|}A_{l,m-1,p} \qquad (4.154)$$

在 $m-l+2p \leq -1$ 时，第一项为 0，于是：

$$A'_{lmp} = m(\frac{s}{c})A_{lmp} + \sqrt{(l+m)(l-m+1)}(\frac{s}{c})A_{l,m-1,p} \qquad (4.155)$$

（4.152）和（4.155）即为倾角函数导数的计算公式。由此可见，A'_{lmp} 含 s。

为了使用方便，定义：$\tilde{A}'_{lmp} = \frac{c}{s}A'_{lmp}$，于是：

$$\tilde{A}'_{lmp} = -mA_{l,m,p} - \sqrt{(l-m)(l+m+1)}A_{l.m+1,p} \qquad m-l+2p>0$$
$$\tilde{A}'_{lmp} = mA_{l,m,p} + \sqrt{(l+m)(l-m+1)}A_{l,m-1,p} \qquad m-l+2p\le-1 \qquad (4.156)$$

计算二阶导数，可对（4.156）式求导，得：

$$\tilde{A}''_{lmp} = -mA'_{l,m,p} - \sqrt{(l-m)(l+m+1)}A'_{l.m+1,p} \qquad m-l+2p>0$$
$$\tilde{A}''_{lmp} = mA'_{l,m,p} + \sqrt{(l+m)(l-m+1)}A'_{l,m-1,p} \qquad m-l+2p\le-1 \qquad (4.157)$$

（4.157）式右端的 $A'_{l,m,p}$ 换成 $\tilde{A}'_{l,m,p}$，就为：

$$\frac{c}{s}\tilde{A}''_{lmp} = -m\tilde{A}'_{l,m,p} - \sqrt{(l-m)(l+m+1)}\tilde{A}'_{l.m+1,p} \qquad m-l+2p>0$$
$$\frac{c}{s}\tilde{A}''_{lmp} = m\tilde{A}'_{l,m,p} + \sqrt{(l+m)(l-m+1)}\tilde{A}'_{l,m-1,p} \qquad m-l+2p\le-1 \qquad (4.158)$$

要说明的是：（4.147）式和（4.153）式隐含着 $\delta_{0,m}=0$，即 $A_{l0p},\tilde{A}'_{l0p},\tilde{A}''_{l0p}$ 比实际数值大了 $\sqrt{2}$ 倍，因此，最后需要作如下处理：

$$A_{l0p} = A_{l0p}/\sqrt{2}$$
$$\tilde{A}'_{l0p} = \tilde{A}'_{l0p}/\sqrt{2} \qquad (4.159)$$
$$\tilde{A}''_{l0p} = \tilde{A}''_{l0p}/\sqrt{2}$$

最后，计算倾角函数导数的公式为：

$$D'_{lmp}(I) = (\frac{s}{c})^{|m-k|+1}\tilde{A}'_{lmp} + \frac{|m-k|}{2c^2}(\frac{s}{c})^{|m-k|-1}A_{lmp}$$
$$D''_{lmp}(I) = (\frac{s}{c})^{|m-k|+2}(\frac{c}{s}\tilde{A}''_{lmp}) + \frac{2|m-k|+1}{2c^2}(\frac{s}{c})^{|m-k|}\tilde{A}'_{lmp} \qquad (4.160)$$
$$+ \frac{|m-k|}{2c^2}A_{lmp}[(\frac{s}{c})^{|m-k|} + \frac{(|m-k|-1)}{2c^2}(\frac{s}{c})^{|m-k|-2}]$$

要说明的是：这里计算所得的 $\tilde{A}'_{lmp} = \frac{c}{s}A'_{lmp}$，与（4.93）式所需的

$\tilde{A}'_{lmp}(I) = A'_{lmp}(I)\mathrm{ctg}\frac{i}{2}$ 相同，可以直接提供使用。$(\frac{c}{s}\tilde{A}''_{lmp})$ 也可供三阶卫星

动力学直接使用。

4.3.2 日月摄动的摄动函数展开

（1）日月摄动的摄动函数

日月摄动的摄动函数为：

$$R = \frac{Gm'}{r'} \sum_{n=2}^{\infty} (\frac{r}{r'})^n P_n(\cos H) \tag{4.161}$$

$$\cos H = \cos\theta\cos\theta' + \sin\theta\sin\theta'\cos(\lambda - \lambda')$$

其中，$\theta = 90° - \varphi$；$\theta' = 90° - \varphi'$；λ, φ 为卫星的经纬度；λ', φ' 为摄动天体的经纬度。根据克普勒第三定律，日月摄动函数还可表达为：

$$R = n'^2 \beta \frac{a'^3}{r'} \sum_{n=2}^{3} (\frac{r}{r'})^n P_n(\cos H) \tag{4.162}$$

其中，$\beta = \begin{cases} \dfrac{m'}{m+m'} & \text{月亮} \\ 1 & \text{太阳} \end{cases}$

根据 Legendre 多项式的加法定理，有：

$$P_n[\cos\theta\cos\theta_1 + \sin\theta\sin\theta_1\cos(\lambda - \lambda')] = P_n(\cos\theta)P_n(\cos\theta_1)$$
$$+2\sum_{m=1}^{n} \frac{(n-m)!}{(n+m)!} P_n^m(\cos\theta)P_n^m(\cos\theta_1)\cos m(\lambda - \lambda') \tag{4.163}$$

引进正规化 Legendre 多项式：

$$\bar{P}_n^m(x) = [\frac{(n-m)!(2n+1)(2-\delta_{0.m})}{(n+m)!}]^{1/2} P_n^m(x)$$

$$\delta_{0,m} = \begin{cases} 1 & m = 0 \\ 0 & m \neq 0 \end{cases} \tag{4.164}$$

这样，摄动函数就为：

$$R = n'^2 \beta \frac{a'^3}{r'} \sum_{n=2}^{3} (\frac{r}{r'})^n P_n(\cos H)$$
$$= n'^2 \beta \frac{a'^3}{r'} \sum_{n=2}^{3} \frac{1}{2n+1} (\frac{r}{r'})^n \sum_{m=0}^{n} \bar{P}_n^m(\cos\theta)\bar{P}_n^m(\cos\theta')\cos m(\lambda - \lambda') \tag{4.165}$$

一般，月球摄动需要考虑二阶和三阶项，太阳只需考虑二阶项即可。

在大多数应用中，日月摄动的短周期项可以忽略（约 1m）。

（2）日月摄动函数的展开

E.M.Gaposchkin（1973）[6]，利用倾角函数和 Hansen 系数，将摄动函数展开为：

$$R = \sum_{l=2}^{3} \sum_{m=0}^{l} \sum_{p=0}^{l} \sum_{p'=0}^{l} \sum_{q=-\infty}^{\infty} \sum_{q'=-\infty}^{\infty} R_{lmpp'qq'}$$

其中，

$$R_{lmpp'qq'} = \frac{Gm'(-1)^{l+m} a^l}{(2l+1)a'^{l+1}} D_{lmp}(I) D_{l,m,l-p'}(I') \tag{4.166}$$
$$\times X_{l-2p+q}^{l,l-2p}(e) X_{l-2p+q'}^{-l-1,l-2p}(e') e^{i\psi}$$

这里，$\psi = (l-2p+q)M + (l-2p+q')M' + (l-2p)\omega + (l-2p')\omega + m(\Omega - \Omega')$

这里，带一撇的量为摄动天体日月的量，$D_{lmp}(I), D_{l,m,l-p}(I')$ 为正规化倾角函数，$X_{l-2p+q}^{l,l-2p}(e), X_{l-2p+q'}^{-l-1,l-2p}(e')$ 为 Hansen 系数。

需要说明的是：这里 i' 和 Ω' 是日月对赤道的倾角和升交点经度。对于太阳，$i' = \varepsilon, \Omega' = 0$。对于月亮

$$\sin^2 i' = \frac{1}{2} \sin^2 J(1 + \cos^2 \varepsilon) + \sin^2 \varepsilon \cos^2 J$$
$$+ \frac{1}{2} \sin 2\varepsilon \sin 2J \cos \Omega_1 - \frac{1}{2} \sin^2 J \sin^2 \varepsilon \cos 2\Omega_1 \tag{4.167}$$

$$\sin \Omega' = \frac{\sin J \sin \Omega_1}{\sin i'}$$
$$\cos \Omega' = \frac{\cos J - \cos \varepsilon \cos i'}{\sin \varepsilon \sin i'} \tag{4.168}$$

其中，$\varepsilon = 23°26'21''.448$　　　 为黄赤交角；

　　　　$J = 5°.1454$　　　　　　 为黄白交角；

　　　　$\Omega_1 = 125°02'40''.40 - 1934°08'10''.266T + 7''.476T^2$

对于太阳　$u' = L = 280°27'21''.448 + 129602771''.36T + 1''.093T^2$

对于月亮

　　　　$u' = L' + \Delta u = 218°18'59''.96 + 481267°52'52''.833T + 4''.787^2 + \Delta u$

Δu 的计算公式如下：

$$\sin \Delta u = \frac{\sin \varepsilon \sin \Omega_1}{\sin i'}$$

$$\cos \Delta u = \frac{\cos \varepsilon - \cos J \cos i'}{\sin J \sin i'} \qquad (4.169)$$

这种展开对于月球不很完美，因为，严格说来，由于 Ω_1 的变化，$i', \Delta u$ 仍是变化的，在积分时，不能认为是常数。另外，Ω' 的变化也不是线性的，积分也有困难。

(3) 日月摄动的平均摄动函数

略去高阶项，日月摄动的摄动函数为：

$$R = n'^2 \beta r^2 (\frac{3}{2} \cos^2 H - \frac{1}{2}) \qquad (4.170)$$

其中， $\cos H = \frac{\vec{r}}{r} \bullet \frac{\vec{r}'}{r'}$ ； $\qquad (4.171)$

$\quad \vec{r}\,$ 为卫星的地心向量；

$\quad \vec{r}'\,$ 为太阳（或月亮）的地心向量，

$\quad n'\,$ 为太阳（或月亮）的平运动；

$\quad \beta\,$ 为质量因子：

$$\beta = \frac{m'}{m+m'} = \begin{cases} 1 & \text{对于太阳} \\ \dfrac{1}{82.3} & \text{对于月亮} \end{cases}$$

将 $\vec{r}$，$\vec{r}'$ 表达在 X 轴指向卫星的升交点，Z 轴指向卫星轨道面法向的坐标系中，我们有：

$$\frac{\vec{r}}{r} = \begin{pmatrix} \cos u \\ \sin u \\ 0 \end{pmatrix} \qquad (4.172)$$

$$\frac{\vec{r}'}{r'} = R(x,i)r(z,\Omega) \begin{pmatrix} \cos u' \cos \Omega' - \sin u' \sin \Omega' \cos i' \\ \cos u' \sin \Omega' + \sin u' \cos \Omega' \cos i' \\ \sin u' \sin i' \end{pmatrix} \equiv \begin{pmatrix} A \\ B \\ C \end{pmatrix} \qquad (4.173)$$

其中，i' 和 Ω' 是日月对赤道的倾角和升交点经度，对于太阳，$i' = \varepsilon, \Omega' = 0$，对于月亮定义同（4.167）、（4.168）。定义 A, B, C 后，即有：

$$\cos H = A\cos u + B\sin u$$

$$\cos^2 H = \frac{1}{2}[(A^2 + B^2) + 2AB\sin 2u + (A^2 - B^2)\cos 2u] \tag{4.174}$$

于是，日月摄动的摄动函数可表达为：

$$R = n'^2 \beta r^2 \{\frac{3}{4}[(A^2 + B^2) + 2AB\sin 2u + (A^2 - B^2)\cos 2u] - \frac{1}{2}\} \tag{4.175}$$

求平均值，根据

$$\langle\frac{r^2}{a^2}\rangle = 1 + \frac{3}{2}e^2, \langle\frac{r^2}{a^2}\cos 2u\rangle = \frac{5}{2}e^2\cos 2\omega, \langle\frac{r^2}{a^2}\sin 2u\rangle = \frac{5}{2}e^2\sin 2\omega \tag{4.176}$$

日月摄动的摄动函数的平均值就可表达为：

$$\bar{R} = n'^2 \beta a^2 \{\frac{1}{8}[3(A^2 + B^2) - 2](2 + 3e^2)$$

$$+ \frac{15}{8}e^2[(A^2 - B^2)\cos 2\omega + 2AB\sin 2\omega]\} \tag{4.177}$$

其中，

$$A^2 = \frac{1}{4}(1 + \cos^2 i') + \frac{1}{4}\sin^2 i'\cos 2u' + \frac{1}{8}(1 + \cos i')^2\cos(2u' - 2\Omega + 2\Omega')$$

$$+ \frac{1}{4}\sin^2 i'\cos(2\Omega - 2\Omega') + \frac{1}{8}(1 - \cos i')^2\cos(2u' + 2\Omega - 2\Omega')$$

$$B^2 = \frac{1}{4}[\cos^2 i(1 + \cos^2 i') + 2\sin^2 i\sin^2 i']$$

$$+ \frac{1}{4}[\cos^2 i\sin^2 i' - 2\sin^2 i\sin^2 i']\cos 2u'$$

$$- \frac{1}{4}\cos^2 i\sin^2 i'\cos 2(\Omega - \Omega')$$

$$- \frac{1}{8}\cos^2 i(1 - \cos i')^2\cos[2u' + 2(\Omega - \Omega')]$$

$$- \frac{1}{8}\cos^2 i(1 + \cos i')^2\cos[2u' - 2(\Omega - \Omega')]$$

$$+ \cos i\cos i'\sin i\sin i'\cos(\Omega - \Omega')$$

$$+ \frac{1}{2}\cos i(1 - \cos i')\sin i\sin i'\cos[2u' + (\Omega - \Omega')]$$

$$- \frac{1}{2}\cos i(1 + \cos i')\sin i\sin i'\cos[2u' - (\Omega - \Omega')] \tag{4.178}$$

$$AB = -\frac{1}{4}\cos i\sin^2 i'\sin 2(\Omega - \Omega') - \frac{1}{8}\cos i(1 - \cos i')^2 \sin[2u' + 2(\Omega - \Omega')]$$

$$+ \frac{1}{8}\cos i(1 + \cos i')^2 \sin[2u' - 2(\Omega - \Omega')]$$

$$+ \frac{1}{4}\sin i\sin i'(1 - \cos i')\sin[2u' + (\Omega - \Omega')]$$

$$+ \frac{1}{4}\sin i\sin i'(1 + \cos i')\sin[2u' - (\Omega - \Omega')] + \frac{1}{2}\cos i'\sin i\sin i'\sin(\Omega - \Omega')$$

（4）利用球函数旋转展开月球摄动

下面介绍 G.E.O.Giacaglia（1979）利用球函数旋转方法[18]展开月球摄动函数的方法：

在描述卫星的月球摄动时，我们面临卫星的坐标系是赤道坐标系，而月球的坐标系为黄道坐标系，经典方法处理这个问题是很麻烦的。摄动函数的任意一项可写为：

$$R'_l = \left(\frac{\mu'}{r'}\right)为 \left(\frac{r}{r'}\right)^l P_l(\cos\psi) \quad l = 2, 3, \cdots \tag{4.179}$$

这里 $\mu' = GM_{月亮}$；r' 为地月距离；ψ 为卫星和月球在地心处的张角，在赤道坐标系中，$\cos\psi = \sin\varphi\sin\varphi' + \cos\varphi\cos\varphi'\cos(L - L')$；这里，带一撇的量表示月球的量，利用 Legendre 加法定理：

$$P_l(\cos\psi) = \sum_{m=-l}^{l} (-1)^m Y_{lm}(u, L) Y_{l,-m}(u', L') \tag{4.180}$$

这里 $u = \sin\varphi, u' = \sin\varphi'$，因此

$$R'_l = \sum_{m=-l}^{l} R'_{lm} \tag{4.181}$$

$$R'_{lm} = \left(\frac{r}{a}\right)^l K'_{lm} Y_{lm}(u, L)$$

其中，

$$K'_{lm} = (-1)^m \frac{\mu'}{a'}\left(\frac{a}{a'}\right)^l \left(\frac{a'}{r'}\right)^{l+1} Y_{l,-m}(u', L') \tag{4.182}$$

旋转卫星根数得到：

$$R'_{lm} = K'_{lm}\left(\frac{r}{a}\right)^l \sum_{p=0}^{l} F_{lmp}(I)\exp i[(l - 2p)(\omega + f) + m\Omega] \tag{4.183}$$

这里，a, a' 为卫星和月球的半长径。选择对月球系数 K'_{lm} 实施到黄道坐标

系的旋转，欧拉角为 $(0, \varepsilon, 0)$ ，这里 ε 为黄赤夹角，因此：

$$Y_{l,-m}(u', L') = \sum_{k=-l}^{l} D_{l,-m,-k}(0,\varepsilon,0)Y(U',\lambda') \tag{4.184}$$

这里， $U' = \sin\Phi'$ （黄纬）， λ' = 黄经，根据球函数旋转原理，有：

$$D_{l,-m,-k}(0,\varepsilon,0) = i^{m-k}[\frac{(l+k)!}{(l+m)!}]F_{l,-m,-k}(\varepsilon) \tag{4.185}$$

因此

$$K'_{lm} = (-1)^m \frac{\mu'}{a'}(\frac{a}{a'})^l(\frac{a'}{r'})^{l+1} \sum_{k=-l}^{l} D_{l,-m,-k}(0,\varepsilon,0)Y_{l,-k}(U',\lambda') \tag{4.186}$$

对月球轨道系统实施欧拉角为 $(\Omega', I', \omega'+f')$ 新的旋转，得到：

$$Y_{l,-k}(U',\lambda') = \sum_{j=-l}^{l} D_{l,-k,-j}(\Omega', I', \omega'+f')Y_{l,-j}(0,0)$$

$$= \sum_{j=-l}^{l} i^{k-l}\frac{(l+j)!}{(l+k)!}F_{l,-k,-j}(I')Y_{l,-j}(0,0)\exp i[-k\Omega' - j(\omega'+f')]$$

$$= \sum_{p=0}^{l} i^{k-l}\frac{(2l-2p)!(-1)^l}{(l+k)!2^l(l-p)!p!}F_{l,-k,2p-l}(I')\exp i[-k\Omega' - (l-2p)(\omega'+f')] \tag{4.187}$$

因此

$$K'_{lm} = (-1)^m \frac{\mu'}{a'}(\frac{a}{a'})^l(\frac{a'}{r'})^{l+1} \sum_{k=-l}^{l}\sum_{p=0}^{l} K_{lmk}(\varepsilon)F'_{lkp}(I') \tag{4.188}$$

$$\times \exp[-k\Omega' - (l-2p)(\omega'+f')]$$

这里

$$F'_{lkp}(I') = \frac{(-1)^l i^{k-l}(2l-2p)!}{2^l p!(l+k)!(l-p)!}F_{l,-k,2p-l}(I') \tag{4.189}$$

$$K_{lmk}(\varepsilon) = (-1)^m D_{l,-m,-k}(0,\varepsilon,0)$$

$$D_{l,-m,-k}(0,\varepsilon,0) = i^{m-k}[\frac{(l+k)!}{(l+m)!}]F_{l,-m,-k}(\varepsilon)$$

月球的 Ω', ω', I' 相对于黄道，将（4.179）代入（4.174）即得：

$$R'_{lmpkq} = \frac{\mu'}{a'}(\frac{a}{a'})^l(\frac{r}{a})^l(\frac{a'}{r'})^{l+1}F_{lmp}(I)K_{lmk}(\varepsilon)F'_{lkq}(I') \tag{4.190}$$

$$\exp[(l-2p)(\omega+f) + m\Omega - (l-2q)(\omega'+f') - k\Omega']$$

$$R'_l = \sum_{m=-l}^{l} \sum_{p=0}^{l} \sum_{k=-l}^{l} \sum_{q=0}^{l} R'_{lmpkq}$$

由于月球的 Ω', ω', I' 相对于黄道，因此，这种展开形式上是完美的，只是，表达式中很多量均为复数，要进行实数计算，还要进行复杂的换算。

当然，摄动函数还需利用 Hansen 系数进行进一步展开（略）。

4.4 摄动方程的解

4.4.1 分析方法

采用平均根数 $\bar{\sigma}$ 作为根数系统，并采用克普勒根数作为基本根数。这时，一阶理论的密切根数 $\sigma = \bar{\sigma} + \Delta\sigma_l^{(1)} + \Delta\sigma_s^{(1)}$，其中 $\Delta\sigma_l^{(1)}$ 为一阶长周期项，$\Delta\sigma_s^{(1)}$ 为一阶短周期项。一阶理论需要计算准到二阶的平根数变率 $\dfrac{\mathrm{d}\bar{\sigma}}{\mathrm{d}t}$，以及 $\Delta\sigma_l^{(1)}$ 和 $\Delta\sigma_s^{(1)}$，即需计算 $F^{(0)}(\bar{\sigma}), F^{(1)}(\bar{\sigma})$ 和 $F^{(2)}(\bar{\sigma})$：

$$F^{(0)}(\bar{\sigma}) = f^{(0)}(\bar{a}) = \bar{n}$$

$$F^{(1)}(\bar{\sigma}) = \frac{\partial f^{(0)}}{\partial a}(\Delta a_s^{(1)} + \Delta a_l^{(1)}) + f^{(1)}(\bar{\sigma})$$

$$
\begin{aligned}
F^{(2)}(\bar{\sigma}) = {} & \frac{\partial f^{(0)}}{\partial a}(\Delta a_s^{(2)} + \Delta a_l^{(2)}) \\
& + \frac{1}{2}\frac{\partial^2 f^{(0)}}{\partial a^2}(\Delta a_s^{(1)} + \Delta a_l^{(1)})^2 \\
& + \sum_j \frac{\partial f^{(1)}}{\partial \sigma_j}(\Delta\sigma^{(1)}_{sj} + \Delta\sigma^{(1)}_{lj}) + f^{(2)}(\bar{\sigma})
\end{aligned}
\tag{4.191}
$$

按理，对于一阶理论 $f^{(2)}(\bar{\sigma})$ 应包含所有二阶摄动，但是，在常见的一阶理论中，$f^{(2)}(\bar{\sigma})$ 只包含高阶带谐项，大气、光压、日月等均被忽略。而且，高阶带谐也只包括 J_3, J_4，即只考虑所谓的卫星动力学主问题。下面给出一阶理论的解：

（1）一阶长期项和一阶短周期项

对于克普勒根数，将 J_2 的摄动函数代入拉格朗日摄动运动方程，根据平均根数法，即得：

1) 一阶长期项

$$\frac{\mathrm{d}\bar{a}}{\mathrm{d}t} = 0, \frac{\mathrm{d}\bar{e}}{\mathrm{d}t} = 0, \frac{\mathrm{d}\bar{i}}{\mathrm{d}t} = 0$$

$$\frac{\mathrm{d}\bar{\Omega}}{\mathrm{d}t} = -\frac{3J_2 n}{2p^2}\cos i$$

$$\frac{\mathrm{d}\bar{\omega}}{\mathrm{d}t} = \frac{3J_2 n}{4p^2}(4 - 5\sin^2 i)$$

$$\frac{\mathrm{d}\bar{M}}{\mathrm{d}t} = n[1 + \frac{3J_2}{4p^2}(2 - 3\sin^2 i)\sqrt{1-e^2}]$$

（4.192）

2) 一阶短周期项

$$\Delta a_s^{(1)} = \frac{J_2}{2a}\{(2 - 3\sin^2 i)[(\frac{a}{r})^3 - (1-e^2)^{-3/2}] + 3\sin^2 i(\frac{a}{r})^3 \cos(2f+2\omega)\}$$

$$\Delta i_s^{(1)} = \frac{3J_2 \sin 2i}{8p^2}[\cos(2f+2\omega) + e\cos(f+2\omega) + \frac{e}{3}\cos(3f+2\omega)]$$

$$\Delta\Omega_s^{(1)} = -\frac{3J_2 \cos i}{2p^2}\{(f - M + e\sin f)$$

$$-\frac{1}{2}[\sin(2f+2\omega) + e\sin(f+2\omega) + \frac{e}{3}\sin(3f+2\omega)]\}$$

$$\Delta e_s^{(1)} = \frac{J_2}{4p^2}\{(2 - 3\sin^2 i)[\cos f(3 + e\cos f(3 + e\cos f)) + \frac{e}{1+\sqrt{1-e^2}} + e\sqrt{1-e^2}]$$

$$-3\sin^2 i(1-e^2)[\cos(f+2\omega) + \frac{1}{3}\cos(3f+2\omega)]$$

$$+3\sin^2 i\cos(2f+2\omega)[\cos f(3 + e\cos f(3 + e\cos f)) + e]\}$$

$$\Delta\omega_s^{(1)} = \frac{3J_2}{4p^2 e}\{(2 - 3\sin^2 i)[e(f-M) + (1 + \frac{3}{4}e^2)\sin f + \frac{e}{2}\sin 2f + \frac{e^2}{12}\sin 3f]$$

$$+\sin^2 i[-\frac{e^2}{8}\sin(-f+2\omega) + (-\frac{1}{2} + \frac{7}{8}e^2)\sin(f+2\omega) + \frac{3}{2}e\sin(2f+2\omega)$$

$$+(\frac{7}{6} + \frac{11}{24}e^2)\sin(3f+2\omega) + \frac{3}{4}e\sin(4f+2\omega) + \frac{1}{8}e^2\sin(5f+2\omega)]\}$$

$$-\Delta\Omega_s^{(1)}\cos i$$

（4.193）

$$\Delta M_s^{(1)} = -\frac{3J_2\sqrt{1-e^2}}{4p^2e}\{(2-3\sin^2 i)[e(f-M)+(1+\frac{3}{4}e^2)\sin f$$

$$+\frac{e}{2}\sin 2f+\frac{e^2}{12}\sin 3f]+\sin^2 i[-\frac{e^2}{8}\sin(-f+2\omega)$$

$$+(-\frac{1}{2}+\frac{7}{8}e^2)\sin(f+2\omega)+\frac{3}{2}e\sin(2f+2\omega)$$

$$+(\frac{7}{6}+\frac{11}{24}e^2)\sin(3f+2\omega)+\frac{3}{4}e\sin(4f+2\omega)+\frac{1}{8}e^2\sin(5f+2\omega)\}$$

$$+\frac{3J_2\sqrt{1-e^2}}{4p^2}\{(2-3\sin^2 i)(f-M+e\sin f)$$

$$+\frac{3}{2}\sin^2 i[\sin(2f+2\omega)+e\sin(f+2\omega)+\frac{e}{3}\sin(3f+2\omega)]\}$$

式中，根数为平均根数 $\bar{\sigma}$，要说明的是：一阶短周期项对 M 的平均值仍不为 0，我们可以减去其平均值，作为真正的短周期项，也可不减。只是 $\Delta\sigma_l^{(1)}$ 不一样而已，如果在计算 $\Delta\sigma_s^{(1)}$ 时，我们减去了平均值 $[\Delta\sigma_s^{(1)}]$，则在计算 $\Delta\sigma_l^{(1)}$ 时必须加上平均值 $[\Delta\sigma_s^{(1)}]$，下面我们给出一阶短周期项的平均值的表达式（我们不推荐减去平均值的方法）：

$$[\Delta a_s^{(1)}] = 0$$

$$[\Delta e_s^{(1)}] = \frac{J_2 e(1-e^2)}{4p^2}\sin^2 iD\cos 2\omega$$

$$[\Delta i_s^{(1)}] = -\frac{J_2 e^2}{8p^2}\sin 2iD\cos 2\omega$$

$$[\Delta\Omega_s^{(1)}] = -\frac{J_2 e^2}{4p^2}\cos iD\sin 2\omega$$

$$[\Delta\omega_s^{(1)}] = \frac{3J_2}{2p^2}[\sin^2 i(\frac{1}{8}+\frac{(1-e^2)}{6}D)+\frac{e^2}{6}\cos^2 iD]\sin 2\omega \qquad (4.194)$$

$$[\Delta M_s^{(1)}] = -\frac{3J_2\sqrt{(1-e^2)}}{2p^2}\sin^2 i(\frac{1}{8}+\frac{(1+e^2/2)}{6}D)\sin 2\omega$$

其中，$D = \dfrac{1+2\sqrt{1-e^2}}{(1+\sqrt{1-e^2})^2}$

（2）一阶长周期项

J_2 引起的一阶长周期项为：

$$\Delta a_l^{(1)} = 0$$

$$\Delta e_l^{(1)} = \frac{3J_2 e \sin^2 i}{2pa(4-5\sin^2 i)}\left(\frac{7}{12}-\frac{5}{8}\sin^2 i\right)\cos 2\omega$$

$$\Delta i_l^{(1)} = -\frac{3J_2 e^2 \sin 2i}{4p^2(4-5\sin^2 i)}\left(\frac{7}{12}-\frac{5}{8}\sin^2 i\right)\cos 2\omega$$

$$\Delta \Omega_l^{(1)} = -\frac{3J_2 e^2 \cos i}{2p^2(4-5\sin^2 i)^2}\left(\frac{7}{3}-5\sin^2 i+\frac{25}{8}\sin^4 i\right)\sin 2\omega$$

$$\Delta \omega_l^{(1)} = -\frac{3J_2}{2p^2(4-5\sin^2 i)}\left[\sin^2 i\left(\frac{25}{3}-\frac{245}{12}\sin^2 i+\frac{25}{2}\sin^4 i\right)\right. \qquad (4.195)$$

$$\left.-e^2\left(\frac{7}{3}-\frac{17}{2}\sin^2 i+\frac{65}{6}\sin^4 i-\frac{75}{16}\sin^6 i\right)\right]\sin 2\omega$$

$$\Delta M_l^{(1)} = \frac{3J_2 \sin^2 i \sqrt{1-e^2}}{2p^2(4-5\sin^2 i)}\left[\left(\frac{25}{12}-\frac{5}{2}\sin^2 i\right)-e^2\left(\frac{7}{12}-\frac{5}{8}\sin^2 i\right)\right]\sin 2\omega$$

（3）二阶长期项

J_2 引起的二阶长期项为：

$$\frac{d\bar{a}^{(2)}}{dt}=0, \quad \frac{d\bar{e}^{(2)}}{dt}=0, \quad \frac{d\bar{i}^{(2)}}{dt}=0$$

$$\frac{d\bar{\Omega}^{(2)}}{dt}=-\frac{9J_2^2 n\cos i}{4p^4}\left[\left(\frac{3}{2}+\frac{1}{6}e^2+\sqrt{1-e^2}\right)-\left(\frac{5}{3}-\frac{5}{24}e^2+\frac{3}{2}\sqrt{1-e^2}\right)\right]\sin^2 i$$

$$\frac{d\bar{\omega}^{(2)}}{dt}=\frac{9J_2^2 n}{4p^4}\left[\left(4+\frac{7}{12}e^2+2\sqrt{1-e^2}\right)-\left(\frac{103}{12}+\frac{3}{8}e^2+\frac{11}{2}\sqrt{1-e^2}\right)\sin^2 i\right. \qquad (4.196)$$

$$\left.+\left(\frac{215}{48}-\frac{15}{32}e^2+\frac{15}{4}\sqrt{1-e^2}\right)\sin^4 i\right]$$

$$\frac{d\bar{M}^{(2)}}{dt}=\frac{9J_2^2 n}{4p^4}\sqrt{1-e^2}\left[\frac{e^4}{1-e^2}\left(\frac{35}{12}-\frac{35}{4}\sin^2 i+\frac{315}{32}\sin^4 i\right)\right.$$

$$+\frac{1}{2}\left(1-\frac{3}{2}\sin^2 i\right)\sqrt{1-e^2}+\left(\frac{5}{2}+\frac{10}{3}e^2\right)$$

$$\left.-\left(\frac{19}{3}+\frac{16}{3}e^2\right)\sin^2 i+\left(\frac{233}{48}+\frac{103}{12}e^2\right)\sin^4 i\right]$$

（4）利用能量积分求 $\Delta a_l^{(2)}$ **和** $\Delta a_s^{(2)}$ [4]

在求上面一阶长周期项时，实际上还要知道 $\Delta a_l^{(2)}$，它可以利用能量积分求得，已知能量积分为：

$$\frac{\mu}{2a} + R = \text{常数} \tag{4.197}$$

在平均根数附近展开能量积分，比较二阶长周期项有：

$$\left\{ \frac{\partial}{\partial a}\left(\frac{\mu}{2a}\right)\Delta a_l^{(2)} + \frac{\partial^2}{\partial a^2}\left(\frac{\mu}{2a}\right)(\Delta a_s^{(1)})^2 + \sum_{j=1}^{6}\frac{\partial R}{\partial \sigma_j}\Delta \sigma_{sj}^{(1)} + \sum_{j=1}^{6}\frac{\partial R}{\partial \sigma_j}\Delta \sigma_{lj}^{(1)} \right\}_l = 0$$

经推导即得：

$$\Delta a_l^{(2)} = \left\{ a\sum_{j=1}^{6}\frac{\partial}{\partial \sigma_j}\left(\frac{\Delta a_s^{(1)}}{a}\right)\Delta \sigma_{sj}^{(1)} + \frac{2a^2}{\mu}\left[\frac{\partial R_1}{\partial e}\Delta e_l^{(1)} + \frac{\partial R_1}{\partial i}\Delta i_l^{(1)}\right] \right\}_l$$

其中，R_1 为 J_2 摄动函数的长期部分，利用 J_2 引起的一阶短周期项和一阶长周期项的表达式，即可得到：

$$\Delta a_l^{(2)} = \frac{9J_2^2 a}{4p^4}\sqrt{1-e^2}\, e^2 \sin^2 i$$

$$\times \left\{ \left[-\frac{1+2\sqrt{1-e^2}}{6(1+\sqrt{1-e^2})^2}(4-5\sin^2 i) + \left(\frac{17}{12}-\frac{19}{8}\sin^2 i\right)\right]\cos 2\omega \right. \tag{4.198}$$

$$\left. + \frac{e^2}{1-e^2}\left[\frac{7}{3}\left(1-\frac{3}{2}\sin^2 i\right)\cos 2\omega + \frac{1}{32}\sin^2 i \cos 4\omega\right] \right\}$$

同理，二阶短周期项 $\Delta a_s^{(2)}$ 为：

$$\Delta a_s^{(2)} = \left[\frac{1}{a}(\Delta a_s^{(1)})^2 + \frac{2a^2}{\mu}\left(\frac{\partial R}{\partial r}\Delta r_s^{(1)} + \frac{\partial R}{\partial u}\Delta u_s^{(1)} + \frac{\partial R}{\partial i}\Delta i_s^{(1)}\right)\right]_s$$

准到 e 的零次幂，利用

$$\Delta a_s^{(1)} = \frac{3J_2}{2a}\left(\frac{a}{r}\right)^3 \sin^2 i \cos 2u$$

$$\Delta r_s^{(1)} = -\frac{3J_2}{4a}\left\{(2-3\sin^2 i) - \frac{1}{3}\sin^2 i \cos 2u\right\}$$

$$\Delta u_s^{(1)} = -\frac{3J_2}{4a^2}\left(1-\frac{7}{6}\sin^2 i\right)\sin 2u \tag{4.199}$$

$$\Delta i_s^{(1)} = \frac{3J_2 \sin 2i}{8a^2}\cos 2u$$

代入，有

$$\Delta a_s^{(2)} = \frac{3J_2^2}{4a^3} \sin^2 i[(5 - 9\sin^2 i)\cos 2u + \sin^2 i \cos 4u] \qquad (4.200)$$

（5）高阶带谐项引起的二阶长期项和一阶长周期项

1）摄动函数的展开和 R_n 的平均值，请参见 4.3.1 节

2）运动方程的改写

令 $\lambda = \sin i, \chi = (1 - e^2)^{1/2}$，则有：

$$\frac{\partial \bar{R}_n}{\partial a} = -\frac{n+1}{a} \bar{R}_n$$

$$\frac{\partial \bar{R}_n}{\partial i} = \frac{\partial \bar{R}_n}{\partial \lambda} \cos i \qquad (4.201)$$

$$\frac{\partial \bar{R}_n}{\partial e} = (\frac{\partial \bar{R}_n}{\partial e}) + \frac{(2n-1)e}{\chi^2} \bar{R}_n$$

其中，$(\frac{\partial \bar{R}_n}{\partial e})$ 为只对 $e^{2k+n'}$ 中的 e 求导数。这样，Ω, ω, M 三个根数的拉格朗日方程可简写为：

$$\frac{d\Omega}{dt} = \frac{\sqrt{1-\lambda^2}}{\lambda} \frac{\partial \Phi_n}{\partial \lambda}$$

$$\frac{d\omega}{dt} = -\frac{1-\lambda^2}{\lambda} \frac{\partial \Phi_n}{\partial \lambda} + \frac{\chi^2}{e}(\frac{\partial \Phi_n}{\partial e}) + (2n-1)\Phi_n \qquad (4.202)$$

$$\frac{d\omega}{dt} = -\frac{\chi^3}{e}(\frac{\partial \Phi_n}{\partial e}) + 3\chi\Phi_n$$

其中，

$$\Phi_n = \frac{1}{na^2\chi} \bar{R}_n = -\frac{2J_n n}{p^n} \sum_{n'=n-2}^{1,0} \sum_{\delta=0}^{[\frac{n-n'}{2}]} \delta_{n'} I_\delta^{n'} \lambda^{n-2\delta} \qquad (4.203)$$

$$\times \sum_{k=0}^{[\frac{n-1-n'}{2}]} E_k^{n'} e^{2k+n'} \cos[n'\omega - \frac{n\pi}{2}]$$

式中，各符号的定义请参见（4.52）式（下同）。

3）二阶长期项

将摄动函数中 $n' = 0$ 的项（n 为偶数）代入改写后的摄动运动方程，即得：

$$\frac{d\Omega}{dt} = -\frac{nJ_n}{p^n}\cos i \sum_{\delta=0}^{[\frac{n}{2}]} I_\delta^0 (n-2\delta)\lambda^{n-2\delta-2}\sum_{k=0}^{[\frac{n-1}{2}]} E_k^0 e^{2k}(-1)^{n/2}$$

$$\frac{d\omega}{dt} = -\cos i \frac{d\Omega}{dt} - \frac{nJ_n}{p^n}\sum_{\delta=0}^{[\frac{n}{2}]} I_\delta^0 \lambda^{n-2\delta-2}\sum_{k=0}^{[\frac{n}{2}]} E_k^0$$

$$\times [2ke^{2k-2} + (2n-2k-1)e^{2k}](-1)^{n/2} \qquad (4.204)$$

$$\frac{dM}{dt} = \frac{nJ_n}{p^n}\sqrt{1-e^2}\sum_{\delta=0}^{[\frac{n}{2}]} I_\delta^0 \lambda^{n-2\delta}\sum_{k=0}^{[\frac{n-1}{2}]} E_k^0 [2ke^{2k-2} - (2k+3)e^{2k}](-1)^{n/2}$$

4）一阶长周期项

因为 e, i 没有一阶长期项，因此，它们的长周期项只有直接部分，即：

$$\frac{de}{dt} = -\frac{\chi^2}{e}\frac{\partial\Phi_n}{\partial\omega}, \quad \frac{di}{dt} = -\frac{\sqrt{1-\lambda^2}}{\lambda}\frac{e}{\chi^2}\frac{de}{dt} \qquad (4.205)$$

积分可得：

$$\Delta e_l^{(1)} = -\frac{\chi^2}{e\dot\omega}\Phi_n, \quad \Delta i_l^{(1)} = \frac{\sqrt{1-\lambda^2}}{\lambda\dot\omega}\Phi_n \qquad (4.206)$$

对于 Ω, ω, M 还要间接部分，利用 $\Delta e_l^{(1)}, \Delta i_l^{(1)}$ 可得：

$$\frac{d\Omega}{dt} = \frac{10\sqrt{1-\lambda^2}}{4-5\lambda^2}\Phi_n, \quad \frac{d\omega}{dt} = -\frac{2(13-15\lambda^2)}{4-5\lambda^2}\Phi_n, \quad \frac{dM}{dt} = -3\chi\Phi_n \qquad (4.207)$$

与直接部分合并，则有：

$$\frac{d\Omega}{dt} = \frac{\sqrt{1-\lambda^2}}{\lambda}\frac{\partial\Phi_n}{\partial\lambda} + \frac{10\sqrt{1-\lambda^2}}{4-5\lambda^2}\Phi_n$$

$$\frac{d\omega}{dt} = -\frac{1-\lambda^2}{\lambda}\frac{\partial\Phi_n}{\partial\lambda} + \frac{\chi^2}{e}\left(\frac{\partial\Phi_n}{\partial e}\right) + [2n-1-\frac{2(13-15\lambda^2)}{4-5\lambda^2}]\Phi_n \qquad (4.208)$$

$$\frac{dM}{dt} = -\frac{\chi^3}{e}\left(\frac{\partial\Phi_n}{\partial e}\right)$$

将摄动函数中 $n' \neq 0$ 的项，代入上式，积分即得：

$$\Delta\Omega_l^{(1)} = -\frac{8J_n\cos i}{3J_2 p^{n-2}(4-5\lambda^2)}\sum_{n'}\sum_{\delta} I_\delta^{n'}(n-2\delta+\frac{10\lambda^2}{4-5\lambda^2})\lambda^{n-2\delta-2}$$

$$\sum_k E_k^{n'} e^{2k+n'}\frac{1}{n'}\sin(n'\omega - \frac{n\pi}{2})$$

$$\Delta \omega_l^{(1)} = -\cos i \Delta \Omega_l^{(1)} - \frac{8J_n}{3J_2 p^{n-2}(4-5\lambda^2)} \sum_{n'} \sum_{\delta} I_{\delta}^{n'}(n-2\delta)\lambda^{n-2\delta}$$

$$\times \sum_k E_k^{n'}[(2k+n')+(2n-5-2k-n')e^2] \qquad (4.209)$$

$$\times e^{2k+n'-2}\frac{1}{n'}\sin(n'\omega - \frac{n\pi}{2})$$

$$\Delta M_l^{(1)} = \frac{8J_n(1-e^2)^{3/2}}{3J_2 p^{n-2}(4-5\lambda^2)} \sum_{n'} \sum_{\delta} I_{\delta}^{n'}(n-2\delta)\lambda^{n-2\delta}$$

$$\times \sum_k E_k^{n'}(2k+n')e^{2k+n'-2}\frac{1}{n'}\sin(n'\omega - \frac{n\pi}{2})$$

如果采用 $a, i, \Omega, \xi = e\sin\omega, \eta = e\cos\omega, \lambda = M+\omega$ 作为基本根数，则长周期项为：

$$\Delta \xi_l^{(1)} = \Delta e_l^{(1)}\sin\omega + e\Delta\omega_l^{(1)}\cos\omega$$

$$\Delta \eta_l^{(1)} = \Delta e_l^{(1)}\cos\omega - e\Delta\omega_l^{(1)}\sin\omega$$

$$\Delta \lambda_l^{(1)} = -\cos i \Delta\Omega_l^{(1)} - \frac{8J_n}{3J_2 p^{n-2}(4-5\lambda^2)} \sum_{n'} \sum_{\delta} I_{\delta}^{n'}\lambda^{n-2\delta}\frac{1}{n'}\sin(n'\omega - \frac{n\pi}{2})$$

$$\times \sum_k E_k^{n'}[(2k+n')(1+\frac{1-e^2}{1+\sqrt{1-e^2}})+(2n-5-2k-n')e^2]e^{2k+n'} \qquad (4.210)$$

$$e\Delta\omega_l^{(1)} = -e\cos i \Delta\Omega_l^{(1)} - \frac{8J_n}{3J_2 p^{n-2}(4-5\lambda^2)} \sum_{n'} \sum_{\delta} I_{\delta}^{n'}\lambda^{n-2\delta}\frac{1}{n'}\sin(n'\omega - \frac{n\pi}{2})$$

$$\times \sum_k E_k^{n'}[(2k+n')+(2n-5+2k-n')e^2]e^{2k+n'-1}$$

值得指出：n 为奇数的项和 n 为偶数的项，大小不一样。n 为奇数的项要大一些，即 e 的最低幂次要比 n 为偶数的项低 1。

（6）田谐摄动

田谐摄动的摄动函数为：

$$R = \sum_{lmpq} R_{lmpq}$$

$$R_{lmpq} = \mu J_{lm}(\frac{1}{a})^{l+1} D_{lmp}(I)G_{lpq}(e)\cos(\psi + \lambda_{nm}) \qquad (4.211)$$

其中，$D_{lmp}(I)$ 为正规化的倾角函数；$G_{lpq}(e)$ 为 Hansen 系数；ψ 为：

$$\psi = (l-2p+q)M + (l-2p)\omega + m(\Omega - \theta)$$

对于克普勒根数，将摄动函数代入摄动方程，积分即可得到根数的田谐摄动：

$$\Delta\sigma_{\boxplus}^{(i)} = \sum_{lmpq}\Delta\sigma_{lmpq}^{(i)} \quad i=1,2,\cdots 6 \tag{4.212}$$

其中，

$$\Delta a_{lmpq} = 2(l-2p+q)J_{lm}(\frac{1}{a})^{l-1}D_{lmp}(I)G_{lpq}(e)\cos(\psi+\lambda_{lm})\Phi^{-1}$$

$$\Delta e_{lmpq} = [-(l-2p)\frac{e\sqrt{1-e^2}}{1+\sqrt{1-e^2}}+q\frac{1-e^2}{e}]$$

$$\times J_{lm}(\frac{1}{a})^{l}D_{lmp}(I)G_{lpq}(e)\cos(\psi+\lambda_{lm})\Phi^{-1}$$

$$\Delta i_{lmpq} = \frac{((l-2p)\cos i-m)}{\sqrt{1-e^2}\sin i}J_{lm}(\frac{1}{a})^{l}D_{lmp}(I)G_{lpq}(e)\cos(\psi+\lambda_{lm})\Phi^{-1} \tag{4.213}$$

$$\Delta\Omega_{lmpq} = \frac{J_{lm}}{\sqrt{1-e^2}\sin i}(\frac{1}{a})^{l}D'_{lmp}(I)G_{lpq}(e)\sin(\psi+\lambda_{lm})\Phi^{-1}$$

$$\Delta\omega_{lmpq} = \frac{\sqrt{1-e^2}}{e}J_{lm}(\frac{1}{a})^{l}D_{lmp}(I)G'_{lpq}(e)\sin(\psi+\lambda_{lm})\Phi^{-1}-\cos i\frac{d\Omega}{dt}$$

$$\Delta M_{lmpq} = [2(l+1)G_{lpq}(e)-\frac{1-e^2}{e}G'_{lpq}(e)]$$

$$\times J_{lm}(\frac{1}{a})^{l}D_{lmp}(I)\sin(\psi+\lambda_{lm})\Phi^{-1}-\frac{3}{2a}\Delta a_{lmpq}\Phi^{-1}$$

式中，$\Phi^{-1}=\dfrac{n}{\dot\psi}$，$\dot\psi=(l-2p+q)\dot M+(l-2p)\dot\omega+m(\dot\Omega-\dot\theta)$。

（7）大气阻力摄动

1）大气密度的分析表达式

在分析方法中，常常需要考虑大气的扁率，大气的自转，周日变化和大气标高的变化，这时大气密度的表达式为：

$$\rho = k\{1+c\cos 2\omega\cos 2E$$
$$-c\sin 2\omega\sin 2E+\Delta_1+\Delta_2\}\exp(z\cos E) \tag{4.214}$$

其中，

$$k = \rho_{p_0}\exp[-\frac{a_0 e_0}{H_{p_0}}-c\cos 2\omega_0]$$

$$c = \frac{1}{2}\frac{\alpha}{H_{p_0}}r_{p_0}\sin^2 i,\quad \alpha=\frac{1}{298.257} \tag{4.215}$$

$$\Delta_1 = F^* A^* [-(\frac{e}{2} + \frac{\mu}{2} z_0 z) + (1 + \frac{\mu}{2} z_0^2 + \frac{3\mu}{8} z^2) \cos E$$

$$+ (\frac{e}{2} - \frac{\mu}{2} z_0 z) \cos 2E + \frac{\mu}{8} z^2 \cos 3E$$

$$+ \frac{c}{2} \cos 2\omega (\cos E + \cos 3E) - \frac{c}{2} \sin 2\omega (\sin E + \sin 3E)]$$

$$+ F^* B^* [(1 + \frac{\mu}{2} z_0^2 + \frac{\mu}{8} z^2) \sin E + (\frac{e}{2} - \frac{\mu}{2} z_0 z) \sin 2E \qquad (4.216)$$

$$+ \frac{\mu}{8} z^2 \sin 3E + \frac{c}{2} \cos 2\omega (-\sin E + \sin 3E)$$

$$+ \frac{c}{2} \sin 2\omega (-\cos E + \cos 3E)]$$

$$\Delta_2 = \mu [(\frac{z_0^2}{2} + \frac{z^2}{4}) - z_0 z \cos E + \frac{z^2}{4} \cos 2E] \qquad (4.217)$$

式中，F^*, A^*, B^* 为周日变化参数：

$$F^* = \frac{f^* - 1}{f^* + 1}, \quad f^* = \frac{\rho_{\max}}{\rho_{\min}} \qquad (4.218)$$

$$A^* = \frac{1}{4} \{ [(1 - \cos\varepsilon) \cos(\omega + \Omega + l_\odot - \Delta\lambda) + (1 + \cos\varepsilon)$$

$$\times \cos(\omega + \Omega - l_\odot - \Delta\lambda)](1 + \cos i) + [(1 - \cos\varepsilon) \cos(\omega - \Omega + l_\odot + \Delta\lambda)$$

$$+ (1 + \cos\varepsilon) \cos(\omega - \Omega + l_\odot - \Delta\lambda)](1 - \cos i) + 4 \sin\omega \sin l_\odot \sin\varepsilon \sin i\}$$

$$\qquad (4.219)$$

$$B^* = -\frac{1}{4} \{ [(1 - \cos\varepsilon) \sin(\omega + \Omega + l_\odot - \Delta\lambda) + (1 + \cos\varepsilon) \sin(\omega + \Omega - l_\odot - \Delta\lambda)]$$

$$\times (1 + \cos i) + [(1 - \cos\varepsilon) \sin(\omega - \Omega - l_\odot + \Delta\lambda)$$

$$+ (1 + \cos\varepsilon) \sin(\omega - \Omega + l_\odot - \Delta\lambda)](1 - \cos i) + 4 \cos\omega \sin l_\odot \sin\varepsilon \sin i\}$$

$$\qquad (4.220)$$

$\rho_{\max}, \rho_{\min}$ 为大气周日变化的密度极大值和极小值；α 为地球大气扁率；H 为密度标高；ρ_{p_0} 近地点高度处的平均密度；$\mu = \frac{1}{2} \frac{\mathrm{d}H}{\mathrm{d}r}$ 为密度标高的变率；ε 为黄赤交角；$l_\odot$ 为太阳黄经；$\Delta\lambda$ 为周日峰偏差，约为 30 度，而：

$$z = \frac{ae}{H_{p_0}}, \qquad z_0 = \frac{a_0 e_0}{H_{p_0}}$$

式中下标 0 表示初始时间，下标 p 表示近地点处的量，均需从大气密度模型逼近而得。

2）S,T,W 表达式的简化

在分析方法中，常将卫星和大气的相对速度 V 展开为：$V = v - r\omega_{\oplus}\cos i$，其中 v 为卫星的绝对速度，于是 S,T,W 可表达为：

$$S = -\frac{1}{2}A_1\rho\mu\frac{\sqrt{1+2e\cos f+e^2}}{p}e\sin f$$

$$T = -\frac{1}{2}A_1\rho\mu\frac{\sqrt{1+2e\cos f+e^2}}{p}(1+e\cos f) \quad (4.221)$$

$$W = -\frac{1}{2}A_2\rho\sqrt{\frac{\mu}{p}}r\cos u\sin i\sqrt{1+2e\cos f+e^2}$$

其中，

$$A_1 = C_D\frac{A}{m}F, \quad A_2 = C_D\frac{A}{m}\omega_{\oplus}\sqrt{F} \quad (4.222)$$

$$F = (1-\frac{\omega_{\oplus}r\cos i}{v})^2 \approx (1-\frac{\omega_{\oplus}r_{p_0}\cos i}{v_{p_0}})^2 \quad (4.223)$$

3）大气阻力的二阶长期摄动

将 S,T,W 的简化表达式，代入高斯方程，即得：

$$\frac{\mathrm{d}a}{\mathrm{d}t} = -\frac{A_1na^2}{(1-e^2)^{3/2}}(1+2e\cos f+e^2)^{3/2}\rho$$

$$\frac{\mathrm{d}e}{\mathrm{d}t} = -\frac{A_1na}{(1-e^2)^{1/2}}(\cos f+e)(1+2e\cos f+e^2)^{1/2}\rho$$

$$\frac{\mathrm{d}i}{\mathrm{d}t} = -\frac{A_2a\sin i}{4(1-e^2)}(\frac{r}{a})^2(1+\cos 2u)(1+2e\cos f+e^2)^{1/2}\rho$$

$$\frac{\mathrm{d}\Omega}{\mathrm{d}t} = -\frac{A_2a}{4(1-e^2)}(\frac{r}{a})^2\sin 2u(1+2e\cos f+e^2)^{1/2}\rho \quad (4.224)$$

$$\frac{\mathrm{d}\omega}{\mathrm{d}t} = -\frac{A_1na}{e(1-e^2)^{1/2}}\sin f(1+2e\cos f+e^2)^{1/2}\rho - \cos i\frac{\mathrm{d}\Omega}{\mathrm{d}t}$$

$$\frac{\mathrm{d}M}{\mathrm{d}t} = n + \frac{A_1na}{e(1-e^2)}\frac{r}{a}\sin f(1+2e\cos f+e^2)^{1/2}(1+e\cos f+e^2)\rho$$

将 f,r,t 换成偏近点角 E，准到 e 的一次幂，并采用无奇点根数 $a,i,\Omega,\xi = e\sin\omega, \eta = e\cos\omega, \lambda = M+\omega$，得：

$$\frac{\mathrm{d}a}{\mathrm{d}E} = -A_1 a^2 (1 + 2e\cos E)\rho$$

$$\frac{\mathrm{d}i}{\mathrm{d}E} = -\frac{A_2 a \sin i}{4n}[(1 - 2e\cos E) + \cos 2\omega(-2e\cos E + \cos 2E)$$
$$+ \sin 2\omega(2e\sin E - \sin 2E)]\rho$$

$$\frac{\mathrm{d}\Omega}{\mathrm{d}E} = -\frac{A_2 a}{4n}[\cos 2\omega(-2e\sin E + \sin 2E) + \sin 2\omega(-2e\cos E + \cos 2E)]\rho$$

$$\frac{\mathrm{d}\lambda}{\mathrm{d}E} = A_1 a \frac{e}{2}\sin E\rho - \cos i \frac{\mathrm{d}\Omega}{\mathrm{d}E} \qquad (4.225)$$

$$\frac{\mathrm{d}\xi}{\mathrm{d}E} = \frac{\mathrm{d}e}{\mathrm{d}E}\sin\omega + e\frac{\mathrm{d}\omega}{\mathrm{d}E}\cos\omega$$

$$\frac{\mathrm{d}\eta}{\mathrm{d}E} = \frac{\mathrm{d}e}{\mathrm{d}E}\cos\omega - e\frac{\mathrm{d}\omega}{\mathrm{d}E}\sin\omega$$

其中，

$$\frac{\mathrm{d}e}{\mathrm{d}E} = -A_1 a(\frac{e}{2} + \cos E + \frac{e}{2}\cos 2E)\rho \qquad (4.226)$$

$$e\frac{\mathrm{d}\omega}{\mathrm{d}E} = -A_1 a[\sin E + \frac{e}{2}\sin 2E]\rho - e\cos i \frac{\mathrm{d}\Omega}{\mathrm{d}E}$$

在一阶理论中，常将大气的一阶长周期的变率和二阶长期项一起，都作为二阶长期摄动处理。利用：

$$\frac{\mathrm{d}\sigma^*}{\mathrm{d}t} = \frac{n}{2\pi}\int_0^{2\pi}\frac{\mathrm{d}\sigma}{\mathrm{d}E}\mathrm{d}E \qquad (4.227)$$

以及大气密度的表达式，根据虚变量 Bessel 函数的定义：

$$I_k(x) = \frac{1}{2\pi}\int_0^{2\pi}\cos kE \exp(x\cos E)\mathrm{d}E \qquad (4.228)$$

即得：

$$\frac{\mathrm{d}a^*}{\mathrm{d}t} = -B_1 a^2 n\{(I_0 + 2eI_1) + c\cos 2\omega I_2 + \mu[(\frac{z_0^2}{2} + \frac{z^2}{4})I_0 - z_0 z I_1 + \frac{z^2}{4}I_2]$$
$$+ F^* A^*[(\frac{e}{2} - \frac{\mu}{2}z_0 z)I_0 + (1 + \frac{\mu}{2}z_0^2 + \frac{3\mu}{8}z^2)I_1 + (\frac{3e}{2} - \frac{\mu}{2}z_0 z)I_2$$
$$+ \frac{\mu}{8}z^2 I_3 + \frac{c}{2}\cos 2\omega(I_1 + I_3)] + F^* B^* \frac{c}{2}\sin 2\omega(-I_1 + I_3)\}$$

$$\frac{\mathrm{d}i^*}{\mathrm{d}t} = -B_2 \frac{a\sin i}{4}\{(I_0 + \cos 2\omega I_2) + F^* A^*[I_1 + \frac{1}{2}\cos 2\omega(I_1 + I_3)]$$
$$+ F^* B^*[\frac{1}{2}\sin 2\omega(-I_1 + I_3)]\}$$

$$\frac{d\Omega^*}{dt} = -B_2 \frac{a}{4}\{\sin 2\omega I_2 + F^* A^* [\frac{1}{2}\sin 2\omega(I_1 + I_3)]$$

$$+ F^* B^* [\frac{1}{2}\cos 2\omega(I_1 - I_3)]\}$$

（4.229）

$$\frac{d\xi^*}{dt} = \frac{de^*}{dt}\sin\omega + e\frac{d\omega^*}{dt}\cos\omega$$

$$\frac{d\eta^*}{dt} = \frac{de^*}{dt}\cos\omega - e\frac{d\omega^*}{dt}\sin\omega$$

$$\frac{d\lambda^*}{dt} = B_1 anF^* B^* [\frac{e}{4}(I_0 - I_2)] - \cos i\frac{d\Omega^*}{dt}$$

其中，

$$\frac{de^*}{dt} = -B_1 an\{(\frac{e}{2}I_0 + I_1 + \frac{e}{2}I_2) + \frac{c}{2}\cos 2\omega(I_1 + I_3)$$

$$+ \frac{\mu}{2}[-z_0 z I_0 + (z_0^2 + \frac{3z^2}{4})I_1 - z_0 z I_2 + \frac{z^2}{4}I_3]$$

$$+ F^* A^* [(\frac{e}{2} + \frac{\mu}{4}z_0^2 + \frac{3\mu}{16}z^2)I_0 + (\frac{e}{2} - \frac{3\mu}{4}z_0 z)I_1 + (\frac{1}{2} + \frac{\mu}{4}z_0^2 + \frac{\mu}{4}z^2)I_2$$

$$+ (\frac{e}{2} - \frac{\mu}{2}z_0 z)I_3 + \frac{\mu}{16}z^2 I_4 + \frac{c}{4}\cos 2\omega(I_0 + 2I_2 + I_4)]$$

$$+ F^* B^* \frac{c}{4}\sin 2\omega(-I_0 + I_4)\}$$

$$e\frac{d\omega^*}{dt} = -B_1 an\{C\sin 2\omega\frac{1}{2}(I_3 - I_1) + F^* A^* [\frac{1}{4}C\sin 2\omega(I_4 - I_0)]$$

$$+ F^* B^* [(\frac{1}{2} + \frac{1}{4}\mu z_0^2 + \frac{1}{16}\mu z^2)(I_0 - I_2) - (\frac{1}{2}e - \frac{1}{4}\mu z z_0)(I_3 - I_1)$$

$$- \frac{1}{16}\mu z^2(I_4 - I_2) - \frac{1}{4}C\cos 2\omega(I_0 - 2I_2 + I_4)]\} - e\cos i\frac{d\Omega^*}{dt}$$

（4.230）

式中，I_n 为 n 阶虚变量 Bessel 函数；而 B_1, B_2 即为：

$$B_1 = \frac{A}{m}C_D F\rho_{p_0}\exp(-\frac{a_0 e_0}{H_{p_0}} - c\cos 2\omega_0)$$

（4.231）

$$B_2 = \frac{A}{m}C_D\sqrt{F}\omega_{\oplus}\rho_{p_0}\exp(-\frac{a_0 e_0}{H_{p_0}} - c\cos 2\omega_0)$$

（8）光压摄动

光压摄动的处理方法，与大气摄动的方法类似，先求出 $\dfrac{\mathrm{d}\sigma}{\mathrm{d}E}$，再求出 $\dfrac{\mathrm{d}\sigma^*}{\mathrm{d}t}$，在一阶摄动的分析方法中，$S,T,W$ 的表达式为：

$$S = -\frac{A}{m}F(A_0^* \cos f + B_0^* \sin f)$$

$$T = -\frac{A}{m}F(-A_0^* \sin f + B_0^* \cos f) \qquad (4.232)$$

$$W = -\frac{A}{m}FC$$

其中，

$$A^* = \frac{1}{4}\{[(1-\cos\varepsilon)\cos(\omega+\Omega+l_\odot) + (1+\cos\varepsilon)\cos(\omega+\Omega-l_\odot)](1+\cos i)$$

$$+[(1-\cos\varepsilon)\cos(\omega-\Omega-l_\odot) + (1+\cos\varepsilon)\cos(\omega-\Omega+l_\odot)](1-\cos i)$$

$$+4\sin\omega\sin l_\odot \sin\varepsilon \sin i\}$$

$$B^* = -\frac{1}{4}\{[(1-\cos\varepsilon)\sin(\omega+\Omega+l_\odot)$$

$$+(1+\cos\varepsilon)\sin(\omega+\Omega-l_\odot)](1+\cos i)$$

$$+[(1-\cos\varepsilon)\sin(\omega-\Omega-l_\odot) \qquad (4.233)$$

$$+(1+\cos\varepsilon)\sin(\omega-\Omega+l_\odot)](1-\cos i)$$

$$+4\cos\omega\sin l_\odot \sin\varepsilon \sin i\}$$

$$C = (\sin\Omega\cos l_\odot - \cos\Omega\sin l_\odot \cos\varepsilon)\sin i + \sin l_\odot \sin\varepsilon \cos i$$

于是，光压摄动的高斯方程为：

$$\frac{\mathrm{d}a}{\mathrm{d}E} = 2k^* a^3 (A_0^* \sin E - B_0^* \sqrt{1-e^2}\cos E)$$

$$\frac{\mathrm{d}e}{\mathrm{d}E} = \frac{k^* a^2}{2}\sqrt{1-e^2}[A_0^* \sqrt{1-e^2}\sin 2E - B_0^*(3+\cos 2E - 4e\cos E)]$$

$$\frac{\mathrm{d}i}{\mathrm{d}E} = \frac{k^* a^2}{4\sqrt{1-e^2}}C\{[6e - 4(1+e^2)\cos E + 2e\cos 2E]\cos\omega$$

$$+\sqrt{1-e^2}[4\sin E - 2e\sin 2E]\sin\omega\} \qquad (4.234)$$

$$\frac{\mathrm{d}\Omega}{\mathrm{d}E} = \frac{k^* a^2}{4\sqrt{1-e^2}\sin i} C\{\sqrt{1-e^2}[(-4\sin E + 2e\sin 2E)\cos\omega$$

$$+ (6e - 4(1+e^2)\cos E + 2e\cos 2E)\sin\omega]$$

$$\frac{\mathrm{d}\omega}{\mathrm{d}E} = \frac{k^* a^2}{2e}[\sqrt{1-e^2}\, A_0^*(3 - 2e\cos E - \cos 2E)$$

$$+ B_0^*(2e\sin E - \sin 2E)] - \cos i\frac{\mathrm{d}\Omega}{\mathrm{d}E}$$

$$\frac{\mathrm{d}M}{\mathrm{d}E} = \frac{k^* a^2}{2e}\{A_0^*[-3(1+e^2) + (1-3e^2)\cos 2E + 2e(3+e^2)\cos E]$$

$$+ B_0^*\sqrt{1-e^2}[(1-2e^2)\sin 2E + 2e\sin E)]\}$$

代入平根数变率表达式，积分即得：

$$\frac{\mathrm{d}a^*}{\mathrm{d}t} = -\frac{nk^* a^3}{\pi}[A_0^*(\cos E_1 - \cos E_0) + B_0^*\sqrt{1-e^2}(\sin E_1 - \sin E_0)]$$

$$\frac{\mathrm{d}e^*}{\mathrm{d}t} = -\frac{nk^* a^2}{8\pi}\sqrt{1-e^2}\{A_0^*\sqrt{1-e^2}(\cos 2E_1 - \cos 2E_0)$$

$$+ B_0^*[6(E_1 - E_0) + (\sin 2E_1 - \sin 2E_0) - 8e(\sin E_1 - \sin E_0)]\}$$

$$\frac{\mathrm{d}i^*}{\mathrm{d}t} = \frac{nk^* a^2}{8\pi\sqrt{1-e^2}} C\{[6e(E_1 - E_0) - 4(1+e^2)(\sin E_1 - \sin E_0)$$

$$+ e(\sin 2E_1 - \sin 2E_0)]\cos\omega$$

$$+ \sqrt{1-e^2}[-4(\cos E_1 - \cos E_0) + e(\cos 2E_1 - \cos 2E_0)]\sin\omega\} \quad (4.235)$$

$$\frac{\mathrm{d}\Omega^*}{\mathrm{d}t} = \frac{k^* na^2}{8\pi\sqrt{1-e^2}\sin i} C\{\sqrt{1-e^2}[4(\cos E_1 - \cos E_0) - e(\cos 2E_1 - \cos 2E_0)]\cos\omega$$

$$+ [6e(E_1 - E_0) - 4(1+e^2)(\sin E_1 - \sin E_0) + e(\sin 2E_1 - \sin 2E_0)]\sin\omega\}$$

$$\frac{\mathrm{d}\omega^*}{\mathrm{d}t} = \frac{k^* na^2}{8\pi e}\{\sqrt{1-e^2}\, A_0^*[6(E_1 - E_0) - 4e(\sin E_1 - \sin E_0) - (\sin 2E_1 - \sin 2E_0)]$$

$$+ B_0^*[-4e(\cos E_1 - \cos E_0) + (\cos 2E_1 - \cos 2E_0)]\} - \cos i\frac{\mathrm{d}\Omega^*}{\mathrm{d}t}$$

$$\frac{\mathrm{d}M^*}{\mathrm{d}t} = \frac{k^* na^2}{8\pi e}\{A_0^*[-6(1+e^2)(E_1 - E_0) + (1-3e^2)(\sin 2E_1 - \sin 2E_0)$$

$$+ 4e(3+e^2)(\sin E_1 - \sin E_0)] - B_0^*\sqrt{1-e^2}[(1-2e^2)(\cos 2E_1 - \cos 2E_0)$$

$$+ 4e(\cos E_1 - \cos E_0)]\}$$

式中，$k^* = \dfrac{A}{m} F$，如果时间以平太阳日为单位，长度以地球半径为单位，

$\dfrac{A}{m}$ 以 cm²/g 为单位，则，$F = 0.0005628$。E_0, E_1 为出地影、进地影点的偏

近点角，且有：$E_1 > E_0$

（9）日月摄动

日月摄动是经典的天体力学问题，其摄动函数的平均值即为（4.177）

式，即：

$$\bar{R} = n'^2 a^2 \beta \{ \frac{1}{8}[3(A^2 + B^2) - 2](2 + 3e^2) + \frac{15e^2}{8}[(A^2 - B^2)\cos 2\omega + 2AB\sin 2\omega] \}$$

其中，$A = \cos\delta\cos(\Omega - \alpha)$; $\quad B = -\cos\delta\cos i\sin(\Omega - \alpha) + \sin\delta\sin i$；$\alpha, \delta$ 为

日月的赤经和赤纬；i, Ω, ω 为卫星的克普勒根数。在一阶理论中，我们只

求长期和长周期项，因此只需将 $\bar{R}$ 代入摄动运动方程即可得到：

$$\frac{da^*}{dt} = 0$$

$$\frac{de^*}{dt} = [\frac{n'^2}{n}\beta\sqrt{1-e^2}]\frac{15e}{4}[(A^2 - B^2)\sin 2\omega - 2AB\cos 2\omega]$$

$$\frac{di^*}{dt} = \frac{n'^2\beta}{n\sqrt{1-e^2}\sin i}\{\frac{3}{4}(B\frac{\partial A}{\partial\Omega} + A\frac{\partial B}{\partial\Omega})(2 + 3e^2)$$

$$+ \frac{15e^2}{4}[(A\frac{\partial A}{\partial\Omega} - B\frac{\partial B}{\partial\Omega})\cos 2\omega + (A\frac{\partial A}{\partial\Omega} + B\frac{\partial B}{\partial\Omega})\sin 2\omega]\} - \frac{e}{1-e^2}\text{ctg}i\frac{de^*}{dt}$$

$$\frac{d\Omega^*}{dt} = \frac{n'^2\beta}{n\sqrt{1-e^2}\sin i}\frac{\partial B}{\partial i}[\frac{3}{4}B(2 + 3e^2) - \frac{15e^2}{4}(B\cos 2\omega - A\sin 2\omega)] \quad （4.236）$$

$$\frac{d\omega^*}{dt} = \frac{n'^2\beta\sqrt{1-e^2}}{n}\{\frac{3}{4}[3(A^2 + B^2) - 2] + \frac{15e^2}{4}[(A^2 - B^2)\cos 2\omega + 2AB\sin 2\omega]\}$$

$$- \cos i\frac{d\Omega^*}{dt}$$

$$\frac{dM^*}{dt} = -\frac{n'^2\beta}{4n}\{(7 + 3e^2)[3(A^2 + B^2) - 2] + 15(1 + e^2)[(A^2 - B^2)\cos 2\omega + 2AB\sin 2\omega]$$

其中，

$$\frac{\partial A}{\partial \Omega} = -\cos\delta\sin(\Omega - \alpha)$$

$$\frac{\partial B}{\partial \Omega} = -\cos\delta\cos i\cos(\Omega - \alpha) \qquad (4.237)$$

$$\frac{\partial B}{\partial i} = \cos\delta\sin i\sin(\Omega - \alpha) + \sin\delta\cos i$$

在计算时，上式中的根数均可用平根数；当然，日月摄动必须分开计算。如果需要，我们可以将 $\frac{d\sigma^*}{dt}$ 换算为日月根数和 ω, Ω 的函数，可以积出日月摄动的长期和长周期项的分析表达式。但是，公式太长这里不再给出。

（10）小结

在分析方法中，我们给出了 J_2, J_2^2, J_n 一阶长期项，一阶长周期项和二阶长期项的分析表达式，但是，对于大气阻力摄动，光压摄动和日月摄动，我们只给出了摄动的长期长周期项变率，这不仅是由于公式太长，主要是由于有了大气和光压，a^*, e^*, i^* 已不再是常数，不能用 $\frac{d\sigma^*}{dt}(t - t_0)$ 来计算 t 时的平根数，也就是说，严格意义上的分析方法已经没有了，t 时的平根数必须用 $\frac{d\sigma^*}{dt}$ 的方程积分得到。

也是因为这个原因，才出现了半分析方法，对于一阶理论而言，半分析方法与分析方法的差别是：我们不再考虑长周期项，而且根数的长期和长周期项的变率也用数值方法计算。值得指出的是：在分析方法中，大气密度的计算需要给出逼近表达式，这也十分麻烦，半分析方法可以使用较精确的大气模式。

4.4.2 半分析方法[7,19]

在半分析方法中，采用平根数 $\sigma^* = \sigma - \Delta\sigma_s^{(1)} - \Delta\sigma_s^{(2)}$ 作为根数系统，为了克服 $e = 0$ 的奇点，下面采用 $a, i, \Omega, \xi = e\sin\omega, \eta = e\cos\omega, \lambda = M + \omega$ 作为基本根数。为了简化坐标系附加摄动的算法，坐标系采用轨道坐标系。

（1）一阶理论

采用平根数 σ^* 作为基本根数系统，一阶理论需要计算准到二阶的平

根数变率 $\dfrac{\mathrm{d}\sigma^*}{\mathrm{d}t}$ 和一阶短周期项。考察 $F^{(2)}(\sigma^*)$ 的表达式：

$$F^{(2)}(\sigma^*) = \frac{\partial f^{(0)}}{\partial a}(\Delta a_s^{(2)}) + \frac{1}{2}\frac{\partial^2 f^{(0)}}{\partial a^2}(\Delta a_s^{(1)})^2$$
$$+ \sum_j \frac{\partial f^{(1)}}{\partial \sigma_j}(\Delta \sigma^{(1)}{}_{sj}) + f^{(2)}(\sigma^*) \tag{4.238}$$

其中，含 $\Delta a_s^{(2)}$ 的项是纯短周期项，对计算根数的长期变率没有贡献。因此，对于一阶理论来说，只要给出 $\Delta\sigma_s^{(1)}$ 的表达式就可计算。更简单的算法是：

$$\frac{\mathrm{d}\sigma^*}{\mathrm{d}t} = [f^{(0)}(\sigma^{(1)}) + f^{(1)}(\sigma^{(1)}) + f^{(2)}(\sigma^{(1)})]_{\text{常数、长周期项}} \tag{4.239}$$

在 4.1.2 节中，我们给出了带谐、大气、光压和日月摄动的 S,T,W 的表达式，将它们代入高斯方程，即得 $f^{(0)}(\sigma^{(1)}) + f^{(1)}(\sigma^{(1)}) + f^{(2)}(\sigma^{(1)})$，只要给定 t_0 时的平根数初值 σ_0^* 和一阶短周期项的表达式，上式就可积分，于是就可得到任意时刻的平根数。密切根数即为：

$$\sigma^{(1)} = \sigma^* + \Delta\sigma_s^{(1)} \tag{4.240}$$

下面给出平根数变率的算法和一阶短周期项的表达式。

1）平根数变率的算法

平根数变率 $\dfrac{\mathrm{d}\sigma^*}{\mathrm{d}t}$ 通过数值平均的方法求得，具体方法如下：

$$\frac{\mathrm{d}\sigma^*}{\mathrm{d}t} = [f^{(0)}(\sigma^{(1)}) + f^{(1)}(\sigma^{(1)}) + f^{(2)}(\sigma^{(1)})]_{\text{常数, 长周期项}}$$
$$= \frac{1}{2N+1}\sum_{j=0}^{2N}[f^{(0)}(\sigma_j^{(1)}) + f^{(1)}(\sigma_j^{(1)}) + f^{(2)}(\sigma_j^{(1)})] \tag{4.241}$$

其中，　　　　$\sigma_j^{(1)} = \sigma_j{}^* + \Delta\sigma_j^{(1)}$

$$\lambda_j{}^* = \frac{2\pi j}{2N+1}\ (j=0,1,\ldots,2N)$$

$\Delta\sigma_j^{(1)}$ 为由 λ_i^* 计算的短周期项，参见（4.243）

式中 N 可根据偏心率的大小选定：

$$N = \begin{cases} 18 & e \le 0.1 \\ 18 + \mathrm{int}[(e-0.1)\times 20] & e > 0.1 \end{cases}$$

2）一阶短周期摄动的表达式

根据 J_2 引起的短周期摄动函数：

$$R = \frac{\mu J_2}{4a^3}(2 - 3\sin^2 i)[(\frac{a}{r})^3 - (1 - e^2)^{3/2}]$$
$$+ \frac{3\mu J_2}{4a^3}(\frac{a}{r})^3 \sin^2 i \cos(2f + 2\omega) \tag{4.242}$$

对各根数的偏导数后，代入拉格朗日方程积分，即得一阶短周期项，其表达式如下：

$$\Delta a_s^{(1)} = \frac{J_2}{2a}\{(2 - 3\sin^2 i)[(\frac{a}{r})^3 - (1 - e^2)^{-3/2}] + 3\sin^2 i(\frac{a}{r})^3 \cos(2f + 2\omega)\}$$

$$\Delta i_s^{(1)} = \frac{3J_2 \sin 2i}{8p^2}[\cos(2f + 2\omega) + e\cos(f + 2\omega) + \frac{e}{3}\cos(3f + 2\omega)]$$

$$\Delta \Omega_s^{(1)} = -\frac{3J_2 \cos i}{2p^2}\{(f - M + e\sin f) - \frac{1}{2}[\sin(2f + 2\omega) + e\sin(f + 2\omega) + \frac{e}{3}\sin(3f + 2\omega)]\}$$

$$\Delta \xi_s^{(1)} = \frac{3J_2(2 - 3\sin^2 i)}{4a^2(1 - e^2)^2}[(1 + \frac{1}{2}e^2)\sin(f + \omega) + \eta(f - M) + \frac{e}{2}\sin(2f + \omega)$$

$$+ \frac{e^2}{12}\sin(3f + \omega) - \frac{e^2}{4}\sin(-f + \omega)] - \eta \cos i \Delta \Omega_s^{(1)}$$

$$+ \frac{3J_2 \sin^2 i}{4a^2(1 - e^2)^2}[\frac{e^2}{8}\sin(5f + 3\omega) + \frac{3e}{4}\sin(4f + 3\omega) + (\frac{7}{6} + \frac{7e^2}{12})\sin(3f + 3\omega)$$

$$- \frac{1}{8}e^2 \sin(3f + \omega) + 2e\sin(2f + 3\omega) - \frac{e}{2}\sin(2f + \omega) + \frac{9e^2}{8}\sin(f + 3\omega)$$

$$- (\frac{1}{2} + \frac{e^2}{4})\sin(f + \omega) - \frac{e^2}{8}\sin(-f + \omega)] \tag{4.243}$$

$$\Delta \eta_s^{(1)} = \frac{3J_2(2 - 3\sin^2 i)}{4a^2(1 - e^2)^2}[(1 + \frac{1}{2}e^2)\cos(f + \omega) - \xi(f - M) + \frac{e}{2}\cos(2f + \omega)$$

$$+ \frac{e^2}{12}\cos(3f + \omega) - \frac{e^2}{4}\cos(-f + \omega)] + \xi \cos i \Delta \Omega_s^{(1)}$$

$$+ \frac{3J_2 \sin^2 i}{4a^2(1 - e^2)^2}[\frac{e^2}{8}\cos(5f + 3\omega) + \frac{3e}{4}\cos(4f + 3\omega) + (\frac{7}{6} + \frac{7e^2}{12})\cos(3f + 3\omega)$$

$$+ \frac{1}{8}e^2 \cos(3f + \omega) + 2e\cos(2f + 3\omega) + \frac{e}{2}\cos(2f + \omega) + \frac{9e^2}{8}\cos(f + 3\omega)$$

$$+(\frac{1}{2}+\frac{e^2}{4})\cos(f+\omega)+\frac{e^2}{8}\cos(-f+\omega)]$$

$$\Delta\lambda_s^{(1)}=\frac{3J_2}{4a^2}(1-e^2)^{-3/2}\{(2-3\sin^2 i)(f-M+e\sin f)$$

$$+\frac{3}{2}\sin^2 i[\sin 2(f+\omega)+\frac{1}{3}e\sin(3f+2\omega)+e\sin(f+2\omega)]\}$$

$$+\frac{e}{1+\sqrt{1-e^2}}\Delta\omega-\cos i\Delta\Omega_s^{(1)}$$

其中，

$$\Delta\omega_s=\frac{3J_2(2-3\sin^2 i)}{4a^2(1-e^2)^2}[(1+\frac{3}{4}e^2)\sin f+e(f-M)+\frac{e}{2}\sin 2f$$

$$+\frac{1}{12}e^2\sin 3f]+\frac{3J_2\sin^2 i}{4a^2(1-e^2)^2}[-\frac{e^2}{8}\sin(-f+2\omega)$$

$$+(-\frac{1}{2}+\frac{7e^2}{8})\sin(f+2\omega)+\frac{3e}{2}\sin(2f+2\omega)$$

$$+(\frac{7}{6}+\frac{11e^2}{24})\sin(3f+2\omega)+\frac{3e}{4}\sin(4f+2\omega)+\frac{e^2}{8}\sin(5f+2\omega)]$$

$$(4.244)$$

要说明的是：我们没有沿用下式计算 $\Delta\xi_s^{(1)},\Delta\eta_s^{(1)}$：

$$\Delta\xi_s^{(1)}=\Delta e_s^{(1)}\sin\omega+\cos\omega(\Delta\omega-e\cos i\Delta\Omega_s^{(1)})$$

$$\Delta\eta_s^{(1)}=\Delta e_s^{(1)}\cos\omega-\sin\omega(\Delta\omega-e\cos i\Delta\Omega_s^{(1)})$$

$$(4.245)$$

其原因是，该式中需要计算 ω，计算 ω 还会出现小分母，实际上仍没有彻底克服 $e=0$ 的奇点。

应该说明：在短周期项的表达式中，以及在后面的摄动运动方程中，有 $e^k\sin(nu\pm kf),e^k\sin(n\tilde{u}\pm kE)$，必须展开后计算，如：

$$e\sin f=\eta\sin u-\xi\cos u,\quad e\sin E=\eta\sin\tilde{u}-\xi\cos\tilde{u} \quad (4.246)$$

其余类推。$u,\tilde{u}$ 的算法请参见 3.7.2 节。

（2）二阶理论

1）半分析方法二阶理论的基本原理[19]

人造卫星的二阶理论，必须考虑所有已知的摄动，除了一阶理论考虑的摄动外，我们还必须考虑潮汐摄动，坐标系附加摄动和田谐摄动。另外，二阶理论需要计算长期和长周期的变率准到三阶，必须计算一阶和二阶的短周期项。这时平根数变率的算法为：

$$\frac{\mathrm{d}\sigma^*}{\mathrm{d}t} = [f^{(0)}(\sigma^{(2)}) + f^{(1)}(\sigma^{(2)}) + f^{(2)}(\sigma^{(2)})]_{\text{常数，长周期项}} \qquad (4.247)$$

其中，$\sigma^{(2)} = \sigma^* + \Delta\sigma_s^{(1)} + \Delta\sigma_s^{(2)}$，$\Delta\sigma_s^{(1)}$ 仍用分析方法计算，$\Delta\sigma_s^{(2)}$ 将用数值方法计算。在下面的讨论中，我们的重点是：

—二阶短周期项的算法。

—在精密定轨和精密预报中，平根数微分方程的积分方法。

—坐标系附加摄动的详细表达式。

—田谐摄动的详细算法。

2）二阶短周期项的算法[19]

计算短周期摄动，要准到二阶，这时

$$F^{(1)}(\sigma^*) = \frac{\partial f^{(0)}}{\partial a}(\Delta a_s^{(1)}) + f^{(1)}(\sigma^*)$$

$$\begin{aligned}
F^{(2)}(\sigma^*) &= \frac{\partial f^{(0)}}{\partial a}(\Delta a_s^{(2)}) + \frac{1}{2}\frac{\partial^2 f^{(0)}}{\partial a^2}(\Delta a_s^{(1)})^2 \\
&\quad + \sum_j \frac{\partial f^{(1)}}{\partial \sigma_j}(\Delta\sigma^{(1)}_{sj}) + f^{(2)}(\sigma^*) \\
&= \frac{\partial f^{(0)}}{\partial a}(\Delta a_s^{(2)}) + \frac{1}{2}\frac{\partial^2 f^{(0)}}{\partial a^2}(\Delta a_s^{(1)})^2 \\
&\quad + f^{(1)}(\sigma^{(1)}) - f^{(1)}(\sigma^*) + f^{(2)}(\sigma^*)
\end{aligned} \qquad (4.248)$$

于是，短周期项的表达式为：

$$\Delta\sigma_s = \int\{F^{(1)}(\sigma^*)\}\mathrm{d}t + \int\{F^{(2)}(\sigma^*)\}\mathrm{d}t \qquad (4.249)$$

在准到二阶的情况下：

$$\int\{F^{(2)}(\sigma^*)\}\mathrm{d}t = \frac{1}{n^*}\int\{F^{(2)}(\sigma^*)\}\mathrm{d}M^* \qquad (4.250)$$

但是，因为 $F^{(1)}(\sigma^*)$ 中，不仅 M^* 是变量，而且 ω^* 也是变量，因此：

$$\int\{F^{(1)}(\sigma^*)\}\mathrm{d}t \neq \frac{1}{n^*}\int\{F^{(1)}(\sigma^*)\}\mathrm{d}M^* \qquad (4.251)$$

设 $\Delta\bar{\sigma}_s$ 满足方程：

$$\frac{\mathrm{d}\bar{\sigma}_s}{\mathrm{d}t} = \{F^{(1)}(\sigma^*)\}$$

则有：

$$\frac{\mathrm{d}\Delta\bar{\sigma}_s}{\mathrm{d}t} = \frac{\partial\Delta\bar{\sigma}_s}{\partial M^*}\frac{\mathrm{d}M^*}{\mathrm{d}t} + \frac{\partial\Delta\bar{\sigma}_s}{\partial\omega^*}\frac{\mathrm{d}\omega^*}{\mathrm{d}t} = \{F^{(1)}(\sigma^*)\} \qquad (4.252)$$

这是一个偏微分方程，它可用逐次近似方法来计算：

一阶近似：
$$\Delta\sigma_s^{(1)} = \frac{1}{n^* + \dot{M}_0}\int\{F^{(1)}(\sigma^*)\}\mathrm{d}M^* \qquad (4.253)$$

二阶近似：

$$\Delta\sigma_s^{(1)} = \frac{1}{n^* + \dot{M}_0}\int\{F^{(1)}(\sigma^*)\}\mathrm{d}M^* - \frac{\dot{\omega}}{n^*}\int\frac{\partial\Delta\sigma_s^{(1)}}{\partial\omega^*}\mathrm{d}M^* \qquad (4.254)$$

当然，上式中的第二项，在求出 $\dfrac{\partial\Delta\sigma_s^{(1)}}{\partial\omega^*}$ 后也可积分，得到分析表达式，

我们将第二项与 $\dfrac{1}{n^*}\int\{F^{(2)}(\sigma^*)\}\mathrm{d}M^*$ 一起处理，定义：

$$\Delta\sigma_s^{(1)} = \frac{1}{n^* + \dot{M}_0}\int\{F^{(1)}(\sigma^*)\}\mathrm{d}M^* \qquad (4.255)$$

$$\Delta\sigma_s^{(2)} = \frac{1}{n^*}\int\{F^{(2)}(\sigma^*) - \frac{\dot{\omega}}{n^*}\frac{\partial\Delta\sigma_s^{(1)}}{\partial\omega^*}\}\mathrm{d}M^* \qquad (4.256)$$

$\Delta\sigma_s^{(1)}$ 可以积出分析表达式，为了给出 $\Delta\sigma_s^{(2)}$ 的算法，还需要 $\dfrac{\partial\Delta\sigma_s^{(1)}}{\partial\omega^*}$ 表达式，

下面给出 $\Delta\sigma_s^{(1)}$ 和 $\dfrac{\partial\Delta\sigma_s^{(1)}}{\partial\omega^*}$ 的表达式：

在准到二阶时，一阶短周期项 $\Delta\sigma_s^{(1)}$ 的表达式如下：

$$\Delta a_s^{(1)} = \frac{J_2}{2aG}\{(2 - 3\sin^2 i)[(\frac{a}{r})^3 - (1 - e^2)^{-3/2}] + 3\sin^2 i(\frac{a}{r})^3\cos(2f + 2\omega)\}$$

$$\qquad - \frac{3J_2\dot{\omega}}{2na\sqrt{1 - e^2}}\sin^2 i\,[\cos(2f + 2\omega) + e\cos(f + 2\omega) + \frac{e}{3}\cos(3f + 2\omega)]$$

$$\Delta i_s^{(1)} = \frac{3J_2\sin 2i}{8p^2 G}[\cos(2f + 2\omega) + e\cos(f + 2\omega) + \frac{e}{3}\cos(3f + 2\omega)]$$

$$\Delta\Omega_s^{(1)} = -\frac{3J_2\cos i}{2p^2 G}\{(f - M + e\sin f)$$

$$\qquad - \frac{1}{2}[\sin(2f + 2\omega) + e\sin(f + 2\omega) + \frac{e}{3}\sin(3f + 2\omega)]\}$$

$$\Delta\zeta_s^{(1)} = \frac{3J_2(2-3\sin^2 i)}{4a^2(1-e^2)^2 G}[(1+\frac{1}{2}e^2)\sin(f+\omega)+\eta(f-M)+\frac{e}{2}\sin(2f+\omega)$$

$$+\frac{e^2}{12}\sin(3f+\omega)-\frac{e^2}{4}\sin(-f+\omega)]-\eta\cos i\Delta\Omega_s^{(1)}$$

$$+\frac{3J_2\sin^2 i}{4a^2(1-e^2)^2}[\frac{e^2}{8}\sin(5f+3\omega)+\frac{3e}{4}\sin(4f+3\omega) \qquad (4.257)$$

$$+(\frac{7}{6}+\frac{7e^2}{12})\sin(3f+3\omega)-\frac{1}{8}e^2\sin(3f+\omega)+2e\sin(2f+3\omega)$$

$$-\frac{e}{2}\sin(2f+\omega)+\frac{9e^2}{8}\sin(f+3\omega)-(\frac{1}{2}+\frac{e^2}{4})\sin(f+\omega)$$

$$-\frac{e^2}{8}\sin(-f+\omega)]-\frac{e}{2}\sin(2f+\omega)+\frac{9e^2}{8}\sin(f+3\omega)$$

$$-(\frac{1}{2}+\frac{e^2}{4})\sin(f+\omega)-\frac{e^2}{8}\sin(-f+\omega)]$$

$$\Delta\eta_s^{(1)} = \frac{3J_2(2-3\sin^2 i)}{4a^2(1-e^2)^2 G}[(1+\frac{1}{2}e^2)\cos(f+\omega)-\xi(f-M)+\frac{e}{2}\cos(2f+\omega)$$

$$+\frac{e^2}{12}\cos(3f+\omega)-\frac{e^2}{4}\cos(-f+\omega)]+\xi\cos i\Delta\Omega_s^{(1)}$$

$$+\frac{3J_2\sin^2 i}{4a^2(1-e^2)^2 G}[\frac{e^2}{8}\cos(5f+3\omega)+\frac{3e}{4}\cos(4f+3\omega)$$

$$+(\frac{7}{6}+\frac{7e^2}{12})\cos(3f+3\omega)+\frac{1}{8}e^2\cos(3f+\omega)+2e\cos(2f+3\omega)$$

$$+\frac{e}{2}\cos(2f+\omega)+\frac{9e^2}{8}\cos(f+3\omega)$$

$$+(\frac{1}{2}+\frac{e^2}{4})\cos(f+\omega)+\frac{e^2}{8}\cos(-f+\omega)]$$

$$\Delta\lambda_s^{(1)} = \frac{3J_2}{4a^2}(1-e^2)^{-3/2}\{(2-3\sin^2 i)(f-M+e\sin f)$$

$$+\frac{3}{2}\sin^2 i[\sin 2(f+\omega)+\frac{1}{3}e\sin(3f+2\omega)+e\sin(f+2\omega)]\}$$

$$+\frac{e}{1+\sqrt{1-e^2}}\Delta\omega-\cos i\Delta\Omega_s^{(1)}$$

其中，$\Delta\omega$ 的表达式同（4.244）式。

$$G = 1 + \frac{\dot{M}_0}{n^*}, \quad \dot{M}_0 = \frac{3J_2 n}{4p^2}(2 - 3\sin^2 i)\sqrt{1 - e^2}, \quad \dot{\omega} = \frac{3J_2 n}{4p^2}(4 - 5\sin^2 i)$$

其平均值为：

$$[\Delta a_s^{(1)}] = \frac{J_2 \dot{\omega} D e^2}{2na\sqrt{1 - e^2}}\sin^2 i \cos 2\omega$$

$$[\Delta i_s^{(1)}] = -\frac{J_2 e^2}{8p^2 G}\sin 2i D \cos 2\omega$$

$$[\Delta\Omega_s^{(1)}] = -\frac{J_2 e^2}{4p^2 G}\cos i D \sin 2\omega \tag{4.258}$$

$$[\Delta\xi_s^{(1)}] = \frac{3J_2(2 - 3\sin^2 i)e}{4a^2(1 - e^2)^2 G}[-1 + \frac{1}{6}De^2]\sin\omega - \eta\cos i[\Delta\Omega_s^{(1)}]$$

$$+ \frac{3J_2\sin^2 i e^3}{4a^2(1 - e^2)^2 G}[E(\frac{1}{12} - \frac{7e^2}{12}) + 2D - \frac{7}{4}]\sin 3\omega + \frac{3J_2\sin^2 i e}{8a^2(1 - e^2)^2 G}\sin\omega$$

$$[\Delta\eta_s^{(1)}] = \frac{3J_2(2 - 3\sin^2 i)e}{4a^2(1 - e^2)^2 G}[-1 + \frac{1}{6}De^e]\cos\omega + \xi\cos i[\Delta\Omega_s^{(1)}]$$

$$+ \frac{3J_2\sin^2 i e^3}{4a^2(1 - e^2)^2 G}[E(\frac{1}{12} - \frac{7e^2}{12}) + 2D - \frac{7}{4}]\cos 3\omega - \frac{3J_2\sin^2 i e}{8a^2(1 - e^2)^2 G}\cos\omega$$

$$[\Delta\lambda_s^{(1)}] = -\cos i[\Delta\Omega_s^{(1)}] + \frac{e}{1 + \sqrt{1 - e^2}}[\Delta\omega]$$

其中，

$$[\Delta\omega_s] = \frac{3J_2 e}{4p^2 G}\sin^2 i\,[\frac{3}{4} + (1 - e^2)D]\,\sin 2\omega$$

$$D = \frac{[\cos 2f]}{e^2} = \frac{1 + 2\sqrt{1 - e^2}}{(1 + \sqrt{1 - e^2})^2}, E = \frac{1 + 3\sqrt{1 - e^2}}{(1 + \sqrt{1 - e^2})^3} \tag{4.259}$$

由于在积分 $\Delta a_s^{(1)}$ 时，已准到二阶，在积分 $\Delta\lambda_s^{(1)}$ 时，$\dfrac{6}{na^2}\int R dt - \dfrac{3}{a^2}\iint\dfrac{\partial R}{\partial M}dt dt$，

项也已准到二阶，因此在下面给出的 $\dfrac{\partial\Delta\sigma_s^{(1)}}{\partial\omega^*}$ 的表达式中，不再包括

这些项：

$$\frac{\partial \Delta i_s^{(1)}}{\partial \omega} = -\frac{3J_2}{4p^2}\sin 2i[\sin(2f+2\omega)+e\sin(f+2\omega)+\frac{e}{3}\sin(3f+2\omega)]$$

$$\frac{\partial \Delta \Omega_s^{(1)}}{\partial \omega} = \frac{3J_2}{2p^2}\cos i[\cos(2f+2\omega)+e\cos(f+2\omega)+\frac{e}{3}\cos(3f+2\omega)]$$

$$\frac{\partial \Delta \zeta_s^{(1)}}{\partial \omega} = \frac{3J_2(2-3\sin^2 i)}{4a^2(1-e^2)^2}[(1+\frac{1}{2}e^2)\cos(f+\omega)-\xi(f-M)+\frac{e}{2}\cos(2f+\omega)$$

$$+\frac{e^2}{12}\cos(3f+\omega)-\frac{e^2}{4}\cos(-f+\omega)]+\xi\cos i\Delta\Omega_s^{(1)}-\eta\cos i\frac{\partial \Delta\Omega_s^{(1)}}{\partial \omega}$$

$$+\frac{3J_2\sin^2 i}{4a^2(1-e^2)^2}[(\frac{7}{2}+\frac{7e^2}{4})\cos(3f+3\omega)+\frac{9e}{4}\cos(4f+3\omega)+6e\cos(2f+3\omega)$$

$$+\frac{3e^2}{8}\cos(5f+3\omega)+\frac{27e^2}{8}\cos(f+3\omega)+\frac{e}{2}\cos(2f+\omega)(\frac{1}{2}+\frac{e^2}{4})\cos(f+\omega)$$

$$+\frac{1}{8}e^2\cos(3f+\omega)+\frac{e^2}{8}\cos(-f+\omega)] \tag{4.260}$$

$$\frac{\partial \Delta \eta_s^{(1)}}{\partial \omega} = -\frac{3J_2(2-3\sin^2 i)}{4a^2(1-e^2)^2}[(1+\frac{1}{2}e^2)\sin(f+\omega)+\eta(f-M)+\frac{e}{2}\sin(2f+\omega)$$

$$+\frac{e^2}{12}\sin(3f+\omega)-\frac{e^2}{4}\sin(-f+\omega)]+\eta\cos i\Delta\Omega_s^{(1)}+\xi\cos i\frac{\partial \Delta\Omega_s^{(1)}}{\partial \omega}$$

$$-\frac{3J_2\sin^2 i}{4a^2(1-e^2)^2}[(\frac{7}{2}+\frac{7e^2}{4})\sin(3f+3\omega)+\frac{9e}{4}\sin(4f+3\omega)+6e\sin(2f+3\omega)$$

$$+\frac{3e^2}{8}\sin(5f+3\omega)+\frac{27e^2}{8}\sin(f+3\omega)+\frac{e}{2}\sin(2f+\omega)$$

$$+(\frac{1}{2}+\frac{e^2}{4})\sin(f+\omega)+\frac{1}{8}e^2\sin(3f+\omega)+\frac{e^2}{8}\sin(-f+\omega)]$$

$$\frac{\partial \Delta \lambda_s^{(1)}}{\partial \omega} = -\cos i\frac{\partial \Delta\Omega_s^{(1)}}{\partial \omega}+\frac{e}{1+\sqrt{1-e^2}}\frac{\partial \Delta\omega_s}{\partial \omega}$$

其中,

$$\frac{\partial \Delta \omega_s}{\partial \omega} = \frac{3J_2}{2p^2}\sin^2 i[-\frac{1}{8}e^2\cos(-f+2\omega)+(-\frac{1}{2}+\frac{7}{8}e^2)\cos(f+2\omega)$$

$$+\frac{3}{2}e\cos(2f+2\omega)+(\frac{7}{6}+\frac{11}{24}e^2)\cos(3f+2\omega) \tag{4.261}$$

$$+\frac{3}{4}e\cos(4f+2\omega)+\frac{1}{8}e^2\cos(5f+2\omega)]$$

说明：在计算 $\dfrac{\partial \Delta\sigma_s^{(1)}}{\partial \omega}$ 时，由于 $\dfrac{\partial[\Delta\sigma_s^{(1)}]}{\partial \omega}$ 对二阶短周期项没有贡献，因此，

也没有包括这些项。为了计算二阶短周期项，我们定义：

$$P^{(2)}(\sigma^*) = \begin{cases} F^{(2)}(\sigma^*) & \text{对} a \\ F^{(2)}(\sigma^*) - \dot{\omega}^* \dfrac{\partial \Delta\sigma_S^{(1)}}{\partial \omega^*} & \text{对} i, \Omega, \xi, \eta \\ F^{(2)}(\sigma^*) - \dot{\omega}^* \dfrac{\partial \Delta\sigma_S^{(1)}}{\partial \omega^*} - \dfrac{\partial f^{(0)}}{\partial a} \Delta a_S^{(2)} & \text{对} \lambda \end{cases} \quad (4.262)$$

有了 σ^*，$P^{(2)}(\sigma^*)$ 就可计算，而且 $P^{(2)}(\sigma^*)$ 是 λ^* 的周期函数，可对它进行 Fourier 分析：

$$P^{(2)}(\sigma^*) = \frac{1}{2} A_0 + \sum_{j=1}^{N}(A_j \cos j\lambda^* + B_j \sin j\lambda^*) \quad (4.263)$$

其中，A_j, B_j 为 Frourier 系数，可按下式计算：

$$\begin{cases} A_j = \dfrac{2}{2N+1} \sum_{k=0}^{2N} P^{(2)}(\sigma^*, \lambda_k^*) \cos\left(\dfrac{2\pi kj}{2N+1}\right) \\ B_j = \dfrac{2}{2N+1} \sum_{k=0}^{2N} P^{(2)}(\sigma^*, \lambda_k^*) \sin\left(\dfrac{2\pi kj}{2N+1}\right) \quad (j=0,1,2\cdots\cdots N) \end{cases} \quad (4.264)$$

其中，

$$\lambda_k^* = \frac{2k\pi}{2N+1}$$

显然，

$$\{P^{(2)}(\sigma^*)\}_{\text{短周期项}} = \sum_{j=1}^{N}(A_j \cos j\lambda^* + B_j \sin j\lambda^*) \quad (4.265)$$

于是：

$$\Delta\sigma_s^{(2)} = \frac{1}{n^*} \sum_{j=1}^{N} \frac{1}{j}(A_j \sin j\lambda^* - B_j \cos j\lambda^*) \quad (4.266)$$

这就是 a, i, Ω, ξ, η 五个根数的二阶短周期项的计算公式，对于 λ，还有一项：

$$\Delta\lambda_{s,2}^{(2)} = \int \frac{\partial f^{(0)}}{\partial a} \Delta a_s^{(2)} \mathrm{d}t = \frac{1}{n^*} \int \frac{\partial f^{(0)}}{\partial a} \Delta a_s^{(2)} \mathrm{d}\lambda^* \quad (4.267)$$

而

$$\Delta a_s^{(2)} = \frac{1}{n^*} \sum_{j=1}^{N} \frac{1}{j}(A_{aj} \sin j\lambda^* - B_{aj} \cos j\lambda^*) \quad (4.268)$$

将两项合并，有：

$$\Delta\lambda_s^{(2)} = \frac{1}{n^*} \sum_{j=1}^{N} \frac{1}{j}\left[\left(A_{\lambda j} + \frac{3}{2}\frac{B_{aj}}{ja^*}\right)\sin j\lambda^* - \left(B_{\lambda j} - \frac{3}{2}\frac{A_{aj}}{ja^*}\right)\cos j\lambda^*\right] \quad (4.269)$$

有了二阶短周期项的表达式，只要适当选取 N，二阶短周期项的计算问题

就已解决。要说明的是，Fourier 系数 A_j, B_j 并不需要重复计算，对于一个测轨弧段来说，只要计算 2 次，其余时间的系数可以通过内插计算。

3）在精密定轨和精密预报中，平根数微分方程的积分方法[20]

微分方程的数值积分，有多种方法，但是，二阶摄动理论的主要应用是精密定轨和精密预报，在精密定轨和精密预报中，我们并不需要积分多少步，但在一个测轨弧段中，需要密集计算许多时刻的平根数 σ^*，考虑到这一特点，我们推荐使用 Чебышев 迭代法来积分平根数的摄动运动方程，Чебышев 迭代法请参见 10.5.3 节。

4）坐标系附加摄动的详细表达式

对于轨道坐标系，如果采用 $a, i, \Omega, \xi = e\sin\omega, \eta = e\cos\omega, \lambda = M + \omega$ 为基本根数，则坐标系附加摄动为：

$$f_a^{(2)}(\sigma^*) = 0$$

$$f_i^{(2)}(\sigma^*) = -\frac{d(\theta\cos\alpha)}{dt}\cos\Omega - \frac{d(\theta\sin\alpha)}{dt}\sin\Omega$$

$$f_\Omega^{(2)}(\sigma^*) = -\mathrm{ctg}i[\frac{d(\theta\sin\alpha)}{dt}\cos\Omega - \frac{d(\theta\cos\alpha)}{dt}\sin\Omega] \qquad (4.270)$$

$$-\frac{1}{2}[\frac{d(\theta\sin\alpha)}{dt}\theta\cos\alpha - \frac{d(\theta\cos\alpha)}{dt}\theta\sin\alpha]$$

$$f_\xi^{(2)}(\sigma^*) = \eta\frac{\partial\omega}{\partial t}, \quad f_\eta^{(2)}(\sigma^*) = -\xi\frac{\partial\omega}{\partial t}, \quad f_\lambda^{(2)}(\sigma^*) = \frac{\partial\omega}{\partial t}$$

其中，

$$\sin\theta\sin\alpha = \sin\varepsilon_1\sin\psi$$

$$\sin\theta\cos\alpha = \sin\varepsilon_0\cos\varepsilon_1 - \cos\varepsilon_0\sin\varepsilon_1\cos\psi$$

$$\frac{d(\theta\cos\alpha)}{dt} = -(\sin\varepsilon_0\sin\varepsilon_1 + \cos\varepsilon_0\cos\varepsilon_1\cos\psi)\frac{d\varepsilon_1}{dt}$$

$$+\sin\varepsilon_1\cos\varepsilon_0\sin\psi\frac{d\psi}{dt}$$

$$\frac{d(\theta\sin\alpha)}{dt} = \cos\varepsilon_1\sin\psi\frac{d\varepsilon_1}{dt} + \sin\varepsilon_1\cos\psi\frac{d\psi}{dt}$$

其中，$\frac{\partial i}{\partial t}, \frac{\partial\Omega}{\partial t}, \frac{\partial\omega}{\partial t}$ 的表达式为（4.34）式，比对图 4.1 和 2.1 可知，式中各量为：ε_0 为 J2000.0 的平黄赤交角；ψ, ε_1 即为 $\psi = \psi_A + \Delta\psi$，$\varepsilon_1 = \omega_A + \Delta\varepsilon$，这里，$\psi_A, \omega_A$ 为岁差量，计算公式为（2.25）式，ω_A, ψ_A 可近似为：$\varepsilon_0 = 84381''.406$ 和 $\psi_A = 5038''.481507T/36525$，$\Delta\psi, \Delta\varepsilon$ 为黄经

章动和交角章动，可按 IAU2000 章动模型进行截断（表 2.4）计算，因此：

$$\psi = \sum_{i=1}^{13} \psi_i \sin(\alpha_i) + \psi_A \tag{4.271}$$

$$\varepsilon_1 - \varepsilon_0 = \sum_{i=1}^{13} \varepsilon_i \cos(\alpha_i)$$

$$\alpha_i = \sum_{j=1}^{5} A_{ij} L_j, \quad \dot{\alpha}_i = \sum_{j=1}^{5} A_{ij} \dot{L}_j,$$

$$\frac{\mathrm{d}\psi}{\mathrm{d}t} = \sum_{i=1}^{13} \psi_i \dot{\alpha}_i \cos\alpha_i + 0.66878 \times 10^{-6} \tag{4.272}$$

$$\frac{\mathrm{d}\varepsilon_1}{\mathrm{d}t} = -\sum_{i=1}^{13} \varepsilon_i \dot{\alpha}_i \sin\alpha_i$$

L_j 分别表示 L, L', F, D, Ω_M 五个章动幅角，可用下式计算：

$$L = 2.355548394 + 0.228027144T$$
$$L' = 6.240035941 + 0.017201970T$$
$$F = 1.627901934 + 0.230895720T \tag{4.273}$$
$$D = 5.198469515 + 0.212768710T$$
$$\Omega_M = 2.182438625 - 0.000924217548T$$

式中，$T = MJD - 51544.5, MJD$ 为计算时刻的约简儒略日，L_j 为 L, L', F, D, Ω_M 表达式中 T 前的系数。

求和号中 13 个 $\psi_i, \varepsilon_i, A_{ij}$，请参见表 2.4。

5）田谐摄动的详细算法

田谐摄动是所有摄动中项数最多的摄动，在分析方法和半分析方法中，均用分析公式计算田谐摄动。

①摄动函数的表达

对于无 $e = 0$ 奇点根数（$a, i, \Omega, \xi = e\sin\omega, e\cos\omega, \lambda = M + \omega$），摄动运动方程为（3.78）式，田谐摄动函数为（4.72）式。

②田谐摄动的计算公式

利用（4.72）式的摄动函数和（4.75）~（4.81）的偏导数，代入摄动运动方程（3.78），并考虑了 J_2 长期项和 J_{lm} 的交叉项，即可得到田谐摄动的计算公式：

$$\Delta\sigma_{\boxplus} = \sum_{lmpq}\Delta\sigma_{lmpq}$$

$$\Delta\sigma_{lmpq} = (\Delta\sigma_c + \delta\sigma_c)\cos(\psi_1 + \lambda_{lm}) \qquad (4.274)$$
$$+ (\Delta\sigma_s + \delta\sigma_s)\sin(\psi_1 + \lambda_{lm})$$

其中,

$$\psi_1 = (l - 2p + q)\lambda + m(\Omega - \theta)$$

$$\Delta a_c = 2n\Phi^{-1}(l - 2p + q)J_{lm}(\frac{1}{a})^{l-1}D_{lmp}(I)K_{lpq}(e)C_q(\xi,\eta)$$

$$\Delta a_s = 2n\Phi^{-1}(l - 2p + q)J_{lm}(\frac{1}{a})^{l-1}D_{lmp}(I)K_{lpq}(e)S_q(\xi,\eta)$$

$$\Delta i_c = \frac{\cos i}{2a\sqrt{1-e^2}\sin i}\Delta a_c - \frac{n\Phi^{-1}J_{lm}}{\sqrt{1-e^2}\sin i}(\frac{1}{a})^l D_{lmp}(I)K_{lpq}(e)(m + q\cos i)C_q(\xi,\eta)$$

$$\Delta i_s = \frac{\cos i}{2a\sqrt{1-e^2}\sin i}\Delta a_s - \frac{n\Phi^{-1}J_{lm}}{\sqrt{1-e^2}\sin i}(\frac{1}{a})^l D_{lmp}(I)K_{lpq}(e)(m + q\cos i)S_q(\xi,\eta)$$

$$\Delta\Omega_c = -\frac{n\Phi^{-1}J_{lm}}{\sqrt{1-e^2}\sin i}(\frac{1}{a})^l D'_{lmp}(I)K_{lpq}(e)S_q(\xi,\eta)$$

$$\Delta\Omega_s = \frac{n\Phi^{-1}J_{lm}}{\sqrt{1-e^2}\sin i}(\frac{1}{a})^l D'_{lmp}(I)K_{lpq}(e)C_q(\xi,\eta) \qquad (4.275)$$

$$\Delta\xi_c = -\frac{\xi}{2a}\frac{\sqrt{1-e^2}}{1+\sqrt{1-e^2}}\Delta a_c - n\Phi^{-1}\sqrt{1-e^2}J_{lm}(\frac{1}{a})^l D_{lmp}(I)S'_\eta - \eta\cos i\Delta\Omega_c$$

$$\Delta\xi_s = -\frac{\xi}{2a}\frac{\sqrt{1-e^2}}{1+\sqrt{1-e^2}}\Delta a_s + n\Phi^{-1}\sqrt{1-e^2}J_{lm}(\frac{1}{a})^l D_{lmp}(I)C'_\eta - \eta\cos i\Delta\Omega_s$$

$$\Delta\eta_c = -\frac{\eta}{2a}\frac{\sqrt{1-e^2}}{1+\sqrt{1-e^2}}\Delta a_c + n\Phi^{-1}\sqrt{1-e^2}J_{lm}(\frac{1}{a})^l D_{lmp}(I)S'_\xi + \xi\cos i\Delta\Omega_c$$

$$\Delta\eta_s = -\frac{\eta}{2a}\frac{\sqrt{1-e^2}}{1+\sqrt{1-e^2}}\Delta a_s - n\Phi^{-1}\sqrt{1-e^2}J_{lm}(\frac{1}{a})^l D_{lmp}(I)C'_\xi + \xi\cos i\Delta\Omega_s$$

$$\Delta\lambda_c = -2(l+1)n\Phi^{-1}J_{lm}(\frac{1}{a})^l D_{lmp}(I)K_{lpq}(e)S_q(\xi,\eta)$$

$$-\frac{nJ_{lm}\Phi^{-1}\sqrt{1-e^2}}{(1+\sqrt{1-e^2})}(\frac{1}{a})^l D_{lmp}(I)[|q|K_{lpq}(e) + 2e^2\frac{dK_{lpq}}{de^2}]S_q(\xi,\eta) - \cos i\Delta\Omega_c + \Delta\lambda_{1c}$$

$$\Delta\lambda_s = 2(l+1)n\Phi^{-1}J_{lm}(\frac{1}{a})^l D_{lmp}(I)K_{lpq}(e)C_q(\xi,\eta)$$

$$+\frac{nJ_{lm}\Phi^{-1}\sqrt{1-e^2}}{(1+\sqrt{1-e^2})}(\frac{1}{a})^l D_{lmp}(I)[|q|K_{lpq}(e)+2e^2\frac{dK_{lpq}}{de^2}]C_q(\xi,\eta)-\cos i\Delta\Omega_s+\Delta\lambda_{1s}$$

其中，$\Phi=(l-2p+q)\lambda+m(\dot\Omega-\dot\theta)$，$S'_{q\xi}(\xi,\eta)$，$S'_{q\eta}(\xi,\eta)$，$C_{q\xi}(\xi,\eta)$，$C'_{q\eta}(\xi,\eta)$，

$\frac{1}{e}K'_{lpq}$，$C'_\xi,S'_\xi,C'_\eta,S'_\eta$ 的计算公式请参见（4.76）（4.77）式。这里，θ 为格林尼治恒星时，$\dot\theta$ 为地球自转速度，$\Delta\lambda_1$ 为 Δn 引起的变化，即：

$$\Delta\lambda_{1c}=\frac{3n}{2a}\Delta a_s\Phi^{-1}, \quad \Delta\lambda_{1s}=-\frac{3n}{2a}\Delta a_c\Phi^{-1} \tag{4.276}$$

$\delta\Omega,\delta\omega,\delta\lambda$ 是由 J_2 长期项和田谐摄动的交叉项，其表达式如下：

$$\delta\Omega_s=\dot\Omega(-\frac{7\Delta a_c}{2a}+\frac{4e\Delta e_c}{1-e^2}-\text{tg}i\Delta i_c)\Phi^{-1}$$

$$\delta\Omega_c=-\dot\Omega(-\frac{7\Delta a_s}{2a}+\frac{4e\Delta e_s}{1-e^2}-\text{tg}i\Delta i_s)\Phi^{-1}$$

$$\delta\xi_c=\eta\Delta\omega_c, \quad \delta\xi_s=\eta\Delta\omega_s$$

$$\delta\eta_c=-\xi\Delta\omega_c, \quad \delta\eta_s=-\xi\Delta\omega_s$$

$$\delta\lambda_s=\dot\lambda(-\frac{7\Delta a_c}{2a}+\frac{e\Delta e_c}{1-e^2}\frac{3(2-3\sin^2 i)\sqrt{1-e^2}+4(4-5\sin^2 i)}{(2-3\sin^2 i)\sqrt{1-e^2}+(4-5\sin^2 i)}$$

$$+\frac{(-3\sqrt{1-e^2}-5)\sin 2i}{(2-3\sin^2 i)\sqrt{1-e^2}+(4-5\sin^2 i)}\Delta i_c)\Phi^{-1} \tag{4.277}$$

$$\delta\lambda_c=-\dot\lambda(-\frac{7\Delta a_s}{2a}+\frac{e\Delta e_s}{1-e^2}\frac{3(2-3\sin^2 i)\sqrt{1-e^2}+4(4-5\sin^2 i)}{(2-3\sin^2 i)\sqrt{1-e^2}+(4-5\sin^2 i)}$$

$$+\frac{(-3\sqrt{1-e^2}-5)\sin 2i}{(2-3\sin^2 i)\sqrt{1-e^2}+(4-5\sin^2 i)}\Delta i_s)\Phi^{-1}$$

$$\delta\omega_s=\dot\omega(-\frac{7\Delta a_c}{2a}+\frac{4e\Delta e_c}{1-e^2}-\frac{5\sin 2i}{4-5\sin^2 i}\Delta i_c)\Phi^{-1}$$

$$\delta\omega_c=-\dot\omega(-\frac{7\Delta a_s}{2a}+\frac{4e\Delta e_s}{1-e^2}-\frac{5\sin 2i}{4-5\sin^2 i}\Delta i_s)\Phi^{-1}$$

其中，

$$\dot\Omega=-\frac{3J_2 n}{2p^2}\cos i, \quad \dot\omega=\frac{3J_2 n}{4p^2}(4-5\sin^2 i),$$

$$\dot{\lambda} = \frac{3J_2 n}{4p^2}[(2-3\sin^2 i)\sqrt{1-e^2} + 4 - 5\sin^2 i] \qquad (4.278)$$

$$e\Delta e_c = \xi\Delta\xi_c + \eta\Delta\eta_c, e\Delta e_s = \xi\Delta\xi_s + \eta\Delta\eta_s$$

③倾角函数的计算

要计算田谐摄动，必须计算正规化倾角函数及其变率 $D_{lmp}(I), D'_{lmp}(I)$，

它们可以用递推关系计算：定义 $s = \sin(\frac{I}{2}), c = \cos(\frac{I}{2})$，利用：

$$D_{2,2,2}(I) = \frac{\sqrt{15}}{2}S^4 \qquad (4.279)$$

和递推关系： $\quad D_{lll}(I) = \sqrt{\frac{2l+1}{2l}}s^2 D_{l-1,l-1,l-1}(I) \qquad (4.280)$

就可推出所有的 $D_{lll}(I)$ 来，有了 $D_{lll}(I)$，对于给定的 l，先利用

$$D_{l,l,p-1}(I) = \frac{pc^2}{(l-p+1)s^2}D_{llp}(I) \qquad (4.281)$$

再利用

$$D'_{lmp}(I) = \frac{m+2p-l-2ms^2}{2sc}D_{lmp}(I) - \sqrt{(l-m)(l+m+1)}D_{l,m+1,p}(I)$$

$$D_{l,m-1,p}(I) = \frac{1}{\sqrt{(l+m)(l-m+1)}}[D'_{lmp}(I) + \frac{m+2p-l-2ms^2}{2sc}D_{lmp}(I)]$$

$$(4.282)$$

即可推出所有 $D_{lmp}(I), D'_{lmp}(I)$ 来。

④Hansen 系数的计算

摄动表达式中的 $K_{lpq}(e), \frac{dK_{lpq}(e)}{de^2}$ 可以利用 Hansen-Mclain 方法计算。

（参见 4.3.1 节），也可利用（4.126）、（4.129）式递推计算，只是递推初值，需要给定 $l=N, l=N-1$ 的所有 Hansen 系数。

⑤田谐摄动的计算流程

分析田谐摄动的表达式，对于任意给定的时间 t，就可自然得到一个两维表，以 m 为列，$l-2p+q$ 为行，每张表的大小约为 $m[2(\max l + q)+1]\times 12$。可以看出：$\Delta\sigma_c, \Delta\sigma_s$ 是 a, i, ξ, η 的函数，在一个测轨弧段中，可以认为呈线性变化，于是，对一个测轨弧段，我们可以现造 2 张表，设测轨弧段为 $[t_0-h, t_0+h]$，则两张表的时间可选为：

$$t_1 = t_0 - \frac{\sqrt{2}}{2}h, \quad t_2 = t_0 - \frac{\sqrt{2}}{2}h \tag{4.283}$$

任意时刻的 $\Delta\sigma_c, \Delta\sigma_s$，可以用 t_1 和 t_2 时刻的 $\Delta\sigma_c, \Delta\sigma_s$ 内插得到。

4.4.3 数值方法

（1）密切根数积分方法

数值方法可以对轨道密切根数的方程积分，如果采用采用 $a, i, \Omega, \xi = e\sin\omega, \eta = e\cos\omega, \lambda = M + \omega$ 作为基本根数，如果采用轨道坐标系作为基本坐标系统，积分的方程即为：

$$\frac{da}{dt} = \frac{2}{n\sqrt{1-e^2}}[Se\sin f + \frac{p}{r}T]$$

$$\frac{di}{dt} = \frac{r\cos u}{na^2\sqrt{1-e^2}}W + \frac{\partial i}{\partial t}$$

$$\frac{d\Omega}{dt} = \frac{r\sin u}{na^2\sqrt{1-e^2}\sin i}W + \frac{\partial\Omega}{\partial t} \tag{4.284}$$

$$\frac{d\xi}{dt} = -\eta\cos i\frac{d\Omega}{dt} + \eta\frac{\partial\omega}{\partial t} + \frac{\sqrt{1-e^2}}{na}[-S\cos u + T(\sin u + \sin\tilde{u}) + \frac{e\eta\sin E}{\sqrt{1-e^2}(1+\sqrt{1-e^2})}]$$

$$\frac{d\eta}{dt} = \xi\cos i\frac{d\Omega}{dt} - \xi\frac{\partial\omega}{\partial t} + \frac{\sqrt{1-e^2}}{na}[S\sin u + T(\cos u + \cos\tilde{u}) - \frac{e\xi\sin E}{\sqrt{1-e^2}(1+\sqrt{1-e^2})}]$$

$$\frac{d\lambda}{dt} = n - \cos i\frac{d\Omega}{dt} + \frac{\partial\omega}{\partial t} - \frac{2r}{na^2}S + \frac{e\sqrt{1-e^2}}{na(1+\sqrt{1-e^2})}[-S\cos f - T\sin f(1+\frac{r}{p})]$$

其中，$u = f + \omega; \tilde{u} = E + \omega; p = a(1-e^2); r = a(1-e\cos E); n = \sqrt{\frac{\mu}{a^3}}$;

S, T, W 为各种摄动力的总和，即将带谐摄动的 S, T, W，田谐摄动的 S, T, W，大气阻力摄动的 S, T, W，太阳光压摄动的 S, T, W，日月摄动的 S, T, W，潮汐摄动的 S, T, W 加起来的总和。

如果在轨道坐标系中积分，需计算坐标系附加摄动 $\frac{\partial i}{\partial t}, \frac{\partial\Omega}{\partial t}, \frac{\partial\omega}{\partial t}$。

如果在 J2000.0 天球坐标系中积分，则方程中不再包含坐标系附加摄动，但是，在计算地球引力场摄动时，必须将卫星的坐标和速度，化到地球参考系 ITRS 中计算。

（2）坐标速度的数值积分[1]

一般，坐标速度的数值积分，时间系统应采用 TT 或 TCG，坐标系应采用 GCRS，这时动力学方程可表示为：

$$\ddot{\vec{r}} = \vec{F}_1 + \vec{F}_2 + \vec{F}_3 + \vec{F}_4 + \vec{F}_5 + \vec{F}_6 + \vec{F}_7 + \vec{F}_8 \tag{4.285}$$

其中，$\vec{r}$ 为卫星在 GCRS 中的位置向量，$\vec{F}_J (J = 1, 2, \cdots 7, 8)$ 为各种力学因素产生的卫星在 GCRS 中的加速度，分别为：

1）$\vec{F}_1$ 地球质心引力加速度

$$\vec{F}_1 = -\frac{\mu}{r^3} \vec{r} \tag{4.286}$$

2）$\vec{F}_2$ 地球带谐摄动加速度

地球形状摄动中，地球带谐和田谐摄动函数是在地球参考系 ITRS 中给出的，其摄动函数可表示为：

$$R = \frac{\mu}{r} \sum_{n=2}^{\infty} J_n \left(\frac{R_E}{r}\right)^n P_n(\sin\phi) \tag{4.287}$$

$$\vec{F}_2 = \frac{\partial R}{\partial r}\frac{\partial r}{\partial \vec{r}} + \frac{\partial R}{\partial \varphi}\frac{\partial \varphi}{\partial \vec{r}} \tag{4.288}$$

其中，

$$\frac{\partial R}{\partial r} = -(n+1)\frac{\mu}{r} \sum_{n=2}^{\infty} J_n \left(\frac{R_E}{r}\right)^n P_n(\sin\varphi)$$

$$\frac{\partial R}{\partial \varphi} = \frac{\mu}{r} \sum_{n=2}^{\infty} J_n \left(\frac{R_E}{r}\right)^n P_n'(\sin\varphi)\cos\varphi \tag{4.289}$$

$$\frac{\partial r}{\partial \vec{r}} = \frac{\vec{r}}{r}, \qquad \frac{\partial \varphi}{\partial \vec{r}} = \frac{1}{r}\begin{pmatrix} -\sin\varphi\cos\lambda \\ -\sin\varphi\sin\lambda \\ \cos\varphi \end{pmatrix}$$

3）$\vec{F}_3$ 地球田谐摄动加速度

地球形状摄动中，田谐摄动函数是在地球参考系 ITRS 中给出的，其摄动函数可表示为：

$$R = \frac{\mu}{r} \sum_{n=2}^{\infty} \sum_{m=1}^{n} \left(\frac{R_E}{r}\right)^n \bar{P}_{n,m}(\sin\varphi)(\bar{C}_{nm}\cos m\lambda + \bar{S}_{nm}\sin m\lambda)$$

$$\vec{F}_3 = \frac{\partial R}{\partial r}\frac{\partial r}{\partial \vec{r}} + \frac{\partial R}{\partial \varphi}\frac{\partial \varphi}{\partial \vec{r}} + \frac{\partial R}{\partial \lambda}\frac{\partial \lambda}{\partial \vec{r}} \tag{4.290}$$

其中，

$$\frac{\partial R}{\partial r}=-(n+1)\frac{\mu}{r^2}\sum_{n=2}^{\infty}\sum_{m=1}^{n}(\frac{R_E}{r})^n\bar{P}_n^m(\sin\varphi)(\bar{C}_{nm}\cos m\lambda+\bar{S}_{nm}\sin m\lambda)$$

$$\frac{\partial R}{\partial \varphi}=\frac{\mu}{r}\sum_{n=2}^{\infty}\sum_{m=1}^{n}(\frac{R_E}{r})^n\bar{P}_n'^m(\sin\varphi)\cos\varphi(\bar{C}_{nm}\cos m\lambda+\bar{S}_{nm}\sin m\lambda) \qquad (4.291)$$

$$\frac{\partial R}{\partial \lambda}=\frac{\mu}{r}\sum_{n=2}^{\infty}\sum_{m=1}^{n}(\frac{R_E}{r})^n\bar{P}_n^m(\sin\varphi)m(-\bar{C}_{nm}\sin m\lambda+\bar{S}_{nm}\cos m\lambda)$$

$$\frac{\partial r}{\partial \vec{r}}=\frac{\vec{r}}{r},\quad \frac{\partial \varphi}{\partial \vec{r}}=\frac{1}{r}\begin{pmatrix}-\sin\varphi\cos\lambda\\-\sin\varphi\sin\lambda\\\cos\varphi\end{pmatrix},\quad \frac{\partial \lambda}{\partial \vec{r}}=\frac{1}{r\cos\varphi}\begin{pmatrix}-\sin\lambda\\\cos\lambda\\0\end{pmatrix} \qquad (4.292)$$

4）$\vec{F}_4$ 地球大气摄动加速度

$$\vec{F}_4=-\frac{1}{2}C_D(\frac{A}{m})\rho V\vec{V} \qquad (4.293)$$

其中，C_D 为阻尼系数，建议取为 $C_D=2.2$；$\dfrac{A}{m}$ 为相对于大气阻力而言的面质比；ρ 为大气密度；$\omega_{大气}$ 为地球大气自转速度，约为 $1.2\,\omega_\oplus$；$\vec{V}$ 为探测器相对于地球大气的运动速度，可以用下式计算：

$$\vec{V}=\dot{\vec{r}}-\vec{\omega}_{大气}\times\vec{r}$$

计算大气密度时，可选用各种地球大气模型，参见附录 D。其中，太阳 10.7cm 辐射流量 $F_{10.7}$ 及地磁指数 k_p 和 A_p 需用观测值。

5）$\vec{F}_5$ 日月摄动加速度

不包括月球形状和月球固体潮摄动，日月摄动加速度为：

$$\vec{F}_5=-GM_S(\frac{\vec{\Delta}_S}{\Delta_S}-\frac{\vec{r}_S}{r_S})-GM_L(\frac{\vec{\Delta}_L}{\Delta_L}-\frac{\vec{r}_L}{r_L}) \qquad (4.294)$$

GM_S 和 GM_L 为日心和月心引力常数，$\vec{\Delta}_S=\vec{r}-\vec{r}_S$，$\vec{\Delta}_L=\vec{r}-\vec{r}_L$，$\vec{r}_S,\vec{r}_L$ 为日心和月心在 GCRS 中的位置向量。

6）$\vec{F}_6$ 太阳辐射压摄动加速度

太阳辐射压摄动加速度表示为：

$$\vec{F}_6=\begin{cases}\kappa(\frac{A}{\Delta_S})^2C_R\dfrac{S}{M}\dfrac{\vec{\Delta}_S}{\Delta_S} & 地影外\\[2mm] & 地影中\\ 0\end{cases} \qquad (4.295)$$

其中，$\kappa=4.560\times10^{-6}$ 牛顿／米²；$\vec{\Delta}_S$ 为太阳到卫星的向量，Δ_S 为其模；

$A = 149597870691$ 米；S 为垂直于 $\vec{\Delta}_S$ 的截面积，M 为探测器质量；C_R 为接近于 1 的反射系数，依赖于探测器的材料。

在地影计算中，采用以下数据：

地球半径：6402000m；

太阳半径：696000000m。

7）$\vec{F}_7$ 日月潮汐摄动加速度

我们采用直接计算日月潮汐摄动加速度的方法，不计算日月潮汐的附加位。日月潮汐摄动的摄动函数为：

$$R = n'^2 \beta (\frac{a'}{r'})^3 r^{-3} k_2 P_2(\cos H)$$

$$\vec{F}_7 = \frac{\partial R}{\partial r}\frac{\partial r}{\partial \vec{r}} + \frac{\partial R}{\partial \varphi}\frac{\partial \varphi}{\partial \vec{r}} + \frac{\partial R}{\partial \lambda}\frac{\partial \lambda}{\partial \vec{r}} \qquad (4.296)$$

$$\frac{\partial r}{\partial \vec{r}} = -3n'^2 \beta (\frac{a'}{r'})^3 r^{-4} k_2 P_2(\cos H)$$

$$\frac{\partial \varphi}{\partial \vec{r}} = n'^2 \beta (\frac{a'}{r'})^3 r^{-3} k_2 P_2'(\cos H)\frac{\partial(\cos H)}{\partial \varphi} \qquad (4.297)$$

$$\frac{\partial \lambda}{\partial \vec{r}} = n'^2 \beta (\frac{a'}{r'})^3 r^{-3} k_2 P_2'(\cos H)\frac{\partial(\cos H)}{\partial \lambda}$$

其中，$\beta = \begin{cases} \dfrac{m'}{m+m'} & \text{月亮} \\ 1 & \text{太阳} \end{cases}$；$n', a', r'$ 表示太阳或月亮的平运动，半长径和

地心向径；H 为日月和卫星在地心处的交角，即：

$$\cos H = \vec{r}' \cdot \frac{\vec{r}}{r}, \quad \frac{\partial \cos H}{\partial \varphi} = \vec{r}' \cdot \vec{A}, \quad \frac{\partial \cos H}{\partial \lambda} = \vec{r}' \cdot \vec{B}$$

$$\vec{A} = \begin{pmatrix} -\cos S \sin \varphi \\ -\sin S \sin \varphi \\ \cos \varphi \end{pmatrix}, \quad \vec{B} = \begin{pmatrix} -\sin S \cos \varphi \\ \cos S \cos \varphi \\ 0 \end{pmatrix} \qquad (4.298)$$

$\frac{\partial r}{\partial \vec{r}}, \frac{\partial \varphi}{\partial \vec{r}}, \frac{\partial \lambda}{\partial \vec{r}}$ 的计算公式同（4.292）式。式中 λ, φ 为卫星的经纬度；S 为星下点处的地方恒星时。

8）$\vec{F}_8$ 后牛顿加速度

IAU2000 决议推荐，后牛顿加速度为[21]：

$$\vec{F}_8 = \Delta\ddot{\vec{r}} = \frac{GM}{c^2 r^3}\{[2(\beta+\gamma)\frac{GM}{r} - \gamma\dot{\vec{r}}\cdot\dot{\vec{r}}] + 2(1+\gamma)(\vec{r}\cdot\dot{\vec{r}})\dot{\vec{r}}\}$$

$$+ (1+\gamma)\frac{GM}{c^2 r^3}[\frac{3}{r^2}(\vec{r}\times\dot{\vec{r}})(\vec{r}\cdot\vec{J}) + (\dot{\vec{r}}\times\vec{J})] + (1+2\gamma)[\dot{\vec{R}}\times(\frac{-GM_S\vec{R}}{c^2 R^3})\times\dot{\vec{r}}]$$

$$\text{（4.299）}$$

其中，c 为光速；β, γ 为广义相对论 PPN 参数，等于 1；$\vec{r}$ 为卫星相对于地球的位置向量；$\vec{R}$ 为地球相对于太阳的位置向量；GM, GM_S 分别为地球和太阳的引力系数。

说明：

①在力学模型中，各量均采用法定计量单位（千克米秒制）。若有些原始数据不是法定计量单位，请注意转换。

②对于地球中心引力的 μ，根据 IERS 推荐，应取值为：

$$\mu = GM_\oplus = 3.986004418\times 10^{14} \text{ 米}^3 / \text{秒}^2$$

③对于地球引力场摄动的 μ 和 R_E。μ 和 R_E 将随地球引力场模式变化，如果采用 IERS2003 推荐，采用 EGM96 模式（360×360），则 $a_E = 6378136.3$ 米，$\mu = GM_E = 3.986004415\times 10^{14} \text{ 米}^3 / \text{秒}^2$

由于 EGM96 模式太大，因此我建议使用 JGM-3 模型，该模型的参数与 EGM96 模型相同。

④C_{21} 和 S_{21} 的数值

根据 IERS2003 推荐，在 2003 年 1 月 1 日，

$$C_{21} = -2.23\times 10^{-11}, \quad S_{21} = 14.48\times 10^{-11}$$

在精密的研究中，还要考虑 C_{21} 和 S_{21} 的变化：

$$C_{21}(t) = C_{21}(t_0) + \frac{dC_{21}}{dt}(t - t_0)$$

$$S_{21}(t) = S_{21}(t_0) + \frac{dS_{21}}{dt}(t - t_0)$$

IERS2003 推荐，$\dfrac{dC_{21}}{dt} = -0.337\times 10^{-11} / \text{年}, \dfrac{dS_{21}}{dt} = 1.606\times 10^{-11} / \text{年}$。

⑤地球引力场的变化

在计算地球引力场摄动（$\vec{F}_2, \vec{F}_3$）时，式中的 r, λ 和 φ，应用地球参考系 ITRS 的量。假定在 ITRS 中的坐标为 $\vec{r}_{\text{ITRS}}$，其转换关系为：

$$\vec{r}_{ITRS} = E^{-1}(t)\vec{r}_{GCRS}$$

$$E^{-1}(t) = W^{-1}(t)R(t)M_{CIO}$$

其中，$\vec{r}_{GCRS}$ 为卫星在地心天球参考系 GCRS 中的位置向量，转换矩阵 $W(t), R(t), M_{CIO}$ 请参见 2.5.4 节。在地球参考系 ITRS 中计算好 $\vec{F}_{2ITRS}, \vec{F}_{3ITRS}$ 后，还要将它们化算到 GCRS。即，在地心天球参考系中的摄动加速度 $\vec{F}_{2GCRS}, \vec{F}_{3GCRS}$ 为：

$$\vec{F}_{2GCRS} = E(t)\vec{F}_{2TIRS}, \quad \vec{F}_{3GCRS} = E(t)\vec{F}_{3ITRS}。$$

4.4.4 摄动计算方法的比较

上面我们讨论了分析方法，半分析方法和数值方法，它们各有优缺点，现比较分析如下：

● 数值方法

优点：精度高，各种因素可统一处理，公式和程序简单

缺点：没有直观的空间概念，积累误差大，计算时间长。

● 分析方法

优点：原理清晰，表达式具体，可以用来分析各种因素的摄动特性，便于各种应用，如轨道设计，目标识别等。

缺点：公式冗长，不易掌握，模型误差大，联合摄动没有解决，程序量大，精度低。对低精度要求，简单，对高精度要求，麻烦。

● 半分析方法

优点：公式和程序较简单，可以用于二阶理论，计算时间也较短。

缺点：田谐不能统一处理，要再提高精度，研究高阶理论有困难。

根据以上分析，我们建议：在精密定轨和精密预报中，采用数值方法；在一阶理论精度（$10^{-5} - 10^{-6}$）要求时，采用分析方法；在二阶理论精度（$10^{-7} - 10^{-8}$）要求时，采用半分析方法。

参考文献

1. 李济生. 人造卫星精密轨道确定. 北京：解放军出版社，1995.

2. K. Lambeck. Celest. Mech.，1973（7）：139-155.

3. Y. Kozai，H. Kinoshita. Celest. Mech.，1973（7）：356-366.

4. 刘林. 人造地球卫星轨道力学. 北京：高等教育出版社，1992.

5. Y. Kozai. Astron. J.，1959（64）：367-377.

6. E.M.Gaposchkin，SAO Spec. Rep. 353，1973：85-192.

7. G.E.O.Giacaglia. Celest. Mech.，1976（13）：503-509.

8. R. A. Broucke，P.J. Cefola. Celest. Mech.，1972（5）：303-310.

9. G.E.O.Giacaglia. Celest. Mech.，1976（14）：515-523.

10. R.J.Proulx，W.D McClain. J. Guidance，1988，Ⅱ：313-319.

11. B. SLAWOMIR，et al. Celest. Mech. dyn.astro.，2004（88）：153-161.

12. D.A. Danielson et al. SEMIANALYTIC SATELLITE THEORY，研究生教材，1994.

13. Gooding R.H. Celest. Mech.，1971（4）：91-98.

14. Kostelesky，J. Bull. Astron. Inst. Czechosl，1985（36）：242-246.

15. Gooding R.H, Wagner C.A. Celest. Mech. Dyn. Astro.，2008（101）：241-272.

16. E. Wnuk. ACTA ASTRONOMICA，1988（38）：127-140.

17. W.M. Kaula. Theory of Satellite Geodesy.，Blaisdell Publ.Co. Walthham, Mass，1966.

18. G.E.O.Giacaglia. Invited paper 9-th Brazilian Congress，1979.

19. 吴连大，等. 天文学报，1978（19）：131-151.

20. 中国科学院沈阳计算所，等. 常用算法，北京：科学出版社，1976.

21. D.D.McCarthy，et al. IERS TECHNICAL NOTE32，2003.

22. AKMAL A. VAKHIDOV . Celest. Mech. Dyn. Astro.，2001（81）：177-190.

第 5 章 初轨计算

初轨计算，是指利用卫星一次过境的观测资料，测定卫星轨道的方法和技术。初轨计算的主要目的是：计算卫星的轨道，给出卫星下次过境的预报，获取后续的观测数据，计算出精密的卫星轨道，从而捕获新目标。初轨计算已有二百年的历史，人造卫星上天后，又有了许多发展，Escobal P.R．(1965)[1] 对各种经典的方法进行了详细的分类和介绍，Taff L.G. (1984)[2] 又对各种方法进行了分类比较，多年来，已经提出了许多计算初轨的方法。由于雷达观测可直接得到 $t_i, \vec{r}_i (i=1,2,\cdots,n)$，利用任意两个 $t_1, \vec{r}_1$ 和 $t_2, \vec{r}_2$，就可计算初轨，只要有足够长的观测弧段，初轨的精度对给出下次过境预报来说，已经足够，因此，我们重点要研究的是光学资料的初轨计算。本章最后，我们还将简要介绍一种利用测速资料计算初轨的方法。

对于人造卫星，要给出卫星下次过境的预报，一般要计算一天（十多圈）后的预报，与小行星初轨相比，小行星只需计算一圈后的预报，卫星预报期相对较长。而周期的测定精度基本决定了预报的精度，因此，对于卫星初轨计算，提高周期 P（或半长径 a）的测定精度特别重要。因此，在评价初轨计算方法时，常用周期的测定误差 ΔP 来表示初轨计算的精度。如果我们要求一天后的预报的误差不大于 3 分钟，假定，卫星一天 15 圈，这就要求卫星周期测定的误差 $\Delta P < 0.2$ 分钟。这一精度要求，我们现在还不能完全满足，因此，初轨计算方法还需深入研究。

5.1 光学资料初轨计算的基本方程

初轨计算总是设法先计算出某一时刻 t_0 的位置和速度向量 $\vec{r}_0, \dot{\vec{r}}_0$，或某两个时刻的位置向量 $t_1, \vec{r}_1$ 和 $t_2, \vec{r}_2$，然后，再计算出某一时刻的卫星轨道根数。这样，初轨计算的条件方程就分为两类：

①Laplace 型，先计算出某一时刻 t_0 时的 $\vec{r}_0, \dot{\vec{r}}_0$，基本方程为：

$$\rho\vec{l} + \vec{R} = f\vec{r}_0 + g\dot{\vec{r}}_0 \tag{5.1}$$

这里，f, g 为二体问题的 f, g 级数。

②Gauss 型，先计算出某两个时刻的 $t_1, \vec{r}_1$ 和 $t_2, \vec{r}_2$，基本方程为：

$$\rho \vec{l} + \vec{R} = n_1 \vec{r}_1 + n_2 \vec{r}_2 \tag{5.2}$$

其中，n_1, n_2 三角形面积之比：

$$n_1 = \frac{[r_0, r_2]}{[r_1, r_2]}, \quad n_2 = \frac{[r_0, r_1]}{[r_1, r_2]} \tag{5.3}$$

这里，$[r_i, r_j], i, j = 0, 1, 2$，为向径 $\vec{r}_i, \vec{r}_j$ 组成的三角形面积，t_0 为某观测时刻。

下面给出二体问题的 f, g 级数和 n_1, n_2 的计算方法。

5.1.1　f, g 级数的计算方法

f, g 级数[1]，包括 f, g 和 f', g'，它们的严格表达式为：

$$f = 1 - \frac{a}{r_0}(1 - \cos \Delta E)$$

$$g = \Delta t - \frac{1}{n}(\Delta E - \sin \Delta E) \tag{5.4}$$

$$f' = -\frac{na^2 \sin \Delta E}{r r_0}$$

$$g' = 1 - \frac{a}{r}(1 - \cos \Delta E)$$

其中，$\Delta t = t - t_0$，是已知量；$\Delta E = E - E_0$，可由下式迭代计算：

$$\Delta E = n\Delta t + (1 - \frac{r_0}{a})\sin \Delta E - \frac{r_0 \dot{r}_0}{na^2}(1 - \cos \Delta E) \tag{5.5}$$

因此，要计算 f, g 级数，必需已知 $n, 1 - \frac{r_0}{a}, \frac{r_0 \dot{r}_0}{na^2}$ 的某种初值，它们的初值有两种给法，即：

1）圆轨道近似

此时，$n = \sqrt{\dfrac{\mu}{a^3}}, r_0 = a, \dot{r}_0 = 0, \Delta E = n\Delta t$，对于近地目标，可取 $a = 1.1$ 作为初值。

2）经典 Laplace 法近似

即先用经典 Laplace 法（下详）计算 $\vec{r}_0$ 和 $\dot{\vec{r}}_0$，然后：

$$n = \sqrt{\frac{\mu}{a^3}}, \quad a = \frac{\mu r_0}{2\mu - r_0 V^2} \tag{5.6}$$

$$V^2 = \dot{\vec{r}}_0 \cdot \dot{\vec{r}}_0, \quad r_0 = \sqrt{\vec{r}_0 \cdot \vec{r}_0}, \quad r_0 \dot{r}_0 = \vec{r}_0 \cdot \dot{\vec{r}}_0$$

在初轨计算迭代中，f,g 级数需和初轨一起迭代计算。

5.1.2 n_1, n_2 的计算方法

计算 n_1, n_2 [1-3]，必需已知三个时间 T_1, t, T_2（$T_1 < t < T_2$）的 $\bar{r}_1, \bar{r}, \bar{r}_2$，其计算方法如下：

$$n_1 = \frac{y_{12}(T_2 - t)}{y_2(T_2 - T_1)}$$

$$n_2 = \frac{y_{12}(t - T_1)}{y_1(T_2 - T_1)}$$

(5.7)

其中，y_{12} 为对应于 T_1, T_2 的扇形面积与三角形面积之比；y_1 为对应于 T_1, t 的扇形面积与三角形面积之比；y_2 为对应于 t, T_2 的扇形面积与三角形面积之比。

y_{12}, y_1, y_2 的计算方法相同，即扇形面积与三角形面积之比的计算，其算法如下：

假定已知 $t_1, \bar{r}_1, t_2, \bar{r}_2$，$y$ 的计算步骤如下：

①计算常数和 y 的初值：

$$r_1 = \sqrt{\bar{r}_1 \cdot \bar{r}_1}, \quad r_2 = \sqrt{\bar{r}_2 \cdot \bar{r}_2}, \quad \cos \Delta f = \frac{\bar{r}_1 \cdot \bar{r}_2}{r_1 r_2}$$

$$L = \frac{r_1 + r_2}{4\sqrt{r_1 r_2} \cos \dfrac{\Delta f}{2}} - 0.5, \quad m = \frac{\mu \tau^2}{(2\sqrt{r_1 r_2} \cos \dfrac{\Delta f}{2})^3}$$

(5.8)

$$\tau = t_2 - t_1, \quad y = \Delta f \Big/ \sin \Delta f$$

②迭代计算 y：

$$x = \frac{m}{y^2} - L, \quad \cos \frac{\Delta E}{2} = 1 - 2x, \quad \sin \frac{\Delta E}{2} = 2\sqrt{x(1-x)}$$

$$\frac{\Delta E}{2} = \text{tg}^{-1}(\sin \frac{\Delta E}{2} / \cos \frac{\Delta E}{2}), \quad X = \frac{\Delta E - \sin \Delta E}{\sin^3 \dfrac{\Delta E}{2}}$$

(5.9)

$$y = 1 + X(L + x)$$

重复第二步，直到两次迭代的 y 满足收敛要求。

T_1, T_2 可选择为：$T_1 = \dfrac{t_1 + t_2}{2}$，$T_2 = \dfrac{t_{N-1} + t_N}{2}$，式中，$t$ 的下标表示一圈资料中的序号，N 为资料的个数。T_1, T_2 时的 $\bar{r}_1, \bar{r}_2$ 的初值，可用近圆轨道

方法计算。显然，n_1, n_2 也需与初轨一起迭代计算。

5.2　初轨根数的计算

通过初轨计算，我们可以得到某一时刻 t_0 的 $\vec{r}_0, \dot{\vec{r}}_0$，或某两个时刻的 $t_1, \vec{r}_1$ 和 $t_2, \vec{r}_2$，计算某一时刻的卫星轨道根数的方法如下：

5.2.1　已知 t_0 时刻的坐标和速度求轨道根数

已知 $\vec{r}, \dot{\vec{r}}$，克普勒根数（ $a, e, i, \Omega, \omega, M$ ）和 $(a, i, \Omega, \xi, \eta, \lambda)$ 的计算步骤如下：

① 计算 r, v, a

$$r = [\vec{r} \cdot \vec{r}]^{1/2}, \quad v = [\dot{\vec{r}} \cdot \dot{\vec{r}}]^{1/2}, \quad a = \frac{\mu r}{2\mu - rv^2} \tag{5.10}$$

② 计算 $e\sin E, e\cos E, e, E$

$$e\sin E = \frac{\vec{r} \cdot \dot{\vec{r}}}{na^2}, \qquad e\cos E = 1 - \frac{r}{a} \tag{5.11}$$

③ 计算 i, Ω

$$\vec{r} \times \dot{\vec{r}} = \sqrt{\mu p} \begin{pmatrix} \sin\Omega\sin i \\ -\cos\Omega\sin i \\ \cos i \end{pmatrix} \tag{5.12}$$

④ 计算 u, ξ, η

可由下式计算 u：

$$\begin{pmatrix} r\cos u \\ r\sin u \\ 0 \end{pmatrix} = R_1(i) R_3(\Omega) \vec{r} \tag{5.13}$$

已知 u 后，可由下式计算 ξ, η：

$$\sqrt{\frac{\mu}{p}} \begin{pmatrix} -\sin u - \xi \\ \cos u + \eta \\ 0 \end{pmatrix} = R_1(i) R_3(\Omega) \dot{\vec{r}} \tag{5.14}$$

根据 ξ, η，即可求出 ω：$\omega = \text{tg}^{-1}\dfrac{\xi}{\eta}$

⑤计算 M 或 λ

$$M = E - e\sin E$$

$$\lambda = u - 2\mathrm{tg}^{-1}\left[\frac{e\sin E}{1 + \sqrt{1-e^2} - e\cos E}\right] - e\sin E \tag{5.15}$$

5.2.2 已知两个时刻的地心向量求轨道根数

已知 $t_1, \vec{r}_1, t_2, \vec{r}_2$，克普勒根数（$a, e, i, \Omega, \omega, M$）和 $(a, i, \Omega, \xi, \eta, \lambda)$ 的计算方法如下：

1）方法一

①计算 y, a

y 的计算方法请参见 5.1.2 节。

$$\sqrt{a} = \frac{\sqrt{\mu}\tau}{2y\sqrt{r_1 r_2}\cos\dfrac{f_2 - f_1}{2}\sin\dfrac{E_2 - E_1}{2}} \tag{5.16}$$

式中 $\tau, f_2 - f_1, E_2 - E_1$，在计算 y 时，已经求出。可由下式计算半通径 p 和偏心率 e：

$$p = \frac{y^2 r_1^2 r_2^2 \sin^2(f_2 - f_1)}{\mu\tau^2} \tag{5.17}$$

$$e = \sqrt{1 - \frac{p}{a}}$$

②计算 i, Ω

$$\vec{r}_1 \times \vec{r}_2 = A\begin{pmatrix} \sin\Omega\sin i \\ -\cos\Omega\sin i \\ \cos i \end{pmatrix} \tag{5.18}$$

A 的符号与 $r_1 r_2 \sin(f_2 - f_1)$ 相同。

③计算 u_i, ξ, η, ω

可由下式计算 u_i：

$$\begin{pmatrix} r\cos u_i \\ r\sin u_i \\ 0 \end{pmatrix} = R_1(i)R_3(\Omega)\vec{r}_i \qquad i = 1, 2 \tag{5.19}$$

已知 u_1, u_2 后，可由下式解出 ξ, η：

$$\eta \cos u_1 + \xi \sin u_1 = \frac{p}{r_1} - 1$$

$$\eta \cos u_2 + \xi \sin u_2 = \frac{p}{r_2} - 1$$

（5.20）

可求出 $\omega = \mathrm{tg}^{-1}\dfrac{\xi}{\eta}$

④计算 λ, M

$$f = u - \omega$$

$$E = f - 2\mathrm{tg}^{-1}\left[\frac{e\sin f}{1 + \sqrt{1 - e^2} + e\cos f}\right]$$

$$M = E - e\sin E$$

$$\lambda = M + \omega$$

（5.21）

2）方法二

①计算 y, a（同方法一）

②求 f, g 级数

$$f = 1 - \frac{a}{r_1}(1 - \cos \Delta E)$$

$$g = \Delta t - \frac{1}{n}(\Delta E - \sin \Delta E)$$

（5.22）

式中，$\Delta E = E_2 - E_1$，在计算 y 时已经求出。

③求 $\dot{\vec{r}}_1$

$$\dot{\vec{r}}_1 = \frac{\vec{r}_2 - f\vec{r}_1}{g}$$

（5.23）

④用 $\vec{r}_1, \dot{\vec{r}}_1$ 求出根数（同前）

5.3　近圆轨道目标的初轨计算方法[3]

假定目标的轨道是圆轨道，这时初轨计算就可简化为单参数优选问题。我们只要已知两个测向资料，就可计算初轨。

优选法的参数选为轨道半长径 a，设已知的两个观测资料为：$t_1, \bar{l}_1, t_2, \bar{l}_2$，则优选的目标函数可定义为：

$$\Delta n = [n_1 - n_2]$$

（5.24）

其中，

$$n_1 = \sqrt{\frac{\mu}{a^3}}$$

$$n_2 = \frac{\Delta u}{\Delta t}[1 + \frac{3J_2}{4a^2}(6 - 8\sin^2 i)] \qquad (5.25)$$

n_1 可由 a 直接计算，n_2 的计算过程如下：

①计算卫星的地心向量 $\vec{r}_1, \vec{r}_2$：

$$\vec{r}_i = \rho_i \vec{l}_i + \vec{R}_i \qquad\qquad i = 1, 2$$

$$\rho_i = \sqrt{a^2 - R^2 \sin^2 z_i} - R\cos z_i$$

$$R\cos z_i = \vec{l}_i \cdot \vec{R}_i \qquad (5.26)$$

$$R^2 \sin^2 z_i = R^2 - (R\cos z_i)^2$$

式中，z 为天顶距。

②计算目标轨道面及 Δu：

$$\Delta u = \cos^{-1}(\frac{\vec{r}_1 \cdot \vec{r}_2}{a^2}), \quad \vec{N} = \vec{r}_1 \times \vec{r}_2$$

$$i = \cos^{-1}(\frac{N_3}{a^2 \sin \Delta u})$$

$$\Omega = \text{tg}^{-1}(\frac{N_1}{-N_2}) \qquad (5.27)$$

这里，$\vec{N}$ 为轨道面法向，其三个分量为 N_1, N_2, N_3；i 为轨道倾角；Ω 为轨道升交点经度。

优选法可采用最简单的爬山法，对于近地目标，a 的初值可用 1.1，步长可取 0.02，对分 8 次即可收敛。优选完成后，可用 $t_1, \vec{r}_1, t_2, \vec{r}_2$ 计算轨道根数。

5.4 经典 Laplace 方法[1]

经典 Laplace 方法，是假定已知某一时刻的 $\vec{l}, \dot{\vec{l}}, \ddot{\vec{l}}$ 的初轨计算方法，其基本原理如下：

$$\vec{r} = \rho \vec{l} + \vec{R} \qquad (5.28)$$

微商 $\qquad\qquad \dot{\vec{r}} = \dot{\rho}\vec{l} + \rho\dot{\vec{l}} + \dot{\vec{R}} \qquad (5.29)$

再微商 $\qquad\quad \ddot{\vec{r}} = \ddot{\rho}\vec{l} + 2\dot{\rho}\dot{\vec{l}} + \rho\ddot{\vec{l}} + \ddot{\vec{R}} \qquad (5.30)$

另外，根据二体问题，有：

$$\ddot{\vec{r}} = -\frac{\mu}{r^3}\vec{r}$$

代入(5.30)式，有：

$$\ddot{\rho}\vec{l} + 2\dot{\rho}\dot{\vec{l}} + \rho\ddot{\vec{l}} + \ddot{\vec{R}} = -\frac{\mu(\rho\vec{l} + \vec{R})}{r^3} \tag{5.31}$$

（5.31）式点乘（$\vec{l} \times \dot{\vec{l}}$），有：

$$\ddot{\rho}\vec{l} \cdot (\vec{l} \times \dot{\vec{l}}) + \ddot{\vec{R}} \cdot (\vec{l} \times \dot{\vec{l}}) = -\mu\frac{\vec{R} \cdot (\vec{l} \times \dot{\vec{l}})}{r^3} \tag{5.32}$$

（5.31）式点乘（$\vec{l} \times \ddot{\vec{l}}$），有：

$$2\dot{\rho}\dot{\vec{l}} \cdot (\vec{l} \times \ddot{\vec{l}}) + \ddot{\vec{R}} \cdot (\vec{l} \times \ddot{\vec{l}}) = -\mu\frac{\vec{R} \cdot (\vec{l} \times \ddot{\vec{l}})}{r^3} \tag{5.33}$$

如果 $\vec{l}, \dot{\vec{l}}, \ddot{\vec{l}}$ 已知，$\vec{R}, \dot{\vec{R}}, \ddot{\vec{R}}$ 是已知量，以上两式就是关于 $\rho, \dot{\rho}, r$ 的二个方程，方程中有三个未知数，要解出它们，还必需有一个方程，幸而，还有一个方程：

$$r^2 = \rho^2 + 2\rho(\vec{R} \cdot \vec{l}) + R^2 \tag{5.34}$$

这样我们就可得到一个 r 的 8 次方程：

$$\begin{aligned} r^8 = &(F^2/L^2 - 2F(\vec{R} \cdot \vec{l})/L + R^2)r^6 \\ &+ 2(FG/L^2 - G(\vec{R} \cdot \vec{l})/L)r^3 + G^2/L^2 \end{aligned} \tag{5.35}$$

其中，$L = (\vec{l} \times \dot{\vec{l}}) \cdot \ddot{\vec{l}}$，$F = (\vec{l} \times \dot{\vec{l}}) \cdot \ddot{\vec{R}}$，$G = \mu(\vec{l} \times \dot{\vec{l}}) \cdot \vec{R}$

解 8 次方程可得 r，代入（5.32）、（5.33）式，可得 ρ 和 $\dot{\rho}$，于是就可计算 $\vec{r}$ 和 $\dot{\vec{r}}$，从而可计算轨道根数，问题就可解决。要说明的是，$\dot{\vec{l}}, \ddot{\vec{l}}$ 可用 $t_i, \vec{l}_i$ 数值逼近求得，8 次方程的解可用爬山法求解。

经典 Laplace 方法的精度，取决于 $\vec{l}, \dot{\vec{l}}, \ddot{\vec{l}}$ 的精度，它与观测的精度和密集程度有关。

5.5　六参数初轨计算方法

5.5.1 Laplace 型方法[4]

Laplace 型方法，使用 f, g 级数，它们假定已知某一圈资料 $t_i, \vec{l}_i$，设法求出 t_0 时的卫星地心向量 $\vec{r}_0$ 和速度向量 $\dot{\vec{r}}_0$，初轨计算的基本方程为：

$$\rho \bar{l} + \bar{R} = f \bar{r}_0 + g \dot{\bar{r}}_0 \qquad (5.36)$$

在（5.36）两端×$\bar{l}$，即得常用 f, g 级数方法的条件方程：

$$f(\bar{r}_0 \times \bar{l}) + g((\dot{\bar{r}}_0 \times \bar{l})) = \bar{R} \times \bar{l} \qquad (5.37)$$

如果已知 f, g 的初值，条件方程法化后，即可求出 $\bar{r}_0$ 和 $\dot{\bar{r}}_0$，于是求可计算出轨道根数，f, g 级数又可重新计算，如此迭代，收敛后即可得到与观测资料符合得较好的轨道根数。

从基本方程出发，还可以得到许多计算初轨的方法：

1）改进 Laplace 方法

如果在（5.36）两端点乘两个与 $\bar{l}$ 相垂直的向量 $\bar{A}$ 和 $\bar{h}$，即得改进 Laplace 方法的条件方程：

$$f(\bar{r}_0 \cdot \bar{A}) + g(\dot{\bar{r}}_0 \cdot \bar{A}) = 0$$
$$f(\bar{r}_0 \cdot \bar{h}) + g(\dot{\bar{r}}_0 \cdot \bar{h}) = \bar{R} \cdot \bar{h} \qquad (5.38)$$

式中，$\bar{A}$ 和 $\bar{h}$ 的定义为：

$$\bar{A} = \frac{\bar{l} \times \bar{R}}{|\bar{l} \times \bar{R}|}, \quad \bar{h} = \bar{A} \times \bar{l} \qquad (5.39)$$

2）单位矢量法

如果在（5.36）两端点乘两个与 $\bar{l}$ 相垂直的向量 $\bar{A}$ 和 $\bar{h}$，即条件方程也为：

$$f(\bar{r}_0 \cdot \bar{A}) + g(\dot{\bar{r}}_0 \cdot \bar{A}) = \bar{R} \cdot \bar{A}$$
$$f(\bar{r}_0 \cdot \bar{h}) + g(\dot{\bar{r}}_0 \cdot \bar{h}) = \bar{R} \cdot \bar{h} \qquad (5.40)$$

不同之处是 $\bar{A}$ 和 $\bar{h}$ 与改进 Laplace 法略有差异，该方法的 $\bar{A}$ 和 $\bar{h}$ 为：

$$\bar{A} = \frac{\bar{l} \times \bar{R}'}{|\bar{l} \times \bar{R}'|}, \quad \bar{h} = \bar{A} \times \bar{l} \qquad (5.41)$$

这里，$\bar{R}'$ 为测站的天顶方向。

5.5.2 Gauss 型方法[1,3]

与 Laplace 型方法的相比，Gauss 方法求解的不是 $\bar{r}_0$ 和 $\dot{\bar{r}}_0$，而是 $\bar{r}_1, \bar{r}_2$，Gauss 初轨计算的基本方程为：

$$\rho \bar{l} + \bar{R} = n_1 \bar{r}_1 + n_2 \bar{r}_2 \qquad (5.42)$$

其中，n_1, n_2 为 Gauss 法引进的两个待定函数。我们不难看出：Gauss 方法的方程和 Laplace 方法的方程之差别，就是 f, g 换成 n_1, n_2。

在（5.42）两端点乘两个与两个与 $\bar{l}$ 相垂直的向量 $\bar{A}$ 和 $\bar{h}$，即条件方程也为：

$$n_1(\bar{r}_1 \cdot \bar{A}) + n_2(\bar{r}_2 \cdot \bar{A}) = 0$$
$$n_1(\bar{r}_1 \cdot \bar{h}) + n_2(\bar{r}_2 \cdot \bar{h}) = \bar{R} \cdot \bar{h} \tag{5.43}$$

式中，$\bar{A}$ 和 $\bar{h}$ 的定义为：

$$\bar{A} = \frac{\bar{l} \times \bar{R}}{|\bar{l} \times \bar{R}|}, \quad \bar{h} = \bar{A} \times \bar{l} \tag{5.44}$$

如果已知 n_1, n_2 的初值，条件方程法化后，即可求出 $\bar{r}_1, \bar{r}_2$，于是求可计算出轨道根数，n_1, n_2 又可重新计算，如此迭代，收敛后即可得到与观测资料符合得较好的轨道根数。n_1, n_2 的初值，可以利用圆轨道方法给出。当然，（5.42）式点乘其他向量，也可得到其他 Gauss 型方法。

5.6　三参数初轨计算方法

5.6.1　Баженов 方法[5,6]

与前面的方法不同，Баженов 方法不是以单个资料为基准的，而采用成对资料立一个方程的策略，它的基本方程是 Lambert 方程，每两个资料能得到一个条件方程，方程的参数为 a, i, Ω，一般采用 $a, g = \mathrm{tg}\, i \sin\Omega$，$h = -\mathrm{tg}\, i \cos\Omega$ 来代替 a, i, Ω。迭代过程从某一初值 a_0, g_0, h_0 开始，对一对资料 $(t_1, \bar{l}_1), (t_2, \bar{l}_2)$，先算出 ρ_1, ρ_2，于是 $\bar{r}_1, \bar{r}_2$ 就可得到。如果参数正确，则 $\bar{r}_1, \bar{r}_2, a$ 与时间 t_1, t_2 就满足 Lambert 方程，不满足就改进 a, g, h，具体过程可归纳如下：

①给定初值 a_0, g_0, h_0，实际计算时，初值可用圆轨道方法计算得到。

②计算 $\rho, \bar{r}$：

$$\rho_i = -\frac{\bar{N} \cdot \bar{R}_i}{\bar{N} \cdot \bar{l}_i} \qquad i = 1, 2 \tag{5.45}$$

其中，$\bar{N} = \begin{pmatrix} g \\ h \\ 1 \end{pmatrix}$，则 $\bar{r}_i = \rho_i \bar{l}_i + \bar{R}_i$

③根据 $\vec{r}_1, \vec{r}_2, a$ 计算 ε, δ：

$$\sigma = \sqrt{(x_1 - x_2)^2 + (y_1 - y_2)^2 + (z_1 - z_2)^2} \tag{5.46}$$

$$\sin\frac{\varepsilon}{2} = \sqrt{\frac{r_1 + r_2 + \sigma}{4a}}, \qquad \sin\frac{\delta}{2} = \sqrt{\frac{r_1 + r_2 - \sigma}{4a}}$$

$$\cos\frac{\varepsilon}{2} = \sqrt{1 - \frac{r_1 + r_2 + \sigma}{4a}}, \qquad \cos\frac{\delta}{2} = \sqrt{1 - \frac{r_1 + r_2 - \sigma}{4a}} \tag{5.47}$$

④改进 a, g, h 的条件方程：

$$F = n(t_2 - t_1) - (\varepsilon - \sin\varepsilon) + (\delta - \sin\delta)$$

$$-F = \frac{\partial F}{\partial a}\Delta a + \frac{\partial F}{\partial g}\Delta g + \frac{\partial F}{\partial h}\Delta h \tag{5.48}$$

其中，

$$\frac{\partial F}{\partial a} = -\frac{1}{a}[\frac{3}{2}n\tau - M(r_1 + r_2 + \sigma) + N(r_1 + r_2 - \sigma)]$$

$$\frac{\partial F}{\partial g} = -[R_1 x_1 + R_2 x_2]$$

$$\frac{\partial F}{\partial h} = -[R_1 y_1 + R_2 y_2] \tag{5.49}$$

式中，

$$M = \frac{1}{2a}\mathrm{tg}\frac{\varepsilon}{2}, \qquad N = \frac{1}{2a}\mathrm{tg}\frac{\delta}{2}$$

$$R_1 = \frac{1}{m_1}[Pq_1 + Qp_1], \quad R_2 = \frac{1}{m_2}[Pq_2 - Qp_2]$$

$$P = N - M, \qquad Q = N + M$$

$$m_i = g_0\lambda_i + h_0\mu_i + \nu_i$$

$$q_i = \frac{1}{r_i}[x_i\lambda_i + y_i\mu_i + z_i\nu_i]$$

$$p_i = \frac{1}{\sigma}[(x_2 - x_1)\lambda_i + (y_2 - y_1)\mu_i + (z_2 - z_1)\nu_i]$$

$$\vec{l}_i = (\lambda_i, \mu_i, \nu_i)^\tau \tag{5.50}$$

⑤联立所有条件方程，即可解出 $\Delta a, \Delta g, \Delta h$，加上初值，迭代之，就可得到收敛的 a, g, h，即 a, i, Ω。

⑥计算其他根数。任取两个资料，有了 a, g, h，就可计算 $\vec{r}_1, \vec{r}_2$，就可根据 5.2.2 节的方法计算出 ξ, η, λ，如果需要提高精度，还可以对所有资料组合的 ξ, η, λ 进行平差。

　　Баженов 在提出此方法时，希望使用间隔超过一圈的资料来计算初轨，以提高卫星周期的测定精度，当然这个目的可以达到，只是需要解决 ε, δ 的象限判别问题，这相当麻烦。我们建议：既然有了多圈（大多数情况还是多站）资料，就可进行轨道改进，得到更好的根数，大可不必引进 ε, δ 的象限判别的麻烦。

　　另外，Баженов 方法，由于使用 $\rho_i = -\dfrac{\vec{N} \cdot \vec{R}_i}{\vec{N} \cdot \vec{l}_i}$ 计算斜距，在卫星过天顶时，将会损失精度。

5.6.2　（a, e, M_0）优选法和迭代法

　　为了克服 Баженов 方法的卫星过天顶问题，可以利用 a, e, M_0 代替 a, g, h，利用成对资料，构造出 a, e, M_0 三参数优选法和迭代法，其基本原理为：设已知观测量，$t_i, \bar{l}_i$，$(i = 1, 2 \cdots N)$，有了某一时刻 t_0 时的 a, e, M_0，对于任意时刻 t，即可计算：

$$\begin{aligned}
&M = M_0 + n(t - t_0) \\
&M \to E \to f \\
&r = a(1 - e\cos E) \\
&\rho = \sqrt{r^2 - R^2 \sin^2 z} - R\cos z \\
&\bar{r} = \rho \bar{l} + \bar{R}
\end{aligned} \tag{5.51}$$

　　1）a, e, M_0 优选法

　　对于任意一对 $t_k, t_j (t_k > t_j)$，我们就可得到 $\bar{r}_k, \bar{r}_j$，以及相应的 f_k, f_j。这样，我们就可定义目标函数：

$$F(a, e, M_0) = \sum_{k,j}[f_k - f_j - \cos^{-1}(\frac{\bar{r}_k \cdot \bar{r}_j}{r_k r_j})]^2 \tag{5.52}$$

　　在计算时，t_0 可取为观测的中间时刻；a 的初值可用圆轨道计算；e, M_0 的初值可取为 0。

　　2）a, e, M_0 改进法

　　对于任意一对 $t_k, t_j (t_k > t_j)$，我们可以定义：

$$F_{kj}(a, e, M_0) \equiv f_k - f_j - \cos^{-1}(\frac{\bar{r}_k \cdot \bar{r}_j}{r_k r_j}) \tag{5.53}$$

　　如果，a, e, M_0 正确，F_{kj} 将等于 0，对于任意一组 a, e, M_0 的初值，我们就可以得到一个条件方程：

$$-F = \frac{\partial F}{\partial a}\Delta a + \frac{\partial F}{\partial e}\Delta e + \frac{\partial F}{\partial M_0}\Delta M_0 \tag{5.54}$$

将所有 k,j 的方程联立，即可得 $\Delta a, \Delta e, \Delta M_0$，于是就可改进 a, e, M_0，如此迭代，就可得到较好的轨道。

已知了 a, e, M_0，计算 F_{kj} 的方法同前。偏导数 $\dfrac{\partial F}{\partial a}, \dfrac{\partial F}{\partial e}, \dfrac{\partial F}{\partial M_0}$ 的计算方法如下：

定义： $\qquad F = F_1 - F_2$

其中， $\qquad F_1 \equiv f_k - f_j, \quad F_2 \equiv \cos^{-1}(\dfrac{\vec{r}_k \cdot \vec{r}_j}{r_k r_j})$

于是， $\qquad \dfrac{\partial F}{\partial a} = \dfrac{\partial F_1}{\partial a} - \dfrac{\partial F_2}{\partial a}, \quad \dfrac{\partial F}{\partial e} = \dfrac{\partial F_1}{\partial e} - \dfrac{\partial F_2}{\partial e}, \quad \dfrac{\partial F}{\partial M_0} = \dfrac{\partial F_1}{\partial M_0} - \dfrac{\partial F_2}{\partial M_0}$

不难推导：

$$\frac{\partial F_1}{\partial a} = -\frac{3}{2}na\sqrt{1-e^2}\left[\frac{t_k - t_0}{r_k^2} - \frac{t_j - t_0}{r_j^2}\right]$$

$$\frac{\partial F_1}{\partial e} = \frac{1}{1-e^2}\left[(1+\frac{p}{r_k})\sin f_k - (1+\frac{p}{r_j})\sin f_j\right]$$

$$\frac{\partial F_1}{\partial M_0} = a^2\sqrt{1-e^2}\left(\frac{1}{r_k^2} - \frac{1}{r_j^2}\right) \tag{5.55}$$

$$\frac{\partial F_2}{\partial a} = -\bar{d}_j \cdot \frac{\vec{r}_k}{r_k}\left[\frac{r_j}{a} - \frac{3ne}{2\sqrt{1-e^2}}\sin f_j(t_j - t_0)\right]$$

$$\qquad\qquad -\bar{d}_k \cdot \frac{\vec{r}_j}{r_j}\left[\frac{r_k}{a} - \frac{3ne}{2\sqrt{1-e^2}}\sin f_k(t_k - t_0)\right]$$

$$\frac{\partial F_2}{\partial e} = \bar{d}_j \cdot \frac{\vec{r}_k}{r_k}\cos f_j + \bar{d}_k \cdot \frac{\vec{r}_j}{r_j}\cos f_k \tag{5.56}$$

$$\frac{\partial F_2}{\partial M_0} = -\frac{ae}{\sqrt{1-e^2}}\left(\bar{d}_j \cdot \frac{\vec{r}_k}{r_k}\sin f_j + \bar{d}_k \cdot \frac{\vec{r}_j}{r_j}\sin f_k\right)$$

其中，

$$\bar{d}_k = \frac{1}{\sin F_2}\left(-\frac{\vec{r}_k}{r_k} + \frac{\bar{l}_k}{\sqrt{r_k^2 - R_k^2\sin^2 z_k}}\right)$$

$$\tag{5.57}$$

$$\bar{d}_j = \frac{1}{\sin F_2}\left(-\frac{\vec{r}_j}{r_j} + \frac{\bar{l}_j}{\sqrt{r_j^2 - R_j^2\sin^2 z_j}}\right)$$

a, e, M_0 优选法和改进法，可用于无摄情况，也可用于有摄情况。但三个参数同时测定，由于方程的病态，精度尚不能满足实际工作的要求。

5.7　二参数初轨计算方法

5.7.1 Morton-Taff 方法[7,8]

Morton-Taff 方法也是一种优选法初轨计算方法，优选参数为观测第一点和最后一点的地心距 r_1, r_N（或斜距 ρ_1, ρ_N），是一种二参数优选法。其基本思想为：

① 已知了 t_1, t_N 时的 r_1, r_N（或斜距 ρ_1, ρ_N），卫星的地心向量 $\vec{r}_1, \vec{r}_N$ 就可计算：

$$\vec{r}_1 = \rho_1 \vec{l}_1 + \vec{R}_1$$
$$\vec{r}_N = \rho_N \vec{l}_N + \vec{R}_N \tag{5.58}$$

于是，轨道面法线方向就为：

$$\vec{W} = \frac{\vec{r}_1 \times \vec{r}_N}{|\vec{r}_1 \times \vec{r}_N|} \tag{5.59}$$

已知了 $\vec{W}$，任意观测时刻 t_i 时的斜距 ρ_i，从而地心向量 $\vec{r}_i$，就可计算：

$$\rho_i = -\frac{\vec{R}_i \cdot \vec{W}}{\vec{l}_i \cdot \vec{W}} \tag{5.60}$$

$$\vec{r}_i = \rho_i \vec{l}_i + \vec{R}_i$$

② 选择 x 轴指向 $\vec{r}_1$，z 轴指向 $\vec{W}$ 的坐标系，将 $\vec{r}_i$ 表达为：

$$\vec{r}_i = r_i \begin{pmatrix} a_i \\ b_i \\ 0 \end{pmatrix} \tag{5.61}$$

定义：　　$\bar{x} = \dfrac{\vec{r}_1}{r_1}$,　$\bar{y} = \vec{W} \times \bar{x} \tag{5.62}$

则，　　$a_i = \dfrac{\vec{r}_i}{r_i} \cdot \bar{x}$,　$b_i = \dfrac{\vec{r}_i}{r_i} \cdot \bar{y} \tag{5.63}$

③ 应用 Hamilton 原理和能量守恒定理，求出轨道根数 e 和 p：

根据 Hamilton 原理，有：

$$\bar{r}_i = R \begin{pmatrix} -b_i \\ a_i \\ 0 \end{pmatrix} + \bar{C} \equiv R\bar{G}_i + \bar{C} \tag{5.64}$$

其中，$R, \bar{C}$ 均为常数，它们与轨道根数有如下关系：

$$\bar{C} \cdot \bar{C} = \frac{\mu}{p} e^2, \quad R^2 = \frac{\mu}{p} \tag{5.65}$$

根据能量守恒定理，有：

$$E_i = \frac{\dot{\bar{r}}_i \cdot \dot{\bar{r}}_i}{2} - \frac{\mu}{r_i} = \frac{(\bar{C} \cdot \bar{C} + R^2 + 2\bar{C} \cdot R\bar{G}_i)}{2} - \frac{\mu}{r_i} \tag{5.66}$$

E_i 的平均值为：

$$<E> = \frac{1}{2}(\bar{C} \cdot \bar{C} + R^2) + \frac{1}{N} \sum_1^N [R\bar{C} \cdot \bar{G}_i - \frac{\mu}{r_i}] \tag{5.67}$$

能量的残差为：

$$E_i - <E> = R\bar{C} \cdot (\bar{G}_i - \frac{1}{N} \sum_1^N \bar{G}_m) - \frac{\mu}{r_i} + \frac{1}{N} \sum_1^N \frac{\mu}{r_m} \equiv \bar{\lambda} \cdot \bar{A}_i + B_i \tag{5.68}$$

其中，$\bar{\lambda} = R\bar{C} \equiv \begin{pmatrix} \lambda_x \\ \lambda_y \\ 0 \end{pmatrix}, \bar{A}_i = \bar{G}_i - \frac{1}{N} \sum_1^N \bar{G}_m \equiv \begin{pmatrix} A_{ix} \\ A_{iy} \\ 0 \end{pmatrix}$ \tag{5.69}

$$B_i = -\frac{\mu}{r_i} + \frac{1}{N} \sum_1^N \frac{\mu}{r_m}$$

于是，能量守恒定理就等价于能量方差最小，即：

$$\Delta E = \sum_1^N (E_i - <E>)^2 = \min \tag{5.70}$$

因为，在 $E_i - <E>$ 中，只有 $\bar{\lambda}$ 是未知量，因此，利用

$$\frac{\partial \Delta E}{\partial \bar{\lambda}} = 0 \tag{5.71}$$

即可得到 $\bar{\lambda}$ 的方程：

$$\frac{\partial \Delta E}{\partial \bar{\lambda}} = \frac{2}{N} \sum_1^N (\bar{\lambda} \cdot \bar{A}_i + B_i) \bar{A}_i = 0 \tag{5.72}$$

即：

$$\lambda_x \left(\sum_1^N A_{ix} A_{ix} \right) + \lambda_y \left(\sum_1^N A_{ix} A_{iy} \right) + \sum_1^N B_i A_{ix} = 0 \tag{5.73}$$

$$\lambda_x \left(\sum_1^N A_{iy} A_{ix} \right) + \lambda_y \left(\sum_1^N A_{iy} A_{iy} \right) + \sum_1^N B_i A_{iy} = 0$$

这样就可得到 $\bar{\lambda}$ ，再根据 Hamilton 原理，知：

$$< E > = \frac{1}{2} (\bar{C} \cdot \bar{C} - R^2) \tag{5.74}$$

与前面的 $< E >$ 表达式相比较，我们有：

$$-R^2 = \frac{1}{N} \sum_1^N (\bar{\lambda} \cdot \bar{G}_i - \frac{\mu}{r_i}) \tag{5.75}$$

就可计算 R ，如 R^2 为负数，表示这组轨道不对，应重给初值。有 R 后，我们就可计算 e 和 p ：

$$\bar{C} = \bar{\lambda} / R, \quad e^2 = (\bar{C} \cdot \bar{C}) / R^2, \quad p = \mu / R^2$$

$$a = p / (1 - e^2), \quad n = \sqrt{\mu / a^3} \tag{5.76}$$

④计算优选法的目标函数：

Morton-Taff 法的目标函数有两部分：F_1, F_2 ，其定义为：

$$F_1 = \Delta E / < E > = 4 \sum_1^N (\bar{\lambda} \cdot \bar{A}_i + B_i)^2 / (C^2 - R^2)^2 \tag{5.77}$$

这部分有了 $\bar{\lambda}$ ，因为 A_i 和 B_i 均为已知量，就可计算。

F_2 的定义为：

$$F_2 = \frac{n^2}{M} \sum [(\tau_j - \tau_i)^2 - (t_j - t_i)^2]^2 \tag{5.78}$$

其中，M 为资料组合的总组数；$\tau_j - \tau_i$ 为计算所得的观测时间差，其算法如下：

首先计算对应于 t_i, t_j 的 $\bar{r}_i, \bar{r}_j$ 所组成的三角形面积 Δ ，以及扇形和三角形面积之比 y （方法同前），扇形面积 S 就为：

$$S = y\Delta \tag{5.79}$$

因此，

$$\tau_j - \tau_i = \frac{2S}{\sqrt{\mu p}} \tag{5.80}$$

也就可以计算。于是目标函数的计算问题就已解决。要说明的是：由于 Morton-Taff 原来的两个目标函数，在有些单位系统中量级相差较大，这里已作了调整。

与 Баженов 方法类似，Morton-Taff 法也使用 $\rho_i = -\dfrac{\vec{N} \cdot \vec{R}_i}{\vec{N} \cdot \vec{l}_i}$ 计算斜距，

在卫星过天顶时，也会损失精度。

5.7.2 a, e 优选初轨计算方法

a, e 二参数优选初轨计算方法的基本思想是：

1）利用观测首尾两点资料，以及给定的 a, e，利用面积公式，首先选出 t_1 时刻的平近点角 M_1，一般可选出两个 $M_1 : (M_1, M_1')$；

2）再利用其它资料，比较两组参数（a, e, M_1 和 a, e, M_1'）的三参数优选法的目标函数的大小，选其小者作为 a, e 二参数的目标函数。

这样，我们就将一个三参数优选问题，化为两次单参数优选加一次二参数优选问题（在二参数优选时，目标函数要计算二次），从而将问题化简。

本方法的计算步骤如下：

1）优选 M_1

给定 a, e，根据面积公式，t_1, t_N 之间的扇形面积为：

$$S_1 = \frac{1}{2}\sqrt{\mu p}(t_N - t_1) \tag{5.81}$$

其中，$p = a(1 - e^2)$

另外，如果给定了 a, e，再给定 M_1，则我们就可得到 t_1, t_N 时刻的 $\vec{r}_1, \vec{r}_N$（算法同前）。这样我们又可计算 $\vec{r}_1, \vec{r}_N$ 之间的三角形面积：

$$\Delta = \frac{1}{2}|\vec{r}_1 \times \vec{r}_N|$$

再利用 $t_1, t_N, \vec{r}_1, \vec{r}_N$，我们又可计算扇形面积和三角形面积之比 y（算法同前），于是，扇形面积又可表达为：

$$S_2 = y\Delta \tag{5.82}$$

如果，我们给定的 a, e, M_1 正确，则应有 $S_1 = S_2$。据此，我们就可用以下目标函数来优选 M_1：

$$F(M) = |S_1 - S_2|$$

要说明的是：M_1 将会选出两个，一个在近地点附近 $(-90° < M_1 < 90°)$，一个在远地点附近 $(90° < M_1 < 270°)$，因此，M_1 优选应进行两次，即一次初值给为 $0°$，另一次初值给为 $180°$。

2）优选 a,e

上面我们利用观测首尾两点资料，以及给定的 a,e，利用面积公式，选出了 t_1 时刻的两个平近点角 $(M_1, M_1^{'})$，下面我们继续进行 a,e 的优选：

定义目标函数：

$$F(a,e) = \min(F(a,e,M_1), F(a,e,M_1^{'}))$$

即我们计算两次三参数的目标函数：$F(a,e,M_1)$ 和 $F(a,e,M_1^{'})$，取其小者作为二参数的目标函数。这里，$F(a,e,M_1)$ 的定义如下：

$$F(a,e,M_1) = F_1(a,e,M_1) + F_2(a,e,M_1) + F_3(a,e,M_1)$$

其中，$F_1(a,e,M_1)$，$F_2(a,e,M_1)$，$F_3(a,e,M_1)$ 的定义和计算过程如下：

①共面条件 $F_1(a,e,M_1)$

轨道面法线方向：$\vec{W} = \dfrac{\vec{r_1} \times \vec{r_N}}{|\vec{r_1} \times \vec{r_N}|}$

于是，我们可以用：

$$F_1(a,e,M_1) = \frac{2}{N-2} \sum_{i=2}^{N-1} (\vec{W} \cdot \frac{\vec{r_i}}{r_i})^2 \tag{5.83}$$

作为共面条件的符合程度的标志。

②能量守恒 $F_2(a,e,M_1)$

根据 Hamilton 原理，经过简单的推导，可以证明：能量守恒定理等价于：

$$a_i \cos f_1 + b_i \sin f_1 - \cos f_i = 0$$

其中，

$$a_i = \frac{\vec{r_i}}{r_i} \cdot \bar{x}, \quad b_i = \frac{\vec{r_i}}{r_i} \cdot \bar{y}$$

$$\bar{x} = \frac{\vec{r_1}}{r_1}, \qquad \bar{y} = \vec{W} \times \bar{x} \tag{5.84}$$

于是，我们可以用：

$$F_2(a,e,M_1) = \frac{1}{N-2} \sum_{i=2}^{n-1} (a_i \cos f_1 + b_i \sin f_1 - \cos f_i)^2 \tag{5.85}$$

作为能量守恒程度的标志。

③动量矩守恒 $F_3(a,e,M_1)$

与 Morton-Taff 方法的 F_2 类似，我们可以计算对应于 t_1, t_i 的 $\vec{r_1}, \vec{r_i}$ 以及 t_i, t_N 的 $\vec{r_i}, \vec{r_N}$，所组成的三角形面积 Δ，以及扇形和三角形面积之比 y（方

法同前），于是，扇形面积 S 就为：

$$S_{1i} = y_{1i}\Delta_{1i}$$
$$S_{iN} = y_{iN}\Delta_{iN}$$

(5.86)

于是，$\qquad \tau_i - \tau_1 = \dfrac{2S_{1i}}{\sqrt{\mu p}}, \quad \tau_N - \tau_i = \dfrac{2S_{iN}}{\sqrt{\mu p}}$ (5.87)

就是第 i 点与首尾两点计算的时间间隔，因此，我们可以定义：

$$F_3(a,e,M_1) = \frac{n^2}{2N-2}\sum_{i=1}^{N-1}[(\tau_i - \tau_1 - t_i + t_1)^2 + (\tau_N - \tau_i - t_N + t_i)^2]$$ (5.88)

作为动量矩守恒的程度。

应该说明：以上目标函数的三个部分，已作了量级调整。优选出 a,e,M_1 后，用它们所对应的 $\bar{r}_1, \bar{r}_N$ 就可计算轨道。

本方法计算初轨时，由于 a 和 e 的相关性，计算结果也不是很好。如果能已知 e 的某种先验值，我们可以固定 e，这时初轨计算就是一个单参数优选问题，计算精度就可大大提高。

还要说明的是：在固定 e 时，一维优选的过程也可简化。我们可以不必进行 M 的优选，可以用 a,e,M 改进法（这时 a,e 已为已知量，只有 M 为未知数），迭代计算 M，这样，计算量也可大大减少。

5.7.3 双 r 优选法初轨计算[1]

双 r 优选法初轨计算，与 Morton-Taff 法、a,e 优选法类似，也是一种二参数优选法，优选参数选为观测首尾两点的地心距 r_1, r_N，目标函数计算与 a,e 优选法相同。其计算过程如下：

①计算卫星的地心向量 $\bar{r}_1, \bar{r}_N$

$$\vec{r}_i = \rho_i \vec{l}_i + \vec{R}_i$$
$$\rho_i = \sqrt{r_i^2 - R^2\sin^2 z_i} - R\cos z_i$$
$$R\cos z_i = \vec{l}_i \cdot \vec{R}_i$$
$$R^2\sin^2 z_i = R^2 - R^2\cos^2 z_i \,(i=1,N)$$

(5.89)

②由 $\bar{r}_1, \bar{r}_N$ 计算轨道根数（方法同前）。这样我们就可得到 t_1 时刻的 a,e,M_1。

③计算目标函数：

定义：

$$F(r_1, r_N) = F(a, e, M_1)$$
$$= F_1(a, e, M_1) + F_2(a, e, M_1) + F_3(a, e, M_1)$$

这里，$F_1(a, e, M_1), F_2(a, e, M_1), F_3(a, e, M_1)$ 的定义与 a, e 优选法相同。

与 a, e 优选法相比，本方法省去了 M 的优选过程，而且目标函数也只需计算一次，因此效率较高。但是，由于参数的相关性，计算结果仍与 a, e 优选法相当，在实用时，仍要固定 e。而本方法固定 e 比 a, e 优选法要困难一些。

5.8 接近最佳精度的初轨算法

5.8.1 初轨计算的误差来源[9]

为了分析初轨计算的误差来源，不失一般性，我们讨论 Laplace 型的方法，这时初轨计算的条件方程为：

$$f\vec{r_0} \cdot \vec{\alpha}' + g\dot{\vec{r_0}} \cdot \vec{\alpha}' = \vec{R} \cdot \vec{\alpha}'$$
$$f\vec{r_0} \cdot \vec{\delta}' + g\dot{\vec{r_0}} \cdot \vec{\delta}' = \vec{R} \cdot \vec{\delta}'$$

（5.90）

其中，

$$\vec{l}' = \begin{pmatrix} \cos\delta'\cos\alpha' \\ \cos\delta'\sin\alpha' \\ \sin\delta' \end{pmatrix}, \quad \vec{\alpha}' = \begin{pmatrix} -\sin\alpha' \\ \cos\alpha' \\ 0 \end{pmatrix}, \quad \vec{\delta}' = \begin{pmatrix} -\sin\delta'\cos\alpha' \\ -\sin\delta'\sin\alpha' \\ \cos\delta' \end{pmatrix}$$

$\vec{l}'$ 为观测量，(α', δ') 为赤经和赤纬的观测量，它们均包含测量误差 $(\Delta\alpha, \Delta\delta)$。$\vec{l}', \vec{\alpha}', \vec{\delta}'$ 的误差可近似表达为：

$$\vec{l}' = \vec{l} + \cos\delta\Delta\alpha\vec{\alpha} + \Delta\delta\vec{\delta}$$

$$\vec{\alpha}' = \vec{\alpha} - \begin{pmatrix} \cos\alpha \\ \sin\alpha \\ 0 \end{pmatrix}\Delta\alpha$$

（5.91）

$$\vec{\delta}' = \vec{\delta} - \Delta\alpha\vec{l} - \Delta\delta\vec{\alpha}$$

这样，条件方程两端就包含了观测误差。在解方程时，法方程的系数矩阵中也包含了观测误差，计算系数行列式也会受到观测误差的影响。设，没有误差的系数行列式为 $\bar{\mu}$，受观测误差影响后的系数行列式为 μ，观测误差造成的系数行列式误差为 $\Delta\mu$，显然有 $\mu = \overline{\mu} + \Delta\mu$。

对于短弧定轨来说，可以证明：$\overline{\mu}$ 的量级为 $O(\varepsilon^2)$，其中，ε 为 $\frac{1}{2}(n\Delta t)^2$ 或 $\omega_{\oplus}\Delta t$ 同量级，n 为卫星平运动，$\omega_{\oplus}$ 为地球自转速度。而 $\Delta\mu$ 与 ε 无关，它随观测误差的增大而增大，还会随观测资料数量的增加而增大。

当观测弧长足够短，ε 足够小，从而 $\overline{\mu}$ 也足够小，随着观测误差增大或资料过分稠密，$\Delta\mu$ 逐步增大，当 $\Delta\mu$ 与 $\overline{\mu}$ 可以比较，甚至 $\overline{\mu}$ 被 $\Delta\mu$ 淹没时，初轨计算将丧失精度，甚至完全失效。这就是初轨计算误差的主要来源。

研究还表明：$\overline{\mu}$ 的大小不仅取决于弧长，它也与观测弧段相对于近站点的对称程度有关，如果观测弧段与近站点对称，$\overline{\mu}$ 较大，初轨精度也愈高。

当然初轨计算的短弧定轨的病态（$\overline{\mu}$ 较小）是本质性的，我们不能指望某种算法能克服这种病态，而只能希望病态对定轨精度的影响较小，特别是，希望观测误差对定轨精度的影响尽量小，显然，如果某种算法有 $\mu = \overline{\mu}$，即观测误差对系数行列式的影响为零，这大概就是我们追求的最佳算法。

5.8.2 初轨计算的最佳精度[10]

长期以来，虽然我们研究了多种光学初轨计算方法，但是，精度均不能满足实际工作的要求，因此，人们要问：到底初轨能达到多高的精度？什么是初轨的最佳精度？我们是否能达到（或接近）这一精度？

根据统计理论，对于初轨计算，存在如下的 C，R 下界，即为初轨的最佳精度：

$$[I(\theta)]^{-1} = \sigma^2 [\sum_{k=1}^{N}(\cos\delta_k \frac{\partial\alpha(\theta,t_k)}{\partial\theta}) \times (\cos\delta_k \frac{\partial\alpha(\theta,t_k)}{\partial\theta})^{\tau}$$
$$+ \sum_{k=1}^{N}(\frac{\partial\delta(\theta,t_k)}{\partial\theta}) \times (\frac{\partial\delta(\theta,t_k)}{\partial\theta})^{\tau}] \tag{5.92}$$

其中，θ 为轨道根数；N 为资料总点数。计算 C、R 下界，只要计算出 $\frac{\partial\alpha}{\partial\theta}, \frac{\partial\delta}{\partial\theta}$ 即可。而 $\frac{\partial\alpha}{\partial\theta}, \frac{\partial\delta}{\partial\theta}$ 的计算方法如下：

$$\rho \cos \delta \frac{\partial \alpha}{\partial \theta} = \vec{\alpha} \cdot \frac{\partial \vec{r}}{\partial \theta}$$

$$\rho \frac{\partial \delta}{\partial \theta} = \vec{\delta} \cdot \frac{\partial \vec{r}}{\partial \theta}$$

其中：　$\vec{\alpha} = \begin{pmatrix} -\sin\alpha \\ \cos\alpha \\ 0 \end{pmatrix}$, 　　$\vec{\delta} = \begin{pmatrix} -\sin\delta\cos\alpha \\ -\sin\delta\sin\alpha \\ \cos\delta \end{pmatrix}$

如果用 θ 为克普勒根数 $(a, i, \Omega, e, \omega, M_0)$，则 $\dfrac{\partial \vec{r}}{\partial \theta}, \dfrac{\partial \dot{\vec{r}}}{\partial \theta}$ 的表达式请参见 3.4.5 节。

实际上，C，R 下界就是轨道改进法方程系数矩阵的逆，乘上观测中误差的平方。要说明的是：C，R 下界的计算，应用无误差的根数计算。

5.8.3　接近最佳精度的初轨计算方法－参考矢量法[10,11]

根据上节分析，初轨计算的误差来源，主要是观测误差对初轨计算的法方程左端产生了的影响，也就是说，是由点乘（或叉乘）一个有误差的观测向量引起的。因此，我们从统计理论出发，研究出一种不点乘（或叉乘）一个有误差的观测向量的方法，该方法点乘一个无观测误差的参考向量，观测误差将不再对法方程左端产生影响，另外，该方法还对资料进行了合理的加权。

参考矢量法的原理，与单位矢量法基本相同，其条件方程为：

$$\frac{\hat{f}_i}{\hat{\rho}_i}(\hat{\vec{r}}_0 - \vec{r}_0^*) \cdot \vec{\alpha}_i^* + \frac{\hat{g}_i}{\hat{\rho}_i}(\hat{\dot{\vec{r}}}_0 - \dot{\vec{r}}_0^*) \cdot \vec{\alpha}_i^* = (\vec{l}_i' - \vec{l}_i^*) \cdot \vec{\alpha}_i^* \tag{5.93}$$

$$\frac{\hat{f}_i}{\hat{\rho}_i}(\hat{\vec{r}}_0 - \vec{r}_0^*) \cdot \vec{\beta}_i^* + \frac{\hat{g}_i}{\hat{\rho}_i}(\hat{\dot{\vec{r}}}_0 - \dot{\vec{r}}_0^*) \cdot \vec{\beta}_i^* = (\vec{l}_i' - \vec{l}_i^*) \cdot \vec{\beta}_i^*$$

其中，

$$\vec{\alpha}_i^* = \begin{pmatrix} -\sin\alpha_i^* \\ \cos\alpha_i^* \\ 0 \end{pmatrix}, \quad \vec{\beta}_i^* = \begin{pmatrix} -\sin\delta_i^*\cos\alpha_i^* \\ -\sin\delta_i^*\sin\alpha_i^* \\ \cos\delta_i^* \end{pmatrix} \tag{5.94}$$

$$\vec{l}_i^* = \frac{\hat{f}_i}{\hat{\rho}_i}\vec{r}_0^* + \frac{\hat{g}_i}{\hat{\rho}_i}\dot{\vec{r}}_0^* - \frac{\vec{R}_i}{\hat{\rho}_i} \tag{5.95}$$

其中，$(\vec{r}_0^*, \dot{\vec{r}}_0^*)$ 为 $(\vec{r}_0, \dot{\vec{r}}_0)$ 的参考值，$(\vec{\alpha}_i^*, \vec{\beta}_i^*)$ 称为参考矢量，与单位矢量法

比较，主要差别有：

- $(\bar{\alpha}_i^*, \bar{\beta}_i^*)$ 由 $\bar{l}_i^*$ 计算值计算，不包含观测误差；
- 方程两端除了 $\hat{\rho}_i$，相当于加了权，显然，这一权重是合理的。

模拟计算表明：参考矢量法的精度，已基本接近 C、R 下界，即接近了初轨计算的最佳精度。而且，模拟计算的初轨误差（用周期误差表示），与观测中误差基本成正比，下表给出一个卫星弧段的初轨计算的结果，该弧段的弧长为 9 分 11 秒，作为比较，我们同时列出了单位矢量法的计算结果，表中周期误差 ΔP 的单位为分。

表 5.1 初轨计算的周期误差（分）
（参考矢量法和单位矢量法的比较）

中误差	189 点偏右		48 点右		48 点偏右		48 点中	
（角分）	单位	参考	单位	参考	单位	参考	单位	参考
0.25	0.093	0.094	0.228	0.207	0.184	0.171	0.145	0.142
0.50	0.196	0.188	0.458	0.414	0.370	0.341	0.291	0.284
1.00	0.444	0.376	0.943	0.829	0.753	0.683	0.592	0.568
2.00	1.221	0.754	2.120	1.662	1.627	1.368	1.263	1.138
3.00	2.428	1.133	3.696	2.500	2.728	2.054	2.080	1.709

5.8.4 初轨计算的二重解及其解决办法[10]

如果使用残差平方和作为初轨计算的性能指标 U，研究发现，这性能指标存在两个极小值，也就是说，初轨计算存在二重解。当然，一个是真解，一个是假解。而且，这两个解分别位于平近点角 M_0 的两个半平面之中，一个 $-\dfrac{\pi}{2} \le M_0 \le \dfrac{\pi}{2}$，一个 $\dfrac{\pi}{2} \le M_0 \le \dfrac{3\pi}{2}$。如果，真解的 M_0 为 M_T，则假解的 M_0 就为 $M_J = \pi - M_T$。对于偏心率较大的卫星，有 $U(M_J) > U(M_T)$，对于偏心率较小的卫星，$U(M_J) > U(M_T)$ 就不一定成立，此时我们就不能用性能指标 U 来区分真解和假解。

初轨计算的假解出现，大大增加了初轨计算的难度，从实用的角度出发，与其只求出一个解，而且还可能是假解，不如将两个解都求出来，再另外想办法判别了。

参考矢量法迭代收敛后，我们即得到参考矢量法的第一个解，第二个解的求法如下：

在得到参考矢量法的法方程后，加一个条件方程：

$$\frac{\partial \eta}{\partial \vec{r}_0^*}(\hat{\vec{r}} - \vec{r}_0^*) + \frac{\partial \eta}{\partial \dot{\vec{r}}_0^*}(\hat{\dot{\vec{r}}} - \dot{\vec{r}}_0^*) = -(\cos M_0 - \cos M_0^*) \tag{5.96}$$

式中的函数 $\eta(\vec{r}_0, \dot{\vec{r}}_0)$ 表示 $\cos M_0$ 与 $(\vec{r}_0, \dot{\vec{r}}_0)$ 的函数关系，式中的偏导数的计算方法如下：

$$\begin{aligned} \frac{\partial \eta}{\partial \vec{r}} &= -\sin M \frac{\partial M}{\partial \vec{r}} \\ \frac{\partial \eta}{\partial \dot{\vec{r}}} &= -\sin M \frac{\partial M}{\partial \dot{\vec{r}}} \end{aligned} \tag{5.97}$$

其中，$\dfrac{\partial M}{\partial \vec{r}}, \dfrac{\partial M}{\partial \dot{\vec{r}}}$ 的算法请参见 3.4.4 节。固定 $\cos M_0$ 的条件方程法化时，应乘上权重 $\dfrac{\sigma}{\sigma_\eta}$，$\sigma$ 为观测资料的中误差，σ_η 为 $\cos M_0$ 的中误差，在实际计算时，σ_η 可取为 0.1 。

5.8.5　初轨的稳健估计算法[12]

上面研究的初轨计算中，都假定观测资料没有野值，也就是没有错误资料，当然，观测数据中总存在野值，实际工作需要能剔除野值的初轨计算方法。下面给出一种初轨的稳健估计方法，它的崩溃点为 16%。该方法的计算步骤如下：

①将资料分为 $N/6$ 组（其中 N 为观测数据总数），每组 6 个资料，例如，第 k 组的资料为：

$$\{\vec{l}_k, \vec{l}_{k+N/6}, \vec{l}_{k+2N/6}, \vec{l}_{k+3N/6}, \vec{l}_{k+4N/6}, \vec{l}_{k+5N/6}\} \qquad 1 \leq k \leq N/6$$

可以证明，当野值率小于 16% 时，在 $N/6$ 组资料中，至少有一组没有野值。

②利用每组的 6 个资料，采用参考矢量法计算初轨，如果某组初轨计算不收敛（迭代次数超过 10 次），将此组剔除。这样就可得到 $M < N/6$ 组 $\vec{r}_k, \dot{\vec{r}}_k$；

③计算性能指标 U：

$$U = \sum_{i=1}^{N} \varphi(S_i^2), \qquad S_i^2 = (\hat{\vec{l}}_i - \vec{l}_i)^\tau (\hat{\vec{l}}_i - \vec{l}_i),$$

$$\varphi(S_i^2) = \begin{cases} S_i^2 & \varphi(S_i^2) \leq 16 S_i^2 \\ 16 S_i^2 & \varphi(S_i^2) > 16 S_i^2 \end{cases} \tag{5.98}$$

在 M 组中，选择 U 最小的一组，作为迭代初值；

④在迭代时，对资料加权：

$$W = \begin{cases} 1 & \varphi(S_i^2) \leq 16 S_i^2 \\ 0 & \varphi(S_i^2) > 16 S_i^2 \end{cases} \tag{5.99}$$

迭代收敛后，就得到稳健估计的初轨。

当然，分组的多少，可根据野值率设定，可分为 $N/6$ 组，每组 6 个资料；也可为 $N/5$ 组，每组 5 个资料；$N/4$ 组，每组 4 个资料等，随着组数的增加，崩溃点在增加，但初轨的初值的精度也随之降低。

5.8.6 多站联测

为了说明多站联测初轨计算的优点，在表 5.2 和表 5.3 中，我们给出多站联测和单站初轨所得周期的比较，表中还列出了轨道改进的周期。表中计算初轨的资料精度约为 2 角分。

从表中可以看出：只要取得多站（包括两站）同一圈（不要求各站的观测弧段重叠）的观测资料，初轨计算的精度，已基本解决。其理由是：多站观测的数据中，已包含了测距信息，它的初轨计算精度，已基本与雷达初轨相当。

表 5.2 多站联测定轨和单站定轨精度比较

(大偏心率卫星 e=0.33，参考矢量法)

日期	改进根数 P（分）	多站同圈 P（分）		单站单圈 P（分）	
97.5.14	164.5073	03	164.4959	03	162.9897
		04		04	165.0484
97.5.25	164.4424	04	164.6878	04	163.0807
		07		07	163.9181
97.5.26	164.4424	04	164.1988	04	162.9290
		07		07	166.7499
97.6.2	164.4058	02	165.7660	02	159.5010
		03		03	168.1439
		04		04	154.3035
97.6.7	164.3796	02	164.3401	02	165.5773
		03			

表 5.3 多站联测定轨和单站定轨精度比较

(小偏心率卫星 e=0.02，参考矢量法)

日期	改进根数 P（分）	多站同圈 P（分）		单站单圈 P（分）	
97.5.26	96.9092	03	96.7921	03	96.6259
		07		07	83.4027
97.8.19	96.7273	02	96.2799	02	99.1219
		03		03	91.5393
97.8.25	96.7100	03	96.3135	03	97.1974
		04		04	89.5683
97.7.16	96.8222	02	96.8424	02	96.5381
		04		04	98.6633
97.10.13	96.4622	03	96.3200	03	96.2607
		07		07	98.6131
97.10.13	96.4622	02	96.8233	02	95.3230
		03		03	96.2016
97.10.15	96.4562	02	96.8385	02	94.5797
		03		03	96.9489

5.8.7 已知根数先验值的初轨计算

如果已知某些轨道根数的先验值，我们可以在计算初轨时，将这些参数固定，以得到更加正确的卫星周期。这样的方法是很实用的，例如：

1）在轨的空间目标中，大多数的偏心率均小于 0.003，如果在计算初轨时，固定 e = 0.0015，一般初轨周期误差可小于 0.15 分，已可以满足要求；甚至在用此法得到 a 后，还可以使用固定 a 的方法计算其它轨道参数；

2）对于许多卫星系列，轨道倾角是固定的，我们可以使用固定倾角 i 的初轨计算方法；

3）对于同步卫星的转移轨道，它的偏心率 e 和近地点角距 ω 均是已知的，我们可以使用固定 e,ω 的方法。

下面，讨论如何进行固定参数的初轨计算：

（1） Laplace 型方法中固定轨道根数

以参考矢量法为例，我们可以在参考矢量法的法方程中，增加一个（或几个）条件方程即可：

$$\frac{\partial \sigma}{\partial \vec{r}}(\hat{\vec{r}} - \vec{r}_0^*) + \frac{\partial \sigma}{\partial \dot{\vec{r}}}(\hat{\dot{\vec{r}}} - \dot{\vec{r}}_0^*) = \sigma - \sigma^* \tag{5.100}$$

其中，σ^* 为根数 σ 的先验值。根数对 $\bar{r},\dot{r}$ 的偏导数的算法，请参见 3.4.4 节。说明：固定某个根数的条件方程加权时，可以根据根数先验值的中误差来加权。

（2）在优选算法中固定根数

我们可以设计各种参数的优选法，优选法的参数可以是 (a,e,M)，(a,i,Ω)，(a,e)，(r_1,r_N) 等，当然最好固定的根数，就在该优选参数之中，这时，只是优选的参数少一个而已，方法十分简单。

如果固定的参数，不在优选参数之中，当然问题要麻烦一些，下面说明在双 r 优选法中如何固定 e：

前面计算与双 r 优选法初轨计算一样，优选参数选为观测首尾两点的地心距 r_1,r_N。其计算过程如下：

①计算卫星的地心向量 $\bar{r}_i,\bar{r}_N$：

$$\bar{r}_i = \rho_i \bar{l}_i + \bar{R}_i$$

$$\rho_i = \sqrt{r_i^2 - R^2 \sin^2 z_i} - R\cos z_i$$

$$R\cos z_i = \bar{l}_i \cdot \bar{R}_i$$

$$R^2 \sin^2 z_i = R^2 - R^2 \cos^2 z_i \qquad (i=1,N)$$

②由 $\bar{r}_i,\bar{r}_N$ 计算轨道根数（方法从略）。这样我们就可得到 t_1 时刻的 a,e,M_1。

③计算目标函数：

定义：

$$F(r_1,r_N) = F(a,e,M_1) \equiv F_1(a,e,M_1) + F_2(a,e,M_1) + F_3(a,e,M_1)$$

这里，$F_1(a,e,M_1)$，$F_2(a,e,M_1)$，$F_3(a,e,M_1)$ 的定义与 a,e 优选法相同。

在固定 e 优选法中，目标函数可这样定义：

$$F(r_1,r_N) = F(a,e,M_1) \times \exp^{c|e-e_0|} \qquad (5.101)$$

这里，e_0 是偏心率的先验值；c 为一个正数，其大小取决于 e_0 的精度。

显然，这样做只是对偏心率起到某种约束作用，不能严格固定 e_0，但这样做的效果是好的。

（3）在三参数迭代法中固定根数

上面我们研究了 (a,e,M_0) 和 (a,i,Ω) 三参数迭代法，当然，如果固定 a 或 e，我们可选择 (a,e,M_0) 迭代法；固定 i 或 Ω，可选择 (a,i,Ω) 迭代法。

这时，只是解算的参数少一个而已，方法十分简单。此时，一般不使用固定不在迭代参数内的方法。当然，要使用固定 (i,Ω) 的 (a,i,Ω) 迭代法，我们必须将 Баженов 方法的参数换成 (a,i,Ω)，这是简单的，这里不再赘述。

5.8.8　关于初轨计算中考虑摄动问题

为了克服初轨计算的模型差，有人研究考虑摄动的有摄初轨计算，当然，这里的考虑摄动，也只考虑 J_2 的摄动。在诸多初轨方法中，也许以 (a,e,M_0) 优选法，考虑摄动比较方便，下面我们简单介绍有摄 (a,e,M_0) 优选法：

与无摄情况类似，我们定义目标函数：

$$F(a,e,M_0) = \sum_{k,j}[u_k - u_j - \cos^{-1}(\frac{\vec{r}_k''\cdot\vec{r}_j''}{r_k''r_j''})]^2 \tag{5.102}$$

设已知某一时刻 t_0 时的 (a,e,M_0)（平根数），则目标函数的计算步骤如下：

1）近圆轨道计算轨道初值

计算的目的不仅是得到 a 的初值，而且要得到轨道参数 (i,Ω)

2）计算目标函数

① 计算长期摄动：

$$\dot{M} = n(1 + \frac{3J_2}{4a^2}\sqrt{1-e^2}(2-3\sin^2 i))$$

$$\dot{\omega} = \frac{3J_2 n}{4a^2}(4-5\sin^2 i) \tag{5.103}$$

$$\dot{\Omega} = -\frac{3J_2 n}{2a^2}\cos i$$

② 对于每一个观测量 $t_i, \bar{l}_i, \quad i=1,2,\cdots,N$

考虑长期摄动，计算有摄星历表 $\bar{r}$，对于任一 t，我们有：

$$M = M_0 + \dot{M}(t-t_0)$$

$$M \to E \to f$$

$$r = a(1-e\cos E)$$

$$\rho = \sqrt{r^2 - R^2\sin^2 z} - R\cos z$$

$$\bar{r} = \rho\,\bar{l} + \bar{R}$$

③ 考虑短周期摄动 $\delta r, \delta u$，重新计算星历表 $\bar{r}'$：

首先计算 u： $u = \cos^{-1}(\bar{\Omega} \cdot \bar{r})$

其中

$$\bar{\Omega} = \begin{pmatrix} \cos\Omega \\ \sin\Omega \\ 0 \end{pmatrix}$$

于是：

$$\delta r = \frac{J_2}{4a}\sin^2 i \cos 2u - \frac{3J_2}{4a}(2 - 3\sin^2 i)$$

$$\delta u = -\frac{J_2}{8a^2}(6 - 7\sin^2 i)\sin 2u \tag{5.104}$$

因此： $r' = r + \delta r$

$$\rho' = \sqrt{r'^2 - R^2\sin^2 z} - R\cos z$$

$$\vec{r}' = \rho'\bar{l} + \bar{R} \tag{5.105}$$

④考虑短周期摄动 $\delta i, \delta\Omega$，重新计算 $\vec{r}''$：

$$\vec{r}'' = R_3(-\Omega - \dot{\Omega}(t - t_0) - \delta\Omega)R_1(\delta i)R_3(\Omega)\vec{r}' \tag{5.106}$$

这里，

$$\delta i = \frac{3J_2}{8a^2}\sin 2i \cos 2u$$

$$\delta\Omega = \frac{3J_2}{4a^2}\cos i \sin 2u \tag{5.107}$$

⑤计算与 $\vec{r}''$ 及 $\bar{l}$ 所对应的 u：

$$u = f + \delta u + \dot{\omega}(t - t_0) \tag{5.108}$$

对于任意一对 $t_k, t_j (t_k > t_j)$，我们就可得到 $\vec{r}_k'', \vec{r}_j''$，以及相应的 u_k, u_j。于是，目标函数就可计算。

在计算时，t_0 可取为观测的中间时刻，a 的初值可用圆轨道计算，e, M_0 的初值可取为 0。

5.9　雷达和多普勒测速资料的初轨计算

5.9.1　雷达初轨（混合资料的初轨计算）

雷达的初轨计算的本质是混合资料的初轨计算，即我们测定了目标的方向、距离和视向速度，如何计算人造卫星的轨道。实践证明，由于有了

测距资料,雷达初轨的精度可以满足工作要求,要研究的是一些理论问题,例如:

- 初轨计算要不要考虑摄动;
- 不同资料的加权问题;
- 不同资料对初轨计算的重要性问题。

雷达的初轨计算,假定我们已知了某一卫星的观测量:

$$t_i, A_i, h_i, \rho_i, \dot\rho_i \quad (i=1,2 \cdots N)$$

以及测角、测距和测速数据的中误差 $\sigma_0, \sigma_\rho, \sigma_{\dot\rho}$

雷达的初轨计算的基本方程是:

$$\vec A \cdot (f\,\vec r_0 + g\dot{\vec r}_0) = 0$$
$$\vec h \cdot (f\,\vec r_0 + g\dot{\vec r}_0) = \vec h \cdot \vec R$$
$$\vec l \cdot (f\,\vec r_0 + g\dot{\vec r}_0) = \vec l \cdot \vec R + \rho$$
$$\vec l \cdot (f'\,\vec r_0 + g'\dot{\vec r}_0) = \vec l \cdot \dot{\vec R} + \dot\rho$$

(5.109)

其中, $\vec R$ 为测站坐标向量; $\dot R$ 为测站速度向量; $\vec l$ 为观测向量; $\vec A = \dfrac{\vec l \times \vec R}{|\vec l \times \vec R|}, \vec h = \vec A \times \vec l$; f, g, f', g' 为二体问题的 f, g 级数。

雷达的初轨计算,一般总是已知 t_i, A_i, h_i, ρ_i,这时每个资料就有 3 个方程,有的雷达还能进行测速,这时每个资料就有 4 个方程,将这些方程联立,即可解出 $\vec r_0, \dot{\vec r}_0$,于是就可计算出新的轨道根数,初轨计算就可进行新的迭代,直至迭代收敛。

(1) 初轨计算中要不要考虑摄动的问题

一般认为,人造卫星的运动是有摄动的,因此,在轨道计算中应该考虑摄动。尤其是,在光学初轨计算时,计算精度总不够高,人们常希望通过考虑摄动来提高计算的精度。因此,我们对此进行了研究。在以下模拟计算中,在计算星历表时,我们考虑了 J_2 摄动,模拟资料不加误差,在计算初轨时仍用二体问题的计算公式。模拟计算结果如表 5.4:

由以上结果可见,如果没有观测误差, J_2 摄动并没有引起多大的轨道计算误差,特别是周期误差最大也只有 0.004 分,比起观测误差引起的测轨误差要小得多。因此,我们认为:从实际情况出发,初轨计算中没有必要考虑摄动。

表5.4　雷达初轨计算的模型误差

轨道	弧长	Δa	Δi	$\Delta\Omega$	Δe	$e\Delta\omega$	$\Delta\lambda$	ΔP
		10^{-6}	10^{-7}	10^{-7}	10^{-7}	10^{-6}	10^{-6}	10^{-3}
1.	1.30	1.22	2.45	-0.20	2.98	-1.08	1.15	0.17
2.	1.06	-5.53	-7.27	9.65	12.75	-4.97	-3.36	-0.81
3.	2.03	2.48	7.89	2.91	18.13	-1.82	-3.79	0.34
4.	5.12	30.12	13.14	-10.33	-5.74	18.06	5.28	4.59

说明：轨道 1—3 为近地卫星，轨道 4 为大椭圆转移轨道。

（2）资料的加权

严格说来，条件方程应为：

$$\vec{A}\cdot(f\,\vec{r}_0+g\dot{\vec{r}}_0)=\gamma_A$$
$$\vec{h}\cdot(f\,\vec{r}_0+g\dot{\vec{r}}_0)=\vec{h}\cdot\vec{R}+\gamma_h \tag{5.110}$$
$$\vec{l}\cdot(f\,\vec{r}_0+g\dot{\vec{r}}_0)=\vec{l}\cdot\vec{R}+\rho+\gamma_\rho$$
$$\vec{l}\cdot(f'\vec{r}_0+g'\dot{\vec{r}}_0)=\vec{l}\cdot\dot{\vec{R}}+\dot{\rho}+\gamma_{\dot{\rho}}$$

即方程右端还必需包含方程的残差$(\gamma_A,\gamma_h,\gamma_\rho,\gamma_{\dot{\rho}})$，而方程的中误差应为：

$$\sigma_A=E(\gamma_A\gamma_A)$$
$$\sigma_h=E(\gamma_h\gamma_h)$$
$$\sigma_\rho=E(\gamma_\rho\gamma_\rho) \tag{5.111}$$
$$\sigma_{\dot{\rho}}=E(\gamma_{\dot{\rho}}\gamma_{\dot{\rho}})$$

于是，我们希望求出$(\sigma_A,\sigma_h,\sigma_\rho,\sigma_{\dot{\rho}})$，就必需求出$(\gamma_A,\gamma_h,\gamma_\rho,\gamma_{\dot{\rho}})$，为此，我们来推导严格的条件方程。

如果我们假定：A 和 h 方向的观测中误差为的 σ_0，测距的中误差为的 σ_ρ，测速的中误差 $\sigma_{\dot{\rho}}$，则各方程的权重为：

$$W_A=\frac{1}{\rho_0^2\sigma_0^2},\quad W_h=\frac{1}{\rho_0^2\sigma_0^2},$$
$$W_\rho=\frac{1}{\sigma_\rho^2},\quad W_{\dot{\rho}}=\frac{1}{\sigma_{\dot{\rho}}^2+\rho_0^2\sigma_0^2v^2} \tag{5.112}$$

其中，v 为卫星视运动角速度。

到此为止，我们严格按误差理论推导了各方程的权重。要说明的是：$W_{\dot{\rho}}$ 与测向观测的中误差有关。这一情况对初轨计算是很不利的，即，在测向观测误差较大时，测速方程的残差总是较大的。在有测距资料的情况下，加上测速方程不大可能提高轨道测定的精度。模拟计算结果表明：加权后，计算精度有了明显的改进，这说明加权是必要的。

（3）不同资料对初轨计算的重要性问题

模拟计算结果表明：光学+测速资料的初轨，比光学初轨有了较大的改进。但是，光学+测距+测速与光学+测距相比，计算结果反而变坏了，这可能是由于测速方程中，包含了测向误差的缘故。这一结果是值得注意的，它说明在初轨计算时，如果已有了测距资料，再加上测速资料是没有必要的。

5.9.2　纯测距资料计算初轨的基本原理[13]

如果我们只有测距数据，没有测向数据，这时初轨计算，必须有三站同步的观测。下面介绍 I.G Izsak 采用的方法：

设三站在观测时刻的坐标为 $\vec{R}_1, \vec{R}_2, \vec{R}_3$，测距资料为 ρ_1, ρ_2, ρ_3。令：

$$\vec{D}_1 = \vec{R}_3 - \vec{R}_2, \qquad \vec{D}_2 = \vec{R}_1 - \vec{R}_3;$$
$$\vec{e} = \frac{1}{\Delta}(\vec{D}_1 \times \vec{D}_2), \qquad \Delta = \sqrt{(\vec{D}_1 \times \vec{D}_2)^2}; \qquad (5.113)$$
$$f_i = \frac{1}{2}(R_i^2 - \rho_i^2) \qquad i = 1,2,3$$

进而计算：

$$\vec{f} = \vec{r} \times \vec{e} = \frac{1}{\Delta}[(f_1 - f_3)\vec{D}_1 + (f_2 - f_3)\vec{D}_2]$$
$$\vec{F} = \vec{e} \times \vec{f} \qquad (5.114)$$

再令：

$$H = \vec{R}_3 \cdot \vec{e}, \qquad G = \vec{R}_3 \cdot \vec{F} - f_3, \qquad F^2 = \vec{F} \cdot \vec{F} \qquad (5.115)$$

则有　　$$\vec{r} = \vec{F} + J\vec{e} \qquad (5.116)$$

其中，　　$$J = H + \sqrt{H^2 + 2G - F^2} \qquad (5.117)$$

于是，有一个三站测距同步观测，就可得到一个 $\vec{r}$，两个同步观测就可得到 $\vec{r}_1, \vec{r}_2$，于是就可计算初轨。

5.9.3　多普勒测速资料初轨的基本原理

测速资料计算初轨，也需要三个测站的数据，它的基本方法是：先将测速资料在一定近似下化算为三站同步的测距资料，再用上面的方法计算初轨，下面介绍 I.G Izsak 的方法[12]：

设第 i（$i=1,2,3$）站的测速资料为：

$$\dot{\rho}_i(t_1), \dot{\rho}_i(t_2), \dot{\rho}_i(t_3), \cdots \dot{\rho}_i(t_n) \qquad i = 1,2,3$$

利用 7 次多项式逼近 $\dot{\rho}_i(t)$：

$$\dot{\rho}_i(t) = a_{i0} + a_{i1}t + \cdots + a_{i7}t^7 \tag{5.118}$$

在近站点处，$\dot{\rho} = 0$，由逼近式可计算近站点时刻 $t(i)$，则有：

$$\dot{\rho}_i(t) = b_{i1}[t - t(i)] + b_{i2}[t - t(i)]^2 \cdots + b_{i7}[t - t(i)]^7 \tag{5.119}$$

积分之，得：

$$\rho_i(t) = d_i + \frac{b_{i1}}{2}[t - t(i)]^2 + \frac{b_{i2}}{3}[t - t(i)]^3 \cdots + \frac{b_{i7}}{8}[t - t(i)]^8 \tag{5.120}$$

I.G Izsak 假定在近站点附近，卫星相对于测站作直线运动，则有：

$$\rho_i = \sqrt{\rho_{i0}^2 + v_i^2 [t - t(i)]^2} \tag{5.121}$$

微分之，得：

$$\dot{\rho}_i = \frac{v_i^2 [t - t(i)]}{\sqrt{\rho_{i0}^2 + v_i^2 [t - t(i)]^2}} = \frac{A_i[t - t(i)]}{\sqrt{1 + B_i[t - t(i)]^2}} \tag{5.122}$$

其中，

$$A_i = \frac{v_i^2}{\rho_{i0}}, \qquad B_i = \frac{v_i^2}{\rho_{i0}^2} \tag{5.123}$$

于是，$\qquad \rho_{i0} = A_i / B_i \tag{5.124}$

I.G Izsak 利用近站点附近的资料，改进 A_i, B_i，从而计算 ρ_{i0}，A_i, B_i 的初值可用：

$$A_{i0} = b_{i1}, \quad B_{i0} = -2b_{i3}/b_{i1} \tag{5.125}$$

有了 d_i 的初值（$d_i = \rho_{i0} = A_i / B_i$），利用（5.120）式就可计算两个任选时刻（$t_1, t_2$）的 $\rho_i(t_1), \rho_i(t_2)$，利用上节的方法，就可得到 t_1, t_2 时刻的 $\vec{r}_1, \vec{r}_2$，就可计算初轨，从而可以计算更精密的 d_i（近站点时刻的 ρ_i），迭代之，就可得到较好的初轨。

5.10 小 结

本章用了很大篇幅讨论了卫星初轨计算的问题，但是，除了雷达初轨外，其他初轨的精度仍不十分满意。下面对光学初轨，给出一些也许值得参考的意见：

1）　尽量使用多站联测的方法；

2）　对于偏心率较小的卫星，可以使用圆轨道计算法，或使用固定 $e = 0.0015$ 的方法；

3）　对于近地卫星，如果观测精度达到 $5''$，在观测弧长大于 5 分钟时，参考矢量法的初轨计算的精度，在大多数情况下，可以满足周期误差 $\Delta P < 0.2$ 分钟的要求；

4）　不管是六参数，三参数，还是二参数方法，均没有解决 (a, e) 相关的问题，因此，在根数先验值比较有把握的情况下，推荐使用固定根数的方法；

5）　如何解决大椭圆轨道的初轨计算问题，需要进行深入研究；

6）　在初轨计算中，考虑摄动没有能提高精度，因为，初轨计算的模型差一般比方程病态引起的误差要小，当然，有摄初轨的根数定义可比较明确，在理论上是有好处的；

7）　如果我们能给出卫星的初始轨道，它可以是用初轨计算方法得到，也可以是估计得到，只要这个初始轨道，使得轨道改进收敛，轨道改进的结果显然是初轨的最佳结果。

参考文献

1. Escobal P.R. Methods of orbit determination. London，1965.

2. Taff L. G.，Astr. J，1984（89）：1426-1428.

3. 易照华. 天体力学引论. 北京：科学出版社，1978.

4. Добошина Г.Н. Справочное руководство по небесной механике и Астрознамике Москва，1971.

5. 刘林. 人造地球卫星轨道力学. 北京：高等教育出版社，1992.

6. Баженов. М. Бюлл ИТА，1960（7）：757-765.

7. Taff L.G.，Hall D.L. Celest. Mech，1977（16）：481-488.

8. Molton B.G.，Taff L.G. Celest. Mech，1986（39）：181-190.

9. 吴连大，贾沛璋. 天文学报，1997（38）：288-296.

10. 贾沛璋，吴连大. 天文学报，1998（39）：337-343.

11. 贾沛璋，吴连大. 天文学报，1997（38）：353-358.

12. 贾沛璋，吴连大. 天文学报，2000（41）：123-128.

13. Izsak.G. SAO Spec. Rep38，1960.

第6章 轨道计算和精密预报

人造卫星轨道计算和精密预报的时间系统和坐标系统请参见第2章。

6.1 人造卫星的轨道计算

6.1.1 人造卫星轨道的根数系统

人造卫星的根数系统，按性质分，可分为：

—平根数；

—密切根数。

人造卫星的根数系统，按所用参数分，可分为：

—卫星的坐标和速度；

—克普勒根数（$a, e, i, \Omega, \omega, M$）；

—无 $e = 0$ 奇点的根数。

（$a, i, \Omega, \xi = e\sin\omega, \eta = e\cos\omega, \lambda = M + \omega$）；

—无 $e = 0$ 和 $i = 0$ 奇点根数

（$a, h = e\sin(\omega + \Omega), k = e\cos(\omega + \Omega)$,

$p = \text{tg}(i/2)\sin\Omega, q = \text{tg}(i/2)\cos\Omega, \lambda = M + \omega + \Omega$）。

密切根数和卫星的坐标和速度的地位是相同的，它们之间的关系是星历表计算；密切根数和平根数之间的换算关系为：

$$\sigma = \sigma^* + \Delta\sigma_s^{(1)} + \Delta\sigma_s^{(2)} + \Delta\sigma_{\text{田谐}}$$

在人造卫星轨道计算中，还要提到一种根数系统，即美国的双行根数和 SGP4 模型，关于双行根数和 SGP4 模型的详细情况，请参见第7章。

6.1.2 资料预处理

（1）坐标系统的转换

在轨道计算时，必须将轨道计算所涉及的量，包括观测数据和测站坐标，都换算到轨道计算的坐标系中去，对于半分析方法，分析方法，需换算到轨道坐标系中；对于数值方法，需换算到天球坐标系中去。由于测距数据 ρ 和测速数据 $\dot{\rho}$ 均为标量，没有坐标系转换问题，因此，主要换算的量为：

　　—A,h 观测数据，它在地平坐标系中定义；

　　—天文定位数据 α,δ，它在天球坐标系中定义；

　　—测站坐标，它在地球坐标系 ITRS 中定义。

由于目的坐标系有两种，因此，坐标系统的转换方式有：

表 6.1　资料预处理中用到的坐标变换

方式	初始坐标系	目的坐标系	涉及数据
1	地平坐标系	天球坐标系 ICRS	A,h 观测数据
2	地平坐标系	轨道坐标系 CIRS	A,h 观测数据
3	天球坐标系 ICRS	轨道坐标系 CIRS	天文定位数据 α,δ
4	地球坐标系 ITRS	天球坐标系 ICRS	测站坐标
5	地球坐标系 ITRS	轨道坐标系 CIRS	测站坐标

下面分别讨论以上几种坐标系转换：

定义：

$$\vec{l}_{\text{地}} = \begin{pmatrix} \cos h \cos A \\ -\cos h \sin A \\ \sin h \end{pmatrix} \quad \text{为地平坐标系中的观测单位向量}$$

$$\vec{l}_{\text{赤}} = \begin{pmatrix} \cos \delta \cos \alpha \\ \cos \delta \sin \alpha \\ \sin \delta \end{pmatrix} \quad \text{为天球坐标系中的观测单位向量} \qquad (6.1)$$

$$\vec{l}_{\text{轨}} = \begin{pmatrix} \cos \delta \cos \alpha \\ \cos \delta \sin \alpha \\ \sin \delta \end{pmatrix} \quad \text{为轨道坐标系中的观测单位向量}$$

$$\vec{R}_0 = \begin{pmatrix} X \\ Y \\ Z \end{pmatrix} \quad \text{为地球坐标系中的测站坐标}$$

　　在下面的表达式中，x_p, y_p 为极移量；$S = \theta + \lambda_A$，θ 为地球自转角，可按（2.18）式计算；λ_A, φ_A 为瞬时天文经纬度，计算方法请参见（2.10）式；$M_{CIO}(t)$ 坐标转换矩阵，可按（2.39）式计算；坐标旋转矩阵

$R_1(\theta), R_2(\theta), R_3(\theta)$ 定义同前。

1）A,h 观测数据

● 地平坐标系转换到轨道坐标系

将轨道坐标系定义为 z 轴指向 CIP，x 轴指向 CIO 的坐标系（下同），则：

$$\vec{l}_{轨} = R_2(90° - \varphi_A)R_3(180° - S)\vec{l}_{地} \tag{6.2}$$

● 地平坐标系转换到天球坐标系

$$\vec{l}_{赤} = M_{CIO}^{-1}(t)R_2(90° - \varphi_A)R_3(180° - S)\vec{l}_{地} \tag{6.3}$$

2）天文定位数据 α, δ

天文定位数据 α, δ 属于天球坐标系，在半分析方法中，必须将它转换到轨道坐标系，其转换方法如下：

$$\vec{l}_{轨} = M_{CIO}(t)\,\vec{l}_{赤} \tag{6.4}$$

3）测站坐标

● 地球坐标系转换到轨道坐标系

这时转换关系为：

$$\vec{R} = R_3(-\theta)R_1(y_p)R_2(x_p)\vec{R}_0 \tag{6.5}$$

● 地球坐标系转换到天球坐标系

这时转换关系为：

$$\vec{R} = M_{CIO}^{-1}(t)R_3(-\theta)R_1(y_p)R_2(x_p)\vec{R}_0 \tag{6.6}$$

（2）观测资料的归算

周年光行差、蒙气差、周日光行差、折射视差和球形卫星的归心改正，可以统一用一种算法改正。下面以（视→真）为例，说明这种改正方法。

设观测视位置的单位向量为 $\vec{A}$，奔赴点为 $\vec{B}$，它们之间的夹角为 α，改正的角度为 β，它是 α 的函数，则真位置单位向量的计算方法为：

$$R(\vec{B}, \beta)\vec{A} = \frac{\sin(\alpha - \beta)}{\sin \alpha}\vec{A} + \frac{\sin \beta}{\sin \alpha}\vec{B} \tag{6.7}$$

$$\alpha = \cos^{-1}(\vec{A} \cdot \vec{B}) \tag{6.8}$$

以上各种改正的 $\vec{B}$ 和 β 如表 6.2。

如果需要（真→视）改正，只要将 β 的符号改变一下即可。由于改正量较小，改正的次序可以任意。当然，应注意的是，应将 $\vec{A}$ 和 $\vec{B}$ 在同一坐标系中表达。

表 6.2　各种改正的 $\vec{B}$ 和 β

改正	$\vec{B}$	β
周年光行差	太阳奔赴点方向	$\beta = -20''.496\sin\alpha$ *
蒙气差	天顶方向	$\beta = -0.0002923\mathrm{tg}\alpha$
周日光行差	东点方向	$\beta = -0''.319\cos\varphi\sin\alpha$
折射视差	天顶方向	$\beta = -0''.08\sin\alpha\sec^2\alpha/\rho$
球形卫星的归心改正	太阳方向	$\beta = -\dfrac{R}{\rho}\cos\dfrac{\alpha}{2}$

* 略去光行差 e 项

6.1.3　轨道改进

精密轨道计算，常采用轨道改进方法，轨道改进从初始轨道根数 t_0, ε_0 出发，利用观测资料，计算人造卫星更精密轨道的方法，其原理为最小二乘改进方法。

设某观测量为 $\Theta(t) = \Theta(t, \varepsilon)$，轨道改进的条件方程为：

$$\Theta(t)_{观测} - \Theta(t,\ \varepsilon_0) = \sum_i \frac{\partial\Theta}{\partial\varepsilon_i}\Delta\varepsilon_i \tag{6.9}$$

所谓精密，主要是指：

① 计算 $\Theta(t,\varepsilon_0)$ 采用精密的力学模型和计算方法；

② 在 $\Theta(t)_{观测}$ 中，改正了各种观测误差，并剔除了野值。

条件方程法化后，即可计算出根数的改正量 $\Delta\varepsilon$，将其改进初始轨道，得：

$$\varepsilon_0 = \varepsilon_0 + \Delta\varepsilon$$

于是，又可进行下一次改进，如此循环，直至收敛。

下面我们逐步讨论轨道改进的条件方程，收敛条件和剔除野值的方法。

（1）轨道改进的条件方程

设 ε 表示某一个轨道根数，假定观测量 Θ 为赤经 α，赤纬 δ 和斜距 ρ，它们只是 $\vec{r}$ 的函数，偏导数 $\dfrac{\partial\alpha}{\partial\varepsilon}, \dfrac{\partial\delta}{\partial\varepsilon}$ 和 $\dfrac{\partial\rho}{\partial\varepsilon}$ 的计算方法如下：

$$\rho\cos\delta\frac{\partial\alpha}{\partial\varepsilon}=\vec{\alpha}\cdot\frac{\partial\vec{r}}{\partial\varepsilon}$$

$$\rho\frac{\partial\delta}{\partial\varepsilon}=\vec{\delta}\cdot\frac{\partial\vec{r}}{\partial\varepsilon} \tag{6.10}$$

$$\frac{\partial\rho}{\partial\varepsilon}=\vec{l}\cdot\frac{\partial\vec{r}}{\partial\varepsilon}$$

其中,

$$\vec{\alpha}=\begin{pmatrix}-\sin\alpha\\\cos\alpha\\0\end{pmatrix},\quad\vec{\delta}=\begin{pmatrix}-\sin\delta\cos\alpha\\-\sin\delta\sin\alpha\\\cos\delta\end{pmatrix},\quad\vec{l}=\begin{pmatrix}\cos\delta\cos\alpha\\\cos\delta\sin\alpha\\\sin\delta\end{pmatrix} \tag{6.11}$$

假定观测量 Θ 为 $\dot{\rho}$,则:

$$\frac{\partial\dot{\rho}}{\partial\varepsilon}=\frac{\partial\dot{\rho}}{\partial\vec{r}}\cdot\frac{\partial\vec{r}}{\partial\varepsilon}+\frac{\partial\dot{\rho}}{\partial\dot{\vec{r}}}\cdot\frac{\partial\dot{\vec{r}}}{\partial\varepsilon} \tag{6.12}$$

其中, $\qquad\dfrac{\partial\dot{\rho}}{\partial\vec{r}}=\dfrac{\dot{\vec{\rho}}}{\rho}-\dfrac{\dot{\vec{\rho}}\cdot\vec{\rho}}{\rho^{2}}\dfrac{\vec{\rho}}{\rho},\qquad\dfrac{\partial\dot{\rho}}{\partial\dot{\vec{r}}}=\dfrac{\vec{\rho}}{\rho}$ $\tag{6.13}$

如果轨道改进的参数为根数 θ,则计算轨道改进的条件方程,我们还需给出 $\dfrac{\partial\vec{r}}{\partial\varepsilon}$,$\dfrac{\partial\dot{\vec{r}}}{\partial\varepsilon}$ 的表达式。各种不同根数系统的 $\dfrac{\partial\vec{r}}{\partial\varepsilon}$,$\dfrac{\partial\dot{\vec{r}}}{\partial\varepsilon}$ 的表达式,可推导如下:

1)克普勒根数[1,2]

如果用克普勒根数 $(a,i,\Omega,e,\omega,M_0)$ 来表达 ε,则 $\dfrac{\partial\vec{r}}{\partial\varepsilon}$,$\dfrac{\partial\dot{\vec{r}}}{\partial\varepsilon}$ 的表达式可推导如下:

对于 i,Ω,ω 三个根数,可用: $\mathrm{d}\vec{r}=\mathrm{d}\psi\vec{j}\times\vec{r}$, $\mathrm{d}\dot{\vec{r}}=\mathrm{d}\psi\vec{j}\times\dot{\vec{r}}$ 的方法推导, i,Ω,ω 三个根数的 $\vec{j}$ 分别为:升交点方向的单位向量 $\vec{\Omega}$,北极方向的单位向量 $\vec{N}$,以及轨道面法线方向的单位向量 $\vec{R}$,它们的表达式为:

$$\vec{\Omega}=\begin{pmatrix}\cos\Omega\\\sin\Omega\\0\end{pmatrix},\quad\vec{N}=\begin{pmatrix}0\\0\\1\end{pmatrix},\quad\vec{R}=\begin{pmatrix}\sin\Omega\sin i\\-\cos\Omega\sin i\\\cos i\end{pmatrix} \tag{6.14}$$

对于 a,e,M 三个根数,可用下式求导数得到:

$$\vec{r}=a[(\cos E-e)\vec{P}+\sqrt{1-e^{2}}\sin E\vec{Q}]$$

$$\dot{\vec{r}}=\frac{na^{2}}{r}[-\sin E\vec{P}+\sqrt{1-e^{2}}\cos E\vec{Q}] \tag{6.15}$$

其中,

$$\vec{P} = \begin{pmatrix} \cos\Omega\cos\omega - \sin\Omega\sin\omega\cos i \\ \sin\Omega\cos\omega + \cos\Omega\sin\omega\cos i \\ \sin\omega\sin i \end{pmatrix} \tag{6.16}$$

$$\vec{Q} = \begin{pmatrix} -\cos\Omega\sin\omega - \sin\Omega\cos\omega\cos i \\ -\sin\Omega\sin\omega + \cos\Omega\cos\omega\cos i \\ \cos\omega\sin i \end{pmatrix} \tag{6.17}$$

注意，$\vec{P},\vec{Q}$ 与 a,e,M 三个根数无关，导数只要对 $\vec{P},\vec{Q}$ 前的系数求即可。为了将结果表达为 $\vec{r},\dot{\vec{r}}$ 的函数，在求出导数后，再用下式代入：

$$\vec{P} = \frac{\cos E}{r}\vec{r} - \frac{\sin E}{na}\dot{\vec{r}} \tag{6.18}$$

$$\vec{Q} = \frac{\sin E}{r\sqrt{1-e^2}}\vec{r} - \frac{\cos E - e}{na\sqrt{1-e^2}}\dot{\vec{r}} \tag{6.19}$$

注意在推导对 a 的导数时，除了显含 a 的部分外，还需计算隐含在 M 中的偏导数，这样，即可得到：

$$\Delta\vec{r} = \frac{1}{a}[\vec{r} - \frac{3}{2}\dot{\vec{r}}(t-t_0)]\Delta a + (H\vec{r} + K\dot{\vec{r}})\Delta e + \frac{\dot{\vec{r}}}{n}\Delta M_0$$
$$+ (\vec{\Omega}\times\vec{r})\Delta i + (\vec{N}\times\vec{r})\Delta\Omega + (\vec{R}\times\vec{r})\Delta\omega \tag{6.20}$$
$$\Delta\dot{\vec{r}} = \frac{3}{2a}[\frac{\mu}{r^3}\vec{r}(t-t_0) - \frac{1}{3}\dot{\vec{r}}]\Delta a + (H'\vec{r} + K'\dot{\vec{r}})\Delta e - \frac{\mu\vec{r}}{nr^3}\Delta M_0$$
$$+ (\vec{\Omega}\times\dot{\vec{r}})\Delta i + (\vec{N}\times\dot{\vec{r}})\Delta\Omega + (\vec{R}\times\dot{\vec{r}})\Delta\omega$$

其中，n 为平运动，如果将 $\vec{R}\times\vec{r}$ 表达为 $e(I\vec{r} + J\dot{\vec{r}}) + \dfrac{\partial\vec{r}}{\partial M}$ ，$\vec{R}\times\dot{\vec{r}}$ 表达为

$e(I\dot{\vec{r}} + J\dot{\vec{r}}) + \dfrac{\partial\dot{\vec{r}}}{\partial M}$，即可得到 H,K,I,J,H',K',I',J' 的表达式（请参见 3.33 式）。

在轨道改进中，除了克普勒根数 $(a,i,\Omega,e,\omega,M_0)$ 外，由于大气摄动计算不准（大气模型的误差和人造卫星面质比误差），经常还引进 $n,\dot{n},\ddot{n}$ 作为改进参数，这时还要计算：

$$\frac{\partial\vec{r}}{\partial(n,\dot{n},\ddot{n})} = -\frac{2\vec{r}}{3n}\frac{\partial n}{\partial(n,\dot{n},\ddot{n})} + \frac{\dot{\vec{r}}}{n}\frac{\partial M}{\partial(n,\dot{n},\ddot{n})}$$
$$\frac{\partial\dot{\vec{r}}}{\partial(n,\dot{n},\ddot{n})} = \frac{\dot{\vec{r}}}{3n}\frac{\partial n}{\partial(n,\dot{n},\ddot{n})} - \frac{\mu\vec{r}}{nr^3}\frac{\partial M}{\partial(n,\dot{n},\ddot{n})} \tag{6.21}$$

其中，

$$\frac{\partial n}{\partial(n,\dot{n},\ddot{n})} = (1,(t-t_0),\frac{1}{2}(t-t_0)^2)$$

$$\frac{\partial M}{\partial(n,\dot{n},\ddot{n})} = ((t-t_0),\frac{1}{2}(t-t_0)^2,\frac{1}{6}(t-t_0)^3)$$

（6.22）

2）无 e=0 奇点根数[2]

对于无 $e=0$ 奇点根数（$a,i,\Omega,\xi = e\sin\omega, e\cos\omega, \lambda = M+\omega$），有偏导数关系：

$$\frac{\partial \vec{r}}{\partial M} = \frac{\partial \vec{r}}{\partial \lambda}\frac{\partial \lambda}{\partial M} = \frac{\partial \vec{r}}{\partial \lambda}$$

$$\frac{\partial \vec{r}}{\partial e} = \frac{\partial \vec{r}}{\partial \xi}\sin\omega + \frac{\partial \vec{r}}{\partial \eta}\cos\omega$$

（6.23）

$$\frac{\partial \vec{r}}{\partial \omega} = \frac{\partial \vec{r}}{\partial \lambda} + \eta\frac{\partial \vec{r}}{\partial \xi} - \xi\frac{\partial \vec{r}}{\partial \eta}$$

令 $\vec{F} = \frac{\partial \vec{r}}{\partial e} = H\vec{r} + K\dot{\vec{r}}$，$\vec{G} = \frac{1}{e}(\frac{\partial \vec{r}}{\partial \omega} - \frac{\partial \vec{r}}{\partial M}) = I\vec{r} + J\dot{\vec{r}}$，解之得：

$$\frac{\partial \vec{r}}{\partial \xi} = \vec{F}\sin\omega + \vec{G}\cos\omega = [H\sin\omega + I\cos\omega]\vec{r} + [K\sin\omega + J\cos\omega]\dot{\vec{r}}$$

（6.24）

$$\frac{\partial \vec{r}}{\partial \eta} = \vec{F}\cos\omega - \vec{G}\sin\omega = [H\cos\omega - I\sin\omega]\vec{r} + [K\cos\omega - J\sin\omega]\dot{\vec{r}}$$

利用 H,K,I,J 的表达式，可以证明：

$$H\sin\omega + I\cos\omega = -\frac{a}{p}(\cos E + e)\sin\omega - \frac{1}{\sqrt{1-e^2}}\sin E\cos\omega$$

$$= -\frac{1}{1-e^2}[\sin\tilde{u} - \frac{\eta e\sin E}{(1+\sqrt{1-e^2})} + \xi]$$

$$H\cos\omega - I\sin\omega = -\frac{a}{p}(\cos E + e)\cos\omega + \frac{1}{\sqrt{1-e^2}}\sin E\sin\omega$$

（6.25）

$$= -\frac{1}{1-e^2}[\cos\tilde{u} + \frac{\xi e\sin E}{(1+\sqrt{1-e^2})} + \eta]$$

$$K\sin\omega + J\cos\omega = \frac{1}{n(1-e^2)}(2 - e\cos E - e^2)\sin E\sin\omega$$

$$+ \frac{1}{n\sqrt{1-e^2}}(\frac{e}{1+\sqrt{1-e^2}} - 2\cos E + e\cos^2 E)\cos\omega$$

$$= \frac{2 - e\cos E}{n(1-e^2)}[-\cos(\tilde{u}) + \frac{e\eta\cos E}{1+\sqrt{1-e^2}}] - \frac{\xi e\sin E}{n(1-e^2)} + \frac{1}{n\sqrt{1-e^2}}\frac{\eta}{1+\sqrt{1-e^2}}$$

$$K\cos\omega - J\sin\omega = \frac{1}{n(1-e^2)}(2 - e\cos E - e^2)\sin E\cos\omega$$

$$-\frac{1}{n\sqrt{1-e^2}}(\frac{e}{1+\sqrt{1-e^2}} - 2\cos E + e\cos^2 E)\sin\omega$$

$$= \frac{2 - e\cos E}{n(1-e^2)}(\sin\tilde{u} - \frac{e\xi\cos E}{1+\sqrt{1-e^2}}) - \frac{e\sin E\eta}{n(1-e^2)} - \frac{1}{n\sqrt{1-e^2}}\frac{\xi}{1+\sqrt{1-e^2}}$$

如果定义

$$\xi_1 = H\sin\omega + I\cos\omega = -\frac{1}{1-e^2}[\sin\tilde{u} - \frac{\eta e\sin E}{(1+\sqrt{1-e^2})} + \xi]$$

$$\eta_1 = H\cos\omega - I\sin\omega = -\frac{1}{1-e^2}[\cos\tilde{u} + \frac{\xi e\sin E}{(1+\sqrt{1-e^2})} + \eta]$$

$$\xi_2 = K\sin\omega + J\cos\omega$$

$$= \frac{2 - e\cos E}{n(1-e^2)}[-\cos(\tilde{u}) + \frac{e\eta\cos E}{1+\sqrt{1-e^2}}] - \frac{\xi e\sin E}{n(1-e^2)} + \frac{1}{n\sqrt{1-e^2}}\frac{\eta}{1+\sqrt{1-e^2}}$$

$$\eta_2 = [K\cos\omega - J\sin\omega]$$

$$= \frac{2 - e\cos E}{n(1-e^2)}(\sin\tilde{u} - \frac{e\xi\cos E}{1+\sqrt{1-e^2}}) - \frac{e\sin E\eta}{n(1-e^2)} - \frac{1}{n\sqrt{1-e^2}}\frac{\xi}{1+\sqrt{1-e^2}}$$

$$(6.26)$$

则

$$\frac{\partial\vec{r}}{\partial\xi} = \vec{F}\sin\omega + \vec{G}\cos\omega = \xi_1\vec{r} + \xi_2\dot{\vec{r}}$$

$$\frac{\partial\vec{r}}{\partial\eta} = \vec{F}\cos\omega - \vec{G}\sin\omega = \eta_1\vec{r} + \eta_2\dot{\vec{r}}$$

$$(6.27)$$

同理，

$$\frac{\partial\dot{\vec{r}}}{\partial\xi} = \vec{F}'\sin\omega + \vec{G}'\cos\omega = \xi_1'\vec{r} + \xi_2'\dot{\vec{r}}$$

$$\frac{\partial\dot{\vec{r}}}{\partial\eta} = \vec{F}'\cos\omega - \vec{G}'\sin\omega = \eta_1'\vec{r} + \eta_2'\dot{\vec{r}}$$

$$(6.28)$$

其中，

$$\xi_1' = \frac{na^2}{rp}[1 - \frac{a}{r}(1 + \frac{p}{r})]\sin E\sin\omega$$

$$+ \frac{na^2}{r^2\sqrt{1-e^2}}[-\frac{e}{1+\sqrt{1-e^2}} + \frac{a}{r}\sqrt{1-e^2}\cos E + e\cos^2 E]\cos\omega$$

$$= \frac{na^3}{r^3}\cos\tilde{u} - \frac{na^2 e\cos E}{r^2(1-e^2)}[-\cos\tilde{u} + \frac{e\eta\cos E}{1+\sqrt{1-e^2}}] - \frac{na^2}{r^2\sqrt{1-e^2}}\frac{\eta}{1+\sqrt{1-e^2}}$$

$$\eta_1' = \frac{na^2}{rp}[1 - \frac{a}{r}(1+\frac{p}{r})]\sin E\cos\omega$$

$$- \frac{na^2}{r^2\sqrt{1-e^2}}[-\frac{e}{1+\sqrt{1-e^2}} + \frac{a}{r}\sqrt{1-e^2}\cos E + e\cos^2 E]\sin\omega$$

$$= -\frac{na^3}{r^3}\sin\tilde{u} - \frac{na^2 e\cos E}{r^2(1-e^2)}[\sin\tilde{u} - \frac{e\xi\cos E}{1+\sqrt{1-e^2}}] + \frac{na^2}{r^2\sqrt{1-e^2}}\frac{\xi}{1+\sqrt{1-e^2}}$$

$$\tag{6.29}$$

$$\xi_2' = \frac{a}{p}\cos E\sin\omega + \frac{1}{\sqrt{1-e^2}}\sin E\cos\omega = \frac{1}{1-e^2}[\sin\tilde{u} - \frac{e\eta\sin E}{1+\sqrt{1-e^2}}]$$

$$\eta_2' = \frac{a}{p}\cos E\cos\omega - \frac{1}{\sqrt{1-e^2}}\sin E\sin\omega = \frac{1}{1-e^2}[\cos\tilde{u} + \frac{e\sin E\xi}{1+\sqrt{1-e^2}}]$$

于是，无 $e=0$ 奇点根数（$a, i, \Omega, \xi = e\sin\omega, e\cos\omega, \lambda = M+\omega$）的轨道改进中的偏导数关系为：

$$\Delta\vec{r} = \frac{1}{a}[\vec{r} - \frac{3}{2}\dot{\vec{r}}(t-t_0)]\Delta a + (\vec{\Omega}\times\vec{r})\Delta i + (\vec{N}\times\vec{r})\Delta\Omega + \frac{\dot{\vec{r}}}{n}\Delta\lambda$$

$$+ (\xi_1\vec{r} + \xi_2\dot{\vec{r}})\Delta\xi + (\eta_1\vec{r} + \eta_2\dot{\vec{r}})\Delta\eta \tag{6.30}$$

$$\Delta\dot{\vec{r}} = \frac{3}{2a}[\frac{\mu}{r^3}\vec{r}(t-t_0) - \frac{1}{3}\dot{\vec{r}}]\Delta a + (\vec{\Omega}\times\dot{\vec{r}})\Delta i + (\vec{N}\times\dot{\vec{r}})\Delta\Omega - \frac{\mu\vec{r}}{nr^3}\Delta\lambda$$

$$+ (\xi_1'\vec{r} + \xi_2'\dot{\vec{r}})\Delta\xi + (\eta_1'\vec{r} + \eta_2'\dot{\vec{r}})\Delta\eta$$

3）无 $e=0$ 和 $i=0$ 奇点根数[3]

为了避免 $e=0, i=0$ 的奇点，轨道改进采用的根数为：

$$a, \quad h = e\sin(\omega+\Omega), \quad k = e\cos(\omega+\Omega),$$

$$p = \mathrm{tg}(i/2)\sin\Omega, \quad q = \mathrm{tg}(i/2)\cos\Omega, \quad \lambda = M+\omega+\Omega$$

这时有偏导数关系：

$$\frac{\partial\vec{r}}{\partial M} = \frac{\partial\vec{r}}{\partial\lambda}\frac{\partial\lambda}{\partial M} = \frac{\partial\vec{r}}{\partial\lambda}$$

$$\frac{\partial\vec{r}}{\partial e} = \frac{\partial\vec{r}}{\partial h}\sin(\omega+\Omega) + \frac{\partial\vec{r}}{\partial k}\cos(\omega+\Omega) \tag{6.31}$$

$$\frac{\partial\vec{r}}{\partial\omega} = \frac{\partial\vec{r}}{\partial\lambda} + k\frac{\partial\vec{r}}{\partial h} - h\frac{\partial\vec{r}}{\partial k}$$

$$\frac{\partial \vec{r}}{\partial i} = \frac{1}{1+\cos i}(\frac{\partial \vec{r}}{\partial p}\sin \Omega + \frac{\partial \vec{r}}{\partial q}\cos \Omega)$$

$$\frac{\partial \vec{r}}{\partial \Omega} = \frac{\partial \vec{r}}{\partial \lambda} + q\frac{\partial \vec{r}}{\partial p} - p\frac{\partial \vec{r}}{\partial q} + k\frac{\partial \vec{r}}{\partial h} - h\frac{\partial \vec{r}}{\partial k}$$

令　$\vec{F} = \frac{\partial \vec{r}}{\partial e} = H\vec{r} + K\dot{\vec{r}}$,　$\vec{G} = \frac{1}{e}(\frac{\partial \vec{r}}{\partial \omega} - \frac{\partial \vec{r}}{\partial M}) = I\vec{r} + J\dot{\vec{r}}$，解之得：

$$\frac{\partial \vec{r}}{\partial h} = \vec{F}\sin(\omega + \Omega) + \vec{G}\cos(\omega + \Omega) = h_1\vec{r} + h_2\dot{\vec{r}}$$

$$\frac{\partial \vec{r}}{\partial k} = \vec{F}\cos(\omega + \Omega) - \vec{G}\sin(\omega + \Omega) = k_1\vec{r} + k_2\dot{\vec{r}} \tag{6.32}$$

其中，

$$h_1 = -\frac{1}{1-e^2}[\sin F - \frac{ke\sin E}{(1+\sqrt{1-e^2})} + h]$$

$$k_1 = -\frac{1}{1-e^2}[\cos F + \frac{he\sin E}{(1+\sqrt{1-e^2})} + k] \tag{6.33}$$

$$h_2 = \frac{2-e\cos E}{n(1-e^2)}(-\cos F + \frac{ek\cos E}{1+\sqrt{1-e^2}}) - \frac{he\sin E}{n(1-e^2)} + \frac{1}{n\sqrt{1-e^2}}\frac{k}{1+\sqrt{1-e^2}}$$

$$k_2 = \frac{2-e\cos E}{n(1-e^2)}(\sin F - \frac{eh\cos E}{1+\sqrt{1-e^2}}) - \frac{ek\sin E}{n(1-e^2)} - \frac{1}{n\sqrt{1-e^2}}\frac{h}{1+\sqrt{1-e^2}}$$

同理，
$$\frac{\partial \dot{\vec{r}}}{\partial h} = \vec{F}'\sin(\Omega + \omega) + \vec{G}'\cos(\Omega + \omega) = h_1'\vec{r} + h_2'\dot{\vec{r}}$$

$$\frac{\partial \dot{\vec{r}}}{\partial k} = \vec{F}'\cos(\Omega + \omega) - \vec{G}'\sin(\Omega + \omega) = k_1'\vec{r} + k_2'\dot{\vec{r}} \tag{6.34}$$

其中，

$$h_1' = \frac{na^3}{r^3}\cos F - \frac{na^2 e\cos E}{r^2(1-e^2)}[-\cos F + \frac{ek\cos E}{1+\sqrt{1-e^2}}] - \frac{na^2}{r^2\sqrt{1-e^2}}\frac{k}{1+\sqrt{1-e^2}}$$

$$k_1' = -\frac{na^3}{r^3}\sin F - \frac{na^2 e\cos E}{r^2(1-e^2)}[\sin F - \frac{eh\cos E}{1+\sqrt{1-e^2}}] + \frac{na^2}{r^2\sqrt{1-e^2}}\frac{h}{1+\sqrt{1-e^2}}$$

$$h_2' = \frac{1}{1-e^2}[\sin F - \frac{ek\sin E}{1+\sqrt{1-e^2}}] \tag{6.35}$$

$$k_2' = \frac{1}{1-e^2}[\cos F + \frac{eh\sin E}{1+\sqrt{1-e^2}}]$$

对于 i, Ω 的情况与此类似，令

$$\vec{B} = (1+\cos i)\frac{\partial \vec{r}}{\partial i}, \quad \vec{C} = \frac{1}{\mathrm{tg}(i/2)}(\frac{\partial \vec{r}}{\partial \Omega} - \frac{\partial \vec{r}}{\partial \omega})$$

以及 $\vec{B}' = (1+\cos i)\dfrac{\partial \dot{\vec{r}}}{\partial i}$, $\quad \vec{C}' = \dfrac{1}{\mathrm{tg}(i/2)}(\dfrac{\partial \dot{\vec{r}}}{\partial \Omega} - \dfrac{\partial \dot{\vec{r}}}{\partial \omega})$, 则有:

$$\frac{\partial \vec{r}}{\partial p} = \vec{B}\sin\Omega + \vec{C}\cos\Omega \ ; \qquad \frac{\partial \vec{r}}{\partial q} = \vec{B}\cos\Omega - \vec{C}\sin\Omega$$

$$\frac{\partial \dot{\vec{r}}}{\partial p} = \vec{B}'\sin\Omega + \vec{C}'\cos\Omega \ ; \qquad \frac{\partial \dot{\vec{r}}}{\partial q} = \vec{B}'\cos\Omega - \vec{C}'\sin\Omega$$

（6.36）

这些向量不在轨道平面之内，因此，不能将它们投影到 $\vec{r},\dot{\vec{r}}$ 方向上去，其推导过程如下:

定义:

$$\vec{S} = \begin{pmatrix} \cos u \cos\Omega - \sin u \sin\Omega \cos i \\ \cos u \sin\Omega + \sin u \cos\Omega \cos i \\ \sin u \sin i \end{pmatrix} = \frac{\vec{r}}{r}$$

$$\vec{R} = \begin{pmatrix} \sin\Omega \sin i \\ -\cos\Omega \sin i \\ \cos i \end{pmatrix}$$

（6.37）

$$\vec{T} = \begin{pmatrix} -\sin u \cos\Omega - \cos u \sin\Omega \cos i \\ -\sin u \sin\Omega + \cos u \cos\Omega \cos i \\ \cos u \sin i \end{pmatrix} = \vec{R} \times \vec{S}$$

经推导有

$$\vec{B} = (1+\cos i)\frac{\partial \vec{r}}{\partial i} = (1+\cos i)r\sin u \vec{R}$$

$$\vec{C} = -r(1+\cos i)[(\cos u \vec{R} + \mathrm{tg}(i/2)\vec{T})]$$

$$\vec{B}' = \frac{na}{\sqrt{1-e^2}}(1+\cos i)(\cos u + e\cos\omega)\vec{R}$$

（6.38）

$$\vec{C}' = \frac{na}{\sqrt{1-e^2}}(1+\cos i)[(\sin u + e\sin\omega)\vec{R} - \mathrm{tg}(i/2)e\sin f \vec{T}$$

$$+ \mathrm{tg}(i/2)(1+e\cos f)\vec{S}]$$

于是,

$$\frac{\partial \vec{r}}{\partial p} = \vec{B}\sin\Omega + \vec{C}\cos\Omega = -r(1+\cos i)(\cos L\vec{R} + q\vec{T})$$

$$\frac{\partial \vec{r}}{\partial q} = \vec{B}\cos\Omega - \vec{C}\sin\Omega = r(1+\cos i)(\sin L \vec{R} + p\vec{T})$$

$$\frac{\partial \dot{\vec{r}}}{\partial p} = \frac{na}{\sqrt{1-e^2}}(1+\cos i)[(\sin L + h)\vec{R}$$

$$- qe\sin f\vec{T} + \frac{a(1-e^2)}{r}q\vec{S}]$$

(6.39)

$$\frac{\partial \dot{\vec{r}}}{\partial q} = \frac{na}{\sqrt{1-e^2}}(1+\cos i)[(\cos L + k)\vec{R} + pe\sin f\vec{T} - \frac{a(1-e^2)}{r}p\vec{S}]$$

于是，无 $e = 0$ 和 $i = 0$ 奇点根数

$$a, \quad h = e\sin(\omega + \Omega), \quad k = e\cos(\omega + \Omega),$$

$$p = \text{tg}(i/2)\sin\Omega, \quad q = \text{tg}(i/2)\cos\Omega, \quad \lambda = M + \omega + \Omega$$

的轨道改进中的偏导数关系为：

$$\Delta\vec{r} = \frac{1}{a}[\vec{r} - \frac{3}{2}\dot{\vec{r}}(t-t_0)]\Delta a + \frac{\partial\vec{r}}{\partial p}\Delta p + \frac{\partial\vec{r}}{\partial q}\Delta q + \frac{\dot{\vec{r}}}{n}\Delta\lambda$$

$$+ (h_1\vec{r} + h_2\dot{\vec{r}})\Delta h + (k_1\vec{r} + k_2\dot{\vec{r}})\Delta k$$

$$\Delta\dot{\vec{r}} = \frac{3}{2a}[\frac{\mu}{r^3}\vec{r}(t-t_0) - \frac{1}{3}\dot{\vec{r}})]\Delta a + \frac{\partial\dot{\vec{r}}}{\partial p}\Delta p + \frac{\partial\dot{\vec{r}}}{\partial q}\Delta q - \frac{\mu\vec{r}}{nr^3}\Delta\lambda$$

$$+ (h_1'\vec{r} + h_2'\dot{\vec{r}})\Delta h + (k_1'\vec{r} + k_2'\dot{\vec{r}})\Delta k$$

(6.40)

（2）光学观测资料的条件方程

在列光学资料的条件方程时，为了便于加权，常采用 Батраков Ю.В. 的建议[4]，将直接观测资料 A, h 或 α, δ，换算为视运动的沿迹方向的量 G 和垂迹方向的量 g，即将 $\Delta\alpha, \Delta\delta$ 换算为 $\Delta G, \Delta g$：

$$\Delta G = \Delta\delta\sin\psi + \Delta\alpha\cos\delta\cos\psi$$

$$\Delta g = \Delta\delta\cos\psi - \Delta\alpha\cos\delta\sin\psi$$

(6.41)

其中，ΔG 为沿迹差；Δg 为垂迹差。由于沿迹差的误差较大，垂迹差误差较小，我们可以根据误差不同来加权。

这样，观测量对 $\vec{r}$ 的偏导数即为：

$$\frac{\partial G}{\partial\vec{r}} = \frac{\vec{G}}{\rho}, \quad \frac{\partial g}{\partial\vec{r}} = \frac{\vec{g}}{\rho}$$

(6.42)

其中，

$$\vec{g} = \frac{\vec{\rho}\times\dot{\vec{\rho}}}{\rho v}, \quad \vec{G} = \vec{g}\times\frac{\vec{\rho}}{\rho}$$

$$v^2 = \dot{\vec{\rho}} \cdot \dot{\vec{\rho}} - \dot{\rho}^2$$

$$\cos\psi = \vec{\alpha} \cdot \vec{G}, \quad \sin\psi = -\vec{\alpha} \cdot \vec{g}$$

(6.43)

$\vec{\alpha}$ 的定义同（6.11）式。

（3）轨道改进的收敛条件

将所有条件方程法化，形成法方程并解之，就可得到根数的改正量 $\Delta\varepsilon$，改进初始根数，得：

$$\varepsilon_0 = \varepsilon_0 + \Delta\varepsilon$$

在形成新的条件方程，再进行改进轨道，直至收敛。为了防止假收敛，在轨道改进中，有 3 个收敛条件：

① 迭代次数大于 3；

② 改正量收敛，即 $|\Delta\varepsilon_i| < \delta_i$，其中，$\delta_i$ 为各根数的收敛门限，与数据的精度有关；

③ 中误差收敛。

设轨道改进的中误差为：

$$zwc = \sum_i [\frac{\Theta_o(t_i) - \Theta_c(t_i, \varepsilon_0)}{N - p}]$$

(6.44)

其中，$\Theta_o(t_i)$ 为观测量；$\Theta_c(t_i, \varepsilon_0)$ 为计算量；N 为条件方程个数；p 为未知数个数。

中误差收敛为：$\dfrac{|zwc_{n+1} - zwc_n|}{zwc_n} \le 0.01$

其中，zwc_n, zwc_{n+1} 分别为第 n 次，第 $n+1$ 次迭代的中误差。

6.1.4　最小二乘和稳健估计

为了提高轨道改进的精度，现在轨道改进常使用稳健估计方法，稳健估计与最小二乘有较大的不同，下面我们逐步来讨论这种轨道改进的方法：

（1）轨道改进的基本原理

在进行轨道改进时，我们必须已知轨道根数的初值，设为 t_0, ε_0（这时正确的根数为 ε），设我们已有一批资料 y_i，记观测的量测方程为：

$$y_i = f(\varepsilon, t_i) + e_i$$

式中 e_i 为观测误差，当 y_i 为"好观测量"时，假定 e_i 服从均值为零的正态分布，在光学观测时，注意 y_i 是二维向量，一般用 ΔG 和 Δg 来表示，设 y_i 的方差矩阵为：

$$E(e_i, e_i) = \begin{pmatrix} \sigma^2 & 0 \\ 0 & \lambda\sigma^2 \end{pmatrix}$$

式中 λ 为 ΔG 和 Δg 不等精度而设置的，如 y_i 的第一分量为 ΔG，第二分量为 Δg，则 λ 为 $1/1.75$，σ 是对应于 ΔG 的中误差。

量测方程在 ε_0 附近展开，得根数改正量 $\Delta\varepsilon$ 的线性方程（即条件方程）：

$$y_i - y_i^* = A(\varepsilon_0, t_i)\Delta\varepsilon + e_i$$

其中， $y_i^* = f(\varepsilon_0, t_i)$

$A(\varepsilon_0, t_i)$ 为 $f(\varepsilon_0, t_i)$ 对 ε_0 的偏导数矩阵

给出 $y_i^* = f(\varepsilon_0, t_i)$ 和 $A(\varepsilon_0, t_i)$ 的算法，我们就可列出所有资料的条件方程组，由于 $f(\varepsilon_0, t_i)$ 和 $A(\varepsilon_0, t_i)$ 的算法已基本成熟，现在轨道改进的主要研究工作是：研究稳健估计的算法，使在轨道根数尽量少受数据野值的干扰，保证迭代的收敛，最终得到一组精密的轨道根数。

（2）最小二乘法

传统的最小二乘估计是使残差平方和达到极小，即：

$$Q = \sum_{i=1}^{N} [y_i - f(\varepsilon, t_i)]^\tau P^{-1} [y_i - f(\varepsilon, t_i)] = \min \tag{6.45}$$

上式的解为：

$$\Delta\varepsilon = [\sum_{i=1}^{N} [A^\tau P^{-1} A]^{-1} [\sum_{i=1}^{N} A^\tau P^{-1} [y_i - y_i^*]] \tag{6.46}$$

式中：

$$P = \begin{pmatrix} 1 & 0 \\ 0 & \lambda \end{pmatrix} \tag{6.47}$$

显然，由于没有剔除野值，当观测有野值时，最小二乘法不可能得到好的结果。因此，最小二乘法不是稳健估计。

要说明的是：上式中 $A^\tau P^{-1} A$ 和 $A^\tau P^{-1}(y_i - y_i^*)$ 的计算结果，和在 Δg 方程上乘 $\sqrt{1.75}$ 后与 ΔG 方程一起法化的结果是等价的。只是我们要处理 $2N$ 个方程而已。

（3）进行野值剔除的最小二乘法

在轨道改进中必须进行野值剔除，早就被人们认识，因此，在实际工作中，早已使用进行野值剔除的最小二乘法，这种方法是使如下目标函数达到极小，即：

$$Q = \sum_{i=1}^{N} \rho(v_i) \qquad (6.48)$$

式中，$v_i = y_i - f(\varepsilon, t_i)$ 表示残差，而：

$$\rho(v_i) = \begin{cases} v_i^2 & r \le 3\sigma \\ \sigma^2 & r > 3\sigma \end{cases} \qquad (6.49)$$

其中，σ 为残差 v_i 的中误差；$r = |v_i|$，由于我们将一个资料的两个方程分别处理，因此，

$$v_i = \begin{cases} \sqrt{1.75\Delta g^2} & \Delta g \text{方程} \\ \Delta G & \Delta G \text{方程} \end{cases} \qquad (6.50)$$

这时方程的解为：

$$\Delta \varepsilon = [\sum_{i=1}^{N} [A^\tau P^{-1} W_i A]^{-1} [\sum_{i=1}^{N} A^\tau P^{-1} W_i [y_i - y_i^*]] \qquad (6.51)$$

与简单最小二乘法的解的差别，这式中多了权 W_i，这时 W_i 的定义为：

$$W_i = \begin{cases} 1 & r \le 3\sigma \\ 0 & r > 3\sigma \end{cases} \qquad (6.52)$$

要说明的是：如一个资料的一个方程权为 0，它的另一个方程的权也为 0。应该说，这种方法对错误资料已有一定抗干扰能力，已是一种稳健估计方法，但是，不是 0 就是 1 的加权方法，显然不尽合理。因为，资料应分为"好"、"中"、"差"三种，加权应有一个从 1 到 0 的潜变过程，于是，又有了下面的更合理稳健估计方法。

（4）HUBER 估计[5]

这种方法的权为：

$$W_i = \begin{cases} 1 & r \le c_0\sigma \\ c_0\sigma/r & r > c_0\sigma \end{cases} \qquad (6.53)$$

式中，$r = |v_i|$；c_0 可取值 2 或 3。这种方法的解为：

$$\Delta \varepsilon = [\sum_{i=1}^{N} [A^\tau P^{-1} W_i A]^{-1} [\sum_{i=1}^{N} A^\tau P^{-1} W_i [y_i - y_i^*]] \qquad (6.54)$$

　　HUBER 估计是一种具有凸目标函数的 M—估计，它的权在"好资料"上为 1，并随残差的增大而趋向于 0。它的解算精度，由于受到野值的影响，不是太高，但有一致收敛的优点，基本不受初轨好坏的影响，因此常用计算 M—估计的迭代初值，以保证初轨有足够的精度。

（5）进行野值剔除的 M—估计[6]

　　这种估计的权，考虑了资料应分为"好"、"中"、"差"三种情况，例如 HAMPEL 估计的权取为：

$$r \leq c_0\sigma \qquad 权取为 \qquad 1$$
$$c_0\sigma < r \leq c_1\sigma \qquad 权取为 \qquad c_0\sigma/r$$
$$c_1\sigma < r \leq c_2\sigma \qquad 权取为 \qquad c_0(c_2\sigma-r)/r(c_2-c_1) \qquad （6.55）$$
$$r > c_2\sigma \qquad 权取为 \qquad 0$$

式中，$r=|v_i|$；c_0 可取值 2 或 3，c_1 可取为 3 或 4，c_2 可取为 6 或 8。该方法的迭代解仍为：

$$\Delta\varepsilon = [\sum_{i=1}^{N}[A^{\tau}P^{-1}W_iA]^{-1}][\sum_{i=1}^{N}A^{\tau}P^{-1}W_i[y_i - y_i^*]] \qquad （6.56）$$

　　这种方法的权，显然比上面所有方法的权要更合理。它的解理论上精度较高，但是，它要求初轨的精度较高，因此，在使用它之前，应考虑如果提供较高精度初轨的问题。另外，中误差也要采用符合统计理论的迭代算法(下详)。

（6）进行野值剔除的 M—估计和最小二乘法的统一处理

　　比较这两种方法，我们发现它们之差，仅是 c_0,c_1,c_2 的取值不同。在 M—估计中，c_0,c_1,c_2 取不同的值，例如 c_0 可取值 2 或 3，c_1 可取为 3 或 4，c_2 可取为 6 或 8。而在最小二乘法中，它们均取为 3。

　　因此，我们在程序中设置了三个参数，分别表示 c_0,c_1,c_2，这样我们就可对两种方法进行统一处理。而且，c_0,c_1,c_2 还可取各种不同的值。只有一点要说明：在 $c_1\sigma < r \leq c_2\sigma$ 时的权

$$W_i = c_0(c_2\sigma-r)/r(c_2-c_1) \qquad （6.57）$$

的计算中，当 $c_2=c_1$ 时，会有分母为 0 的麻烦，这时，程序可将其处理为：

$$W_i = (c_2\sigma-r)/r \qquad （6.58）$$

（7）中误差的迭代算法

根据统计理论，中误差的算法，不能简单将未被剔除资料的残差平方和，除以自由度开方的方法计算，即认为下式表达的中误差是不严格的：

$$S_N = \sqrt{\frac{\sum_{i=1}^{N} v_i^2}{N-P}}$$ （6.59）

其中，N 为残差个数，P 为未知量个数。求和时 N 中不包括已被剔除的资料。在第一次迭代时也不包括在资料处理中被预剔除的资料。

根据统计理论，在残差序列中一面剔除野值，一面计算"好观测量"的中误差的迭代过程如下：

1）按（6.59）式计算 S_N

2）作判别：

$$|v_i| > \mu_{N,\alpha} S_N$$ （6.60）

式中，$\mu_{N,\alpha}$ 为对应于残差数 N，虚警概率 α 的剔除门限，它称为"格拉布斯"统计量，它的定义为：

$$\mu_{N,\alpha} = \max[abs(v_i)/S_N], \quad i = 1, 2, \cdots, N$$ （6.61）

$\mu_{N,\alpha}$ 的数值可按表 6.3 查取。

判别式成立的资料，将判为野值，予以剔除，这样将剩下的资料（设为 M 个），又可计算出新的 $\mu_{N,\alpha}$，再查取 $\mu_{N,\alpha}$，剔除可能有的野值…，如此迭代，直到没有资料被剔除为止，则最后一次计算的 S_N 可作为"好观测量"的中误差。

表 6.3 "格拉布斯"统计量

N	$\alpha = 1\%$	$\alpha = 5\%$
30	3.236	2.908
35	3.316	2.979
40	3.381	3.036
45	3.435	3.085
50	3.483	3.128
75	3.648	3.282
100	3.754	3.383
125	3.831	3.457
150	3.889	3.733

要说明的是：这种计算中误差的方法，崩溃点常小于 10%，而且，资料愈多，崩溃点愈低，因此，在求中误差前，先进行资料预剔除就十分重要。如果要提高崩溃点，可再作一次"峰值"检验，这样可将崩溃点提高到 20%。

（8）提高轨道改进稳健性的方法

为了提高轨道改进的稳健性，如下措施是有效的：

1）利用初始轨道对资料进行一次预剔除，只剔除一次，以后的迭代不再进行预剔除。这种做的目的是，尽量减少参加轨道改进资料中的野值比例，预剔除的资料，一般不再参加改进，但当发现其残差小于 2σ 时，程序将剔除标志去掉，该资料将参加以后的改进，这样可将在预剔除中被冤枉的资料取回来。

2）首先固定一些轨道根数，只改 (a, Ω, λ)，迭代 2 次。这种做的目的是提高对残差最敏感的根数的精度，减小残差，为下面使用稳健估计创造条件。这样做的另一好处是：可以降低对初轨的要求，因为，在实际工作中，在间歇期后，最不准的也是这三个根数。残差减小后，还可以减轻由于参数相关性引起的根数跳动，可起到保证收敛的作用。

3）如果需要，进行 HUBER 估计，进一步缩小残差，在 HUBER 估计中用来加权的 σ 固定为 σ_1（σ_1 约为观测中误差 σ_0 的 2 倍），到某次迭代的中误差小于 σ_1 或迭代 6 次，HUBER 估计过程结束。迭代 6 次的控制是为了防止资料不好时的死循环。

4）最后用 M－估计进行轨道改进，加权用的 σ，开始时为 σ_1，当计算所得的 σ 小于 σ_1 时，用计算所得的 σ 来加权，当计算所得的 σ 小于 σ_0 时，用 $\sigma = \sigma_0$ 来加权。

5）不管是 HUBER 估计，还是 M－估计，均用上面的迭代算法来计算 σ。在改进过程中，除被预剔除的资料外，不再进行剔除，方程的权严格计算，权为 0 的资料当然被自动剔除了。

6）M－估计的收敛条件为同时满足以下三个条件：
● 相临两次的 σ 的相对误差小于 0.05；
● 本次根数的最大改正量小于 10^{-5}；
● 迭代次数大于 3 次。

7）在迭代过程中，比较每次迭代所得的 σ，记下 σ 最小的根数，设为 ε_0，当迭代次数达到 12 次时，我们就认为用户要求的改进参数太多，这时，下面改进的初轨将取为 ε_0，程序自动进入阻尼迭代算法 (阻尼系数为 0.5)，并固定 ω 以及相关系数大于 0.9 的参数，并将迭代次数设置为 3，继续进行迭代，直到收敛。 改进出现以上这种情况，一般是由于弧段太短，以上处理基本是成功的。

轨道改进稳健性措施还需进一步完善，主要是：

1）对于观测资料的实际情况，如何选用 c_0, c_1, c_2，必须在理论上或经验上得到较好的解决。

2）对于短弧段的情况，可能要考虑对有些根数加先验权，用来代替固定某些根数的办法。当然，先验权加多大，也需进一步研究。

6.1.5 资料处理和野值剔除

为了能定出精密轨道，剔除野值是非常重要的。对于不同的观测资料，有不同的剔除野值的方法。下面，我们介绍一种针对光学资料，利用 L 估计剔除野值的方法：

（1）截断最小二乘 L 估计法简介[7, 8]

假定已知观测量 $\{y_i\}$，$(i = 1, 2, \cdots, N)$，服从下述线性模型：

$$y_i = a_0 + b_0(t_i - t_0) + e_i$$

式中，$\{e_i\}$，$(i = 1, 2, \cdots, N)$ 为观测误差，$\{y_i\}$ 中有若干个异常值，对于好的观测量，$\{e_i\}$ 可假定为零均值，互相独立的正态分布的随机量，有方差 σ^2。

a_0, b_0 的稳健估计的方法很多，下面介绍截断最小二乘的 L 估计方法，其基本思想是使目标函数：

$$U = \sum_{i=1}^{N\beta+1} r_{N,i} = \min \tag{6.62}$$

其中，$N\beta$ 为整数($1/2 \leq \beta < 1$)，($r_{N,i}$)表示按残差 r_i 的绝对值排序后的残差序列。可以证明：该估计是一致估计，其崩溃点为 $\varepsilon^* = 1 - \beta$。如果我们取 $\beta = 1/2$，则崩溃点即为 50%。

如果，我们能抽样得到一对好的观测量 y_i, y_j，则：

$$\begin{aligned} a_{ij} &= (y_i + y_j)/2 \\ b_{ij} &= (y_i - y_j)/(t_i - t_j) \end{aligned} \tag{6.63}$$

就是 a_0, b_0 的一种较合理的估计。于是，问题就归结为：如何进行抽样，使之能起码可以得到一组好的观测量，最笨的方法是将 N 个资料两两配对，可得到 C_N^2 个抽样，即可得到 C_N^2 个目标函数。如果，N 个资料中有 M 个好的资料 $(M > N/2)$，则在 C_N^2 个目标函数中，我们可有 C_M^2 个较好的估计，使目标函数 U 取最小者，就是我们最终求得的 a_0, b_0 的稳健估计。

为了节省计算量，我们并不需要计算 C_N^2 个目标函数，在资料处理时，我们的做法是：

$$令 \quad m = \begin{cases} 1 & N \leq 10 \\ \text{int}(N/5) & N > 10 \end{cases} \tag{6.64}$$

$$k = \text{Int}(N/m)$$

将每个资料与其后的每隔 m 个资料两两配对，这样目标函数的计算次数就为 $k \times [N - m(k+1)/2]$ 次。在 N 较大时，它比 C_N^2 少得多，当然，这样做法还不是最经济的方法。但对于 $N \leq 50$ 时方法已切实可行，而且可保证得到相当多组正确资料的抽样，从而可从中选得较好的 a_0, b_0 的估计。

按理，这样得到的 a_0, b_0 还可用 M—估计进一步精化，但是，由于我们的目的不是求出最精确的 a_0, b_0，而是剔除错误资料。因此，没有必要进一步精化。实践证明：这样求得的 a_0, b_0，对于剔除错误资料已相当有效。

（2）光学资料剔除野值的方法

光学资料直接观测量是 t, A, h 或 t, α, δ，它们并不满足线性模型，必须利用已知的初始轨道根数，将它们进行转化为满足线型模型的量，才能利用 L 估计方法来剔除野值。

剔除野值的第一步为：将每一观测量 t, A, h，换算为时间差 ΔT 和轨道面法向差 $\Delta \theta$，其计算方法如下：

根据几何关系，根据 t 时的卫星地心矩 r（用初轨计算），可计算卫星的地心向量 $\vec{r}$：

$$\vec{r} = \vec{R} + \rho \vec{l}$$
$$\rho = \sqrt{r^2 - R^2 \sin^2 z} - R \cos z \tag{6.65}$$

其中，　　　R 为测站地心距；

　　　　　　$\vec{R}$ 为测站的地心向量；

$z = 90° - h$ 为卫星的天顶距；

$\vec{l}$ 为卫星的观测方向：

$$\vec{l} = R_3(180° - S)R_2(90° - \varphi_A)\,\vec{l}_0$$

$$\vec{l}_0 = (\cos h \cos A - \cos h \sin A \sin h)^\tau$$

这里， S 为测站 t 时的地方恒星时；

φ_A 为测站纬度；

$R(x,\theta), R(y,\theta), R(z,\theta)$ 为坐标旋转变换矩阵.

将 $\vec{r}$ 进行坐标变换，将坐标变换到 x 轴指向轨道升交点，z 轴指向轨道面法向，x, y, z 轴组成右手系的坐标系中，即有：

$$\vec{r}_N = R_1(i)R_3(\Omega)\vec{r} \tag{6.66}$$

这里，i, Ω 为卫星倾角和升交点经度，为初始轨道根数。

设 $\vec{r}_N = (x, y, z)^\tau$ ，则有：

$$u = \text{tg}^{-1}(y/x), \quad r = \frac{a(1-e^2)}{1 + e\cos(u-\omega)} \tag{6.67}$$

于是，

$$\Delta T = (\lambda_0 - \lambda)/n, \quad \Delta\theta = \sin^{-1}(z/r) \tag{6.68}$$

其中，λ_0 由 u 化算而得，它对应于观测；

$\lambda = M + \omega$ 为 t 时的卫星平经度，它对应于轨道根数；

n 为卫星平运动，$n = \sqrt{\dfrac{\mu}{a^3}}$ ，$\mu = GM$

实践证明，在同一圈中，$\{\Delta T_i\}, \{\Delta\theta_i\}$ 可表达为时间的线性函数，即：

$$\begin{aligned} \Delta T_i &= [a_0 + a_1(t - t_0)] + \varsigma_i \\ \Delta\theta_i &= [b_0 + b_1(t - t_0)] + \eta_i \end{aligned} \qquad i = 1, 2, \cdots, N \tag{6.69}$$

其中，ς_i, η_i 对应于观测误差，我们假定它们是零均值，相互独立的正态分布的随机量。

这样，用上节所述的方法，我们就可得到 a_0, a_1, b_0, b_1 的稳健估计。于是，剔除野值的方法就可归结为：

1）随机差的剔除

计算残差：

$$\begin{aligned} r_{Ti} &= \Delta T_i - [a_0 + a_1(t - t_0)] \\ r_{\theta i} &= \Delta\theta_i - [b_0 + b_1(t - t_0)] \end{aligned} \qquad i = 1, 2, \cdots, N \tag{6.70}$$

我们认为：$|r_{Ti}| > 0°.5$ 或 $|r_{\theta i}| > 0°.05$ 的资料为错误资料，将它们进行剔除。

2）系统差的剔除

观测数据的系统差，以及目标错误引起的误差，均会在 a_0, a_1, b_0, b_1 中得到反映。

a_0，反映时间系统差，以及由于初始轨道不准引起的沿迹差；

a_1，反映卫星速度的误差，包括卫星周期、偏心率 e 和近地点径度 ω 不准引起的误差；

b_0，反映轨道升交点径度 Ω 的误差，以及由于地面高度(相应于卫星地心距 r)不准引起的误差；

b_1，反映倾角的误差，以及由 r (相应于 a, e, ω)不准引起的误差。

由于初始轨道的误差对 a_0 的影响很大，我们不能用单站圈的资料所得的 a_0 来正确判别时间系统差。因此，我们没有用 a_0 来剔除野值。

由于，我们的初始轨道有一定精度，因此，可以用 a_1, b_0, b_1 来剔除系统差，其方法：

认为 $|b_0| > 0.3°$,　　$|b_1| > 0.1°/分$,　　$|a_1| > 1\ 秒/分$ 　　　　　　(6.71)

的资料为野值，进行整圈剔除。

6.2　观测预报

对于卫星光学预报，显然，必须满足以下三个可见条件：

1）高度条件　即卫星必须在测站上空，其仰角要大于给定的 H_{min}

2）天光条件　即卫星飞临测站时，测站必须天光充分黑，用数学语言表示，即为太阳的天顶距 $Z_\odot$ 必须大于某个 Z_0 （例如 $Z_0 = 99°$）。

3）地影条件　即卫星必须被太阳照亮，卫星不能在地影之中。

对于无线电（雷达和多普勒）预报，只要满足高度条件。

最简单考虑卫星可见条件的方法，是计算卫星每一点的位置，并进行进行测试，看它是否满足这些可见条件，满足即作预报，否则再测试下一点，显然这不是一个好方法。于是，我们必须将这些可见条件数学化，并对它们进行数学运算，从而求出满足可见条件的范围来。

下面针对光学预报来介绍预报的实现方法：

6.2.1 光学可见条件的数学化

数学化的方法不是唯一的，我们对卫星的某一圈的可见条件，首先化为用三个以 $U = f + \omega$ 表示的区间：

$$[U_1, U_2] \qquad 高度区间$$

$$[U_出, U_进] \qquad 无地影区间$$

$$[U_黑, U_亮] \qquad 无天光区间$$

显然，这三个区间的交集，就是卫星的可见区间。

这种将可见条件化为区间的方法，是可见条件数学化的基本思想。为了更加直观，我们将用最直观的时间来表达区间。

6.2.2 高度条件的数学化—初选区间

（1）基本原理

卫星在测站地平上空 H_{min} 以上的条件，可表达为测站天顶方向与卫星的地心向量 $\bar{r}$ 之间的夹角 θ 小于 θ_M，这里 θ_M 为：

$$\theta_M = \frac{\pi}{2} - \sin^{-1} \frac{\cos H_{min}}{a(1+e)} - H_{min} \qquad (6.72)$$

（2）$\theta \leq \theta_M$ 的进一步数学化

在下面的讨论中，我们假定某一测站的地心纬度为 φ，卫星的轨道倾角为 i。

1）高度 U 区间

要看到卫星，卫星轨道上的 U 必须：(参见图 6.1)：

在 $[U_1, U_2]$ 之间 　　　（升段）

或在 $[U_3, U_4]$ 之间 　　　（降段）

这里，

$$U_1 = \frac{\pi}{2} - \cos^{-1}\left[\frac{\sin(\varphi - \theta_M)}{\sin i}\right], \quad U_4 = \pi - U_1$$

$$\qquad (6.73)$$

$$U_2 = \frac{\pi}{2} - \cos^{-1}\left[\frac{\sin(\varphi + \theta_M)}{\sin i}\right], \quad U_3 = \pi - U_2$$

其中：

$$\cos^{-1}(x) = \begin{cases} \dfrac{\pi}{2} - \sin^{-1}(x) & \text{ABS}(x) \le 1 \\[2mm] \dfrac{\pi}{2} - \dfrac{\pi}{2}\,\text{sign}(x) & \text{ABS}(x) > 1 \end{cases} \qquad (6.74)$$

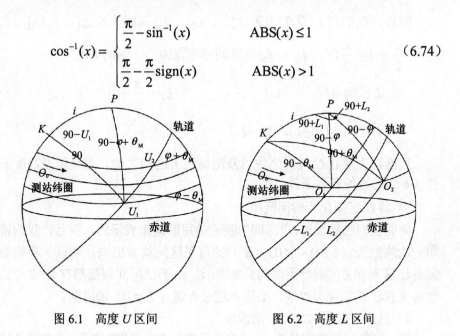

图 6.1　高度 U 区间　　　　　图 6.2　高度 L 区间

为了叙述方便，我们用 $U_{升}$ 区间来表达 $[U_1,\ U_2]$，用 $U_{降}$ 区间来表达 $[U_3,\ U_4]$。另外，当 $U_1 = -\dfrac{\pi}{2}$ 或 $U_2 = \dfrac{\pi}{2}$ 时，$U_{升}$、$U_{降}$ 两区间将连通为一个区间 U 区间：

U 区间 $=[U_1,\ U_4]=[\ U_1,\ \pi-U_1]$　　　　　　$U_2=\dfrac{\pi}{2}$

U 区间 $=[U_3,\ U_2+2\pi]=[\pi-U_2,\ U_2+2\pi]$　　$U_1=-\dfrac{\pi}{2}$

2）高度 L 区间

测站要看到卫星，测站必须在卫星轨道面附近，即(参见图 6.2)：

$L \in [L_1,\ L_2]$ 　　（升段）

$L \in [L_3,\ L_4]$ 　　（降段）

这里

$$L_1 = \cos^{-1}\left(\frac{\sin\theta_M - \cos i \sin\varphi}{\sin i \cos\varphi}\right) - \frac{\pi}{2}$$

$$L_2 = \cos^{-1}\left(\frac{-\sin\theta_M - \cos i \sin\varphi}{\sin i \cos\varphi}\right) - \frac{\pi}{2} \qquad (6.75)$$

$$L_3 = \pi - L_2, \quad L_4 = \pi - L_1$$

同样，我们用 $L_升$ 区间来表达 $[L_1，L_2]$，$L_降$ 区间来表达 $[U_3，U_4]$。当 $L_1 = -\dfrac{\pi}{2}$ 或 $L_2 = \dfrac{\pi}{2}$ 时，$L_升$、$L_降$ 两区间将连通为一个区间 L 区间：

$$L\text{区间}=[L_1，\pi-L_1] \qquad\qquad L_2=\frac{\pi}{2}$$

$$L\text{区间}=[\pi-L_2，2\pi+L_2] \qquad\qquad L_1=-\frac{\pi}{2}$$

显然，卫星在 U 区间之中以及测站在 L 区间之中，都是卫星高度条件（$\theta \le \theta_M$）的必要条件。

3）将 U 区间化为时间区间

前面我们已经说过，"区间"我们是用时间来表示的，而且，我们希望一次将数天（$\mathrm{MJD}-\mathrm{MJD}+H$）的可见区间均求出来，所以，我们必须将 U 区间和 L 区间都用时间 T 来表示，由于 U 区间每圈都有 $1\sim2$ 个，要将这些 U 区间化为时间，必须知道过赤道（$\lambda=0$）的时刻。

4）过赤道时刻 $TN(i)$ 的求取

设 t_0 时刻的轨道根数为 σ_0，卫星周期为 P，周期变率为 $\dot{P}$，则第 0 圈的过赤道时刻为：

$$TN(0) = \mathrm{MJD} + t_0 + \frac{\lambda_0 P}{2\pi} \tag{6.76}$$

而第 n 圈的过赤道时刻为：

$$TN(n) = TN(0) + nP(1 + \frac{1}{2}n\dot{P}) \tag{6.77}$$

这里 $\dot{P}$ 以（天/天圈）为单位，考虑到 $TN(0)$ 前可能还有可见区间，以及最后一圈过赤道时刻后也可能有可见区间，n 的取值范围为：

$$n = -1,0,1,2,\cdots,\max n$$

其中 $\max n$ 的值为：$TN(\max n) > \mathrm{MJD}+H$，这里 H 为预报步长（天）。

5) U 区间表达为时间

设某一 U 区间为 $[U_1,U_2]$，则 U 区间化为时间区间为：

$$UT(1,i) = TN(i) + \lambda(U_1)/\dot{\lambda}$$

$$UT(2,i) = TN(i) + \lambda(U_2)/\dot{\lambda} \qquad i=-1,0,1,\cdots,\max n$$

这里 $\lambda(U)$ 表示 U 化 λ 的函数，当然它还与偏心率 e 有关，在 U 区间不连通时，UT 区间也有 $UT_升$ 区间和 $UT_降$ 区间两组。

6）L 区间表达为时间

设某一 L 区间为 $[L_1,\ L_2]$，则，L 区间化为时间区间为：

$$LT_1 = t_0 + (L_1 - L_0)/(\dot{S} - \dot{\Omega})$$

$$LT_2 = LT_1 + (L_2 - L_1)/(\dot{S} - \dot{\Omega})$$

其中：　　L_0— t_0 时刻测站的轨道面经度，$L_0 = S + \lambda_A - \Omega$；

　　　　　S— t_0 时刻的恒星时；

　　　　　λ_A—测站经度；

　　　　　Ω— t_0 时刻的升交点赤经；

　　　　　$\dot{S}$—地球自转角速度；

　　　　　$\dot{\Omega}$—升交点经度的变率。

则在（$\mathrm{MJD} - \mathrm{MJD} + H$）内的 L 区间为：

$$LT(1,i) = LT_1 + \frac{i2\pi}{(\dot{S} - \dot{\Omega})}$$

$$LT(2,i) = LT_2 + \frac{i2\pi}{(\dot{S} - \dot{\Omega})} \qquad i = -1,0,1,\cdots,H$$

7）粗略高度区间　PSINTV（$2,NPS$）的求取

在（$\mathrm{MJD} - \mathrm{MJD} + H$）内的粗略高度区间，可以由 L 区间和 U 区间求交得到，根据这些区间的各种情况，求交大致可分为以下四种情况：

①　永远不可见：

$U_1 = U_2$，或 $L_1 = L_2$，这时 $NPS = 0$

②　L 区间，U 区间不连通

　　　PSINTV 分为升降两组：$\mathrm{PSINTVA}$（$2,\ NA$）和 $\mathrm{PSINTVD}$（$2,\ ND$）

这里，

　　　　　$\mathrm{PSINTVA} = LT_{升}$ 区间 $\cap UT_{升}$ 区间

　　　　　$\mathrm{PSINTVD} = LT_{降}$ 区间 $\cap UT_{降}$ 区间

于是，　　　$\mathrm{PSINTV} = \mathrm{PSINTVA} \cup \mathrm{PSINTVD}$

　　　　　$NPS = NA + ND$

③　连通永远可见

　　　$\mathrm{PSINTV} = UT$ 区间，这时，$NPS = \max N$

④　连通不永远可见

这时，　　　　　$\mathrm{PSINTV} = LT$ 区间 $\cap UT$ 区间

　　　　　　　　NPS 由求交程序给出

下面称 PSINTV（2, *NPS*）为初选区间，以上求取 PSINTV（2, *NPS*）的过程，称为初选。

6.2.3　高度区间 HINTV(2，*NH*) 的求取

PSINTV(2, *NPS*) 求得后，还必须进一步精化，其理由是：

1) 由于 *LT* 区间（每个区间约为数小时）比 *UT* 区间（每个区间约 30 分钟）要长得多，区间连通时更是这样，在初选区间中，还有许多地方并不保证高度可见（因为，*LT* 区间与 *UT* 区间之交只是一个必要条件，不是充分条件）。

2) 由于以上原因，我们并不能保证 PSINTV(2, *NPS*) 的中点的仰角 *h* 都能大于等于 H_{MIN}，即使本圈可见也是这样，而对于二分法求高度区间，这一点是必须保证的。

3) 对于 *i* 较小，*φ* 也较小的情况，实际上用以上初选方法所得的 PSINTV(2, *NPS*) 将是 (*MJD* − *MJD* + *H*)，即认为每时每刻都可见卫星，这当然是不可能的，这就是"纬度初选"（即初选只用纬度条件来求 *U* 区间）的失败。

因此，我们必须进一步精化高度区间。高度区间的求取，分成以下两步：

(1) 近站点时间的求取

在光学预报中，近站点是指仰角 *h* 达到最大的时刻，设某一初选区间为 (t_1, t_2)，其中点时刻为 $t_0 = (t_1 + t_2)/2$。求近站点分两步：

1) 求测站在轨道上投影的 U_{OBS} 与卫星在轨道上的 U_{SAT} 相等的时刻

在近站点时刻 *t* 与 t_0 相差不大时，我们近似有：

$$U_{obs} = U_{obs0} + \dot{U}_{obs} \times (t - t_0)$$

进而：

$$\lambda_{obs} = \lambda_{obs0} + \dot{U}_{obs} \times (t - t_0)$$
$$\lambda_{sat} = \lambda_{sat0} + \dot{\lambda} \times (t - t_0) \tag{6.78}$$

于是：

$$t - t_0 = (\lambda_{obs0} - \lambda_{sat0})/(\dot{\lambda} - \dot{U}_{obs}) \tag{6.79}$$

其中

$$\dot{U}_{obs} = \frac{\cos\varphi(\sin U_{obs} \sin L + \cos U_{obs} \cos i \cos L)}{\cos\theta}(\dot{S} - \dot{\Omega}) \tag{6.80}$$

这里，L=S+ λ_A −Ω，$\dot{\lambda} = n + \dot{M}_0 + \dot{\omega}$，而 U_{obs0} 和 θ 可由 L, φ, i 用球面三角形求得（参见图 6.3，图 6.4），计算 L 时，*S* 和 Ω 均是 t_0 时刻的值。$\dot{U}_{obs}$

是由于 L 随时间变化引起的变率。这样求出的 t，由于轨道有偏心率，还不是近站点时刻，尚需进一步精化。

2）迭代求取近站点时刻：

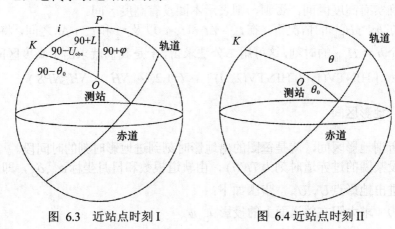

图 6.3　近站点时刻 I　　　　　图 6.4 近站点时刻 II

由近站点的定义，即：$\dfrac{\mathrm{d}h}{\mathrm{d}u}=0$，利用关系式（参见图 6.4）：

$$\mathrm{tg}h=\frac{\cos\theta-R/r}{\sin\theta}$$
$$\cos\theta=\cos\theta_0\cos(U-U_0)$$
$$r=\frac{a(1-e^2)}{1+e\cos(U-\omega)} \tag{6.81}$$

可得，

$$\sin(U-U_0)=\frac{Re\sin(U-\omega)\sin^2\theta}{[1-e\cos(U-\omega)]\cos\theta_0(r-R\cos\theta)} \tag{6.82}$$

在上式右端，首先用 U_0 代替 U，就可计算出 U 来，迭代三次，即可得到近站点的 U。在迭代过程中，U_0 和 θ_0 用上面求出的近站点时刻 t 时的值，于是：

$$t_{近}=t+\frac{\lambda(U)-\lambda(U_0)}{\dot{\lambda}} \tag{6.83}$$

这样我们就求出了每个初选区间的精确近站点时刻。

（2）用二分法迭代高度区间

近站点时刻 $t_{近}$ 求出后，粗略的高度区间就可表达为：

$$[\,t_{近}-\Delta t,\ t_{近}+\Delta t\,], \qquad \Delta t=\frac{1.1\theta_M}{\dot{\lambda}}$$

这样，我们首先判断 $t_{近}$ 时的高度 $h_{近}$ 是否高于 $H_{\min}$，如果是，则表示本圈确实有高度区间，否则，则表示本圈没有高度区间。

在 $h_{近}\geq H_{\min}$ 的情况下，在 $t_{近}-\Delta t$ 和 $t_{近}$，以及 $t_{近}$ 和 $t_{近}+\Delta t$ 之间，将各有一个 $h=H_{\min}$ 的时刻，这可用二分法求得，于是我们就求出了高度区间：

$$[\,\text{HINTV}(1,I)\ \ \text{HINTV}(2,I)\,] \qquad I=1,2,\cdots,NH \qquad (\,NH{\leq}NPS\,)$$

6.2.4 地影区间

所谓地影区间，就是每圈的出地影时刻到进地影时刻的时间段。

设某圈的过赤道时刻为 $TN(i)$，由轨道根数和日月坐标 $\alpha_\odot,\delta_\odot$，即可计算进出地影点 U_J,U_C，步骤如下：

1）求太阳在轨道面上的投影 $u_\odot,\psi_\odot$

$u_\odot,\psi_\odot$ 可由图 6.5 中的球面三角形中求出：在球面三角形中，已知两边夹一角，即 $i,90^\circ-\delta_\odot,90^\circ+\alpha_\odot-\Omega$ 已知，就可求得 $90^\circ-u_\odot,90^\circ-\psi_\odot$，于是，太阳在轨道面上的投影 $u_\odot,\psi_\odot$ 就可求出。

2）求远日点 u

远日点的定义为轨道上地影最深处的点，即 $r\sin\psi$ 最大的点。也就是 $\dfrac{\mathrm{d}(r\sin\psi)}{\mathrm{d}u}=0$ 的点。这里，r 为人造卫星的地心距，ψ 为卫星和太阳在地心处的交角。

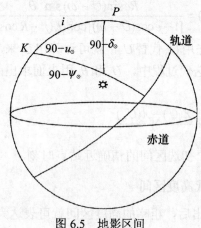

图 6.5　地影区间

根据 $\qquad \cos\psi = \cos\psi_\odot \cos(u - u_\odot)$

$$r = \frac{a(1-e^2)}{1 + e\cos(u-\omega)}$$

得：$\qquad \dfrac{\partial r}{\partial u} = \dfrac{re\sin(u-\omega)}{1 + e\cos(u-\omega)}$ （6.84）

$$\sin\psi \frac{\partial\psi}{\partial u} = \cos\psi_\odot \sin(u - u_\odot)$$

于是 $\qquad \dfrac{1}{2}\sin 2(u - u_\odot) = -\dfrac{e\sin(u-\omega)}{1+e\cos(u-\omega)}\dfrac{1 - \cos^2\psi_\odot \cos^2(u-u_\odot)}{\cos^2\psi_\odot}$

令 $\qquad u = u_\odot + \pi + \varepsilon$ （6.85）

则有

$$\varepsilon \approx \frac{1}{2}\sin 2(u - u_\odot) = -\frac{e\sin(u-\omega)}{1+e\cos(u-\omega)}\frac{1 - \cos^2\psi_\odot \cos^2(u-u_\odot)}{\cos^2\psi_\odot} \quad （6.86）$$

根据上面两个式子即可迭代得到远日点的 u

3）求进出地影点的 U_J, U_C

如果远日点不在地影中，则本圈无地影，如远日点在地影中，则在 $[u, u-\pi]$ 之间求进地影点 U_J，在 $[u, u+\pi]$ 之间求进地影点 U_C，求地影点时采用二分法，不在地影中的条件为：

$$r^2 \sin^2\psi > r^2_{\text{地影}}$$

$$r_{\text{地影}} = 1.00374137 \text{（6402km）}$$

则该圈的无地影区间 EST(1，I)，EST(2，I)即为：

$$\text{EST}(1,i) = TN(i) + \lambda(U_C)/\dot{\lambda}$$

$$\text{EST}(2,i) = TN(i) + \lambda(U_J)/\dot{\lambda} \qquad i = -1, 0, 1, \cdots \max n$$

6.2.5　天光区间

天光区间即为测站预报当天的昏影终时刻 t_1 到下一天的晨光始时刻 t_2 之间的时间段 $[t_1，t_2]$。

设当天 0^h 的太阳坐标为 $\alpha_\odot, \delta_\odot$，测站的经纬度为 λ_A, φ，当天 0^h 的恒星时为 S，计算天光时要求的太阳天顶距为 $Z_\odot$，则，太阳天顶距为 $Z_\odot$ 时的时角 τ（参见 6.6 图）为：

$$\cos\tau = \frac{\cos Z_\odot - \sin\varphi\sin\delta_\odot}{\cos\varphi\cos\delta_\odot} \qquad （6.87）$$

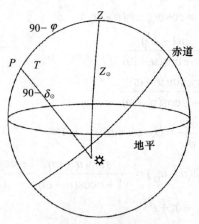

图 6.6　天光图

于是，昏影终时刻为：
$$t_1 = \tau + \alpha_\odot - \lambda - S$$
晨光始时刻为：
$$t_2 = t_1 + 1.0 + 2\tau$$

注意式中的量要化为以天为单位，与上面 LT 区间一样每天有一个区间。这样我们就可得到（$MJD - MJD + H$）内的天光区间：
$$[\text{SST}(1，\text{I})\ \text{SST}(2，\text{I})]\quad \text{I} = -1,0,1,2\cdots,H$$

6.2.6　预报区间的求得

已知，高度区间：HINTV（2，NH）；
地影区间：EST（2，max$N$）；
天光区间：SST（2，H+2）；
步长区间：[0，H]。

将上述四组区间求交，即得（$MJD - MJD + H$）内的预报区间：
$$\text{PRDCTINTV} = \text{HINTV} \cap \text{EST} \cap \text{SST} \cap [0，H]$$

6.2.7　预报的作出

求出预报区间后，即可在预报区间内选 k 点作为预报时刻，k 由有户给定。在预报区间 $[t_1, t_2]$ 中选 k 个点的方法为：
$$t(\text{I}) = t_1 + (t_2 - t_1) \times (\text{I} - 0.75)/k \qquad \text{I} = 1,2,\cdots,k$$

有了 $t(\text{I})$ 就可利用本步内根数的 Чебышев 多项式系数，计算 $t(\text{I})$ 时的轨道根数，继而就可计算卫星对测站的星历表。

计算位置预报，一般需要计算（t, A, h, ν, ψ），其中，（t, A, h）为预报

时间，方位角和仰角，用来放置望远镜；ν 为卫星视运动角速度；ψ 为飞行方向，它们用来判别目标。

ψ 角的定义为：观测者面向预报位置，右手方向为 x 轴，预报位置向天顶的方向为 y 轴，从 x 轴逆时针量到卫星飞行方向的角即为 ψ 角。

ν 和 ψ 的计算方法如下：

① 计算卫星的位置和速度向量 $\vec{r}, \dot{\vec{r}}$（计算方法从略）

② 计算测站的位置和速度向量 $\vec{R}, \dot{\vec{R}}$（计算方法从略）

③ 计算 $\vec{\rho} = \vec{r} - \vec{R},\ \dot{\vec{\rho}} = \dot{\vec{r}} - \dot{\vec{R}},\ \dot{\rho} = \dot{\vec{\rho}} \cdot \dfrac{\vec{\rho}}{\rho},\ \vec{v} = \dot{\vec{\rho}} - \dot{\rho} \cdot \dfrac{\vec{\rho}}{\rho}$

④ 计算 ν：$\nu = |\vec{v}| / \rho = \sqrt{\dot{\vec{\rho}} \cdot \dot{\vec{\rho}} - \dot{\rho}^2} / \rho$

⑤ 坐标转换

$$\vec{l}_{地} = R_2(\varphi_A - 90°)R_3(S - 180°)\frac{\vec{\rho}}{\rho}$$

$$\vec{v}_{地} = R_2(\varphi_A - 90°)R_3(S - 180°)\vec{v} \equiv \begin{pmatrix} v_x \\ v_y \\ v_z \end{pmatrix}$$

⑥ 计算 (A, h) 和 $\vec{A}$，可由下式求得：

$$\vec{l}_{地} = \begin{pmatrix} \cos h \cos A \\ -\cos h \sin A \\ \sin h \end{pmatrix}, \quad \vec{A} = \begin{pmatrix} -\sin A \\ -\cos A \\ 0 \end{pmatrix}$$

⑦ 计算 ψ：

$$\psi = \begin{cases} \cos^{-1}\left(\vec{A} \cdot \dfrac{\vec{v}}{|\vec{v}|}\right) & v_z \geq 0 \\[2mm] 360° - \cos^{-1}\left(\vec{A} \cdot \dfrac{\vec{v}}{|\vec{v}|}\right) & v_z < 0 \end{cases}$$

ψ 也可利用下面公式计算：

$$\psi = \begin{cases} 90° + \alpha & u < u_0 \\ 270° - \alpha & u \geq u_0 \end{cases}$$

其中，$\quad \alpha = \sin^{-1}\left(\dfrac{\sin\theta}{\sin\theta_0}\right), \quad \vec{N} = \dfrac{\vec{r} \times \dot{\vec{r}}}{|\vec{r} \times \dot{\vec{r}}|}$

$$\theta = \cos^{-1}\left(\frac{\vec{r} \cdot \vec{R}}{rR}\right), \quad \theta_0 = \sin^{-1}\left(\frac{\vec{N} \cdot \vec{R}}{R}\right)$$

其中，R 为测站地心距；u 为预报时刻的纬度角；u_0 为测站在轨道面上的投影点的纬度角，可用解球面三角形的方法计算（参见图 6.3）。

6.3 卫星陨落期预报[9,10]

当卫星的寿命结束时，卫星将再入大气层烧毁，有些卫星再入大气时，由于卫星质量大，或者卫星表面有防高温的涂层，在大气中烧不尽，卫星可能与地面碰撞，对人类的安全可能造成破坏，这种目标，国外称为危险目标，它的陨落期跟踪与落点预报，称为危险目标的再入研究（RISK OBJECT RE-ENTRY），发生危险目标陨落的时候，均会引起世界各国的重视，如过去的美国天空实验室、原苏联宇宙 1402 号核动力卫星、我国的失控卫星，以及俄罗斯和平号空间站的陨落，均受到世界各国的重视。

下面，我们以 INSPECTOR 卫星为例，讨论陨落期跟踪预报的有关问题。

6.3.1 决定卫星陨落期预报精度的主要因素：

卫星陨落期预报的精度，主要取决于以下因素：

①卫星轨道的精度，特别是卫星近地点高度的精度；

②大气模式的精度；

③卫星陨落期中的太阳辐射流量和地磁指数的预报精度；

④卫星面质比（包括卫星的姿态）的精度；

⑤大气阻尼系数的精度。

由于这些因素均有较大的误差，因此，卫星陨落期预报，特别是卫星落点的预报误差，是比较大的，我们做不到几十千米，几百千米……一般误差在数千千米以上，这与人们的要求差距是比较大的。因此，我们必须认真研究这一问题，力图得到更高的精度。

6.3.2 卫星陨落期中的观测预报

与一般卫星预报不同，在卫星陨落期中，由于卫星的高度较低，可见情况不好，特别是在没有雷达观测时，光学观测站的数量不够，在许多情况下，固定站在陨落前的关键时刻，均看不到卫星，为了获取宝贵的卫星陨落期的观测资料，我们必须派遣流动站。

为了将流动站派到可见情况最好的地方去观测，我们需要研究最佳地点的选择问题。即使是这样，由于，卫星的轨道的变化，最佳地点也会发生变化，一旦变化，还需及时更改流动站地点。

6.3.3 卫星面质比

为了做准卫星的陨落期预报，测准卫星的面质比非常重要，在大多数情况下，卫星面质比是未知的，即使给出了卫星的面积和质量，计算出的面质比，可能还会有较大的误差，有时，资料上给出的卫星的面积和质量，还会有差异，例如，在 INSPECTOR 陨落时，IADC 就提供了两种数据：

表 6.4 INSPECTOR 的大小、重量以及对应的面值比

	大小	质量	面值比
第一种	56 cm × 93 cm	72 kg	0.070 cm^2/g
第二种	44.8~51.7cm × 90 cm	68.55 kg	0.061 cm^2/g

这时，就需利用卫星轨道反演面质比。例如，INSPECTOR 的面质比，就利用 40 组卫星轨道和四种大气模式进行了计算，得到的面质比如下：

CIRA-1972	0.060 cm^2/g
DTM	0.060 cm^2/g
MSISE-90	0.059 cm^2/g
DTM 改进模式	0.059 cm^2/g
平均面质比	0.0595 cm^2/g

由此，我们可以判别第二种形状和重量是正确的。

6.3.4 陨落时间预报方法

在陨落期预报中，力学模型包括：

—地球引力场；

—大气阻力；

—太阳辐射压；

—日月引力和潮汐。

为了提高预报的精度，减少陨落时间预报的跳动，在预报前，应首先用二次多项式对轨道半长径进行平滑，并求出轨道半长径的变率，用以代替原始根数中的卫星平运动的变率。

6.3.5 阻尼系数随高度的变化

当卫星高度到 180km 以下时，大气阻尼系数就不是常数，将要随高度变化，一般 C_D 随高度变化的计算公式为：

$$C_D = 2.2 - C \times L \times 10^7 \times \rho$$

其中，L 为卫星的长度尺度（米）；ρ 为大气密度，单位为千克／立方米；C 值在 0.5~0.8 之间。

要说明的是：在连续介质中风洞试验的数据（C=1），对 60km 以上不适用。

6.3.6 卫星陨落地点的计算

卫星陨落地点的计算是十分困难的，这里要说明几个问题：

1）在卫星陨落到稠密大气中时，卫星的运动已基本不是天体力学所描写的轨道（在 50km 以下，卫星基本是垂直落下的），因此，在卫星陨落前 1~2 小时，必须用数值方法计算，如果，我们计算得到的轨道根数是平根数，就要进行转换。

2）由于轨道根数的误差，一组根数计算的落点误差总是比较大的，在最后计算落点时，必须使用两组根数进行计算，由于一个卫星的落点只能是一个，所以，我们可以要求两次计算的落点要相同，如果不相同，则调整卫星的面质比，实践证明，总可以找到一个面质比，使两次计算的落点相同。这时，还需对面质比进行合理性检验，即要求采用的面质比与卫星实际面质比之比，和大气模式计算的密度与高层大气密度之比相等，当然，要知道大气模式的密度与高层大气实际密度之比，必须对高层大气的情况十分了解，这就需要进行高层大气模式的动态测定研究。

3）如果用 MSIS-1990 来计算落点，我们发现：要使两组根数计算的落点相同，调整的面质比要比理论面质比大 1.09 倍，这可能是 MSIS-1990 的模式密度比实际大气密度小了 1.09 倍引起的。

6.3.7 陨落期预报精度的现有水平

尽管对于有精密观测的人造卫星，测轨预报精度可以达到米级，甚至更高，但是，这是对卫星地面高度在 700km 以上的卫星，大气阻力很小的卫星达到的。对于卫星的陨落期预报，由于卫星高度很低，大气阻力的误差很大，而且，得到的观测数据很少，也没有精密观测（只有精度较低的雷达和光学观测），测轨精度较低，因此，预报精度很低。下面给出三次实例，说明卫星陨落期预报的现在可能得到的水平：

1）我国失控卫星（1996 年陨落）

表 6.5　我国失控卫星的陨落期预报情况

预报国家	预报日期	陨落时间
中长期预报		
中国	1995 年 6 月	1996 年 3 月
美国	1995 年 12 月中旬	3 月 15 日
中国	1995 年 12 月	3 月 8 日，在 3 月 12 日前
英国	1996 年 2 月 5 日	4 月 8 日前
德国	1996 年 2 月 6 日	3 月 5 日前
临近陨落期预报		
美国	1996 年 3 月 9 日	3 月 12 日 4 时-13 日 4 时
美国	1996 年 3 月 12 日	3 月 12 日 5 时之后
俄罗斯	1996 年 3 月 12 日	3 月 12 日 3 时 25 分
中国	1996 年 3 月 9 日	3 月 12 日 4 时 26 分
实际陨落时刻		3 月 12 日 4 时 05 分

说明：实际陨落时刻是美国观测网观测到的（下同）。

2）ISPECTOR（1998 年陨落）

表 6.6　ISPECTOR 陨落期预报情况

参加国家	预报结果	预报误差
NASA	20：51	62 分
ESA	21：38	109 分
德国	19：42	-7 分
日本	19：27	-22 分
意大利	18：37	-72 分
中国	20：08	19 分
实际陨落时刻	19：49	

3）Cosmos 2332（2005 年陨落）

表 6.7　Cosmos 2332 陨落期预报情况

预报者名称	所属组织、国家	预报次数	预报误差(分)
48 小时预报			
Pardini	(ASI) 意大利	11	10.43
Xiong	(CNSA) 中国	3	2.00
Klinkrad	(ESA) 德国	6	3.22
Ivanov	(FSA) 俄罗斯	11	10.69
Ganeshan	(ISRO) 印度	18	5.41
Hirose	(JAXA) 日本	5	11.90
Johnson	(NASA) 美国	4	17.54
实际陨落时刻	2005 年 1 月 28 日 16 时 37 分		

从以上实例中，我们不难看出，陨落期预报的精度约为 10 分钟以上，精度较差时，误差达到 1 小时也不足为奇。我们利用上面所说的方法进行预报，预报精度已经与其他国家的水平相当。

参考文献

1. Добошина Г.Н. Справочное руковоство по небесной механике и стрознамике. Москва，1971.

2. 刘林. 人造地球卫星轨道力学. 北京：高等教育出版社，1992.

3. D.A. Danielson，et al. SEMIANALYTIC SATELLITE THEORY，1994.

4. Батраков Ю.В. Бюлл. ИТА，1971（12）：813-847.

5. P. J. Huber. Rubust statistics. NewYork，1981.

6. F.R. Hampel，et al. Rubust statistics. NewYork，1986.

7. D. Ruppert，et al. J. Amer. Stastist. Assoc，1980（75）：828-838.

8. 吴连大，等. 天文学报，1994，2（35）：113-119.

9. 吴连大，等. 紫金山天文台台刊，2000，19（2）：100-105.

第7章 空间目标的编目

空间目标编目，是空间目标监视的一部分，由于它需要大型的观测设备，如相控阵雷达等，因此，被普遍认为是综合国力的体现，到现在为止，只有美国和俄罗斯独立做过空间目标编目的工作。我们没有进行空间目标编目的经验，因此，在本章中，只能根据我们的理解，介绍一些美国空间目标编目的情况，以供参考。

7.1 空间目标编目的定义和目的

空间目标编目，就是通过观测，建立空间目标的轨道编目数据库。美国从 1957 年第一颗人造卫星上天起，就开始进行空间目标的编目，随着空间目标（包括空间碎片）的增加，编目数据库也不断增大，但是，编目数据库的大小，主要取决于空间目标监视网的能力，任何时间我们能进行的空间目标编目工作，只能针对探测网能够探测到的目标，建立的编目数据库，也只是可探测目标的数据库。美国现在的探测能力，大约为 10cm，建立了约 14000 个空间目标的编目数据库。

在空间目标编目的初期，编目是通过轨道积累，逐步建立编目数据库的。20 世纪 60 年代之前，美国和苏联也通过每天向测站发观测预报，测站根据预报进行观测，获取观测数据，发到数据处理中心，中心进行测轨，建立空间目标编目数据库。当然，我们不能说这不是编目工作。但是，现在所说的编目，已经不是这样了，再也没有人说这种工作就是编目了。空间目标编目是至少包含如下特征的空间目标测轨定轨系统：

（1）具有能力强大的无源空间目标监视网

空间目标编目的空间监视网，由测站和处理中心组成，但是，测站的观测的主流设备是针对空域的多目标观测设备，如相控阵雷达，这些设备一般不要中心发空间目标的位置预报，就能进行观测。而且，每天的观测数量（站圈数），均数以万计，起码数以千计。

当然，中心发预报－测站观测－中心测轨的工作模式，仍然在某些领域保留，但其目的已不是编目，而是重要目标的精密定轨了，如工作卫星的测轨。

另外，编目观测的方法还有一个显著的特性：无源观测。与工作卫星不同，编目观测的目标的 90%~95%是无源的，它们是失效的载荷，空的运载火箭以及各种碎片。它们不会发射无线电信标，没有星载 GPS 和激光反射器，它们只能用雷达和光学望远镜进行观测。

（2）设备端和中心均能进行空间目标关联工作

由于空间目标编目的主流观测是不发预报的，因此，在取得观测数据后，空间目标编目的首要任务，就是弄清我们观测的是什么目标。将观测数据与编目数据库（每个大型的观测设备，均有编目数据库）中的轨道根数相关联，建立一一对应关系，对应数据库中已有的编目目标，给出观测对应的空间目标编号；对发现的新目标，生成新目标的初始轨道。

到 1996 年，美国在设备端能完成 90%的关联工作，而且，其中 99%的关联是正确的。其余 10%在中心完成。这就是美国使用的设备加中心的两级资料关联的方法。

显然，资料关联是空间目标编目的核心，它的效果好坏，将决定空间目标编目的成败。

（3）编目数据库能及时更新，具有编目数据库的维持能力

由于轨道预报的精度，随着预报时间的增加快速降低，因此，为了有足够的预报精度，数据库中的轨道必须及时更新。对于近地卫星，美国一般能做到每天更新一次。编目数据库的维持，必须对所有已编目的目标进行持续的跟踪，不断的轨道更新，数据库中的编目目标的数量不能减少。

编目数据库的更新和维持，主要取决于如下因素：

—观测系统能取得足够的观测数据；

—有足够的通讯能力，将观测数据及时传到处理中心；

—中心计算机有足够的处理数据能力，特别是处理 UCT 数据的能力；

—较好的轨道模型和轨道改进方法，使得编目轨道计算非常稳健。

卫星编目的主要目的，是提供在轨空间目标威胁的全球感知。例如，在第一颗卫星发射的 1957 年，美国海军首先要问，"敌方"卫星可能在何

时何地攻击它们，或可能收集情报，能否对舰队作出预警。现在，除了这个基本战术问题之外，编目能提供各种和平时期的应用，包括军用和民用，公众使用和私人使用，国内使用和国外使用。例如：

  —利用编目数据，预报可跟踪目标(碎片)与载人航天器危险接近的时刻，提前命令航天器进行机动，规避空间碎片的碰撞；

  —空间目标解体和碰撞事件的分析；

  —利用编目数据进行科学研究，如高层大气的研究等。

当然，维持空间目标编目本身就是空间大国的使命。卫星编目，应该认为是空间时代的最重要一种国家资源。

7.2 空间目标编目的分类

美国在卫星编目中，将空间目标分为近地目标和深空目标两类，周期大于 225 分的目标，包括 Молния 卫星和地球同步卫星，称为深空目标，两种目标的编目定轨的力学模型是不同的。

对于近地目标，力学模型主要考虑地球引力场带谐和大气阻力，对于深空目标，考虑地球引力场带谐，日月引力和周期为半天和一天的田谐摄动。但没有考虑 Молния 卫星偏心率较大的特点。

我们认为，将 Молния 卫星和地球同步卫星分在一类，显然是不很恰当的。它们的偏心率和轨道倾角不同，使用的轨道根数也将不同，因此，可能将空间目标分为三类更好，即，近地目标，Молния 卫星和地球同步卫星。如果这样分类，GPS 可分在同步卫星类型之中。当然，Молния 卫星的定轨，由于偏心率较大会很困难，这是需要我们研究解决的。

另外，根据周期大小将目标分类也不很恰当，我们认为，空间目标的编目分类，以根据编目使用的根数类型来分类为宜，即：分成近地目标和地球同步卫星两类，将 GPS 和 Молния 卫星分在近地目标类型之中。在近地目标的编目中，使用无 $e=0$ 奇点的根数，在地球同步卫星的编目中，使用无 $e=0, i=0$ 奇点的根数。这样，在近地目标的编目中，也需考虑日月引力、地球田谐共振项，模型复杂了许多，但是这没有困难。

编目的实质性的困难是，Молния 卫星的偏心率太大，需要研究特殊的展开方法，甚至需要使用新的轨道理论，在没有解决这个问题之前，也许只能将其分在近地目标之中。当然，在计算 Hansen 系数时，需要注意展开项数和计算精度。

7.3   编目定轨

编目定轨包括，编目根数的发布形式，编目定轨的力学模型，编目定轨的方法三个部分。

7.3.1   编目根数的发布形式[1]

美国发布的根数，采用双行根数的形式。它由两行数据组成，每行 69 个字符，可用 SGP/SDP 轨道模型来计算相关卫星的位置和速度。格式如下：

1 NNNNNU NNNNNAAA NNNNN.NNNNNNNN +.NNNNNNNN +NNNNN-N +NNNNN-N N NNNNN

2 NNNNN NNN.NNNN NNN.NNNN NNNNNNN NNN.NNNN NNN.NNNN NN.NNNNNNNNNNNNNN

表 7.1   双行根数的定义

行	域	列	描　　述
第一行	1.1	01	行号
	1.2	03-07	卫星代号
	1.3	08	保密标记（U=非保密，S=保密）
	1.4	10-11	国际标识符（两位数字表示的发射年限）
	1.5	12-14	国际标识符（当年的发射编号）
	1.6	15-17	国际标识符（目标体：星体、火箭等）
	1.7	19-20	历元（两位数表示的年）
	1.8	21-32	历元（这一年中的天数及天的小数部分）
	1.9	34-43	平运动的一阶导数或弹道系数
	1.10	45-52	平运动的二阶导数（已设定小数点）
	1.11	54-61	BSTAR 大气阻力项（已设定小数点）
	1.12	63	星历表类型
	1.13	65-68	根数组数
	1.14	69	校验项（以 10 为模）
第二行	2.1	01	行号
	2.2	03-07	卫星编号
	2.3	09-16	倾角（度）
	2.4	18-25	升交点经度（度）
	2.5	27-33	偏心率（已设定小数点）
	2.6	35-42	近地点幅角（度）
	2.7	44-51	平近点角（度）
	2.8	53-63	平运动（圈/天）

　　两行中的空格位置不能有其他字符，'A'处可以是任意字符 A-Z 或空格；'C'处只能用'U'、'S'，来表示卫星是否为秘密卫星；'+'处可用加减号或空格；'-'处可用加减号；'N'处可用数字 0-9。具体定义如表 7.1。

　　对于表 7.1，还需说明的是：域 1.2 表示的是 NORAD 编号，此域和表中的域 2.2 是必需的。域 1.4 到 1.6 是目标的国际编号。域 1.7 和 1.8 决定了根数的历元时刻，日期从 1 月 1 日的 UT 零时开始算起。域 1.9 表示的是 $\frac{1}{2}\dot{n}$，单位为圈/天^2；域 1.10 是 $\frac{1}{6}\ddot{n}$，单位为圈/天^3。但这两域只用于 SGP 模型中。域 1.11 是 SGP-4 模型使用的大气阻力系数 $B^* = B\rho_0/2$，其中 $B = C_D \times A/m$；C_D 为阻力系数；A/m 是目标的面质比；ρ_0 为大气密度。

　　在 NORAD 的协议中，"圈"是从卫星到达轨道升交点开始算起，一圈为卫星在连续过升交点之间的间隔。发射与卫星第一次到达轨道升交点的间隔被认为是第 0 圈，第 1 圈从第一次过升交点开始起量。

　　说明：双行根数给出的根数是平根数，在大多数情况下，根数历元是过赤道时刻。注意，双行根数定义的平运动可近似表为：

$$n = \frac{\mathrm{d}M}{\mathrm{d}t} = n[1 + \frac{3J_2}{3p^2}(2 - 3\sin^2 i)\sqrt{1-e^2}]$$

由平运动计算半长径 a 需要迭代计算。

　　为了保证根数计算星历表的精度，建议使用 NORAD 的 SGP4 或 SGP8 模型和相应的软件[1]。该模型的要点为：

　　计算长期摄动（包括 J_2, J_3, J_4 引起的一阶和二阶长期摄动和大气引起的长期摄动），得到任意时刻的平根数；

　　根据平根数，计算空间目标的坐标和速度；

　　计算坐标和速度一阶长周期和一阶短周期摄动，加到坐标和速度上面，得到考虑摄动后的坐标和速度。

7.3.2　编目定轨的力学模型和摄动计算方法[2, 3]

（1）美国的编目定轨方法

　　美国编目定轨的力学模型和计算方法是不断发展的，下面首先简要介绍一下美国空间目标编目的几个模型（当然，由于文献出处不一样，特别是年代不一样，模型也会有些差异）：

1）早期方法（1957—1963）

在这一阶段，资料处理中心设在 Hanscom Field Bedform ,MA 的国家空间监视控制中心（NSSCC），有 15 个设备（探测器），包括雷达，Baker-Nunn 望远镜和无线电接收机等。

力学模型很简单，即：

$$T_N = T_0 + P_0(N - N_0) + c(N - N_0)^2 + d(N - N_0)^3$$

$$\Omega_N = \Omega_0 + \dot{\Omega}(T_N - T_0) + \frac{1}{2}\ddot{\Omega}(T_N - T_0)^2$$

$$\omega_N = \omega_0 + \dot{\omega}(T_N - T_0) + \frac{1}{2}\ddot{\omega}(T_N - T_0)^2$$

其中，

$$\dot{\Omega} = K\frac{\cos i}{a^{7/2}(1 - e^2)^2}$$

$$\frac{\ddot{\Omega}}{2} = -\dot{a}(7 - e)\frac{\dot{\Omega}}{2a(1 + e)}$$

$$\dot{\omega} = -(5\cos^2 i - 1)\frac{\dot{\Omega}}{2\cos i}$$

$$\frac{\ddot{\omega}}{2} = (5\cos^2 i - 1)\frac{\ddot{\Omega}}{4\cos i}$$

$$K = -0.^{\circ}96 / \text{天}$$

模型中，假定倾角不变，偏心率的变率根据近地点不变的原理给定，也就是 $\dot{e} = e(1 - e^2)\frac{\dot{a}}{a}$。

2）运行实施阶段（1964—1979）

这阶段有两个处理中心，即：

—海军空间监视中心；

—国家空间监视控制中心（NSSCC），1961 年迁到 Colorado Springs，CO。

两个中心采用略有差别的力学模型。

①海军空间监视系统模型（称为 PPT）

● 利用 Brouwer 解的 Lyddane 变型；

● 经验的阻力模型；

● 平运动为时间的 2 次函数；

- $\dot{e} = e(1-e^2)\dfrac{\dot{a}}{a}$

该模型 1964 年开始应用。

②国家空间监视控制中心 SGP4 模型

- 重力场采用 Brouwer 和 Kozai 的解；
- 转换到无奇点变量；
- 周期摄动不包括 e 因子；
- 经验的阻力模型（SGP），后来给出大气摄动的主要长期项(SGP4)；
- 平运动为时间的 2 次函数；
- $\dot{e} = e(1-e^2)\dfrac{\dot{a}}{a}$
- Lane 和 Cranford 的（大气摄动）工作，从 1970 年开始应用(SGP4)。

1964 年开始的模型，称为 SGP 模型[1]，它与 SGP4 同时用到 1979 年，1979 年之后，SGP4 为唯一应用的模型[1]。

3）深空建模（1965—1997）

1965 年发射了第一颗大椭圆 12 小时的卫星，1967 年 Bowman 为此开发了特殊的轨道模型，其中，包括了日月摄动和地球引力场的共振项，并使用了半分析方法。

1977 年，Hujsak 将 Bowman 的工作扩展到地球同步卫星，然后，与近地卫星的 SGP4 模型合并，这个模型在美国空军司令部应用，称为 SGP4/SDP4 模型。

同年，海军空间监视模型中，也加入了深空模型，其中，日月摄动和地球共振项，采用了 SDP4 模型，并使用了完整的 Brouwer 理论和 Lyddane 无奇点根数，该模型称之为 PPT3 模型。

4）SGP4/SDP4 模型的改进

SGP4/SDP4 模型几经改进，加入了如下摄动：

- Brouwer 理论的平近点角 M，近地点幅角 ω，升交点经度 Ω 的长期摄动；
- 平近点角 M，近地点幅角 ω 的大气周期摄动；
- 平近点角 M，近地点幅角 ω，升交点经度 Ω，偏心率 e，倾角 i 的日月引力的长期摄动；
- 利用步长为 720 分的数值积分，加入了平运动和平近点角 M 的共振长期项；

● 半长径 a，偏心率 e 和平近点角 M 的大气长期摄动；

● 日月的周期摄动（第三体的运动周期）；

● Brouwer 理论的长周期摄动（近地点幅角 ω 的变化周期）；

● Brouwer 理论的短周期摄动（卫星运动周期）。

总之，利用 Brouwer 卫星运动理论，加上一些大气阻力，田谐和日月摄动，形成了两个分析轨道理论，SGP4/SDP4 和 PPT3，在美国空间编目中，用来测定卫星轨道，SGP4/SDP4 是现在的编目理论，这里两模型的差别只是大气摄动，GP4/SDP4 使用了指数密度模型，而 PPT3 没有使用大气模型，只是在测轨时使用了 $\dot{n}$ 和 $\ddot{n}$，PPT3 在海军使用。

5）其他力学模型

除了 SGP4/SDP4 模型之外，美国还有许多更精密的卫星运动理论，尽管这些理论在编目中的使用没有 SGP4/SDP4 广泛，但也是值得注意的理论，下面作简要介绍。

● PPT2 模型

PPT2 模型是电子篱笆处理时使用的卫星运动模型，它使用了 Brouwer 理论，采用了正则变量，并使用了 Brouwer-Lyddane 无奇点根数，长期摄动包括 $J_2 - J_5$ 和平近点角的三次时间函数的表达式，考虑了长周期摄动和 J_2 的短周期摄动。

● SGP8 模型

SGP8 考虑了地球引力场 $J_2 - J_4$ 和球对称指数大气模型，并假定大气摄动与 J_2 均为一阶量，考虑了 n''' , e'''，给出了很好的拟合和预报。

● HANDE 模型

该模型应用数值方法来解决平均问题，使得模型的解，可以使用各种大气模型，不进行偏心率幂级数的展开，可以适用于任意偏心率，而且，计算量比级数展开还少一些，数值试验表明：HANDE 模型的精度比 SGP8 模型要高，其精度可与 SP（数值积分）模型相媲美。

● SALT 半分析运动理论

该模型采用了半分析方法，考虑了地球引力场 $J_2 - J_4$ 和球对称指数大气模型，可以使用不同的大气模型，计算了 J_2 的短周期摄动和田谐摄动的 m-daily 项。

- SP 模型的近期研究

也许是平行计算技术的发展，使得在编目中使用复杂的、完整的力学模型，并利用数值积分（SP）方法计算摄动成为可能，因此，从 20 世纪 90 年代起，美国研究了 SP 模型在编目中的应用。有报道说，1996 年四季度，在 NAVSPACECOM 使用 SP 模型的平行算法开始演示，但是，到现在为止，在编目中，仍使用 SGP4/SDP4 模型，其理由可能已不是计算速度的问题，而是算法的稳健问题。据说，在编目中，使用 GP 方法，比使用 SP 方法要稳健，使用 GP 时，能使 98.5%的目标能自动编目成功，而使用 SP 时，只有 80%。

- 半分析（SST）模型的近期研究[4]

近年来，半分析方法已作为辅助的方法，在编目定轨得到了应用。这种方法包含了完整的力学模型，它将计算卫星运动问题，转化为：

一平根数的运动方程；

一短周期摄动的表达式。

两个部分。在积分平根数时，步长可达几天，短周期摄动的表达式与 GP 模型中相同。也许，在今后的编目中，半分析方法是有较好的应用前景，因为半分析方法便于进行平行计算。

在现在的半分析方法中，使用了无奇点根数，考虑了 J_2^2 的长期摄动（分析表达式，忽略 $e^2 J_2^2$ 项），以及大气与 J_2 的联合长期摄动，计算短周期项时，考虑了高阶田谐摄动，J_2^2 项和 J_2 与 m-daily 摄动的交叉项，以及日月、大气和光压的短周期项。可见美国的半分析模型的精度是很高的。另外，他们的倾角函数和 Hansen 系数的算法，以及短周期项的表达式（使用了不同的引数）都很有特色，值得我们研究。

（2）俄罗斯的编目定轨方法

俄罗斯的摄动模型，有分析方法(A),数值分析方法(NA),数值方法(N)和半分析方法四种。

1）分析方法有两种精度的算法

一分析预报方法（A）

Brouwer 理论，6×2 地球引力场。

一改进分析预报方法（AP）

Brouwer 理论，8×8 地球引力场，截断误差 100m。

2）数值分析方法有两种精度的算法：

—数值分析预报方法（NA）

三重平均变量的运动方程，GOST-84 大气模型，考虑太阳活动和地磁变化。

—改进数值分析预报方法(NAP)

三重平均变量的运动方程，GOST-84 大气模型，考虑太阳活动和地磁变化，计算了 J_2 的短周期摄动和田谐摄动的 m-daily 项。

3）数值方法有两种精度的算法：

—数值预报方法（N）

6×2 地球引力场，GOST-84 大气模式，无奇点根数，Adams 预报改正方法积分。

—改进数值预报方法（NP）

14×14 地球引力场，GOST-84 大气模式，无奇点根数，Adams 预报改正方法积分。

4）万能半分析方法：

常用平均方法，完整力学模型，无奇点根数，坐标速度的内插策略，GOST-84 大气模型，用分析方法计算平根数的变率，适用于大气阻力较大的卫星。

有了观测数据，选择了力学模型，编制了软件，更新轨道根数，就是简单的最小二乘改进，其原理和方法同轨道改进。只是，在编目定轨中，我们需要保证更新根数的成功率，还有处理 UCT 数据，因此，过程要复杂得多，这将在后面讨论。

7.3.3　近地目标的编目定轨方法

近地空间目标的编目定轨，包括：

1）卫星的摄动计算方法；

2）卫星的星历表计算方法；

3）轨道改进方案。

在本节中，我们主要讨论卫星的摄动计算方法。至于卫星的星历表计算方法请参见第 3 章，轨道改进方法请参见第 6 章，这里不再重复。

下面介绍的近地空间目标的编目方法，精度约为 100m，考虑地球带谐，大气阻力，太阳光压，日月和潮汐的长期、长周期的变率，考虑一阶短周期项和田谐摄动的 m-daily 项。

由于近地目标几乎没有倾角接近于 0 的目标，而偏心率很小的目标很多，因此，采用无 $e=0$ 的无奇点根数（$a, i, \Omega, \xi, \eta, \lambda$）的平根数 σ^* 作为基本根数，参考系采用 CIP-CIO 定义的轨道坐标系，即 CIRS，时间系统采用考虑闰秒的 UTC 系统，使用平根数的半分析一阶理论计算摄动。所谓平根数，即为密切根数 σ 扣去短周期项 $\Delta\sigma_s$（包括田谐项）的根数。

设已知 t_0 时刻的平根数 σ_0^*（$a_0^*, i_0^*, \Omega_0^*, \xi_0^*, \eta_0^*, \lambda_0^*$），则计算 $[t_0-h, t_0+h]$ 中的任意时刻的密切根数的步骤如下：

1）在 $[t_0-h, t_0+h]$ 中选择 2 个点，计算 t_i 时的近似平根数 $\sigma_{t_i}^*$

选择 $t_1 = t_0 - \dfrac{\sqrt{2}}{2}h$， $t_2 = t_0 + \dfrac{\sqrt{2}}{2}h$

这里，h 为计算摄动的步长，对于编目定轨，一般为 1~2 天。

对于 a, i, e $\sigma_{t_i}^* = \sigma_0^*$

对于 Ω $\Omega_{t_i}^* = \Omega_0^* + \dot{\Omega}_1^*(t_i - t_0)$

对于 ξ, η $\xi_{t_i}^* = e_{t_i}^* \sin\omega_{t_i}^*$， $\eta_{t_i}^* = e_{t_i}^* \cos\omega_{t_i}^*$

其中，

$$\omega_{t_i}^* = \omega_0^* + \dot{\omega}_1^*(t_i - t_0) \quad i = 1, 2$$

$$\dot{\Omega}_1^* = -\frac{3J_2 n}{2p^2}\cos i, \quad \dot{\omega}_1^* = \frac{3J_2 n}{4p^2}(4 - 5\sin^2 i)$$

式中，n 为平运动，$p = a(1-e^2)$，均用平根数计算。

利用 t_i 时的平根数 $\sigma_{t_i}^*$，计算出田谐 m-daily 项的系数 $A_c^{(t_i)}, A_s^{(t_i)}$，备用。

2）计算平根数变率

平根数变率用下式计算：

$$\frac{\mathrm{d}\sigma^*}{\mathrm{d}t} = [f^{(0)}(\sigma^{(1)}) + f^{(1)}(\sigma^{(1)}) + f^{(2)}(\sigma^{(1)})]_{\text{常数项，长周期项}} \tag{7.1}$$

其中，$\sigma^{(1)} = \sigma^* + \Delta\sigma_s^{(1)}$ 为准到一阶的密切根数；$\Delta\sigma_s^{(1)}$ 为一阶短周期项，其表达式同（4.245）式。

（7.1）式中的 $f^{(0)}(\sigma^{(1)}), f^{(1)}(\sigma^{(1)}), f^{(2)}(\sigma^{(1)})$ 均为向量：

$$f^{(0)} = \begin{cases} 0 & \text{对于} a, i, \Omega, \xi, \eta \\ n & \text{对于} \lambda \end{cases} \tag{7.2}$$

$f^{(1)} = (f_a^{(1)}, f_i^{(1)}, f_\Omega^{(1)}, f_\xi^{(1)}, f_\eta^{(1)}, f_\lambda^{(1)})^\tau$ 为 J_2 引起的平根数变率；$f^{(2)} = (f_a^{(2)}, f_i^{(2)}, f_\Omega^{(2)}, f_\xi^{(2)}, f_\eta^{(2)}, f_\lambda^{(2)})^\tau$ 为其他摄动引起的平根数变率，$f^{(1)}, f^{(2)}$ 的表达形式相同，均是摄动加速度代入高斯方程的结果，其表达式如下：

$$f_a = \frac{da}{dt}, \ f_i = \frac{di}{dt}, \ f_\Omega = \frac{d\Omega}{dt}, \ f_\xi = \frac{d\xi}{dt}, f_\eta = \frac{d\eta}{dt}, f_\lambda = \frac{d\lambda}{dt} \qquad (7.3)$$

式中，$\dfrac{d\sigma}{dt}$ 的表达式同（3.77）式，计算 $f^{(1)}$ 时，式（3.77）右端的 (S, T, W) 用 J_2 引起的摄动加速度代入，即：

$$S_1 = \frac{3\mu J_2}{r^4} P_2(\sin\varphi)$$

$$T_1 = -\frac{\mu J_2}{r^4} P_2'(\sin\varphi)\sin i \cos u \qquad (7.4)$$

$$W_1 = -\frac{\mu J_2}{r^4} P_2'(\sin\varphi)\cos i$$

计算 $f^{(2)}$ 时，（3.77）式右端的 (S, T, W) 用其他摄动引起的加速度总和代入，即：

$$S_2 = \sum S_{2i}, \quad T_2 = \sum T_{2i}, \quad W_2 = \sum W_{2i} \qquad (7.5)$$

这里我们考虑了高阶带谐摄动、大气阻力摄动、太阳光压摄动、日月摄动、潮汐摄动，各种摄动引起的 (S, T, W) 的表达式请参见第 5 章。

（7.1）式中的平根数变率 $\dfrac{d\sigma^*}{dt}$ 通过数值平均的办法求得，即：

$$\frac{d\sigma^*}{dt} = [f^{(0)}(\sigma^{(1)}) + f^{(1)}(\sigma^{(1)}) + f^{(2)}(\sigma^{(1)})]_{\text{常数项,长周期项}}$$

$$= \frac{1}{2N+1} \sum_{j=0}^{2N} [f^{(0)}(\sigma_j^{(1)}) + f^{(1)}(\sigma_j^{(1)}) + f^{(2)}(\sigma_j^{(1)})] \qquad (7.6)$$

其中，$\qquad \sigma_j^{(1)} = \sigma_j^* + \Delta\sigma_j^{(1)}$

$$\lambda_j^* = \frac{2\pi j}{2N+1} \qquad (j = 0, 1, \cdots, 2N)$$

式中，N 可根据偏心率的大小选定：

$$N = \begin{cases} 18 & e \leq 0.1 \\ 18 + \text{int}[(e-0.1)\times 20] & e > 0.1 \end{cases}$$

3）积分求 Чебышев 多项式系数 $a_k(i)$

使用 Чебышев 迭代法来积分平根数的摄动运动方程：

$$
\begin{cases}
\dfrac{\mathrm{d}\sigma^*}{\mathrm{d}t} = [f^{(0)}(\sigma^{(1)}) + f^{(1)}(\sigma^{(1)}) + f^{(2)}(\sigma^{(1)})]_{\text{常数项，长周期项}} \\
\sigma^*\big|_{t=t_0} = \sigma_0^*
\end{cases}
\tag{7.7}
$$

该微分方程的数值积分，我们推荐使用 Чебышев 迭代法来积分平根数的摄动运动方程，Чебышев 迭代法请参见 10.5.3 节。

4）求任意时刻 t 时的平根数

$$
\sigma_i^* = h\sum_{k=1}^{N} a_k(i)[T_k(\tau) - T_k(0)] + \sigma_{i0}^* \qquad i = 1, 2, \cdots, 6
\tag{7.8}
$$

其中，$T_k(\tau)$ 为 k 阶 Чебышев 多项式，$\tau = \dfrac{1}{h}(t - t_0)$，$T_k(0) = \cos(\dfrac{k\pi}{2})$

5）求任意时刻 t 时的密切根数和卫星坐标 $\vec{r}$

$$
\sigma_t = \sigma_t^* + \Delta\sigma_s^{(1)} + \Delta\sigma_{\text{田谐}}^{(2)}
\tag{7.9}
$$

其中，$\Delta\sigma_s^{(1)}$ 为一阶短周期项，可用（4.243）式计算；$\Delta\sigma_{\text{田谐}}^{(2)}$ 为田谐摄动项，请参见下节。于是，卫星在轨道坐标系中的坐标 $\vec{r}$：

$$
\vec{r} = R(x, -i)R(z, -\Omega)\begin{pmatrix} r\cos u \\ r\sin u \\ 0 \end{pmatrix}
\tag{7.10}
$$

对于编目定轨来说，需要计算卫星坐标 $\vec{r}$ 的时间，为每个观测资料的时刻，由于数据非常密集，而计算 $\Delta\sigma_{\text{田谐}}^{(2)}$ 需要较多的时间，因此，我们可以先计算有资料的时间范围内的卫星坐标 $\vec{r}$，然后，内插得到观测时刻的卫星坐标 $\vec{r}$。

6）田谐摄动计算

假定我们需要的定轨精度为 100m，考虑到截断项的累积，我们只能略去小于 10m 的项。

对于近地目标，需要考虑的田谐摄动项有：

①m-daily 项，即 $j = 0$ 的项；

②可能有的一次和二次共振项，即 $j = 1, 2$ 的项；

③较大的短周期项。

关于较大的短周期项，实际只需考虑最大的田谐系数 $J_{22} = 2.81\times10^{-6}$（约 18m）的摄动，该项的计算方法请参见 4.4.2 节。只是计算时，只需

考虑 $l = m = 2, q = 0$ 的项（只有三项）。

下面我们主要讨论 m-daily 项和共振项的计算：

1) 田谐摄动 m-daily 项的表达式。

田谐摄动的表达式为：

$$\Delta\sigma_{\boxplus} = \sum_{lmpq} \Delta\sigma_{lmpq}$$

$$\Delta\sigma_{lmpq} = (\Delta\sigma_c + \delta\sigma_c)\cos(\psi_1 + \lambda_{lm}) \qquad (7.11)$$
$$+ (\Delta\sigma_s + \delta\sigma_s)\sin(\psi_1 + \lambda_{lm})$$

其中，$\Delta\sigma_c, \Delta\sigma_s, \delta\sigma_c, \delta\sigma_s$ 的表达式请参见（4.277）式、（4.278）式。只有 J_{22} 和浅层共振项需计算此项。

对于近地目标的编目定轨，除了 J_{22} 和浅层共振项之外的其他田谐项，不需考虑田谐摄动的短周期项，只需考虑 m-daily 项和共振项。m-daily 项的 $\Delta\sigma_c, \Delta\sigma_s, \delta\sigma_c, \delta\sigma_s$ 的表达式为：

$$\psi_1 = m(\Omega - \theta)$$

$$\Delta a_c = 0, \quad \Delta a_s = 0$$

$$\Delta i_c = -\frac{n\Phi^{-1}J_{lm}}{\sqrt{1-e^2}\sin i}\left(\frac{1}{a}\right)^l D_{lmp}(I)K_{lpq}(e)(m+q\cos i)C_q(\xi,\eta)$$

$$\Delta i_s = -\frac{n\Phi^{-1}J_{lm}}{\sqrt{1-e^2}\sin i}\left(\frac{1}{a}\right)^l D_{lmp}(I)K_{lpq}(e)(m+q\cos i)S_q(\xi,\eta)$$

$$\Delta\Omega_c = -\frac{n\Phi^{-1}J_{lm}}{\sqrt{1-e^2}\sin i}\left(\frac{1}{a}\right)^l D'_{lmp}(I)K_{lpq}(e)S_q(\xi,\eta)$$

$$\Delta\Omega_s = \frac{n\Phi^{-1}J_{lm}}{\sqrt{1-e^2}\sin i}\left(\frac{1}{a}\right)^l D'_{lmp}(I)K_{lpq}(e)C_q(\xi,\eta)$$

$$\Delta\xi_c = -n\Phi^{-1}\sqrt{1-e^2}J_{lm}\left(\frac{1}{a}\right)^l D_{lmp}(I)S'_\eta - \eta\cos i\Delta\Omega_c$$

$$\Delta\xi_s = n\Phi^{-1}\sqrt{1-e^2}J_{lm}\left(\frac{1}{a}\right)^l D_{lmp}(I)C'_\eta - \eta\cos i\Delta\Omega_s \qquad (7.12)$$

$$\Delta\eta_c = n\Phi^{-1}\sqrt{1-e^2}J_{lm}(\frac{1}{a})^l D_{lmp}(I)S'_\xi + \xi\cos i\Delta\Omega_c$$

$$\Delta\eta_s = -n\Phi^{-1}\sqrt{1-e^2}J_{lm}(\frac{1}{a})^l D_{lmp}(I)C'_\xi + \xi\cos i\Delta\Omega_s$$

$$\Delta\lambda_c = -2(l+1)n\Phi^{-1}J_{lm}(\frac{1}{a})^l D_{lmp}(I)K_{lpq}(e)S_q(\xi,\eta) - \cos i\Delta\Omega_c + \Delta\lambda_{1c}$$

$$-\frac{nJ_{lm}\Phi^{-1}\sqrt{1-e^2}}{(1+\sqrt{1-e^2})}(\frac{1}{a})^l D_{lmp}(I)[|q|K_{lpq}(e)+2e^2\frac{\mathrm{d}K_{lpq}}{\mathrm{d}e^2}]S_q(\xi,\eta)$$

$$\Delta\lambda_s = 2(l+1)n\Phi^{-1}J_{lm}(\frac{1}{a})^l D_{lmp}(I)K_{lpq}(e)C_q(\xi,\eta) - \cos i\Delta\Omega_s + \Delta\lambda_{1s}$$

$$+\frac{nJ_{lm}\Phi^{-1}\sqrt{1-e^2}}{(1+\sqrt{1-e^2})}(\frac{1}{a})^l D_{lmp}(I)[|q|K_{lpq}(e)+2e^2\frac{\mathrm{d}K_{lpq}}{\mathrm{d}e^2}]C_q(\xi,\eta)$$

其中，$\Phi = m(\dot\Omega - \dot\theta)$，$S'_{q\xi}(\xi,\eta)$，$S'_{q\eta}(\xi,\eta)$，$C'_{q\xi}(\xi,\eta)$，$C'_{q\eta}(\xi,\eta)$，$C'_\xi, S'_\xi, C'_\eta, S'_\eta$

的计算公式，请参见（4.76）式、（4.77）式。$\Delta\lambda_{1c}, \Delta\lambda_{1s}$, 同式（4.276）。

$\delta\Omega_c, \delta\Omega_s, \delta\omega_c, \delta\omega_s, \delta\lambda_c, \delta\lambda_s, \delta\xi_c, \delta\xi_s\ \delta\eta_c, \delta\eta_s$ 的表达式如下：

$$\delta\Omega_s = \dot\Omega(\frac{4e\Delta e_c}{1-e^2} - \mathrm{tg}\,i\Delta i_c)\Phi^{-1}$$

$$\delta\Omega_c = -\dot\Omega(\frac{4e\Delta e_s}{1-e^2} - \mathrm{tg}\,i\Delta i_s)\Phi^{-1}$$

$$\delta\omega_s = \dot\omega(\frac{4e\Delta e_c}{1-e^2} - \frac{5\sin 2i}{4-5\sin^2 i}\Delta i_c)\Phi^{-1}$$

$$\delta\omega_c = -\dot\omega(\frac{4e\Delta e_s}{1-e^2} - \frac{5\sin 2i}{4-5\sin^2 i}\Delta i_s)\Phi^{-1} \tag{7.13}$$

$$\delta\xi_c = \eta\Delta\omega_c, \quad \delta\xi_s = \eta\Delta\omega_s$$

$$\delta\eta_c = -\xi\Delta\omega_c, \quad \delta\eta_s = -\xi\Delta\omega_s$$

$$\delta\lambda_s = \dot\lambda[\frac{e\Delta e_c}{1-e^2}\frac{3(2-3\sin^2 i)\sqrt{1-e^2}+4(4-5\sin^2 i)}{(2-3\sin^2 i)\sqrt{1-e^2}+(4-5\sin^2 i)}$$

$$+\frac{(-3\sqrt{1-e^2}-5)\sin 2i}{(2-3\sin^2 i)\sqrt{1-e^2}+(4-5\sin^2 i)}\Delta i_c]\Phi^{-1}$$

$$\delta\lambda_c = -\dot\lambda(\frac{e\Delta e_s}{1-e^2}\frac{3(2-3\sin^2 i)\sqrt{1-e^2}+4(4-5\sin^2 i)}{(2-3\sin^2 i)\sqrt{1-e^2}+(4-5\sin^2 i)}$$

$$+\frac{(-3\sqrt{1-e^2}-5)\sin 2i}{(2-3\sin^2 i)\sqrt{1-e^2}+(4-5\sin^2 i)}\Delta i_s)\Phi^{-1}$$

式中，$\dot\Omega,\dot\omega,\dot\lambda$ 的定义同前，$D_{l,m,p}(I),D'_{l,m,p}(I)$ 为正规化倾角函数及其变率，计算方法同 4.4.2 节。

要说明的是：对于 m-daily 项，$K_{lpq}(e),\dfrac{dK_{lpq}(e)}{de^2}$ 的计算比较简单：因为我们要计算的是 $G_{lp,2p-l}(e)=X_0^{-l-1,|l-2p|}$，如果定义

$$X_0^{-l-1,|l-2p|}=e^{|l-2p|}Y_0^{-l-1,|l-2p|} \tag{7.14}$$

代入递推公式：

$$(1-e^2)X_0^{-n-1,m}=X_0^{-n,m}+\frac{1}{2}e[X_0^{-n,m+1}+X_0^{-n,m-1}] \tag{7.15}$$

$$m=0,\cdots,n-1$$

与 $G_{lpq}=e^{|q|}K_{lpq}$ 比较，可知 K_{lpq} 就是 $Y_0^{-l-1,l-2p}$。而 $Y_0^{-l-1,l-2p}$ 可以利用下式递推计算：

$$Y_0^{-n-1,m}=(1-e^2)^{-1}Y_0^{-n,m}+\frac{1}{2}(1-e^2)^{-1}e^2Y_0^{-n,m+1}$$

$$+\frac{1}{2}(1-e^2)^{-1}Y_0^{-n,m-1} \qquad m=1,\cdots,n-1 \tag{7.16}$$

$$Y_0^{-n-1,m}=(1-e^2)^{-1}Y_0^{-n,m}+(1-e^2)^{-1}e^2Y_0^{-n,m+1} \quad m=0$$

$\dfrac{dY_0^{-l-1,l-2p}}{de^2}$ 也有类似的递推公式：

$$\frac{d}{de^2}Y_0^{-n-1,m}=(1-e^2)^{-1}\frac{d}{de^2}Y_0^{-n,m}+\frac{1}{2}(1-e^2)^{-1}e^2\frac{d}{de^2}Y_0^{-n,m+1}$$

$$+\frac{1}{2}(1-e^2)^{-1}\frac{d}{de^2}Y_0^{-n,m-1}$$

$$+(1-e^2)^{-2}Y_0^{-n,m} \qquad m=1,\cdots,n-1 \tag{7.17}$$

$$+\frac{1}{2}(1-e^2)^{-1}[(1-e^2)^{-1}e^2+1]Y_0^{-n,m+1}$$

$$+\frac{1}{2}(1-e^2)^{-2}Y_0^{-n,m-1}$$

$$\frac{d}{de^2}Y_0^{-n-1,m} = (1-e^2)^{-1}\frac{d}{de^2}Y_0^{-n,m} + (1-e^2)^{-1}e^2\frac{d}{de^2}Y_0^{-n,m+1}$$

$$+ (1-e^2)^{-2}Y_0^{-n,m} \qquad\qquad m=0$$

$$+ (1-e^2)^{-1}[(1-e^2)^{-1}e^2+1]Y_0^{-n,m+1}$$

递推初值为：

$$Y_0^{-2,0} = (1-e^2)^{-1/2}, \qquad \frac{dY_0^{-2,0}}{de^2} = \frac{1}{2}(1-e^2)^{-3/2} \tag{7.18}$$

（7.16）式、（7.17）式中的系数只是 e 的函数，与 m 无关，可以对所有 l 一次计算完毕。

将所有田谐摄动的 m-daily 项相加，　m-daily 项可表达为：

$$\Delta\sigma_{m-daily} = \sum_m A_c\cos m(\Omega-\theta) + A_s\sin m(\Omega-\theta) \tag{7.19}$$

由于 A_c, A_s 还与 ω 有关，但可以认为是线性变化的，因此，可以用两个时刻的数值内插得到，具体算法不再赘述。内插得到 A_c, A_s 后，$\Delta\sigma_{m-daily}$ 可用（7.19）式计算。

最后要说明的是，（7.11）式需要四重求和：

$$\sum_{lmpq} = \sum_{l=2}^{L}\sum_{m=1}^{l}\sum_{p=0}^{l}\sum_{q=-\infty}^{\infty} \tag{7.20}$$

其中，L 为地球引力场模型中的 l 最高阶，对于 m-daily 项，$l-2p+q=0$，即 $q=2p-l$，因此，$\sum_{q=-\infty}^{\infty}$ 已不必求和，只要令 $q=2p-l$ 即可。于是，求和就为：

$$\sum_{lmpq} = \sum_{l=2}^{L}\sum_{m=1}^{l}\sum_{p=0}^{l}\Big|_{q=2p-l} \tag{7.21}$$

如果，m-daily 项只需准到 e^k，则求和就为：

$$\sum_{lmpq} = \sum_{l=2}^{L}\sum_{m=1}^{l}\sum_{p=[\frac{l-k}{2}]}^{[\frac{l+k}{2}]}\Big|_{q=2p-l} \tag{7.22}$$

考虑到 $m>10$ 时，m-daily 项已与普通田谐项相当，因此，可以忽略，于是：

$$\sum_{lmpq} = \sum_{l=2}^{L}\sum_{m=1}^{\min(l,10)}\sum_{p=[\frac{l-k}{2}]}^{[\frac{l+k}{2}]}\Big|_{q=2p-l} \tag{7.23}$$

交换 l 和 m 的求和次序

$$\sum_{lmpq} = \sum_{m=1}^{10} \sum_{l=\max(m,2)}^{L} \sum_{p=[\frac{l-k}{2}]}^{[\frac{l+k}{2}]} \Big|_{q=2p-l} \tag{7.24}$$

2）共振项

对于近地卫星，考虑 j 次共振项，设，$\dot{\lambda}$ 以圈/天为单位，则可能出现深层共振的田谐项的 m 为 $m_j = \text{Int}[j\dot{\lambda}+0.5]$，而 m 从 $m = m_j -10$ 到 $m = m_j +10$ 的项可能出现与 m-daily 项同量级的浅层共振项，它们也必须考虑。

这时田谐摄动的求和为：

$$\sum_{jlmpq} = \sum_{j=0}^{J} \sum_{m=\max(m_j-10,1)}^{m_j+10} \sum_{l=\max(m,2)}^{L} \sum_{p=[\frac{l-k-j}{2}]}^{[\frac{l+k-j}{2}]} \Big|_{q=2p-l+j} \tag{7.25}$$

其中，J 为需要考虑的共振项的最高次数。不难看出，$j=0$ 的项即为 m-daily 项。因此，共振项和 m-daily 项可以用上式统一求和。只是，分深层共振和浅层共振两种方法计算，深层共振计算变率，浅层共振积分计算摄动项：

①深层共振

如果式（7.25）中的某一项，满足条件：

$$\left| j\dot{\lambda} - m\dot{\theta} \right| < 0.01 \tag{7.26}$$

则说明卫星和 $m=[\dot{\lambda}+0.5]$ 的田谐系数发生了深层共振，这时计算 $l-2p+q=j$ 的项的摄动变率，加到平根数的变率（7.7）式中，与其他摄动一起数值积分即可。

②浅层共振

对于（7.25）式中不满足（7.26）式的项，则计算 $l-2p+q=j$ 的项的田谐摄动（当然式中 m 就不止一个了）求和即可。

7.3.4 GPS 和 Молния 卫星的编目定轨方法

GPS 和 Молния 卫星没有小倾角困难，因此，编目定轨方法基本可与近地卫星的方法相同，但是，由于卫星较高，田谐摄动的处理可简单一些：由于 $a^{-3} = 0.014$，最大的田谐短周期项只有 0.25m，m-daily 项也不到 1m，因此，可以忽略。只要考虑共振项即可。这时，共振项只有 $m=2j, j=1,2$。

由于 $a^{-5}=0.0008$，地球引力场考虑到 4×4 即可，这时变率已准到 10^{-10}。略去的项为 $J_{lm}a^{-7}=0.00004\times J_{lm}$，已经小于 10^{-11} 了。即，这时田谐摄动的求和为：

$$\sum_{jlmpq}=\sum_{j=1}^{2}\Big|_{m=2j}\sum_{l=\max(m,2)}^{4}\sum_{p=[\frac{l-k-j}{2}]}^{[\frac{l+k-j}{2}]}\Big|_{q=2p-l+j}$$

要说明的是：Молния 卫星的偏心率 $e\approx0.75$，大于拉普拉斯极限 $e_1=0.6627$，利用 Hansen 系数展开，展开式有可能不收敛了，是否可以这样处理，仍有待研究。

7.3.5　地球同步卫星的编目方法

由于地球同步卫星倾角接近 0，因此，采用无 $e=0,i=0$ 的无奇点根数：
$$a,h=e\sin(\omega+\Omega),\quad k=e\cos(\omega+\Omega),$$
$$p=\mathrm{tg}(i/2)\sin\Omega,\quad q=\mathrm{tg}(i/2)\cos\Omega,\quad \lambda=M+\omega+\Omega$$
的平根数 σ^* 作为基本根数，参考系采用 CIP-CIO 定义的轨道坐标系，即 CIRS，时间系统采用考虑闰秒的 UTC 系统，使用平根数的半分析一阶理论计算摄动。

所谓平根数，即为密切根数 σ 扣去短周期项 $\Delta\sigma_s$ 的根数。需要考虑地球带谐，太阳光压，日月和潮汐的长期、长周期的变率，考虑一阶短周期项和田谐摄动的共振项。

设我们已知 t_0 时刻的平根数 σ_0^*：
$$a^*,h^*=e\sin(\omega+\Omega),\quad k^*=e\cos(\omega+\Omega),$$
$$p^*=\mathrm{tg}(i/2)\sin\Omega,\quad q^*=\mathrm{tg}(i/2)\cos\Omega,\quad \lambda^*=M+\omega+\Omega$$
则计算 $[t_0-h,t_0+h]$ 中的任意时刻的密切根数的步骤如下：

① 计算平根数变率
$$\frac{\mathrm{d}\sigma^*}{\mathrm{d}t}=[f^{(0)}(\sigma^{(1)})+f^{(1)}(\sigma^{(1)})+f^{(2)}(\sigma^{(1)})]_{\text{常数项，长周期项}}+f^{(2)}_{\text{田谐}}(\sigma^*)\qquad(7.27)$$
其中，$\sigma^{(1)}=\sigma^*+\Delta\sigma_s^{(1)}$ 为准到一阶的密切根数，$\Delta\sigma_s^{(1)}$ 为一阶短周期项。其表达式如下：

$$\Delta a_s^{(1)} = \frac{J_2}{2a} \{(2-3\sin^2 i)[(\frac{a}{r})^3 - (1-e^2)^{-3/2}] + 3\sin^2 i(\frac{a}{r})^3 \cos 2(f+\omega)\}$$

$$\Delta p_s^{(1)} = -\frac{3J_2 \cos i}{2a^2(1-e^2)^2} \{q(f-M+e\sin f) - \frac{q}{2}[\sin 2L + e\sin(2L-f) + \frac{e}{3}\sin(2L+f)]$$

$$+\frac{p}{2}[\cos 2L + e\cos(2L-f) + \frac{e}{3}\cos(2L+f)]\}$$

$$\Delta q_s^{(1)} = \frac{3J_2 \cos i}{2a^2(1-e^2)^2} \{p(f-M+e\sin f) - \frac{p}{2}[\sin 2L + e\sin(2L-f) + \frac{e}{3}\sin(2L+f)]$$

$$+\frac{q}{2}[\cos 2L + e\cos(2L-f) + \frac{e}{3}\cos(2L+f)]\} \tag{7.28}$$

$$\Delta h_s^{(1)} = \frac{3J_2(2-3\sin^2 i)}{4a^2(1-e^2)^2}[(1+\frac{1}{2}e^2)\sin(f+\omega+\Omega) + k(f-M) + \frac{e}{2}\sin(2f+\omega+\Omega)$$

$$+\frac{e^2}{12}\sin(3f+\omega+\Omega) - \frac{e^2}{4}\sin(-f+\omega+\Omega)] + k(1-\cos i)\Delta\Omega_s^{(1)}$$

$$+\frac{3J_2\sin^2 i}{4a^2(1-e^2)^2}[\frac{e^2}{8}\sin(5f+3\omega+\Omega) + \frac{3e}{4}\sin(4f+3\omega+\Omega)$$

$$+(\frac{7}{6}+\frac{7e^2}{12})\sin(3f+3\omega+\Omega) - \frac{1}{8}e^2\sin(3f+\omega-\Omega) + 2e\sin(2f+3\omega+\Omega)$$

$$-\frac{e}{2}\sin(2f+\omega-\Omega) + \frac{9e^2}{8}\sin(f+3\omega+\Omega)$$

$$-(\frac{1}{2}+\frac{e^2}{4})\sin(f+\omega-\Omega) + \frac{e^2}{8}\sin(f-\omega+\Omega)]$$

$$\Delta k_s^{(1)} = \frac{3J_2(2-3\sin^2 i)}{4a^2(1-e^2)^2}[(1+\frac{1}{2}e^2)\cos(f+\omega+\Omega) - h(f-M) + \frac{e}{2}\cos(2f+\omega+\Omega)$$

$$+\frac{e^2}{12}\cos(3f+\omega+\Omega) - \frac{e^2}{4}\cos(-f+\omega+\Omega)] - h(1-\cos i)\Delta\Omega_s^{(1)}$$

$$+\frac{3J_2\sin^2 i}{4a^2(1-e^2)^2}[\frac{e^2}{8}\cos(5f+3\omega+\Omega) + \frac{3e}{4}\cos(4f+3\omega+\Omega)$$

$$+(\frac{7}{6}+\frac{7e^2}{12})\cos(3f+3\omega+\Omega) + \frac{1}{8}e^2\cos(3f+\omega-\Omega) + 2e\cos(2f+3\omega+\Omega)$$

$$+\frac{e}{2}\cos(2f+\omega-\Omega) + \frac{9e^2}{8}\cos(f+3\omega+\Omega) + (\frac{1}{2}+\frac{e^2}{4})\cos(f+\omega-\Omega)$$

$$+\frac{e^2}{8}\cos(-f+\omega-\Omega)]$$

$$\Delta\lambda_s^{(1)} = \frac{3J_2}{4a^2}(1-e^2)^{-3/2}\{(2-3\sin^2 i)(f-M+e\sin f)$$

$$+\frac{3}{2}\sin^2 i[\sin 2(f+\omega+\frac{1}{3}e\sin(3f+2\omega)+e\sin(f+2\omega)]\}$$

$$+\frac{e}{1+\sqrt{1-e^2}}\Delta\omega-(1-\cos i)\Delta\Omega_s^{(1)}$$

其中，$\Delta\omega$ 的表达式同式（5.246）。式中，根数均为平根数。其中，f 为真近点角，$L=f+\omega+\Omega$，均用平根数计算。计算方法同前。

（7.27）式中的 $f^{(0)}(\sigma^{(1)}),f^{(1)}(\sigma^{(1)}),f^{(2)}(\sigma^{(1)})$ 均为向量：

$$f^{(0)} = \begin{cases} 0 & \text{对于} a,h,k,p,q \\ n & \text{对于} \lambda \end{cases} \qquad (7.29)$$

$f^{(1)} = (f_a^{(1)},f_h^{(1)},f_k^{(1)},f_p^{(1)},f_q^{(1)},f_\lambda^{(1)})^\tau$ 为 J_2 引起的平根数变率；

$f^{(2)} = (f_a^{(2)},f_h^{(2)},f_k^{(2)},f_p^{(2)},f_q^{(2)},f_\lambda^{(2)})^\tau$ 为其他摄动引起的平根数变率，$f^{(1)},f^{(2)}$ 的表达形式相同，均是摄动加速度代入高斯方程的结果，即：

$$f_a = \frac{\mathrm{d}a}{\mathrm{d}t}, \ f_h = \frac{\mathrm{d}h}{\mathrm{d}t}, \ f_k = \frac{\mathrm{d}k}{\mathrm{d}t}, \ f_p = \frac{\mathrm{d}p}{\mathrm{d}t}, f_q = \frac{\mathrm{d}q}{\mathrm{d}t}, f_\lambda = \frac{\mathrm{d}\lambda}{\mathrm{d}t} \qquad (7.30)$$

式中，$\frac{\mathrm{d}\sigma}{\mathrm{d}t}$ 的表达式同（3.80）式，计算 $f^{(1)}$，$f^{(2)}$ 的方法同前。

（7.27）式中的 $f_{\text{田谐}}^{(2)}(\sigma^*)$ 为田谐摄动的共振项，这时，运动方程即为（3.82）式，式中的摄动函数为（4.90）式，摄动函数及其偏导数的计算方法，请参见 4.3.1 节。要说明的是：

——这里计算的是根数变率，不需积分；

——对于地球同步卫星，只需计算共振项，共振项的定义为：$m=\mathrm{Int}[j\lambda+0.5]$，即 $m=j=1,2,3,4$。由于 $a^{-5}=0.000025$，地球引力场考虑到 4×4，变率已准到 10^{-11}，精度已经足够。

——求和方法为：

$$\sum_{jlmpq} = \sum_{j=1}^{4}\Big|_{m=j} \sum_{l=\max(m,2)}^{4} \sum_{p=[\frac{l-1-j}{2}]}^{[\frac{l+1-j}{2}]}\Big|_{q=2p-l+j} \qquad (7.31)$$

——其他摄动的短周期项。

对于地球同步卫星，可能需要考虑日月摄动的短周期项，这时，可以利用第 4 章计算二阶短周期项的方法计算，只是，这里只需计算线性摄动即可，即，（4.263）式中的 $P^{(2)}(\sigma^*) = F^{(2)}(\sigma^*)$。不过仍需计算 2 个时间的短周期摄动的系数内插。当然，在下面计算密切根数时，需要加上此项。

（7.27）式的求解方法同前，求任意时刻 t 时的平根数的方法同前。

②求任意时刻 t 时的密切根数

$$\sigma_t = \sigma_t^* + \Delta\sigma_s^{(1)} + \Delta\sigma_{日月}^{(2)} \tag{7.32}$$

其中，$\Delta\sigma_s^{(1)}$ 为一阶短周期项，可用（7.28）式计算，有了卫星的密切根数，卫星星历表就可计算（计算方法同前）。

7.4　数据关联

在编目工作中，有两种关联：

· 观测数据与编目库中根数的关联；

· 观测数据和另一圈观测数据之间的关联。

前一种关联，目的是找出对应于观测数据的已经编目的目标；后一种关联，已属于 UCT 的处理范畴，目的是找出那些属于同一目标的观测，将同一目标的所有观测数据放在一起，以便进行轨道改进，得到该目标的更好的根数。下面介绍这两种关联的方法：

7.4.1　观测数据与编目库中根数的关联

观测数据与根数的关联，当然，也可转化为根数和根数之间的关联，即，先用观测数据计算初轨，将初轨与编目库中的根数进行比较，判别初轨属于数据库中那个目标。也许，对于电子篱笆数据，可能还要用这种方法，但是，对于有一定弧长的雷达和光学观测，可以采用观测数据和轨道根数直接关联的方法，这可以避免观测数据计算（短弧）初轨时的精度损失，因此，我们推荐使用这种方法，进行观测数据和编目库中目标的关联。

假定在我们的编目数据库中，已经有了一批空间目标的轨道，通过观测我们又得到一圈观测数据，我们要知道这圈观测的数据属于哪个目标。即必须解决观测数据的轨道关联问题。我们研究了一种关联的方法，其要点如下：

1）计算预报期（一天）内任意时刻的可探测的空间目标集合 $\{S_i^1\}$；

2）当望远镜看到一个目标后，首先根据飞行方向，剔除 $\{S_i^1\}$ 中飞行方向和观测目标明显不同的目标，给出与本目标飞行方向相同的目标集合 $\{S_i^2\}$；

3）将观测资料与目标集 $\{S_i^2\}$ 中的每一个目标进行比较，最终确定该目标是哪一个已知目标。如果 $\{S_i^2\}$ 没有该目标，就认为发现了一个新目标 S。

具体计算步骤如下：

① $\{S_i^1\}$ 的计算。

每天计算所有编目库中目标的可探测弧段 S_i：$[t_i^1, t_i^2]$，$[t_i^1, t_i^2]$ 可用当天的分钟表示。于是，一天内任意时刻 t（分钟）的可见目标集合就是：$[t - \Delta t, t + \Delta t]$ 与所有的 $[t_i^1, t_i^2]$ 有交集的 S_i 组成的集合 $\{S_i^1\}$。这里，Δt 与轨道和计算预报的模式的精度有关，如果预报期只有一天，Δt 可取为 30 秒。

因此，每一天的 $\{S_i^1\}$ 可表达为：

1，$\{S_i^1\}$

2，$\{S_i^2\}$

…

N，$\{S_i^1\}^N$

…

1440，$\{S_i^1\}^{1440}$

其中，S_i^1 为目标代号，这些集合均可事先（白天）算好，可供一天内任何目标关联之用，当然，对于光学设备来说，一天之中只有光学可见时段内才有 $\{S_i^1\}$ 集合。

② $\{S_i^1\}$ 中目标的进一步筛选。

根据观测资料计算初轨，得到轨道倾角 i 和轨道升交点经度 Ω。与 $\{S_i^1\}$ 中所有目标的 i，Ω（化到相同时刻）进行比较，当目标满足如下条件时，保留在集合 $\{S_i^2\}$ 中：

$$\Delta i \leq 1 度，\Delta \Omega \leq 1 度 \tag{7.33}$$

③已知目标的最后识别。

目标的最后识别，是通过该目标的观测数据和 $\{S_i^2\}$ 中所有目标的轨道进行比较确定的。具体比较方法如下：

对于观测量 (t, A, h)，根据轨道根数，我们可以得到卫星的地心距，从而可计算出 t 时刻卫星的地心向量 $\bar{r}$，将 $\bar{r}$ 做坐标变换，变换到 x 轴指向轨道升交点，z 轴指向轨道面法向，xyz 轴组成右手系的坐标系中，即：

$$\vec{r}_N = R_1(i)R_3(\Omega)\vec{r} \qquad (7.34)$$

这里 i, Ω 为 $\{S_i^2\}$ 中目标的倾角和升交点经度。

设
$$\vec{r}_N = \begin{bmatrix} x \\ y \\ z \end{bmatrix} \qquad (7.35)$$

则有
$$\begin{aligned} u &= \text{tg}^{-1}(y/x) \\ \Delta T &= (\lambda_0 - \lambda)/n \\ \Delta\theta &= \sin^{-1}(z/r) \end{aligned} \qquad (7.36)$$

其中，　λ_0 由 u 化算而得，它对应于观测；

　　　　$\lambda = M + \omega$ 为 t 时的卫星平经度，它对应于轨道根数；

　　　　n 为卫星平运动；r 为卫星在 t 时的地心距。

这样，就可以形成一圈资料的误差序列 $\{\Delta T_i\}$ 和 $\{\Delta\theta_i\}$，一般可表达为时间的线性函数，即：

$$\begin{aligned} \Delta T_i &= a_0 + b_0(t_i - t_0) + \xi_i \\ \Delta\theta_i &= a_1 + b_1(t_i - t_0) + \eta_i \end{aligned} \qquad (7.37)$$

其中，ξ_i, η_i 对应于观测误差，我们可以假定它们是零均值，相互独立的正态分布的随机量，系数 a_0, a_1, b_0, b_1 可以通过稳健估计得到。满足以下条件时，可判观测资料是否属于该目标（与该轨道根数相匹配）：

$$|b_0| > 0°.3, \quad |b_1| > 0.°1/\text{分}, \quad |a_1| > 1\text{秒}/\text{分} \qquad (7.38)$$

通过以上判别，将出现 3 种情况：

1）在 $\{S_i^2\}$ 只有一个目标 S，与观测数据相一致，这时，可将该观测目标识别为 S;

2）在 $\{S_i^2\}$ 中，没有一个目标，与观测数据相一致，这时，将该观测目标判为新目标（UCT），需计算初轨，存入初轨数据库；

3）在 $\{S_i^2\}$ 存在两个以上目标，与观测数据相一致，这时目标识别失败。该观测判为 UCT。

7.4.2　观测数据和另一圈观测数据之间的关联

由于观测资料可以计算出轨道根数，因此，这种关联可以转化为观测数据与根数的关联，或根数与根数的比较两种关联。

观测数据与根数的关联的方法，上面已经讨论。当然，在观测数据和另一圈观测数据之间的关联时，仍可采用这种方法，只是在此之前，我们需要将一圈观测资料计算成初轨。下面，介绍一种根数与根数的比较方法：

假定，我们得到了两组根数：t_1, σ_1 和 t_2, σ_2，以及相应的协差阵 P_1 和 P_2，比较这两组根数的方法如下：

①将根数和协差阵化到同一历元，一般为 t_2，仍记为 σ_1, P_1 和 σ_2, P_2；

②计算 $\Delta\sigma = \sigma_2 - \sigma_1$，以及 $\Delta\sigma$ 的协差阵 $P = P_1 + P_2$；

③计算 $k^2 = \Delta\sigma^{\tau} P \Delta\sigma$；

④如果 $k < k_{允许}$，两组根数为同一目标。

显然，该方法在理论上是正确的，问题是我们必须知道根数的协差阵，并要根据实际数据的情况，给定合理的门限 $k_{允许}$。

7.5　空间目标编目的基本流程[2]

7.5.1　空间目标编目的可行性

如果我们的观测设备能力非常巨大，可以对所有目标（假定为 14000 个）进行可靠探测，是否我们就可以进行，并完成空间目标编目，建立空间目标数据库呢？答案是否定的。我们在 20 世纪 90 年代初，进行过一次编目试验，对一个有 86 个目标的卫星系列，进行了捕获试验，当时，没有双行根数，完全是通过巡天拦截观测，发现和捕获目标，进行编目定轨。但是，当时我们有 NASA 的 SATELLITE SITUATION REPORT，知道天上有多少目标，还知道卫星的发射场和发射（不是入轨）时间，如果没有这些资料，从头开始进行编目，试验是不可能成功的。实际上，编目的成功是有条件的，这些条件包括：

1）自从第一个卫星上天之后，美国就进行了编目，他们很好地维持了可跟踪目标根数的数据库。即提供了现在大多数在轨目标的双行根数，根据这些根数，就可进行资料关联。换句话说，我们不要从头开始生成完整的 14000 个（现在是）目标的数据库；

2）卫星轨道运动可以建模，预报精度比其他高度关注的目标（例如导弹，飞机）要高；

3）现在大部分（至少 95%）编目目标是不机动的，也不会分裂成数个目标，或有意逃避观测；

4）对于大多数探测器来说，空间背景的噪声较低，探测的虚警率很低；

5）现在目标的空间密度比较低，不会频繁的出现目标混淆，可以实现观测资料和单一目标的关联。

当然，编目还需要足够的通讯能力和中心计算机的强大的计算能力，但是，最重要的要有足够数量的编目数据库。只有这样，编目才有成功的可能性。我们不能从头开始，因此，我们只能在已有的编目数据库的基础上，进行编目，逐步提高我国的空间目标编目水平。

7.5.2　空间目标编目的基本流程

空间监视的本质问题是资料关联，空间目标编目，只有观测能与正确目标关联，才能维持空间目标数据库。下面介绍美国的空间目标编目的基本步骤：

（1）观测站进行观测，获取观测数据。

（2）观测站对获取到的数据，与数据库中的根数进行比较，实行预关联。

观测站，取得观测数据后，在将数据送向处理中心之前，必须先进行新观测与编目数据库中的根数进行关联，通常至少可以将90%的观测得到正确关联，只有一小部分的关联必须在中心完成。这大大减少了中心的关联数量，使得中心的认证过程相对变快，避免了严重的处理瓶颈。

（3）中心对观测站的观测数据进行证认。

1）中心对观测站的关联结果进行验证

当观测数据到达中心后，所有测站的关联结果都需进行验证。这项工作相对比较快速，因为，只要将测站关联指出的根数，从数据库中取出，预报到观测时间。测站的关联，有99%以上与中心的关联一致，是正确的。

2）观测站没有成功关联的数据证认。

少量测站关联错误的资料，加上10%测站不能关联的观测，提交到中心后，需进行证认处理。必须将每个观测资料和完整轨道数据库进行比较，当然，在实际工作中，我们只要比较那些与观测高度相近的轨道。然而，比起验证来，证认过程非常慢，通常约有 94%的资料，可以与数据库中的目标进行关联，因此，这种额外的努力是值得的。在证认过程中失败的观测，提交到 UCT 处理。

（4）更新数据库中的轨道根数

得到观测资料后，或者至少每天一次，更新每个目标的轨道根数。自动更新是最小二乘微分改进，改进时利用最近的根数作为初值。平均约有 98.5%根数成功更新，不需人工干涉。由于各种原因，最小二乘改进可能失败或产生不好的结果，于是，分析师每天必须更新 1.5%的根数。他们更新的主要工具是"人工微分改正"，该工具赋予分析师在最小二乘改进过程中的完全处置权：分析师可以接受或拒绝某些观测资料，只改进部分根数，调整迭代次数等。

必须指出的是：生成编目根数的模型，与大多数轨道改进的模型相比，不是高精度的。数值积分（特殊摄动，SP）可以得到最好的精度，因此，大多数卫星轨道改进，使用该模型，空间目标编目是极少数使用分析模型（普遍摄动，GP）的空间活动之一。这样做的理由是：GP 模型可以比 SP 快 1~2 个数量级，尽管预报精度降低了许多。由于维持编目需要巨大的计算速度，受计算机速度的限制，现在选择 GP 模型，因而损失精度，是无可奈何的现实。到 1996 年为止，具有利用 SP 模型维持空间编目的计算机能力还不存在。美国海军空间司令部正在研究先进的轨道模型，但是，在模型改进后，高度训练的、有经验的分析师需要增加。其理由是，在观测网中，将有更多的轨道现象，需要请分析师去解释。甚至现在有些现象很难理解，例如出现机动的空间碎片，是自动系统很难处理的，于是，分析师必须在编目过程中全程跟踪，不管模型有多好。

（5）UCT 处理

UCT 表示没有与已知卫星相关联的一组观测资料。在这里我们认为 UCT 是在自动证认过程中，没有能成功关联的资料。我们必须处理这些 UCT 观测，得到如下结果：

1）与已编目的根数或已存在的初轨相关联；

2）利用它生成一组新的初轨。

经过自动证认后，再次关联是仍可能成功的，因为，在自动证认时，根数可能弄错，或者根数没有及时更新。当然，也可能由于资料不好，或目标的探测概率太低，根数不能维持，关联不上。在实际工作中，将没有关联的高轨目标的 UCT 数据保留 60 天，近地目标的数据保留 30 天，超过这个时间范围，预报精度降低了许多，能得到与已知卫星正确关联的可能性为零。

当自动系统不能正确关联时，分析师将利用特殊的软件工具，再次进行人工关联。显然，分析师不能实时处理，工作做得也特别慢，但是，分析师的工作，仍然是非常重要的。人们在长期实践中积累的经验，始终不是可有可无的。此外，卫星解体事件等事件，会提出特别的挑战，这时，将出现许多未关联的观测和未知编号的卫星。随着未关联的观测的增加，关联目标的猜测数量将呈指数增加，如果没有人的关联经验，很快将成为无法管理的。现在，先进的计算和平行处理技术，使得分析师能处理比过去更多的关联猜测。不过，人的经验在编目的全程管理中，仍然是至关重要的。

当自动证认失败后，分析师通常试图首先使用"人工证认"，这包括放宽关联的门限，以及放宽对根数和观测的误差的要求。工具 SID 证认位置观测（包括篱笆的固定位置），将所有观测与每组选择的根数相比较。工具 IDUAOB 证认角观测数据（包括篱笆的方向余弦），将每个选择的观测和所有的根数相比较。

如果，人工证认不能将观测与已知根数相关联，分析师必须将 UCT 资料生成新的根数，希望将这些新根数与其他已知目标的初轨关联，生成候选根数是困难的，因为它们缺少统计特性的支持，他们几乎只能是猜想，只有在有不同探测器的资料时，或资料时间跨度较长时，才可能得到关联，生成候选根数的困难程度，取决于探测器的类型。

对于雷达，观测资料非常多，对生成候补根数比较有利。生成单圈根数的主要工具是 FORCOM，它还能将其他跟踪观测与候选根数的预报数据进行比较。这些观测和预报值一起，可对根数进行微分改进。一旦 FORAOM 生成了候选根数，并具有较好的统计特性，有两种工具可以将它与已知目标的根数，或其他候选根数进行比较，FNSORT 用比较预报值的方法，比较两组根数，而 COMEL 直接比较根数值，比较两组根数。使用这些工具，分析师通常可以判断哪两组根数属于同一目标。如果是这样，即可将观测数据合并在一起，可用 MANDC 产生一组更好的根数。

只有篱笆的固定位置，或雷达的稀疏数据，它们不能利用单圈数据生成足够精度的根数，因此，在生成候选根数之前，必须将分布在较长时间范围内的数据关联在一起，处理会更加复杂。原则上，我们可以认为，能够将数据库中的 UCT 数据都生成候选根数，分析师选出一对 UCT 观测的资料，即可产生一组根数，对于一对观测，原则上是解一个包括长期摄动的 Lambert 方程。SAD 也像 FORCOM 一样，改进候选根数，最后，可得到一些候选根数和它们的统计特性。进而，可以用 FNSORT 和 COMEL 进一步精密检验，最后，分析师可以利用 MANDC 生成一些改进后的候选根数。

SAD 的唯一困难是，它生成了大量的候选轨道组合，以及将每一种组合与全部 UCT 观测相比较。由于，计算需要许多时间，分析师不能在 30 天或 60 天内选取 UCT 资料，一种权宜对策是，在时间跨度 5 天内的选取 UCT 资料（处理时间仍需几天），工作仍不满意。用这样短的时间跨度，很少能够生成有合理统计特性的根数。这样分析师只能采用人工方法，在 30 天或 60 天内的少量目标中，寻找那些生成根数可能性较大的 UCT 资料。一些图解工具可以帮助分析师进行选择工作。PLUME 允许分析师通过目视关联，进行资料的选择，关联图是相对于参考轨道（起源轨道）预报的时间差。TRIPLT 允许分析师通过篱笆资料的点图，来选择篱笆固定位置，RAQUAD 允许分析师将篱笆固定位置分组，帮助他找出后续的赤经常数差，并有高度约束。所有这些工具均有一定用处，但是，没有一个能（彻底）实际解决问题。在三种工具中，PLUME 最有用，（在有经验的人手中）在分布稀疏、相对速度较低的轨道中寻找零碎数据时，工作较好。但是，实际问题始终是 SAD 需要大量的计算，现在，一种利用 11 台中速工作站的集群上使用的平行计算的版本，已在美国海军空间司令部使用。它能在半天时间内处理 30 天的 UCT 观测，生成大量的有合理统计支持的候选根数。参考文献[3]描述了这种平行算法。1996 年 9 月，当时该工具仍在测试和考核阶段，但是，已经可以认为在 UCT 处理上的一个突破。此工具临时应用于处理发生在 1996 年 6 月 3 日的 Pegasus 火箭上级解体事件，该事件被认为是当时最大的卫星解体事件（生成了 670 个可跟踪目标）。

还有两种处理卫星解体特别有用的工具。COMBO 寻找时间和位置，使得选择的卫星之间的距离最小。COMBO 通常在怀疑卫星与已知目标发生了碰撞，可能解体时使用。在产生了许多碎片根数时，BLAST 可以计算卫星解体的时间和位置。它直接寻找预报位置族在一起的时间，并给出它们的统计特性。一旦解体的时间和位置确定，SAD 很快就能生成其他所有已跟踪碎片的候选轨道。约束候选轨道通过解体位置（时间），可以使候选轨道不再有那样大的组合数。

最后，一些相对新的工具在研制，它们可处理根数数据库的历史分析。GOBS可以同时显示分析师根数和UCT生成的根数与编目根数时间历史。这就允许分析师证认丢失的或编号出错的目标。GOBS 还可以做地球同步卫星的相当精密的长期预报（几年量级），它将帮助处理地球同步卫星的UCT 数据。

7.6　新目标发现的几个需要注意的问题

根据我们的实践，在新目标发现的时候，需要注意以下问题：

（1）整圈不确定的问题

对于偏心率较大的目标，在根据一般方法关联时，可能猜错目标的周期，于是得不到正确的轨道。但也不是轨道改进不收敛，甚至利用这组轨道预报也能看到目标，情况非常复杂，为此，下面给出一个实例说明：

1993 年 10 月 19 日和 20 日，连续两天南京看到了两圈资料，用这两圈资料，用圆轨道初轨计算法，得到的轨道如下：

日期	周期	i	Ω
10 月 19 日	128.09	102.95	139.45
10 月 20 日	127.63	103.98	139.78

由此可以判断：这两圈资料是同一颗卫星。将这两圈资料放在一起轨道改进（初轨用圆轨道初轨计算法所得的轨道），可得 1993 年 10 月 22 日的根数：a=1.3294922524，i=102.0994320647，Ω=141.6256781194，e=.0874847833，ω=69.1422772577，λ=142.8566368053，P=129.617202548。

轨道改进的收敛精度为 7 角分。用这组根数作预报，21-24 日的数天中均准时看到了卫星，并取得了资料。

但是，这些站圈之间均是每天提前数分钟，连续两天资料之间所经过的整圈数均是一样的（当时估计为 11 圈），看到卫星时卫星均在测站东边经过。

在西边的观测预报，均看不到卫星。这就是典型的整圈不确定的问题。

解决整圈不确定的问题，可用不同整圈数尝试法。即假定连续两天资料之间为不同的整圈数（例如，在上例中可假定为 10、12、13 等）。重新改进轨道，使之满足如下条件：

— 轨道改进的收敛精度与观测精度相当，特别是在资料残差中没有两头偏大的现象；

— 做出的预报无论是东圈还是西圈都能看到。

当然，上面后面一点是最重要的。在上例中，当我们假定为 12 圈时，可改进出 1993 年 10 月 22 日的根数，a=1.2543608078，i=99.8891694575，Ω=142.3268567858，e=.1341837235，ω=42.1916740949，λ=334.3200268243，P=118.807063455。

这时，改进的中误差为 3.1 角分，在 NASA 表上可查到这个目标：1980-100C 。随后，按此根数做出的预报，我们在东圈和西圈都看到了卫星。该实例说明：对于大偏心率稍大的卫星，目标的捕获看来必需取得 3 圈以上的资料，而且，为了避免整圈不确定的问题，这 3 圈资料圈数间隔还不能是通约的。

（2）大椭圆目标问题

在空间目标中，有许多同步卫星转移轨道（GTO）和 GPS 卫星的转移轨道，它们的偏心率很大，分别为 0.75 和 0.35 。这样轨道的 UCT 目标，要捕获比较困难，但要判别我们观测到了这种目标，并不困难，如果发现：

1）观测时间很长，而且视运动速度变化很大的目标，一般可以判别为大椭圆目标；

2）用观测弧段不同位置的资料，用圆轨道方法计算初轨，发现周期变化很大的目标，也可判别是这种轨道。

当我们取得了大椭圆目标的观测资料后，就可计算初轨，当然，如果我们能根据计算出的倾角，判明目标的偏心率，可以利用固定 e 的方法，计算初轨更好。由于观测弧段较长，初轨的周期误差要小一些，而且，由于目标的周期较大，预报的圈数也要少一些，因此，预报的误差也会小一些，我们就可能在预报位置上得到目标的第二圈资料，特别是在远地点附近的预报的视位置的误差较小，得到后续资料的可能性更大。我们可以指望利用这种方法，解决一些大椭圆目标的捕获问题。

7.7　几种特殊情况

在美国的编目实践中，出现了一些特殊的情况，会对正常的编目工作产生不利的影响，值得我们注意，例如：

1）太阳爆发干扰了大气，使得空间目标的预报精度大大降低，也降低了我们对近地目标的编目维持能力。在 1989 年 3 月，就出现了这种情况。由于大气摄动模型没有建好，影响了大量的轨道，丢失了许多目标，使得编目的完整性得到了破坏，幸好，对卫星轨道的建模能力没有长期降低，编目很快就恢复正常了；

2）卫星解体，这时会在很短时间内增加数以千计的可跟踪目标。在这种情况下，设备监测到的许多目标可能没有编目，UCT 数据和没有编号的目标将大大增加，处理中心的负担立即增大，此外，在目标解体的初期，目标的空间密度还可能引起目标的混淆。这两种情况必须在处理中心增大处理能力，以及增加额外的关联过程（例如，计算解体时间和解体位置）来克服。一旦解体碎片足够分开，所有可跟踪的碎片的轨道均可在几天或几星期内测定；

3）大型卫星星座的部署，也会很快增加许多可跟踪目标，但是，比起目标解体来，数量还是少一些，而且，卫星星座的轨道也是已知的，我们可以采用相同的方法，进行处理；

4）有些空间碎片，可能已处于设备探测能力的边缘，在观测条件较好时，设备偶然能得到观测数据，但是，可能得到的数据不足以维持该目标的编目，这些目标就可能丢失。对于只有光学观测设备的情况下，还有可见期的问题，也会出现编目不能连续维持的问题，这一问题的解决，大致有如下途径：

—增加探测网的能力；

—提高预报精度；

—改进关联算法。

总之，需要提高关联成功率。当然，对于处于设备探测能力的边缘的目标，不管探测网如何强大，总是会发生的，我们总有一些不能连续编目的目标，这是没有办法的。

7.8　空间目标编目方法的今后研究[2]

1996 年，Paul W. Schumacher,Jr.在论述海军司令部今后改进时，开门见山地说："迄今为止，我们始终认为改进编目过程，就是改进资料关联。"他接着指出："这就需要更好的预报精度，更快的处理速度，以适应编目量的增加。"

这说明改进空间目标编目的研究，主要研究方向为：

（1）精密预报方法的研究

国际天文学会前主席，美国海军天文台原台长 P.K.Seidelmann 于 1993 年在论述卫星动力学的未来时指出[5]："能否研究一种更好的方法，即使在有阻力存在的情况下，也能算出较长时间有效的卫星星历表，能否发展一种实时预报阻力或监测阻力的方法？我们确实需要大大改进卫星精密预报的方法"。

这说明精密预报的研究，需要与高层大气的研究同步进行，另外，对于编目问题，我们还需要研究稳健的测轨方法，以及预报误差的特性研究。即，需要研究：

1）编目定轨的力学模型及稳健估计

美国现在的主要研究方向是稳健的 SP 模型，SP 模型本身十分简单，主要研究内容是稳健估计，使得编目成功率能达到 GP 模式水平。

另外，在研究 SP 模型的同时，美国和俄罗斯均在研究半分析（SST）模型[4]，希望精度能与 SP 模型相媲美。

2）编目定轨的大气摄动的计算

大气摄动的计算，包括大气模型的选择，以及空间碎片面质比的测定。也许，大气模型还要专门人员在研究，我们只是选择应用而已，但是，利用编目数据，也能建立大气模型，实践证明，大气模型的建模，是可与编目定轨同步进行的（参见第 9 章）。

对于大多数可跟踪的空间目标，面质比是没有测定的，不知道面质比，大气摄动就无法计算，因此，解决精密预报问题之前，需要建立编目库中所有目标的面质比数据库。选定了大气模型，测定近地目标的面质比是可能的，只是工作量十分巨大。

3）预报误差的统计特性

在资料关联时，我们需要预报的统计特性，即协方差，这就意味着，我们首先需要测定轨道的协方差，而测定轨道的协方差，又取决于观测资料的协方差，也就是说，我们需要对所有设备进行更好的标校，这与更好的力学模型同等重要，如果不事先知道设备的误差特性，给出预报误差特性是不可能的。美国海军空间司令部现在正在选择一些卫星，根据激光资料外部生成的星历表，不断考验标校电子篱笆资料的新方法。

（2）编目工作的平行计算研究

增加处理中心的处理能力，最现实的途径是采用平行计算技术。这里，主要涉及编目定轨和 UCT 处理，当然，有许多工具软件，如 SAD,COMBO 等，均需要平行计算版本。但是，SP 模型并不适合平行计算：现有计算机网络，没有设计额外的处理 SP 输入，而是设计成为分布在 200 个节点上的计算能力；另外，还不清楚，现在 SSN 的观测资料是否始终是足够稠密，标校得足够好，允许利用 SP 自动更新整个编目表。所有这些问题，美国也正在研究。

（3）目标规避空间碎片的研究

重要目标规避空间碎片，是空间目标编目的最重要的应用，因此，它始终是空间目标编目的主要研究方向。据分析，在航天飞机的在轨 500 天的运行中，有 6 次编目目标进入预警区的情况，美国的预警区是以航天飞机为中心，大小为径向 4km，沿迹 10 km，垂迹 4 km 的范围。其中，有 3 次航天飞机必须进行机动，规避碰撞。也许正是这个原因，重要目标规避空间碎片的研究，仍是美国编目研究的重点，1996 年，他们利用 11 个中速工作站，能够作所有军用卫星（Blue Space Order Of Battle，当时 198 个）和任何编目目标在 7 天内的近距接近的分析。此项研究的目的是，希望在不远的将来，能进行所有一所有（all－all）地对完整编目库进行常规分析。

（4）编目技术的长远研究

在更远的将来，可跟踪目标肯定要增加，现在有许多提案，建议编目包括 1cm 的小碎片，但是，现在 1500km 之下的 1cm 的水平的总数多到 400000 个，要探测这么小的目标，需要全新的探测器，即使我们假定这已经做到，是否我们也能得到中心的足够处理能力，去处理这种情况下的 UCT 资料呢？很明显，必须对编目全过程进行重新思考，使我们有相当的成功机会，对于这个问题，我们必须实事求是，在任何时刻，我们的工作计划，只能是做好对可探测的目标的编目。在相当长的时间内，只能逐步提高新探测器的灵敏度，不能妄谈 1cm 碎片的编目。我们不可能将空间目标的探测量和处理中心的处理能力，在短时间内提高 1~2 个数量级。

但是，我们必须面向这个目标，来研究各种技术问题，例如：

1）重建编目计算平台研究

使用何种先进的计算技术，特别是，何种平行处理技术，才能重建整个编目维持系统。

2）重建编目技术方法的跟踪研究

在合理的时段内，要求从头重建编目系统，是空间监视的"巨大挑战"。要解决这个问题，我们可能一时半时办不到，但是，跟踪这项研究，我们可以发展稳健的编目过程，这是我们所急需的。Paul W. Schumacher, Jr. 建议开展如下研究工作：

—没有先验根数和资料先验关联的编目方法；

—编目过程的详细建模和完整模拟。

编目过程的详细建模和完整模拟，目的是评估系统的敏感性、危险性、执行边界、设备模型和各种提案的优缺点。对设备和中心的全系统的高逼真的模拟，可能是现在研究全部重构能力的唯一途径。

参考文献

1. Felix R. Hoots，et al. SPACETRACK REPORT3，1988.

2. Paul W. Schumacher，Jr. AIAA，1996，96（4290）.

3. Felix R. Hoots. J.of Guidance,Control,and Dynamics，2004，27（2）.

4. Paul J. Cefola Development of the semi-analytical Satellite Thoery and Applications US-China Technical Interchange for Space Surveillance in Shanghai，2009.

5. P.K. Seidelmann. Celest. Mech. Dyn. Astro.，1993（56）：1-12.

第 8 章 空间目标的探测

8.1 空间目标探测设备

空间目标的探测,特别是空间碎片的探测,由于大多数目标是无源的,因此,必须采用无源探测设备进行观测,当然,观测又分地基观测和天基观测,我们这里先讨论地基观测的设备。

空间目标地基无源探测设备,主要有雷达和光电望远镜两种。根据雷达距离方程,雷达的探测能力与距离的 4 次方成反比,而光电的探测能力与距离的 2 次方成反比,因此,雷达探测对近地空间目标较有利,而光电望远镜对高轨空间目标的探测较有利。所以,国外近地空间目标的探测,主要使用相控阵雷达,而高轨和地球同步轨道的空间目标的探测主要使用光电望远镜[1]。

按照观测的目的分,观测设备又可分为精密测量设备和巡天观测设备两类,精密测量设备一般是单目标观测设备,它的任务是观测已知轨道的目标,尽量取得精密数据,为空间目标的精密定轨服务;而巡天观测设备的任务是尽量取得更多目标的数据,发现新目标,显然,这种设备需要大视场,监视尽量大的空域,需要进行多目标观测。

8.2 空间目标的地基雷达观测

8.2.1 雷达观测的基本原理和测量数据

空间目标的地基雷达观测的原理为:雷达发射电磁脉冲信号,经空间目标反射后,通过对回波的处理,除了记录观测时间外,可得到如下测量数据:

- 测量发射信号和回波信号的时间差,得到空间目标到测站的距离 ρ;
- 测量回波信号的方向,得到空间目标的方位角 A 和仰角 h;
- 测量回波的多普勒效应,得到空间目标的视向速度 $\dot{\rho}$;

● 测量回波的幅度，得到空间目标雷达散射截面积（RCS）。

在这些测量数据中，以测距数据的精度最高，一般可达米级，用来进行精密轨道计算；测距数据 ρ 以及方位角 A 和仰角 h，组成了完整的空间目标的空间位置的测量，由此，我们可以得到空间目标的初始轨道；一般视向速度 $\dot{\rho}$ 的测量精度较低，对空间目标的轨道计算的作用较小；雷达散射截面积（RCS）的测量，可以用来进行空间目标成像，RCS 的大小也决定了空间目标的探测距离：如果，某一雷达的探测能力为 3000km@1m^3，RCS 以平方米为单位，则，空间目标的探测距离为：

$$d = 3000 \times RCS^{1/4} km \tag{8.1}$$

要说明的是：由于空间目标的轨道运动和自转，不同方向测量的 RCS 变化很大，RCS 的变化也会影响雷达探测距离。

雷达观测的主要优点是：可以进行全天候观测，不管测站是天好天坏，不管目标是否在地影内，只要目标在测站的地平以上，都能进行观测。由于测站和轨道面的相对运动，测站每天有两次通过轨道面（升段和降段），当测站在轨道面附近，目标通过测站地平上空时，就能进行观测。对于轨道高度不很低（600km 以上）的空间目标，每天均可观测两次。因此，利用雷达进行空间目标的观测，没有"可见期"问题，每天均能进行轨道测量。

8.2.2 雷达的分类

根据发射信号波段不同，雷达可分为 S 波段雷达，C 波段雷达，X 波段雷达等。不同波段的雷达的作用距离和测量精度也不一样，如 S 波段雷达，比 X 波段雷达的作用距离远，但测量精度不如 X 波段雷达。

雷达根据跟踪方式的不同，可分为机械跟踪雷达和相控阵雷达。

机械跟踪雷达基本上是一个抛物面天线安装在一个机架上，用机械跟踪的方式来跟踪目标；而相控阵雷达，是用电扫描的方式来跟踪目标。

机械跟踪雷达，一般一次只能跟踪一个目标；而相控阵雷达，由于电扫描变换很快，可以同时扫描一个很大的天区，可以进行多目标探测，还可以发现新目标。

8.2.3 相控阵雷达的选址和朝向

众所周知，不同纬度的观测站，观测目标的经度范围是不同的，纬度高（北半球在北方），观测的经度范围大；纬度低（北半球在南方），观测的经度范围小。相控阵雷达的观测数量 N 与观测站纬度 φ 大致有如下关系：

$$N \propto \frac{1}{\cos\varphi} \qquad (8.2)$$

显然，将相控阵雷达放在北方，观测数量要大得多。当然，北方的观测站，可能看不到低倾角的空间目标，这是不利的，但是，低倾角近地目标数量很少，可以用其他方式来观测，从综合效益的角度上看，仍然是将相控阵雷达放在北方为好。

与此类似，相控阵雷达的朝向，也是朝北的观测数量多。

8.2.4 相控阵雷达同时观测的目标数

相控阵雷达同时观测的目标数，也就是雷达的多目标跟踪能力，是相控阵雷达的关键指标，它对制定相控阵雷达的跟踪策略非常重要，在研制设备时必须十分重视。

在制定相控阵雷达的指标时，要根据实际情况，进行详细的分析，并留有一定的余地。由于每时每刻出现的空间目标数量变化很大，因此，不能用平均的目标数量来制定这一指标，而应用最大目标数量来制定这一指标。一般说来，最大目标数量是平均的目标数量的 1.5 倍。

8.3 空间目标的光电观测

8.3.1 光电观测的基本原理和测量数据

空间目标自身不发光，我们要看到它，空间目标必须被太阳照亮。光电望远镜是通过接收空间目标反射的可见光（或红外）辐射进行测量的。光电观测的测量的数据为空间目标的方向。不同的望远镜测量的数据类型不同，例如有：

地平式轴系定位：　　　方位角 A 和仰角 h

水平式轴系定位：　　　水平经度 L 和水平纬度 B

天文定位：　　　　　　赤经 α 和赤纬 δ

当然，光电观测也必须记录观测时间 t。

光电观测的主要弱点是：不能全天候观测（阴天下雨不能观测）。一般说来，也很难进行全天时观测：目标在地影里观测不到，测站在白天也不能观测。光电观测的基本条件为：

　　——目标被阳光照亮（无地影条件）；

　　——测站充分天黑（天光条件）。

当然，现在可以利用滤光片等技术削减白天的背景，进行白天的可见光光电观测；或选择背景辐射较小的红外波段，进行白天红外光电观测。但是，观测的目标的星等将受到很大的限制，一般空间目标的光电观测，不包含白天观测。

8.3.2　空间目标光电精密测量电望远镜

（1）望远镜的组成

光电望远镜主要由以下几部分组成：①望远镜机架（含码盘和驱动）；②望远镜镜筒（即光学部件）；③探测器；④时钟；⑤望远镜控制、数据采集和处理计算机。

光电望远镜的工作过程大致如下：

望远镜根据预报位置等待，发现目标后，计算机根据目标星象，给出引导数据（对于已知目标，引导数据可事先算好），引导望远镜驱动系统跟踪目标，并采集 CCD 图像，给出目标脱靶量，采集码盘数据和时钟信号，给出目标的轴系定位结果，对于天文定位，在处理 CCD 图像时，除给出目标的位置外，还要给出定标星（背景恒星）的位置，通过目标与定标星的相对位置和定标星的星表位置，给出目标的赤经和赤纬。

（2）望远镜机架

望远镜机架主要有（图 8.1）：

1）地平式机架

地平式机架的两个轴是方位轴和高度轴，安装在这两个轴上的码盘可以测量目标的方位角和仰角。地平式机架的结构比较紧凑，因此，地平式望远镜的重量较轻。地平式望远镜的最大缺点是，在天顶附近有跟踪盲区，要求的望远镜转动速度较高，如果采用轴系定位方式，加工精度要求较高。

2）赤道式机架

赤道式机架的赤经轴指向北极，赤纬轴与其垂直，在赤经轴上常有恒动（或称转移钟），可以抵消地球自转，对观测恒星非常有利。在空间目标观测中，赤道式望远镜主要用来观测高轨和地球同步轨道的空间目标。它的缺点是：在极区仍有跟踪盲区，而且，由于要求赤经轴指向北极，每个测站的望远镜必须特制，不能将这个测站的望远镜安装其他测站上去。

3）水平式机架

水平式机架，水平经轴指向地平正北，水平纬轴与其垂直。它的优点是：在地平 5° 以上没有跟踪盲区，对近地空间目标的观测比较有利，但是，一般说来望远镜较重。

地平式望远镜

赤道式望远镜

水平式望远镜

图 8.1　各种望远镜机架

（3）望远镜的光学系统

空间目标的观测，需要大焦比的光学系统，在许多场合下均希望：

$$\frac{F}{D} \le 1.5$$

以便得到较大的视场。其中，D 为望远镜口径；F 为焦距。

众所周知，望远镜光学系统有：①折射式；②反射式；③折反射式（如图 8.2）。

反射式望远镜的 F/D 很难做到小于 2，因此，对于需要大视场的观测来说，一般不用反射式。

折射式的 F/D 可以做到 1.5，甚至更小，但是，由于受二级光谱的影响，星象的质量不好，口径较大（例如大于 40cm）时，选材加工也有困难。

折反射望远镜的 F/D 可以做到 1.5，而且星象很好，但有如下缺点：改正板的面形是非球面，加工困难；折反射望远镜的焦面是非球面，安装 CCD 时需加平场镜；焦面在望远镜的镜筒里面，挡光。

在空间目标的观测中，对于小口径（小于 40cm）的望远镜，一般采用折射式；口径较大时，如需较大 CCD 视场（短焦距），采用折反射式，而且常将焦面引到望远镜的镜筒之外；对于视场并不需要很大的工作，例如，高轨空间目标的观测，可以使用反射式或折反射式。

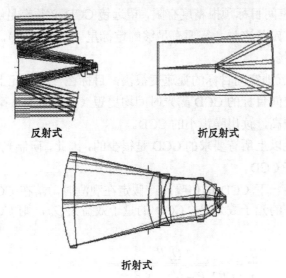

图 8.2　各种望远镜的光学系统

需要注意的是：为了安装 CCD，望远镜焦平面必须在镜筒后端之外，并距离望远镜后端有一定距离，也就是说，后接距必须足够大。一般 CCD 前端到 CCD 芯片有 2~3cm，镜筒后端到最后一片玻璃也有 1~2cm，因此，后接距需要 3~5cm（与 CCD 相机和光学系统有关），这是必须注意的。

（4）探测器

望远镜的探测器，最初是人眼，后来是照相底片，现在基本上均用 CCD。CCD 有许多种类：

CCD 按制造工艺来分，有背照和前照两种，一般背照的量子效率高（可达 80%~90%），前照的量子效率低（常低于 35%）。按读出方式分，有全帧 CCD（full flame），行间转移 CCD（inter-linetransform）和帧转移 CCD（flame trasform）。

CCD 有许多指标，对于空间目标观测来说，最主要指标是：①量子效益；②读出速度；③读出噪声。

下面我们先说一下：近地空间目标观测对 CCD 的特殊要求：

1）近地空间目标的跟踪，需要有一定帧频，一般需要每秒 5 帧，对于高帧频的观测，由于快门的寿命问题，CCD 相机不宜使用快门；

2）由于 CCD 没有快门，在 CCD 读出时图像会产生拖影，影响图像的质量和观测的精度，因此，需要使用行间转移 CCD 或帧转移 CCD；

3）由于空间目标预报精度有限，望远镜 CCD 必须有足够的视场，另外，对于天文定位来说，需要有足够的定标星（3 颗以上），也需要有较大的 CCD 视场；

4）由于近地空间目标的视速度很快，目标在一个像元上的停留时间很短，近地空间目标的 CCD 露光时间均更短（有时只有 2 毫秒），因此，需要量子效益高，读出噪声小的 CCD。

同时满足以上所有要求的 CCD 是很少的，因此，研制光电望远镜时，必须首先选好 CCD。

下面介绍一下 CCD 的信噪比：假定在观测时，落在 CCD 一个像元上的来自观测的光子数为 P，CCD 的量子效益为 Q_E，则 CCD 得信噪比为：

$$\frac{S}{N} = \frac{Q_E P}{\sqrt{Q_E P + N_{dark} + \delta_{readout}^2}} \tag{8.3}$$

其中，N_{dark} 为 CCD 暗流；$\delta_{readout}$ 为读出噪声。

对于天文观测来说，来自观测的光子数又分成两部分：

$$P = P_{obj} + P_{sky}$$

而，天体观测的真正的信噪比为：

$$\frac{S}{N} = \frac{Q_E P_{obj}}{\sqrt{Q_E P_{obj} + Q_E P_{sky} + N_{dark} + \delta_{readout}^2}} \tag{8.4}$$

对于 EMCCD 和 ICCD[2]，在计算信噪比时，还要考虑感应噪声和噪声放大因子，这时，信噪比的计算方法如下：

$$\frac{S}{N} = \frac{Q_E P_{obj}}{\sqrt{F^2(Q_E P_{obj} + Q_E P_{sky} + N_{dark} + \delta_{cic}^2) + \delta_{readout}^2 / M^2}} \tag{8.5}$$

其中，M 为 EMCCD（或 ICCD）的放大倍数；F 为噪声放大因子；δ_{cic} 为时钟感应噪声。它们的取值如下表 8.1。

比较 CCD 和 EMCCD(或 ICCD) 的信噪比，我们不难看出：在信号弱的时候，应使用 EMCCD，到信号强的时候，应使用 CCD。但要注意，这里的信号，包括目标信号和天光信号，在天光强时，也不应该使用 EMCCD（ICCD），有文献说，信号强弱的分界线为每个像元 100 个光子。

表 8.1　不同 CCD 的比较

	理想 CCD	CCD	EMCCD	ICCD
量子效益	100%	93%	93%	50%
读出噪声	0	10	60	20
增益	1	1	1	1
时钟感应噪声	0	0.001	0.001	0.001
噪声放大因子	1	1	1.41	1.6

最后，还要说一下 M 的选择问题，当然，M 总希望使读出噪声的影响变小，由于，M 变大，F 也变大，如图 8.3。M 选 100 时，读出噪声的影响已经小于 1 个电子，因此，选择 M 为 100 左右是合适的。但在计算信噪比时要注意：F^2 应取 2。

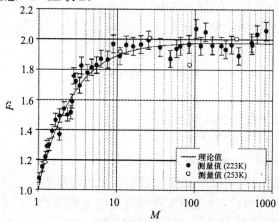

图 8.3　EMCCD 的增益 F^2 随 M 的变化图

（5）望远镜探测能力的估计

1）望远镜的探测星等

计算探测星等时，首先给定：

● 根据测站的情况，给定测站的天光条件 sky，大气透明度 η；

● 给定卫星飞行方向角 ψ；

● 根据望远镜光学系统，给定望远镜口径 D，光学系统效率 γ，星象的像元数 K 和望远镜焦距 F；

● 根据选定的 CCD，给定 CCD 量子效率 Q_E，像元大小 L，BINNING 读出像元数 B，CCD 读出噪声 $\delta_{readout}$ 和暗流 N_{dark}，探测门限 k（一般为 4 或 3）。

光电望远镜的探测星等可按以下步骤计算：

①根据卫星地面高度 H 和天顶距 z，计算目标的视运动角速度 v

卫星的视运动角速度，是卫星轨道、仰角和卫星与测站相对运动方向的函数，假定卫星是圆轨道，则卫星的视运动角速度的计算方法如下：

◆ 计算卫星空间运动速度 V：

$$V = \sqrt{\frac{\mu}{r}} \tag{8.6}$$

其中， μ 为地球引力参数，取值 398600.4；

r 为卫星地心距（km） $r = R + H$； $\qquad\qquad$ （8.7）

R 为地球半径：6378.14km；

H 为卫星地面高度（km）。

◆ 计算卫星与测站的距离 ρ：

$$\rho = \sqrt{r^2 - R^2 \sin^2 z} - R \cos z \tag{8.8}$$

其中， z 为天顶距。

◆ 计算卫星的视运动角速度：

$$u = V \cos\psi / \rho$$
$$w = V \sin\psi \cos\alpha / \rho \tag{8.9}$$

其中， u 为卫星的视运动角速度在水平方向上的投影；

w 为卫星的视运动角速度在垂直方向上的投影；

ψ 为卫星飞行方向与水平方向的夹角；

α 为卫星到测站和卫星到地心之间的夹角：

$$\cos\alpha = \frac{r^2 + \rho^2 - R^2}{2r\rho} \qquad (8.10)$$

卫星的视运动角速度为：

$$v = \sqrt{u^2 + w^2} \qquad (8.11)$$

②计算不同星等目标的信噪比

目标星等从 $M=5$ 开始，对于给定的目标星等，信噪比的计算方法如下：

◆　露光时间 t 的计算：

空间目标在一个像元上的停留时间 t 为：

$$t = (\sqrt{K}+1) \times A/v \text{（秒）}$$

其中，L 为像元大小（μ）；

A 为每个像元的大小（角秒），$A = L/F \times 10000 \times 206265$；

F 为望远镜焦距（厘米）；

K 为星象的像元数；

v 为目标运动速度（角秒/秒）。

◆　望远镜接收的光子数：

$$P_{obj} = \frac{\pi}{4} \times D^2 \times \eta \times \gamma \times 3.4 \times 10^6 \times 2.512^{-M} \times t \times Q_E \qquad (8.12)$$

◆　一个像元的天光光子数：

$$P_{sky} = \frac{\pi}{4} \times D^2 \times \eta \times \gamma \times 3.4 \times 10^6 \times 2.512^{-sky} \times t_{sky} \times A^2 \times Q_E \qquad (8.13)$$

其中，D 为望远镜口径（厘米）；

η 为大气透明度；

γ 为光学系统效率；

3.4×10^6 为太阳光谱型的 0 等星，在 475~825nm 波段中每秒钟在 1 cm^2 面积上发射的光子数（参见附录 E）；

M 为目标星等；

sky 为天光（星等/平方角秒）；

Q_E 为 CCD 量子效率；

t_{sky} 为实际露光时间，在望远镜不动时，总有 $t_{sky} > t$。可取值为 $t_{sky} = 1.5t$。

◆ 信噪比：

$$\frac{S}{N} = \frac{\beta P_{obj}}{\sqrt{\beta P_{obj} + \beta P_{sky} + N_{dark} \times t + \delta_{readout}^2}} \tag{8.14}$$

其中，N_{dark} 为 CCD 暗流，电子/秒像元；

$\delta_{readout}$ 为 CCD 一个像元的读出噪声（电子）；

β 为目标星光的分散因子，一般 $\beta = 1/K$。

说明：以上计算的是非 BINNING 模式的信噪比，如果要计算 BINNING 模式的信噪比，这时：$L = L \times B (A = A \times B)$，$K = K/B^2$（$\beta = B^2/K$）。但是，由于 CCD 曝光时，仍可能压到 4 个像元，因此，K 和 β 的取值应为：$K = \max(4, K/B^2)$，$\beta = \min(1/4, B^2/K)$。如果要计算 EMCCD 的信噪比，应按式（8.5）计算，在忽略时钟感应噪声和读出噪声时，式（8.14）计算的信噪比比实际信噪比大 $\sqrt{2}$ 倍。

③计算极限星等

如果上面计算的信噪比 S/N 大于 k，则该目标可以探测，再将目标星等加 0.1，再计算信噪比，直至 S/N 小于 k，即可得到望远镜对于给定的地面高度 H，天顶距 z 的极限星等（视星等）。

④计算探测星等表

改变地面高度 H，天顶距 z，计算极限星等，即可得到望远镜的探测星等表。

2）大气消光

上面计算得到的是望远镜的探测视星等，光电望远镜的探测星等可按下式计算：

探测星等＝探测视星等－大气消光

其中，大气消光可以用下式计算：

$$xg = -2.5 \times \log_{10}^{0.7} \times f(z)$$

$$f(z) = \sec z - 0.018167(\sec z - 1) - 0.002875(\sec z - 1)^2 \tag{8.15}$$

$$- 0.0008983(\sec z - 1)^3$$

式中，z 为天顶距，不同天顶距的大气消光（消去天顶消光 0.389 星等）如表 8.2

表 8.2　大气消光

仰角	大气消光（星等）	仰角	大气消光（星等）
85	.001	45	0.157
80	0.006	40	0.211
75	0.013	35	0.282
70	0.024	30	0.379
65	0.039	25	0.516
60	0.059	20	0.725
55	0.084	15	1.072
50	0.116	10	1.747

由表可见：在仰角 15°以下，大气消光已超过 1 个星等，在 10°仰角时，达到 1.747 星等。

应该说明：在实际应用时，大气消光应在表列数据上加上天顶消光 0.389 星等。

3）望远镜的可探测空间目标的大小

理论计算空间目标（50%照亮）星等 M 的近似公式是：

$$M = 2.5 + 2.5 \log_{10} \frac{\rho \times \rho}{S} \tag{8.16}$$

其中，ρ 为测站到目标的距离（100km 为单位）；

S 为空间目标在视线方向上的截面积（平方米）。

如果已知了光电望远镜的探测星等，即可利用上式计算出光电望远镜可探测空间目标的大小。

表 8.3 是望远镜探测星等的计算实例，计算时假定：望远镜参数：口径 15cm，焦距 20cm，光学视场 10 度，星象大小 50~60 μ，CCD 探测器参数：2048×2048 像元，像元大小 14 μ，CCD 视场 8.2 度，每个像元约 14.43 角秒，采用 2×2BINNING 模式工作，CCD 量子效率为 30%，读出噪声为 60~70 电子，假定光学系统的透光率为 70%，测站大气透过率为 70%，系统在信噪比大于 4 时即可探测到目标，考虑了大气消光，根据目标的运动速度（$\psi = 0$）确定积分时间，表中列出不同高度的空间目标，不同仰角的望远镜位置的望远镜探测星等。表 8.3 对应的可探测目标大小如表 8.4。

表8.3 望远镜探测星等

（17 等天光，50%照亮，目标在最大速度方向上运行）

仰角	目标高度（km）												
	300	400	500	600	700	800	900	1000	1200	1400	1600	1800	2000
80	7.4	7.7	7.9	8.1	8.3	8.4	8.6	8.7	8.9	9.0	9.2	9.3	9.4
75	7.4	7.7	8.0	8.1	8.3	8.5	8.6	8.7	8.9	9.1	9.2	9.3	9.4
70	7.4	7.7	8.0	8.2	8.3	8.5	8.6	8.7	8.9	9.1	9.2	9.3	9.5
65	7.5	7.8	8.0	8.2	8.4	8.5	8.6	8.8	8.9	9.1	9.3	9.4	9.5
60	7.4	7.7	8.0	8.1	8.3	8.5	8.6	8.7	8.9	9.0	9.2	9.3	9.4
55	7.5	7.8	8.0	8.2	8.4	8.5	8.6	8.7	8.9	9.1	9.2	9.3	9.5
50	7.5	7.8	8.1	8.3	8.4	8.5	8.6	8.8	9.0	9.1	9.3	9.4	9.5
45	7.5	7.8	8.0	8.2	8.4	8.5	8.6	8.8	8.9	9.1	9.2	9.3	9.5
40	7.6	7.9	8.1	8.3	8.5	8.6	8.7	8.8	9.0	9.2	9.3	9.4	9.6
35	7.6	7.9	8.1	8.3	8.5	8.6	8.7	8.8	9.0	9.1	9.3	9.4	9.5
30	7.6	7.9	8.1	8.3	8.5	8.6	8.7	8.8	9.0	9.1	9.3	9.4	9.5
25	7.7	8.0	8.2	8.3	8.5	8.6	8.7	8.8	9.0	9.1	9.3	9.4	9.5
20	7.6	7.9	8.1	8.3	8.4	8.5	8.6	8.7	8.9	9.0	9.2	9.3	9.3

表8.4 望远镜可探测目标的面积(单位：m²)

（17 等天光，50%照亮，目标在最大速度方向上运行）

仰角	目标高度（km）												
	300	400	500	600	700	800	900	1000	1200	1400	1600	1800	2000
80	.1	.1	.1	.2	.2	.2	.3	.3	.3	.4	.5	.5	.5
75	.1	.1	.1	.2	.2	.2	.3	.3	.4	.4	.5	.5	.6
70	.1	.1	.2	.2	.2	.2	.3	.3	.4	.4	.5	.5	.6
65	.1	.1	.2	.2	.2	.3	.3	.3	.4	.5	.5	.6	.6
60	.1	.1	.2	.2	.2	.3	.3	.3	.4	.5	.5	.6	.7
55	.1	.1	.2	.2	.3	.3	.3	.4	.4	.5	.5	.6	.7
50	.1	.2	.2	.2	.3	.3	.4	.4	.5	.5	.6	.7	.8
45	.1	.2	.2	.3	.3	.3	.4	.4	.5	.6	.7	.7	.8
40	.2	.2	.3	.3	.4	.4	.5	.6	.7	.8	.9	.9
35	.2	.2	.3	.4	.4	.5	.5	.6	.7	.8	.9	1.0	1.1
30	.2	.3	.4	.5	.5	.6	.7	.8	1.0	1.0	1.2	1.3
25	.3	.4	.5	.5	.7	.8	.8	.9	1.0	1.2	1.3	1.4	1.5
20	.4	.6	.7	.8	.9	1.1	1.2	1.3	1.4	1.5	1.7	1.9	2.0

（6）望远镜的轴系定位

1）轴系定位的基本原理

轴系定位光电望远镜最常用的一种定位方式，它以安装在望远镜轴上的码盘读数为基础来进行定位，轴系定位的基本步骤是：

- 读取望远镜两个轴上码盘的数据，得到望远镜指向的数据（方位角 *A* 和仰角 *h*）；
- 通过 CCD 图象处理，得到目标的脱靶量（*X*, *Y*），根据 CCD 的比例尺得到目标和望远镜指向之间的 ΔA 和 Δh；
- 根据望远镜指向模型改正，得到目标视方向（方位角 *A* 和仰角 $h_{视}$）；
- 根据气象数据，改正大气折射，得到目标真方向（方位角 *A* 和仰角 *h*）（一般该步骤由数据中心负责处理）。

由此可见，轴系定位的精度，取决于：

- 望远镜轴系读数的精度；
- 目标在 CCD 上读数的精度；
- 望远镜指向模型的精度，即望远镜轴系的稳定性；
- 大气折射改正的精度。

2）望远镜指向模型的建立

地平式望远镜是最为常见的观测设备，由于望远镜制造、加工和安装，以及码盘和 CCD 安装等原因，望远镜不可避免地存在静态指向误差，主要的误差源有：

- 望远镜置平、南北指向误差；
- CCD 视场中心和光轴中心偏差；
- 码盘安装误差；
- CCD 像元当量不准引起的误差；
- 大气折射改正不严格引起的误差；
- 测站天文经纬度不正确引起的误差。

望远镜的静态指向误差常用建立修正模型来改正：假定望远镜的静态指向误差 ΔA，ΔH 可表达为：

$$\Delta A = f(A, H)\,, \Delta H = g(A, H)$$

这里 *A*，*H* 为望远镜的方位角和仰角，则 $\Delta A = f(A, H)\,, \Delta H = g(A, H)$ 常称为望远镜的指向修正模型。

目前，获得望远镜指向修正模型最为有效的方法是：通过对全天区的一批恒星进行观测，获得一系列恒星观测位置 A_o, H_o，以及由恒星历表计算出的对应时刻的理论视位置 A_c, H_c，从而得到望远镜在各个位置上的指向偏差 $\Delta A = A_o - A_c\,, \Delta H = H_o - H_c$。

如果给定了 $f(A, H)\,, g(A, H)$ 的分析表达式，根据一系列观测得到

$\Delta A = A_o - A_c$，$\Delta H = H_o - H_c$，采用最小二乘法拟合，就可测定模式的系数，即可得到望远镜静态指向误差修正模型。

下面介绍 2 种常用的误差修正模型：

● **球函数修正模型**

由于观测在半个天球面上进行，使用球函数来建立望远镜的静态指向误差修正模型，是比较直观的方法。通常在球函数模型中，带谐项取到四阶、田谐项取到一阶。其模型具体的表达式为：

$$\Delta A \cos H = a_0 + a_1 \sin H + a_2 \cos A \cos H + a_3 \sin A \cos H + a_4 \sin^2 H$$
$$+ a_5 \cos A \sin H \cos H + a_6 \sin A \sin H \cos H + a_7 \sin^3 H$$
$$+ a_8 \cos A \sin^2 H \cos H + a_9 \sin A \sin^2 H \cos H + a_{10} \sin^4 H$$
$$+ a_{11} \cos A \sin^3 H \cos H + a_{12} \sin A \sin^3 H \cos H$$

$$\Delta H = b_0 + b_1 \sin H + b_2 \cos A \cos H + b_3 \sin A \cos H + b_4 \sin^2 H$$
$$+ b_5 \cos A \sin H \cos H + b_6 \sin A \sin H \cos H + b_7 \sin^3 H +$$
$$+ b_8 \cos A \sin^2 H \cos H + b_9 \sin A \sin^2 H \cos H + b_{10} \sin^4 H$$
$$+ b_{11} \cos A \sin^3 H \cos H + b_{12} \sin A \sin^3 H \cos H$$

$$(8.17)$$

● **基本参数修正模型**

所谓基本参数修正模型，即对可能存在的误差进行分析，给出修正表达式的模型，经过分析，该模型可简单表达为：

$$\Delta A \cos H = a_1 + a_2 \sin A \cos H + a_3 \cos A \cos H$$
$$+ a_4 \sin A \sin H + a_5 \cos A \sin H + a_6 \cos H \qquad (8.18)$$
$$\Delta H = (b_1 + b_2) + b_3 \cos H + b_4 \sin A + b_5 \cos A$$

● **两种修正模型的比较**

为了比较两种修正模型，我们对某一望远镜进行了实测试验：观测了76颗恒星，分别计算了两种修正模型参数，进行了如下四次比较试验（参见表 8.5-8.8）：

第一次拟合的样本为 76 个；

第二次拟合的样本为 38 个（奇数点资料），用拟合的系数求偶数点残差的中误差；

第三次拟合的样本为 38 个（偶数点资料），用拟合的系数求奇数点残差的中误差；

第四次拟合的样本 51 个（仰角大于 30° 的资料），用拟合的系数求仰角小于 30° 的资料的残差的中误差。

表 8.5　基本参数模型的拟合系数（单位：角秒）

方位系数	第一次	第二次	第三次	第四次
a_0	-25.427883	-24.311678	-26.065214	-25.1107
a_1	54.863101	55.849297	52.255667	49.539861
a_2	-1.745622	-1.632436	-1.611508	-1.453089
a_3	24.048236	23.720711	24.276079	24.199221
a_4	16.779241	13.582058	20.593532	20.516218

高度系数	第一次	第二次	第三次	第四次
$b_1 + b_2$	-25.368806	-24.345267	-25.628753	-24.4737
b_3	-20.743160	-18.286247	-21.954077	-18.4379
b_4	1.105853	2.686500	-0.487201	1.872043

表 8.6　球函数模型的拟合系数（单位：角秒）

方位系数	第一次	第二次	第三次	第四次
a_0	-23.46	-42.27	25.04	214.50
a_1	198.84	388.58	-149.73	-1084.15
a_2	-22.35	-41.12	-63.81	-439.84
a_3	18.28	-1.71	91.71	-35.26
a_4	-480.14	-1060.36	356.56	2113.78
a_5	200.98	342.03	415.70	2085.34
a_6	-122.15	8.78	-561.34	217.87
a_7	612.96	1308.80	-213.33	-1706.02
a_8	-425.99	-752.95	-744.72	-3172.08
a_9	227.66	-14.37	998.13	-381.70
a_{10}	-319.92	-608.51	-29.94	450.69
a_{11}	331.23	549.27	476.98	1627.15
a_{12}	-131.19	-1.58	-539.32	199.06

（续表）

高度系数	第一次	第二次	第三次	第四次
b_0	-79.92	0.76	-82.87	198.85
b_1	422.47	-291.08	423.10	-1097.90
b_2	-17.22	-25.37	-25.10	97.81
b_3	-1.95	1.98	-14.52	474.04
b_4	-1122.01	919.07	-1023.09	1980.56
b_5	111.01	124.49	188.23	-364.03
b_6	-191.48	-292.84	-81.86	-2381.66
b_7	1254.81	-1095.78	1032.94	-1540.89
b_8	-213.97	-196.57	-377.42	418.94
b_9	465.40	729.94	255.29	3731.02
b_{10}	-503.95	441.47	-377.35	431.57
b_{11}	133.85	105.96	232.25	-139.34
b_{12}	-341.59	-518.57	-226.49	-1918.90

表 8.7 球函数模型的中误差（单位：角秒）

方法	方位中误差	高度中误差
第一次	4.42307	6.40408
第二次奇数点	4.24110	6.92272
第二次偶数点	5.62795	7.55341
第三次奇数点	7.74300	7.32936
第三次偶数点	4.17590	6.18618
第四次（高度<30）	71.23653	114.42095

表 8.8 基本参数模型的中误差（单位：角秒）

方法	方位中误差	高度中误差
第一次	4.06484	6.10944
第二次奇数点	4.23382	5.46767
第二次偶数点	4.45290	6.88463
第三次奇数点	4.64542	6.09023
第三次偶数点	3.98706	6.35655
第四次（高度<30 度）	5.84714	9.04894

从表 8.5 和表 8.6 可以看出：在球函数修正模型中，系数值随着观测资料的分布变化较大；而基本参数的系数变化很小。从表 8.7 和表 8.8 可以看出：两种模型的内符合精度基本相同，而外符合精度，基本参数模型的精度较高，特别是高度大于 30°的观测资料拟合参数，对于高度小于 30 度的资料的残差的中误差，基本参数模型比球函数模型要小得多。因

此，我们推荐使用基本参数模型。

（7）望远镜的实时天文定位

1）实时天文定位的基本原理

实时天文定位的基本步骤为：

①读取望远镜两个轴上码盘的数据，得到望远镜指向的数据（方位角 A 和仰角 h），并将其换算为望远镜指向的天球坐标系数据（赤经 α 和赤纬 δ）；

②在望远镜指向（赤经 α 和赤纬 δ）附近，在星表中找出在视场中的恒星（α_i, δ_i $i=1,2,\cdots,n$），并将其按星等排队；

③根据 α_i, δ_i 和 α, δ 之差，以及 CCD 比例尺，计算每个定标星的粗略的 CCD 坐标（x_i, y_i $i=1,2,\cdots,n$）；

④在 CCD 图像中，在（x_i, y_i $i=1,2,\cdots,n$）附近找星象，通过图像处理，得到定标星的测量坐标（X_i, Y_i $i=1,2,\cdots,n$）；

⑤通过 CCD 图像处理，得到目标的量度坐标（X, Y）；

⑥利用定标星的（$X_i, Y_i, \alpha_i, \delta_i$ $i=1,2,\cdots,n$）建立"底片"模型；

⑦利用"底片"模型参数和目标的测量坐标 X, Y，计算目标的赤经 α 和赤纬 δ。

对于天文定位来说，测量精度主要取决于定标星个数、卫星运动速度、恒星和卫星星象测量精度，在跟踪卫星时，卫星星象的测量精度一般可以小于 0.5 像元，拖长的恒星星象，由于采用自适应的曝光时间，星象的长宽比均约为 3，测量精度也会优于 1 个像元。对于六常数法的天文定位精度 σ，可用下式来估计：

$$\sigma = \sqrt{\sigma_{\text{sat}}^2 + \sigma_{\text{star}}^2 / (2n-6)} \qquad (8.19)$$

其中，n 为定标星个数。如果，CCD 一个像元的大小为 6 角秒，定标星个数为 5，天文定位的精度约为 4.24 角秒。

2）望远镜视场内的定标星数量

由于天文定位的精度与视场中的定标星的个数有关，表 8.9 给出 TYCHO-Ⅱ星表的不同星等的每平方度星数。

由表可见：如果望远镜 CCD 视场为 3 平方度，希望望远镜视场中，至少有 3 颗定标星，则望远镜的探测能力需要高于 8.8 等星，如果希望望远镜视场中，至少有 6 颗定标星，则望远镜的探测能力需要高于 9.5 等星，如果望远镜的探测能力较低，则望远镜的 CCD 视场就要大于 3 平方度。

表 8.9　每平方度不同星等的星数

银　纬	每　平　方　度　星　数				
	亮于 9.5 等	亮于 9.3 等	亮于 8.8 等	亮于 8.6 等	亮于 8.4 等
-90—-80	2.09	1.69	1.05	0.87	0.70
-80—-70	2.59	2.15	1.35	1.10	0.90
-70—-60	2.91	2.44	1.56	1.28	1.05
-60—-50	3.55	2.99	1.90	1.60	1.36
-50—-40	3.51	2.90	1.78	1.45	1.19
-40—-30	4.08	3.36	2.01	1.65	1.34
-30—-20	5.12	4.22	2.51	2.04	1.65
-20—-10	6.71	5.44	3.22	2.60	2.10
-10—0	9.45	7.65	4.46	3.57	2.87
0—10	9.78	7.85	4.56	3.65	2.94
10—20	6.37	5.18	3.04	2.46	1.98
20—30	5.03	4.11	2.46	2.00	1.63
30—40	4.07	3.37	2.02	1.64	1.34
40—50	3.40	2.80	1.73	1.42	1.17
50—60	2.99	2.50	1.57	1.28	1.07
60—70	2.72	2.28	1.40	1.17	0.96
70—80	2.49	2.09	1.30	1.05	0.87
80—90	2.58	2.18	1.46	1.21	1.02

（8）轴系定位和天文定位的比较

1）轴系定位的优缺点

- 轴系定位给出的结果是在地平坐标系中的方位角和仰角，与设备的置平、轴系的变化密切相关，很难保证每个测站、观测的不同时间，均属于一个不变的坐标系；
- 轴系定位的精度，基本取决于望远镜轴系精度，因而轴系定位方式对望远镜轴系加工精度要求较高，望远镜的研制成本较高，由于受到大气折射改正误差的影响，对于低仰角的观测，精度会受到影响；
- 除了目标引导之外，轴系定位不要求望远镜有较大的视场，而且小视场有利于提高测量的精度，但该望远镜一般要求有一个引导镜；
- 轴系定位的跟踪目标星象是圆的，不存在拖长星象问题，露光时间较长，探测能力比天文方式要高；也不需要分快慢目标，进行不同方式的跟踪；

- 轴系定位计算简单，对计算机实时处理的要求不高，有利于提高测量数据的采样率。

2）天文定位的优缺点

- 天文定位给出的结果是在天球坐标系中的赤经和赤纬，对于每个测站、观测的不同时间，均属于一个非常稳定的坐标系；
- 天文定位的精度不受望远镜轴系误差和大气折射改正误差的影响，因而天文定位方式对望远镜轴系加工精度要求较低，有利于降低望远镜的研制成本；
- 要求望远镜有较大的视场，视场的大小与望远镜的探测能力有关，必须保证视场内有 3 个以上定标星；
- 天文定位的空间目标星象和定标星星象之中，总有 1 个是被拖长的，对于拖长星象的目标，由于露光时间短，探测能力将会不及轴系跟踪方式；
- 由于天文定位方式有星象拖长的问题，对于运动较慢的空间目标，宜采用跟踪方式，这时恒星星象拖长，但不严重，空间目标的露光时间较长，不影响空间目标的探测星等；对于运动较快的空间目标，宜采用步进跟踪方式，这时空间目标较亮，星象拖长不影响探测到目标，而定标星露光时间较长，能保证定标星有足够的数量；
- 天文定位对计算机实时处理的要求较高，它必须将数十万颗恒星的数据存入计算机，并能在很短时间内，根据望远镜指向和 CCD 上星象的位置，自动找出恒星，并给出定位结果。

8.3.3 提高望远镜探测能力的途径

（1）星象信噪比分析

望远镜的探测能力与 CCD 图像的信噪比有关，如果忽略 CCD 的读出噪声和暗流，则信噪比可表为：

$$S/N = \frac{P_{obj}}{\sqrt{P_{obj} + P_{sky}}} \tag{8.20}$$

其中，P_{obj} 为一个像元上的目标信号的光子数，P_{sky} 为一个像元上的天光信号的光子数。它们均与望远镜口径 D^2、CCD 量子效益 Q_E 以及曝光时间 t 成正比。即：

$$S/N \propto D\sqrt{Q_E t} \tag{8.21}$$

因此，提高信噪比，无非是三种方法：①扩大望远镜口径；②延长曝光时间；③提高 CCD 的量子效益。

现在 CCD 的量子效益已达 90%，提高的余地已经不大了，因此，只剩下扩大口径和延长曝光时间两种了。

但是，在信号探测时还有一个探测门限，即当 $S/N \geq k$ 时，我们可以探测到比较清晰的星象。也就是说，望远镜系统的探测能力，实际上取决于：

$$\frac{D\sqrt{Q_E t}}{k} \tag{8.22}$$

研究图像处理方法，尽量减小 k，其实际效益与扩大望远镜口径一样重要。

（2）三种提高探测能力的途径

根据以上分析，提高探测能力的方法主要有如下三种：

1）扩大望远镜口径

扩大望远镜口径，当然是最有效的方法，而且，为了探测厘米量级的空间目标，现在的望远镜口径的确需要扩大。但是，根据上面的分析，望远镜口径扩大一倍，探测到的空间目标的大小只缩小一半。如果，50cm 口径的望远镜能探测到 10cm 的空间目标，要探测到 2cm 的空间目标，需要将望远镜口径扩大到 2.5m，显然，这是不经济、也不现实的途径。在扩大望远镜口径的同时，还要寻找其他提高探测能力的方法。

2）延长曝光时间

空间目标视运动很快，如果望远镜不动，目标曝光时间为目标星象在一个像元上的通过时间，延长积分时间是没有用的。但是，如果望远镜在跟踪目标，延长积分时间，就是延长曝光时间，的确可以提高望远镜的探测能力。但这也没有用，因为，既然望远镜已经跟踪了目标，说明目标已经探测到了，这样做并没有增加望远镜的探测能力。

不过，在望远镜建立跟踪之前，一般是在望远镜不动的状态下，先看到目标，再有观测员点鼠标建立跟踪状态的。如果是这样，望远镜的实际探测能力，仍然是在望远镜不动状态的跟踪能力。

我们可以改变望远镜建立跟踪之前的状态，来提高望远镜的探测能力：对于已知轨道的目标，我们可以计算出目标的运动速度，在发现目标之前，我们可以将望远镜按照 80% 的速度运动，这时，目标相对于 CCD 的运动速度，就是目标运动速度的 20%。这样，我们就有了 5 倍的延长积分时间的空间。如果我们将积分时间延长 5 倍，则，望远镜发现目标的能力（信噪比）就扩大 $\sqrt{5}$ 倍，它的效果比望远镜口径扩大一倍还要好一些。

3）提高图像处理能力，减小门限 k

根据上面的分析，如果能将 k 减小一半，它的效果相当于将望远镜口径扩大一倍。现在，k 约为 3~4，如果能降为 2，其效果是显著的。

根据上面对三种方法的分析，显然，提高图像处理能力，减小门限 k 的方法最值得重视，其次是延长曝光时间的方法，当然，在必要时，扩大望远镜口径仍然是最直接、最有效的方法。

（3）捆绑式望远镜

1）捆绑式望远镜的基本概念

一般在扩大口径的同时，望远镜的焦距也要增加，于是，望远镜的 CCD 视场就要缩小，如果口径扩大 2 倍，望远镜的视场就要缩小 4 倍。对于空间目标探测望远镜，特别是需要搜索目标的望远镜，望远镜视场不允许缩小，因此，我们需要研究不缩小视场的增强望远镜探测能力的方法：捆绑式望远镜（图 8.4）。

所谓捆绑式望远镜，就是将 4 个（当然可以更多）望远镜捆绑在同一机架上，将望远镜指向同一方向，采集相同天区的星象，将 4 个 CCD 的图像数据相加处理，得到类似于口径扩大 2 倍的望远镜探测能力。

图 8.4 捆绑式望远镜

假定 1 个望远镜接收到目标的电子为 P_{obj}，夜天光对应的电子为 P_{sky}，CCD 读出噪声为 $\delta_{readout}$，忽略 CCD 的暗流，则目标探测的信躁比为：

$$S/N = \frac{P_{obj}}{\sqrt{P_{obj} + P_{sky} \times A + \delta_{readout}^2}} \qquad (8.23)$$

式中，各量的定义同 8.3.2 节。

4 个望远镜捆在一起后，望远镜的集光面积扩大了 4 倍，因此，P_{obj}，P_{sky} 也将扩大 4 倍，下面我们研究 4 个 CCD 信号相加后的读出噪声 N_Σ：根据定义，CCD 读出噪声为在 CCD 暗场读出式的信号 X_i，减去其平均值 B_i（BIOS）后的噪声的方差。即：

$$\delta_{readout}^2 = E(X_i - B_i, X_i - B_i)$$

4 个 CCD 数据的和 X 即为：

$$X = B_1 + B_2 + B_3 + B_4 + N_1 + N_2 + N_3 + N_4$$

其中，N_i 为噪声，它们是互相独立的正态分布的随机数。于是，X 的噪声为：

$$N_\Sigma^2 = E(X, X) = 4E(N_i, N_i) + E(N_1, N_2) + E(N_1, N_3) + E(N_1, N_4)$$
$$+ E(N_2, N_3) + E(N_2, N_4) + E(N_3, N_4)$$

由于 N_i 互相独立，后 6 项为 0，第一项即为一个 CCD 的读出噪声，即：

$$N_\Sigma^2 = 4 \times \delta_{readout}^2$$

于是，捆绑式望远镜的目标探测的信噪比为：

$$S/N_{捆绑} = \frac{4P_{obj}}{\sqrt{4P_{obj} + 4P_{sky} \times A + 4\delta_{readout}^2}} \qquad (8.24)$$
$$= 2S/N_{单个望远镜}$$

即，捆绑式望远镜的探测信噪比比原来的望远镜提高了 2 倍。显然，如果将 N 个望远镜捆在一起，则信噪比将提高 $\sqrt{N}$ 倍。

如果将望远镜口径扩大 1 倍，焦距不变，采用相同的 CCD，则，信噪比为：

$$S/N = \frac{4P_{obj}}{\sqrt{4P_{obj} + 4P_{sky} \times A + \delta_{readout}^2}} \qquad (8.25)$$

显然，这比捆绑式望远镜的信噪比要高，但是，要研制焦距不变、口径扩大 1 倍的望远镜是很困难的，几乎不可能。我们不能指望能得到上式的信噪比。

比较现实的是：望远镜的口径扩大 1 倍，星象直径不变，焦距也扩大 1 倍，CCD 视场缩小 4 倍。这样，目标在 1 个像元上的露光时间要减少 1

倍，则信噪比为：

$$S/N = \frac{4P_{obj}/2}{\sqrt{4P_{obj}/2 + 4P_{sky} \times A/2/4 + \delta_{readout}^2}}$$

$$= \frac{4P_{obj}}{\sqrt{8P_{obj} + 2P_{sky} \times A + 4\delta_{readout}^2}}$$

（8.26）

与捆绑式望远镜的信噪比相比，要看 $4P_{obj} > 2P_{sky} \times A$，还是 $4P_{obj} < 2P_{sky} \times A$。如果 $4P_{obj} > 2P_{sky} \times A$，则捆绑式望远镜的信噪比高，探测比较有利，反之，则口径扩大 1 倍的望远镜探测能力比捆绑式望远镜强。

由于 P_{obj}，P_{sky} 均与露光时间成正比，因此，判断 $4P_{obj} > 2P_{sky} \times A$ 是否成立，主要要看观测目标的强弱：

如果目标星象分布在 4 个像元之内，A 为 50 平方角秒，则判断 $4P_{obj} > 2P_{sky} \times A$ 是否成立，等价于：

$$P_{obj} > P_{sky} \times 25$$

即

$$m_{目标} < m_{天光} - 3.5$$

如果测站天光为 20 星等，则观测亮于 16.5 等星的目标，捆绑式望远镜有利。如果测站天光为 21 星等，则观测亮于 17.5 等星的目标，捆绑式望远镜有利。如果我们希望捆绑式望远镜在观测更暗的目标时仍然有利，最有效的途径是缩小 CCD 像元的大小，如果能使 A 小于 5 平方角秒，捆绑式望远镜观测 20 等星仍有利。当然，捆绑式望远镜还有一个重要的优点：视场扩大了 4 倍。

2）捆绑式望远镜的数据处理

要进行 CCD 之间的数据叠加，必须测定 CCD 之间坐标转换的系数，这可采用观测恒星的方法进行：选择无月的晴夜，将望远镜指向天顶（尽量减少大气折射对恒星位置的影响），记录 100 组数据，每 1 分钟观测一次，记录 4 个 CCD 的观测时间和视场内所有恒星的 CCD 坐标，假定 4 个望远镜的焦距为 f_3, f_2, f_1, f_0，并有 $f_0 \geq f_i (i = 1, 2, 3)$。这时，我们选择焦距最长的望远镜为标准望远镜，所谓转换就是将其他望远镜的数据转换到标准望远镜的系统中来。

● 恒星在 CCD 上位置的差异

主要差异有：

一望远镜中心指向的差异 $\Delta x, \Delta y$

—望远镜焦距的差异 Δf

—CCD 安装方向的差异 $\Delta\alpha$

当然，在研制望远镜和安装望远镜时，可以尽量限制这些量的大小，其中，$\Delta x, \Delta y$ 和 $\Delta\alpha$ 可以在安装时调节，使之足够小。在研制镜筒时，对 Δf 提出了要求：Δf 小于 0.5mm，则恒星星象在 CCD 上的位置差最大为 1 个像元。

● 转换关系的建立

假定第 i 个望远镜中某星象的坐标为 x_{i0}, y_{i0}（CCD 中心起量），经过以上三种改正的转换后的坐标为：

$$x_i = x_{i0} + \Delta x_i + y_{i0}\Delta\alpha_i - \frac{x_{i0}}{f_0}\Delta f_i$$

$$y_i = y_{i0} + \Delta y_i - x_{i0}\Delta\alpha_i - \frac{y_{i0}}{f_0}\Delta f_i$$

(8.27)

与标准的 CCD 坐标比较，令 $x_i = x_{00}, y_i = y_{00}$，即有：

$$x_{00} - x_{i0} = \Delta x_i + y_{i0}\Delta\alpha_i - \frac{x_{i0}}{f_0}\Delta f_i$$

$$y_{00} - y_{i0} = \Delta y_i - x_{i0}\Delta\alpha_i - \frac{y_{i0}}{f_0}\Delta f_i$$

(8.28)

这就是解算 $\Delta x_i, \Delta y_i, \Delta\alpha_i, \dfrac{\Delta f_i}{f_0}$ 的条件方程，联立 100 幅图像中的所有恒星的条件方程，就可解出 $\Delta x_i, \Delta y_i, \Delta\alpha_i, \dfrac{\Delta f_i}{f_0}$，即可得到第 i 个望远镜到标准望远镜的转换系数。注意：这些系数是有物理意义的，$\Delta x_i, \Delta y_i, \Delta\alpha_i$ 可以用来调节望远镜指向和 CCD 方向。如果 4 个望远镜的相对位置在运动中能保持不变，则这些系数可以事先测定即可。如果每幅图像有 50 个定标星（共计 10000 个条件方程），CCD 坐标的测定精度优于 0.5 个像元，则我们可以期望坐标转换的精度优于 0.005 像元。

● 图像叠加

设，第 i 个 CCD 的第 j 行第 k 列的灰度为（假定行列号对应像元中心）$H_{jk}(j, k = 1, 2, \cdots, 1024)$，则，对于每一个像元计算转换后的标准坐标：

$$x_i = x_{i0} + \Delta x_i + y_{i0}\Delta\alpha_i - \frac{x_{i0}}{f_0}\Delta f_i,$$

$$y_i = y_{i0} + \Delta y_i - x_{i0}\Delta\alpha_i - \frac{y_{i0}}{f_0}\Delta f_i$$

（8.29）

设 $x_i - 0.5, y_i - 0.5$ 的整数部分为 X, Y，分数部分为 a, b，则将 H_{jk} 分到四个像元，累加到标准望远镜的灰度值上去。

表 8.10　捆绑式望远镜的图像叠加

行	列	累加灰度值
X	Y	$H_{jk}(1-a)(1-b)$
X	$Y+1$	$H_{jk}(1-a)b$
$X+1$	Y	$H_{jk}a(1-b)$
$X+1$	$Y+1$	$H_{jk}ab$

8.3.4　空间目标的星等测量

（1）目标星等测量的基本原理

根据恒星和目标星象在 CCD 上的灰度测量，可以根据背景恒星的星等，测定目标的星等。其基本原理如下：

由于 CCD 图像的特性曲线基本是线性的，即，对于 CCD 图像上占据 m 个像元的一个星象，对第 j 个像元，光强度 I_j 与灰度 D_j 之间的关系可以简单地认为是：

$$I_j = aD_j \qquad (8.30)$$

其中，a 为系数。星象的总强度包括了星光强度 I_s 和天空背景强度 I_b，为所有像元的强度之和，因此

$$I_{s+b} = \sum_{j=1}^{m} aD_j \qquad (8.31)$$

天空背景强度 I_b 与灰度 D_b 的关系也可以认为是：

$$I_b = aD_b \qquad (8.32)$$

因此星光强度为：　　$$I_s = I_{s+b} - I_b = \sum_{j=1}^{m} a(D_j - D_b^j) \qquad (8.33)$$

将星等与强度的关系：$I = I_0 10^{-0.4M}$ 　　　　（8.34）

代入上式可得：
$$\sum_{j=1}^{m} a(D_j - D_b^j) = I_0 10^{-0.4M} \qquad (8.35)$$

对上式两边求对数，即可得：
$$0.4M = \lg I_0 - a \lg \sum (D_j - D_b^j) \qquad (8.36)$$

选取尽可能多的标准星，用最小二乘法即可解出星等零点 I_0 和系数 a。
这样即可求出 CCD 图像上的任意目标的星等。

（2）空间目标的标准星等

为了使空间目标的星等能反映空间目标的大小，我们必须将实测星等换算为标准星等。所谓标准星等，是指空间目标与测站距离 1000km，位相角为 90°，扣除大气消光的星等。其换算方法如下：假定空间目标与测站的距离为 ρ（以 100km 为单位），位相角为 σ，实测星等为 M，则标准星等为：
$$m = M + 5 - \Delta m(\sigma) - 5\lg \rho - 大气消光 \qquad (8.37)$$
其中，σ 单位为弧度，$\Delta m(\sigma) = -2.5\lg[\sin\sigma + (\pi - \sigma)\cos\sigma]$，大气消光的计算方法请参见（8.15）式。

（3）空间目标星等的误差

以上测定的空间目标的星等，误差是比较大的，主要误差源有：

1）星象灰度的测定误差。在测量星象的 CCD 灰度时，测量误差是较大的，特别是扣除背景的算法会引进误差；

2）恒星的光谱型不一样。在逼近计算星等的参数时，要利用恒星的星等，但是，由于恒星光谱型不一样，相同星等的恒星的灰度是不同的，这就引进了星等测定的误差；

3）空间目标的光谱型与恒星不一样。空间目标是受太阳光照发光的，其光谱型与太阳一样，为 G 型，而逼近计算星等的参数利用恒星，光谱型各不相同，与太阳不一样，因此，计算所得的空间目标星等是由误差的；

4）空间目标不完全是漫反射体。空间目标不完全是漫反射体，有镜反射的表面，因此，在实测空间目标星等时，常发现有灰度（星等）的跳动，在一个 CCD 视场内，星等变化达 1 个星等。

综上所述，空间目标测定的星等有较大误差，估计误差为 0.2~0.3 星等，只能作为参考。尽管如此，星等测量仍是很重要的，它与 RCS 一样，是估计空间目标大小的重要参数，而且，实测的星等可以作为研制望远镜的依据。

8.3.5　高轨目标的搜索空域问题

（1）地球同步轨道目标的搜索空域

如图 8.5，O 表示地心，G 表示观测站，OP 为北极方向，S 表示卫星，OS 为卫星地心方向 $\vec{r}$，OG 为测站坐标 $\vec{R}$，GS 为观测方向 $\vec{\rho}$。由于同步卫星 S 在赤道面上，因此，$\vec{\rho}$ 在 z 方向的分量为 $-Z = -R\sin\varphi$，其中，φ 为测站的地心纬度。卫星的赤纬为：

$$\delta = -\sin^{-1}\frac{R\sin\varphi}{\rho} \tag{8.38}$$

对于北半球的观测者来说，赤纬永远是负的。对于一个测站来说，由于斜距 ρ 变化不大（不到 8%），因此，赤纬也变化不大（不到 0.5 度）。不同纬度测站的赤纬大致如表 8.11。

表 8.11　不同纬度测站的同步卫星的赤纬（卫星在正南）

测站纬度	20	25	30	35	40	45	50
卫星赤纬	−3.45	−4.24	−4.97	−5.65	−6.27	−6.83	−7.31

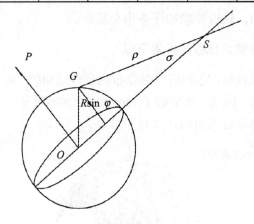

图 8.5　同步卫星观测几何

如果，同步卫星的倾角不是 0（对于同步轨道的空间目标，倾角最大只有 15°），则，空间目标的赤纬将在中心赤纬附近变化，形成一个赤纬带，带宽随测站纬度会有些变化，纬度低，带宽要宽一些，但最大也不会超过 35°。例如，对于纬度 30° 的测站，赤纬带为−22.5~12.5°。也就是说，同步轨道的空间目标的搜索范围为一个带宽为 35° 的赤纬带。

当然，在实际搜索时，应注意目标的光照位相角：傍晚向东观测，凌晨向西观测。使用赤道式望远镜，可以在傍晚将望远镜指向东面（在赤纬带内），开启转移钟，一直观测到天亮。

如果望远镜的 CCD 视场为 $A \times A$ 平方度，则，需要望远镜个数 N 为 $N = 35/A$。

如果露光时间为 2 秒，CCD 读出和图像处理的时间可以重迭，则可以做到一个望远镜负责几个观测搜索带，望远镜的数量可以减少。例如，望远镜的 CCD 视场为 3.5×3.5 度，本来要 10 个望远镜，在露光时间为 2 秒时，观测整个 $35° \times 35°$ 的区域需要拍摄 10 次，需时 20 秒，在这段时间内，恒星移动 5 角分，如果可以忽略这样一个小天区，我们可以做到一个望远镜搜索整个同步空间目标的赤纬带。显然，望远镜每沿赤纬方向扫描一次，可以得到一个观测资料，由于望远镜还在赤经方向移动（望远镜转移钟开着），一个空间目标能得到的资料数最多为 $42 = (\dfrac{3.5 \times 60}{5})$ 个，时间弧长 14 分钟。这样，我们就对轨道关联提出指标：必须利用 14 分钟的数据，实现轨道关联。如果轨道关联有困难，望远镜个数就需要增加。

显然，望远镜的 CCD 视场愈大，对搜索愈有利。这时，观测资料数和弧长均会增加，轨道关联的任务也会减轻。

（2）大椭圆轨道目标的搜索空域

对于大椭圆目标，它的星下点分布也是有规律的，由于它们在远地点停留的时间很长，因此，就形成了 Молния 远地点环带[3]（图 8.6），因此，搜索它们只要将望远镜指向此环带即可。

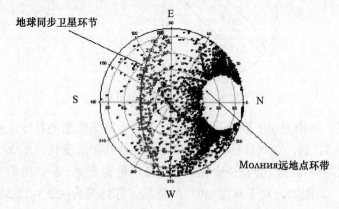

图 8.6　Молния 卫星的远地点环带

Молния 卫星的倾角 $i = 63°.4$ ，远地点高度为 40000km，假定我们观测的高度角要求为 $h \geq 20°$ ，对于的地心张角为 $62°.6$ ，则卫星的可见经度范围为：

表 8.12　不同纬度的测站 Молния 卫星可见经度范围

测站纬度	25°	30°	35°	40°	45°	50°
可见经度范围	± 78.2	± 88.0	± 98.2	± 109.4	± 122.8	± 141.2

由表 8.12 可见，可见的范围是很大的。

搜索的纬度范围约为 58~63.4 度，测站空域约为 2700 平方度。对应的空域与测站有关，以纬度为 40 度的测站为例，对应 63.4 度星下点的目标位置如表 8.13：

表 8.13　Молния 卫星远地点环带（测站纬度 40 度）

A	h	A	h	A	h
.00	63.02	± 31.78	52.02	± 34.78	32.73
± 5.60	62.81	± 33.33	49.71	± 34.06	30.39
± 10.96	62.18	± 34.45	47.33	± 33.17	28.12
± 15.90	61.16	± 35.20	44.90	± 32.14	25.91
± 20.28	59.81	± 35.63	42.44	± 30.96	23.78
± 24.05	58.17	± 35.77	39.98	± 29.66	21.74
± 27.20	56.29	± 35.65	37.53		
± 29.76	54.23	± 35.32	35.11		

由表 8.13 可见：最佳搜索区域为方位角 $A = \pm 35$ 度，仰角 h 在 30~60 度之间。对应于测站与 Молния 卫星远地点环带相切的方向。

8.4　空间目标的天基探测原理

空间目标的天基观测，是指将观测设备安装在天基平台上，对空间目标进行的探测。由于雷达设备需要很大的功率，一时无法进行雷达的天基探测，因此，在现阶段，空间目标的天基探测，是指空间目标的光学探测，也就是将望远镜安装在一个卫星平台上，对空间目标进行观测的方式。

由于天基观测有如下优点：

①天基观测没有白天和黑夜，24 小时均可以观测；

②天基观测没有阴天下雨，可以进行全天候观测；

③天基观测没有背景天光影响,同样口径的望远镜,探测能力比地基观测强。因此,天基探测已成为空间目标探测今后发展的重点。

本节主要讨论近地目标的天基探测。

8.4.1 天基空间目标探测的能力估计

(1)天基探测星等和目标的大小关系

目标的探测星等可用下式计算:

$$m = 1.4 - 2.5\lg\gamma - 5\lg D + 5\lg\rho + \Delta m(\sigma) \tag{8.39}$$

式中,γ 为卫星表面漫反射系数;D 为卫星直径（米）;ρ 为卫星到观测站的斜距（百 km 为单位）;$\Delta m(\sigma)$ 是卫星位相角 σ 的函数,位相角是太阳至卫星和观测站至卫星两连线间的夹角,$\Delta m(\sigma)$ 公式如下:

$$\Delta m(\sigma) = -2.5\lg[\sin\sigma + (\pi - \sigma)\cos\sigma]$$

假定,$\gamma = 0.3$,$-2.5\lg\gamma = 1.31$,天基探测的位相角最小为 0,$\Delta m(\sigma) = -1.24$,平均天基探测的位相角小于 30 度,$\Delta m(\sigma) = -1.05$,则有:

$$m = 1.4 + 1.31 - 5\lg D + 5\lg\rho - 1.05 = 1.66 - 5\lg D + 5\lg\rho \tag{8.40}$$

假定望远镜的探测星等为 m 等,则有:

$$\lg D = \frac{-m + 1.66}{5} + \lg\rho \tag{8.41}$$

于是:

$$D = 10^{\frac{-m+1.66}{5} + \lg\rho} = 10^{\frac{-m+1.66}{5}}\rho \tag{8.42}$$

如果 m=11 等,$D = 10^{-1.868 + \lg\rho} = 0.013552\rho$

如果 m=12 等,$D = 10^{-2.068 + \lg\rho} = 0.008551\rho$

如果 m=13 等,$D = 10^{-2.268 + \lg\rho} = 0.005395\rho$

如果 m=14 等,$D = 10^{-2.468 + \lg\rho} = 0.003404\rho$

则望远镜的探测能力如表 8.14。

表 8.14 不同距离的可探测目标的大小

目标大小	目标距离（km）								
探测星等	500	1000	1500	2000	2500	3000	3500	4000	5000
11 等星	0.067	0.135	0.202	0.271	0.338	0.404	0.472	0.542	0.675
12 等星	0.043	0.086	0.128	0.171	0.214	0.257	0.299	0.342	0.428
13 等星	0.027	0.054	0.081	0.108	0.135	0.182	0.189	0.216	0.269
14 等星	0.017	0.034	0.051	0.068	0.085	0.102	0.119	0.136	0.170

（2）望远镜的探测能力

1）天基望远镜的探测信噪比

由于天基探测没有天光影响，另外，由于积分时间较短，可以忽略暗流的影响，因此，（8.15）式就可简化为：

$$S/N = \frac{P_{obj} \times \beta}{\sqrt{P_{obj} \times \beta + \delta_{readout}^2}} \qquad (8.43)$$

如果，望远镜的星象大小优于 2×2 个像元，则 β 可以用 1/2 估计。因此，天基望远镜探测的信噪比，可用下式计算：

$$S/N = \frac{P_{obj}/2}{\sqrt{P_{obj}/2 + \delta_{readout}^2}} \qquad (8.44)$$

另外，在计算 P_{obj} 时，大气透明度 η 可认为是 100%

2）天基望远镜的探测星等

S/N 大于 3（或 4）时，对应的星等即为望远镜的探测星等。下面，举例说明：

假定望远镜口径为 15cm，焦距为 13.5cm，CCD 像元大小为 24μ，平台高度为 7200km，γ 光学系统效率为 80%，假定 S/N 的门限为 4（下同），天基望远镜的探测星等如表 8.15，表中数据为 0 者，表示这个距离不在可见范围之内。

表 8.15　15cm 天基望远镜的探测星等

目标高度	探测星等										
	$\rho=$ 500	$\rho=$ 1000	$\rho=$ 1500	$\rho=$ 2000	$\rho=$ 2500	$\rho=$ 3000	$\rho=$ 3500	$\rho=$ 4000	$\rho=$ 4500	$\rho=$ 5000	$\rho=$ 6000
2000	.0	.0	11.9	12.3	12.6	12.8	13.0	13.1	13.2	13.4	13.5
1800	.0	11.4	12.0	12.3	12.6	12.8	13.0	13.1	13.2	13.4	13.5
1600	.0	11.5	12.0	12.4	12.6	12.8	13.0	13.1	13.3	13.4	13.6
1400	.0	11.5	12.1	12.4	12.6	12.8	13.0	13.1	13.3	13.4	13.6
1200	10.7	11.6	12.1	12.4	12.7	12.9	13.0	13.2	13.3	13.4	13.6
1000	10.9	11.7	12.1	12.4	12.7	12.9	13.0	13.2	13.3	13.4	13.6
900.	10.9	11.7	12.2	12.5	12.7	12.9	13.0	13.2	13.3	13.4	13.6
800.	11.0	11.7	12.2	12.5	12.7	12.9	13.0	13.2	13.3	13.4	13.6
700.	10.9	11.7	12.2	12.5	12.7	12.9	13.1	13.2	13.3	13.4	13.6
600.	10.9	11.7	12.2	12.5	12.7	12.9	13.1	13.2	13.3	13.4	13.6
500.	10.8	11.7	12.1	12.5	12.7	12.9	13.1	13.2	13.3	13.4	13.6
400.	10.7	11.6	12.1	12.5	12.7	12.9	13.1	13.2	13.3	13.4	13.5

3）天基望远镜的探测目标大小

假定天基望远镜的探测星等为 m ，则天基望远镜的能探测目标的目标大小为：

$$D = 10^{\frac{-m+1.66}{5}} \rho \qquad (8.45)$$

其中， ρ 为平台与目标的距离，以 100km 为单位； D 为目标大小（米）。

假定望远镜和 CCD 参数同前，天基望远镜的探测的目标直径如表 8.16，表中数据为 0 者，表示这个距离不在可见范围之内。从表 8.16 可见：天基探测目标的大小，并不随距离的增加线性扩大，而是随 $\sqrt{\rho}$ 增加，这是由于距离增加后，曝光时间也在增加（参见表 8.17），探测星等提高了的缘故。

表 8.16　15cm 天基望远镜的探测目标大小

目标高度	探测目标大小（cm）											
	$\rho=$ 500	$\rho=$ 1000	$\rho=$ 1500	$\rho=$ 2000	$\rho=$ 2500	$\rho=$ 3000	$\rho=$ 3500	$\rho=$ 4000	$\rho=$ 4500	$\rho=$ 5000	$\rho=$ 5500	$\rho=$ 500
2000	0	0	13	15	16	18	19	21	22	22	25	26
1800	0	11	13	15	16	18	19	21	22	22	24	26
1600	0	11	13	14	16	18	19	21	21	22	24	25
1400	0	11	12	14	16	18	19	21	21	22	24	25
1200	8	10	12	14	15	17	19	20	21	22	24	25
1000	7	10	12	14	15	17	19	20	21	22	24	25
900.	7	10	12	14	15	17	19	20	21	22	24	25
800.	7	10	12	14	15	17	19	20	21	22	24	25
700.	7	10	12	14	15	17	18	20	21	22	24	25
600.	7	10	12	14	15	17	18	20	21	22	24	25
500.	7	10	12	14	15	17	18	20	21	22	24	25
400.	8	10	12	14	15	17	18	20	21	22	24	25

4）CCD 积分时间的选择

表 8.15 和表 8.16 对应的 CCD 积分时间是目标过一个像元的时间，该时间如表 8.17。

由于星象大小为 2×2 个像元，星象完全通过一个像元的时间应是表中时间的 3 倍，即 400 毫秒，这样才能保证目标充分曝光。如果是这样，对于距离较近的目标的星象就很长，例如，1000km 目标的 16 个像元，长宽比就有 8：1，定位精度可能要差一些，如果要保证长宽比为 6：1，则曝光时间要选择 300 毫秒，这时距离大于 4500km 的目标可能曝光不充分，会影响探测目标的大小。如何选择，应看用户的需求，在 300~400 毫秒中选择一个折中的曝光时间。

表 8.17　目标过一个象元的时间

目标高度	目标过一个象元的时间（毫秒）										
	$\rho=$ 500	$\rho=$ 1000	$\rho=$ 1500	$\rho=$ 2000	$\rho=$ 2500	$\rho=$ 3000	$\rho=$ 3500	$\rho=$ 4000	$\rho=$ 4500	$\rho=$ 5000	$\rho=$ 5500
2000	0	0	29	41	52	64	75	86	97	108	128
1800	0	18	30	42	54	65	76	87	98	109	129
1600	0	19	31	43	55	66	77	88	99	109	130
1400	0	21	33	44	56	67	78	89	100	110	130
1200	10	22	34	46	57	68	79	90	101	111	131
1000	11	23	35	47	58	69	80	91	102	112	132
900.	12	24	35	47	59	70	81	92	102	113	132
800.	12	24	36	47	59	70	81	92	103	113	132
700.	12	24	36	48	59	71	82	93	103	113	133
600.	11	24	36	48	59	71	82	93	104	114	133
500.	10	23	36	48	60	71	83	93	104	114	134
400.	9	22	35	48	60	71	83	94	104	115	134

5）提高探测能力的方法

　　如果对表 16 的探测目标大小不满意，还希望进一步提高探测能力，这时有两种方法：采用 CCD BINNING 模式或扩大望远镜口径，望远镜口径扩大一倍和采用 2×2BINNING 的效果相当，如果，将望远镜口径扩大为 30cm，并采用 CCD BINNING 模式观测，则探测能力如表 8.18：

表 8.18　30cm CCD BINNING 模式的探测目标大小

目标高度	探测目标大小（cm）										
	$\rho=$ 500	$\rho=$ 1000	$\rho=$ 1500	$\rho=$ 2000	$\rho=$ 2500	$\rho=$ 3000	$\rho=$ 3500	$\rho=$ 4000	$\rho=$ 4500	$\rho=$ 5000	$\rho=$ 5500
2000	0	0	7	7	8	9	9	10	11	11	13
1800	0	6	6	7	8	9	9	10	11	11	13
1600	0	5	6	7	8	9	9	10	11	11	12
1400	0	5	6	7	8	9	9	10	11	11	12
1200	4	5	6	7	8	8	9	10	11	11	12
1000	4	5	6	7	8	8	9	10	11	11	12
900.	4	5	6	7	8	8	9	10	11	11	12
800.	3	5	6	7	8	8	9	10	11	11	12
700.	4	5	6	7	8	8	9	10	11	11	12
600.	4	5	6	7	8	8	9	10	11	11	12
500.	4	5	6	7	8	8	9	10	11	11	12
400.	4	5	6	7	8	8	9	10	11	11	12

从表 8.18 可见，距离 1000km 之内，可探测 5cm 的空间目标，距离 4000km 之内，可探测 10cm 的空间目标。当然，如果希望能保证视场，需要 4 个望远镜。

8.4.2 平台轨道

为了保证望远镜探测有较好的位相，现在，有一点是有共识的：平台轨道选择为太阳同步轨道，轨道的过降交点地方时，选择为 18 时，将望远镜安装在左侧；或选择为 6 时，将望远镜安装在右侧。这样可以保证在平台工作寿命内，望远镜探测的目标有稳定的较好位相，有利于提高望远镜的探测能力。

对于探测地球同步卫星的轨道，有人希望采用倾角为 0，高度稍低的轨道作为平台的轨道，这是不合适的，因为，这时望远镜将要对天安装，除了不能保证观测位相外，还将影响探测弧长。

如图 8.7 所示，同样的平台对同样的目标，望远镜的不同的安装角度，等效弧长是不一样的，而且，差别还很大。

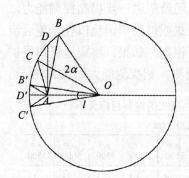

图 8.7 等效弧长随安装角度的变化

在望远镜对天安装时，等效弧长为：

$$l = 2\text{tg}^{-1}\left(\frac{r-r_0}{r}\text{tg}\alpha\right) \qquad (8.46)$$

而望远镜垂直安装在平台侧面时，等效弧长为 2α。下面我们对此作证明：

根据定义，$\angle CAB = 2\alpha$

$$BO = CO = r$$

$$AO = r_0$$

另外，$\angle B$ 和 $\angle C$ 均等于：

$$\angle B = \angle C = \sin^{-1}\left(\frac{r_0\cos\alpha}{r}\right) \qquad (8.47)$$

因此，O, A, B, C 四点共圆（同位角相等），于是，$\angle BOC = \angle CAB = 2\alpha$（同位角相等），如果 $r = 7400\,\text{km}$，$r_0 = 7000\,\text{km}$，$\alpha = 10°$，而 $l = 1°.09$，几乎只是 2α 的 $1/20$。因此，垂直安装比对天安装的等效弧长长。

即使观测同步卫星，对天安装的弧长也只有 16 度，比望远镜安装在太阳同步轨道的侧面的弧长仍要短，因此，还是选择太阳同步轨道为好。

8.4.3 望远镜安装角度

观测弧长，与望远镜在平台侧面的安装方式直接有关。我们下面比较两种安装方式的观测弧长：

1）垂直安装

前面已经证明，在垂直安装时，等效弧长为 2α [参见图 8.8（a）]。

2）偏转角 β 安装

这时，望远镜中心位置为 E，它与轨道面法向的夹角为 $\theta - \angle 3 = \xi - \beta$，这里：

$$\xi = \sin^{-1}(\frac{r_0 \cos \beta}{r}) \tag{8.48}$$

如图 8.8（b）所示，将安装方向顺时针旋转 β 角，望远镜视场角为 $\angle CAB$，对应的等效弧长为 $\angle COB$。显然

$$\angle BAD = \alpha + \beta, \qquad \angle CAD = \alpha - \beta$$

于是：

$$\begin{aligned} \angle 1 &= \alpha + \xi - \angle B \\ \angle 2 &= \alpha - \xi + \angle C \end{aligned} \tag{8.49}$$

$$\text{等效弧长} = \angle 1 + \angle 2 = 2\alpha - \angle B + \angle C \tag{8.50}$$

其中，

$$\angle B = \sin^{-1}[\frac{r_0 \cos(\alpha + \beta)}{r}], \quad \angle C = \sin^{-1}[\frac{r_0 \cos(\alpha - \beta)}{r}] \tag{8.51}$$

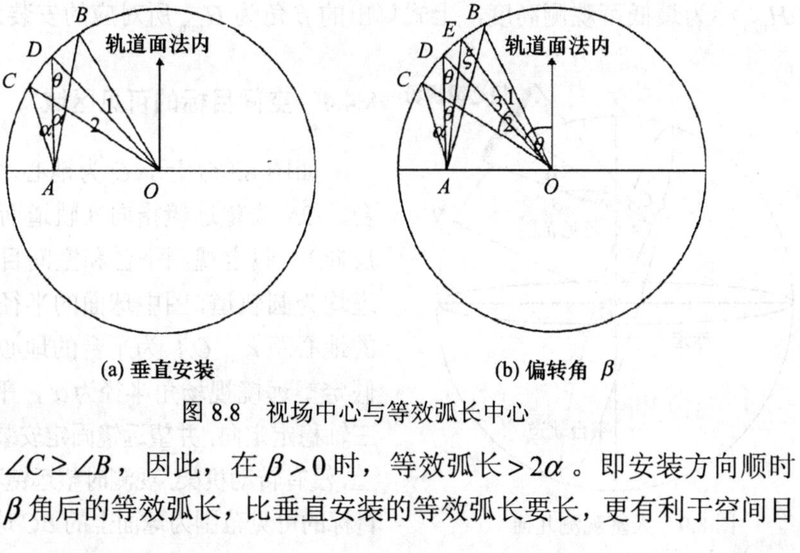

(a) 垂直安装　　　　　　　　(b) 偏转角 β

图 8.8　视场中心与等效弧长中心

显然，$\angle C \geq \angle B$，因此，在 $\beta > 0$ 时，等效弧长 $> 2\alpha$。即安装方向顺时针旋转 β 角后的等效弧长，比垂直安装的等效弧长要长，更有利于空间目

标的探测。

当然，上面所说的还是 $r \geq r_0$ 的情况，考虑到各种情况时，不难推导：

$$
\text{等效弧长} = \begin{cases} 2\alpha - \angle B + \angle C & r \geq r_0 \\ 2\cos^{-1}[\dfrac{r_0 \cos(\alpha+\beta)}{r}] & r_0 \geq r \geq r_0 \cos(\alpha+\beta) \\ 0 & r \leq r_0 \cos(\alpha+\beta) \end{cases} \quad (8.52)
$$

其中 $\angle B, \angle C$ 的定义同前。

因此，从观测弧长的角度来说，选择偏转一个角度的安装方式是有利的。偏转角度的决定，实际上取决于另一个重要因素：空间目标的最低可观测高度。

在垂直安装时，望远镜边缘能看到目标的最低高度为 $r_0 \cos\alpha$，如果望远镜的安装方向顺时针转 β 角，望远镜边缘能看到目标的最低高度则为 $r_0 \cos(\alpha+\beta)$，当 $\alpha + \beta \leq 0$ 时，最低可观测高度为 r_0。

由于在平台下方有地球，望远镜的安装方向不可能顺时针方向旋转太多，即：

$$
r_0 \cos(\alpha+\beta) \geq R_E \quad (8.53)
$$

其中，R_E 为地球半径。

如果，我们要求平台能观测到地面上空 $H_{\min}$ 的所有空间目标，则：

$$
\beta = \cos^{-1}[\frac{R_E + H_{\min}}{r_0}] - \alpha \quad (8.54)
$$

$H_{\min}$ 称为最低可观测高度，上式算出的 β 角为 $H_{\min}$ 所对应的安装角度。

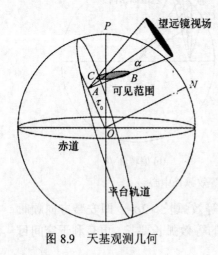

图 8.9 天基观测几何

8.4.4 空间目标的可见区域

如图 8.9 所示，O 为地心，A 为平台，ON 为望远镜指向（轨道面法向的反向），假定观测平台和空间目标的轨道均为圆轨道，图中球面的半径为目标的地心距 r，OA 为平台的地心距 r_0，假定望远镜视场角半径为 α，平台对地三轴稳定定向，并望远镜固定安装在平台上，没有转动机架，观测时望远镜不运动。目标的可见范围为球面上的 BC 球冠。

显然，可见区域面积的大小决定了平台探测目标的多少，因此，我们应该选择可见区域大的平台来进行天基探测。

为了讨论方便，下面我们先引进一些基本术语：

（1）可见条件和特征平面

假定平台的地心向量为 $\vec{r}_0$，空间目标的地心向量为 $\vec{r}$，望远镜的半视场为 α，则空间目标的可见条件为：

$$\cos^{-1}(\frac{(\vec{r}-\vec{r}_0)\cdot\vec{N}}{|(\vec{r}-\vec{r}_0)\cdot\vec{N}|})\le\alpha \tag{8.55}$$

其中，$\vec{N}$ 为望远镜指向，在垂直安装时，$\vec{N}$ 就是轨道面法向。显然，空间目标的可见条件，还需要满足：$r\ge r_0\cos\alpha$。例如，r_0=7000km（地面高度 622km），α=10 度，则低于 515.5km 的卫星是看不见的。当然，安装角不同，目标的最低可见高度也不同（下详）。当然，空间目标的可见条件还有：目标不在地影之中。

为了讨论方便，下面我们称地心、平台和轨道面法向所决定的平面为特征平面。以地心为原点，Z 轴指向轨道面法向，平台在 Y 轴上的坐标系，称为特征平面坐标系

在有安装角 β 时，实际计算某目标的 $\vec{r}$ 的可见条件，必须进行坐标变换，首先将轨道坐标系的坐标变换到特征平面坐标系中去：

1）望远镜安装在平台右侧

从轨道坐标系到特征平面坐标系：如图 8.10 所示，O 为地心，A 为平

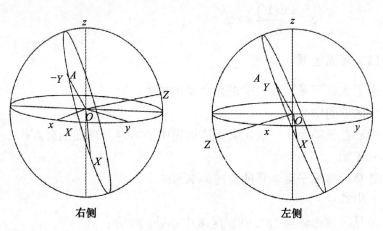

右侧　　　　　左侧

图 8.10　坐标变换

台，$O\text{-}xyz$ 为轨道坐标系，$O\text{-}XYZ$ 为特征平面坐标系。$O\text{-}xyz$ 到 $A\text{-}XYZ$ 坐标变换，目标向量 $\vec{r}$ 在 $A\text{-}XYZ$ 坐标系中的坐标为：

$$\vec{R} = \begin{pmatrix} X \\ Y \\ Z \end{pmatrix} = R_3(90° - u)R_1(i_0 - 180°)R_3(\Omega)(\vec{r} - \vec{r}_0) \tag{8.56}$$

再将 z 轴转到望远镜中心方向：

$$\vec{R}' = \begin{pmatrix} X \\ Y \\ Z \end{pmatrix} = R_1(-\beta)R_3(90° - u)R_1(i_0 - 180°)R_3(\Omega)(\vec{r} - \vec{r}_0) \tag{8.57}$$

2）望远镜安装在平台左侧

目标向量 $\vec{r}$ 在 $A\text{-}XYZ$ 坐标系中的坐标为：

$$\vec{R} = \begin{pmatrix} X \\ Y \\ Z \end{pmatrix} = R_3(90° - u)R_1(i_0)R_3(\Omega)(\vec{r} - \vec{r}_0) \tag{8.58}$$

再将 z 轴转到望远镜中心方向：

$$\vec{R}' = \begin{pmatrix} X' \\ Y' \\ Z' \end{pmatrix} = R_1(-\beta)R_3(90° - u)R_1(i_0)R_3(\Omega)(\vec{r} - \vec{r}_0) \tag{8.59}$$

因此，目标可见的条件即为：

$$\text{tg}^{-1} \frac{abs(X')}{Z'} < \alpha_{横} \tag{8.60}$$

以及 $\qquad \text{tg}^{-1} \dfrac{abs(Y')}{Z'} < \alpha_{竖} \tag{8.61}$

（2）可见区域

为了表证可见区域，引进几个基本概念：

—区域的中心

中心在长轴上，一般定义为望远镜中心方向与球面的交点；

—X 轴

选择与特征平面垂直的方向为 X 轴；

—引数 φ

可见区域边缘点与 X 轴在区域中心处的夹角；

—边缘点与区域中心的角距 ψ

可见区域边缘点与区域中心的角距。

1）可见区域边缘点的坐标

显然，$\varphi = \pm 90°$ 对应于长轴上的边缘点 BC，但是，$\varphi = 0,180°$ 并不对应于短轴。下面，我们将给出由任意 φ 计算 ψ 的方法，即我们将用函数关系 $\psi(\varphi)$ 来刻画可见区域边缘点的坐标。

球面与圆锥的相交，有两种情况：一种是边缘点 BC 分布在望远镜中心方向的两边（$r \geq r_0$），一种是边缘点 BC 分布在望远镜中心方向的一边（$r_0 \geq r \geq r_0 \cos(\alpha + \beta)$），因此，在下面讨论中，需要分两种情况进行研究。

● $r \geq r_0$ 的情况

如图 8.11 所示，O 为地心，A 为平台，B 和 C 为边界点，AD 与轨道面法向平行，E 为望远镜中心方向，建立坐标系 $O\text{-}xyz$ 和 $A\text{-}XYZ$，OE 为 z 轴，AE 为 Z 轴，z 轴和 Z 轴之间的夹角为：

$$\xi = \sin^{-1}(\frac{r_0 \cos \beta}{r}) \tag{8.62}$$

坐标变换关系为：

$$\begin{pmatrix} X \\ Y \\ Z \end{pmatrix} = \begin{pmatrix} 0 \\ r_0 \cos \beta \\ r_0 \sin \beta \end{pmatrix} + \begin{pmatrix} 1 & 0 & 0 \\ 0 & \cos \xi & -\sin \xi \\ 0 & \sin \xi & \cos \xi \end{pmatrix} \begin{pmatrix} x \\ y \\ z \end{pmatrix} \tag{8.63}$$

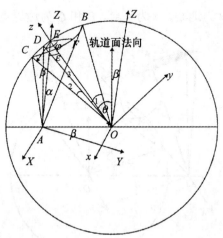

图 8.11　可见区域的面积（$r \geq r_0$）

设 F 为可见区域某边界点，弧 EF 与 x 轴的夹角为 φ，OF 与 z 轴的夹角（即弧 EF 的长度）为 ψ，我们的目的是求出 ψ 的准确值，这可以使用爬山法求解，其求法如下：

任给一个 $\psi < \alpha = \angle 1$，F 点在 $O\text{-}xyz$ 的坐标为：

$$
\begin{pmatrix} x_\psi \\ y_\psi \\ z_\psi \end{pmatrix} = r \begin{pmatrix} \sin\psi\cos\varphi \\ \sin\psi\sin\varphi \\ \cos\psi \end{pmatrix}
\tag{8.64}
$$

这样，在 $A\text{-}XYZ$ 坐标系中，F 点的坐标（即 AF 向量）为：

$$
\begin{pmatrix} X_\psi \\ Y_\psi \\ Z_\psi \end{pmatrix} = \begin{pmatrix} 0 \\ r_0\cos\beta \\ r_0\sin\beta \end{pmatrix} + \begin{pmatrix} 1 & 0 & 0 \\ 0 & \cos\xi & -\sin\xi \\ 0 & \sin\xi & \cos\xi \end{pmatrix} \begin{pmatrix} x_\psi \\ y_\psi \\ z_\psi \end{pmatrix}
\tag{8.65}
$$

$$
= \begin{pmatrix} r\sin\psi\cos\varphi \\ r(\cos\xi\sin\psi\sin\varphi - \sin\xi\cos\psi) + r_0\cos\beta \\ r(\sin\xi\sin\psi\sin\varphi + \cos\xi\cos\psi) + r_0\sin\beta \end{pmatrix}
$$

于是，AF 与 Z 轴的夹角为：$\omega = \cos^{-1}\left(\dfrac{Z_\psi}{d}\right)$ （8.66）

其中，$\qquad\qquad d = \sqrt{X_\psi^2 + Y_\psi^2 + Z_\psi^2}$ （8.67）

定义 $|\omega - \alpha|$ 为优选指标，缩短步长 N 次，即可得到准确的 ψ 值。

- $r < r_0$ 的情况

如图 8.12 所示，O 为地心，A 为平台，B 和 C 为边界点，E 为 BC 弧中点，

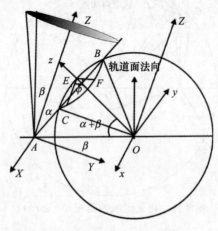

图 8.12　可见区域的面积（$r \geq r_0$）

建立坐标系 $O\text{-}xyz$ 和 $A\text{-}XYZ$，OE 为 z 轴（即选择弧长中点为区域中心），Z 轴为望远镜中心的方向，z 轴和 Z 轴之间的夹角为 $90° - \alpha$，因此两个坐标系之间的变换为：

$$\begin{pmatrix} X \\ Y \\ Z \end{pmatrix} = \begin{pmatrix} 0 \\ r_0 \cos\beta \\ r_0 \sin\beta \end{pmatrix} + \begin{pmatrix} 1 & 0 & 0 \\ 0 & \sin\alpha & -\cos\alpha \\ 0 & \cos\alpha & \sin\alpha \end{pmatrix} \begin{pmatrix} x \\ y \\ z \end{pmatrix} \qquad (8.68)$$

设 F 为可见区域某边界点，角 EF 与 x 轴的夹角为 φ，OF 与 z 轴的夹角（即弧 EF 的长度）为 ψ，ψ 的求解方法与 $r \geq r_0$ 的情况类似，只要令：

$$\xi = 90° - \alpha \qquad (8.69)$$

并将 ψ 的初值设为 $\psi < \alpha = \cos^{-1}[\dfrac{r_0 \cos(\alpha + \beta)}{r}]$ 即可。

2）可见区域的面积

在上节中，我们给出了由 φ 计算 ψ 的方法，当然，计算时必须将 $r \geq r_0$ 和 $r < r_0$ 两种情况分开计算。

求出 ψ 后，可见区域的面积 S 可用下式计算：

$$S = 2 \int_{-90°}^{90°} (1 - \cos\psi) \mathrm{d}\varphi \qquad (8.70)$$

该积分可以用数值积分方法计算。

3）可见区域的地面分布

在上面的讨论中，我们没有考虑平台的运动，当平台运动时，可见区域在空间也是运动的：对于任意时刻，目标的可见区域在轨道面法向 $\bar{N}$ 和 $\bar{r}_0$ 的连线上，区域中心距离 $\bar{N}$ 的角距为 $\theta = \xi - \beta$，（在 $r_0 \geq r \geq r_0 \cos(\alpha + \beta)$ 时，$\theta = 90° - \alpha - \beta$），其形状近似于一个椭圆（球面的一部分）的区域，平台运动一圈，可见区域也绕 $\bar{N}$ 运动一周。参见图 8.13。

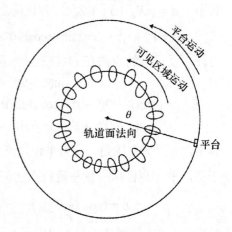

图 8.13　空间目标星下点可见范围

4）无地影可见区面积

无地影可见区的情况比较复杂，因此，面积只能使用蒙地卡罗方法计算。计算方法如下：

① $r < r_0$ 时

在以 E 为中心（参见图 8.19），$\angle B$ 为半径的球冠内，均匀投 N 点 (ψ, φ)，设球冠内某点的坐标为：$\psi(0 - \angle B)$ 和 $\varphi(0 - 2\pi)$，其中，$\angle B = \cos^{-1}[\dfrac{r_0 \cos(\alpha + \beta)}{r}]$，则目标的在 $O\text{-}xyz$ 的坐标为：

$$\begin{pmatrix} x \\ y \\ z \end{pmatrix} = r \begin{pmatrix} \sin\psi\cos\varphi \\ \sin\psi\sin\varphi \\ \cos\psi \end{pmatrix} \tag{8.71}$$

进行坐标变换 $O\text{-}xyz \to O\text{-}XYZ$，因为 z 轴指向区域中心，Z 轴为望远镜中心的方向，z 轴和 Z 轴之间的夹角为 $90° - \alpha$，则，目标在 $O\text{-}XYZ$ 坐标系中的坐标为：

$$\vec{r} = \begin{pmatrix} X \\ Y \\ Z \end{pmatrix} = \begin{pmatrix} 1 & 0 & 0 \\ 0 & \sin\alpha & -\cos\alpha \\ 0 & \cos\alpha & \sin\alpha \end{pmatrix} \begin{pmatrix} x \\ y \\ z \end{pmatrix} \tag{8.72}$$

于是，在 $A\text{-}XYZ$ 坐标系中，$\vec{r}$ 与 Z 轴的夹角为：

$$\omega = \cos^{-1}(\frac{Z + r_0 \sin\beta}{d}) \tag{8.73}$$

其中，$d = \sqrt{X_\psi^2 + Y_\psi^2 + Z_\psi^2}$，化简之：

$$d^2 = r^2 + r_0^2 + 2rr_0[\sin\psi\cos(90° - \alpha - \beta)\sin\varphi - \cos\psi\sin(90° - \alpha - \beta)]$$

另外，反日点的方向在 $O\text{-}XYZ$ 坐标系中（参见图 12）的余弦为：

$$\vec{r}_{fanri} = \begin{pmatrix} \sin(i_0 - 90° + \delta_\odot)\cos u \\ \sin(i_0 - 90° + \delta_\odot)\cos\beta\sin u - \cos(i_0 - 90° + \delta_\odot)\sin\beta \\ \sin(i_0 - 90° + \delta_\odot)\sin\beta\sin u + \cos(i_0 - 90° + \delta_\odot)\cos\beta \end{pmatrix} \tag{8.74}$$

其中，i_0 为平台倾角，u 为平台纬度角，$\delta_\odot$ 为太阳的赤纬。

于是，平台到目标向量与反日点之间的夹角为：

$$\eta = \cos^{-1}(\frac{\vec{r}}{r} \bullet \vec{r}_{fanri}) \tag{8.75}$$

每投一个点，计总数：$N_{zs} = N_{zs} + \sin\psi$ （8.76）

如果 $\omega < \alpha$，且 $\eta > \psi_{diying}$，则 F 点在无地影可见区内，则可见点计数：

$$N_{kj} = N_{kj} + \sin\psi \tag{8.77}$$

其中，$\psi_{diying} = \sin^{-1}(\dfrac{R_E}{r})$，$R_E$ 为地球半径。

由于球冠面积为：

$$S_{qg} = 2\pi(1 - \cos\angle B) \tag{8.78}$$

因此，无地影可见区面积为：

$$S_{kjq} = 2\pi(1 - \cos\angle B) \times N_{kj} / N_{zs} \tag{8.79}$$

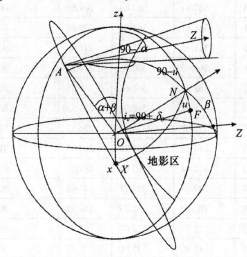

图 8.14　反日点位置和无地影区域示意图

② $r > r_0$ 时。

与 $r < r_0$ 情况相比，区别有：

—投点范围不同 $\angle B \rightarrow \angle 1$，并使得总面积不同：

$$S_{qg} = 2\pi(1 - \cos\angle B) \rightarrow S_{qg} = 2\pi(1 - \cos\angle 1)$$

其中，　$\angle 1 = \alpha + \xi - \angle B$，$\angle B = \cos^{-1}\dfrac{r_0\cos(\alpha + \beta)}{r}$

—球冠中心不同，使得坐标变换不同：

这时，坐标变换关系为：

$$\begin{pmatrix} X \\ Y \\ Z \end{pmatrix} = \begin{pmatrix} 1 & 0 & 0 \\ 0 & \cos\xi & -\sin\xi \\ 0 & \sin\xi & \cos\xi \end{pmatrix} \begin{pmatrix} x \\ y \\ z \end{pmatrix} \tag{8.80}$$

其中，

$$\xi = \sin^{-1}(\dfrac{r_0\cos\beta}{r}) \tag{8.81}$$

307

表 8.19　无地影可见区面积与整个可见区面积的比较

目标高度	可见区面积	无地影可见区面积（ $\delta_{\odot}=23.44$ ）				
		$u=90°$	$u=45°$	$u=0$	$u=-45°$	$u=-90°$
2000	367.41	367.41	367.41	218.13	.00	0
1900	366.30	366.30	366.30	214.47	.00	0
1800	365.15	365.15	365.15	213.27	.00	0
1700	363.98	363.98	363.98	211.91	.00	0
1600	362.84	362.84	362.84	209.90	.00	0
1500	361.81	361.81	361.81	209.80	.00	0
1400	361.05	361.05	361.05	211.46	.00	0
1300	360.96	360.96	360.96	214.29	.00	0
1200	362.61	362.61	362.61	219.38	.00	0
1100	371.41	369.01	369.01	233.53	8.66	0
1000	373.07	373.07	373.07	236.82	10.89	0
900	345.19	344.76	344.76	220.02	2.91	0
800	304.53	302.84	302.84	184.18	.00	0
700	253.27	249.78	249.78	145.65	.00	0
600	192.29	192.29	192.29	103.61	.00	0
500	122.07	122.07	122.07	55.90	.00	0
400	42.90	42.90	42.90	9.43	.00	0

由于无地影可见区的面积不仅与平台高度 r_0 有关，还与平台纬度角 u 和太阳赤纬 $\delta_{\odot}$ 有关，下面我们假定平台高度为 7550km, $\delta_{\odot}=23.44$ ，无地影可见区面积和可见区面积的计算结果如表 8.19，从表可见，无地影可见区面积的变化是很大的，也就是说，地影的影响是很大的，必须十分注意。

（3）　可见会合周期

随着平台的运动，可见区域也在运动，另外，目标也在运动，只有在目标运动到瞬时可见区域内时，目标才可见。因此，目标不是每圈都可见的，这里有一个可见会合的问题。

设平台和目标的平运动 n_0,n ，即： $n_0=\sqrt{\dfrac{\mu}{r_0^3}},n=\sqrt{\dfrac{\mu}{r^3}}$ （弧度/秒）其中 $\mu=398600\ \text{km}^3/\text{s}^2$ ，这样计算得到的 n 的单位为弧度/秒。如果希望 n 的单位为度/天，则：

$$n_0 = \frac{15552000}{\pi}\sqrt{\frac{\mu}{r_0^3}}, n = \frac{15552000}{\pi}\sqrt{\frac{\mu}{r^3}} \quad （度/天）$$

则会合周期为：$P_{会合} = \dfrac{360}{|n_0 - n|}$ （天）

如果希望用平台圈为单位，则，$P_{会合} = \dfrac{360}{|n_0 - n|}\dfrac{1}{P_{平台}}$ （平台圈）

其中，$P_{平台}$ 为平台的周期：$P_{平台} = \dfrac{360}{n_0}$ （天）

于是　　　　　$P_{会合} = \dfrac{360}{|n_0 - n|}\dfrac{1}{P_{平台}} = \dfrac{n_0}{|n_0 - n|}$ （平台圈）　　　　（8.82）

如果(8.82)式计算结果是整数，此即会合周期。但是，一般不可能，经常需要：

$$P_{会合} = \frac{N \times n_0}{|n_0 - n|} \tag{8.83}$$

才可能接近于整数，下面给出一个算例，假定平台地心距为 7100km，则 $n_0 = 5224.17$（度/天），平台周期为 99.23103 分，平台每天转 14.51159 圈，则不同高度目标的的可见会合情况如表 8.20。

表 8.20　目标的可见会合情况

目标高度	目标 n	n_0/n_0-n	N	$P_{会合}$ 小数	目标周期	$n_0 - n$
1600	4385.84	6.23162	13	.0111	118.19857	838.33235
1400	4556.08	7.81957	11	.0153	113.78194	668.08925
1200	4737.63	10.73739	19	.0104	109.42175	486.54016
1000	4931.57	17.85399	41	.0138	105.11872	292.60525
900	5033.55	27.40636	32	.0036	102.98887	190.61896
800	5139.10	61.41146	141	.0152	100.87362	85.06837
700	5248.40	215.6666	0	.0000	98.77304	24.22337
600	5361.62	38.00930	1	.0093	96.68725	137.44458
500	5478.97	20.50336	2	.0067	94.61635	254.79594
400	5600.66	13.87594	8	.0075	92.56046	376.49148

在计算表 8.20 时，我们要求 $P_{会合}$ 的小数小于 0.02 圈，约 2 分钟，要求并不高，但是会合的周期仍是很长的，例如，1600km 的目标，会合周期约为 78 圈，约 6 天，700km 的目标在 500 圈之内没有满足要求的会合机会，因此，我们很难严格估计会合周期。但是在实际会合时，由于，目

309

标轨道和可见环有四次交会的机会，也许会合情况要好一些，另外，可见环有一定宽度，会合的要求是否需要这样严格，也需要探讨。但是，不管情况如何，会合周期总是很长的，也许这就是天基探测有些目标在短时期内不可见的主要原因。

要说明的是，当平台和目标的周期接近时（如表 1 中 700km 高度的目标），会合周期将很要长，这时，目标有时长期可见，有时长期不可见。

（4）目标相对于平台的距离和视角速度

为了估计天基平台的探测能力，需要知道目标相对于平台的距离和视角速度，这当然有严格的算法，但是，也可以用简单的方法估计（参见图8.15）。

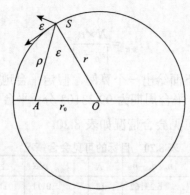

图 8.15　距离和视角速度的关系

距离 ρ 的范围为 $\rho_1 \le \rho \le \rho_2$，其中

$$\rho_1 = \begin{cases} r\cos\angle C - r_0\sin(\alpha-\beta) & r \ge r_0 \\ r_0\sin(\alpha+\beta) - r\cos\angle B & r \le r_0 \end{cases} \quad (8.84)$$

$$\rho_2 = \begin{cases} r\cos\angle B + r_0\sin(\alpha+\beta) & r \ge r_0 \\ r_0\sin(\alpha+\beta) + r\cos\angle B & r \le r_0 \end{cases} \quad (8.85)$$

由于可见区的短轴较小，目标可以近似认为在特征平面内，当然，目标运动方向仍可能各不相同，但是，偏离特征平面时，速度较慢，因此，最大视角速度可以用下式估计：

$$v = \sqrt{\mu(\frac{\cos^2\varepsilon}{r} + \frac{1}{r_0})}\frac{1}{\rho} \quad (8.86)$$

其中，
$$\cos\varepsilon = \frac{r^2 - r_0^2 + \rho^2}{2r\rho} \tag{8.87}$$

根据（8.84）式、（8.85）式、（8.86）式计算的目标，相对于平台的距离和视角速度如表 8.21。

表 **8.21** 目标相对于平台的距离和视角速度

平台高度和 β	H	ρ_1	ρ_2	V500	V1000	V2000	V3000	V4000	V5000
	1600.0	3652.20	7601.46	.000	.000	.000	.000	.111	.090
	1400.0	3028.83	7216.70	.000	.000	.000	.000	.110	.089
	1200.0	2169.02	6801.10	.000	.000	.000	.143	.108	.088
	1000.0	285.89	6341.98	.854	.418	.209	.141	.107	.088
	900.0	538.43	6089.45	.000	.423	.209	.140	.107	.087
7500	800.0	812.37	5815.50	.000	.432	.209	.140	.107	.087
16.22	700.0	1115.71	5512.16	.000	.000	.209	.140	.106	.087
	600.0	1462.84	5165.04	.000	.000	.211	.139	.106	.086
	500.0	1885.32	4742.55	.000	.000	.212	.139	.105	.000
	400.0	2492.16	4135.71	.000	.000	.000	.139	.105	.000
	1600.0	3546.22	6851.15	.000	.000	.000	.000	.115	.093
	1400.0	3052.53	6466.39	.000	.000	.000	.000	.114	.092
	1200.0	2474.25	6050.79	.000	.000	.000	.149	.113	.092
	1000.0	1722.96	5591.67	.000	.000	.218	.147	.112	.091
	900.0	1176.93	5339.13	.000	.000	.216	.146	.111	.091
7200	800.0	62.06	5065.19	.853	.427	.215	.145	.110	.090
10.86	700.0	365.40	4761.85	.872	.427	.214	.144	.110	.000
	600.0	712.53	4414.72	.000	.431	.213	.144	.109	.000
	500.0	1135.01	3992.24	.000	.000	.213	.143	.000	.000
	400.0	1741.85	3385.40	.000	.000	.214	.143	.000	.000

计算结果表明：目标视角速度基本与距离成反比，即 v 可用下式近似估计：
$$v \approx \frac{500}{\rho} \times .865 = 432.5/\rho \text{（度/秒）} \tag{8.88}$$

8.4.5　平台高度的选择原理

前面，我们分别讨论了平台的轨道类型和望远镜的安装角度，对于天基探测来说，还有一个关键参数：平台高度 r_0。下面我们讨论平台高度的选择的原理：

假定，近地空间目标的探测范围为 400~2000km，空间目标的数量分布为：

$$N_{400},N_{500},N_{600},N_{700},N_{800},N_{900},N_{1000},N_{1100},N_{1200},$$
$$N_{1300},N_{1400},N_{1500},N_{1600},N_{1700},N_{1800},N_{1900},N_{2000}$$

这里，N_{Hi} 为 $H_i \times 100 \pm 50\,km$ 范围内的目标数，可以通过统计得到。

给定平台地心距 r_0，就可计算不同目标高度 H_i 的无地影可见区域面积 $M_{Hi}^{r_0}$：

$$M_{400}^{r_0},M_{500}^{r_0},M_{600}^{r_0},M_{700}^{r_0},M_{800}^{r_0},M_{900}^{r_0},M_{1000}^{r_0},M_{1100}^{r_0},M_{1200}^{r_0},$$
$$M_{1300}^{r_0},M_{1400}^{r_0},M_{1500}^{r_0},M_{1600}^{r_0},M_{1700}^{r_0},M_{1800}^{r_0},M_{1900}^{r_0},M_{2000}^{r_0}$$

我们有理由认为指标 k：

$$k = \sum N_{Hi} M_{Hi}^{r_0} \tag{8.89}$$

就是地心距为 r_0 的平台的探测目标数量多少的一个指标。选择 r_0 使 k 达到极大，即可得到优化后的平台高度。

要说明的是：

1）无地影可见区域面积为 $M_{Hi}^{r_0}$，需要对不同太阳赤纬和不同的 u（平台在轨道上的位置）进行计算，然后平均；

2）为了得到更合理的平台高度，k 的表达式需要加权，即：

$$k = \sum W N_{Hi} M_{Hi}^{r_0} \tag{8.90}$$

其中，W 为权重，使用权：

$$W = \sqrt{\frac{3025}{\rho}} \frac{\sin 30°}{\sin(i_0 - 90° + 23.44)}$$

可使平台距离目标较近，能看到较小目标，并使平台倾角 i_0 比较合理；

3）N_{Hi} 是对望远镜能探测目标的统计。另外，对于大椭圆目标，可以将目标按 T_{Hi}/P 分成若干部分，统计在不同的 N_{Hi} 之中，这里，T_{Hi} 为大椭圆目标在 $H_i \times 100 \pm 50\,km$ 高度范围内的运动时间，P 为目标的运动周期。举个例子，2010 年 1 月在轨可探测目标的高度分布如表 8.22。

表 8.22　2010 年 1 月在轨可探测目标的高度分布

目标高度	数量	目标高度	数量	目标高度	数量
400	131.9	1000	1214.5	1600	203.9
500	390.8	1100	520.7	1700	138.3
600	835.4	1200	276.2	1800	63.8
700	1399.0	1300	245.5	1900	55.2
800	2781.4	1400	548.0	2000	45.6
900	2033.7	1500	678.7		

8.4.6　天基空间目标的探测平台的组网

天基探测的主要目标是：

- 空间目标的全面编目
- 微小空间目标的探测

不同目标的组网方式是不同的，下面我们讨论这两种组网的问题：

（1）全面编目的平台组网

这种组网，并不要求增强系统的探测能力，而是增加系统的探测机会，使得系统能同时探测到更多的目标，实际上就是改善目标和平台的可见回合状态，这时组网方式比较简单。

在优选的平台高度、相同的轨道面中，先后放置几个平台即可。例如，放 3 个平台，每个平台间隔 60 度。由于，对于目标的相同观测弧段（升段或降段），一个目标与平台 A 可见区域相交，不会与平台 B 的可见区域相交，不同平台不可能同时看到同一个目标，因此一般说来，系统的探测目标数量可以增加，这样我们就达到了组网的目的：增加探测机会，从而，增加系统的编目能力。

（2）探测微小空间目标的平台组网

这种组网并不要求增加望远镜口径，只是，增加平台近距探测目标的机会。距离愈近，探测的目标直径就愈小，但是，对于一个平台，只有与平台高度相近的目标，才有近距探测的机会，因此，为了能得到更多目标的近距探测机会，就要不同高度的平台。于是，这种组网就为：在相同的过降交点的地方时的轨道上，不同高度放置几个平台。由于一个平台只能对高度相差 100km 之内的目标，有机会进行 1000km 之内的近距观测（参见表 8.21），因此，这种组网，起码需要每 200km 放一个平台，平台个数约需 6~7 个。

这种组网平台，由于，各个平台的高度不同，可见区域的位置也不同，也增加了其他目标的观测机会，对全面编目也是有好处的。但是，由于平台的周期不同，可见区域不可能处在最有利的位置，因此，在平台个数相同的情况下，全面编目的能力可能比上面的组网方式略差一些。

参考文献

1. Gene H.McCall. Space surveillance，2000.
2. ANDOR TECHNOLOGY. Scientific digital camera solutions，2006.
3. R.Lambour，et al. SIXTH US/RUSSIAN SPACE SURVEILLANCE WORKSHOP，2005.

第9章　人造卫星轨道的应用

人造卫星的科学用途很多，除了在卫星上安装各种仪器，直接进行科学探测之外，利用卫星的观测资料及实测轨道，也可以得到很多科学成果，例如，卫星测地和反测高层大气密度等。

自从人造卫星上天之后，在卫星导航和卫星测地方面，已取得了许多成果：人们实测了地球引力场模型，并将全世界的测地基准联系在一起。GPS 卫星上天之后，卫星定位几乎涉及人类生活的各个方面。另外，还有一种卫星动力学应用，如 Молния 卫星和冻结轨道的设计，均取得了非常重要的结果，在这里我们不再进行详细讨论。

本章主要介绍的是：卫星编目资料和编目轨道（相对精度较低）的应用，包括，大气模型的测定和碰撞预警，此外，为了 GTO 目标的减缓，介绍一种减缓目标寿命的方法。

9.1　高层大气模型的测定

大气阻力使近地卫星轨道发生显著的变化，反过来说，卫星轨道的变化，也是测定高层大气密度的很好的资料，在卫星编目中，我们可以得到大量卫星的轨道，自然我们就可进行高层大气密度的测定，建立高层大气的模型。

下面，我们介绍利用轨道轨道的实测数据，建立高层大气模型的原理和方法。

9.1.1　高层大气的密度模型

国外近期的大气模型[1-3]，采用如下数学模型：大气密度 ρ 的计算公式为：

$$\rho = 1.6603 \times 10^{-21} \times [4n_{He}(z) + 16n_o(z) + 28n_{N_2}(z) + 32n_{o_2}(z)] \tag{9.1}$$

式中，$n_i(z)$ 为大气各成分的数密度，其表达式为：

$$n_i(z) = A_{i1} \exp[G_i(L) - 1] \times f_i(Z) \tag{9.2}$$

对于 He，O，N_2 三种主要成分（$i=2$，3，4），略去下标 i，$G_i(L)$ 的表达式如下：

$$G(L) = 1$$
$$+ A_2 P_2^0 + A_3 P_4^0$$
$$+ A_4 (F - \bar{F}) + A_5 (F - \bar{F})^2 + A_6 (\bar{F} - 150)$$
$$+ (A_7 + A_8 P_2^0) K_p$$
$$+ \beta \{ (A_9 + A_{10} P_2^0) \cos[\Omega(d - A_{11})] \qquad\qquad (9.3)$$
$$+ (A_{12} + A_{13} P_2^0) \times \cos[2\Omega(d - A_{14})]$$
$$+ (A_{15} P_1^0 + A_{16} P_3^0 + A_{17} P_5^0) \cdot \cos[\Omega(d - A_{18})]$$
$$A_{19} P_1^0 \cdot \cos[2\Omega(d - A_{20})] \}$$
$$\beta(A_{37} \cos\psi + A_{38} \cos 2\psi)$$

其中，P_n^0 为Legendre多项式，$P_n^0(\sin\varphi')$，φ' 为地心纬度；

F 为太阳10.7cm辐射流量，用前一天的值；

$\bar{F}$ 为太阳10.7cm辐射流量平均值，前三个太阳自转周期的平均；

K_p 为三小时地磁指数，取 t 时刻前的三小时地磁指数的平均值，即，K_p 由以下 A_p 换算而得：

$$A_p = (0.5 A_p^{-3} + 0.4 A_p^{-6} + 0.3 A_p^{-9} + 0.2 A_p^{-12} + 0.1 A_p^{-15}) / 1.5$$

$$\beta = \begin{cases} 1 & \text{对 He} \\ 1 + A_4(F - \bar{F}) + A_5(F - \bar{F})^2 + A_6(\bar{F} - 150) & \text{对 } O, N_2, O_2 \end{cases}$$

d 为年初积日；

ψ 为卫星与大气周日峰之间的地心张角；

$$\Omega = \frac{2\pi}{365(day)};$$

$$\omega = \frac{2\pi}{24(Hour)};$$

对于 O_2，$G(L) = 1$

$f_i(Z)$ 的表达式为：

$$f_i(Z) = \left(\frac{T'_{120}}{T(z)} \right)^{1 + \alpha_i + \gamma_i} \times \exp(-\sigma\gamma_i\varsigma) \qquad\qquad (9.4)$$

其中，$T(z) = T_\infty - (T_\infty - T_{120}) \exp(-\sigma\varsigma)$；

$T'_{120} = 15.86 + 2.523 \times 10^{-3} (\bar{F} - 150)$（MSIS90 模式值）；

$T_{120} = 380°$（DTM94模式值）；

$T_\infty = A_{11}G_1(L)$，　$G_1(L)$ 的表达式形同（9.3）式；

$\varsigma = (Z - 120)(R + 120)/(R + Z)$；

z 为地面高度，以km为单位；

$\alpha_i = 0$，　　　　　　　　对　N_2, O, O_2；

$\alpha_i = -0.38$，　　　　　　对　He；

$\gamma_i = (m_i g_{120})/(\sigma k T_\infty)$；

m_i 为分子量；

$g_{120} = 9.80665 / (1 + \dfrac{120}{6356.77})^2$；

k =8.314为气体常数。

大气模型参数为（9.3）式中的 A_{ij}，（9.4）式中的参数认为是常数，不作改进。

9.1.2　反演大气模式参数的数学模型

（1）反演大气模式的基本原理

假使我们已知卫星的轨道根数和半长径 a 的实测变率 $\dot{a}$，$\dot{a}$ 包含了大气和太阳光压摄动引起的变率。由于太阳光压摄动引起的 $\dot{a}_L$（光压变率）可以用轨道根数、卫星面值比和太阳位置严格计算，$\dot{a}$ 减去 $\dot{a}_L$，就是由大气阻力引起的 $\dot{a}_o$，设由模型计算的 a 的变率为 $\dot{a}_c$，则大气模式参数反演的条件方程为：

$$\dot{a}_o - \dot{a}_c = \sum \frac{\partial \dot{a}_c}{\partial \varepsilon_i} \Delta \varepsilon_i \qquad (9.5)$$

其中，ε_i 为大气模式参数和卫星面质比。条件方程的权为：

$$W = \frac{1}{\dot{a}_c^2 \sigma_k^2}$$

必须说明，由于不同卫星的 $\dot{a}$ 量级差别很大，只有加权后，才能放在一起建模。

每一个实测的阻力资料 $\dot{a}$，以及对应的轨道根数，均可得到一个反演大气模型参数的条件方程（9.5）式，法化后解之，就可得到模型参数和卫星的面质比的改正量，从某一模型参数的初值开始，经迭代就可逐步精化大气模型参数。这就是利用卫星阻力资料反演大气模型的基本原理。下面给出（9.5）式中 $\dot{a}_c$ 和偏导数的计算方法。

（2）半长径变率 $\dot{a}_c$ 以及对模式参数的偏导数的计算

$$\dot{a}_c = \frac{1}{2\pi} \int_0^{2\pi} \frac{2}{n\sqrt{1-e^2}} \left(Se\sin f + \frac{p}{r}T \right) \mathrm{d}M \tag{9.6}$$

$$\frac{\partial \dot{a}_c}{\partial \varepsilon_i} = \frac{1}{2\pi} \int_0^{2\pi} \frac{2}{n\sqrt{1-e^2}} (Se\sin f + \frac{P}{r}T) \frac{1}{\rho} \frac{\partial \rho}{\partial \varepsilon_i} \mathrm{d}M \tag{9.7}$$

$$\frac{\partial \dot{a}_c}{\partial \left(\dfrac{A}{M}\right)_k} = \frac{\dot{a}_c}{\left(\dfrac{A}{M}\right)_k} \tag{9.8}$$

其中，n 为卫星平运动；

e 为偏心率；

f 为真近点角；

p 为半通径 $\quad p = a(1-e^2)$；

S 和 T 分别为大气阻力加速度在径向和垂向的投影，它们的表达式为：

$$S = -\frac{1}{2}\rho \frac{A}{m} C_D V V_S$$

$$T = -\frac{1}{2}\rho \frac{A}{m} C_D V V_T$$

式中，ρ 为大气密度，可用选定的大气模式计算；

$\dfrac{A}{m}$ 为卫星的面质比；

C_D 为大气阻尼系数，取为2.2；

V 为卫星对大气的相对速度，V_S 和 V_T 为 V 在径向和垂向的投影，它们可由下式计算；

$$V_S = \sqrt{\frac{\mu}{P}} e\sin f, \quad V_T = \frac{\sqrt{\mu P}}{r} - \omega_{AIR}\cos i \tag{9.9}$$

$$V_W = \omega_{AIR} r\sin i\cos u, \quad v = \sqrt{V_S^2 + V_T^2 + V_W^2}$$

其中，i 为轨道倾角；u 为纬度角；μ 为地球引力常数；

ω_{AIR} 为大气旋转速度，取值为 $1.2\omega_{\oplus}$；$\omega_{\oplus}$ 为地球自转速度，其余符号同前。

（3）对模式参数的偏导数的计算

1）ρ 对大气成分中参数的偏导数（$i=2,3,4$）：

对大气成分中参数的偏导数：

$$\frac{\partial \rho}{\partial A_{ij}} = 1.6602 \times 10^{-21} m_i \frac{\partial n_i}{\partial A_{ij}} \tag{9.10}$$

$$\frac{\partial n_i}{\partial A_{ij}} = \begin{cases} \dfrac{n_i}{A_{ij}} & j=1 \\[2ex] n_i \dfrac{\partial G_i(L)}{\partial A_{ij}} & j=2,3,\cdots \end{cases} \tag{9.11}$$

对外层温度中参数的偏导数：

$$\frac{\partial \rho}{\partial A_{1j}} = \begin{cases} \dfrac{\partial \rho}{\partial T_{\infty}} \times \dfrac{G_1(L)}{A_{11}} & j=1 \\[2ex] \dfrac{\partial \rho}{\partial T_{\infty}} \times A_{11} \times \dfrac{\partial G_1(L)}{\partial A_{1j}} & j=2,3,\cdots \end{cases} \tag{9.12}$$

2）ρ 对外层温度的偏导数的计算

$$\frac{\partial \rho}{\partial T_{\infty}} = 1.6603 \times 10^{-21} \sum_{i=2}^{6} m_i n_i(z) \times \{ \frac{\sigma \gamma_i T_{120}}{T_{\infty} T_{120}'} \ln(\frac{T_{120}}{T(z)})$$
$$-(1+\alpha_i+\gamma_i)(\frac{1-(1+\sigma\varsigma)\exp(-\sigma\varsigma)}{T(z)}) + \frac{\sigma\gamma_i\varsigma}{T_{\infty}} \} \tag{9.13}$$

$\dfrac{\partial G_i(L)}{\partial A_{ij}}$ 的计算：

用 GA_j 表示 $\dfrac{\partial G_i(L)}{\partial A_{ij}}$，并设：

$$X = (A_9 + A_{10} P_2^0) \cos[\Omega(d - A_{11})] + (A_{12} + A_{13} P_2^0) \cos[2\Omega(d - A_{14})]$$
$$+ (A_{15} P_1^0 + A_{16} P_3^0 + A_{17} P_5^0) \cos[\Omega(d - A_{18})] + A_{19} P_1^0 \cos[2\Omega(d - A_{20})]$$

$$Y = A_{37} \cos\psi + A_{38} \cos 2\psi$$

略去下标 i，有：

$$G(L) = 1 + A_2 P_2^0 + A_3 P_4^0 + A_4(F - \bar{F}) + A_5(F - \bar{F})^2$$
$$+ A_6(\bar{F} - 150) + (A_7 + A_8 P_2^0) K_P + \beta X + \beta Y$$

则

$$GA_2 = P_2^0$$

$$GA_3 = P_4^0$$

$$\left.\begin{array}{l} GA_4 = (F - \bar{F}) \\ GA_5 = (F - \bar{F})^2 \\ GA_6 = (\bar{F} - 150) \end{array}\right\} \quad 对 \ He$$

$$\left.\begin{array}{l} GA_4 = (F - \bar{F})(1 + X + Y) \\ GA_5 = (F - \bar{F})^2(1 + X + Y) \\ GA_6 = (\bar{F} - 150)(1 + X + Y) \end{array}\right\} \quad 对 \ O, N_2, T_\infty$$

$$GA_7 = Kp$$

$$GA_8 = P_2^0 Kp$$

$$GA_9 = \beta \cos[\Omega(d - A_{11})]$$

$$GA_{10} = \beta P_2^0 \cos[\Omega(d - A_{11})] \qquad (9.14)$$

$$GA_{11} = \beta(A_9 + A_{10} P_2^0)\sin[\Omega(d - A_{11})]\Omega$$

$$GA_{12} = \beta \cos[2\Omega(d - A_{14})]$$

$$GA_{13} = \beta P_2^0 \cos[2\Omega(d - A_{14})]$$

$$GA_{14} = \beta(A_{12} + A_{13} P_2^0)\sin[2\Omega(d - A_{14})] \cdot 2\Omega$$

$$GA_{15} = \beta P_1^0 \cos[\Omega(d - A_{18})]$$

$$GA_{16} = \beta P_3^0 \cos[\Omega(d - A_{18})]$$

$$GA_{17} = \beta P_5^0 \cos[\Omega(d - A_{18})]$$

$$GA_{18} = \beta\{(A_{15} P_1^0 + A_{16} P_3^0 + A_{17} P_5^0)\sin[\Omega(d - A_{18})]\Omega$$

$$GA_{19} = \beta P_1^0 \cos[2\Omega(d - A_{20})]$$

$$GA_{20} = \beta A_{19} P_1^0 \sin[2\Omega(d - A_{20})]2\Omega$$

$$GA_{37} = \beta \cos\psi$$

$$GA_{38} = \beta \cos 2\psi$$

9.1.3 建模实例

作为建模实例，下面介绍 PMO-2000 大气密度模型的建模情况：

（1）反演大气模式参数所用的资料

PMO-2000 大气密度模型的建模，使用了 40 个卫星的 14 万个卫星阻力资料，这些卫星的基本情况如表 9.1。

表 9.1　建模中使用的卫星轨道的基本情况

	卫星	面质比	资料数	倾角	近地点	起始日期	结束日期
1	22859	.0317	1048	56.9	144-203	931008	960301
2	22583	.0837	10553	36.2	139-345	930331	000801
3	00963	.1373	5418	19.9	189-405	710831	981231
4	02167	.1829	8180	82.3	304-363	660507	981231
5	04966	.0278	8908	51.4	159-229	710301	951126
6	06073	.0162	11014	52.1	202-233	720704	000731
7	08368	.1352	22179	23.3	162-293	751016	990921
8	09394	.0346	642	69.1	139-197	760830	781124
9	09395	.0567	319	69.1	158-191	760831	780126
10	12069	.1164	11308	26.1	161-281	810410	000801
11	12843	.0685	567	59.4	184-243	810920	820930
12	12845	.0721	432	59.4	177-239	810921	820807
13	12846	.0439	145	59.4	230-245	810920	811131
14	12908	.0998	6189	26.3	207-274	871122	981231
15	13786	.1410	4152	28.4	182-241	890923	960518
16	13985	.0846	6836	25.3	274-309	830412	000731
17	14168	.1267	9400	23.1	147-248	910101	000801
18	14329	.0872	6608	25.5	157-298	830909	990415
19	16600	.1422	2250	28.0	172-224	970102	000731
20	19771	.1033	2782	46.4	127-194	950412	990215
21	19824	.1618	4876	75.0	255-282	890222	000801
22	19997	.4800	1750	60.8	376-400	860720	000731
23	20957	.1389	1421	46.3	129-186	960129	980926
24	21892	.1050	5407	34.4	127-219	920224	980813
25	22196	.0792	3067	41.2	286-300	921023	000731
26	22876	.0764	3011	82.9	133-292	931026	000302
27	24294	.0836	1102	62.7	161-266	960829	980725
28	24762	.0786	76	62.8	214-222	970409	970512
29	20789	26.071	117	99.1	319-881	900903	910310
30	20790	13.261	232	99.0	229-882	900903	910723

在这次建模中，如下 5 组目标当做同一卫星来处理，这些卫星代号及其近地点高度如表 9.2。

表 9.2　建模中作同一目标处理的情况

DELTA 1 R/B （1）		NAVSTAR R/B		DELTA 1 R/B （2）	
22583	310-310	21892	123-217	08368	156-293
22922	312-318	21932	121-212	09702	193-274
23785	124-182			10794	153-278
23878	338-343	GALAXY R/B		ATLAS CENTAUR R/B	
24649	123-210	14168	115-268	12069	157-281
24668	132-188	14236	165-253	22564	206-228

这几组卫星，在表 9.1 中我们只列出了每组一个卫星，因此，在这次反演大气模式计算中，我们实际共使用了 40 个卫星的数据。

（2）改进参数的选择

在 PMO2000 模式建模时，以 DTM 模式为基础，改进的参数选择如下：

表 9.3　建模时改进的模型参数

		1	2	3	4	5	6	7	8	9	0	1	2	3	4	5	6	7	8	9	0
T_∞	1-20	*	1	1	1	*	*	1	1	1	0	1	0	0	0	0	0	0	0	0	0
	21-40	0	0	0	0	0	0	0	0	0	0	0	0	0	0	0	1	1	0	0	0
He	1-20	*	0	0	*	*	*	*	*	0	0	0	0	0	0	0	0	0	0	0	0
	21-40	0	0	0	0	0	0	0	0	0	0	0	0	0	0	0	0	0	0	0	0
O	1-20	1	1	0	1	*	1	1	*	1	0	1	1	0	1	0	0	0	0	0	0
	21-40	0	0	0	0	0	0	0	0	0	0	0	0	0	0	0	1	1	0	0	0
N_2	1-20	1	1	0	1	*	1	*	*	1	0	*	1	0	1	0	0	0	0	0	0
	21-40	0	0	0	0	0	0	0	0	0	0	0	0	0	0	0	0	0	0	0	0

其中，1 表示改进参数，*为采用其他模式数据的参数，0 为不改数值为 0 的参数。这样，我们一共改进了 29 个参数，采用了 15 个其他模式的参数，模式参数共计 44 个。同时，改进了一批卫星的面质比。

要说明的是，在模式参数和卫星面质比的测定中，我们不能测定所有卫星的面质比，必须已知一些卫星的面质比，即需要有一些面质比已知的

"定标星"：最好是形状比较规则卫星，而且，希望"定标星"有一些高度的分布，在 200km，400km，600km 均有一个定标星。这是为了更好地将各种大气成分分开，得到更好的结果。当然，如果我们有较多的面质比相同（例如同一型号的火箭，参见表 9.2），如果资料足够多，也同样可以起到"定标星"的作用，尽管它们的面值比是未知的。

（3）PMO-2000 模式建模结果

利用 40 个卫星的 139879 个资料，加权、改进参数，计算迭代了 7 次，我们建立了一个高层大气模式（PMO-2000 模式），该模式共有 44 个模式参数，其中测定参数 29 个，并同时测定了 30 个卫星的面质比，模式参数和卫星面质比的测定结果如表 9.4 和表 9.5。

表 9.4　模式参数(1-20，37，38)

T_∞	.1037000E+04	-.2839888E-01	.7078198E-02	.1883055E-02	-.7990394E-05
	.3367174E-02	.4387876E-02	.2413292E-01	-.3021129E-01	.0000000E+00
	-.1828657E+03	.4905625E-01	.0000000E+00	-.8133553E+02	.0000000E+00
	.2075744E+00	.1548444E-01			
He	.2791000E+08	.0000000E+00	.0000000E+00	-.2077000E-04	.4835000E-05
	.2112531E-02	.2212000E-03	-.1617000E+00	.0000000E+00	.0000000E+00
	.0000000E+00	.0000000E+00	.0000000E+00	.0000000E+00	.0000000E+00
	.0000000E+00	.0000000E+00	.0000000E+00	.0000000E+00	.0000000E+00
	.0000000E+00	.0000000E+00			
O	.8261097E+11	.1092255E+00	.0000000E+00	-.2691094E-03	-.2843674E-05
	.3920059E-02	.2653721E-01	-.9822161E-01	.2352018E-01	.0000000E+00
	.4195251E+01	.5412202E+00	.0000000E+00	.1407973E+03	.0000000E+00
	.0000000E+00	.0000000E+00	.0000000E+00	.0000000E+00	.0000000E+00
	.4016158E-02	.1548444E-01			
N_2	.2972220E+12	-.2017901E-01	.0000000E+00	.3116375E-02	-.1794743E-04
	.1418967E-02	-.1159539E-01	.5516162E-01	-.5123129E-01	.0000000E+00
	.1959000E+03	.1533912E+00	.0000000E+00	.9585979E+02	.0000000E+00
	.0000000E+00	.0000000E+00	.0000000E+00	.0000000E+00	.0000000E+00
	.0000000E+00	.0000000E+00			

表 9.5　实测面质比

目标	面质比	目标	面质比	目标	面质比	目标	面质比
22859	0.0316	22583	0.0836	14168	0.1263	14329	0.0868
00963	0.1369	02167	0.1822	16600	0.1417	19771	0.1031
04966	0.0277	06073	0.0162	19824	0.1610	19997	0.4828
08368	0.1346	09394	0.0345	20957	0.1389	21892	0.1048
09395	0.0565	12069	0.1159	22196	0.0789	22876	0.0762
12843	0.0682	12845	0.0718	24294	0.0832	24762	0.0806
12846	0.0439	12908	0.0994	20789	27.2944	20790	14.0681
13786	0.1404	13985	0.0842				

　　下面将 PMO-2000 模式和其它模式[1-4]的主要参数进行比较，各大气模式的主要参数（外层温度、氧原子和氮分子的 A_1, A_6）如表 9.6。

表 9.6　大气模式的主要参数的比较表

		CIRA-1972	DTM1994	MSIS-1990	PMO-2000
外层温度	1	994.750	1000.000	1037.000	1037.000
	6	3.257E-03	3.3670E-03	3.117E-03	3.3670E-03
O	1	1.446E+11	8.4240E+11	8.002E+10	8.2610E+10
	6	0	5.3580E-03	2.744E-03	3.9200E-03
N$_2$	1	3.882E+11	3.2040E+11	3.004E+11	2.9722E+11
	6	0	3.4240E-03	3.771E-04	1.4192E-03

　　从表 9.6 可见：PMO-2000 大气模式的主要参数，与 DTM1994 和 MSIS1990 比较接近，而且我们测定的后 4 个参数的数值，处于 DTM1994 和 MSIS-1990 模式数值之间。这说明，利用卫星轨道，我们不仅可以测定大气总密度，也可测定大气的分密度，这是一个非常重要的结论。

　　下面给出三个卫星的长期（200~300 天）预报误差（$a_o - a_c$）比较图，不难看出，PMO-2000 大气模式的预报精度比较好，这些结果均说明，利用卫星阻力资料建模结果是可靠的。当然，由于建模时使用的卫星近地点高度较低，没有实测 He 的参数，有待近地点较高卫星的高精度的实测资料（图 9.1）。

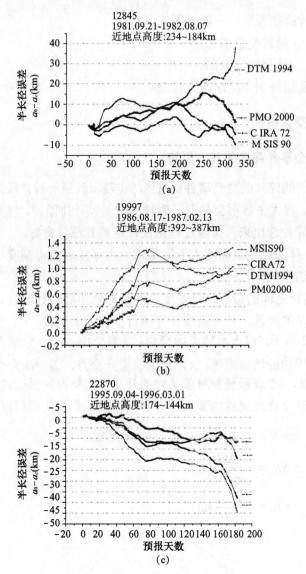

图 9.1　三个卫星的预报结果比较图

9.2　空间碎片的碰撞预警

1996 年 7 月 24 日，法国的 CERISE 卫星被"阿里安娜"火箭的一块碎片击中了重力梯度杆，严重影响了姿控系统[5]。这一事件引起了有关国家的极大关注，空间碎片碰撞预警，随后成为世界各国研究的热点之一。

空间碎片碰撞预警，一般分两步进行：

- 筛选交会事件；
- 计算碰撞概率。

下面，我们分别介绍这两个步骤：

9.2.1 筛选交会事件

（1）交会事件筛选的基本思路

卫星与空间碎片的交会事件筛选[6]，实践上就是一种排除过程，即通过几步判断，将大多数不会与卫星碰撞的空间碎片排除掉，将可能与卫星碰撞的空间碎片选出来。排除过程愈快，这种算法就愈好。

第一步：排除近地点高度大于卫星远地点（或远地点高度小于卫星近地点）高度的空间碎片；

由于两目标之间的碰撞，总发生在两目标轨道面交线附近。因此，第二步，第三步的筛选，首先需要计算两目标轨道面交线：

如图 9.2 所示，C 表示轨道面交点，θ 为交角，i_0, i_1 分别为预警对象目标和空间碎片的轨道倾角，A，B 为轨道升交点，弧 AB 为两者的升交点赤径差 $\Delta\Omega$，AC 表示预警对象从它的升交点到交点的弧长 u_0，BC 表示碎片从它的升交点到交点的弧长 u_1。利用球面三角的知识可得：

$$\cos\theta = \cos i_1 \cos i_0 + \sin i_1 \sin i_0 \cos\Delta\Omega$$

$$\sin u_1 = \frac{\sin\Delta\Omega}{\sin\theta}\sin i_1 \tag{9.15}$$

$$\sin u_0 = \frac{\sin\Delta\Omega}{\sin\theta}\sin i_0$$

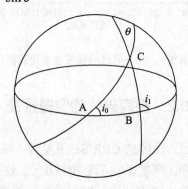

图 9.2 卫星和碎片轨道面投影天球图

利用以上的公式即可计算 u_0, u_1，利用轨道根数就可得到在交点处的地心距 r_0, r_1，以及过交点的时间 t_0, t_1。

给出了 u_0, u_1，就可确定两目标轨道面的交线。从而可以计算预警对象目标和空间碎片的地心距。

第二步：交点地心距筛选，排除 $r_0 - r_1 > \Delta d$ 的空间碎片；

第三步：过交线时间筛选，排除 $|t_0 - t_1| > \Delta t$ 的空间碎片。

这里，$\Delta d, \Delta t$ 为判别门限，取决于轨道的精度和筛选要求，一般

$$\Delta d = 1 \text{km}, \quad \Delta t = N^2 \text{ 秒} \tag{9.16}$$

其中，N 为根数历元到过交点时刻的时间差（天）。

要说明的是：

- u_0, u_1 有两个，对应于两个交点，需要分别计算；
- 在计算 r_0, r_1 和 t_0, t_1 时，必须考虑 J_2 的短周期摄动，需要迭代计算；
- 对同一个交会事件，可能得到多个筛选结果，因为，相邻几圈的交会可能均满足筛选条件；
- 当 $\theta = 0$ 时，两目标共面，只需计算历元时刻的 u_0, u_1 和对应的 $r_0 - r_1$，即可进行筛选。

通过以上筛选，我们不仅得到了可能碰撞的目标，还得到了交会事件发生的时间 T。为了进一步计算碰撞概率，还需计算 T 时刻的：$\vec{r}_1, \dot{\vec{r}}_1, C_1, \vec{r}_2, \dot{\vec{r}}_2, C_2$，其中，$\vec{r}_1, \dot{\vec{r}}_1, C_1, \vec{r}_2, \dot{\vec{r}}_2, C_2$ 分别表示两目标的位置向量，速度向量和位置向量的协差阵。

（2）交会事件筛选的效率

为了说明交会事件筛选的效率，我们计算了 25 个卫星与 5830 个空间碎片碰撞预警的情况，结果如表 9.7。其中，第一次筛选是指利用近地点、远地点高度的筛选；第二次筛选是指轨道面交点地心距的筛选。预警数是指满足轨道面交点地心距为 1km，经过轨道面交点时间差小于 1 秒的空间碎片数；计算时间为预警所用的 PⅢ计算机时间。

从表 9.7 可见：经过第二步筛选，剩余空间碎片的数量已不到空间碎片总数的 1%，单个卫星的筛选计算时间不超过 3 秒钟，说明方法是有效的。

表 9.7 交会事件筛选的情况

检测目标	近地点	远地点	第一次筛选后	第二次筛选后	预警数	计算时间（秒）
27057	1412.4	1416.5	816	20	0	0.39
02807	1055.5	1088.3	1066	7	1	0.56
26817	1002.5	1065.9	1456	8	1	0.77
04659	970.6	989.6	1592	18	1	0.91
04515	943.0	1207.0	2196	13	1	1.13
26531	939.1	992.3	1836	21	0	1.0
00158	926.2	1889.6	3372	12	1	1.66
03081	905.3	927.5	1378	8	0	0.78
04996	890.2	1027.3	2234	36	1	1.21
00516	864.8	997.8	2296	19	1	1.28
03158	864.7	938.0	1728	12	0	1.0
26073	842.5	1131.1	2812	22	1	1.53
04642	808.4	846.9	1518	14	1	0.88
02909	764.8	773.3	1171	23	1	0.72
04449	749.2	845.1	2125	17	0	1.27
26061	741.5	792.8	1501	25	1	0.86
05350	730.4	792.9	1551	11	0	0.96
15783	709.0	818.4	1909	21	1	1.11
14410	683.4	1557.5	5049	13	1	2.70
26549	603.1	679.2	1032	14	1	0.65
26547	599.7	679.6	1054	12	0	0.65
26702	599.4	606.0	664	7	1	0.42
26913	574.4	672.5	1110	13	1	0.68
26103	557.5	590.9	740	10	0	0.45
03587	496.9	783.1	2265	16	2	1.42
00840	486.0	614.1	1038	10	1	0.67
06251	485.5	610.1	978	11	0	0.60
00229	483.0	515.5	366	3	0	0.23
03553	482.0	961.6	4089	30	0	2.34

（3）交会事件筛选的有效期

为了说明交会事件筛选的有效期和精度，我们利用不同时间的双行根数和 NORAD SGP8 计算模型，计算了法国 CERISE 卫星（代号 23606）和空间碎片（代号 18208）碰撞的情况，结果如表 9.8 和表 9.9：

根据国外报道，法国 CERISE 卫星（代号 23606）和空间碎片（代号 18208）碰撞发生在 7 月 24 日 8 时 9 分 50 秒附近。由表 9.8 可见：利用双行根数和 NORAD SGP8 计算模型的误差约为：

轨道面交线处的地心距： 530m

碰撞时刻： 0.02s

这种误差的量级与双行根数和 NORAD SGP8 计算模型的误差大致相同。

表 9.8 利用 7 月 22 日的根数

两轨道相交时刻	交点处两者地心距（m）	过交线时间差（s）
07-24 01:37:02.28	598.082	0.9930
07-24 03:15:14.35	580.857	0.7391
07-24 04:53:26.43	563.686	0.4862
07-24 06:31:38.50	546.569	0.2334
07-24 08:09:50.57	529.506	0.0188
07-24 09:48:02.64	512.463	0.2702
07-24 11:26:14.56	495.544	0.5213
07-24 13:04:26.64	478.645	0.7891

表 9.9 利用 7 月 19 日的根数

两轨道相交时刻	交点处两者地心距（m）	过交线时间差（s）
07-23 23:58:50.46	407.198	0.9053
07-24 01:37:02.55	390.030	0.6310
07-24 03:15:14.64	372.917	0.3573
07-24 04:53:26.72	355.862	0.0841
07-24 06:31:38.81	338.864	0.1880
07-24 08:09:50.90	321.923	0.4599

从表 9.9 可见，利用 7 月 19 日的根数，仍能筛选出这一交会事件，但精度明显降低（过交线时间差已达 0.46s）；利用 7 月 18 日的根数，就不能给出 7 月 24 日 8 时 9 分 50 秒附近的交会预警了。这说明：对于双行根数和 NORAD SGP8 计算模型，预警的有效期大致为 5 天。

9.2.2 碰撞概率的计算方法

交会事件的筛选，已经是一种碰撞预警的方法，但从表 9.7 可见，筛选得到的预警次数过多（25 个卫星一天有 19 次预警），因此，需要进一步计算碰撞概率，以减少预警次数。

碰撞概率的计算方法很多，但通常有一些统计假设：

● 位置的误差满足 Gauss 分布；
● 在交会时，相对运动是直线，速度为常数；
● 速度的误差可以忽略；
● 两个目标的位置误差不相关；
● 位置的误差，以及协差阵在交会时段中是常数。

（1）碰撞概率计算的基本原理

假定我们已知了交会时刻 T 时刻的两目标在地心惯性坐标系中的位置向量，速度向量和协差阵：

$$\vec{r}_1, \dot{\vec{r}}_1, C_1, \vec{r}_2, \dot{\vec{r}}_2, C_2$$

以及，假定两目标的等效球的半径 R_1, R_2，并定义 $r = R_1 + R_2$。则，碰撞概率计算的基本原理[7, 8]为：

计算交会时刻的相对位置 $\vec{r}_{rel}$ 和相对速度 $\dot{\vec{r}}_{rel}$：

$$\vec{r}_{rel} = \vec{r}_2 - \vec{r}_1, \quad \dot{\vec{r}}_{rel} = \dot{\vec{r}}_2 - \dot{\vec{r}}_1, \tag{9.17}$$

则 $\vec{r}_{rel}$ 的协差阵为： $\quad C = C_1 + C_2 \tag{9.18}$

建立交会坐标系：坐标系原点选择为第一个目标，Y 轴的单位向量为

$$\vec{j} = \frac{\dot{\vec{r}}_{rel}}{\left|\dot{\vec{r}}_{rel}\right|}，\quad X, Z 可以是垂直于 Y 轴平面中的任意方向。$$

如果，交会坐标系到惯性坐标系的转移矩阵为 M_R^{ECI}，则根据

$$\begin{pmatrix} v_x \\ v_y \\ v_z \end{pmatrix} = M_R^{ECI} \begin{pmatrix} 0 \\ V \\ 0 \end{pmatrix} \tag{9.19}$$

就可求出 M_R^{ECI}：

$$M_R^{ECI} = \begin{pmatrix} 0 & \dfrac{v_x}{\sqrt{v_x^2 + v_y^2 + v_z^2}} & \dfrac{v_y^2 + v_z^2}{\sqrt{v_x^2 + v_y^2 + v_z^2}\sqrt{v_y^2 + v_z^2}} \\[3mm] \dfrac{v_z}{\sqrt{v_y^2 + v_z^2}} & \dfrac{v_y}{\sqrt{v_x^2 + v_y^2 + v_z^2}} & \dfrac{-v_x v_y}{\sqrt{v_x^2 + v_y^2 + v_z^2}\sqrt{v_y^2 + v_z^2}} \\[3mm] \dfrac{-v_y}{\sqrt{v_y^2 + v_z^2}} & \dfrac{v_z}{\sqrt{v_x^2 + v_y^2 + v_z^2}} & \dfrac{-v_x v_z}{\sqrt{v_x^2 + v_y^2 + v_z^2}\sqrt{v_y^2 + v_z^2}} \end{pmatrix} \tag{9.20}$$

于是，第二目标在交会坐标系中的坐标为：

$$\vec{r}_{R0} = (M_R^{ECI})^\tau (\vec{r}_2 - \vec{r}_1) = \begin{pmatrix} x_{R0} \\ y_{R0} \\ z_{R0} \end{pmatrix} \tag{9.21}$$

由于相对运动完全在 Y 方向，因此，坐标 y 已不重要，引进消去矩阵 N，定义：

$$\bar{\mu} = N\bar{r}_{R0} = \begin{pmatrix} 1 & 0 & 0 \\ 0 & 0 & 1 \end{pmatrix} \begin{pmatrix} x_{R0} \\ y_{R0} \\ z_{R0} \end{pmatrix} \tag{9.22}$$

由于，$\bar{r}_1$ 和 $\bar{r}_2$ 是独立的，因此，$\bar{\mu}$ 的协差阵为：

$$\Gamma = N(M_R^{ECI})^{\tau}(C_1 + C_2)(M_R^{ECI})N^{\tau} \tag{9.23}$$

于是，碰撞概率就可按下式计算：

$$P_C = \frac{1}{2\pi\sqrt{|\Gamma|}} \int_{\frac{1}{2}r}^{\frac{1}{2}r} \int_{-\sqrt{(\frac{r}{2})^2 - z^2}}^{\sqrt{(\frac{r}{2})^2 - z^2}} e^{-\{(x-\mu_x, z-\mu_z)\Gamma^{-1}\begin{pmatrix} x-\mu_x \\ z-\mu_z \end{pmatrix}\}} \mathrm{d}x\mathrm{d}z \tag{9.24}$$

如果，认为 $\bar{\mu}$ 的两个方向独立，则：

$$P_C = \frac{1}{2\pi\sigma_x\sigma_z} \int_{\frac{1}{2}r}^{\frac{1}{2}r} \int_{-\sqrt{(\frac{r}{2})^2 - z^2}}^{\sqrt{(\frac{r}{2})^2 - z^2}} e^{-\{\frac{(x-\mu_x)^2}{\sigma_x^2} + \frac{(z-\mu_z)^2}{\sigma_z^2}\}} \mathrm{d}x\mathrm{d}z \tag{9.25}$$

以上即为碰撞概率计算的基本原理。

（2）一种计算碰撞概率的简便方法

根据上节的分析，碰撞概率的计算，需要计算一个二重积分[7]，积分有许多方法，下面介绍一种简便积分方法的原理[8]：

定义

$$Q = (x - \mu_x, z - \mu_z)\Gamma^{-1}\begin{pmatrix} x - \mu_x \\ z - \mu_z \end{pmatrix}$$
$$= (x - \mu_x, z - \mu_z)\begin{pmatrix} a & b \\ c & d \end{pmatrix}\begin{pmatrix} x - \mu_x \\ z - \mu_z \end{pmatrix} \tag{9.26}$$

$$Q = a(x^2 - 2x\mu_x + \mu_x^2) + (b + c)(xz - x\mu_x - z\mu_z + \mu_x\mu_z) + d(z^2 - 2z\mu_z + \mu_z^2) \tag{9.27}$$

令　$x = r\cos\theta$，$y = r\sin\theta$，$\psi = b + c$，并定义

$$\Theta_1 = (2a\mu_x + \psi\mu_z)\cos\theta + (\psi\mu_x + 2d\mu_z)\sin\theta$$
$$\Theta_2 = (a\cos^2\theta + \psi\sin\theta\cos\theta + d\sin^2\theta) \tag{9.28}$$
$$q_0 = a\mu_x^2 + \psi\mu_x\mu_z + d\mu_z^2$$

注意，对于给定的协差阵，Θ_1, Θ_2 只是 θ 的函数，因此，碰撞概率就可表为：

$$P_C = \frac{1}{2\pi\sqrt{|\Gamma|}} \int_{Area} e^{-\frac{1}{2}Q} \mathrm{d}A = \frac{e^{-\frac{1}{2}q_0}}{2\pi\sqrt{|\Gamma|}} \int_{Area} e^{-\frac{1}{2}(r^2\Theta_2 - r\Theta_1)} \mathrm{d}A \tag{9.29}$$

R.G.Gottlieb 等人将此面积分，表达成 16 块面积和该面积中心被积函数乘积的和。该 16 块面的分法为：$\theta = 0, 45, 90, 135, 180, 225, 270, 315$ 八个方向，$\rho = \dfrac{1}{4}r, \dfrac{3}{4}r$ 两份，内环面积为 $\dfrac{\pi r^2}{32}$，外环面积为 $3\dfrac{\pi r^2}{32}$，于是，碰撞概率就为：

$$P_C = \frac{e^{-\frac{1}{2}q_0}}{2\pi\sqrt{\Gamma}}\frac{\pi r^2}{32}[\sum_{\theta=1}^{8} e^{-\frac{1}{2}(\frac{r^2}{16}\Theta_2 - \frac{r}{4}\Theta_1)} + 3\sum_{\theta=1}^{8} e^{-\frac{1}{2}(\frac{9r^2}{16}\Theta_2 - \frac{3r}{4}\Theta_1)}] \qquad (9.30)$$

由于 $\sin\theta_i, \cos\theta_i$ 是已知值，因此，碰撞概率中的指数可以事先计算好，只要计算一次即可，因此，使用上式计算碰撞概率是方便的。

当然，如果希望提高计算精度，可以分更多块，计算仍是方便的。

9.2.3 空间碎片碰撞预警

空间碎片碰撞预警分在轨卫星的预警，以及发射窗口的选择两种应用。

（1）在轨卫星的预警

在轨卫星的预警方法，就是定时筛选卫星与所有空间碎片的交会事件，这时使用 ±5km，±25km，±5km 作为门限，发现有交会时，将门限变小，使用 ±2km，±5km，±2km 作为门限，继续监控，如果这次交会事件仍满足门限，这时再计算碰撞概率，当碰撞概率 $\geq 10^{-4}$ 时发出预警。

发出预警，并不等于进行机动。这时，需要进行高精度观测，提高轨道和协差阵的测定精度，只有在精度提高后，实在必要时，才进行轨道面内机动。在实施机动前，还要对机动后的轨道进行安全检查。

（2）发射窗口的选择

在预定的发射窗口内，每 1 秒模拟发射一次，进行交会事件筛选，以及计算碰撞概率，发现有危险交会时，即不在此时刻发射，选择安全时段发射。

要说明的是：与空间碎片碰撞的概率是很小的，发布碰撞预警需要慎重。

9.3 GTO 末级的减缓

9.3.1 GTO 末级在轨寿命

与近地空间目标不同，GTO（地球同步卫星的转移轨道目标）的寿命，不仅取决于大气阻力，在很多时候，还取决于日月摄动。

日月摄动的特点是，它将使航天器的近地点发生长周期变化，而且，长周期的振幅与偏心率成正比。由于 GTO 的偏心率较大（0.75 左右），因此，日月长周期项的振幅很大，有些 GTO 轨道，振幅甚至达到 1000km，这样，GTO 的轨道寿命，主要将取决于日月引起的 GTO 近地点高度的摄动。也就是说，GTO 轨道的陨落，不一定是使长半径变小后陨落，而是，近地点变小后直接使 GTO 撞击地面而陨落。

我们可以利用 GTO 寿命的这一特点，设计一种直接撞击地面的 GTO 轨道，达到减缓 GTO 末级寿命的目标。下面我们推导日月摄动引起的近地点变化的长周期的表达式。

（1）日月摄动引起的偏心率的变化

日月摄动函数和平均摄动函数 $\bar{R}$，请参见 4.3.2 节。将 $\bar{R}$ 代入摄动运动方程，即有：

$$\frac{\mathrm{d}a^*}{\mathrm{d}t} = 0$$

$$\frac{\mathrm{d}e^*}{\mathrm{d}t} = \frac{15\sqrt{1-e^2}}{4n}n'^2\beta e[(A^2 - B^2)\sin 2\omega - 2AB\cos 2\omega] \tag{9.31}$$

为了得到日月引起的长周期项，还需给出 A，B 的表达式，代入上式积分。经推导有：

$$A = \cos u' \cos(\Omega - \Omega') + \cos i' \sin u' \sin(\Omega - \Omega')$$
$$B = -\cos i \cos u' \sin(\Omega - \Omega') + \cos i \cos i' \sin u' \cos(\Omega - \Omega')$$
$$\quad + \sin u' \sin i \sin i'$$

利用 4.3.2 节的表达式，不难推导：

$$\frac{\mathrm{d}e^*}{\mathrm{d}t} = \frac{15\sqrt{1-e^2}}{4n}n'^2\beta e[(A^2 - B^2)\sin 2\omega - 2AB\cos 2\omega]$$

$$= \frac{15\sqrt{1-e^2}}{4n}n'^2\beta e \times \{\frac{1}{4}\sin^2 i(2 - 3\sin^2 i')\sin 2\omega$$

$$+ \frac{3}{8}\sin^2 i' \sin^2 i \sin(2u' + 2\omega)$$

$$- \frac{3}{8}\sin^2 i \sin^2 i' \sin(2u' - 2\omega)$$

$$-\frac{3}{8}\sin^2 i \sin^2 i' \sin(2u' - 2\omega)$$

$$+\frac{1}{8}\sin^2 i'(1+\cos i)^2 \sin 2(\Omega - \Omega' + \omega)$$

$$-\frac{1}{8}\sin^2 i'(1-\cos i)^2 \sin 2(\Omega - \Omega' - \omega)$$

$$+\frac{1}{16}(1-\cos i')^2(1+\cos i)^2 \sin[2u' + 2(\Omega - \Omega') + 2\omega]$$

$$-\frac{1}{16}(1-\cos i')^2(1-\cos i)^2 \sin[2u' + 2(\Omega - \Omega') - 2\omega]$$

$$+\frac{1}{16}(1+\cos i')^2(1-\cos i)^2 \sin[2u' - 2(\Omega - \Omega') + 2\omega]$$

$$-\frac{1}{16}(1+\cos i')^2(1+\cos i)^2 \sin[2u' - 2(\Omega - \Omega') - 2\omega]$$

$$-\frac{1}{2}\cos i'(1+\cos i)\sin i \sin i' \sin(\Omega - \Omega' + 2\omega)$$

$$-\frac{1}{2}\cos i'(1-\cos i)\sin i \sin i' \sin(\Omega - \Omega' - 2\omega)$$

$$-\frac{1}{4}\sin i \sin i'(1-\cos i)(1+\cos i)\sin[2u' + (\Omega - \Omega') + 2\omega]$$

$$+\frac{1}{4}\sin i \sin i'(1-\cos i)(\cos i - 1)\sin[2u' + (\Omega - \Omega') - 2\omega]$$

$$+\frac{1}{4}\sin i \sin i'(1+\cos i)(\cos i - 1)\cos[2u' - (\Omega - \Omega') + 2\omega]$$

$$-\frac{1}{4}\sin i \sin i'(1+\cos i)(1+\cos i)\cos[2u' - (\Omega - \Omega') - 2\omega]\}$$

（9.32）

（2）日月摄动引起的近地点变化

假定 u' 的变率为 n'（略去日月轨道的偏心率），Ω 的变率为 $\dot\Omega$，ω 的变率为 $\dot\omega$，忽略 Ω' 的变率，对上式积分，即得日月摄动引起 e 的长周期项，日月摄动引起卫星近地点变化为：

$$\Delta r_p = -a(\Delta e^*_{\text{太阳}} + \Delta e^*_{\text{月亮}})$$

计算时，

$n'_{\text{太阳}} = 0.01720279169$ （弧度/天）；

$n'_{\text{月亮}} = 0.22997150208$ （弧度/天）。

考虑到月亮的 $n' \gg |\dot{\omega}|, n' \gg |\dot{\Omega}|$，因此，式中含 $n'_{月亮}$ 的项要小得多，我们可以将它们略去。于是，日月摄动引起卫星近地点变化就可表达为：

$$\Delta r_p = \frac{15\sqrt{1-e^2}}{4n} a {n'_{太阳}}^2 e \times \left\{ \frac{1}{8\dot{\omega}} \sin^2 i (2-3\sin^2 i') \cos 2\omega \right.$$

$$+ \frac{3}{16(n'+\dot{\omega})} \sin^2 i \sin^2 \varepsilon \cos(2u'+2\omega)$$

$$- \frac{3}{16(n'-\dot{\omega})} \sin^2 i \sin^2 \varepsilon \cos(2u'-2\omega)$$

$$+ \frac{1}{16(\dot{\Omega}+\dot{\omega})} \sin^2 \varepsilon (1+\cos i)^2 \cos 2(\Omega+\omega)$$

$$- \frac{1}{16(\dot{\Omega}-\dot{\omega})} \sin^2 \varepsilon (1-\cos i)^2 \cos 2(\Omega-\omega)$$

$$+ \frac{1}{32(n'+\dot{\Omega}+\dot{\omega})} (1-\cos \varepsilon)^2 (1+\cos i)^2 \cos(2u'+2\Omega+2\omega)$$

$$- \frac{1}{32(n'+\dot{\Omega}-\dot{\omega})} (1-\cos \varepsilon)^2 (1-\cos i)^2 \cos(2u'+2\Omega-2\omega)$$

$$+ \frac{1}{32(n'-\dot{\Omega}+\dot{\omega})} (1+\cos \varepsilon)^2 (1-\cos i)^2 \cos(2u'-2\Omega+2\omega)$$

$$- \frac{1}{32(n'-\dot{\Omega}-\dot{\omega})} (1+\cos \varepsilon)^2 (1+\cos i)^2 \cos(2u'-2\Omega-2\omega)$$

$$- \frac{1}{2(\dot{\Omega}+2\dot{\omega})} \cos \varepsilon (1+\cos i) \sin i \sin \varepsilon \cos(\Omega+2\omega)$$

$$- \frac{1}{2(\dot{\Omega}-2\dot{\omega})} \cos \varepsilon (1-\cos i) \sin i \sin \varepsilon \cos(\Omega-2\omega)$$

$$- \frac{1}{4(2n'+\dot{\Omega}+2\dot{\omega})} \sin i \sin \varepsilon (1-\cos \varepsilon)(1+\cos i) \cos(2u'+\Omega+2\omega)$$

$$+ \frac{1}{4(2n'+\dot{\Omega}-2\dot{\omega})} \sin i \sin \varepsilon (1-\cos \varepsilon)(\cos i-1) \cos(2u'+\Omega-2\omega)$$

$$+ \frac{1}{4(2n'-\dot{\Omega}+2\dot{\omega})} \sin i \sin \varepsilon (1+\cos \varepsilon)(\cos i-1) \cos(2u'-\Omega+2\omega)$$

$$\left. - \frac{1}{4(2n'-\dot{\Omega}-2\dot{\omega})} \sin i \sin \varepsilon (1+\cos \varepsilon)(1+\cos i) \cos(2u'-\Omega-2\omega) \right\}$$

$$+\frac{15\sqrt{1-e^2}}{4n}an'^2_{月亮}\beta e\times\{\frac{1}{8\dot\omega}\sin^2 i(2-3\sin^2 i'_{月亮})\cos 2\omega$$

$$+\frac{1}{16(\dot\Omega+\dot\omega)}\sin^2 i'_{月亮}(1+\cos i)^2\cos 2(\Omega-\Omega'_{月亮}+\omega)$$

$$-\frac{1}{16(\dot\Omega-\dot\omega)}\sin^2 i'_{月亮}(1-\cos i)^2\cos 2(\Omega-\Omega'_{月亮}-\omega) \qquad (9.33)$$

$$-\frac{1}{2(\dot\Omega+2\dot\omega)}\cos i'_{月亮}(1+\cos i)\sin i\sin i'_{月亮}\cos(\Omega-\Omega'_{月亮}+2\omega)$$

$$-\frac{1}{2(\dot\Omega-2\dot\omega)}\cos i'_{月亮}(1-\cos i)\sin i\sin i'_{月亮}\cos(\Omega-\Omega'_{月亮}-2\omega)\}$$

9.3.2 减缓 GTO 寿命发射窗口选择

（1）近地点变化的基本特征

（9.33）式即为日月摄动引起的近地点长周期项的表达式，给定了 GTO 的轨道和发射日期，我们就可计算日月摄动引起的近地点高度变化的振幅、周期和幅角的特征，从而选择可以减缓 GTO 寿命的发射窗口。

假定发射日期为 2006 年 7 月 1 日以及 $\omega\approx 180°$，其他根数为：

a	e	i	$\dot\Omega$	$\dot\omega$
27473.656	.760566	18.50	$-.3210$	.6040

对于 2006 年 7 月 1 日，日月位置为：

太阳 u=99.3971 ε = 23.439300

月亮 J=5.1454 Ω_1=359.385277

$i'_{月亮}$=28.5845 Ω' = $-.115224$

我们计算了日月摄动 GTO 的近地点高度变化的振幅、周期和幅角如表 9.10。

由表可见：近地点高度的变化幅度超过 100km，这种变化显然可以影响 GTO 的寿命，因此，我们可以得出结论：我们可以通过选择发射时间（也就选择了轨道的 Ω），来影响 GTO 的寿命，从而达到减缓目的。

表 9.10 GTO 的近地点高度变化的振幅、周期和幅角

	周期（天）	振幅（km）	幅角
太阳摄动			
1	298.013	2.289	$\cos 2\omega$
2	113.233	.135	$\cos(2u'+2\omega)$
3	471.640	-.564	$\cos(2u'-2\omega)$
4	636.042	9.552	$\cos 2(\Omega+\omega)$
5	-194.595	.002	$\cos 2(\Omega-\omega)$
6	141.883	.046	$\cos 2(u'+\Omega+\omega)$
7	2967.978	-.001	$\cos 2(u'+\Omega-\omega)$
8	94.209	.012	$\cos 2(u'-\Omega+\omega)$
9	256.174	-44.701	$\cos 2(u'-\Omega-\omega)$
10	405.862	-9.159	$\cos(\Omega+2\omega)$
11	-235.448	.141	$\cos(\Omega-2\omega)$
12	125.949	-.128	$\cos(2u'+\Omega+2\omega)$
13	813.937	-.022	$\cos(2u'+\Omega-2\omega)$
14	102.848	-.064	$\cos(2u'-\Omega+2\omega)$
15	332.013	-7.829	$\cos(2u'-\Omega-2\omega)$
月亮摄动			
16	298.013	4.279	$\cos 2\omega$
17	636.042	30.010	$\cos 2(\Omega-\Omega'+\omega)$
18	-194.595	.006	$\cos 2(\Omega-\Omega'-\omega)$
19	405.862	-22.895	$\cos(\Omega-\Omega'+2\omega)$
20	-235.448	.352	$\cos(\Omega-\Omega'-2\omega)$

（2）减缓 GTO 寿命的初始 Ω 的选择

为了说明减缓的可行性，我们假定发射日期为 2006 年 7 月 1 日，初始升交点经度分 Ω =0,60,120,180,240,300 共六种情况，进行 GTO 寿命的仿真计算，给出了三年近地点变化，六种初始升交点经度的近地点变化如图 9.3：

从图可见，我们选择 Ω 在 0° 或 180° 的初始轨道，使近地点在一年内从 200km 降到 80km 以下（可以认为已陨落）。这说明我们选择的发射轨道面 Ω 可以起到降低目标寿命，减缓空间碎片的目的。

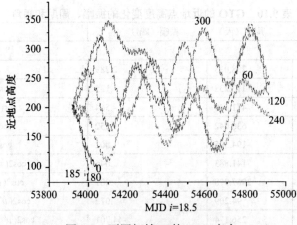

图 9.3　不同初始 Ω 的 GTO 寿命

参考文献

1.　Barlier F，et al. Ann Geophy，1978（34）：9-24.

2.　Hedin A.E，et al. J. Geophy.Res.，1991（96）：1159-1172.

3.　C. Berger，et al. J. Geodesy，1998（72）：161-178.

4.　Jacchia L G. SAO Spec. Rep332，1971：1-113.

5.　F. Alby，et al. proceedings of Second European Conference on Space Debris，1997.

6.　H. Klinkrad，et al. proceedings of Fourth European Conference on Space Debris，2005.

7.　D. Leleux，et al. Space OPS Conference，2002.

8.　Robert G，Gottlieb，et al. AAS01-181，2000.

第10章　特殊函数及计算方法

10.1　特殊函数

在天体力学和卫星运动研究中，经常用到各种特殊函数，例如雅可比椭圆函数，Bessel 函数，超几何级数，Чебышев 多项式等。

Bessel 函数可以用在无摄克普勒运动的展开（实变量）以及大气阻力的运动理论（虚变量）中，球函数特别是 Legendre 多项式在引力摄动中用到，应用超几何级数展开天体力学的摄动函数的优点很大，雅可比椭圆函数可以严格解出卫星运动包含 J_2 摄动的解。

在本章中，我们只概略介绍特殊函数的基本性质，重点是介绍其计算方法，特殊函数的深入研究不是本章的讨论范围。

10.1.1　椭圆积分和椭圆函数[1-2]

定义：函数

$$u = F(\varphi, k) = \int_0^\varphi \frac{\mathrm{d}\lambda}{\sqrt{1 - k^2 \sin^2 \lambda}} = \int_0^{\sin\varphi} \frac{\mathrm{d}x}{\sqrt{(1 - x^2)(1 - k^2 x^2)}} \tag{10.1}$$

称为第一类椭圆积分，其中，k 称为椭圆积分的模，而 $k' = \sqrt{1 - k^2}$ 则称为辅助模，这里，$0 \le k < 1$，$0 \le k' < 1$。

第二类，第三类椭圆积分的定义为：

$$E(\varphi, k) = \int_0^\varphi \sqrt{1 - k^2 \sin^2 \lambda}\,\mathrm{d}\lambda = \int_0^{\sin\varphi} \frac{\sqrt{(1 - k^2 x^2)}}{\sqrt{(1 - x^2)}}\,\mathrm{d}x \tag{10.2}$$

$$\begin{aligned}
\Pi(\varphi, n, k) &= \int_0^\varphi \frac{\mathrm{d}\lambda}{(1 + n\sin^2 \lambda)\sqrt{1 - k^2 \sin^2 \lambda}} \\
&= \int_0^{\sin\varphi} \frac{\mathrm{d}x}{(1 + nx^2)\sqrt{(1 - x^2)(1 - k^2 x^2)}}
\end{aligned} \tag{10.3}$$

这里，n 称为第三类椭圆积分的参数。而 $K(k) = F(\frac{\pi}{2}, k), E(k) = E(\frac{\pi}{2}, k), \Pi(\frac{\pi}{2}, k)$ 称为第一类，第二类和第三类完全椭圆函数。

第一类，第二类椭圆积分，通常可用下式计算：

$$F(\varphi,k) = \frac{2}{\pi} K(k)\varphi - \sin\varphi\cos\varphi(a_0 + \frac{2}{3}a_1\sin^2\varphi + \frac{2\cdot4}{3\cdot5}a_2\sin^4\varphi + \cdots)$$

$$a_0 = \frac{2}{\pi}K(k) - 1, \quad a_n = a_{n-1} - [\frac{(2n-1)!!}{2^n n!}]^2 k^{2n}$$

$$E(\varphi,k) = \frac{2}{\pi} E(k)\varphi - \sin\varphi\cos\varphi(b_0 + \frac{2}{3}b_1\sin^2\varphi + \frac{2\cdot4}{3\cdot5}b_2\sin^4\varphi + \cdots)$$

$$b_0 = 1 - \frac{2}{\pi}K(k), \quad b_n = b_{n-1} - [\frac{(2n-1)!!}{2^n n!}]^2\frac{k^{2n}}{2n-1}$$

$$(10.4)$$

当 k 接近于 1 时，可用下式计算：

$$F(\varphi,k) = \frac{2}{\pi} K(k')\ln\text{tg}(\frac{\varphi}{2} + \frac{\pi}{2}) - \frac{\text{tg}\varphi}{\cos\varphi}(c_0 + \frac{2}{3}c_1\text{tg}^2\varphi + \frac{2\cdot4}{3\cdot5}c_2\text{tg}^4\varphi + \cdots)$$

$$c_0 = \frac{2}{\pi}K(k') - 1, \quad c_n = c_{n-1} - [\frac{(2n-1)!!}{2^n n!}]^2 k'^{2n}$$

$$E(\varphi,k) = \frac{2}{\pi} E(k')\ln\text{tg}(\frac{\varphi}{2} + \frac{\pi}{4}) + \frac{\text{tg}\varphi}{\cos\varphi}(d_0 - \frac{2}{3}d_1\text{tg}^2\varphi + \frac{2\cdot4}{3\cdot5}d_2\text{tg}^4\varphi + \cdots)$$

$$d_0 = \frac{2}{\pi}K(k') - 1, \quad d_n = d_{n-1} - [\frac{(2n-1)!!}{2^n n!}]^2\frac{k'^{2n}}{2n-1}$$

$$(10.5)$$

而完全椭圆积分，可按下式计算：

$$K(k) = \frac{\pi}{2}\{1 + \sum_{n=1}^{\infty}[\frac{(2n-1)!!}{2^n n!}]^2 k^{2n}$$

$$E(k) = \frac{\pi}{2}\{1 - \sum_{n=1}^{\infty}[\frac{(2n-1)!!}{2^n n!}]^2\frac{k^{2n}}{2n-1}$$

$$K(k) = \frac{\pi}{2}\prod_{n=1}^{\infty}(1 + k_n)$$

$$(10.6)$$

$$k_n = \frac{1 - \sqrt{1 - k_{n-1}^2}}{1 + \sqrt{1 - k_{n-1}^2}}, \qquad k_0 = k$$

第一类椭圆积分的逆函数，称为"振幅"，即，如果

$$u = \int_0^{\varphi}\frac{\text{d}\lambda}{\sqrt{1 - k^2\sin^2\lambda}}$$

$$(10.7)$$

则，$\qquad \varphi = \text{am } u$

$$(10.8)$$

而下列函数则统称为雅可比椭圆函数：

椭圆正弦　　　　　$\text{Sn}(u) = \sin\varphi = \sin(amu)$

椭圆余弦　　　　　$\text{Cn}(u) = \cos\varphi = \cos(amu)$

$$(10.9)$$

$$\mathrm{dn}(u) = \frac{\mathrm{d}\varphi}{\mathrm{d}u} = \sqrt{1 - k^2 \sin^2 \varphi}$$

这些椭圆函数有如下性质：

$$\mathrm{Sn}^2\, u + \mathrm{Cn}^2\, u = k^2 \mathrm{Sn}^2\, u + \mathrm{dn}^2\, u = 1$$

$$\mathrm{dn}^2\, u - k^2 \mathrm{Cn}^2\, u = k'^2$$

$$\mathrm{Sn}(-u) = -\mathrm{Sn}(u), \quad \mathrm{Cn}(-u) = \mathrm{Cn}(u)$$

$$\mathrm{dn}(-u) = -\mathrm{dn}(u)$$

$$\mathrm{Sn}(2K - u) = \mathrm{Sn}(u), \quad \mathrm{Sn}(2iK' - u) = -\mathrm{Sn}(u) \qquad (10.10)$$

$$\mathrm{Cn}(2K - u) = -\mathrm{Cn}(u), \quad \mathrm{Cn}(2iK' - u) = -\mathrm{Cn}(u)$$

$$\mathrm{dn}(2K - u) = \mathrm{dn}(u), \quad \mathrm{dn}(2iK' - u) = -\mathrm{dn}(u)$$

$$\frac{\mathrm{dSn}(u)}{\mathrm{d}u} = \mathrm{Cn}(u)\mathrm{dn}(u), \quad \frac{\mathrm{dCn}(u)}{\mathrm{d}u} = -\mathrm{Sn}(u)\mathrm{dn}(u)$$

$$\frac{\mathrm{ddn}(u)}{\mathrm{d}u} = -k^2 \mathrm{Sn}(u)\mathrm{Cn}(u)$$

其中，$i = \sqrt{-1}, K' = K(k')$。

椭圆函数有如下展开式：

$$\mathrm{am}(u) = u - \frac{k^2}{3!}u^3 + \frac{k^2(4 + k^2)}{5!}u^5 - \frac{k^2(16 + 44k^2 + k^4)}{7!}u^7 + \cdots$$

$$\mathrm{Sn}(u) = u - \frac{1 + k^2}{3!}u^3 + \frac{1 + 14k^2 + k^4}{5!}u^5 - \frac{1 + 135k^2 + 135k^4 + k^6}{7!}u^7 + \cdots$$
$$\qquad (10.11)$$

$$\mathrm{Cn}(u) = 1 - \frac{1}{2}u^2 + \frac{1 + 4k^2}{4!}u^4 - \frac{1 + 44k^2 + 16k^4}{6!}u^6 + \cdots$$

$$\mathrm{dn}(u) = 1 - \frac{k^2}{2}u^2 + \frac{k^2(4 + k^2)}{4!}u^4 - \frac{k^2(16 + 44k^2 + k^4)}{6!}u^6 + \cdots$$

这些级数在 $|u| < K(k')$ 时收敛。

椭圆函数还有如下三角级数展开式：

$$\mathrm{am}(u) = \frac{\pi u}{2K} + 2\sum_{n=1}^{\infty} \frac{1}{n} \frac{q^n}{1 + q^{2n}} \sin \frac{n\pi u}{K}$$

$$\mathrm{Sn}(u) = \frac{2\pi}{kK} \sum_{n=1}^{\infty} \frac{q^{n-\frac{1}{2}}}{1 - q^{2n-1}} \sin(2n - 1)\frac{\pi u}{2K} \qquad (10.12)$$

$$\mathrm{Cn}(u) = \frac{2\pi}{kK} \sum_{n=1}^{\infty} \frac{q^{n-\frac{1}{2}}}{1 + q^{2n-1}} \cos(2n - 1)\frac{\pi u}{2K}$$

$$\text{dn}(u) = \frac{\pi}{2K} + \frac{2\pi}{K}\sum_{n=1}^{\infty}\frac{q^n}{1+q^{2n}}\cos\frac{n\pi u}{K}$$

其中，$q = e^{-\frac{\pi K(k')}{K(k)}}$，不过计算椭圆函数收敛最快的展开式是：

$$\text{Sn}(u) = \frac{1}{\sqrt{k}}\frac{\theta_1(\frac{\pi u}{2K})}{\theta_4(\frac{\pi u}{2K})}, \quad \text{Cn}(u) = \sqrt{\frac{k'}{k}}\frac{\theta_2(\frac{\pi u}{2K})}{\theta_4(\frac{\pi u}{2K})},$$

$$\text{dn}(u) = \sqrt{k'}\frac{\theta_3(\frac{\pi u}{2K})}{\theta_4(\frac{\pi u}{2K})} \tag{10.13}$$

其中，

$$\theta_1(u) = \frac{1}{i}\sum_{n=-\infty}^{\infty}(-1)^n q^{(n+\frac{1}{2})^2} e^{i(2n+1)u}$$

$$= 2\sum_{n=1}^{\infty}(-1)^{n+1} q^{(n-\frac{1}{2})^2}\sin(2n-1)u$$

$$\theta_2(u) = \sum_{n=-\infty}^{\infty} q^{(n+\frac{1}{2})^2} e^{i(2n+1)u} = 2\sum_{n=1}^{\infty} q^{(n-\frac{1}{2})^2}\cos(2n-1)u \tag{10.14}$$

$$\theta_3(u) = \sum_{n=-\infty}^{\infty} q^{n^2} e^{i2nu} = 1 + 2\sum_{n=1}^{\infty} q^{n^2}\cos 2nu$$

$$\theta_4(u) = \sum_{n=-\infty}^{\infty}(-1)^n q^{n^2} e^{i2nu} = 1 + 2\sum_{n=1}^{\infty}(-1)^n q^{n^2}\cos 2nu$$

10.1.2　超几何级数[1-4]

超几何级数（Gauss 型，下同）$F(a,b,c,z)$ 是线性微分方程：

$$z(1-z)\frac{\mathrm{d}^2 u}{\mathrm{d}z^2} + [c-(a+b+1)z]\frac{\mathrm{d}u}{\mathrm{d}z} - abu = 0 \tag{10.15}$$

的一个解，上面方程称为超几何方程。其中，a,b,c 为与 z 无关的任意常数。超几何级数的定义为：

$$F(a,b,c,z) = \sum_{n=0}^{\infty}\frac{(a)_n(b)_n}{(c)_n n!}z^n \tag{10.16}$$

这里，$(a)_0 = 1$，$(a)_n = a(a+1)\cdots(a+n-1)$

当 c 等于 0 时，$(c)_n = 0$，这时超几何级数没有意义。除了这种情况外，超几何级数在单位圆内是绝对一致收敛的。而且，a,b 之一取某一负整数 $-N$ 时，$F(a,b,c,z)$ 就退化为一个 N 次多项式。

许多初等函数均可用超几何级数表示，例如：

$$\ln(1+z) = zF(1,1,2,-z)$$

$$\sin^{-1} z = zF(\frac{1}{2}, \frac{1}{2}, \frac{3}{2}, z^2)$$

$$\text{tg}^{-1} z = zF(\frac{1}{2}, 1, \frac{3}{2}, -z^2) \tag{10.17}$$

$$\cos(k \sin^{-1} z) = F(\frac{k}{2}, \frac{-k}{2}, \frac{1}{2}, z^2)$$

$$\int_0^{\pi/2} \frac{\mathrm{d}\varphi}{\sqrt{1-k^2\sin^2\varphi}} = \frac{\pi}{2} F(\frac{1}{2}, \frac{1}{2}, 1, k^2)$$

超几何级数有如下基本关系式：

$$F(a,b,c,z) = F(b,a,c,z)$$

$$\frac{\mathrm{d}}{\mathrm{d}z} F(a,b,c,z) = \frac{ab}{c} F(a+1,b+1,c+1,z) \tag{10.18}$$

$$\frac{\mathrm{d}^n}{\mathrm{d}z^n} F(a,b,c,z) = \frac{(a)_n (b)_n}{(c)_n} F(a+n,b+n,c+n,z)$$

超几何级数的基本积分表达式为：

$$F(a,b,c,z) = \frac{\Gamma(c)}{\Gamma(b)\Gamma(c-b)} \int_0^1 t^{b-1}(1-t)^{c-b-1}(1-tz)^{-a}\mathrm{d}t \tag{10.19}$$

函数 $F(a\pm1,b,c,z), F(a,b\pm1,c,z), F(a,b,c\pm1,z)$ 称为超几何级数 $F(a,b,c,z)$ 的邻次函数，$F(a,b,c,z)$ 与任意两个邻次函数之间存在线性关系，其系数是 z 的线性函数，Gauss 推出的 15 个关系式如下：

$$[c-2a-(b-a)z]F + a(1-z)F(a+1) - (c-a)F(a-1) = 0$$

$$(b-a)F + aF(a+1) - bF(b+1) = 0$$

$$(c-a-b)F + a(1-z)F(a+1) - (c-b)F(b-1) = 0$$

$$c[a-(c-b)z]F - ac(1-z)F(a+1) + (c-a)(c-b)zF(c+1) = 0$$

$$(c-a-1)F + aF(a+1) - (c-1)F(c-1) = 0$$

$$(c-a-b)F - (c-a)F(a-1) + b(1-z)F(b+1) = 0$$

$$(b-a)(1-z)F - (c-a)F(a-1) + (c-b)F(b-1) = 0$$

$$c(1-z)F - cF(a-1) + (c-b)zF(c+1) = 0 \tag{10.20}$$

$$(a-1-(c-b-1)z)F+(c-a)F(a-1)-(c-1)(1-z)F(c-1)=0$$

$$[c-2b+(b-a)z]F+b(1-z)F(b+1)-(c-b)F(b-1)=0$$

$$c[b-(c-a)z]F-bc(1-z)F(b+1)+(c-a)(c-b)zF(c+1)=0$$

$$(c-b-1)F+bF(b+1)-(c-1)zF(c-1)=0$$

$$c(1-z)F-cF(b-1)+(c-a)zF(c+1)=0$$

$$[b-1-(c-a-1)z]F+(c-b)F(b-1)-(c-1)(1-z)F(c-1)=0$$

$$c[c-1-(2c-a-b-1)z]F+(c-a)(c-b)zF(c+1)-c(c-1)(1-z)F(c-1)=0$$

式中，$F(a\pm1),F(b\pm1),F(c\pm1)$ 分别是 $F(a\pm1,b,c,z)$, $F(a,b\pm1,c,z)$, $F(a,b,c\pm1,z)$ 的缩写，重复使用这些递推关系，我们可以将 $F(a+l,b+m,c+n,z)$ 表达为 $F(a,b,c,z)$ 及其某一邻次函数的线性组合，其系数为 a,b,c,z 的有理函数。

对于 $|z|\geq1$ 的情况，可利用下列关系将 $F(a,b,c,z)$ 解析延拓到单位圆外去：

$$F(a,b,c,z)=(1-z)^{-a}F(a,c-b,c,\frac{z}{z-1})=(1-z)^{-b}F(c-a,b,c,\frac{z}{z-1})$$

$$F(a,b,c,z)=\frac{\Gamma(c)\Gamma(c-a-b)}{\Gamma(c-a)\Gamma(c-b)}F(a,b,a+b+1-c,1-z)$$

$$+(1-z)^{c-a-b}\frac{\Gamma(c)\Gamma(a+b-c)}{\Gamma(a)\Gamma(b)}F(c-a,c-b,c-a-b+1,1-z)$$

$$F(a,b,c,z)=\frac{\Gamma(c)\Gamma(b-a)}{\Gamma(b)\Gamma(c-a)}(-z)^{-a}F(a,1-c+a,1-b+a,\frac{1}{z})$$ (10.21)

$$+\frac{\Gamma(c)\Gamma(a-b)}{\Gamma(a)\Gamma(c-b)}(-z)^{-b}F(b,1-c+b,1-a+b,\frac{1}{z})$$

超几何级数的计算，一般先用定义展开式计算，再用递推关系计算。

10.1.3　球函数及 Legendre 多项式[1-4]

拉普拉斯方程

$$\Delta u=\frac{\partial^2 u}{\partial x^2}+\frac{\partial^2 u}{\partial y^2}+\frac{\partial^2 u}{\partial z^2}=0$$ (10.22)

在坐标系中分离变量，其解可表为下列函数族的线性组合：

$$\begin{Bmatrix} r^n \\ r^{-(n+1)} \end{Bmatrix};\quad P_n^k(\mu);\quad \begin{Bmatrix} \cos k\lambda \\ \sin k\lambda \end{Bmatrix}$$

一个解为：

$$u_n(r, \mu, \lambda) = r^n y(\mu, \lambda)$$

$$y(\mu, \lambda) = \sum_{k=0}^{n} P_n^k(\mu)(A_{nk} \cos k\lambda + B_{nk} \sin k\lambda) \tag{10.23}$$

这里，

$$
\begin{aligned}
x &= r \cos \varphi \cos \lambda \\
y &= r \cos \varphi \sin \lambda \\
z &= r \sin \varphi \\
\mu &= \sin \varphi
\end{aligned} \tag{10.24}
$$

A_{nk}, B_{nk} 为任意常数。

通常称 $u_n(r, \mu, \lambda)$ 为球体函数，$y_n(\mu, \lambda)$ 为球面函数，$P_n^k(\mu)$ 为缔合 Legendre 多项式，其中，$k = 0$ 的缔合 Legendre 多项式 $P_n^0(\mu)$，称为 n 阶 Legendre 多项式，并简记为 $P_n(\mu)$。因为地球引力势常用球函数展开，因此球函数，尤其是 Legendre 多项式，在卫星运动理论中的应用是非常广泛的。下面我们具体讨论它们的性质和应用等问题：

Legendre 多项式的定义：

$$P_n(x) = \frac{1}{2^n n!} \frac{\mathrm{d}^n}{\mathrm{d}x^n} [(x^2 - 1)^n] \tag{10.25}$$

缔合 Legendre 多项式的定义：

$$P_n^m(x) = (1 - x^2)^{m/2} \frac{\mathrm{d}^m}{\mathrm{d}x^m} P_n(x) \tag{10.26}$$

将它们展成 x 的幂级数，即有：

$$P_n(x) = \frac{1}{2^n} \sum_{\delta=0}^{\left[\frac{n}{2}\right]} (-1)^\delta \frac{[2(n-\delta)]!}{(n-2\delta)!(n-\delta)!\delta!} x^{n-2\delta} \tag{10.27}$$

$$P_n^m(x) = (1 - x^2)^{m/2} \frac{1}{2^n} \sum_{\delta=0}^{\left[\frac{n-m}{2}\right]} (-1)^\delta \frac{[2(n-\delta)]!}{(n-m-2\delta)!(n-\delta)!\delta!} x^{n-m-2\delta} \tag{10.28}$$

这些展开式在分析理论中常用到，但用它们来计算 $P_n(x), P_n^m(x)$ 却并不方便，在实际计算时，常用如下递推关系：

$$nP_n(x) = (2n-1)xP_{n-1}(x) - (n-1)P_{n-2}(x) \tag{10.29}$$

$$P_0(x) = 1, \quad P_1(x) = x$$

$$P'_{n+1}(x) = (n+1)P_n(x) + P'_n(x)x$$

$$P_{n+1}(x) = \frac{1}{n+1}[P'_{n+1}(x)x - P'_n(x)],$$

（10.30）

$$P_0(x) = 1, \quad P'_0(x) = 0$$

$$或 P_1(x) = x, \quad P'_1(x) = 1$$

这里 $P'_n(x)$ 为 Legendre 多项式的导数，在卫星摄动计算中，也常用到它们，因此在实际计算中，常用后一种递推关系计算。

缔合 Legendre 多项式的递推关系很多，常见的有：

$$P_n^n(x) = (2n-1)(1-x^2)^{1/2}P_{n-1}^{n-1}(x)$$

$$(n-m+1)P_{n+1}^m(x) = (2n+1)xP_n^m(x) - (n+m)P_{n-1}^m(x)$$

$$P_n^m(x) = 2(m-1)x(1-x^2)^{-1/2}P_n^{m-1}(x)$$

（10.31）

$$\qquad -(n-m+2)(n+m-1)P_n^{m-2}(x)$$

$$P_n^m(x) = P_{n-2}^m(x) + (2n-1)(1-x^2)^{1/2}P_{n-1}^{m-1}(x)$$

在计算卫星的田谐摄动时，由于田谐系数是正规化的，现常用正规化的缔合 Legendre 多项式，其定义为：

$$\bar{P}_n^m(x) = N_{nm}P_n^m(x)$$

（10.32）

其中，$\quad N_{nm} = \sqrt{\dfrac{(n-m)!(2n+1)(2-\delta_{0,m})}{(n+m)!}}$ ，$\delta_{0,m} = \begin{cases} 1 & m=0 \\ 0 & m \neq 0 \end{cases}$

正规化缔合 Legendre 多项式的递推关系为：

$$\bar{P}_n^n(x) = \sqrt{\frac{(2n+1)(2-\delta_{0,n})}{(2n)(2-\delta_{0,n-1})}}(1-x^2)^{1/2}\bar{P}_{n-1}^{n-1}(x)$$

$$\bar{P}_n^{n-1}(x) = \sqrt{2n+1}x\bar{P}_{n-1}^{n-1}(x)$$

（10.33）

$$P_n^0(x) = \frac{\sqrt{(2n+1)}}{n}[\sqrt{(2n-1)}xP_{n-1}^0(x) - \frac{(n-1)}{\sqrt{(2n-3)}}P_{n-2}^0(x)]$$

$$\bar{P}_n^{m-2}(x) = -\sqrt{\frac{(n+m)}{(n+m-1)}\frac{(n-m+1)(2-\delta_{0,m-2})}{(n-m+2)(2-\delta_{0,m})}}\bar{P}_n^m(x)$$

（10.34）

$$+2(m-1)\sqrt{\frac{(2-\delta_{0,m-2})}{(n+m-1)(n-m+2)(2-\delta_{0,m-1})}}x(1-x^2)^{-1/2}\bar{P}_n^{m-1}(x)$$

$$\bar{P}_n^m(x) = x \sqrt{\frac{(2n-1)(2n+1)}{(n+m)(n-m)}} \bar{P}_{n-1}^m(x)$$

$$- \sqrt{\frac{(2n+1)(n+m-1)(n-m-1)}{(2n-3)(n+m)(n-m)}} \bar{P}_{n-2}^m(x) \tag{10.35}$$

$$\bar{P}_n^m(x) = \sqrt{\frac{(2n+1)(n-m)(n-m-1)}{(2n-3)(n+m)(n+m-1)}} \bar{P}_{n-2}^m(x)$$

$$+ \sqrt{\frac{(2n+1)(2n-1)(2-\delta_{0,m})}{(n+m)(n+m-1)(2-\delta_{0,m-1})}} (1-x^2)^{1/2} \bar{P}_{n-1}^{m-1}(x) \tag{10.36}$$

递推初值为：

$$\bar{P}_0^0(x) = 1, \quad \bar{P}_1^1(x) = (1-x^2)^{1/2}\sqrt{3}, \quad \bar{P}_1^0(x) = \sqrt{3}x$$

在这些递推关系中，稳定性以（10.34）式和（10.35）式最好。为了克服（10.34）式中有 $(1-x^2)^{1/2}$ 在分母上的缺点，可以令：$\bar{P}_n^m(x) = (1-x^2)^{m/2} \bar{P}_n^{(m)}(x)$，这时，$\bar{P}_n^{(m)}(x)$ 的递推公式为：

$$\bar{P}_n^{(n)}(x) = \sqrt{\frac{(2n+1)}{(2n)}} \bar{P}_{n-1}^{(n-1)}(x)$$

$$\bar{P}_n^{(n-1)}(x) = x\sqrt{n(2-\delta_{0,n-1})} \bar{P}_n^{(n)}(x)$$

$$P_n^{(0)}(x) = \frac{\sqrt{(2n+1)}}{n} [\sqrt{(2n-1)} x P_{n-1}^{(0)}(x) - \frac{(n-1)}{\sqrt{(2n-3)}} P_{n-2}^{(0)}(x)]$$

$$\bar{P}_n^{(m-2)}(x) = -\sqrt{\frac{(n+m)}{(n+m-1)} \frac{(n-m+1)(2-\delta_{0,m-2})}{(n-m+2)(2-\delta_{0,m})}} (1-x^2) \bar{P}_n^{(m)}(x) \tag{10.37}$$

$$+ 2(m-1) \sqrt{\frac{(2-\delta_{0,m-2})}{(n+m-1)(n-m+2)(2-\delta_{0,m-1})}} x \bar{P}_n^{(m-1)}(x)$$

递推初值为：

$$\bar{P}_0^{(0)}(x) = 1, \quad \bar{P}_1^{(1)}(x) = \sqrt{3}, \quad \bar{P}_1^{(0)}(x) = \sqrt{3}x$$

正规化 Legendre 多项式对 φ 的导数的表达式为：

$$\frac{\mathrm{d}\bar{P}_n^m(x)}{\mathrm{d}\varphi} = \sqrt{\frac{(2-\delta_{0,m})(n-m)(n+m+1)}{2}} \bar{P}_n^{m+1}(x) - \frac{mx}{(1-x^2)^{1/2}} \bar{P}_n^m(x) \tag{10.38}$$

下面列出几个缔合 Legendre 多项式，缔合 Legendre 多项式的重要性质：

①正交性

$$\int_{-1}^{+1} P_m(x)P_n(x)\mathrm{d}x = \begin{cases} 0 & m \neq n \\ \dfrac{2}{2n+1} & m = n \end{cases} \tag{10.39}$$

$$\int_{-1}^{+1} P_n^m(x)P_n^k(x)\mathrm{d}x = \begin{cases} 0 & m \neq k \\ \dfrac{2}{2n+1}\dfrac{(n+m)!}{(n-m)!} & m = k \end{cases}$$

②积分表达式

$$P_n(x) = \frac{1}{\pi}\int_0^{\pi}(x+\sqrt{x^2-1}\cos\varphi)^n\,\mathrm{d}\varphi$$

$$P_n^m(x) = \frac{\pi^{1/2}\,2^m(x^2-1)^{-m/2}}{\Gamma(\frac{1}{2}-m)}\int_0^{\pi}(x+\sqrt{x^2-1}\cos\varphi)^{n+m}(\sin\varphi)^{-2m}\,\mathrm{d}\varphi \tag{10.40}$$

③超几何级数表达式

$$P_n(x) = F(-n,n+1,1,\frac{1-x}{2})$$

$$P_n^m(x) = \frac{1}{\Gamma(1-m)}(\frac{1+x}{1-x})^{m/2}F(-n,n+1,1-m,\frac{1-x}{2}) \tag{10.41}$$

④Legendre 多项式的母函数

因为有：

$$(1-2tx+t^2)^{-1/2} = \sum_{n=0}^{\infty}P_n(x)t^n \qquad |t| < \min\left|x\pm\sqrt{x^2-1}\right|$$

$$(1-2tx+t^2)^{-1/2} = \sum_{n=0}^{\infty}P_n(x)\frac{1}{t^{n+1}} \qquad |t| > \min\left|x\pm\sqrt{x^2-1}\right| \tag{10.42}$$

因此，我们常称 $(1-2tx+t^2)^{-1/2}$ 为 $P_n(x)$ 的母函数。

⑤$P_n(x)$ 的加法定理

$$P_n[\cos\theta\cos\theta_1 + \sin\theta\sin\theta_1\cos(\varphi-\varphi_1)] = P_n(\cos\theta)P_n(\cos\theta_1)$$

$$+2\sum_{m=1}^{n}\frac{(n-m)!}{(n+m)!}P_n^m(\cos\theta)P_n^m(\cos\theta_1)\cos m(\varphi-\varphi_1) \tag{10.43}$$

$$0 \leq \theta,\theta_1 < \pi,\theta+\theta_1 < \pi,\varphi\text{ 为实数}$$

称为 Legendre 多项式的加法定理。

⑥低阶 Legendre 多项式和缔合 Legendre 多项式

下面给出几个低阶 Legendre 多项式和缔合 Legendre 多项式，其中，$x = \cos\theta$。

$$P_0(x) = 1$$

$$P_1(x) = x = \cos\theta$$

$$P_2(x) = \frac{1}{2}(3x^2 - 1) = \frac{1}{4}(3\cos 2\theta + 1)$$

$$P_3(x) = \frac{1}{2}(5x^3 - 3x) = \frac{1}{8}(5\cos 3\theta + 3\cos\theta) \tag{10.44}$$

$$P_4(x) = \frac{1}{8}(35x^4 - 30x^2 + 3) = \frac{1}{64}(35\cos 4\theta + 20\cos 2\theta + 9)$$

$$P_5(x) = \frac{1}{8}(63x^5 - 70x^3 + 15x) = \frac{1}{128}(63\cos 5\theta + 35\cos 3\theta + 3\cos\theta)$$

$$P_1^1(x) = \sqrt{1-x^2} = \sin\theta$$

$$P_2^1(x) = 3x\sqrt{1-x^2} = \frac{3}{2}\sin 2\theta$$

$$P_2^2(x) = 3(1-x^2) = \frac{3}{2}(1 - \cos 2\theta)$$

$$P_3^1(x) = \frac{3}{2}(5x^2 - 1)\sqrt{1-x^2} = \frac{3}{8}(\sin\theta + 5\sin 3\theta) \tag{10.45}$$

$$P_3^2(x) = 15x(1-x^2) = \frac{15}{4}(\cos\theta - \cos 3\theta)$$

$$P_3^3(x) = 15(1-x^2)\sqrt{1-x^2} = \frac{15}{4}(3\sin\theta - \sin 3\theta)$$

10.1.4　Bessel 函数[1-4]

（1）实变量 Bessel 函数

定义，函数：

$$J_n(x) = \sum_{q=0}^{\infty} \frac{(-1)^q}{(n+q)!q!}\left(\frac{x}{2}\right)^{n+2q} \tag{10.46}$$

称为第一类 Bessel 函数。

由于函数 $u = \exp[\frac{x}{2}(z - z^{-1})]$ 可以展为：

$$u = \sum_{n=-\infty}^{\infty} J_n(x)z^n \tag{10.47}$$

因此，称 $u = \exp[\frac{x}{2}(z - z^{-1})]$ 为 Bessel 函数的母函数。

Bessel 函数满足如下微分方程：

$$\frac{\mathrm{d}^2 y}{\mathrm{d}x^2} + \frac{1}{x}\frac{\mathrm{d}y}{\mathrm{d}x} + (1 - \frac{n^2}{x^2})y = 0 \tag{10.48}$$

因此上面方程称为 Bessel 方程。

根据 Bessel 函数的定义，我们不难推出它的递推关系和微分公式：

$$J_n(x) = \frac{x}{2n}[J_{n+1}(x) + J_{n-1}(x)] \tag{10.49}$$

$$J_n'(x) = \frac{1}{2}[J_{n-1}(x) - J_{n+1}(x)]$$

此外，Bessel 函数还有如下性质：

$$\begin{aligned} J_n(-x) &= (-1)^n J_n(x) \\ J_{-n}(x) &= J_n(-x) \\ J_{-n}(-x) &= J_n(x) \end{aligned} \tag{10.50}$$

Bessel 函数的积分表达式为：

$$J_n(x) = \frac{1}{\pi}\int_0^\pi \cos(n\varphi - x\sin\varphi)\,\mathrm{d}\varphi$$

$$J_{2n}(x) = \frac{2}{\pi}\int_0^{\pi/2} \cos(x\sin\varphi)\cos n\varphi\,\mathrm{d}\varphi \tag{10.51}$$

$$J_{2n+1}(x) = \frac{2}{\pi}\int_0^{\pi/2} \cos(x\sin\varphi)\sin(2n+1)\varphi\,\mathrm{d}\varphi$$

这些关系式在二体问题展开时经常用到。

与 Legendre 多项式类似，Bessel 函数也有加法定理：

$$J_0(\sqrt{R^2 + r^2 - 2Rr\cos\varphi}) = J_0(R)J_0(r) + 2\sum_{n=1}^{\infty} J_n(R)J_n(r)\cos n\varphi \tag{10.52}$$

计算 Bessel 函数，通常不用递推关系，而直接用级数展开式计算，其理由是在 Bessel 函数的递推关系式中，x 出现在分母上，x 是小量，递推将损失精度。

（2）虚变量 Bessel 函数[5]

定义，函数：

$$I_n(x) = \sum_{m=0}^{\infty} \frac{1}{(n+m)!m!}(\frac{x}{2})^{n+m} \tag{10.53}$$

为虚变量 Bessel 函数。

虚变量 Bessel 函数满足如下微分方程：

$$x^2 \frac{d^2 y}{dx^2} + x \frac{dy}{dx} - (x^2 + n^2)y = 0 \tag{10.54}$$

$I_n(x)$ 之所以称为虚变量 Bessel 函数，是由于上式可写为：

$$(ix)^2 \frac{d^2 y}{d(ix)^2} + ix \frac{dy}{d(ix)} - ((ix)^2 - n^2)y = 0 \tag{10.55}$$

与 Bessel 方程比较，即可看出这时自变量是 ix 为虚数的缘故。

$I_n(x)$ 与 $J_n(x)$ 的关系为：

$$I_n(x) = \exp(-\frac{in\pi}{2}) J_n(xe^{\frac{i\pi}{2}}) \tag{10.56}$$

$I_n(x)$ 也有与 $J_n(x)$ 类似的性质和递推关系：

$$\begin{aligned} I_{-n}(x) &= I_n(x) \\ I_{n-1}(x) - I_{n+1}(x) &= \frac{2n}{x} I_n(x) \\ I_{n-1}(x) - I_{n+1}(x) &= 2I'_n(x) \\ xI'_n(x) + nI_n(x) &= 2I_{n-1}(x) \end{aligned} \tag{10.57}$$

$I_n(x)$ 的积分表达式为：

$$I_n(x) = \frac{2}{\pi} \int_0^{2\pi} \exp(x\cos\theta)\cos n\theta \, d\theta \tag{10.58}$$

在卫星大气摄动计算中，$I_n(x)$ 就是通过积分表达式引进的。在那里，虚变量 Bessel 函数的引数为 $\frac{ae}{H}$，这里 H 为大气的密度标高，$\frac{ae}{H}$ 不一定是小量，因此，$I_n(x)$ 不能统一用级数展开式计算，当 $x \geq 2$ 时，常用下面渐近展开式计算：

$$I_n(x) = \frac{\exp x}{\sqrt{2\pi x}} \sum_{m=0}^{\infty} (-1)^m \frac{(4n^2 - 1^2)(4n^2 - 3^2)\cdots(4n^2 - (2m-1)^2)}{m!(8x)^m} \tag{10.59}$$

前几个 $I_n(x)$ 的表达式为：

$$\begin{aligned} I_0(x) &= \frac{\exp x}{\sqrt{2\pi x}}[1 + \frac{1}{8x} + \frac{9}{128x^2} + \cdots] \\ I_1(x) &= \frac{\exp x}{\sqrt{2\pi x}}[1 - \frac{3}{8x} - \frac{15}{128x^2} + \cdots] \\ I_2(x) &= \frac{\exp x}{\sqrt{2\pi x}}[1 - \frac{15}{8x} + \frac{105}{128x^2} + \cdots] \\ I_3(x) &= \frac{\exp x}{\sqrt{2\pi x}}[1 - \frac{35}{8x} + \frac{945}{128x^2} + \cdots] \end{aligned} \tag{10.60}$$

如果希望提高计算精度，可以采用 Чебышев 多项式逼近算出 I_0, I_1，再用（10.57）递推计算。

10.1.5　Чебышев 多项式[6, 7]

Чебышев 多项式在函数逼近和数值计算方面应用很广，在天文年历中，已有利用 Чебышев 展开式代替复杂天文历表出版的了。

（1）第一类 Чебышев 多项式

第一类 Чебышев 多项式的定义为：
$$T_n(x) = \cos(n \cos^{-1} x)$$
$$x = \cos\theta \qquad |x| \le 1 \tag{10.61}$$

它有如下性质：

①递推关系
$$T_{n+1}(x) - 2xT_n(x) + T_{n-1}(x) = 0 \tag{10.62}$$

②积分正交性
$$\int_{-1}^{1} T_r(x)T_s(x)(1-x^2)^{-1/2}\,\mathrm{d}x = \begin{cases} \pi & r = s = 0 \\ \dfrac{\pi}{2} & r = s \ne 0 \\ 0 & r \ne s \end{cases} \tag{10.63}$$

③求和正交性
$$\sum_{j=0}^{n}{}'' T_r(x_j)T_s(x_j) = \begin{cases} n & r = s = 0 \ \ or \ \ n \\ n/2 & r = s = 0 \ \ or \ \ n \\ 0 & r \ne s \end{cases}$$

$$\sum_{j=0}^{n-1} T_J(\xi_r)T_K(\xi_r) = \begin{cases} \dfrac{n}{2}\delta_{JK} \\ n \end{cases} \tag{10.64}$$

这里，$x_j = \cos\dfrac{\pi j}{n}$，$\xi_r = \cos\dfrac{(2r+1)\pi}{2n}$，而 Σ'' 表示对 $j = 0, j = n$ 的项要减半。

④前面几个 Чебышев 多项式
$$T_0(x) = 1$$
$$T_1(x) = x$$
$$T_2(x) = 2x^2 - 1$$

$$T_3(x) = 4x^3 - 3x$$
$$T_4(x) = 8x^4 - 8x^2 + 1$$
$$T_5(x) = 16x^5 - 20x^3 + 5x \tag{10.65}$$
$$T_6(x) = 32x^6 - 48x^4 + 18x^2 - 1$$

反之，也可将 x^n 表为 Чебышев 多项式的组合：

$$1 = T_0(x)$$
$$x = T_1(x)$$
$$2x^2 = T_0(x) + T_2(x)$$
$$4x^3 = 3T_1(x) + T_3(x) \tag{10.66}$$
$$8x^4 = 3T_0(x) + 4T_2(x) + T_4(x)$$
$$16x^5 = 10T_1(x) + 5T_3(x) + T_5(x)$$
$$32x^6 = 10T_0(x) + 15T_2(x) + 6T_4(x) + T_6(x)$$

Чебышев 多项式广泛用于函数逼近方面，若 $f(x)$ 在 $[-1, +1]$ 上连续有界，则 $f(x)$ 可用 $T_n(x)$ 展开：

$$F(x) = \sum_{r=0}^{\infty}{}' a_r T_r(x) = \sum_{r=0}^{n-1}{}' a_r T_r(x) \tag{10.67}$$

其中，$\sum'$ 表示 $r = 0$ 的项要减半。系数 a_r 可从积分正交性求得：

$$a_r = \frac{2}{\pi} \int_{-1}^{1} \frac{f(x) T_r(x)}{\sqrt{1-x^2}} \mathrm{d}x = \frac{2}{\pi} \int_0^{\pi} f(\cos\theta) \cos r\theta \, \mathrm{d}\theta \tag{10.68}$$

如果该积分可以分析积出，则用它来定 a_r 是方便的，但是，经常是积不出来的，a_r 必须用求和正交性近似计算：

$$a_r = \frac{2}{n} \sum_{j=0}^{n}{}'' f(\cos\frac{j\pi}{n}) \cos(\frac{jr\pi}{n})$$

$$a_r = \frac{2}{n} \sum_{j=0}^{n}{}'' f(\cos\xi_j) \cos[\frac{(2j+1)r\pi}{2n}]$$

$$\xi_j = \cos(\frac{(2j+1)\pi}{2n}) \tag{10.69}$$

以上两式，常用后者，而且还可用如下递推关系算出：

令：
$$u_N = u_{N+1} = 0$$
$$u_n = f_n + 2\cos x u_{n+1} - u_{n+2} \tag{10.70}$$
$$a_r = \frac{2}{N} \cos\frac{r\pi}{2N} (u_0 - u_1)$$
$$n = N-1, N-2, \cdots, 0$$

其中，

$$f_n = f[\cos\frac{(2n+1)\pi}{2N}], \quad x = \frac{r\pi}{2N} \tag{10.71}$$

如果已知了 a_r，用展开式计算 $f(x)$ 是方便的，也可用如下递推关系计算：

$$b_{n+1} = b_{n+2} = 0$$
$$b_r = 2xb_{r+1} - b_{r+2} + a_r \qquad r = n, n-1, \cdots, 0$$
$$f(x) = \frac{1}{2}(b_0 - b_2) \tag{10.72}$$

如果 $f(x)$ 是偶函数，则有：

$$b_{n+1} = b_{n+2} = 0$$
$$b_r = 2(2x^2 - 1)b_{r+1} - b_{r+2} + a_{2r} \qquad r = n, n-1, \cdots, 0$$
$$f(x) = \frac{1}{2}(b_0 - b_2) \tag{10.73}$$

而对于奇函数，将 $f(x)$ 展为 $f(x) = x\Sigma' a_{2r} T_{2r}(x)$ 是适宜的。

Чебышев 多项式展开式与幂级数展开式相比，有两个优点：

1) 幂级数展开式的系数与多项式次数有关，N 变化，系数也要变化；而 Чебышев 多项式的系数是不变的，而且，一旦更高阶的系数得到后，更高精度的展开式也就得到，不同精度的展开式系数，只要截断选取即可。

2) 幂级数的系数，当 N 较大时，常是病态测定的，这就使得在大区间上高精度表达函数发生了困难。而 Чебышев 多项式不存在这个困难。

另外，Чебышев 多项式得到后，当然可以化为幂级数来计算，这样可以节省一些机时，但是，以上第一个优点就没有了，而且，一般说来，为了保证精度，幂级数系数要求更长的字长，因此，我们不推荐这样使用。

（2）第二类 Чебышев 多项式[8, 9]

在数值积分和微分方程数值解中，还常用到第二类 Чебышев 多项式，其定义为：

$$T_n'(x) = \frac{\mathrm{d}T_n(x)}{\mathrm{d}x} = n\frac{\sin(n\cos^{-1}x)}{\sin(\cos^{-1}x)} = \frac{\sin n\theta}{\sin\theta} \tag{10.74}$$

它的正交关系如下：

$$\int_{-1}^{1} T_k'(x) T_m'(x) (1-x^2)^{1/2} dx$$

$$= km \int_{0}^{\pi} \sin kt \sin mt dt = \begin{cases} 0 & k \neq m \\ \dfrac{\pi}{2} k^2 & k = m \end{cases} \tag{10.75}$$

$$\sum_{x=1}^{N} \sin \frac{k\pi x}{N+1} \sin \frac{m\pi x}{N+1} = \frac{N+1}{2} \delta_{mk}$$

$$\sum_{r=1}^{n-1} \sin \frac{(2r+1)k\pi}{2n} \sin \frac{(2r+1)j\pi}{2n} = \frac{n}{2} \delta_{kj}$$

如果将 $f(x)$ 展开成 $T_n'(x)$ 的级数：

$$f(x) = \sum_{k=1}^{N} a_k T_k'(x) \tag{10.76}$$

则利用正交关系，即可得到 a_k 的递推算法：

$$z_{n+2} = z_{n+1} = 0$$
$$z_r = 2z_{r+1} \cos t_k - 2z_{r+2} + c_r$$
$$c_r = f(\cos t_r) \sin t_r \tag{10.77}$$
$$a_k = \frac{2z_1 \sin t_k}{k(n+1)}$$

$$t_r = \frac{r\pi}{n+1}, \quad t_k = \frac{k\pi}{n+1}$$

第二类 Чебышев 多项式在数值积分和微分方程数值解中的应用，我们 10.5.3 节中，将详细介绍。

10.2　插值和数值微商

下面介绍常用的插值和数值微商公式，以供实用及数值积分和微分方程数值解中理论推导的参考。

10.2.1　常用插值公式[8]

（1）均差插值公式[8]

所有插值问题，均是已知 $n+1$ 个结点 $x_i (i = 0,1,2,\cdots,n)$ 上的函数值 $y_i = f(x_i)$，要求某一 x 的函数值 $y = f(x)$。

均差插值公式为：

$$f(x) = f(x_0) + f(x_0, x_1)(x - x_0)$$
$$+ f(x_0, x_1, x_2)(x - x_0)(x - x_1) + \cdots \tag{10.78}$$
$$+ f(x_0, x_1, \cdots, x_n)(x - x_0)(x - x_1) \cdots (x - x_{n-1})$$

其余项为：

$$R_n(x) = f(x_0, x_1, \cdots, x_n)(x - x_0)(x - x_1) \cdots (x - x_n)$$
$$= \frac{f^{(n+1)}(\xi)}{(n+1)!}(x - x_0)(x - x_1) \cdots (x - x_n) \tag{10.79}$$

这里，$x_0 < x_1 < x_2 < \cdots x_n$，$\xi$ 在 x_0, x_n 及 x 三个数的最大值和最小值之间。（10.78）式中的 $f(x_0, x_1), f(x_0, x_1, x_2), \cdots, f(x_0, x_1, \cdots, x_n)$ 为均差，其定义为：

$$f(x_k, x_{k+1}) = \frac{f(x_{k+1}) - f(x_k)}{x_{k+1} - x_k}$$

$$f(x_k, x_{k+1}, x_{k+2}) = \frac{f(x_{k+1}, x_{k+2}) - f(x_k, x_{k+1})}{x_{k+2} - x_k}$$

$$f(x_k, x_{k+1}, \cdots, x_{k+m}) = \frac{f(x_{k+1}, \cdots, x_{k+m}) - f(x_k, x_{k+m-1})}{x_{k+m} - x_k} \tag{10.80}$$

可以证明：

$$f(x_0, x_1, \cdots, x_n) = \sum_{j=0}^{n} \frac{f(x_j)}{(x_j - x_0)(x_j - x_1) \cdots (x_j - x_{j-1})(x_j - x_{j+1}) \cdots (x_j - x_n)} \tag{10.81}$$

（2）牛顿插值公式[8]

如果结点等距，则均差插值公式就变为牛顿插值公式，其插值公式为：

$$f(x_0 + th) = y_0 + \frac{t}{1!}\Delta y_0 + \frac{t(t-1)}{2!}\Delta^2 y_0 + \cdots + \frac{t(t-1)\cdots(t-\overline{n-1})}{n!}\Delta^n y_0 \tag{10.82}$$

其余项为：

$$R_n(x) = \frac{t(t-1)\cdots(t-n)}{(n+1)!} h^{n+1} f^{(n+1)}(\xi) \tag{10.83}$$

ξ 在 $x_0, x_n = x_0 + th$ 之间，而 $\Delta^n y_0$ 为 y 的 n 阶差分，即：

$$\Delta y_k = y_{k+1} - y_k$$
$$\Delta^2 y_k = \Delta y_{k+1} - \Delta y_k$$
$$\cdots \tag{10.84}$$
$$\Delta^m y_k = \Delta^{m-1} y_{k+1} - \Delta^{m-1} y_k$$

牛顿插值公式，适用于 x 接近于 x_0，略大于 x_0 得情况，即 $(0 < t < 1)$ 的情况。

（3）拉格朗日插值公式[10, 11]

$$y = \sum_{j=1}^{n} \prod_{\substack{i=1 \\ i \neq j}}^{n} \frac{(x - x_i)}{(x_j - x_i)} y_j \tag{10.85}$$

其余项与均差插值相同，由于公式简单对称，现常用该插值公式。

（4）样条插值[9]

为了避免高阶插值多项式的麻烦，实用时常用分段插值的方法，但这又不能保证插值曲线的光滑，为了克服这个困难，现常用样条插值。

假设函数 $f(x)$ 在节点 x_i 上的值为 y_i，$(i = 0,1,2,\cdots,n)$，我们希望在 n 个区间内，构建 n 个三次插值函数 $S_i(x)$，$(i = 0,1,2,\cdots,n-1)$，每个函数含 4 个参数，共计 $4n$ 个参数，为了插值函数的唯一性，需要有 $4n$ 个约束条件，包括：

- $S_i(x_i) = f(x_i)$ $i = 0,1,2,\cdots,n$，$n+1$ 个条件；
- $S_i(x_{i+1}) = S_{i+1}(x_{i+1}), S_i'(x_{i+1}) = S_{i+1}'(x_{i+1}), S_i''(x_{i+1}) = S_{i+1}''(x_{i+1})$ $i = 0,1,\cdots,n-2$,

$3n - 3$ 个条件。

共计 $4n - 2$ 个约束条件，还缺 2 个约束条件。因此，常引进如下边界条件：

① $S_0'(x_0) = u, S_{n-1}'(x_n) = v$，这样构建的样条，称为钳位样条；

② $S_0''(x_0) = S_{n-1}''(x_n) = 0$，这样构建的样条，称为自然样条；

③ $S_0'(x_0) = S_{n-1}'(x_n), S_0''(x_0) = S_{n-1}''(x_n)$，这样构建的样条，称为周期样条。

在上面这些边界条件中，以自然样条的边界条件最简单，因此，自然样条也最常用。设第 i 个三次自然样条的函数为：

$$S_i(x) = \alpha_i(x - x_i)^3 + \beta_i(x - x_i)^2 + \gamma_i(x - x_i) + y_i \tag{10.86}$$

下面给出 $\alpha_i, \beta_i, \gamma_i$ 的计算方法：

设 $h_i = x_{i+1} - x_i$，由 $S_i(x_{i+1}) = y_{i+1}$，得：

$$\alpha_i h_i^3 + \beta_i h_i^2 + \gamma_i h_i = y_{i+1} - y_i \tag{10.87}$$

由 $S_i'(x_{i+1}) = S_{i+1}'(x_{i+1})$ 和 $S_i''(x_{i+1}) = S_{i+1}''(x_{i+1})$ 得：

$$3\alpha_i h_i^2 + 2\beta_i h_i + \gamma_i = \gamma_{i+1}$$
$$3\alpha_i h_i + \beta_i = \beta_{i+1} \tag{10.88}$$

式（10.87）乘 3，式（10.88）第一式乘 h_i，式（10.88）乘第二式 h_i^2，即得：

$$3\alpha_i h_i^3 + 3\beta_i h_i^2 + 3\gamma_i h_i = 3(y_{i+1} - y_i)$$
$$3\alpha_i h_i^3 + 2\beta_i h_i^2 + \gamma_i h_i = \gamma_{i+1} h_i \qquad (10.89)$$
$$3\alpha_i h_i^3 + \beta_i h_i^2 = \beta_{i+1} h_i^2$$

消去 α_i，得

$$\beta_{i+1} h_i^2 + 2\beta_i h_i^2 + 3\gamma_i h_i = 3(y_{i+1} - y_i)$$
$$\beta_{i+1} h_i^2 + \beta_i h_i^2 + \gamma_i h_i = \gamma_{i+1} h_i \qquad (10.90)$$

对于第 $i+1$ 个区间，有

$$\beta_{i+2} h_{i+1}^2 + 2\beta_{i+1} h_{i+1}^2 + 3\gamma_{i+1} h_{i+1} = 3(y_{i+2} - y_{i+1})$$

与（10.90）式联立，消去 γ_i, γ_{i+1}

$$\beta_{i+2} h_{i+1} + 2\beta_{i+1}(h_{i+1} + h_i) + \beta_i h_i = 3\frac{y_{i+2} - y_{i+1}}{h_{i+1}} - 3\frac{y_{i+1} - y_i}{h_i} \qquad (10.91)$$

于是，利用 $\beta_0 = \beta_n = 0$，β_i 可由方程 $Ax = b$ 解出，其中

$$A = \begin{pmatrix} 1 & 0 & & & \\ h_0 & 2(h_0 + h_1) & h_1 & & \\ & h_i & 2(h_i + h_{i+1}) & h_{i+1} & \\ & & h_{n-2} & 2(h_{n-1} + h_{n-2}) & h_{n-1} \\ & & & 0 & 1 \end{pmatrix} \qquad (10.92)$$

$$x = \begin{pmatrix} \beta_0 \\ \beta_1 \\ \vdots \\ \beta_{n-1} \\ \beta_n \end{pmatrix}, \quad b = \begin{pmatrix} 0 \\ 3\dfrac{y_2 - y_1}{h_0} - 3\dfrac{y_1 - y_0}{h_0} \\ 3\dfrac{y_{i+2} - y_{i+1}}{h_{i+1}} - 3\dfrac{y_{i+1} - y_i}{h_i} \\ 3\dfrac{y_n - y_{n-1}}{h_{n-1}} - 3\dfrac{y_{n-1} - y_{n-2}}{h_{n-2}} \\ 0 \end{pmatrix} \qquad (10.93)$$

而由（10.89）式、（10.87）式，α_i, γ_i 即为：

$$\alpha_i = (\beta_{i+1} - \beta_i) / 3h_i \qquad (10.94)$$
$$\gamma_i = \frac{(y_{i+1} - y_i)}{h_i} - \frac{(\beta_{i+1} + 2\beta_i)h_i}{3} \qquad (10.95)$$

10.2.2 数值微商[9]

一般说来，所有插值多项式的微商，都可以用来计算数值微商，但是，

插值多项式 $p(x)$ 收敛于 $f(x)$ 时，$p'(x)$ 不一定收敛于 $f'(x)$，而且，即使步长 h 变小，由于舍入误差的增加，计算精度也不一定提高。因此，现在数值微商常用样条函数来计算，因为，如果被插函数 $f(x)$ 有四阶连续导数，则当 $h_j \to 0$ 时，$S(x)$ 收敛于 $f(x)$，则 $S'(x)$ 也收敛于 $f'(x)$，$S''(x)$ 亦收敛于 $f''(x)$，且 $S(x) - f(x) = O(H^4), S'(x) - f'(x) = O(H^3), S''(x) - f''(x) = O(H^2)$，这里 H 为 h_j 的最大值。

对（10.86）式求导，即有一次导数的表达式：

$$S_i'(x) = 3\alpha_i(x - x_i)^2 + 2\beta_i(x - x_i) + \gamma_i \tag{10.96}$$

如果需要求二阶导数，再求导一次即有：

$$S_i''(x) = 6\alpha_i(x - x_i) + 2\beta_i \tag{10.97}$$

在节点上的导数为：

$$\begin{aligned} S_i'(x_i) &= \gamma_i \\ S_i''(x_i) &= 2\beta_i \end{aligned} \tag{10.98}$$

10.2.3　Fourier 分析（调和分析）[8]

这里所说的 Fourier 分析，实际上是 $f(x)$ 在区间 $[a,b]$ 上的一个三角插值多项式，即从 $2N+1$ 个函数值 $f_n = f(x_n)$ $(x_n = \dfrac{(b-a)n}{2N+1}$，$n = 0,1,2,\cdots,2N)$ 出发，求出 $2N+1$ 个 Fourier 分析系数 $A_j(j = 0,1,2,\cdots,N), B_j(j = 1,2,\cdots,N)$，使得下列三角多项式：

$$S_N(x) = \frac{1}{2}A_0 + \sum_{j=1}^{N}\left[A_j\cos(\frac{2\pi jx}{b-a}) + B_j\sin(\frac{2\pi jx}{b-a})\right] \tag{10.99}$$

是 $f(x)$ 的一个逼近式，而且，对于固定的 N，使得

$$\frac{1}{b-a}\int_a^b[f(t) - S_N(t)]^2\mathrm{d}t \tag{10.100}$$

达到最小。

众所周知，Fourier 分析系数 $A_j(j = 0,1,2,\cdots,N), B_j(j = 1,2,\cdots,N)$ 可用下式计算：

$$\begin{aligned} A_j &= \frac{2}{2N+1}\sum_{n=0}^{2N}f_n\cos\left(\frac{2\pi nj}{2N+1}\right) \\ B_j &= \frac{2}{2N+1}\sum_{n=0}^{2N}f_n\sin\left(\frac{2\pi nj}{2N+1}\right) \end{aligned} \tag{10.101}$$

下面介绍一种计算量较小的计算方法：

$$U_{2N+2,j} = U_{2N+1,j} = 0$$

$$U_{n,j} = f_n + 2\cos(\frac{2\pi j}{2N+1}) U_{n+1,j} - U_{n+2,j} \qquad （10.102）$$

$$(n = 2N, 2N-1, \cdots, 1)$$

而 A_j, B_j 为：

$$A_j = \frac{2}{2N+1}[f_0 + U_{1,j}\cos(\frac{2\pi j}{2N+1}) - U_{2,j}]$$

$$B_j = \frac{2}{2N+1} U_{1,j}\sin(\frac{2\pi j}{2N+1}) \qquad （10.103）$$

求出 A_j, B_j 后，$S_N(x)$ 即为 $f(x)$ 的三角多项式。

10.2.4 三角插值和抽样函数插值[10]

与拉格朗日插值类似，如果 $f(x)$ 是 $[0,2\pi]$ 上的周期函数，使用如下三角插值多项式是方便的：

设 $x_i(i = 0,1,\cdots,2N)$ 是 $[0,2\pi]$ 上的 $2N+1$ 个结点，$f(x)$ 在 x_i 上的值为 f_i，则三角插值公式为：

$$f(x) = \sum_{k=0}^{2N} p_k(x) f_k \qquad （10.104）$$

其中，

$$p_k(x) = \frac{\prod\limits_{\substack{i=0 \\ i \neq k}}^{2N} \sin[\frac{1}{2}(x-x_i)]}{\prod\limits_{\substack{i=0 \\ i \neq k}}^{2N} \sin[\frac{1}{2}(x_k-x_i)]} \qquad （10.105）$$

如果，x_i 在 $[0,2\pi]$ 上均匀分布，且 $x_i = \dfrac{2\pi i}{2N+1}$ $i = 0,1,\cdots,2N$，则 $p_k(x)$ 就化为著名的抽样函数：

$$q_k(x) = \frac{1}{2N+1}[1 + 2\sum_{j=1}^{N} \cos j(x-x_k)]$$

$$= \frac{1}{2N+1} \frac{\sin[\frac{2N+1}{2}(x-x_k)]}{\sin[\frac{1}{2}(x-x_k)]} \qquad k = 0,1,\cdots,2N \qquad （10.106）$$

这样，下式即为抽样函数插值公式：

$$f(x) = \sum_{k=0}^{2N} q_k(x) f_k \tag{10.107}$$

10.3　高次方程和超越方程的解

10.3.1　低于四次方程的严格解

（1）二次方程

$$ax^2 + bx + c = 0 \text{ 解为：} x = \frac{-b \pm \sqrt{b^2 - 4ac}}{2a}$$

（2）三次方程

$$x^3 + Px^2 + Qx + R = 0 \tag{10.108}$$

如果 x^3 的系数不等于 1，则用其遍除各系数，即可将所有三次方程化为上述形式，其解法为：

① 作变换：$z = x + \dfrac{P}{3}$，使 z^2 前的系数变为 0，于是 z 的方程就为：

$$z^3 + az + b = 0$$

其中，$a = \dfrac{1}{3}(3Q - P^2);\quad b = \dfrac{1}{27}(2P^3 - 9PQ + 27R)$

② 计算 $\Delta = \dfrac{a^3}{27} + \dfrac{b^2}{4}$

如果 $\Delta > 0$，则，$z_1 = \sqrt[3]{-\dfrac{b}{2} + \sqrt{\Delta}} + \sqrt[3]{-\dfrac{b}{2} - \sqrt{\Delta}}$，$z_2, z_3$ 为一对共轭复根。

如果 $\Delta = 0$，则，$z_1 = 2\sqrt[3]{-\dfrac{b}{2}};\quad z_2 = z_3 = \sqrt[3]{\dfrac{b}{2}}$

如果 $\Delta < 0$，则，$z_1 = E_0 \cos \dfrac{1}{3}\varphi$

$$z_2 = E_0 \cos \dfrac{1}{3}(\varphi + 2\pi);\quad z_3 = E_0 \cos \dfrac{1}{3}(\varphi + 4\pi)$$

其中，$E_0 = 2\sqrt{-\dfrac{a}{3}},\qquad \cos\varphi = -b / \sqrt[3]{-\dfrac{a^3}{27}}\qquad 0 \le \varphi \le \pi$

求出 z_i 后，即可求出 x_i。

（3）四次方程

$$x^4 + Bx^3 + Cx^2 + Dx + E = 0 \qquad (10.109)$$

作变换 $x = y + h$，使 y^3 前的系数为 0，即得：

$$y^4 + Py^2 + Qy + R = 0$$

这里

$$P = 6h^2 + 3Bh + C$$

$$Q = 4h^3 + 3Bh^2 + 2Ch + D$$

$$R = h^4 + Bh^3 + Ch^2 + Dh + E$$

$$h = -\frac{B}{4}$$

如果，$Q = 0$，则，方程为一个双二次方程，于是方程即可解出；

如果，$Q \neq 0$，则解三次预解式：

$$t^3 + 2Pt^2 + (P^2 - 4R)t - Q^2 = 0$$

按上述解三次方程的方法，得 3 个根，t_1, t_2, t_3，可以证明，t_1, t_2, t_3 中总存在一个正的实根，定义：$R' = \max(t_1, t_2, t_3)$，则，y 的四次方程可分解因子：

$$(y^2 + \sqrt{R'}y + \xi)(y^2 - \sqrt{R'}y + \beta) = 0$$

其中，$\xi = \frac{1}{2}(P + R' - \frac{Q}{\sqrt{R'}}), \quad \beta = \frac{1}{2}(P + R' + \frac{Q}{\sqrt{R'}})$

解两个二次方程，即得 y_1, y_2, y_3, y_4，加上 h 后即为 x 的解。

10.3.2　高于四次方程和超越方程的解

高于四次方程和超越方程，一般没有严格解，通常使用逐次迭代法。解方程 $f(x) = 0$，有许多解法，如简单迭代法、牛顿迭代法、弦割法等，对于高次代数方程，还可以求解所有的实根，但这些解法均有不收敛的问题，有时还需要引进阻尼因子，因此，我们不推荐使用这些方法，建议使用如下两种方法求解：

（1）爬山法

定义指标 $z_j = |f(x_j)|$，初值从 $x_0 = \frac{a+b}{2}$ 开始，初始步长为 h，计算 $z_j = |f(x_0 \pm jh)|$，总能找到某个 j，使得 $z_{j-1} > z_j < z_{j+1}$；这时，改变 $x_0^{(i+1)} = x_0^{(i)} + jh$，并将步长缩短一半……重复这样的过程，直到步长小于

门限 ε 为止。

（2）二分法

二分法又称对分区间套法，设 $f(x)$ 在 $[a,b]$ 上连续，从 a 开始，以一个基本步长 h 分割，总能找到某个小区间 $[a_1,b_1]$，使得 $f(a_1)f(b_1)<0$（如果 (a,b) 中存在实根的话），然后计算 $f(\dfrac{a_1+b_1}{2})$，与 $f(a_1),f(b_1)$ 比较，又可找出一个异号的区间 $[a_2,b_2]$，再计算 $f(\dfrac{a_2+b_2}{2})$……重复这样的过程，即可得到一系列的区间：

$$(a_1,b_1),(a_2,b_2),(a_3,b_3),\cdots$$

直到某个区间长度小于门限 ε 为止。

这两种方法，均能保证收敛，不会出现死循环，而且可以控制精度。

10.4　数值积分[8]

由于大多数被积函数不能找到用初等函数表示的原函数，现在定积分的计算，常用数值积分方法计算，即用：

$$\int_a^b f(x)\mathrm{d}x = \sum_{j=0}^n H_j f(a_j) \tag{10.110}$$

来计算定积分。这样，主要问题就变成如何给出 a_j，以及权函数 H_j，使得计算更精确，更省时。

常用的求积公式有如下两类：

1）横坐标在区间 $[a,b]$ 上均匀分布的 Newton-Cotes 型公式；

2）横坐标不受等距限制，但需给定横坐标和权的 Gauss 型公式。

在区间 $[a,b]$ 上 $f(x)$ 的求积，一般又有两种做法：

①在整个区间上用一个单独的求积公式；

②将区间分成若干个小区间，然后对每个小区间用一个公式求积后再求和。

由于现在的积分精度要求较高，通常使用第二种做法，而且，为了能得到区间的合理分法，还有定步长和变步长两种方法。由于 Gauss 型求积公式中的 $f(a_j)$，在区间加密后无法利用，因此，变步长通常只能使用

Newton-Cotes 型公式。

10.4.1 Newton-cotes 型公式

将 $f(x)$ 的拉格朗日插值多项式 $p(x)$ 代替 $f(x)$，即有：

$$\int_a^b f(x)\mathrm{d}x = \int_a^b p(x)\mathrm{d}x = (b-a)\sum_{k=0}^{n} C_k^{(n)} f(x_k) + R_n \qquad （10.111）$$

这里，$x_k = a + kh$，$h = \dfrac{b-a}{n}$，$(k = 0,1,2,\cdots,n)$

其中，$C_k^{(n)}$ 称为 Cotes 系数，它可按下式计算：

$$C_k^{(n)} = \frac{(-1)^{n-k}}{nk!(n-k)!} \int_0^n t(t-1)\cdots(t-k+1)(t-k-1)\cdots(t-n)\mathrm{d}t \qquad （10.112）$$

常用的低价 Cotes 系数及余项如表 10.1：

表 10.1　低价 Cotes 系数及余项表

n	Cotes 系数							余项
	$k=0$	$k=1$	$k=2$	$k=3$	$k=4$	$k=5$	$k=6$	
1	$\dfrac{1}{2}$	$\dfrac{1}{2}$						$\dfrac{1}{12}h^3 f''(\xi)$
2	$\dfrac{1}{6}$	$\dfrac{4}{6}$	$\dfrac{1}{6}$					$\dfrac{1}{90}h^5 f^{(4)}(\xi)$
3	$\dfrac{1}{8}$	$\dfrac{3}{8}$	$\dfrac{3}{8}$	$\dfrac{1}{8}$				$\dfrac{3}{80}h^5 f^{(4)}(\xi)$
4	$\dfrac{7}{90}$	$\dfrac{16}{45}$	$\dfrac{2}{15}$	$\dfrac{16}{45}$	$\dfrac{7}{90}$			$\dfrac{8}{945}h^7 f^{(6)}(\xi)$
5	$\dfrac{19}{288}$	$\dfrac{25}{96}$	$\dfrac{25}{144}$	$\dfrac{25}{144}$	$\dfrac{25}{96}$	$\dfrac{19}{288}$		$\dfrac{275}{12096}h^7 f^{(6)}(\xi)$
6	$\dfrac{41}{840}$	$\dfrac{9}{35}$	$\dfrac{9}{280}$	$\dfrac{34}{105}$	$\dfrac{9}{280}$	$\dfrac{9}{35}$	$\dfrac{41}{840}$	$\dfrac{9}{1400}h^9 f^{(8)}(\xi)$

其中，$n=1$ 的公式即为梯形公式；$n=2$ 的公式即为抛物线公式，即辛普森公式；$n=3$ 的公式，则特称为 Newton-Cotes 公式。

另外，从余项可见，$n=2m$ 的余项与 $n=2m+1$ 的余项相当，即用 $n=2m$ 和 $n=2m+1$ 的公式，所得的精度相当，而 $n=2m+1$ 的公式，必须多算一个函数值，所以，通常只使用偶阶 Newton-Cotes 公式。当 $n \geq 8$ 时，$C_k^{(n)}$ 中将出现负值，在实际计算时，通常不使用这种公式。

在实际计算中，当然总是将 $[a,b]$ 分成几个小区间后积分的，这时求积公式，常称为复式积分公式。

10.4.2　逐次分半加速法 – Romberg 积分

这实际上是一种变步长的 Newton-Cotes 型积分，这种方法先将$[a,b]$分为2^{k-1}个小区间，利用梯形公式求积，积分结果为$T_n (n = 2^{k-1})$，然后，再将$[a,b]$分为2^k个小区间，利用梯形公式求积，积分结果为T_{2n}，可以证明：

$$T_{2n} = \frac{1}{2}T_n + \frac{b-a}{2n}\sum_{i=1}^{2^{k-1}}[f(a + \frac{b-a}{2^k}(2i-1)] \tag{10.113}$$

这样得到的积分序列$T_1, T_2, T_4, T_8, \cdots$称为$T$序列。

研究T序列的余项发现，T序列的线性组合$S_1, S_2, S_4, S_8, \cdots, S_{2n}$，可以加速其收敛性，而计算工作量不变，这里：

$$S_n = \frac{4}{4-1}T_{2n} - \frac{1}{4-1}T_n \tag{10.114}$$

同样可以证明，由下列线性组合的序列有更好的收敛性：

$$C_n = \frac{4^2}{4^2-1}S_{2n} - \frac{1}{4^2-1}S_n$$
$$R_n = \frac{4^2}{4^2-1}C_{2n} - \frac{1}{4^2-1}C_n \tag{10.115}$$

可以证明，S_{2n}, C_{2n}序列分别为$[a,b]$分为2^k个小区间的辛普森和 Newton-Cotes 的求积结果，而R_{2n}序列则称为 Romberg 积分。

由于利用R_{2n}序列，再形成的新序列的一个系数为 256/255，已接近于 1，另一个系数为 1/255，新序列与R_{2n}序列相差不大，因此，通常只用R_{2n}序列来逼近积分，不再形成新的序列，因此，逐次分半加速法常称为 Romberg 积分。

Romberg 积分的计算次序如表 10.2，计算将按表的行次序进行。

表 10.2　Romberg 积分的计算次序

k	区间等分数 2^k	梯形公式 T_{2n}	辛普森式 S_{2n}	Cotes 公式 C_{2n}	Romberg 公式 R_{2n}	
0	1	T_1				
1	2	T_2	S_1			
2	4	T_4	S_2	C_1		
3	8	T_8	S_4	C_2	R_1	
4	16	T_{16}	S_8	C_4	R_2	
5	32	T_{32}	S_{16}	C_8	R_4	
6	$\vdots$	$\vdots$	$\vdots$	$\vdots$	$\vdots$	

计算到 $|R_{2m}-R_m|<\varepsilon$ 为止。

10.4.3　Gauss 积分公式

众所周知，Gauss 求积公式具有最高的精度，这时，a_j 在 $[a,b]$ 上不再均匀分布，而是 $[a,b]$ 上的 n 阶 Legendre 多项式的根。它对任意 $2n+1$ 次或较低的多项式准确成立。

由于 Gauss 型公式比 Newton-Cotes 公式要求更高的导数，因此，通常只采用较低阶的求积公式。

Gauss 公式通常可表达如下：

$$\int_{-1}^{1} f(x)\mathrm{d}x = \sum_{k=0}^{n} A_k^{(n)} f(x_k^{(n)}) + R_n \tag{10.116}$$

式中，$x_k^{(n)}$ 为 n 阶 Legrende 多项式 $P_n(x)$ 的根，而

$$A_k^{(n)} = \frac{2}{(1-x_k^{(n)2})[P_n'(x_k^{(n)})]^2} = \frac{2(1-x_k^{(n)2})}{[nP_{n-1}(x_k^{(n)})]^2} \tag{10.117}$$

余项 $R_n = \dfrac{2^{2n+1}(n!)^4}{(2n+1)[(2n)!]^3} f^{(2n)}(\xi)$，低阶的 $A_k^{(n)}, x_k^{(n)}, R_n$ 如表 10.3：

表 10.3　Gauss 积分系数表

n	结点 $x_k^{(n)}$	系数 $A_k^{(n)}$	余项
2	$\pm\dfrac{1}{\sqrt{3}}$	1	$\dfrac{1}{135}f^{(4)}(\xi)$
3	0	8/9	$\dfrac{1}{15750}f^{(6)}(\xi)$
	$\pm\sqrt{\dfrac{3}{5}}$	5/9	
4	$\pm\sqrt{\dfrac{3}{7}-\dfrac{2\sqrt{30}}{35}}$	0.6521451548625463	$\dfrac{1}{3472875}f^{(8)}(\xi)$
	$\pm\sqrt{\dfrac{3}{7}+\dfrac{2\sqrt{30}}{35}}$	0.3478548451374540	
5	0	128/255	$\dfrac{1}{1237732650}f^{(10)}(\xi)$
	$\pm\sqrt{\dfrac{70-\sqrt{1120}}{126}}$	0.4786286704993662	
	$\pm\sqrt{\dfrac{70+\sqrt{1120}}{126}}$	0.2369268850561878	

与 Newton-Cotes 方法类似，现在也通常将 $[a,b]$ 分成若干小区间进行求积。常用的方法是将 $[a,b]$ 分成 $\dfrac{n}{2}$ 个长度为 $2h$ 小区间，然后对每个小区间用两点 Gauss 公式求积，即：

$$\int_a^b f(x)\mathrm{d}x = h\sum_{m=0}^{\frac{n}{2}-1}\{f(a+h[(1-\frac{1}{\sqrt{3}})+2m])+f(a+h[(1+\frac{1}{\sqrt{3}})+2m])\} \quad （10.118）$$

这种求积公式，与辛普森方法相比，少算了一个函数，且截断误差又较小，因此，是比较好的方法。

10.5　常微分方程的数值解

这里我们讨论常微分方程组：

$$\begin{cases} \dfrac{\mathrm{d}y}{\mathrm{d}x} = f(x) \\ y(x_0) = y_0 \end{cases} \quad （10.119）$$

的数值解，其中 $y, f(x)$ 均可是 n 维向量。

微分方程的数值解法，有两类，一类是 Rouge-kutta 单步法，一类是 Adams 多步法，单步法只要已知一个 x_0 和 y_0，即可进行数值积分，是自开步的；而多步法需要数个 $x_n, y_n, x_{n-1}, y_{n-1}, x_{n-2}, y_{n-2}, x_{n-3}, y_{n-3}, \cdots$，才能进行数值积分，它需要用其他方法进行起步，或迭代起步。

在实际计算时，常将自变量 x，也作一个参数来积分，即令：$y_0(x) = x, \dfrac{\mathrm{d}y_0}{\mathrm{d}x} = 1$，这样微分方程的维数就为 $n+1$。

10.5.1　常用的微分方程的数值解法[8,11,12]

（1）四阶 Runge-kutta 方法

已知 x_n 处的 y_n，x_{n+1} 处的 y_{n+1} 的算法如下：

$$y_{n+1} = y_n + \frac{1}{6}(k_1 + 2k_2 + 2k_3 + k_4) \quad （10.120）$$

其中，

$$k_1 = hf(x_n, y_n)$$

$$k_2 = hf(x_n + \frac{1}{2}h, y_n + \frac{1}{2}k_1)$$

$$k_1 = hf(x_n + \frac{1}{2}h, y_n + \frac{1}{2}k_2) \qquad (10.121)$$

$$k_1 = hf(x_n + h, y_n + k_3)$$

（2）四阶 Runge-kutta 方法的 Gill 变型

$$y_1 = y_0 + \frac{1}{2}(k_1 - 2q_0)$$

$$y_2 = y_1 + (1 - \sqrt{\frac{1}{2}})(k_2 - q_1)$$

$$y_3 = y_2 + (1 - \sqrt{\frac{1}{2}})(k_3 - q_2) \qquad (10.122)$$

$$y_4 = y_3 + \frac{1}{6}(k_4 - 2q_3)$$

其中，

$$k_1 = hf(x_0, y_0)$$

$$k_2 = hf(x_0 + \frac{1}{2}h, y_1)$$

$$k_3 = hf(x_0 + \frac{1}{2}h, y_2)$$

$$k_4 = hf(x_0 + h, y_3)$$

$$q_0 = 0$$

$$q_1 = q_0 + 3[\frac{1}{2}(k_1 - 2q_0)] - \frac{1}{2}k_1$$

$$q_2 = q_1 + 3[(1 - \sqrt{\frac{1}{2}})(k_2 - q_1)] - (1 - \sqrt{\frac{1}{2}})k_2$$

$$q_3 = q_2 + 3[(1 - \sqrt{\frac{1}{2}})(k_3 - q_2)] - (1 + \sqrt{\frac{1}{2}})k_3 \qquad (10.123)$$

$$q_4 = q_3 + 3[\frac{1}{6}(k_4 - 2q_3)] - \frac{1}{2}k_4$$

该方法中，$y_4 = y(x_0 + h)$，为下一个结点的函数值，q_4 可用作下一步的 q_0，由于引进了 q_i，该方法的累积误差较小。

（3） Adams 方法

四阶 Adams 方法，先用其他方法计算 $y_n, y_{n-1}, y_{n-2}, y_{n-3}$

预报公式：

$$y_{n+1}^{(0)} = y_n + \frac{h}{24}[55f(x_n, y_n) - 59f(x_{n-1}, y_{n-1}) + 37f(x_{n-2}, y_{n-2})$$

$$- 9f(x_{n-3}, y_{n-3})] + \frac{251}{720}h^5 f^{(5)}(\xi) \tag{10.124}$$

校正公式：

$$y_{n+1} = y_n + \frac{h}{24}[9f(x_{n+1}, y_{n+1}^{(0)}) + 19f(x_n, y_n) - 5f(x_{n-1}, y_{n-1})$$

$$+ f(x_{n-2}, y_{n-2})] - \frac{19}{720}h^5 f^{(5)}(\xi) \tag{10.125}$$

一般校正计算应进行迭代，即用 y_{n+1} 代替右端的 $y_{n+1}^{(0)}$，重新计算 $f(x_{n+1}, y_{n+1})$，再计算 y_{n+1}，直至两次计算的 y_{n+1} 之差小于精度要求为止。

（4） Hamming 方法

Hamming 方法的特点是不要迭代，它用 Romberg 求积分类似的思想，用余项估算改正量，其方法为：

预报公式：

$$P_{n+1} = y_{n-3} + \frac{4h}{3}(2y_n' - y_{n-1}' + 2y_{n-2}') \tag{10.126}$$

计算修正量：

$$m_{n+1} = P_{n+1} - \frac{28}{29}(P_n - C_n) \tag{10.127}$$

$$m_{n+1}' = f(x_{n+1}, m_{n+1})$$

校正公式：

$$C_{n+1} = y_{n-1} + \frac{h}{3}(m_{n+1}' + 4y_n' + y_{n-1}') \tag{10.128}$$

终值计算：

$$y_{n+1} = C_{n+1} + \frac{1}{29}(P_{n+1} - C_{n+1}) \tag{10.129}$$

计算第一步时，$P_n - C_n$ 是未知的，可取为 0，以后，上一步的 $P_{n+1} - C_{n+1}$ 可用作下一步的 $P_n - C_n$。

10.5.2 后向改正法[13]

在线性多步法中，低于 10 阶的公式通常是稳定的，高阶公式通常不稳定，为了提高高阶公式的稳定性，并扩大步长，可使用后向改正法，它与 Adams 方法的差别是，Adams 方法只改正 y_{n+1}，而后向改正法可以改正 y_n 或 y_n 之前的函数值，此方法一面向前预报 y_{n+1}，一面又向后改正 y_{n-m}，所以称为后向改正法。

一阶微分方程的后向改正法，通常采用如下的预报和回代公式：

预报公式：

$$y_{n+1} = y_{n-m} + h\sum_{i=0}^{k-1} A_i^m(0)f_{n-i}\qquad(10.130)$$

回代公式：

$$y_{n+2-l} = y_{n-p} + h\sum_{i=0}^{k-1} A_i^p(l)f_{n+1-i}\qquad(10.131)$$

这种后向改正法，称为 k 阶回代 l 次的后向改正法，当 $m = p = 0, l = 1$ 时，上述公式即为 Adams 方法，当然，在后向改正法中，l 总是大于 1 的。

下面，我们具体介绍 $A_i^{(m)}(0), A_i^{(p)}(l)$ 的计算方法，为此，我们先介绍几种常用的线性算子：

移位算子 E：$Ef(x) = f(x+h)$

后差算子 ∇：$\nabla f(x) = f(x) - f(x-h)$

微分算子 D：$Df(x) = f'(x)$

算子 E^n, ∇^n, D^n 均可同样定义，例如：

$$E^{-1}f(x) = f(x-h)$$

$$E^n f(x) = f(x+nh)$$

等，这些算子有如表 10.4 的关系：

表 10.4 符号算子的关系

	E	∇	hD
E	E	$(1-\nabla)^{-1}$	e^{hD}
∇	$1-E^{-1}$	∇	$1-e^{-hD}$
hD	$\ln E$	$-\ln(1-\nabla)$	hD

利用这些算子，$A_i^{(m)}(0), A_i^{(p)}(l)$ 的算法就很方便，例如：$A_i^{(m)}(0)$ 的推导如下：

$$y_{n+1} - y_{n-m} = (E - E^{-m})y_n$$

$$= -\frac{(1-\nabla)^{-1} - (1-\nabla)^m}{\ln(1-\nabla)} hDy_n = -h\frac{(1-\nabla)^{-1} - (1-\nabla)^m}{\ln(1-\nabla)} f_n$$

如果定义：
$$\varphi(\nabla) = -\frac{(1-\nabla)^{-1} - (1-\nabla)^m}{\ln(1-\nabla)} \equiv \sum_{j=0}^{\infty} \varphi_j \nabla^j \qquad (10.132)$$

则，利用 $(1-\nabla)^{-1}, (1-\nabla)^m, \ln(1-\nabla)$ 的展式，我们就不难得到 φ_j 的递推关系式：

$$\varphi_j = 1 - (-1)^{j+1} C_m^{j+1} - \sum_{k=0}^{j-1} \frac{\varphi_k}{j-k+1} \qquad (10.133)$$

$$\varphi_0 = 1 + m$$

其中，C_m^{j+1} 为组合数，当 $j+1 > m$ 时，$C_m^{j+1} = 0$

于是，
$$y_{n+1} - y_{n-m} = h\sum_{j=0}^{\infty} \varphi_j \nabla^j f_n \qquad (10.134)$$

再将 ∇^j 化为 $(1-E^{-1})^j$ 展开，截断到 k 阶，即得：

$$y_{n+1} - y_{n-m} = h\sum_{i=0}^{k-1} (\sum_{j=0}^{k-1} \varphi_j (-1)^i C_j^i) f_{n-i} \qquad (10.135)$$

于是，
$$A_i^{(m)}(0) = (-1)^i \sum_{j=i}^{k-1} \varphi_j C_j^i \qquad (10.136)$$

对于回代公式，也有类似的公式：

$$A_i^{(p)}(l) = \sum_{j=i}^{k} \psi_j (-1)^i C_j^i \qquad (10.137)$$

这里：

$$\psi_j = (-1)^{j+1} (C_{l-1}^{j+1} - C_{p+1}^{j+1}) - \sum_{k=0}^{j-1} \frac{\psi_k}{j-k+1} \qquad (10.138)$$

$$\psi_0 = 2 - l + p$$

其中，$C_{l-1}^{j+1}, C_{p+1}^{j+1}$ 为组合数，当 $j+1 > l-1, j+1 > p+1$ 时，$C_{l-1}^{j+1} = 0, C_{p+1}^{j+1} = 0$

后向改正法步骤可归纳如下：

①适当选择 m, p, k, q，一般选 $m=0, p=l-1$，计算：

$A_i^{(m)}(0), A_i^{(p)}(l)$ $(i=0,1,\cdots,k-1),(l=1,2,\cdots,q)$；

②利用预报公式计算预报 y_{n+1}，计算 f_{n+1}；

③利用回代公式，令 $l=1$，改正 y_{n+1}；利用 y_{n+1} 的改正值，计算 f_{n+1}，令 $l=2$，改正 y_n，计算 f_n，令 $l=3$，改正 y_{n-1}，计算 f_{n-1}，…，直至 $l=q$，

改正 y_{n+2-q}，计算 f_{n+2-q}；

④将 n 加 1，继续积分。

（$l=3,q=3$）的 11 阶（$k=12$）和 12 阶（$k=13$）的后向改正法系数，请参见表 10.5 和表 10.6。

表 10.5　11 阶后向改正法参数（$q=3$）

| | 预报公式 | 回代公式 $p=l-1$ | | |
| | $m=0$ | $l=1$ | $l=2$ | $l=3$ |
i	$A_i^{(0)}(0)$	$A_i^{(0)}(1)$	$A_i^{(1)}(2)$	$A_i^{(2)}(3)$
0	.472625394048788E+01	.274265540031599E+00	-.592405641233768E-02	.861793572297050E-03
1	-.202857466060656E+02	.143506746010869E+01	.345354216979651E+00	-.162655792799019E-01
2	.643350953159655E+02	-.218422096398008E+01	.104407973689441E+01	.402232592751254E+00
3	-.141522864179368E+03	.399667650901375E+01	-.880928553265791E+00	.854485150989062E+00
4	.223526764175735E+03	-.576142186372655E+01	.106426858490660E+01	-.454340734978765E+00
5	-.258602100049353E+03	.630845647070907E+01	-.106956918515512E+01	.381728075647359E+00
6	.220357899950647E+03	-.518074106015512E+01	.834628345709072E+00	-.273271924352666E+00
7	-.137124664395693E+03	.313959224562089E+01	-.488888381583693E+00	.152087836449824E+00
8	.607399929634890E+02	-.136322208005151E+01	.207184321513748E+00	-.623005632966614E-01
9	-.181734761126059E+02	.401574156537264E+00	-.599296693372213E-01	.175897356084003E-01
10	.329711053679153E+01	-.719504705203489E-01	.105864333229784E-01	-.305129356561678E-02
11	-.274265540031599E+00	.592405641233766E-02	-.861793572297043E-03	.244910455413955E-03

表 10.6　12 阶后向改正法参数（$q=3$）

| | 预报公式 | 回代公式 $p=l-1$ | | |
| | $m=0$ | $l=1$ | $l=2$ | $l=3$ |
i	$A_i^{(0)}(0)$	$A_i^{(0)}(1)$	$A_i^{(1)}(2)$	$A_i^{(2)}(3)$
0	.499528278726153E+01	.269028846773649E+00	-.523669325795030E-02	.687363154387392E-03
1	-.235140927673494E+02	.149790777920410E+01	.337105859127003E+00	-.141724142649860E-01
2	.820909992030264E+02	-.252984271900480E+01	.108944570508397E+01	.390720185169217E+00
3	-.200709210469571E+03	.514874902576281E+01	-.103214844723101E+01	.892859842929187E+00
4	.356696043328692E+03	-.835358502641194E+01	.140451334632836E+01	-.540683791844045E+00
5	-.471672946694083E+03	.104559175310057E+02	-.161396080342992E+01	.519876966631807E+00
6	.468940554369499E+03	-.100194456305012E+02	.146975190036301E+01	-.434445630501189E+00
7	-.350195511040423E+03	.728705330591752E+01	-.103327999985850E+01	.290236727434273E+00
8	.193909272116445E+03	-.395538524273690E+01	.547429082935501E+00	-.148643620161942E+00
9	-.773598224028087E+02	.155364667328633E+01	-.211149563302445E+00	.559644275485250E-01
10	.210530144238524E+02	-.417572225545068E+00	.559524015125455E-01	-.145637011476542E-01
11	-.350261170131539E+01	.687643755077411E-01	-.911015142494559E-02	.233807547032985E-02
12	.269028846773649E+00	-.523669325795029E-02	.687363154387379E-03	-.174430417909658E-03

对于二阶方程组：

$$\begin{cases} \dfrac{\mathrm{d}^2 y}{\mathrm{d} x^2} = f(x) \\ y(x_0) = y_0 \end{cases} \tag{10.139}$$

的数值解，也有类似的后向改正公式：

预报公式：

$$y_{n+1} - \alpha y_{n-m} + \beta y_{n-m-1} = h^2 \sum_{i=0}^{k} A_i^{(m)}(0) f_{n-i} \tag{10.140}$$

回代公式：

$$y_{n+2-l} - \alpha' y_{n-m} + \beta' y_{n-m-1} = h^2 \sum_{i=0}^{k} A_i^{(m)}(l) f_{n+l-i} \tag{10.141}$$

系数 $\alpha, \beta, A_i^{(m)}(0), \alpha', \beta', A_i^{(m)}(l)$ 的算法与一阶方程类似，以回代公式为例：

$$(E^{1-l} - \alpha' E^{-(m+1)} + \beta' E^{-(m+2)}) y_{n+1}$$

$$= \{(1-\nabla)^{l-1} - \alpha'(1-\nabla)^{m+1} + \beta(1-\nabla)^{m+2}\} \frac{h^2 D^2}{[\ln((1-\nabla)]^2} y_{n+1} \tag{10.142}$$

$$= h^2 \varphi^{(l)}(\nabla) f_{n+1} \equiv h^2 \sum_{i=0}^{k} \varphi_i^{(l)} \nabla^i f_{n+1}$$

利用关系式 $\{(1-\nabla)^{l-1} - \alpha'(1-\nabla)^{m+1} + \beta'(1-\nabla)^{m+2}\} \equiv \sum_{i=0}^{m+2} c_i \nabla^i$

其中，$\qquad c_i = (-1)^i [C_{l-1}^i - \alpha' C_{m+1}^i + \beta' C_{m+2}^i]$

定义，$\qquad [\ln(1-\nabla)]^2 = \sum_{j=0}^{\infty} A_j \nabla^{j+2}$

其中，$\qquad A_j = \dfrac{2}{j+2} \sum_{k=1}^{j+1} \dfrac{1}{k}$

即有：$\displaystyle\sum_{i=0}^{\infty} \varphi_i^{(l)} \nabla^i \sum_{j=0}^{\infty} A_j \nabla^{j+2} = \sum_{i=0}^{m+2} c_i \nabla^i \tag{10.143}$

比较两端 ∇ 同次幂的系数，即有：

对于 $i = 0, 1$ 有：$\quad c_0 = c_1 = 0 \tag{10.144}$

即：

$$1 - \alpha' + \beta' = 0$$
$$-[l - 1 - \alpha'(m+1) + \beta'(m+2)] = 0 \tag{10.145}$$

解之即得：

$$\alpha' = m + 3 - l$$
$$\beta' = m + 2 - l$$
$$(10.146)$$

而比较两端 ∇ 两次幂以上的系数，即得 $\varphi_i^{(l)}$ 的递推关系：

$$\varphi_i^{(l)} = c_{i+2} - \sum_{k=0}^{i-1} \varphi_k^{(l)} A_{i-k} \qquad (10.147)$$

$$\varphi_0^{(l)} = c_2$$

于是：
$$A_i^{(m)}(l) = \sum_{j=i}^{k} \varphi_j^{(l)} (-1)^i C_j^i \qquad (10.148)$$

对于预报公式的系数，当然也可以用完全类似的方法求出，不过，下面的算法更为简便：

由预报公式有：
$$[E - \alpha E^{-m} + \beta E^{-(m+1)}] \equiv h^2 \psi(\nabla) f_n = h^2 \sum_i \psi_i \nabla^i f_n \qquad (10.149)$$

比较 $\psi(\nabla)$ 和 $l = 1$ 的 $\varphi^{(l)}(\nabla)$，即得：

$$\varphi^{(1)}(\nabla) = \psi(\nabla) E^{-1} \qquad (10.150)$$

于是，ψ_i 的递推关系为：

$$\psi_i = \psi_{i-1} + \varphi_i^{(1)}$$
$$\psi_0 = \varphi_0^{(1)} \qquad (10.151)$$

当然，α, β 也是 α', β' 当 $l = 1$ 时的值，即：

$$\alpha = m + 2, \quad \beta = m + 1 \qquad (10.152)$$

应该指出：当 $m = 0, l = 1$ 时，预报公式和回代公式即为第一 Cowell 方法。当 $f(x, y)$ 与 y' 无关时，使用二阶方程积分比较方便。

如果，$f(x, y)$ 与 y' 有关，则还要求 y'，可用下式计算：

$$y'_{n+2-l} = h^{-1} \sum_{i=0}^{k} \left(\sum_{j=i}^{k} \varphi_j^{(l)} (-1)^i C_j^i \right) y_{n+1-i} \qquad (10.153)$$

这里，
$$\varphi_j^{(l)} = \sum_p \frac{1}{j - p} C_{l-1}^p (-1)^p \qquad (10.154)$$

不过，如果 $f(x, y)$ 与 y' 有关，将二阶方程化为 $2n$ 个一阶方程求解更为方便。

10.5.3 Чебышев 迭代法[11, 14]

本方法与其他方法不同，它的计算结果，不是某步点上的函数值，而是在 x_0 前后一段时间 $[x_0 - h, x_0 + h]$ 内，函数 y 的 Чебышев 逼近多项式。

设我们要求微分方程在区间 $[x_0-h,x_0+h]$ 内的解为 y，现令 $\tau=\dfrac{1}{h}(x-x_0)$，则我们要求的解即为 $[-1,+1]$ 区间中的 $y(\tau)$，而 $y(\tau)$ 可表为：

$$y(\tau)=y_0+h\int_0^\tau f[x_0+h\tau,y(\tau)]\mathrm{d}\tau \tag{10.155}$$

如果令 $F(\tau)=f[x_0+h\tau,y(\tau)]$，并将 $F(\tau)$ 用第二类 Чебышев 多项式 $T_n'(\tau)$ 逼近：

$$F(\tau)=\sum_{k=1}^{N}a_k T_k'(\tau) \tag{10.156}$$

则：

$$y(\tau)=y_0+h\sum_{k=1}^{N}a_k[T_k(\tau)-T_k(0)] \tag{10.157}$$

其中，$T_k(0)=\cos(\dfrac{k\pi}{2})$。

这样，问题就归结为如何求得 a_k，如果已知 $y(\tau)$ 的某一近似表达式，则 a_k 可以用下面的方法计算：

令　　　　$z_{N+1}(k)=z_{N+2}(k)=0$

用递推关系计算：

$$z_m(k)=2z_{m+1}(k)\cos\alpha_k-z_{m+2}(k)+c_m$$
$$c_m=F(\cos\alpha_m)\sin\alpha_m$$
$$\alpha_m=\frac{m\pi}{N+1},\quad \alpha_k=\frac{k\pi}{N+1} \tag{10.158}$$
$$m=N,N-1,\cdots,1$$

则　　　　$$a_k=\frac{2z_1(k)\sin\alpha_k}{k(N+1)}\quad k=1,2,\cdots,N \tag{10.159}$$

这样，我们就可以用逐次近似的方法来求出愈来愈精密的 $y(\tau)$，而第一次近似可用： $x_i(\tau)=x_{i0}+h\tau F_i(0)$ 　　　　　　　　(10.160)

直至迭代收敛，迭代的收敛条件为：

$$\sum_{k=1}^{N}[a_k^j(i)-a_k^{j+1}(i)]^2<\varepsilon \tag{10.161}$$

要说明的是：实际工作中有两种应用：对于轨道改进，我们希望得到 $[t_0-h,t_0+h]$ 内的函数 y 的 Чебышев 逼近多项式，这时 $t-t_0=\tau h$；而对于预报，我们希望得到 $[t_0,t_0+h]$ 内的函数 y 的 Чебышев 逼近多项式，这时 $t-t_0=\dfrac{h}{2}(\tau+1)$。只要引进参数 p，对轨道改进，$p=1$，对预报 $p=2$，

$t-t_0$ 就可统一按下式计算：

$$t-t_0 = \frac{h}{p}(\tau-1+p)$$

10.5.4 常微分方程数值解在人造卫星工作中的应用

卫星运动方程及根数满足的摄动运动方程，均可用以上方法求取数值解，因此，常微分方程的数值解在人造卫星工作中应用很广。

坐标、速度和密切根数的数值积分，一般用 Runge-kutta 方法起步的 Adams 方法，或后向改正法，Adams 方法常用 6-8 解方法，后向改正法用 12 阶以上的方法。对于平根数，则常用 Runge-kutta 方法外推，如果时间较长，也可用 Adams 方法。对于分析方法和半分析方法的轨道改进和预报，我们认为以用 Чебышев 迭代法为宜。

在人造卫星工作中，微分方程的右端函数 $f(x,y)$ 常是分阶的，即我们碰到的方程为：

$$\frac{dy}{dx} = f^{(1)}(x,y) + f^{(2)}(x,y) \tag{10.162}$$

其中，$f^{(1)}(x,y)$ 包括二体问题和一阶摄动部分，$f^{(2)}(x,y)$ 为二阶以上摄动部分，$f^{(2)}(x,y)$ 量级较小，但计算量很大，在数值积分时，$f^{(2)}(x,y)$ 的计算经常不再迭代，这样可节省大量的计算时间。

例如，Adams 方法的改正公式可变为：

$$y_{n+1} = y_n + \frac{h}{24}\{9[f^{(1)}(x_{n+1},y_{n+1}) + f^{(2)}(x_{n+1},y_{n+1}^{(0)})]$$
$$+ 19f(x_n,y_n) - 5f(x_{n-1},y_{n-1}) + f(x_{n-2},y_{n-2})\}$$

在上式计算时，只迭代 $f^{(1)}(x,y)$，而不再计算 $f^{(2)}(x,y)$，当然，这必须将 $f^{(1)}(x,y)$ 和 $f^{(2)}(x,y)$ 分开存放，但这是值得的。

在 Чебышев 迭代法中，对于 $\xi=e\sin\omega, \eta=e\cos\omega$ 两个根数，在计算第一次近似时，利用 $x_i(\tau) = x_{i0} + h\tau F_i(0)$，一般不能满足精度，建议将 ξ_0,η_0 化为 e_0,ω_0，并用下式计算 $e=e_0+\dot{e}(t-t_0)$, $\omega=\omega_0+\dot{\omega}(t-t_0)$，再用 $\xi=e\sin\omega, \eta=e\cos\omega$ 进行迭代计算。

10.6 最小二乘法及误差分析[15]

在人造卫星工作中，常碰到参数测定问题，而且，一般均是观测数量大于参数的数量，即有多余观测存在，这时，必须用最小二乘法来测定参数。

设观测为 y，参数为 $x_1, x_2, \cdots, x_n$，y 与 x_i 之间有函数关系：

$$y = f(t, x_1, x_2, \cdots, x_n)$$

如果得到了 N 个观测 $y_i (i = 1, 2, \cdots, N)$，当 $N > n$ 时，参数 $x_1, x_2, \cdots, x_n$ 的求法，通常采用最小二乘法。

10.6.1 条件方程

如果 $f(t, x_1, x_2, \cdots, x_n)$ 是 x_j 的线性函数，即：

$$y = a_1(t)x_1 + a_2(t)x_2 + \cdots + a_n(t)x_n \qquad (10.163)$$

则方程

$$y_i = \sum_{j=1}^{n} a_j(t_i)x_j \qquad i = 1, 2, \cdots, N \qquad (10.164)$$

就是测定 x_j 的条件方程。

如果 $f(t, x_1, x_2, \cdots, x_n)$ 不是 x_j 的线性函数，这时，通常先估计一个 x_j 的 $x_j^{(0)}$，将 $f(t, x_1, x_2, \cdots, x_n)$ 在 $x_j^{(0)}$ 附近展开，即有：

$$f(t, x_1, x_2, \cdots, x_n) - f(t, x_1^{(0)}, x_2^{(0)}, \cdots, x_n^{(0)}) = \sum_{j=1}^{n} \frac{\partial f}{\partial x_j} \Delta x_j \qquad (10.165)$$

于是，测定 Δx_j 的条件方程即为：

$$y_i - f(t, x_1^{(0)}, x_2^{(0)}, \cdots, x_n^{(0)}) = \sum_{j=1}^{n} \frac{\partial f}{\partial x_j} \Delta x_j \qquad (10.166)$$

利用矩阵记号，即有：

$$Ax = B \qquad (10.167)$$

其中，A 为 $N \times n$ 阶矩阵，x 为 n 维向量，B 为 N 维向量。

10.6.2 最小二乘法

所谓最小二乘法，即为在 $V^\tau PV = \min$ 条件下，方程 $Ax = B$ 的解，这里 $V = B - Ax$，而 P 为权矩阵，对称正定，通常为对角阵。

$V^\tau PV$ 对 x 求导，并令其为 0，得：

$$-2A^\tau P(Ax - B) = 0 \qquad (10.168)$$

于是，x 为下列方程的解：

$$(A^{\tau}PA)x = A^{\tau}PB$$

该方程称为原方程 $Ax = B$ 的法方程，其解为：

$$x = (A^{\tau}PA)^{-1} A^{\tau}PB \tag{10.169}$$

10.6.3 法方程的解法

法方程是一个简单的线性方程组，有许多解法，这里只介绍一种可以同时求出解和权重的方法：

将法方程简写为： $\qquad Ax = B$

这里，A 为 $n \times n$ 阶矩阵，x 和 B 为 n 维向量。为了求出未知量的权重，我们必须求出 A^{-1}，即我们必须同时求出 x 和 A^{-1}，这时，我们可以将 x 和 B 同时扩大为 $n \times (n+1)$ 阶矩阵，即：

$$x' = (xA^{-1}), \quad B' = BI_n \tag{10.170}$$

x' 和 B' 仍满足方程： $Ax' = B'$，这仍是一个线性方程组，只是 x' 和 B' 均是一个 $n \times (n+1)$ 阶矩阵，在一个程序中，同时解出它们是方便的。

10.6.4 误差的计算

得到方程的解后，即可得到各个条件方程的残差，根据误差理论，单位权中误差为：

$$\sigma = \sqrt{\frac{V^{\tau}PV}{m-n}} \tag{10.171}$$

其中，m 为条件方程的个数；n 为未知数的个数；而 σ^2 为单位权方差。称 $Q = \sigma^2 A^{-1}$ 为未知数的协差阵。其对角线元素 q_{jj}，乘上 σ^2 即为 x_j 的方差，其他元素 q_{ij} 乘上 σ^2 即为 x_i 和 x_j 的协方差。

对于最小二乘改进问题，在收敛时，$\Delta x_j \doteq 0$，因此，$V \doteq B$，于是：

$$\sigma = \sqrt{\frac{B^{\tau}PB}{m-n}} \tag{10.172}$$

当然，这里还有剔除野值的问题，要同时求出中误差和剔除野值比较复杂，请参见 6.6 节，这里不再重复。

10.6.5　误差传播定律

设 x 的协差阵为 Q ，x 的函数 y ：

$$y = Px + b \tag{10.173}$$

这里，x 为 n 维向量，y, b 为 k 维向量，P 为 $k \times n$ 阶矩阵，则，y 的协差阵为：

$$R = PQP^{\tau} \tag{10.174}$$

此即为误差传播定律。

如果，y 和 x 没有 $y = Px + b$ 的简单线性关系，这时，常用一阶泰勒展开，将其线性化，即：

$$\Delta y = P\Delta x \tag{10.175}$$

则，y 的协差阵仍为：

$$R = PQP^{\tau} \tag{10.176}$$

10.6.6　约化法方程方法[16]

在人造卫星工作中，我们常碰到解大型线性方程组的问题，这时，条件方程为：

$$A_{ij}\Delta x + B_{ij}\Delta\sigma_i + C_{ij}\Delta\varepsilon_{ij} = D_{ij} \tag{10.177}$$
$$(i = 1, 2, \cdots, n, j = 1, 2, \cdots, m)$$

其中，Δx 为全局量，它与所有观测有关，$\Delta\sigma_i$ 为一级局部量，它只与第 i 个弧段的观测有关，而 $\Delta\varepsilon_{ij}$ 为二级局部量，它仅与一个站圈的观测有关。方程包含成千上万个未知数，同时解算比较困难，但是，由于未知数是分级的，因此，仍然可以方便解算，下面介绍一种约化法方程方法：

将一个站圈的方程法化，所得的法方程是如下形式：

$$\begin{pmatrix} A & F & G \\ F^{\tau} & B & H \\ G^{\tau} & H^{\tau} & C \end{pmatrix} \begin{pmatrix} \Delta x \\ \Delta\sigma_i \\ \Delta\varepsilon_{ij} \end{pmatrix} = \begin{pmatrix} a \\ b \\ c \end{pmatrix} \tag{10.178}$$

则有：

$$A\Delta x + F\Delta\sigma_i + G\Delta\varepsilon_{ij} = a$$
$$F^{\tau}\Delta x + B\Delta\sigma_i + H\Delta\varepsilon_{ij} = b \tag{10.179}$$
$$G^{\tau}\Delta x + H^{\tau}\Delta\sigma_i + C\Delta\varepsilon_{ij} = c$$

于是，可以解出：$\Delta\varepsilon_{ij} = C^{-1}(c - G^\tau\Delta x - H^\tau\Delta\sigma_i)$ （10.180）

消去 $\Delta\varepsilon_{ij}$，可得第 i 弧段，第 j 站圈的关于 $\Delta x, \Delta\sigma_i$ 的法方程：

$$(A - GC^{-1}G^\tau)\Delta x + (F - GC^{-1}H^\tau)\Delta\sigma_i = a - GC^{-1}c$$
$$(F^\tau - HC^{-1}G^\tau)\Delta x + (B - HC^{-1}H^\tau)\Delta\sigma_i = b - HC^{-1}c$$

（10.181）

式（10.180）称为式（10.178）的约化法方程。对第 i 弧段，所有站圈的约化法方程求和，即得：

$$\sum_j (A - GC^{-1}G^\tau)\Delta x + \sum_j (F - GC^{-1}H^\tau)\Delta\sigma_i = \sum_j (a - GC^{-1}c)$$
$$\sum_j (F^\tau - HC^{-1}G^\tau)\Delta x + \sum_j (B - HC^{-1}H^\tau)\Delta\sigma_i = \sum_j (b - HC^{-1}c)$$

（10.182）

令：

$$A_i' = \sum_j (A - GC^{-1}G^\tau), \quad B_i' = \sum_j (B - HC^{-1}H^\tau)$$
$$F_i' = \sum_j (F - GC^{-1}H^\tau), \quad F_i'^\tau = \sum_j (F^\tau - HC^{-1}G^\tau)$$
$$a_i' = \sum_j (a - GC^{-1}c), \quad b_i' = \sum_j (b - HC^{-1}c)$$

（10.183）

即有：

$$A_i'\Delta x + F_i'\Delta\sigma_i = a_i'$$
$$F_i'^\tau\Delta x + B_i'\Delta\sigma_i = b_i'$$

（10.184）

解出 $\quad\quad \Delta\sigma_i = B_i'^{-1}(b_i' - F_i'^\tau\Delta x)$ （10.185）

并得到可得第 i 弧段的关于 Δx 的法方程：

$$(A_i' - F_i'B_i'^{-1}F_i'^\tau)\Delta x = a_i' - F_i'B_i'^{-1}b_i'$$

（10.186）

所有弧段求和：

$$\sum_i (A_i' - F_i'B_i'^{-1}F_i'^\tau)\Delta x = \sum_i (a_i' - F_i'B_i'^{-1}b_i')$$

（10.187）

于是，得到 Δx 的解：

$$\Delta x = [\sum_i (A_i' - F_i'B_i'^{-1}F_i'^\tau)]^{-1} \sum_i (a_i' - F_i'B_i'^{-1}b_i')$$

（10.188）

Δx 代入（10.184）得到 $\Delta\sigma_i$，Δx 和 $\Delta\sigma_i$ 代入（10.179）得到 $\Delta\varepsilon_{ij}$。这样所有改正量均已求出，下面计算它们的协差阵。

1）计算残差：

$$m_i = \sum_j V_{ij}^\tau \Lambda_{ij}^{-1} V_{ij} \equiv \sum_j m_j$$
$$m = \sum_i m_i$$

（10.189）

其中，V_{ij} 为残差；Λ_{ij}^{-1} 为残差 V_{ij} 的权矩阵，一般为对角阵。

2）计算中误差：

$$\sigma_{ij}^2 = \frac{m_{ij}}{k_{ij}}, \quad \sigma_i^2 = \frac{m_i}{k_i}, \quad \sigma^2 = \frac{m}{k} \tag{10.190}$$

3）计算协差阵：

定义：
$$S = \sum_i (A_i' - F_i' B_i'^{-1} F_i'^{\tau}) \equiv \sum_i S_i$$

$$Q_i = B_i'^{-1} F_i'^{\tau} \qquad T_{ij} = C_{ij}^{-1} G_{ij}^{\tau}, \qquad R_{ij} = C_{ij}^{-1} H_{ij}^{\tau} \tag{10.191}$$

则：Δx 的协差阵：　　　　$P = \sigma^2 S^{-1}$

$\Delta \sigma_i$ 的协差阵：　　　　$P_i = \sigma_i^2 (S_i^{-1} + Q_i^{\tau} P Q_i)$ $\tag{10.192}$

$\Delta \varepsilon_{ij}$ 的协差阵：　　　$P_{ij} = \sigma_{ij}^2 (C_{ij}^{-1} + T_{ij}^{\tau} P T_{ij} + R_{ij}^{\tau} P_{ij} R_{ij})$ $\tag{10.193}$

综上所述，我们可以利用约化法方程方法，解算大型方程组的问题，我们需要处理的是一些低阶的矩阵，包括，$C_{ij}, T_{ij}, R_{ij}, S_i, Q_i, A_i', B_i', F_i', a_i', b_i'$，数量并不算多。解算过程包括法化、约化、累加、求解和回代五个步骤，仍是比较简单的。要说明的是，如果全局量不是太多，我们可以直接解式式（10.181）求出 $\Delta \sigma_i$，不必事后回代，这样可以减少回代时必须的保留量。当然，Δx 仍需用式（10.186）解算。

参考文献

1. Г.Н.Дубощин Справочное руковоство по небесной механике и. Астрознамике. Москва. 1971.

2. G.A.Korn，et al. Mathematical Handbook for scientists and engineers. London，1961.

3. A. Erdelyi，et al. Higher Transcendental functions，New York，1953.

4. Whittaker E.T，Watson G.N. A course of modern analysis. 1952.

5. King-Hele D.G. Theory of satellite orbit in atmosphere. London，1964.

6. C.E.Froberg. Introduction to numerical analysis. London，1965.

7. Hamming R.W. Numerical methods for scientists and engineers. 1962.

8. 徐翠薇，等. 计算方法引论（第三版）. 北京：高等教育出版社，2007.

9. Patch Kessler. Natural Cubic Spline Interpolation. 2006.

10. Giacaglia G.E.O. Celest. Mech.，1970（1）：360-367.

11. 中国科学院沈阳计算所，等. 常用算法. 北京：科学出版社，1963.

12. 徐献瑜，等. 数字计算机上的常用的数学方法. 上海：上海人民出版社，1963.

13. Feagin T.，Beaudet P.R. Celest. Mech.，1976（13）：111-120.

14. 吴连大，等. 天文学报. 1978（19）：131-151.

15. Clifford A.A. Multivariate error analysis. London，1973.

16. D.C. Brown，J.E. Trotter. AFCRL-69-0080 (1969) .

附　　录

附录A　IAU2000 岁差章动模型

A1.　岁差模型[1]

表 A1　岁差角多项式系数

岁差角	系数（角秒）					
		t	t^2	t^3	t^4	t^5
ψ_A		5038.481507	-1.0790069	-0.00114045	0.000132851	-9.51×10^{-8}
ω_A	84381.406	-0.025754	0.0512623	-0.00772503	-4.67×10^{-7}	3.337×10^{-7}
P_A		4.199094	0.1939873	-0.00022466	-9.12×10^{-7}	1.20×10^{-8}
Q_A		-46.811015	0.0510283	0.00054213	-6.46×10^{-7}	-1.72×10^{-8}
π_A		46.998972	-0.0334926	-0.00012559	1.13×10^{-7}	-2.2×10^{-9}
Π_A	629546.7936	-86795758	0.157992	-0.0005371	-0.00004797	7.2×10^{-8}
ε_0	84381.406					
ε_A	84381.406	-46.836769	-0.0001831	0.00200340	-5.76×10^{-7}	-4.34×10^{-8}
χ_A		10.556403	-2.3814292	-0.00121197	0.000170663	-5.60×10^{-8}
z_A	-2.650545	2306.077181	1.0927348	0.01826837	-0.000028596	-2.904×10^{-7}
ζ_A	2.650545	2306.083227	0.2988499	0.01801828	-5.971×10^{-6}	-3.173×10^{-7}
θ_A		2004.191903	-0.4294934	-0.04182264	-7.089×10^{-6}	-1.274×10^{-7}
p_A		5028.796195	1.1054348	0.00007964	-0.000023857	3.83×10^{-8}
X	-0.016617	2004.191898	-0.4297829	-0.19861834	7.578×10^{-6}	5.9285×10^{-6}
Y	-0.006951	-0.025896	-22.4072747	0.00190059	0.001112526	1.358×10^{-7}
$s+\dfrac{1}{2}XY$	0.0000940	0.00380865	-0.00012268	-0.07257411	0.00002798	0.00001562
γ_{J2000}		10.556403	0.4932044	-0.00031238	-2.788×10^{-6}	2.60×10^{-8}
ϕ_{J2000}	84381.406	-46.811015	0.0511269	0.00053289	-4.40×10^{-7}	-1.76×10^{-8}
ψ_{J2000}		5038.481507	1.5584176	-0.00018522	-0.000026452	-1.48×10^{-8}
γ_{GCRS}	-0.052928	10.556378	0.4932044	-0.00031238	-2.788×10^{-6}	2.60×10^{-8}
ϕ_{GCRS}	84381.412819	-46.811016	0.0511268	0.00053289	-4.40×10^{-7}	-1.76×10^{-8}
ψ_{GCRS}	-0.041775	5038.481484	1.5584175	-0.00018522	-0.000026452	-1.48×10^{-8}

A2. IAU 2000B 章动模式

（1）计算基本幅角

计算章动时，首先需要计算 5 个基本幅角，它们分别是：

l：月亮平近点角；

l'：太阳平近点角；

F：月亮平黄经与月亮升交点黄径之差；

D：日月平黄经之差；

Ω：月亮升交点黄经。

它们的计算公式如下：

$F_1 \equiv l = $ 月球平近点角

$= 134°.96340251 + 1717915923''.2178t + 31''.8792t^2 + 0''.051635t^3 - 0''.00024470t^4$

$F_2 \equiv l' = $ 太阳平近点角

$= 357°.52910918 + 129596581''.0481t - 0''.5532t^2 + 0''.000136t^3 - 0''.00001149t^4$

$F_3 \equiv F = L - \Omega$

$= 93°.27209062 + 1739527262''.8478t - 12''.7512t^2 - 0''.001037t^3 + 0''.00000417t^4$

$F_4 \equiv D = $ 日月平角距

$= 297°.85019547 + 1602961601''.2090t - 6''.3706t^2 + 0''.006593t^3 - 0''.00003169t^4$

$F_5 \equiv \Omega = $ 月球升交点平黄经

$= 125°.04455501 - 6962890''.5431t + 7''.4722t^2 + 0''.007702t^3 - 0''.00005939t^4$

（2）计算章动量

黄经章动 $\Delta\psi$ 和交角章动 $\Delta\varepsilon$ 的计算公式如下：

$$\Delta\psi_{2000B} = -0''.000135 + \sum_{i=1}^{77}[(A_i + A_i't)\sin(ARGUMENT) + A_i''\cos(ARGUMENT)]$$

$$\Delta\varepsilon_{2000B} = 0''.000388 + \sum_{i=1}^{77}[(B_i + B_i't)\cos(ARGUMENT) + B_i''\sin(ARGUMENT)]$$

式中的系数和幅角系数见表 A2。表中系数的单位为 0.1 微角秒。A_i', B_i' 的单位为 0.1 微角秒/儒略世纪。

A3.　IAU 2000k 章动模式[2]

（1）计算基本幅角

计算章动时，首先需要计算 5 个基本幅角，它们分别是：

l：月亮平近点角；

l'：太阳平近点角；

F：月亮平黄经与月亮升交点黄径之差；

D：日月平黄经之差；

Ω：月亮升交点黄经。

它们的计算公式同 IAU2000B 模型，黄经章动项中的幅角，除了以上五个 Delaunay 变量外，还有 9 个变量，分别是水星，金星，地球，火星，木星，土星，天王星，海王星 8 个行星的平黄经，以及黄经总岁差。它们的表达式如下：

$$F_6 \equiv l_{Me} = 4.402608842 + 2608.7903141574t$$
$$F_7 \equiv l_{Ve} = 3.176146697 + 1021.3285546211t$$
$$F_8 \equiv l_E = 1.753470314 + 628.3075849991t$$
$$F_9 \equiv l_{Ma} = 6.203480913 + 334.0612426700t$$
$$F_{10} \equiv l_{Ju} = 0.599546497 + 52.9690962641t$$
$$F_{11} \equiv l_{Sa} = 0.874016757 + 21.3299104960t$$
$$F_{12} \equiv l_{Ur} = 5.481293872 + 7.4781598567t$$
$$F_{13} \equiv l_{Ne} = 5.311886287 + 3.8133035638t$$
$$F_{14} \equiv p_a = 0.024381750t + 0.00000538691t^2$$

（2）计算章动量

黄经章动 $\Delta\psi$ 和交角章动 $\Delta\varepsilon$ 的计算公式如下：

对于日月章动，5 个引数：

$$\Delta\psi_{2000k} = \sum_{i=1}^{323} [(A_i + A_i't)\sin(ARGUMENT) + (A_i'' + A_i'''t)\cos(ARGUMENT)]$$

$$\Delta\varepsilon_{2000k} = \sum_{i=1}^{323} [(B_i + B_i't)\cos(ARGUMENT) + (B_i'' + B_i'''t)\sin(ARGUMENT)]$$

对于行星章动，14 个引数：

$$\Delta\psi_{2000k} = \sum_{i=1}^{165}[A_i\sin(ARGUMENT) + A_i''\cos(ARGUMENT)]$$

$$\Delta\varepsilon_{2000k} = \sum_{i=1}^{165}[B_i\cos(ARGUMENT) + B_i''\sin(ARGUMENT)]$$

其中，系数见表 A3 和 A4，系数 A_i, B_i, A_i'', B_i'' 单位为 0.1 微角秒。因此，$A_i', B_i', A_i''', B_i'''$ 的单位为 0.1 微角秒/儒略世纪.

A4. IAU2006 s 的周期项级数[3]

（1）计算基本幅角

基本幅角同 IAU2000B 模式，只是这里还用到 3 个幅角：

$$l_{Ve} = 3.176146697 + 1021.3285546211\, t$$
$$l_E = 1.753470314 + 628.3075849991\, t$$
$$p_a = 0.024381750\, t + 0.00000538691\, t^2$$

（2）计算 s

$$s_{2006} = \sum_{i=1}^{66}[A_i\sin(ARGUMENT) + B_i\cos(ARGUMENT)]$$

$$+94 + 3808.65\, t - 122.68\, t^2 - 72574.11\, t^3 + 27.98\, t^4 + 15.62\, t^5$$

式中的系数和幅角系数见表 A5，其中，系数 A_i, B_i 单位为微角秒。

说明，表 A1，A2，A3，A4，A5 中的 t 的单位为儒略世纪，即：

$$t = (JD(t) - 2151545.0)/36525\ (TT)$$

表 A2　IAU2000B 章动模式

项数	黄经			交角			幅角				
	sin	T sin	cos	cos	T cos	sin	l	l'	F	D	Ω
1	-172064161	-174666	33386	92052331	9086	15377	0	0	0	0	1
2	-13170906	-1675	-13696	5730336	-3015	-4587	0	0	2	-2	2
3	-2276413	-234	2796	978459	-485	1374	0	0	2	0	2
4	2074554	207	-698	-897492	470	-291	0	0	0	0	2
5	1475877	-3633	11817	73871	-184	-1924	0	1	0	0	0
6	-516821	1226	-524	224386	-677	-174	0	1	2	-2	2
7	711159	73	-872	-6750	0	358	1	0	0	0	0
8	-387298	-367	380	200728	18	318	0	0	2	0	1
9	-301461	-36	816	129025	-63	367	1	0	2	0	2
10	215829	-494	111	-95929	299	13	0	-1	2	-2	2
11	128227	137	181	-68982	-9	39	0	0	2	-2	1
12	123457	11	19	-53311	32	-4	-1	0	2	0	2
13	156994	10	-168	-1235	0	82	-1	0	0	2	0
14	63110	63	27	-33228	0	-9	1	0	0	0	1
15	-57976	-63	-189	31429	0	-75	-1	0	0	0	1
16	-59641	-11	149	25543	-11	66	-1	0	2	2	2
17	-51613	-42	129	26366	0	78	1	0	2	0	1
18	45893	50	31	-24236	-10	20	-2	0	2	0	1
19	63384	11	-150	-1220	0	29	0	0	0	2	0
20	-38571	-1	158	16452	-11	68	0	0	2	2	2
21	32481	0	0	-13870	0	0	0	-2	2	-2	2
22	-47722	0	-18	477	0	-25	-2	0	0	2	0
23	-31046	-1	131	13238	-11	59	2	0	2	0	2
24	28593	0	-1	-12338	10	-3	1	0	2	-2	2
25	20441	21	10	-10758	0	-3	-1	0	2	0	1
26	29243	0	-74	-609	0	13	2	0	0	0	0
27	25887	0	-66	-550	0	11	0	0	2	0	0
28	-14053	-25	79	8551	-2	-45	0	1	0	0	1
29	15164	10	11	-8001	0	-1	-1	0	0	2	1
30	-15794	72	-16	6850	-42	-5	0	2	2	-2	2
31	21783	0	13	-167	0	13	0	0	-2	2	0
32	-12873	-10	-37	6953	0	-14	1	0	0	-2	1
33	-12654	11	63	6415	0	26	0	-1	0	0	1
34	-10204	0	25	5222	0	15	-1	0	2	2	1
35	16707	-85	-10	168	-1	10	0	2	0	0	0
36	-7691	0	44	3268	0	19	1	0	2	2	2
37	-11024	0	-14	104	0	2	-2	0	2	0	0
38	7566	-21	-11	-3250	0	-5	0	1	2	0	2
39	-6637	-11	25	3353	0	14	0	0	2	2	1

表A2 IAU2000B 章动模式（续）

项数	黄经			交角			幅角				
	sin	T sin	cos	cos	T cos	sin	l	l'	F	D	Ω
40	-7141	21	8	3070	0	4	0	-1	2	0	2
41	-6302	-11	2	3272	0	4	0	0	0	2	1
42	5800	10	2	-3045	0	-1	1	0	2	-2	1
43	6443	0	-7	-2768	0	-4	2	0	2	-2	2
44	-5774	-11	-15	3041	0	-5	-2	0	0	2	1
45	-5350	0	21	2695	0	12	2	0	2	0	1
46	-4752	-11	-3	2719	0	-3	0	-1	2	-2	1
47	-4940	-11	-21	2720	0	-9	0	0	2	-2	1
48	7350	0	-8	-51	0	4	-1	-1	0	2	0
49	4065	0	6	-2206	0	1	2	0	0	-2	1
50	6579	0	-24	-199	0	2	1	0	0	2	0
51	3579	0	5	-1900	0	1	0	1	2	-2	1
52	4725	0	-6	-41	0	3	1	-1	0	0	0
53	-3075	0	-2	1313	0	-1	-2	0	2	0	2
54	-2904	0	15	1233	0	7	3	0	2	0	2
55	4348	0	-10	-81	0	2	0	-1	0	2	0
56	-2878	0	8	1232	0	4	1	-1	2	0	2
57	-4230	0	5	-20	0	-2	0	0	0	1	0
58	-2819	0	7	1207	0	3	-1	-1	2	2	2
59	-4056	0	5	40	0	-2	-1	0	2	0	0
60	-2647	0	11	1129	0	5	0	-1	2	2	2
61	-2294	0	-10	1266	0	-4	-2	0	0	0	1
62	2481	0	-7	-1062	0	-3	1	1	2	0	2
63	2179	0	-2	-1129	0	-2	2	0	0	0	1
64	3276	0	1	-9	0	0	-1	1	0	1	0
65	-3389	0	5	35	0	-2	1	1	0	0	0
66	3339	0	-13	-107	0	1	1	0	2	0	0
67	-1987	0	-6	1073	0	-2	-1	0	2	-2	1
68	-1981	0	0	854	0	0	1	0	0	0	2
69	4026	0	-353	-553	0	-139	-1	0	0	1	0
70	1660	0	-5	-710	0	-2	0	0	2	1	2
71	-1521	0	9	647	0	4	-1	0	2	4	2
72	1314	0	0	-700	0	0	-1	1	0	1	1
73	-1283	0	0	672	0	0	0	-2	2	-2	1
74	-1331	0	8	663	0	4	1	0	2	2	1
75	1383	0	-2	-594	0	-2	-2	0	2	2	2
76	1405	0	4	-610	0	2	-1	0	0	0	2
77	1290	0	0	-556	0	0	1	1	2	-2	2

表 A3 IAU2000k 模型日月章动

项数	幅角					黄经			交角		
	l	l'	F	D	Ω	sin	T sin	cos	cos	T cos	sin
1	0	0	0	0	1	-172064161	-174666	33386	92052331	9086	15377
2	0	0	2	-2	2	-13170906	-1675	-13696	5730336	-3015	-4587
3	0	0	2	0	2	-2276413	-234	2796	978459	-485	1374
4	0	0	0	0	2	2074554	207	-698	-897492	470	-291
5	0	1	0	0	0	1475877	-3633	11817	73871	-184	-1924
6	0	1	2	-2	2	-516821	1226	-524	224386	-677	-174
7	1	0	0	0	0	711159	73	-872	-6750	0	358
8	0	0	2	0	1	-387298	-367	380	200728	18	318
9	1	0	2	0	2	-301461	-36	816	129025	-63	367
10	0	-1	2	-2	2	215829	-494	111	-95929	299	132
1	0	0	2	-2	1	128227	137	181	-68982	-9	39
2	-1	0	2	0	2	123457	11	19	-53311	32	-4
3	-1	0	0	2	0	156994	10	-168	-1235	0	82
4	1	0	0	0	1	63110	63	27	-33228	0	-9
5	-1	0	0	0	1	-57976	-63	-189	31429	0	-75
6	-1	0	2	2	2	-59641	-11	149	25543	-11	66
7	1	0	2	0	1	-51613	-42	129	26366	0	78
8	-2	0	2	0	1	45893	50	31	-24236	-10	20
9	0	0	0	2	0	63384	11	-150	-1220	0	29
20	0	0	2	2	2	-38571	-1	158	16452	-11	68
1	0	-2	2	-2	2	32481	0	0	-13870	0	0
2	-2	0	0	2	0	-47722	0	-18	477	0	-25
3	2	0	2	0	2	-31046	-1	131	13238	-11	59
4	1	0	2	-2	2	28593	0	-1	-12338	10	-3
5	-1	0	2	0	1	20441	21	10	-10758	0	-3
6	2	0	0	0	0	29243	0	-74	-609	0	13
7	0	0	2	0	0	25887	0	-66	-550	0	11
8	0	1	0	0	1	-14053	-25	79	8551	-2	-45
9	-1	0	0	2	1	15164	10	11	-8001	0	-1
30	0	2	2	-2	2	-15794	72	-16	6850	-42	-5
1	0	0	-2	2	0	21783.	0	13	-167	0	13
2	1	0	0	-2	1	-12873	-10	-37	6953	0	-14
3	0	-1	0	0	1	-12654	11	63	6415	0	26
4	-1	0	2	2	1	-10204	0	25	5222	0	15
5	0	2	0	0	0	16707.	-85	-10	168	-1	10
6	1	0	2	2	2	-7691.	0	44	3268	0	19
7	-2	0	2	0	0	-11024	0	-14	104	0	2
8	0	1	2	0	2	7566	-21	-11	-3250	0	-5
9	0	0	2	2	1	-6637	-11	25	3353	0	14
40	0	-1	2	0	2	-7141	21	8	3070	0	4
1	0	0	0	2	1	-6302	-11	2	3272	0	4
2	1	0	2	-2	1	5800	10	2	-3045	0	-1
3	2	0	2	-2	2	6443	0	-7	-2768	0	-4
4	-2	0	0	2	1	-5774	-11	-15	3041	0	-5
5	2	0	2	0	1	-5350	0	21	2695	0	12
6	0	-1	2	-2	1	-4752	-11	-3	2719	0	-3
7	0	0	0	-2	1	-4940	-11	-21	2720	0	-9
8	-1	-1	0	2	0	7350	0	-8	-51	0	4

表 A3 IAU2000k 模型日月章动（续）

项数	幅角					黄经			交角		
	l	l'	F	D	Ω	sin	T sin	cos	cos	T cos	sin
9	2	0	0	-2	1	4065	0	6	-2206	0	1
50	1	0	0	2	0	6579	0	-24	-199	0	2
1	0	1	2	-2	1	3579	0	5	-1900	0	1
2	1	-1	0	0	0	4725	0	-6	-41	0	3
3	-2	0	2	0	2	-3075	0	-2	1313	0	-1
4	3	0	2	0	2	-2904	0	15	1233	0	7
5	0	-1	0	2	0	4348	0	-10	-81	0	2
6	1	-1	2	0	2	-2878	0	8	1232	0	4
7	0	0	0	1	0	-4230	0	5	-20	0	-2
8	-1	-1	2	2	2	-2819	0	7	1207	0	3
9	-1	0	2	0	0	-4056	0	5	40	0	-2
60	0	-1	2	2	2	-2647	0	11	1129	0	5
1	-2	0	0	0	1	-2294	0	-10	1266	0	-4
2	1	1	2	0	2	2481	0	-7	-1062	0	-3
3	2	0	0	0	1	2179	0	-2	-1129	0	-2
4	-1	1	0	1	0	3276	0	1	-9	0	0
5	1	1	0	0	0	-3389	0	5	35	0	-2
6	1	0	2	0	0	3339	0	-13	-107	0	1
7	-1	0	2	-2	1	-1987	0	-6	1073	0	-2
8	1	0	0	0	2	-1981	0	0	854	0	0
9	-1	0	0	1	0	4026	0	-353	-553	0	-139
70	0	0	2	1	2	1660	0	-5	-710	0	-2
1	-1	0	2	4	2	-1521	0	9	647	0	4
2	-1	1	0	1	1	1314	0	0	-700	0	0
3	0	-2	2	-2	1	-1283	0	0	672	0	0
4	1	0	2	2	1	-1331	0	8	663	0	4
5	-2	0	2	2	2	1383	0	-2	-594	0	-2
6	-1	0	0	0	2	1405	0	4	-610	0	2
7	1	1	2	-2	2	1290	0	0	-556	0	0
8	-2	0	2	4	2	-1214	0	5	518	0	2
9	-1	0	4	0	2	1146	0	-3	-490	0	-1
80	2	0	2	-2	1	1019	0	-1	-527	0	-1
1	2	0	2	2	2	-1100	0	9	465	0	4
2	1	0	0	2	1	-970	0	2	496	0	1
3	3	0	0	0	0	1575	0	-6	-50	0	0
4	3	0	2	-2	2	934	0	-3	-399	0	-1
5	0	0	4	-2	2	922	0	-1	-395	0	-1
6	0	1	2	0	1	815	0	-1	-422	0	-1
7	0	0	-2	2	1	834	0	2	-440	0	1
8	0	0	2	-2	3	1248	0	0	-170	0	1
9	-1	0	0	4	0	1338	0	-5	-39	0	0
90	2	0	-2	0	1	716	0	-2	-389	0	-1
1	-2	0	0	4	0	1282	0	-3	-23	0	1
2	-1	-1	0	2	1	742	0	1	-391	0	0
3	-1	0	0	1	1	1020	0	-25	-495	0	-10
4	0	1	0	0	2	715	0	-4	-326	0	2
5	0	0	-2	0	1	-666	0	-3	369	0	-1

表 A3 IAU2000k 模型日月章动（续）

项数	幅角					黄经			交角		
	l	l'	F	D	Ω	sin	T sin	cos	cos	T cos	sin
6	0	-1	2	0	1	-667	0	1	346	0	1
7	0	0	2	-1	2	-704	0	0	304	0	0
8	0	0	2	4	2	-694	0	5	294	0	2
9	-2	-1	0	2	0	-1014	0	-1	4	0	-1
100	1	1	0	-2	1	-585	0	-2	316	0	-1
1	-1	1	0	2	0	-949	0	1	8	0	-1
2	-1	1	0	1	2	-595	0	0	258	0	0
3	1	-1	0	0	1	528	0	0	-279	0	0
4	1	-1	2	2	2	-590	0	4	252	0	2
5	-1	1	2	2	2	570	0	-2	-244	0	-1
6	3	0	2	0	1	-502	0	3	250	0	2
7	0	1	-2	2	0	-875	0	1	29	0	0
8	-1	0	0	-2	1	-492	0	-3	275	0	-1
9	0	1	2	2	2	535	0	-2	-228	0	-1
110	-1	-1	2	2	1	-467	0	1	240	0	1
1	0	-1	0	0	2	591	0	0	-253	0	0
2	1	0	2	-4	1	-453	0	-1	244	0	-1
3	-1	0	-2	2	0	766	0	1	9	0	0
4	0	-1	2	2	1	-446	0	2	225	0	1
5	2	-1	2	0	2	-488	0	2	207	0	1
6	0	0	0	2	2	-468	0	0	201	0	0
7	1	-1	2	0	1	-421	0	1	216	0	1
8	-1	1	2	0	2	463	0	0	-200	0	0
9	0	1	0	2	0	-673	0	2	14	0	0
120	0	-1	-2	2	0	658	0	0	-2	0	0
1	0	3	2	-2	2	-438	0	0	188	0	0
2	0	0	0	1	1	-390	0	0	205	0	0
3	-1	0	2	2,	0	639	-11	-2	-19	0	0
4	2	1	2	0	2	412	0	-2	-176	0	-1
5	1	1	0	0	1	-361	0	0	189	0	0
6	1	1	2	0	1	360	0	-1	-185	0	-1
7	2	0	0	2	0	588	0	-3	-24	0	0
8	1	0	-2	2	0	-578	0	1	5	0	0
9	-1	0	0	2	2	-396	0	0	171	0	0
130	0	1	0	1	0	565	0	-1	-6	0	0
1	0	1	0	-2	1	-335	0	-1	184	0	-1
2	-1	0	2	-2	2	357	0	1	-154	0	0
3	0	0	0	-1	1	321	0	1	-174	0	0
4	-1	1	0	0	1	-301	0	-1	162	0	0
5	1	0	2	-1	2	-334	0	0	144	0	0
6	1	-1	0	2	0	493	0	-2	-15	0	0
7	0	0	0	4	0	494	0	-2	-19	0	0
8	1	0	2	1	2	337	0	-1	-143	0	-1
9	0	0	2	1	1	280	0	-1	-144	0	0
140	1	0	0	-2	2	309	0	1	-134	0	0
1	-1	0	2	4	1	-263	0	2	131	0	1
2	1	0	-2	0	1	253	0	1	-138	0	0

表A3　IAU2000k 模型日月章动（续）

项数	幅角					黄经			交角		
	l	l'	F	D	Ω	sin	T sin	cos	cos	T cos	sin
3	1	1	2	-2	1	245	0	0	-128	0	0
4	0	0	2	2	0	416	0	-2	-17	0	0
5	-1	0	2	-1	1	-229	0	0	128	0	0
6	-2	0	2	2	1	231	0	0	-120	0	0
7	4	0	2	0	2	-259	0	2	109	0	1
8	2	-1	0	0	0	375	0	-1	-8	0	0
9	2	1	2	-2	2	252	0	0	-108	0	0
150	0	1	2	1	2	-245	0	1	104	0	0
1	1	0	4	-2	2	243	0	-1	-104	0	0
2	-1	-1	0	0	1	208	0	1	-112	0	0
3	0	1	0	2	1	199	0	0	-102	0	0
4	-2	0	2	4	1	-208	0	1	105	0	0
5	2	0	2	0	1	335	0	-2	-14	0	0
6	1	0	0	1	0	-325	0	1	7	0	0
7	-1	0	0	4	1	-187	0	0	96	0	0
8	-1	0	4	0	1	197	0	-1	-100	0	0
9	2	0	2	2	1	-192	0	2	94	0	1
160	0	0	2	-3	2	-188	0	0	83	0	0
1	-1	-2	0	2	0	276	0	0	-2	0	0
2	2	1	0	0	0	-286	0	1	6	0	0
3	0	0	4	0	2	186	0	-1	-79	0	0
4	0	0	0	0	3	-219	0	0	43	0	0
5	0	3	0	0	0	276	0	0	2	0	0
6	0	0	2	-4	1	-153	0	-1	84	0	0
7	0	-1	0	2	1	-156	0	0	81	0	0
8	0	0	0	4	1	-154	0	1	78	0	0
9	-1	-1	2	4	2	-174	0	1	75	0	0
170	1	0	2	4	2	-163	0	2	69	0	1
1	-2	2	0	2	0	-228	0	0	1	0	0
2	-2	-1	2	0	1	91,	0	-4	-54	0	-2
3	-2	0	0	2	2	175	0	0	-75	0	0
4	-1	-1	2	0	2	-159	0	0	69	0	0
5	0	0	4	-2	1	141	0	0	-72	0	0
6	3	0	2	-2	1	147	0	0	-75	0	0
7	-2	-1	0	2	1	-132	0	0	69	0	0
8	1	0	0	-1	1	159	0	-28	-54	0	11
9	0	-2	0	2	0	213	0	0	-4	0	0
180	-2	0	0	4	1	123	0	0	-64	0	0
1	-3	0	0	0	1	-118	0	-1	66	0	0
2	1	1	2	2	2	144	0	-1	-61	0	0
3	0	0	2	4	1	-121	0	1	60	0	0
4	3	0	2	2	2	-134	0	1	56	0	1
5	-1	1	2	-2	1	-105	0	0	57	0	0
6	2	0	0	-4	1	-102	0	0	56	0	0
7	0	0	0	-2	2	120	0	0	-52	0	0
8	2	0	2	-4	1	101	0	0	-54	0	0

表A3　IAU2000k 模型日月章动（续）

项数	幅角					黄经			交角		
	l	l'	F	D	Ω	sin	T sin	cos	cos	T cos	sin
9	-1	1	0	2	1	-113	0	0	59	0	0
190	0	0	2	-1	1	-106	0	0	61	0	0
1	0	-2	2	2	2	-129	0	1	55	0	0
2	2	0	0	2	1	-114	0	0	57	0	0
3	4	0	2	-2	2	113	0	-1	-49	0	0
4	2	0	0	-2	1	-102	0	0	44	0	0
5	0	2	0	0	1	-94	0	0	51	0	0
6	1	0	0	-4	1	-100	0	-1	56	0	0
7	0	2	2	-2	1	87	0	0	-47	0	0
8	-3	0	0	4	0	161	0	0	-1	0	0
9	-1	1	2	0	1	96	0	0	-50	0	0
200	-1	-1	0	4	0	151	0	-1	-5	0	0
1	-1	-2	2	2	2	-104	0	0	44	0	0
2	-2	-1	2	4	2	-110	0	0	48	0	0
3	1	-1	2	2	1	-100	0	1	50	0	0
4	-2	1	0	2	0	92	0	-5	12	0	-2
5	-2	1	2	0	1	82	0	0	-45	0	0
6	2	1	0	-2	1	82	0	0	-45	0	0
7	-3	0	2	0	1	-78	0	0	41	0	0
8	-2	0	2	-2	1	-77	0	0	43	0	0
9	-1	1	0	2	2	2	0	0	54	0	0
210	0	-1	2	-1	2	94	0	0	-40	0	0
1	-1	0	4	-2	2	-93	0	0	40	0	0
2	0	-2	2	0	2	-83	0	10	40	0	-2
3	-1	0	2	1	2	83	0	0	-36	0	0
4	2	0	0	0	2	-91	0	0	39	0	0
5	0	0	2	0	3	128	0	0	-1	0	0
6	-2	0	4	0	2	-79	0	0	34	0	0
7	-1	0	-2	0	1	-83	0	0	47	0	0
8	-1	1	2	2	1	84	0	0	-44	0	0
9	3	0	0	0	1	83	0	0	-43	0	0
220	-1	0	2	3	2	91	0	0	-39	0	0
1	2	-1	2	0	1	-77	0	0	39	0	0
2	0	1	2	2	1	84	0	0	-43	0	0
3	0	-1	2	4	2	-92	0	1	39	0	0
4	2	-1	2	2	2	-92	0	1	39	0	0
5	0	2	-2	2	0	-94	0	0	0	0	0
6	-1	-1	2	-1	1	68	0	0	-36	0	0
7	0	-2	0	0	1	-61	0	0	32	0	0
8	1	0	2	-4	2	71	0	0	-31	0	0
9	1	-1	0	-2	1	62	0	0	-34	0	0
230	-1	-1	2	0	1	-63	0	0	33	0	0
1	1	-1	2	-2	2	-73	0	0	32	0	0
2	-2	-1	0	4	0	115	0	0	-2	0	0
3	-1	0	0	3	0	-103	0	0	2	0	0
4	-2	-1	2	2	2	63	0	0	-28	0	0
5	0	2	2	0	2	74	0	0	-32	0	0
6	1	1	0	2	0	-103	0	-3	3	0	-1

表A3 IAU2000k 模型日月章动（续）

项数	幅角					黄经			交角		
	l	l'	F	D	Ω	sin	T sin	cos	cos	T cos	sin
7	2	0	2	-1	2	-69	0	0	30	0	0
8	1	0	2	1	1	57	0	0	-29	0	0
9	4	0	0	0	0	94	0	0	-4	0	0
240	2	1	2	0	1	64	0	0	-33	0	0
1	3	-1	2	0	2	-63	0	0	26	0	0
2	-2	2	0	2	1	-38	0	0	20	0	0
3	1	0	2	-3	1	-43	0	0	24	0	0
4	1	1	2	-4	1	-45	0	0	23	0	0
5	-1	-1	2	-2	1	47	0	0	-24	0	0
6	0	-1	0	-1	1	-48	0	0	25	0	0
7	0	-1	0	-2	1	45	0	0	-26	0	0
8	-2	0	0	0	2	56	0	0	-25	0	0
9	-2	0	-2	2	0	88	0	0	2	0	0
250	-1	0	-2	4	0	-75	0	0	0	0	0
1	1	-2	0	0	0	85	0	0	0	0	0
2	0	1	0	1	1	49	0	0	-26	0	0
3	-1	2	0	2	0	-74	0	-3	-1	0	-1
4	1	-1	2	-2	1	-39	0	0	21	0	0
5	1	2	2	0	0	45	0	0	-20	0	0
6	2	-1	2	-2	0	51	0	0	-22	0	0
7	1	0	2	-1	1	-40	0	0	21	0	0
8	2	1	2	0	0	41	0	0	-21	0	0
9	-2	0	0	-2	1	-42	0	0	24	0	0
260	1	-2	2	0	2	-51	0	0	22	0	0
1	0	1	2	1	1	-42	0	0	22	0	0
2	1	0	4	-2	1	39	0	0	-21	0	0
3	-2	0	4	2	2	46	0	0	-18	0	0
4	1	1	2	1	2	-53	0	0	22	0	0
5	1	0	0	4	0	82	0	0	-4	0	0
6	1	0	2	2	0	81	0	-1	-4	0	0
7	2	0	2	1	2	47	0	0	-19	0	0
8	3	1	2	0	2	53	0	0	-23	0	0
9	4	0	2	0	1	-45	0	0	22	0	0
270	-2	-1	2	0	0	-44	0	0	-2	0	0
1	0	1	-2	2	1	-33	0	0	16	0	0
2	1	0	-2	1	0	-61	0	0	1	0	0
3	2	-1	0	-2	1	-38	0	0	19	0	0
4	-1	0	2	-1	2	-33	0	0	21	0	0
5	1	0	2	-3	2	-60	0	0	0	0	0
6	0	1	2	-2	3	48	0	0	-10	0	0
7	-1	0	-2	2	1	38	0	0	-20	0	0
8	0	0	2	-4	2	31	0	0	-13	0	0
9	2	0	2	-4	2	-32	0	0	15	0	0
280	0	0	4	-4	4	45	0	0	-8	0	0
1	0	0	4	-4	2	-44	0	0	19	0	0
2	-2	0	0	3	0	-51	0	0	0	0	0
3	1	0	-2	2	1	-36	0	0	20	0	0

表 A3　IAU2000k 模型日月章动（续）

项数	幅角					黄经			交角		
	l	l'	F	D	Ω	sin	T sin	cos	cos	T cos	sin
4	-3	0	2	2	2	44.	0	0	-19	0	0
5	-2	0	2	2	0	-60	0	0	2	0	0
6	2	-1	0	0	1	35.	0	0	-18	0	0
7	1	1	0	1	0	47.	0	0	-1	0	0
8	0	1	4	-2	2	36.	0	0	-15	0	0
9	-1	1	0	-2	1	-36	0	0	20	0	0
290	0	0	0	-4	1	-35	0	0	19	0	0
1	1	-1	0	2	1	-37	0	0	19	0	0
2	1	1	0	2	1	32.	0	0	-16	0	0
3	-1	2	2	2	2	35.	0	0	-14	0	0
4	3	1	2	-2	2	32.	0	0	-13	0	0
5	0	-1	0	4	0	65.	0	0	-2	0	0
6	2	-1	0	2	0	47.	0	0	-1	0	0
7	0	0	4	0	1	32.	0	0	-16	0	0
8	2	0	4	-2	2	37.	0	0	-16	0	0
9	-1	-1	2	4	1	-30	0	0	15	0	0
300	1	0	0	4	1	-32	0	0	16	0	0
1	1	-2	2	2	2	-31	0	0	13	0	0
2	0	0	2	3	2	37.	0	0	-16	0	0
3	-1	1	2	4	2	31.	0	0	-13	0	0
4	3	0	0	2	0	49.	0	0	-2	0	0
5	-1	0	4	2	2	32.	0	0	-13	0	0
6	-2	0	2	6	2	-43	0	0	18	0	0
7	-1	0	2	6	2	-32	0	0	14	0	0
8	1	1	-2	1	0	30.	0	0	0	0	0
9	-1	0	0	1	2	-34	0	0	15	0	0
310	-1	-1	0	1	0	-36	0	0	0	0	0
1	-2	0	0	1	0	-38	0	0	0	0	0
2	0	0	-2	1	0	-31	0	0	0	0	0
3	1	-1	-2	2	0	-34	0	0	0	0	0
4	1	2	0	0	0	-35	0	0	0	0	0
5	3	0	2	0	0	30.	0	0	-2	0	0
6	0	-1	1	-1	1	0.	0	-1988	0	0	-1679
7	-1	0	1	0	3	0.	0	-63	0	0	-27
8	-1	0	1	0	2	0.	0	364	0	0	176
9	-1	0	1	0	1	0.	0	-1044	0	0	-891
320	-1	0	1	0	0	0.	0	330	0	0	0
1	0	0	1	0	2	0.	0	30	0	0	14
2	0	0	1	0	1	0.	0	-162	0	0	-138
3	0	0	1	0	0	0.	0	75	0	0	0

表 A4　IAU2000k 模型行星章动

幅角														黄经		交角	
l	l'	F	D	Ω	Me	Ve	E	Ma	Ju	Sa	Ur	Ne	pre	sin	Tsin	cos	Tcos
0	0	0	0	0	0	0	8	-16	4	5	0	0	0	1440	0	0	0
0	0	0	0	0	0	0	-8	16	-4	-5	0	0	2	56	-117	-42	-40
0	0	0	0	0	0	0	8	-16	4	5	0	0	2	125	-43	0	-54
0	0	1	-1	1	0	0	3	-8	3	0	0	0	0	-114	0	0	61
-1	0	0	0	0	0	10	-3	0	0	0	0	0	0	-219	89	0	0
0	0	0	0	0	0	4	-8	3	0	0	0	0	0	-462	1604	0	0
0	0	1	-1	1	0	0	-5	8	-3	0	0	0	0	99	0	0	-53
0	0	0	0	0	0	0	0	2	-5	0	0	0	1	14	-218	117	8
0	0	1	-1	1	0	0	-1	0	2	-5	0	0	0	31	-481	-257	-17
0	0	0	0	0	0	0	0	2	-5	0	0	0	0	-491	128	0	0
0	0	1	-1	1	0	0	-1	0	-2	5	0	0	0	-3084	5123	2735	1647
0	0	0	0	0	0	0	0	0	-2	5	0	0	1	-1444	2409	-1286	-771
1	0	0	-2	0	0	19	-21	3	0	0	0	0	0	103	-60	0	0
1	0	0	-1	1	0	0	-1	0	2	0	0	0	0	-26	-29	-16	14
-2	0	0	2	1	0	0	2	0	-2	0	0	0	0	284	0	0	-151
-1	0	0	0	0	0	18	-16	0	0	0	0	0	0	226	101	0	0
0	0	0	0	0	0	-8	13	0	0	0	0	0	2	-41	175	76	17
0	0	0	0	0	0	-8	13	0	0	0	0	0	1	425	212	-133	269
0	0	1	-1	1	0	-8	12	0	0	0	0	0	0	1200	598	319	-641
0	0	0	0	0	0	8	-13	0	0	0	0	0	0	235	334	0	0
0	0	-1	1	0	0	0	0	2	0	0	0	0	0	266	-78	0	0
0	0	0	0	1	0	0	-1	0	0	0	0	0	0	-460	-435	-232	246
-1	0	0	1	0	0	3	-4	0	0	0	0	0	0	0	131	0	0
0	0	-1	1	0	0	0	0	2	0	0	0	0	0	-42	20	0	0
0	0	-2	2	0	0	5	-6	0	0	0	0	0	0	-10	233	0	0
-2	0	0	2	0	0	6	-8	0	0	0	0	0	0	78	-18	0	0
0	0	0	0	0	0	0	8	-15	0	0	0	0	0	45	-22	0	0
2	0	0	-2	1	0	0	-2	0	3	0	0	0	0	89	-16	-9	-48
-2	0	0	2	0	0	0	2	0	-3	0	0	0	0	-349	-62	0	0
-1	0	0	1	0	0	0	1	0	-1	0	0	0	0	-53	0	0	0
0	0	-1	1	0	0	0	1	0	1	0	0	0	0	-21	-78	0	0
0	0	0	0	1	0	0	0	0	1	0	0	0	0	20	-70	-37	-11
0	0	0	0	0	0	0	0	0	0	-1	0	0	1	32	15	-8	17
0	0	1	-1	1	0	0	-1	0	0	-1	0	0	0	174	84	45	-93
0	0	0	0	0	0	0	0	0	0	1	0	0	0	11	56	0	0
0	0	1	-1	1	0	0	-1	0	0	1	0	0	0	-66	-12	-6	35
0	0	0	0	0	0	0	0	0	0	1	0	0	1	47	8	4	-25
0	0	0	0	1	0	8	1	0	0	0	0	0	0	46	66	35	-25
-1	0	0	0	1	0	18	-16	0	0	0	0	0	0	-68	-34	-18	36
0	0	0	0	1	0	0	0	0	-2	5	0	0	0	76	17	9	-41
0	0	0	0	1	0	0	-4	8	-3	0	0	0	0	84	298	159	-45
0	0	0	0	1	0	0	4	-8	3	0	0	0	0	-82	292	156	44
0	0	0	0	1	0	0	0	0	2	-5	0	0	0	-73	17	9	39
-2	0	0	2	0	0	0	2	0	-2	0	0	0	0	-439	0	0	0
1	0	0	0	1	0	-18	16	0	0	0	0	0	0	57	-28	-15	-30
0	0	0	0	1	0	0	-8	13	0	0	0	0	0	-40	57	30	21
0	0	1	-1	1	0	0	0	0	-2	0	0	0	0	273	80	43	-146
0	0	0	0	0	0	0	1	-2	0	0	0	0	0	-449	430	0	0
0	0	1	-1	1	0	0	-2	2	0	0	0	0	0	-8	-47	-25	4
0	0	0	0	0	0	0	-1	2	0	0	0	0	1	6	47	25	-3
0	0	1	-1	1	0	0	-1	0	0	2	0	0	0	-48	-110	-59	26
0	0	0	0	0	0	0	0	0	0	2	0	0	1	51	114	61	-27
0	0	0	0	0	0	0	0	0	0	2	0	0	2	-133	0	0	57

表 A4　IAU2000k 模型行星章动（续）

幅角														黄经		交角	
l	l′	F	D	Ω	Me	Ve	E	Ma	Ju	Sa	Ur	Ne	pre	sin	Tsin	cos	Tcos
0	0	2	-2	1	0	-5	6	0	0	0	0	0	0	-18	-436	-233	9
0	0	-1	1	0	0	5	-7	0	0	0	0	0	0	35	-7	0	0
-2	0	0	2	1	0	0	2	0	-3	0	0	0	0	-53	-9	-5	28
0	0	1	-1	1	0	0	-1	0	-1	0	0	0	0	-50	194	103	27
0	0	0	0	0	0	0	0	0	-1	0	0	0	1	-13	52	28	7
0	0	0	0	0	0	0	0	0	1	0	0	0	0	-91	248	0	0
0	0	0	0	0	0	0	0	0	1	0	0	0	1	6	49	26	-3
0	0	1	-1	1	0	0	-1	0	1	0	0	0	0	-6	-47	-25	3
0	0	0	0	0	0	0	0	0	1	0	0	0	2	52	23	10	-23
-2	0	0	2	0	0	3	-3	0	0	0	0	0	0	-138	0	0	0
2	0	0	-2	1	0	0	-2	0	2	0	0	0	0	54	0	0	-29
0	0	0	0	1	0	0	1	-2	0	0	0	0	0	-37	35	19	20
0	0	0	0	0	0	3	-5	0	0	0	0	0	0	-145	47	0	0
0	0	1	-1	1	0	-3	4	0	0	0	0	0	0	-10	40	21	5
0	0	0	0	0	0	3	5	0	0	0	0	0	1	11	-49	-26	-7
0	0	0	0	0	0	-3	5	0	0	0	0	0	2	-2150	0	0	932
0	0	0	0	0	0	-3	5	0	0	0	0	0	2	85	0	0	-37
0	0	0	0	0	0	0	2	-4	0	0	0	0	0	-86	153	0	0
0	0	0	0	0	0	0	-2	4	0	0	0	0	2	-51	0	0	22
0	0	0	0	0	0	-5	8	0	0	0	0	0	2	-11	-268	-116	5
0	0	0	0	0	0	-5	8	0	0	0	0	0	1	31	6	3	-17
0	0	1	-1	1	0	-5	7	0	0	0	0	0	0	140	27	14	-75
0	0	0	0	0	0	-5	8	0	0	0	0	0	1	57	11	6	-30
0	0	0	0	0	0	-5	8	0	0	0	0	0	0	-14	-39	0	0
0	0	0	0	0	0	0	0	0	2	0	0	0	0	-25	22	0	0
0	0	0	0	0	0	0	0	0	2	0	0	0	1	42	223	119	-22
0	0	1	-1	1	0	0	-1	0	2	0	0	0	0	-27	-143	-77	14
0	0	0	0	0	0	0	0	0	2	0	0	0	1	9	49	26	-5
0	0	0	0	0	0	0	0	0,	2	0	0	0	2	-1166	0	0	505
0	0	2	-2	1	0	-3	3	0,	0	0	0	0	0	117	0	0	-63
0	0	0	0	0	0	0	3	-6,	0	0	0	0	0	0	31	0	0
0	0	0	0	1	0	2	-3	0,	0	0	0	0	0	0	-32	-17	0
0	0	2	-2	1	0	-2	0	0,	2	0	0	0	0	50	0	0	-27
0	0	0	0	0	0	2	-3	0,	0	0	0	0	0	8	614	0	0
0	0	0	0	0	0	0	0	0,	3	0	0	0	2	-127	21	9	55
0	0	0	0	0	0	0	3	-5,	0	0	0	0	0	-20	34	0	0
0	0	0	0	0	0	1	-2	0,	0	0	0	0	0	22	-87	0	0
0	0	0	0	0	0	0	2	-3,	0	0	0	0	0	-68	39	0	0
0	0	0	0	0	0	-4	7	0,	0	0	0	0	2	3	66	29	-1
0	0	0	0	0	0	-4	6	0,	0	0	0	0	2	490	0	0	-213
0	0	0	0	0	0	4	-6	0,	0	0	0	0	1	-22	93	49	12
0	0	0	0	0	0	4	-6	0,	0	0	0	0	0	-46	14	0	0
0	0	0	0	0	0	-1	1	0,	0	0	0	0	1	25	106	57	-13
0	0	0	0	0	0	1	-1	0,	0	0	0	0	0	1485	0	0	0
0	0	0	0	0	0	1	-1	0,	0	0	0	0	1	-7	-32	-17	4
0	0	0	0	0	0	0	-1	0,	4	0	0	0	2	30	-6	-2	-13
0	0	0	0	0	0	0	-1	0,	3	0	0	0	2	118	0	0	-52
0	0	0	0	0	0	0	1	0,	-3	0	0	0	0	-28	36	0	0
0	0	0	0	0	0	-2	4	0,	0	0	0	0	1	14	-59	-31	-8
0	0	0	0	0	0	-2	4	0,	0	0	0	0	2	-458	0	0	198
0	0	0	0	0	0	-6	9	0,	0	0	0	0	2	0	-4	-20	0
0	0	0	0	0	0	0	1	0,	-2	0	0	0	0	-166	269	0	0

表 A4　IAU2000k 模型行星章动（续）

幅角														黄经		交角	
l	l′	F	D	Ω	Me	Ve	E	Ma	Ju	Sa	Ur	Ne	pre	sin	Tsin	cos	Tcos
0	0	0	0	0	0	0	3	-4	0	0	0	0	0	-78	4	0	0
0	0	0	0	0	0	3	-4	0	0	0	0	0	0	-5	328	0	0
0	0	0	0	0	0	0	1	0	-1	0	0	0	0	-1223	-26	0	0
0	0	0	0	0	0	0	2	-2	0	0	0	0	0	-368	0	0	0
0	0	0	0	0	0	0	1	0	0	-1	0	0	0	-75	0	0	0
0	0	0	0	0	0	0	1	0	0	-5	0	0	0	-13	-30	0	0
0	0	0	0	0	0	0	0	2	0	0	0	0	2	-74	0	0	32
0	0	0	0	0	0	0	1	0	1	0	0	0	2	-262	0	0	114
0	0	0	0	0	0	-5	7	0	0	0	0	0	2	202	0	0	-87
0	0	0	0	0	0	-5	7	0	0	0	0	0	1	-8	35	19	5
0	0	0	0	0	0	0	1	0	2	0	0	0	2	-35	-48	-21	15
0	0	0	0	0	0	-2	2	0	0	0	0	0	1	12	55	29	-6
0	0	0	0	0	0	2	-2	0	0	0	0	0	0	-598	0	0	0
0	0	0	0	0	0	-1	2	0	0	0	0	0	1	8	-31	-16	-4
0	0	0	0	0	0	-1	3	0	0	0	0	0	2	113	0	0	-49
0	0	0	0	0	0	0	2	0	-3	0	0	0	2	83	15	0	0
0	0	0	0	0	0	-2	5	0	0	0	0	0	2	0	-114	-49	0
0	0	0	0	0	0	-6	8	0	0	0	0	0	2	117	0	0	-51
0	0	0	0	0	0	0	2	0	-2	0	0	0	0	393	3	0	0
0	0	0	0	0	0	0	4	-4	0	0	0	0	2	18	-29	-13	-8
0	0	0	0	0	0	-3	3	0	0	0	0	0	1	8	34	18	-4
0	0	0	0	0	0	3	-3	0	0	0	0	0	0	89	0	0	0
0	0	0	0	0	0	3	-3	0	0	0	0	0	2	54	-15	-7	-24
0	0	0	0	0	0	0	2	0	-1	0	0	0	2	0	35	0	0
0	0	0	0	0	0	0	2	0	-1	0	0	0	2	-154	-30	-13	67
0	0	0	0	0	0	0	3	-2	0	0	0	0	2	80	-71	-31	-35
0	0	0	0	0	0	-8	15	0	0	0	0	0	2	61	-96	-42	-27
0	0	0	0	0	0	0	6	-8	3	0	0	0	2	123	-415	-180	-53
0	0	0	0	0	0	0	2	0	0	0	0	0	0	0	0	0	-35
0	0	0	0	0	0	0	2	0	0	0	0	0	1	7	-32	-17	-4
0	0	0	0	0	0	0	2	0	0	0	0	0	2	-89	0	0	38
0	0	0	0	0	0	0	-6	16	-4	-5	0	0	2	0	-86	-19	-6
0	0	0	0	0	0	0	-2	8	-3	0	0	0	2	-123	-416	-180	53
0	0	0	0	0	0	0	-8	11	0	0	0	0	2	-62	-97	-42	27
0	0	0	0	0	0	0	1	2	0	0	0	0	2	-85	-70	-31	37
0	0	0	0	0	0	0	2	0	1	0	0	0	2	163	-12	-5	-72
0	0	0	0	0	0	-3	7	0	0	0	0	0	2	-63	-16	-7	28
0	0	0	0	0	0	0	0	4	0	0	0	0	2	-21	-32	-14	9
0	0	0	0	0	0	0	2	-1	0	0	0	0	2	5	-173	-75	-2
0	0	0	0	0	0	-7	9	0	0	0	0	0	2	74	0	0	-32
0	0	0	0	0	0	4	-4	0	0	0	0	0	0	83	0	0	0
0	0	0	0	0	0	1	1	0	0	0	0	0	2	-339	0	0	147
0	0	0	0	0	0	0	3	0	-2	0	0	0	2	67	-91	-39	-29
0	0	0	0	0	0	0	5	-4	0	0	0	0	2	30	-18	-8	-13
0	0	0	0	0	0	0	3	-2	0	0	0	0	2	0	-114	-50	0
0	0	0	0	0	0	0	3	0	-1	0	0	0	2	517	16	7	-224
0	0	0	0	0	0	0	4	-2	0	0	0	0	2	143	-3	-1	-62
0	0	0	0	0	0	-8	10	0	0	0	0	0	2	50	0	0	-22
0	0	0	0	0	0	5	-5	0	0	0	0	0	2	59	0	0	0
0	0	0	0	0	0	0	2	0	0	0	0	0	2	370	-8	0	-160
0	0	0	0	0	0	-9	11	0	0	0	0	0	2	34	0	0	-15
0	0	0	0	0	0	0	4	0	-3	0	0	0	2	-37	-7	-3	16
0	0	0	0	0	0	6	-6	0	0	0	0	0	0	40	0	0	0

表 A4　IAU2000k 模型行星章动（续）

幅角														黄经		交角	
l	l'	F	D	Ω	Me	Ve	E	Ma	Ju	Sa	Ur	Ne	pre	sin	Tsin	cos	Tcos
0	0	0	0	0	0	0	4	0	-2	0	0	0	2	-184	-3	-1	80
0	0	0	0	0	0	3	-1	0	0	0	0	0	2	31	-6	0	-13
0	0	0	0	0	0	0	4	0	-1	0	0	0	2	-3	-32	-14	1
-1	0	0	2	0	0	0	2	0	-2	0	0	0	0	-34	0	0	0
1	0	2	0	2	0	0	1	0	0	0	0	0	0	126	-63	-27	-55
-1	0	2	0	2	0	0	-4	8	-3	0	0	0	0	-126	-63	-27	55

表 A5　IAU2006 S 系数

项数	l	l'	F	D	Ω	l_{Ve}	l_E	p_a	sin	cos
1	0	0	0	0	1	0	0	0	-2640.73	0.39
2	0	0	0	0	2	0	0	0	-63.53	+0.02
3	0	0	2	-2	3	0	0	0	-11.75	-0.01
4	0	0	2	-2	1	0	0	0	-11.21	-0.01
5	0	0	2	-2	2	0	0	0	+4.57	0.00
6	0	0	2	0	3	0	0	0	-2.02	0.00
7	0	0	2	0	1	0	0	0	-1.98	0.00
8	0	0	0	0	3	0	0	0	+1.72	0.00
9	0	1	0	0	0	0	0	0	+1.41	+0.01
10	0	1	0	0	-1	0	0	0	+1.26	+0.01
1	1	0	0	0	-1	0	0	0	+0.63	0.00
2	1	0	0	0	1	0	0	0	+0.63	0.00
3	0	1	2	-2	3	0	0	0	-0.46	0.00
4	0	1	2	-2	1	0	0	0	-0.45	0.00
5	0	0	4	-4	4	0	0	0	-0.36	0.00
6	0	0	1	-1	1	-8	12	0	+0.24	+0.12
7	0	0	2	0	0	0	0	0	-0.32	0.00
8	0	0	2	0	2	0	0	0	-0.28	0.00
9	1	0	2	0	3	0	0	0	-0.27	0.00
20	1	0	2	0	1	0	0	0	-0.26	0.00
1	0	0	2	-2	0	0	0	0	+0.21	0.00
2	0	1	-2	2	-3	0	0	0	-0.19	0.00
3	0	1	-2	2	-1	0	0	0	-0.18	0.00
4	0	0	0	0	0	8	-13	-1	+0.10	-0.05
5	0	0	0	2	0	0	0	0	-0.15	0.00
6	2	0	-2	0	-1	0	0	0	+0.14	0.00
7	0	1	2	-2	2	0	0	0	+0.14	0.00
8	1	0	0	-2	1	0	0	0	-0.14	0.00
9	1	0	0	-2	-1	0	0	0	-0.14	0.00
30	0	0	4	-2	4	0	0	0	-0.13	0.00

表 A5　IAU2006S 系数（续）

项数		l	l'	F	D	Ω	l_{Ve}	l_E	p_a	sin	cos
1		0	0	2	-2	4	0	0	0	+0.11	0.00
2		1	0	-2	0	-3	0	0	0	-0.11	0.00
3		1	0	-2	0	-1	0	0	0	-0.11	0.00
1	t	0	0	0	0	2	0	0	0	-0.07	+3.57
2		0	0	0	0	1	0	0	0	+1.73	-0.03
3		0	0	2	-2	3	0	0	0	0.00	+0.48
1	t^2	0	0	0	0	1	0	0	0	+743.52	-0.17
2		0	0	2	-2	2	0	0	0	+56.91	+0.06
3		0	0	2	0	2	0	0	0	+9.84	-0.01
4		0	0	0	0	2	0	0	0	-8.85	+0.01
5		0	1	0	0	0	0	0	0	-6.38	-0.05
6		1	0	0	0	0	0	0	0	-3.07	0.00
7		0	1	2	-2	2	0	0	0	+2.23	0.00
8		0	0	2	0	1	0	0	0	+1.67	0.00
9		1	0	2	0	2	0	0	0	+1.30	0.00
10		0	1	-2	2	-2	0	0	0	+0.93	0.00
1		1	0	0	-2	0	0	0	0	+0.68	0.00
2		0	0	2	-2	1	0	0	0	-0.55	0.00
3		1	0	-2	0	-2	0	0	0	+0.53	0.00
4		0	0	0	2	0	0	0	0	-0.27	0.00
5		1	0	0	0	1	0	0	0	-0.27	0.00
6		1	0	-2	-2	-2	0	0	0	-0.26	0.00
7		1	0	0	0	-1	0	0	0	-0.25	0.00
8		1	0	2	0	1	0	0	0	+0.22	0.00
9		2	0	0	-2	0	0	0	0	-0.21	0.00
20		2	0	-2	0	-1	0	0	0	+0.20	0.00
1		0	0	2	2	2	0	0	0	+0.17	0.00
2		2	0	2	0	2	0	0	0	+0.13	0.00
3		2	0	0	0	0	0	0	0	-0.13	0.00
4		1	0	2	-2	2	0	0	0	-0.12	0.00
5		0	0	2	0	0	0	0	0	-0.11	0.00
1		0	0	0	0	1	0	0	0	+0.30	-23.42
2	t^3	0	0	2	-2	2	0	0	0	-0.03	-1.46
3		0	0	2	0	2	0	0	0	-0.01	-0.25
4		0	0	0	0	2	0	0	0	0.00	+0.23
1	t^4	0	0	0	0	1	0	0	0	-0.26	0.01

附录 B　JGM-3 地球引力场模式[4]

B1.　地球赤道半径和地球引力常数

$$a_E = 6378136.3 \text{米}$$

$$GM_E = 398600.4415 \times 10^9 \text{米}^3/\text{秒}^2$$

B2.　带谐系数（×10^6）

n	C_{n0}	J_n	n	C_{n0}	J_n
2	-484.1695484560	1082.6360229830	3	.9571705909	-2.5324353458
4	.5397770684	-1.6193312051	5	.0686589880	-.2277161016
6	-.1496715618	.5396484905	7	.0907229416	-.3513684421
8	.0491180032	-.2025187152	9	.0273850610	-.1193687132
10	.0541304457	-.2480568650	11	-.0501613146	.2405652138
12	.0363823406	-.1819117031	13	.0399464287	-.2075677324
14	-.0218038615	.1174173879	15	.0031659511	-.0176272697
16	-.0054302321	.0311943084	17	.0181083751	-.1071305916
18	.0072691846	-.0442167237	19	-.0035185503	.0219733396
20	.0187899865	-.1203146183	21	.0075099343	-.0492459324
22	-.0112601541	.0755354103	23	-.0229154104	.1571001388
24	-.0006097929	.0042685503	25	.0048446261	-.0345975506
26	.0079668051	-.0579992163	27	.0033674814	-.0249739107
28	-.0081536193	.0615584761	29	-.0019679433	.0151160592
30	.0132379960	-.1033920543	31	.0056361674	-.0447356915
32	-.0025747733	.0207584860	33	-.0008111717	.0066397263
34	-.0082907260	.0688679422	35	.0068544469	-.0577565964
36	-.0050519049	.0431634941	37	-.0068757999	.0595461737
38	-.0093774155	.0822864869	39	.0010137302	-.0090102314
40	-.0038208860	.0343879737	41	-.0009533658	.0086855761
42	.0002437349	-.0022471251	43	.0064209677	-.0598907992
44	.0034007069	-.0320822047	45	-.0046157846	.0440317789
46	.0022604862	-.0217993398	47	-.0001765981	.0017212654
48	.0088202849	-.0868697322	49	-.0009956244	.0099063382
50	-.0012978107	.0130428365	51	-.0072304223	.0733807724
52	.0030411689	-.0311627076	53	.0049986841	-.0517067908
54	.0017587217	-.0183615941	55	.0022909696	-.0241368625
56	-.0029640497	.0315082801	57	-.0020770987	.0222744018
58	-.0045497426	.0492129906	59	.0002196086	-.0023956469
60	-.0041913363	.0461046996	61	.0008489660	-.0094154885
62	.0007100943	-.0079390953	63	-.0024283128	.0273656952
64	-.0029650693	.0336767131	65	-.0000155800	.0001783211
66	-.0011136825	.0128436131	67	-.0000229132	.0002662272
68	.0004603126	-.0053878212	69	.0013897490	-.0163848995
70	-.0010928229	.0129765525			

B3. 归一化扇谐和田谐系数（×10^6）

n	C_{nm}	S_{nm}	C_{n+1m}	S_{n+1m}	C_{n+2m}	S_{n+2m}
m=1						
2	-.000186988	.001195280	2.030137206	.248130798	-.536243554	-.473772371
5	-.062727370	-.094194632	-.076103580	.026899819	.280286522	.094777318
8	.023333752	.058499275	.142230259	.021909618	.083758832	-.131554065
11	.016107078	-.027892153	-.054191701	-.042011776	-.052966868	.039876816
14	-.019023752	.027471826	.012019048	.008173267	.027533499	.033708199
17	-.026388862	-.029852856	.004210017	-.039075893	-.006967501	.000158049
20	.008347768	.006244529	-.015793369	.026704070	.013704896	-.002433077
23	.010272228	.016968565	-.002620856	-.003302194	.006990884	-.010457390
26	-.001134952	-.005945530	.005162261	-.000914980	-.005984212	.006295333
29	.001482816	-.009496373	.000002545	.002616317	.007037508	-.021252868
32	-.002585960	.002976369	-.005698792	-.001580880	-.003568956	.004681267
35	-.014881914	-.010698341	-.001499139	.008342565	-.005042954	-.000687106
38	.003885431	.000171829	-.005127130	.003680650	.001742365	-.002011753
41	-.004556381	-.003443719	-.001777428	.002747905	-.000935138	.004025257
44	.005029545	-.001677266	.004048616	-.004583111	-.000280576	-.000076093
47	-.006906020	-.002174717	-.000067566	.000644382	.005785591	.000266054
50	.003224873	-.001533970	.001491430	.005060622	-.000771393	-.006667840
53	.002006130	.001047864	-.001573963	.002427447	-.001473669	.003185124
56	.002411412	.001992426	.003785830	-.001523662	-.000626236	.000143928
59	-.003453762	-.002130685	.000665430	-.000326636	.001107714	.000458866
62	.000988577	.002270708	-.003017266	.001971059	.004350081	.000948198
65	-.001361441	-.002386777	-.000473808	-.000305881	-.002951520	.003254199
68	-.000480248	.002382301	.001402866	-.002998177	-.000444949	-.002398266
m=2						
2	2.439260749	-1.400266398	.904706341	-.618922846	.350670156	.662571346
5	.652459103	-.323334352	.048327472	-.373815919	.329760227	.093193697
8	.080070664	.065518559	.022620642	-.032174985	-.093557926	-.051415891
11	.018429795	-.098452117	.013985738	.031047770	.056039125	-.062699341
14	-.036978966	-.002989107	-.021746273	-.031733040	-.022395294	.026206613
17	-.017378597	.009196749	.012828249	.013586360	.031435052	-.004329548
20	.020030448	.014884470	-.003324588	.005860629	-.024458430	-.000953277
23	-.013594280	-.005702330	.000133537	.015108248	.019065994	.008618069
26	-.002137495	.012368418	.005025054	.000741011	-.014459369	-.009619179
29	-.005202407	-.004039378	-.009483132	-.000407064	.005045000	.004035765
32	.008836437	-.003098385	-.006304950	.001869369	.010910850	.005372736
35	-.016771995	-.000061372	-.006104962	-.003422101	-.005817541	-.011151704
38	.008225340	-.000116469	.003475046	.007705179	.001093565	.001289375
41	.003878647	.002055465	-.002231814	-.004954761	-.008707335	-.000029368
44	.000716552	.003581843	.001384307	-.001888795	.006890381	.001102408
47	.004263839	-.000484217	.005025023	.001116340	.000650971	.003613094
50	-.007428819	-.002501519	-.007744195	.001257237	.002734440	.003063594
53	.005086469	-.001186262	.000769818	-.001427544	-.001121049	-.001379330
56	-.004554451	.002725173	-.002298855	-.001144946	.000352824	.003958168
59	.004135790	.001564005	.001541397	-.001808773	-.000368682	-.001713066
62	-.004839236	.004629806	-.000793796	-.000385014	-.000609449	.002740922
65	-.000512028	.000257466	.001323454	-.000431144	.000127288	-.003101199
68	-.001524286	-.000746294	-.002400730	.001834578	.001345257	.001556181

n	C_{nm}	S_{nm}	C_{n+1m}	S_{n+1m}	C_{n+2m}	S_{n+2m}
$m=3$						
3	.721144940	1.414203985	.990868906	-.200987355	-.451837048	-.214954193
6	.057020966	.008889474	.250501527	-.217320108	-.019251764	-.086285837
9	-.161064279	-.074545464	-.007196737	-.154179881	-.030560698	-.148803091
12	.038978521	.024576581	-.021817132	.098208999	.036809436	.020313404
15	.052403065	.015159862	-.035100789	-.023241520	.007422562	.008194652
18	-.003759668	-.003109056	-.009899993	-.000988212	-.005934995	.035571151
21	.020222891	.021930853	.010511441	.011853661	-.023980389	-.016773873
24	-.003285698	-.008850372	-.010440129	-.015085481	.011326266	.001639014
27	.003609526	.007987539	.004332259	.012411043	.000896134	-.010332194
30	.000985523	-.014488224	-.005499777	-.011590887	-.004132250	.001541534
33	-.006525931	.005641836	.011130714	.008100552	.003064421	.004895550
36	-.002326600	-.014738610	-.003524235	-.000281212	-.002918970	-.002213312
39	-.005119731	.007230707	-.002894401	-.002763130	.004971599	.004572720
42	-.001241329	.007499050	.002282226	-.000422747	.001440828	-.006264446
45	-.000851314	-.004722991	-.003359949	.000773101	.001846116	.004244394
48	-.000036287	.003252808	.001470670	.000960819	.000943687	-.000951169
51	-.004152730	-.006126165	.003876901	-.000926377	.000348381	.000750800
54	.006131350	.001534424	.006452741	.002277650	-.001433303	.002265931
57	-.005050151	.004670409	-.002528716	-.005466509	-.000764018	-.005227509
60	.001819124	-.000072417	-.000890844	.005167293	.004024445	.001510029
63	-.000435865	-.002577845	-.001328140	-.001999334	-.000949474	-.000477799
66	.001644879	-.001155261	-.000893390	-.000141190	-.004121450	.001560765
69	.002292484	-.002589584	.001234661	.000364013		
$m=4$						
4	-.188481367	.308848037	-.295123393	.049741427	-.086228033	-.471405112
7	-.275540963	-.124141512	-.244358064	.069857075	-.008201737	.020068093
10	-.084335352	-.078485346	-.040024108	-.063596530	-.068419698	.002954326
13	-.001470937	-.012613849	.001712066	-.020688044	-.042162691	.007827100
16	.041218977	.046056697	.007520256	.023381995	.053092291	.001459700
19	.015826787	-.005661938	.005457175	-.022410101	-.006594241	.017756548
22	-.005545223	.017524088	-.022540577	.007157920	.007403099	.004955956
25	.009170295	-.000401609	.017565561	-.017315924	.000728122	.009103119
28	-.001371752	.006945003	-.026546203	-.000105185	-.002671735	-.000160971
31	.013109096	-.003615929	.001446105	-.010336761	-.005013546	.002503612
34	-.006182546	-.002490479	-.001221555	.002938502	.000004544	-.001503721
37	.004390648	.001597076	.007616052	-.003411870	-.005286611	-.005252890
40	.001922984	-.006170537	-.002640803	.002949115	.003908467	.002438437
43	-.000370312	.001188594	.000975922	-.000763912	.002414629	-.001638904
46	.002314571	-.006519166	-.000430821	-.001222485	-.001883666	-.000157607
49	.000821558	.009539834	-.007603209	.000107775	.002544651	.001306031
52	.001824783	.002151376	.003153257	.000534433	-.002134286	-.005280340
55	-.000971956	.002158163	-.002053610	.005072557	-.006281866	-.001927841
58	-.002205975	-.001223229	.003725669	.001320201	.008249888	.000616375
61	.001537758	-.001729694	-.001859629	-.000681471	-.001865401	.003516614
64	-.003155472	.002860802	.000802798	-.001918998	-.000516035	-.003212405
67	-.002568049	.002602479	.001834863	.001295170	-.001934990	-.000201537
70	.001383678	.001154030				
$m=5$						
5	.174831578	-.669392937	-.267112272	-.536410165	.001644004	.018075335
8	-.025498410	.089090297	-.016325062	-.054271473	-.049519741	-.050292694
11	.037435875	.049828632	.031107076	.007638788	.058253125	.065845649

A	C_{nm}	S_{nm}	C_{n+1m}	S_{n+1m}	C_{n+2m}	S_{n+2m}
$m=5$						
14	.029899462	-.016857911	.013450896	.008982335	-.013495264	-.001678851
17	-.017058053	.005353207	.007314422	.024650351	.012058224	.027204444
20	-.011452318	-.006935078	.001865730	.000551692	-.001344424	.000597644
23	.000204591	-.001066726	-.005351829	-.020858336	-.008620046	-.002837086
26	.011239607	.008754752	.014462725	.015100129	.011608649	-.002374267
29	-.007896830	.003799253	-.003439581	-.005696046	-.007248892	.002551973
32	.008855727	-.000075484	-.002860247	.003548901	-.001719468	.007155950
35	-.005298551	-.011276443	-.006686517	-.000942820	-.008770572	-.000175780
38	-.007031776	.009273304	.003919319	.002045075	.011827335	.002390995
41	.004168595	-.002786516	-.007456744	-.005668274	-.008617427	.002984288
44	.002850492	.004180518	.003514157	-.000661247	-.003627192	-.007269507
47	-.000216737	-.002903424	.006105146	-.000662060	.001798507	.000119993
50	-.002079371	-.001476850	-.004977824	-.004723903	.001635462	-.000704104
53	-.000567826	-.004285228	-.000261005	-.002865323	.005637567	.002738251
56	.001588149	.001646228	-.005382729	.000724691	.002122767	-.001870703
59	.001633115	-.004094402	-.000043015	-.000234853	.000656859	-.000427622
62	.003573284	.002780849	-.000116252	-.000554160	-.002173013	-.003999437
65	-.002341096	-.002267541	.006082093	.003068840	.000254967	.001951977
68	-.000584870	-.000470609	.001981121	.002750126	.000650043	.002313514
$m=6$						
6	.009501652	-.237261479	-.358842633	.151778084	-.065859354	.308920642
9	.062833187	.222677311	-.037418834	-.079464218	-.001460781	.034173161
12	.003324419	.039368833	-.035311989	-.006058332	-.019400982	.002412959
15	.033463386	-.037752532	.014321055	-.034445359	-.013466610	-.028274837
18	.013377840	-.015660996	-.002385006	.017951660	.011565401	-.000423417
21	-.014421896	.000529080	.009618227	-.009191387	-.013430695	.015784389
24	.002985965	.003296326	.019009763	-.000069293	.011239627	-.009903934
27	.001295377	.008435562	-.005356147	.009770678	.012898928	.004213371
30	-.001568240	.002506617	-.001535225	.004781728	-.006294989	-.010502338
33	.000120039	-.005983589	-.002805276	.006946030	.001742787	.008242617
36	.009801057	-.007254634	-.003846107	.007239169	-.011873965	.003200163
39	-.002779705	.003179895	-.002428308	.001631555	.000574278	.002950942
42	.000879415	-.000380980	.005892732	.001858079	-.007624409	.002010480
45	-.004374407	.000957420	-.006026001	-.001862309	.001921084	-.002209225
48	.004613759	.004057168	-.001082670	.003107193	.000125226	.000812544
51	.000217918	-.003998468	-.006966825	-.001127108	.001219587	.000194097
54	.002853335	-.001588744	-.002328894	-.000680809	-.006503746	.001590036
57	-.000329239	-.000149194	-.000199053	.001080985	-.006354532	-.001970102
60	-.003461420	-.002581952	.003022184	-.001325120	.001388928	-.004239129
63	.000655999	.003912944	-.003851628	.000115459	-.000121314	.000655065
66	.003080105	-.002126531	-.000449640	.000421559	.000970749	.001704949
69	.000766690	.001614373	-.001664813	-.000091027		
$m=7$						
7	.001379517	.024128594	.067262702	.074813197	-.118158852	-.096899386
10	.008208406	-.003149136	.004706182	-.089777235	-.018603107	.035570829
13	.002706365	-.007711058	.036851133	-.004222365	.059912701	.006056192
16	-.007812966	-.008510143	.024011120	-.005883554	.006528588	.006280263
19	.007367786	-.008664848	-.020301510	-.000129959	-.009267999	.004219160
22	.015123822	.004612563	-.005146599	-.003652421	-.005062447	.004113325
25	.008676774	-.006799793	-.002742390	.003937351	-.012878427	-.003743225
28	-.002151249	.007581012	-.004092209	-.005551660	.005234901	-.000318026

n	C_{nm}	S_{nm}	C_{n+1m}	S_{n+1m}	C_{n+2m}	S_{n+2m}
$m=7$						
31	.000341958	-.002291281	.001018411	.004091568	-.005595170	-.000153767
34	.002276550	-.004463978	-.002068074	.001842056	.000217938	.003489652
37	.005272504	.005133664	.000098879	-.002103093	.003872108	-.005748906
40	-.003035092	.003990865	-.000241186	.001420105	.003577800	-.003807455
43	-.000710221	-.001404358	.002707585	.009573015	-.000624911	-.000207006
46	.004581354	-.008934536	.000303528	-.006061758	-.001326802	.003175285
49	.003314730	.002765374	.004118370	.003768128	-.002331793	.001296401
52	-.003852940	-.002105830	.000335590	-.006870881	.002425738	-.001377656
55	.001437595	.003093754	.002771106	.000821913	-.001038098	.000871423
58	-.005519807	.003806975	-.002737546	.002160572	-.000252858	-.002424390
61	.001209738	.000630119	-.001730570	.003689635	-.000988597	.003341214
64	-.000192322	.001748203	-.002591229	-.000342844	-.000151679	.002120915
67	-.003645787	-.002080783	.001689215	-.002508979	.002791355	.000450728
70	.000537683	.000577830				
$m=8$						
8	-.123970614	.120441007	.187984270	-.003015444	.040467842	-.091916683
11	-.006140603	.024572255	-.025702477	-.016666794	-.009887179	-.009728937
14	-.034866853	-.014888415	-.031989552	.022270914	-.021537842	.005247575
17	.037624562	.003760956	.031066116	.002470134	.031052189	-.010462609
20	.004922203	.004067162	-.017602028	.003455898	-.024494710	.003041016
23	.005043529	-.001571402	.015626835	-.004603190	.005982258	.002178144
26	.004940573	.002154329	-.012100625	-.010888071	-.004825237	-.005098913
29	-.015879556	.010647294	.002943813	.002624515	-.003233793	.002063092
32	.015589337	.004946165	-.003298357	.014331732	-.014407509	.004148037
35	-.000113682	.010121051	.004498142	-.006252147	-.003096569	-.002392148
38	.002886193	.003779951	.001360081	.009856947	.006328373	.000751386
41	-.002910723	-.002404202	.000555071	.001917619	-.000599423	.002408962
44	-.002830038	.000671821	-.003227391	.002457800	-.000203409	.002445308
47	.004101383	-.001267867	.001187608	.002248777	-.002778788	.003127326
50	-.004339297	-.000590964	.000113806	.004964168	-.000956147	-.001390538
53	.002007279	.000041909	.002532703	-.002928881	-.002983390	.000304510
56	-.002645103	-.005019965	.003424845	.008753170	.000552051	.004904181
59	.001931766	.000090281	.001651674	-.001075472	.000974264	-.001086278
62	.001560442	.001309179	-.001235546	.003316734	-.001018636	.000879123
65	.000581164	.001729652	-.000324504	.000478736	.003305759	-.002882681
68	-.002864394	-.000450676	-.000527714	.001910874	.002973955	-.001167647
$m=9$						
9	-.047724822	.096585578	.125402503	-.037736478	-.031455516	.042040714
12	.041793078	.025324580	.024753630	.045359258	.032376639	.028698213
15	.013026722	.037876414	-.022776715	-.038923887	.003290490	-.028585766
18	-.019183124	.036144387	.003030466	.006451557	.018043913	-.005864871
21	.016405328	.009895539	.006316509	.009501563	.000058513	-.014470792
24	-.010842030	-.018478633	-.028776775	.021546615	-.011594081	.001825894
27	.001833055	.012022782	.009123631	-.009352136	-.001744836	-.000472813
30	-.008336019	-.011961681	-.000063802	.006011013	.007509355	.002268606
33	.005381657	.007419304	-.000943577	.002549237	-.001645796	.000091805
36	.002666307	-.002615519	.000272346	-.003832828	.002401450	.000600531
39	.007694916	.006382844	-.001884700	.002354050	-.004756396	.003468234
42	-.000444307	.003390395	-.003194494	-.006845426	-.001780868	-.004415671
45	.002466677	-.004255154	.008497950	.006569273	-.001147891	.002667446

n	C_{nm}	S_{nm}	C_{n+1m}	S_{n+1m}	C_{n+2m}	S_{n+2m}
$m=9$						
48	.000379105	.004593176	-.001610687	.004458933	.000107455	.003792139
51	-.000542049	-.004266073	-.003385928	-.004008922	-.001516256	-.003141718
54	.003012670	.005814900	.000502210	.002425610	.002751719	.001977418
57	-.000747333	-.003655809	-.004610434	-.005802008	-.002551110	-.000086427
60	.000431694	.000647837	.000106672	.004059214	.001955791	-.000761811
63	-.000089331	-.004671326	-.000645576	-.002486103	-.000009228	.001809695
66	.000212302	.005138486	.002151193	.002417635	.000609640	.000108597
69	-.001998765	.001079526	-.000337778	-.000398698		
$m=10$						
10	.100382331	-.023809404	-.052129309	-.018302278	-.006169385	.030986263
13	.040892147	-.037098943	.038838489	-.001464650	.010311331	.014956329
16	-.012128710	.012064636	-.004304078	.018038444	.005566156	-.004595387
19	-.033377490	-.007090179	-.032549035	-.005760183	-.011542129	-.001102542
22	.005950938	.024975932	.014694338	-.002651637	.009482768	.018011475
25	.009722942	-.003516900	-.013437143	-.003581660	-.013914995	-.000858406
28	-.009844155	.008664051	.014235568	.004317260	.003698624	-.005940136
31	.002517355	-.009573661	-.000292464	-.004593439	-.002630155	.003464373
34	-.010376299	.000659396	-.004701632	.011057658	.002752639	.008827044
37	.000697909	.002196700	-.003294281	-.006521234	.000154303	-.000208558
40	-.005548103	.003996968	.004180483	.002236131	.005356196	.006706146
43	.001002204	.001261317	-.003976630	-.004135004	-.000404094	.000217546
46	.000284171	.000980267	.004275938	.003532442	-.003014110	.002871956
49	-.005232915	-.000166731	-.005052621	-.000488367	.003148185	-.002087815
52	-.001338095	-.001627231	.011322709	-.003034029	.001584240	-.001717842
55	-.000512496	.003190589	-.004704550	.001857587	-.002473372	.003259320
58	-.003579353	-.002852583	.003692155	-.004138767	-.000063787	-.001366110
61	.001224228	.000284817	-.003517150	.005001270	-.000502289	.002914428
64	.000610541	.000435539	.001908552	-.000810942	-.000990268	-.002637054
67	.001720970	.000577956	-.001270689	.001243558	.001575843	-.000646555
70	-.000807326	-.000731279				
$m=11$						
11	.046226946	-.069592514	.011320827	-.006344226	-.044739075	-.004832892
14	.015356539	-.039038503	-.000951745	.018716337	.019265835	-.002974758
17	-.015725519	.011020868	-.007642475	.002117151	.016080720	.011000317
20	.014562763	-.018929751	.007664767	-.035957808	-.004586635	-.017142845
23	.009095899	.015758858	.013084452	.018100412	.002243477	.009196089
26	-.001936542	.000875043	.004706801	-.008602401	-.005287208	.000443531
29	-.007572753	.007959570	-.009219936	.010058901	.000362739	.021338539
32	-.006059920	.007133240	.003105492	-.007462958	-.002401146	.000960209
35	.002553970	-.000328909	-.001257082	.003794636	.000794202	.002644169
38	.000094313	.009051334	.014213463	-.000264222	.004225936	-.002120584
41	.002355809	-.006671995	.000383620	.003650703	-.003328434	.006645761
44	-.001770192	-.000347543	.000243585	-.002744054	-.002280227	-.001903585
47	.001257833	-.002464147	.001614844	.000574307	.004548562	.001226200
50	-.001955577	.003051283	-.002658031	.000814602	.000370239	.000537952
53	.000513679	.000413665	.003863519	.000969598	.000828913	.003859621
56	-.000760703	.004699374	-.004784034	-.006935023	-.004038825	-.004151600
59	-.000936138	.000870011	.001955465	.004605549	.002898683	.003782701
62	.001472986	.003483717	.002405984	.002611606	-.003570646	-.004684677
65	-.004111816	-.002227513	-.002072166	.000993951	.001994769	.000100251
68	.003395502	-.002310812	-.002582526	.002495263	-.001537700	.003096755

n	C_{nm}	S_{nm}	C_{n+1m}	S_{n+1m}	C_{n+2m}	S_{n+2m}
m=12						
12	-.002349275	-.010959427	-.031410021	.088106349	.008504665	-.030921728
15	-.032728992	.015719777	.019697743	.006914509	.028689129	.020744070
18	-.029603020	-.016192465	-.002988656	.009309680	-.006409215	.018154221
21	-.003262315	.015172449	.002581075	-.007710749	.016499139	-.012764708
24	.012013632	-.005565606	-.009557094	.012013537	-.017440958	.001581453
27	-.007813555	.000578586	.001509780	.011422102	-.003735758	-.002902151
30	.014960815	-.010961974	.002399915	.003531780	-.014834832	.015905547
33	-.002629381	.010053845	.013379611	-.004322969	.007788663	-.005074553
36	.000352714	-.006066040	-.002956066	-.004448198	-.003601316	-.004775096
39	-.003960346	.009402754	.006234860	.000283547	.002740649	.000936681
42	.005194580	-.008653038	.000239543	.000846035	-.002276682	-.002337556
45	-.003779815	-.001432394	-.000390496	-.000472243	.010097104	.002349847
48	.001124131	-.002926372	-.003392169	-.002151770	-.004891568	.004207457
51	-.004596966	.001341151	-.001823140	-.004311500	.000432331	-.004323884
54	-.000222736	-.002414334	.001738962	.001337666	-.000927032	.004353618
57	.004525579	.006074571	.000837862	-.000463005	.002160174	-.003927877
60	-.000828771	-.002012595	-.000901426	-.001406873	.002246169	.001359355
63	-.000366918	-.000448752	.001760032	.002846122	.000277587	.001320578
66	.001281330	-.003002827	-.003653476	-.001453482	.000777035	.000832775
69	.000909511	.000897197	-.000182600	.001125201		
m=13						
13	-.061211341	.068408786	.032166747	.045200081	-.028288961	-.004294396
16	.013837330	.000993931	.016603067	.020304809	-.006379933	-.034979730
19	-.007446552	-.028398304	.027323491	.007032513	-.019232678	.013391193
22	-.017178042	.019736949	-.011387456	-.005081372	-.002973371	.003238371
25	.007539875	-.012496250	.000645412	.001265679	-.003915242	-.004774776
28	.001172929	.006376927	-.001394172	-.002237968	.014413297	.002619085
31	.008902200	.003026509	.003314134	.004850953	.004461039	.004868862
34	-.002783446	.002918591	-.003757384	.001962582	-.006574811	.005606909
37	.000960737	-.009380013	.000772136	-.010339512	-.001653019	-.005404676
40	-.001798462	-.004593489	-.002047047	.001419015	-.000196759	.003747369
43	.001662914	-.002567885	.002869079	-.004517133	-.004234602	-.002117483
46	-.003768399	-.001176344	-.003569144	-.002060274	.003541012	.000732738
49	.003368858	.002720992	-.000170268	.000564133	-.010376806	-.001272424
52	-.001923985	.002051635	.002067606	.001554635	.004744377	-.000700355
55	.000477054	-.000503662	.001504856	.005575179	.001829427	-.001726479
58	-.002635608	-.001973274	-.006357059	-.000560450	.000453347	-.000163179
61	.003294518	-.001728771	.002823846	-.003872440	-.000473756	.000548487
64	.000688512	.001001295	-.001278970	.000909990	-.003551623	.001936609
67	.002231171	-.001165473	.000403617	-.001648945	-.001599642	-.005301304
70	.001205823	-.000437710				
m=14						
14	-.051783436	-.005013571	.005304481	-.024442485	-.019125929	-.038860161
17	-.014060794	.011375705	-.008002832	-.013078375	-.004529432	-.013113453
20	.011894377	-.014472234	.020332106	.007526046	.011261091	.007811750
23	.007720644	-.002445962	-.019587263	-.001814060	-.020594285	.006992090
26	.008333286	.007184943	.017980935	.010121541	-.007485420	-.012555091
29	-.005472046	-.003412803	.005200292	.007245435	-.004825323	.002000490
32	-.003566792	.001489117	.004735179	.005084138	-.001087529	.008968990
35	-.006589577	-.006310772	-.010506234	-.006299792	-.001546127	-.003683829
38	-.003929197	.002540660	-.003867759	.003182061	.001761885	.000673629

n	C_{nm}	S_{nm}	C_{n+1m}	S_{n+1m}	C_{n+2m}	S_{n+2m}
m=14						
41	.004081766	-.002498752	-.005436098	.004204869	-.003757983	.001004137
44	-.001207551	-.005353757	.002180582	-.005730399	.001484755	.000828312
47	.001445830	-.000857446	.000625801	.000531019	-.001247852	-.002080156
50	-.003883851	.003968450	.002169641	.002006130	.004621013	-.000331203
53	.003670571	-.001164870	-.002265581	.000228168	.000345213	-.001354764
56	-.001916116	.002927618	-.001233026	.006349778	.003517399	-.003592760
59	.000950446	-.005943769	-.003605503	-.000863898	-.001145667	.001674912
62	.001576342	.006131216	.006722688	-.000213439	-.001437423	-.001169179
65	-.005998014	-.003083101	-.002950901	-.000746819	.003194897	.001849466
68	.000064993	.000119504	-.000085661	.001652301	.002133943	-.001012233
m=15						
15	-.019227533	-.004704372	-.014460511	-.032699103	.005331856	.005387101
18	-.040535567	-.020249427	-.017838459	-.014105916	-.025832738	-.000765802
21	.017553009	.010563883	.025852723	.004832177	.018311183	-.003475721
24	.006544438	-.015979662	-.004503797	-.007370785	-.013743095	.008270934
27	-.002262503	.001961385	-.011285350	-.002899528	-.009374885	-.007534477
30	-.000555599	.000482396	.002628313	-.002180602	.006066462	-.009863777
33	-.003455957	-.002645000	-.000303941	.007549617	-.016584292	.008072176
36	.001716631	.003082360	.009427128	-.001711822	.002401874	-.004881682
39	-.004961556	.001209078	-.003975480	.001115404	-.001875675	.001483202
42	-.001526893	.006833580	.001736794	.007672305	.002009705	-.006735587
45	-.003651790	.000419239	-.003799658	-.001222095	-.001883204	.000755886
48	.004566490	.001020645	-.000864328	.000339746	-.003049034	-.003528290
51	-.000353630	-.000450605	.002540173	.002450556	.004124837	.004673391
54	.003236984	-.003823391	-.001337737	-.004837434	-.003432874	.000768050
57	-.000142455	.004118076	.000950279	-.000540922	-.000299126	-.004111921
60	-.000232540	.000106927	.001724791	.000201897	-.001124236	-.000821361
63	-.002108500	-.000332975	-.001737801	-.001950792	.001001514	.000868413
66	.002411123	-.003470807	.001433714	-.000219123	.003065715	.000612363
69	-.000735350	-.003160688	-.001533079	.001771004		
m=16						
16	-.037529425	.003591104	-.030061017	.003724089	.010670914	.006965437
19	-.021421212	-.006957451	-.012063705	.000330019	.007847638	-.006632761
22	.000348206	-.006880462	.006200090	.011478872	.008972625	.003076205
25	.000822871	-.013113858	.001483412	-.006156370	.003632784	.003734449
28	-.003998770	-.012868939	-.000159431	-.014839343	-.009697048	.004628991
31	-.005356566	.006207857	.002384638	.003836834	.006373550	.005607289
34	.000153560	-.001775279	-.006186780	-.005745787	-.000100461	.001573299
37	.004172941	.014475937	-.005516113	.008130970	-.001056040	-.002971867
40	-.002059782	-.002323796	-.001193391	-.003107758	.000775177	-.004334059
43	.001809924	.001399652	.004937998	.004561165	.005403191	-.000548178
46	.001758710	.003386882	-.000395089	.000465058	-.000838898	.001760080
49	-.001293207	-.004322095	-.001897193	-.006459659	-.000832281	-.001279883
52	.001171254	.000319733	-.000191558	.003912604	-.003936373	.000025142
55	-.003270148	-.000112641	.001023931	-.003029811	-.000671825	-.004053094
58	.003548514	-.003676190	-.000843750	-.000910599	-.003187099	-.000504848
61	-.002613233	-.000529025	.001105918	.000070386	.004441339	.002266706
64	.001196427	-.001206308	-.001690351	-.004961198	-.001949355	.000190843
67	.000621514	.001631075	.000659340	-.002908960	-.003517765	-.003622640
70	-.001918830	-.000989819				

n	C_{nm}	S_{nm}	C_{n+1m}	S_{n+1m}	C_{n+2m}	S_{n+2m}
m=17						
17	-.034064109	-.019733215	.003600319	.004510376	.029105753	-.015152537
20	.004434725	-.013703405	-.006712384	-.007492367	.008630147	-.014522430
23	-.005544836	-.012674284	-.012355730	-.005788386	-.015207899	-.003144078
26	-.011968264	.007943687	.003595438	.000612304	.013547700	-.005024043
29	-.001409816	-.004051409	-.006843136	-.004485674	-.002899996	.006782803
32	-.005683419	.009606156	-.006098861	.012420908	-.005803473	.002956015
35	.001663352	-.009539730	.005921524	-.007396598	.004470174	-.002565531
38	.002654753	.001592128	-.001219096	-.001758183	.000192298	.001819103
41	-.001979307	.002287804	-.003657597	-.004157784	.000642519	-.002650280
44	.003649288	.003040744	.001559709	-.001265485	-.005346193	-.000347961
47	-.002470050	.004291314	.000976063	.001946468	-.002989793	-.001420223
50	-.000252954	-.003146527	.001424657	.000103486	.000865382	.001886749
53	-.003050279	.001170704	.000636014	.005846309	-.001583746	-.000632069
56	-.007880539	-.000970252	-.001546133	-.000325481	.005964633	.002139500
59	.003194708	-.000963449	-.004191703	.001577725	-.002098450	.002416474
62	.001235963	-.001819797	-.000401689	-.004380194	-.001726493	-.001944573
65	-.002738451	-.003282444	-.000179307	-.000417655	-.003406105	-.000460805
68	-.001953116	.000002633	-.000117462	-.003408304	.000567028	.000573108
m=18						
18	.002620606	-.010810058	.034714340	-.009438577	.014916632	-.000983693
21	.025827695	-.010983672	.010053708	-.016160499	.008090844	-.014193374
24	-.000765810	-.010058957	.000785189	-.015383478	-.013277082	.005128542
27	-.002701276	.008714343	.005997678	-.004023130	-.004165925	-.004025430
30	-.011671860	-.007606249	.000496522	.000851008	.012519075	-.001178934
33	-.010846508	-.003230287	-.013685596	-.004924121	-.004487364	-.010459163
36	.000967854	.004068659	.000820028	.004056945	.009478060	-.002153839
39	.001559817	-.002302371	.000094561	.000594038	-.000947877	.006595616
42	-.011188337	.002340560	-.001981777	-.004346946	.005652699	-.002699641
45	.002446315	-.005514211	.003340556	-.004686186	-.001239528	.009328861
48	-.001708952	.003322052	-.000565099	-.001171523	.002194776	-.003394791
51	.000367397	-.001108232	-.002255690	.000334106	.005005751	.002433980
54	.001369793	-.000885458	-.001242474	.007701933	-.003709420	.002017620
57	.001646252	-.000702130	.003895796	-.001207694	.004129872	.000573072
60	-.002930292	-.003760258	-.004390807	-.002801112	-.001121127	.000177374
63	-.000358592	.001038555	-.000073691	.001234392	-.000652513	-.001195037
66	-.000467194	-.002539016	-.000818482	.003351946	-.000900591	.001987018
69	-.000708414	-.000057583	-.003268376	-.000590236		
m=19						
19	-.002370858	.004779609	-.002962625	.010959650	-.027130006	.016527239
22	.013650488	-.003608850	-.005298397	.010865801	-.004169255	-.008219170
25	.007802133	.009597769	-.001983190	.003354787	-.000204881	-.002901537
28	.005982831	.024076903	-.005865352	.006082108	-.013467091	.002603799
31	.002033387	.004821643	.001413936	-.002470301	.008184126	.001925903
34	-.002663854	.006138727	-.000318687	-.003660603	-.005969553	-.004749614
37	-.007612020	-.000187939	.001951870	-.001775377	.005435594	.005472843
40	-.001852437	.001359284	.000609632	.000137105	-.002211576	-.003585673
43	-.008738028	-.004873468	-.001740123	-.003105990	-.003489379	-.003102506
46	-.000787525	-.003909496	.002554699	.002577797	-.001818860	.003065777
49	-.002260949	-.000803369	.000662062	.001357641	.001011250	-.000574723
52	.000331343	.000553409	.005244684	-.002547247	.007098211	-.001395555
55	-.000422404	.000769817	-.002195181	-.000241926	-.003555792	.002967236
58	.001862779	.000073359	.000159758	-.003435475	.002484132	-.001358088

n	C_{nm}	S_{nm}	C_{n+1m}	S_{n+1m}	C_{n+2m}	S_{n+2m}
$m=19$						
61	.000650985	.002293745	.000996886	.001057022	-.003280557	.000421528
64	.000004499	-.000081074	-.003306104	-.000224881	-.001682070	-.000685534
67	-.000213789	.001363249	.004703934	.000628513	.002661957	.002034619
70	-.000173267	-.001384316				
$m=20$						
20	.004044584	-.012346618	-.026779068	.016255603	-.016749578	.020035267
23	.008172210	-.005627442	-.005087166	.008855996	-.007424048	-.000238308
26	.006481324	-.011875577	-.001140952	.003960745	-.001707621	.007029749
29	-.007511603	.004884086	-.004705112	.012173603	-.002919267	.007532392
32	.003216567	.000984360	-.002684239	-.010028078	.004081705	-.008726466
35	.001551507	.002278507	-.005414820	.002631097	-.009400892	-.002842639
38	.001532935	-.002167416	.000660700	-.010951190	-.007270910	.005707089
41	-.002048892	.000651104	.007209320	.001160240	-.000823497	.000810292
44	-.004282910	-.001232397	.004691394	.000732985	-.001177450	-.005245060
47	-.008779231	.001934570	-.002472178	.005052979	.005292033	.000376918
50	.001277309	-.001008656	.000167420	.000907050	.002300211	-.002581579
53	-.000940343	-.000473612	.000233843	-.000056546	-.001462577	.000088912
56	.004115768	-.002196053	.002331104	.000877847	-.000769590	.001513499
59	-.002765814	-.001838766	-.000831797	.000668101	.002501560	.002798629
62	.001939927	.005333717	.001022149	-.001318429	-.003208685	-.002531798
65	-.002407509	-.000668824	-.000900202	-.001023611	.002950969	-.002182981
68	.001982401	-.000144875	.003399514	-.000987787	-.003409788	-.000029081
$m=21$						
21	.008419603	-.003717833	-.024906454	.023817147	.015561961	.011660144
24	.005999422	.013166551	.011091278	.007575189	-.008819329	.001913414
27	.004911668	-.006517345	.006756882	.006620684	-.009947299	-.005441898
30	-.011011412	-.006903874	-.009594608	.006338837	-.002248757	.011260862
33	.001122299	.000391442	-.001730517	-.007940129	.012787893	.000058277
36	.009754988	-.004836891	.001229770	-.002306478	-.000119361	.001206823
39	-.004081138	-.000820012	-.003441552	-.002056063	.000087739	-.002020303
42	.002929339	-.002721041	.001131431	.004958015	-.009496765	-.000326382
45	-.003639743	-.000703022	-.005256222	.002092269	-.006084806	-.001020388
48	.001638971	-.001121534	-.000494141	-.003806639	-.000436979	-.000538981
51	.001194190	-.000897651	.000136283	-.000407754	-.002693435	.003589873
54	-.003685524	.003178451	.000698340	-.001474751	.001196318	-.002458435
57	.000258091	-.000640892	-.001474157	.004708716	.005936418	.000830300
60	.002209651	-.004151475	-.003644126	.003842460	-.003789667	.001062831
63	.000698689	-.001308160	.000145330	-.000680205	.001915230	.000243093
66	-.000226855	-.001281541	-.002409901	.000515528	-.002125872	.002347230
69	-.002366138	.002433652	.000837395	-.001323540		
$m=22$						
22	-.009548541	.002376492	-.017649157	.004756575	.003525279	-.003547352
25	-.013529950	.003707885	.011390193	.007031238	-.005442187	.003620434
28	-.001718286	-.006479006	.012527499	-.000738943	-.004775343	-.008667851
31	-.009094520	-.011418284	-.011209304	-.002383662	-.007900264	-.015354911
34	-.002842255	.003498520	.005045007	.006498128	.003201856	.001524857
37	.006962774	.000836153	.000806335	.008046630	-.005021363	-.000531748
40	-.011123102	-.015239448	-.009226786	-.002495707	.001479730	-.001783173
43	.006239590	-.000634115	.005713298	.002069439	.004506988	.003681267
46	.008136237	.001414885	-.006525398	-.000300935	-.005790175	.003344904
49	-.000347218	.004574849	.000358255	.000301702	-.001451689	-.002081502
52	-.001532645	.002396806	-.000566510	.004828501	-.003604289	.002871122

n	C_{nm}	S_{nm}	C_{n+1m}	S_{n+1m}	C_{n+2m}	S_{n+2m}
$m=22$						
55	.002526137	-.003484858	.000277865	-.000590248	.001345479	-.001475878
58	.002399926	-.004463762	.001536032	-.004073202	.003567724	.002457436
61	.000772053	.002301084	-.000327347	-.001561239	-.001487426	-.000616768
64	.002007925	.000292859	.001670855	-.000316108	.003177385	.002106411
67	-.002498796	.005725975	-.002760772	-.001836656	-.002205874	-.001252556
70	.000083741	-.001753810				
$m=23$						
23	.003282397	-.010717805	-.006581056	-.008272735	.008202069	-.012005170
26	.001120019	.011472111	-.005048888	-.010243584	.005817766	.003039110
29	-.002356077	.002817594	.004723497	-.009905525	.007549995	.004424588
32	.008110860	-.001514090	.000799673	-.008416236	-.001387990	-.011205116
35	-.009539094	-.001946754	-.001418443	.001938113	-.000554008	.002274523
38	-.001208470	.006451797	-.002914870	.007165293	-.000266331	-.011960041
41	.000218097	-.013512178	-.004835085	-.003040221	-.000933401	-.008316592
44	-.000145053	.006256030	.001042153	.005374890	.002216777	.003908014
47	.003536585	.000046501	-.002647108	-.001509043	.002372323	-.000394770
50	-.003037814	-.006363918	-.003045812	.001844272	.006159160	.001556988
53	.003775706	-.002844064	-.000659216	-.000870238	.000636370	.004764031
56	.000886429	.003600275	-.001927080	-.000642013	.000161111	.000688285
59	.004785247	.002711992	.007179533	-.002302719	-.004883713	-.000492871
62	-.002802851	-.001313595	.001099611	.000524637	-.002364068	-.000445061
65	.001572802	.003911886	.002821570	.002649941	.002630811	-.001902029
68	-.002666956	.000277599	-.000166269	.001324438	.002398663	-.000621264
$m=24$						
24	.011884904	-.004329254	.003822280	-.008180292	.008604273	.014608700
27	.000090570	-.001865941	.010256616	-.013719834	.000007135	-.002194946
30	-.002871237	-.002720746	-.003883456	-.003699157	-.004273559	.000302490
33	.011216687	-.007928622	.007877692	.005067220	.000468517	.005337373
36	.000099795	-.005146490	-.007600164	-.009196645	-.012055152	.000055229
39	-.009373812	.008343643	.003895478	.005649940	.005618716	-.000702948
42	.003812241	.001827325	.005777985	-.000016910	.001134474	-.007058612
45	-.008884958	.003804753	-.002714403	.000482460	-.002205602	-.001150092
48	-.005640195	-.000590721	.003081079	.001743936	.008312493	-.001456323
51	.002276022	-.006010212	.001082168	.001696088	-.005051028	.005962502
54	.001752362	.005892220	.004805705	.004328387	.000613626	-.001568940
57	-.002060269	-.003421679	-.003454000	-.002350243	.001567828	.000226358
60	-.001048670	.000565614	.002249417	.001455136	.002392935	.000079034
63	-.000055095	-.002567998	-.003174549	-.002398109	-.000507959	.000785032
66	-.000267462	.001297602	.001710467	-.002024965	.001641812	-.000331901
69	.002346256	.002008785	-.001204581	.002337028		
$m=25$						
25	.010662336	.004132816	.003357669	-.001170122	.012418251	.005185168
28	.007286241	-.017190061	.005654480	.008211951	.003652636	-.016264219
31	-.016659144	-.002316589	-.019529344	-.006312749	.004851694	-.010574874
34	.007118057	-.010252955	.006197236	.001381808	.003045419	.014431792
37	.006716582	-.003640538	-.001750947	-.003587844	-.004539602	-.005215933
40	.000197329	-.003367397	-.001731313	.003987871	-.007075898	.003303974
43	-.000453248	.001746787	.003394210	-.000110998	.007415941	-.003290483
46	.004122951	-.007437221	-.000984029	-.009936644	-.002522922	-.000160458
49	-.004260237	.003914924	.005378004	.001742990	.007607305	-.002915010
52	.004214740	-.002978728	.000837835	-.006309938	-.004881212	-.001457061
55	-.004681210	.001782278	-.002475589	.001310064	.006964817	-.003133445

n	C_{nm}	S_{nm}	C_{n+1m}	S_{n+1m}	C_{n+2m}	S_{n+2m}
m=25						
58	.002309437	-.002958457	.001063530	-.000913264	.001799719	.002218618
61	.001295377	-.002102615	-.002116532	-.001542644	-.001977405	.003428975
64	.000752404	.000433547	-.000369254	-.001202611	.000828218	.000325327
67	.002899965	.001062449	-.001343738	.002178271	-.002196060	-.001331023
70	-.000001102	-.001858579				
m=26						
26	.000364844	.002079125	-.006584040	-.002392800	.011932945	.003882225
29	.008271536	-.007017092	.001467456	.012143528	-.011668008	.001699990
32	.005627564	-.003518114	.011000883	.004536964	.003455848	-.013176411
35	-.004604151	.003781883	.004172469	.008355010	.005581530	.010354993
38	-.001103564	.004867888	-.001859027	.007469416	.007955577	-.003894782
41	.006042140	-.008161233	-.002917593	-.006309852	-.003935890	.002472474
44	-.003758411	-.000068217	-.001348341	.004412714	.004450992	.011311691
47	.008506157	.000967421	.000330185	-.005698235	-.007135252	-.000409633
50	-.006721496	-.001613312	-.000570049	-.003573398	-.005963356	-.002038125
53	-.001380144	.001642400	.002395770	-.002951057	-.003301148	-.001114468
56	.001410321	-.004689805	-.001876466	-.004563331	.000316382	-.000156073
59	-.000161656	.009701105	.001787941	.004447295	-.000106318	-.004524984
62	-.002677450	.000034293	-.000321362	-.002336128	.000740787	-.001399847
65	-.000573184	-.000804434	.003472661	.001055791	.002860502	.001289930
68	-.001875523	.000943658	-.004872975	.003200690	-.001806883	.001535829
m=27						
27	.007876190	.001126465	-.007853253	.000936636	-.007682020	-.000750049
30	-.007410085	.012370071	-.001229603	.010685496	-.004773696	-.006499009
33	-.000834538	.001666878	.012883690	-.003823730	.011439706	-.013223240
36	-.007121585	.008849625	-.004966544	.004601387	-.001407022	.008922171
39	-.008191249	-.002525272	-.001071290	.002496540	.002079850	.000390174
42	.006526825	-.002733090	.004753961	-.000019216	.003579228	-.002749720
45	-.006274469	-.000302355	-.002744457	-.000471558	-.004817563	-.001732744
48	-.007662801	.006263601	-.003447877	.003935879	.005611343	-.001421673
51	.004993660	-.007103079	.000523566	-.003307862	.000862345	-.001148385
54	-.000989357	.004455719	-.003808252	.003299326	.001724406	.003231067
57	.000718513	-.000249447	-.002714683	-.003868305	-.001908931	-.000475065
60	-.004036697	.002623951	-.000222322	.000270097	.000040888	.000786411
63	.001236873	.000129873	.000654690	-.001920153	-.000180539	-.001415370
66	.003022754	-.000628169	.001501962	.001162044	-.001922374	-.000329674
69	-.003454583	-.000275396	-.001136987	-.000734150		
m=28						
28	.007714674	.007590370	.009818631	-.006054828	-.004937059	-.007767231
31	.010403932	.002658678	.001950979	-.005298889	.001653666	-.001209137
34	-.000128672	-.020060553	.007698983	-.015563151	.001796385	-.004671125
37	.013186530	.003557918	-.004665219	-.005275013	-.003150030	-.011464380
40	.001820137	.005749739	-.000956007	-.005308259	-.003677419	.002113102
43	-.002408850	.008568255	-.001485171	.004083063	.006840622	-.001583669
46	-.001020074	-.006112387	.001397825	-.005766495	.001450758	-.007736859
49	-.003848196	-.011348107	-.002092210	.005498687	.002571935	.006165366
52	.000772386	.001571018	.000315198	.003395743	-.001647048	-.001615913
55	.000666207	.000082011	-.001853863	.000735879	-.003054386	-.002224032
58	-.002492209	-.002706615	.000468204	-.000488969	-.000121836	-.001899447
61	.005157180	-.002615027	.000386790	-.002103863	-.003079143	.002115374
64	.000973985	.003650451	.001264546	.001128090	.000968370	-.001735222
67	-.001675656	-.001836659	.000463893	-.000349072	-.000822215	-.000229184
70	-.001702168	.001316365				

n	C_{nm}	S_{nm}	C_{n+1m}	S_{n+1m}	C_{n+2m}	S_{n+2m}
$m=29$						
29	.013415302	-.005303034	.004304516	.001916629	-.001162672	-.002416434
32	.004454423	.003158698	-.015876082	.005489791	.007056372	-.004511335
35	.008366338	.003370970	.002379268	.000232429	.005196850	.006448267
38	.006809848	.002805286	.000323929	-.002948026	.002795301	.001589542
41	-.004415184	.005796599	-.004641613	-.001003657	-.000064714	.001691737
44	-.006641507	.004451902	-.007767551	-.003747240	-.001753111	-.004058161
47	.006506622	-.000084160	.003011474	-.005002505	.000972149	.000582279
50	.006314708	.003034499	-.001899306	.001023738	-.006764975	-.003251033
53	-.007442683	-.001274608	-.002676632	-.000108028	.001568222	-.000658900
56	.003815312	-.001030672	.000111857	-.000781401	.002420828	-.002060495
59	-.003442181	-.000566792	.002480855	.003879843	-.000677671	.003588105
62	.001364060	.002014000	.000267151	.001226845	.000162033	-.001980038
65	-.000844672	-.002223315	-.002613590	.002435455	-.000981571	.001299622
68	.001376659	-.001756012	-.000917927	-.001893529	.000684916	.001675798
$m=30$						
30	.002933662	.007246710	-.000368445	-.007109411	-.006333884	.001060596
33	-.000420846	-.017561835	-.019783053	-.000636285	-.003794616	.003333180
36	-.009175531	.006551522	-.007644240	.013424394	.000401256	.002527793
39	.004975252	-.010500691	.001013464	.001825895	.002608512	-.000161689
42	.004609025	.002175210	-.010149020	-.006027545	.004739982	.003919879
45	-.000190159	.000231319	-.004179224	-.007869257	-.002270923	.001806873
48	-.000562720	-.000627374	.003635438	.002863275	.004242507	.006722524
51	.002027208	.004628723	-.001491526	.001481112	-.004562161	-.006461160
54	.002742038	.000245570	.003922266	-.001519991	-.000984395	.002495481
57	.006359679	.003304936	.003420750	.003265830	-.004347383	-.001053442
60	-.004076953	-.002247878	.000521277	.001465740	-.003713024	-.000499029
63	-.002489944	-.002414691	-.002158349	.000143795	.004369514	-.000776408
66	.002580761	-.002895059	.000927508	-.001711855	.000768685	.000858758
69	-.000898622	.000577215	.000653204	.000737281		
$m=31$						
31	-.008457410	-.000974142	-.006109726	.000828028	.004701534	.002491548
34	-.003820725	-.000160957	.007596787	.004144498	-.008007647	-.004004532
37	.003466851	-.007693650	.003567918	-.005884910	.001564668	-.010570853
40	-.005858752	-.000095626	.010682592	.001832126	.005714515	.005095874
43	-.003712598	-.000078646	-.002203300	.004642300	-.003135833	-.003305999
46	-.002449782	.000076169	.001284588	.002305634	.000262984	-.002659217
49	.000260938	-.006374726	-.003151834	.005785560	-.001281019	.007455082
52	-.000104822	-.000856870	-.004911864	.003054674	.000575931	.003892011
55	.000401198	.000166024	-.000891011	-.005868121	-.000323497	-.002102344
58	-.003313296	.000471450	-.002868230	.002575392	.002721521	-.001854422
61	.001379843	-.001137596	-.000713325	-.003247462	-.001678071	-.000871176
64	.000904886	.000987515	.001204209	-.000772076	-.001908739	-.000277741
67	-.000964951	.003181655	.000635550	-.000475198	-.001097709	-.001392483
70	-.001424192	-.001235488				
$m=32$						
32	.002394112	.002771643	.005879314	-.003150942	.008100047	.003271692
35	-.003689924	-.006790997	.011527181	.003631849	-.000070470	.005076488
38	.006396633	.002680417	.001129675	.005739650	-.003422053	-.004488620
41	-.002855866	.005331697	.006097510	.006047275	-.003960499	.006074740
44	-.004569260	.000748379	-.002912963	-.002244912	-.002620502	-.002420060
47	-.003121457	-.000295900	.001402658	-.001401304	.002730956	-.005087350
50	-.000669393	.001176748	.001266526	.002236071	.002299330	-.005509052

n	C_{nm}	S_{nm}	C_{n+1m}	S_{n+1m}	C_{n+2m}	S_{n+2m}
m=32						
53	.001669591	-.002336180	-.001944105	.000792226	-.000985968	-.000510736
56	.002498882	-.003000756	.001197085	-.000709801	.003364597	.000717554
59	.000769462	-.000159633	-.000090775	-.000172398	.001473021	.003277425
62	.001472487	.004223641	-.003009098	.002212318	-.000637825	.003069167
65	-.001239993	.001561453	-.000495438	.001071865	.000047285	-.001606286
68	-.002758417	.002206634	.001022306	-.000436952	-.001068679	-.000000867
m=33						
33	-.001450526	.008711737	.012501389	.003764468	.005468900	-.002917654
36	.002087766	-.004346510	.000731897	-.015888491	.002607380	.013902515
39	-.007266585	.003625270	-.003411297	-.002319247	-.004345154	.010028290
42	.004823345	.006465183	.004464065	-.000743583	-.004460595	-.000029039
45	-.002871465	-.002912042	.014346506	.000112721	-.005699410	.003217778
48	.000157634	.000441844	.001184741	-.001844901	-.003030042	-.001752290
51	-.002426667	.002158751	.000168634	-.000179940	-.000374045	.001296339
54	-.003906387	.000854707	.003631364	-.000832328	.006040762	.001252088
57	.001670118	.003220134	.001180679	.000708359	-.000465929	-.000195840
60	-.004962661	.004918799	-.001858125	.000368937	-.001045213	-.002968493
63	-.001916028	-.000359021	-.001278930	-.001031125	.001047917	-.001468466
66	.000191938	-.004727410	-.002261307	.000075246	.002187971	-.000481617
69	.003514214	.000643171	-.000723013	.000423391		
m=34						
34	-.006999037	.002391700	-.001469289	.001277161	-.009153317	.004523837
37	.001473008	.000167925	-.007749741	.002790127	-.002151766	.001893074
40	-.000314012	.001396076	-.003800933	.002943418	.002465068	.009701820
43	.002107400	-.000795854	-.003805853	.004553800	-.001377230	.004817293
46	-.002036010	.003405055	.000153607	.001969120	-.001008289	.006123887
49	.003915241	.000236867	-.001920455	-.001700243	-.005469670	-.000414778
52	.004306752	-.001254591	-.004903944	-.007709263	-.009053380	-.003034436
55	-.001634964	.001740335	.001846919	.001587740	-.002614388	.003621392
58	.000467190	.002462537	.002321484	-.001544431	.002708837	-.002489942
61	.000354000	-.001548708	-.001587653	-.001936906	.000462955	-.001039163
64	.001411953	-.000897336	.001911014	-.001215873	.000841509	.001576664
67	.000705434	.001594524	-.001353998	.002238284	-.001619611	.001583620
70	.000945670	.000783567				
m=35						
35	-.006517863	-.004379891	.000325019	-.012291258	-.009915854	-.008552871
38	.005006870	.002872740	-.012116550	.002097436	.007400823	-.008023223
41	-.013575940	.002944822	-.005447232	-.001329940	-.000770823	.004780618
44	-.006837000	-.003589570	-.005874886	.006488012	-.005287570	.000774941
47	-.007339768	.000983575	-.005565837	-.000953886	.001888924	.004111626
50	.000693547	.000230498	.001507653	.001634861	.006255076	.005813550
53	.002004645	-.004372934	.000783355	-.008823294	.002250099	-.002502593
56	-.002364961	-.000959192	-.001386901	-.003357126	-.002330209	.000870016
59	.000066730	-.000942140	.002663685	-.000652010	-.001253292	.002040396
62	.004325161	-.000874276	.001297211	.000376585	-.006489631	.000283538
65	-.003049310	.003544237	.001479143	.000290497	-.002583978	-.001541735
68	-.001744274	.000196012	-.000921291	.002004800	-.004623529	-.003024482
m=36						
36	.003176917	-.006682813	-.004330528	-.003691315	.000786692	-.000918040
39	.004369541	-.003108054	.004036708	.004857618	.002496596	-.001955692
42	.004543086	-.005858328	.000493979	-.003724735	.003398678	-.007780852
45	-.007199309	.008604012	.000808475	-.001167944	.007797609	-.003886089
48	-.002689394	.000556357	-.004104192	.001878790	-.000303629	-.000303112

n	C_{nm}	S_{nm}	C_{n+1m}	S_{n+1m}	C_{n+2m}	S_{n+2m}
$m=36$						
51	-.007126020	.000387250	.000265380	.003977961	.002640904	.002489327
54	.001956485	-.006191662	.001523503	.004238386	.003285055	-.002034415
57	-.001819603	-.006916548	-.003556075	-.002427558	.000278373	.000198871
60	.000694829	-.000120062	-.000778192	.003008531	.000821629	.002303717
63	.000073441	-.003329379	-.001287488	-.001867340	-.001626308	-.002577050
66	-.002236158	-.002145755	-.002365060	-.002049141	.003673024	.001314976
69	.003504545	.001644336	.001725183	-.001002497		
$m=37$						
37	.005266263	-.003974206	-.002916182	.002450859	.000129132	-.004636268
40	-.004012378	.000786440	.000785040	-.010267619	-.005552209	.003319683
43	.002810095	.005202160	.009672984	.006743986	-.006639351	.003907390
46	-.004417179	.007090439	.007457865	.003074562	-.001861927	-.002530597
49	-.000620042	.001744940	-.000995748	.000032346	-.002528880	-.005948702
52	-.008263407	.001354826	-.001008256	-.000208881	.002043093	.001236789
55	-.003598889	.004851740	.003006248	.004092409	.002646185	.001629315
58	.002221457	-.002393212	-.000025771	-.003043645	-.002686799	.000293347
61	-.004510287	.000245399	.003235889	.003482812	.000768341	.003558375
64	.001338154	-.001086656	.004303276	-.002397102	.000279197	.001599527
67	-.002921908	-.000911628	-.004572089	.001881907	-.001690502	.004989417
70	-.002762658	.002131232				
$m=38$						
38	.002175232	-.000683693	.000471817	.007418325	-.000517697	.003808283
41	-.009176924	-.000146206	.002690458	-.010897937	-.004128938	.000436190
44	.003291923	-.006417477	-.004111749	.003526900	-.006587845	-.003088108
47	-.000650179	.000008262	-.010068264	-.001057762	.000910465	-.001252664
50	-.002660127	-.005979587	.002231018	-.004732002	-.001836046	-.000772110
53	.000941818	-.001389215	.000419037	-.000671301	-.006055186	.000723853
56	.002561472	.003474214	.005595755	.002916550	-.005191282	.001279606
59	-.000488828	.005293925	.001354499	-.000585529	-.001231532	-.005985431
62	-.002405730	.002297367	.001123597	-.001017172	.002695159	-.002500767
65	-.000454448	.003900290	.001677740	.003358189	.002614176	.000194296
68	-.001424407	-.003400448	-.003268976	-.001159389	-.001168136	-.002745936
$m=39$						
39	-.001177269	.001404730	.006739334	.003287232	-.005635609	-.002215547
42	.003858073	.010513242	.006211671	-.000660050	.006914921	.003141093
45	-.001326564	-.007798048	.007765117	-.000814159	-.000725050	.008070550
48	.004716439	-.009489241	.002697656	.001282142	-.005553297	.007763598
51	.003810177	-.000833356	-.001437790	-.002089590	-.003682628	-.002090170
54	.006315281	-.001548392	-.001885085	-.005086875	-.000815757	-.003204698
57	.002514508	.001266290	.000293122	-.001529219	-.001943888	.000609662
60	-.000745418	-.005619387	.002229371	-.003776631	.001973021	-.000641882
63	.000239055	.001032333	-.000369714	-.002820304	-.001830457	.001467096
66	-.000552470	.004541209	-.000535354	.000005078	-.001782489	-.000093410
69	-.000432000	-.001015099	.003651193	-.002581175		
$m=40$						
40	-.001027490	-.000219118	.003151305	-.005027584	.002186578	-.002853592
43	.010884560	.001297480	-.002808354	.007636803	.002286798	-.003088972
46	.000919127	-.000489126	-.007853642	.007574807	.002396874	.005061447
49	-.002263266	.001682002	.004004689	.005928006	-.001492145	-.001950286
52	-.010301366	-.001733090	-.000760783	-.002279386	.003087795	-.000089898
55	.002305089	-.005638589	.002205095	.002471185	.001369110	.000839074

n	C_{nm}	S_{nm}	C_{n+1m}	S_{n+1m}	C_{n+2m}	S_{n+2m}
$m=40$						
58	.001505144	-.003427245	-.008402353	.002361080	.000249537	.001134536
61	.005172574	-.003558875	-.001029420	-.003077630	.002370961	.000810283
64	.004790764	.000795791	-.001815626	.000750141	-.002659095	-.002465476
67	-.000371862	.000090918	.001151075	.000500405	-.000845513	-.002725320
70	-.001301605	.000578120				
$m=41$						
41	.003579728	.006791910	-.000740051	.001938407	-.002270361	.003160954
44	.001761278	-.000271408	.001017076	.000484678	-.001574184	-.003939860
47	-.003623397	.005582514	-.002307309	-.008421891	-.000911584	-.001835306
50	-.006513707	-.004502227	.001878817	.002067826	-.002895763	-.003338820
53	.008454246	-.005778964	.006547618	.003735802	.005257788	-.001225130
56	.000110156	.001460403	-.001589459	.001973635	.001033500	.003031522
59	-.001512898	.002053720	-.000903177	.000048454	-.000878182	-.003072431
62	-.003552664	-.002281860	-.000238302	.000702541	.001419439	.000331930
65	.001245010	-.000986760	-.001930129	.003726546	-.000320410	-.002818564
68	.004062996	-.005556329	-.001673729	-.000974627	.002717013	.001683698
$m=42$						
42	-.007786175	.001906393	-.009112129	.005577093	-.001500042	-.001413688
45	-.002603135	-.010760869	-.000077012	.006970435	-.002037043	-.003984870
48	.001820256	.002395842	-.003542098	.001038807	.005076303	-.003357738
51	.000867021	.004157757	-.001860058	-.006258556	.003431313	.002037417
54	.006532218	.006190794	.003340592	-.001398085	-.003488962	-.000916478
57	-.007498179	.001798388	.001244486	-.001144446	-.002906597	-.001690847
60	.000904205	.002931446	.003094802	.002729403	.001925084	-.004238078
63	-.001810945	.000879542	.001665059	-.000097885	.002711252	-.003095326
66	-.003742722	-.002706468	-.000445249	.002002846	-.001627890	.002334858
69	-.001950748	.001496591	-.000462411	.000052104		
$m=43$						
43	-.002314296	-.009569519	.002510500	-.003589103	.003107511	.000968676
46	-.002734808	.011266722	.000062380	.003248795	.004946430	.005074914
49	.004414357	-.006521658	-.000770735	-.001933924	-.006604889	.002305888
52	.005087780	-.001824541	-.000643613	.004290488	-.000985256	.003298197
55	.000929791	.000600796	-.000326247	-.003465157	-.002377688	-.007292551
58	.000243772	-.001960484	-.000512336	-.001562120	.003427383	.000730213
61	.001343382	.003103806	-.001294416	-.002274118	-.004776758	.002840035
64	.000205470	.001428922	.001553783	-.000674302	-.000475175	-.001399278
67	.002243166	-.002933522	.001472945	-.001242542	-.000367020	.001189070
70	-.001955998	-.000427902				
$m=44$						
44	.003390850	-.002077282	.012639139	.002141300	.002465644	-.003275186
47	-.002605310	.008493381	.000094240	-.000220716	.005414403	.006032787
50	-.000851980	-.000769394	.000572081	.000159017	-.001840413	.000502770
53	.001460979	-.001233783	-.001851986	.003877883	.008787218	-.001858845
56	.001702687	.002558318	.001965662	-.000027049	.005162822	.000799126
59	.006219122	-.002346768	.002428859	-.000744978	.000495848	.005525504
62	.001829589	.001356960	-.005944347	-.002900525	-.003571059	.001511361
65	.001748331	.000575608	.000679778	-.005054609	.000622504	.000090992
68	.001120984	.002410795	.001649579	-.002382097	.001814241	.000955283
$m=45$						
45	-.001422715	.000657605	-.001830787	.004342916	.006773073	.003319793
48	.005797545	.003343950	.001307292	-.001514007	-.003332004	.004168916
51	-.008342463	-.004718127	.001170692	-.001565057	-.006789754	.003621562

n	C_{nm}	S_{nm}	C_{n+1m}	S_{n+1m}	C_{n+2m}	S_{n+2m}
$m=45$						
54	-.002123361	-.004638435	.000683032	.004537179	.004492180	-.000498244
57	-.001348352	.005423699	-.000608120	.004144331	.006078373	-.000379038
60	.003671422	-.003194816	.002180684	.002563825	-.000934637	-.001886506
63	-.002497038	-.001920148	-.001139607	-.001194368	-.000313946	.000872306
66	.001325308	-.001641167	-.001411308	.001594630	.000526996	.001344500
69	.002088899	.001038314	-.000777094	.003034655		
$m=46$						
46	-.000036872	-.002322831	-.001549929	-.003140707	-.002402182	.009157411
49	.002473300	.000826047	-.003841409	.001272271	.000116233	.000885000
52	.000729076	.004445245	-.002720824	-.005172777	.001428654	-.004063387
55	-.004423666	-.001862398	.003538185	-.004494626	-.004547344	.003324937
58	.000259285	.002681252	.003341493	.000945487	.002243614	.000535463
61	-.000936907	.002394693	-.001762944	.001611715	-.000577334	-.000741372
64	.001564442	.000301186	.002827692	.002152084	-.000266708	-.002956328
67	-.003031181	.000722508	-.002691854	.000371614	.000234984	-.001723847
70	-.000928008	.000526191				
$m=47$						
47	.004275375	-.004832223	.003076262	.005336667	.002920100	-.000047979
50	-.005947091	-.010668783	.003880221	-.001779506	-.003118079	.006094826
53	-.000968674	.004809848	-.003975102	.003914113	.003408467	-.001399095
56	.007929213	.001618196	.000597991	-.001412864	.000432442	.000365104
59	-.000733592	.004411707	.000320399	.001426449	.001062389	.002825453
62	-.001907379	.003117678	.000820720	-.000904400	-.002939196	-.001201833
65	.000735930	.001579447	.003309206	-.001507639	-.002148510	-.002176907
68	-.001246590	-.000454023	.001099370	.002439704	-.000533715	-.001180223
$m=48$						
48	.006203330	-.001698244	-.001295672	.000921983	.000774440	-.000756276
51	.003228797	.001634316	.002350732	.002398321	-.002910015	-.003599431
54	.002293052	.000887657	-.002944085	-.000441597	-.001067662	-.003820500
57	-.000491268	.004990493	-.001054326	-.003142052	.003260025	.006059890
60	-.005168040	-.003757216	.000197935	.000893132	-.001711385	.000908229
63	.005385825	-.001998622	.000988200	-.002775713	.001379739	-.001705497
66	.004867107	-.000200199	.003005102	-.002969439	-.001378836	-.000450323
69	.000103421	.000271690	.000368611	-.002804383		
$m=49$						
49	.001953253	.000874023	.002441876	-.005269624	-.002371538	-.002067429
52	-.006345183	.006419756	-.001533410	-.003645507	-.000294589	-.000627355
55	.001722940	-.002289960	.007806270	.006726405	-.000456379	-.000959101
58	.001362436	.000702361	-.001759563	.004801349	.005037555	-.003962737
61	-.000144068	-.000664348	-.004128678	-.001483180	.000908500	.001275184
64	.000824919	.001355301	.000693772	.001387495	.002008577	.003321597
67	.001331917	.002425870	-.000043336	.002254667	.002674857	.001024321
70	-.000041430	-.001483667				
$m=50$						
50	.003473200	.001671056	-.003206526	.003696977	-.004301213	-.000076262
53	.009807727	.001085558	-.001492866	-.000614550	-.003624980	.000746361
56	-.003728131	.002060998	-.001165605	-.005156160	-.001176885	.008465974
59	-.004689079	.003074234	.002166281	.004205783	-.003654327	.002026499
62	-.000191884	.001169716	.001159099	.000262929	-.005035436	-.002392925
65	-.004601462	.001259097	-.001311700	.002239133	.001822087	.000113966
68	-.002781147	.000698969	.000215505	-.000414133	.005520915	-.000177072

n	C_{nm}	S_{nm}	C_{n+1m}	S_{n+1m}	C_{n+2m}	S_{n+2m}
$m=51$						
51	-.000598905	.004625431	-.005719774	-.002254693	.002761084	.001566074
54	.004771395	.002047619	.000652241	.004079350	.002087247	-.000221042
57	-.001697186	-.002517068	-.000380374	-.003067703	.000076329	.001001131
60	-.003253256	-.000476312	-.000674300	.001073955	-.004163827	-.005051175
63	.002630222	-.000992925	.000824150	-.000105499	.002161341	-.001340623
66	-.001946836	-.001449622	.004928488	-.001819257	.003300537	-.001082467
69	.000329948	-.000950121	.000916080	.002447434		
$m=52$						
52	-.001684683	-.003057883	.005581611	.001510408	.001459609	-.002819075
55	-.004469789	-.004180202	-.003991231	-.002763223	.002186626	-.000084492
58	.000536435	.005600162	-.007642430	.001117340	.003463694	.005547314
61	-.004667381	-.001391857	.004173697	-.004630871	.000355768	.006282006
64	.005327860	-.004794997	-.000839122	.002252571	-.001865731	.000301109
67	.004455555	.001648071	-.001881192	-.000179903	-.002466372	.000624426
70	-.000549800	.003587636				
$m=53$						
53	.004281290	.004031807	-.002271353	.002284894	.000618643	.001902991
56	-.009647558	.000458944	.002783242	-.002826921	-.004516724	-.002381256
59	.000029352	-.003983501	-.001659551	.007309059	-.003184998	-.005781202
62	-.001352838	-.002275337	-.003700495	.000592994	.002906540	.001911014
65	-.004463571	.000679524	-.003057603	-.003951248	.000017471	-.000528060
68	-.002316265	.000999664	-.003067481	-.004327812	-.003068644	-.000132165
$m=54$						
54	-.006605555	.003346847	-.003754562	-.006341469	-.007416719	-.000866442
57	-.005405940	.003213822	-.002982531	-.000480303	-.002382220	-.002082607
60	.004589456	-.002673495	.004073617	.000776368	.001863215	.003167896
63	.003454095	-.004258192	-.000221600	-.001585019	.002119590	.000891247
66	-.001927946	-.001986899	.000445991	-.000605231	-.002129102	-.000814428
69	.002952731	-.003437147	.002557674	.002737533		
$m=55$						
55	.001019523	-.006952385	-.000575082	-.003292545	.003212169	.001239054
58	.001278304	-.003486671	-.000757989	.002344331	.002126771	.002449466
61	-.001145998	-.000034961	.004385407	.000224369	-.007164546	.000136382
64	.002833571	.001397150	-.002713422	.003952950	-.000741525	-.003079157
67	.000411567	.007967460	-.000058261	-.003381827	.002217756	-.002942133
70	-.001794198	.000862953				
$m=56$						
56	-.000015114	-.000114227	.000083323	.003317472	-.000810990	-.000106541
59	.003542153	-.003287481	-.001032064	-.002988385	.002313171	.001524933
62	-.004472660	.000497613	-.000469036	-.006112917	.002665980	.004079234
65	-.000280282	-.003879210	-.000676592	.000652737	-.004613847	-.003602566
68	.003289380	-.004736194	-.000180281	-.001925385	.003247411	.001714916
$m=57$						
57	-.001672907	-.001144965	-.001078672	.001258421	.001627541	-.003810928
60	-.002145386	.000126337	.006720139	.002276751	.000393892	-.005880252
63	.000076494	.001865488	-.003150393	-.000704515	.000442281	-.000052530
66	.001682754	.004181709	.002351793	-.001395525	.002356110	.002263554
69	.001352187	-.000068821	.000676127	-.000527699		

n	C_{nm}	S_{nm}	C_{n+1m}	S_{n+1m}	C_{n+2m}	S_{n+2m}
m=58						
58	.001478480	.001687635	.002883337	-.002047979	-.002970166	.002017793
61	-.001547754	.006133837	-.001232540	-.001838868	-.000014878	-.000377687
64	.000391592	-.000304464	-.001541114	-.001374844	-.001217680	-.001884337
67	-.002425486	-.001115842	.001335438	.000573381	-.003457921	.002199055
70	-.004027586	-.002935964				
m=59						
59	.002662426	.000281815	-.002710124	.000517091	-.005334252	-.001295591
62	.001041818	-.002396416	-.000160441	-.004415630	-.007951007	.000164308
65	.002643173	-.003958726	.001704815	.003519256	.000478528	-.003117773
68	.006338657	.004944994	-.001208277	-.005446216	.006225436	-.003331595
m=60						
60	.003290545	.000175046	-.004784621	-.004332005	.001791078	.001938269
63	.002915952	-.001267256	-.001318008	.001083162	.002994914	.001697804
66	-.000925281	-.004168809	.003496028	-.000046710	-.001992537	.002213706
69	.000598577	-.001160201	-.000812443	.003601190		
m=61						
61	-.002829082	.000974626	.002268231	.003879122	-.001212512	.002618387
64	-.004864588	-.002968040	-.003262641	.003366126	.002009879	-.000596966
67	.002183225	-.002458644	.001091427	.000096852	.002984161	-.004341899
70	.000993903	-.002639027				
m=62						
62	-.002057113	.000755573	-.005598959	.002021970	-.000944711	-.003069580
65	.001202271	.001727300	.006758120	.000670334	.003341731	-.006021361
68	.002697033	.002490040	-.000415074	-.000202816	.001664985	.001684360
m=63						
63	-.001240812	-.000131583	.002907336	-.005332755	-.001385306	-.003717688
66	.001409482	.005600579	.002110241	.004269824	-.000786615	-.004137336
69	.002877695	.002457980	-.002892435	.001296180		
m=64						
64	.003793974	-.002010369	.001652177	.002856727	.000290688	-.000614555
67	.000956124	-.003778526	-.003001256	-.004378967	-.002952383	.004123125
70	-.000427876	.000534871				
m=65						
65	-.000035663	.001850320	-.003629820	.002070017	-.000245996	.001628672
68	.002888474	-.000662655	.001736789	-.000698438	.002068462	.002227688
m=66						
66	-.003405596	-.000243355	.000081677	-.001936842	.001323164	-.000845214
69	-.009799778	.000795639	-.001264720	.003564233		
m=67						
67	-.000432135	.002493146	.003646727	-.000762697	.000374485	.001369491
70	.000326483	-.000158798				
m=68						
68	-.000720588	.000436838	.000320670	.001956434	-.003571916	.000762937
m=69						
69	.001504045	-.002975531	-.000731721	.001815990		
m=70						
70	-.000643069	-.000186196				

附录 C 日月坐标计算程序[5]

下面给出计算日月坐标的计算的 Fortran 程序：

子程序名：SMF(JDT,SUNMOON)
功能： 求 JDT 时的日月坐标
        按计算机年历方法,计算日月坐标
变量表说明：

变量名称	类型	属性	意义
JDT	D	IN	儒略日(包括小数)
SUNMOON(6)	R	OUT	日月坐标,依次为:

α(太阳),δ(太阳),r(太阳),

α (月亮)，δ (月亮)，r (月亮)

其中，α (太阳), δ太阳) α (月亮)，δ (月亮)以弧度为单位；

    r (太阳) 以天文单位为单位；r (月亮)以地球赤道半径为单位；

    日月坐标的 (α,δ) 相对于 JDT 时的平春分点,平赤道；

    计算精度为 (α,δ) 为 1 角分及 r 为 10^{-4}。

```
    SUBROUTINE SMF(JDT,SUNMOON)
REAL*8 JDT,T,T2,PCN,A16E18W,umm,vmm,wmm
REAL*8 G,L,A,C,N,D,B,E,V,W,M,J,LL,GG,AA,NN,CC,DD,BB,VV
REAL*4 SUNMOON(6),VS,US,WS,VM,UM,WM
PCN=57.295779513D0
T=(JDT-2415020.0D0)/36525.0D0
T2=T*T
G= 358.475833D0 + 35999.049750D0*T - 0.0000150D0*T2
G= DMOD(G,360.0D0)/PCN
L= 279.696678D0 + 36000.768920D0*T + 0.000303D0*T2
L= DMOD(L,360.0D0)/PCN
A= 296.104608D0 + 477000.0D0*T + 198.849108D0*T + 0.009192D0*T2
A= DMOD(A,360.0D0)/PCN
C= 270.434164D0 + 480960.0D0*T + 307.883142D0*T - 0.001133D0*T2
C= DMOD(C,360.0D0)/PCN
N= 259.183275D0 -    1800.0D0*T - 134.142008D0*T + 0.002078D0*T2
N= DMOD(N,360.0D0)/PCN
D= 350.737486D0 + 444960.0D0*T + 307.114217D0*T - 0.001436D0*T2
D= DMOD(D,360.0D0)/PCN
B=  11.250889D0 + 483120.0D0*T +  82.025150D0*T - 0.003211D0*T2
B= DMOD(B,360.0D0)/PCN
E=  98.998753D0 +   35640.0D0*T + 359.372886D0*T
E= DMOD(E,360.0D0)/PCN
V= 212.603219D0 +   58320.0D0*T + 197.803875D0*T + 0.001286D0*T2
V= DMOD(V,360.0D0)/PCN
W= 342.767053D0 +   58320.0D0*T + 199.211911D0*T + 0.000310D0*T2
```

```
W= DMOD(W,360.0D0)/PCN
M= 319.529425D0 +   19080.0D0*T +   59.858500D0*T + 0.000181D0*T2
M= DMOD(M,360.0D0)/PCN
J= 225.444651D0 +    2880.0D0*T + 154.906654D0*T
J= DMOD(J,360.0D0)/PCN
GG=G+G
LL=L+L
AA=A+A
CC=C+C
NN=N+N
DD=D+D
BB=B+B
NN=N+N
VV=V+V
A16E18W=A+16.0D0*E-18.0D0*W
C       SUN
VS= (0.397930-0.000208*T)*SIN(L)
   1    +(0.009999-0.000030*T)*SIN(G-L)
   1    +(0.003334-0.000010*T)*SIN(G+L)
   1    +0.000042*SIN(GG+L)-0.000040*COS(L)
   1    -0.000039*SIN(N-L)   -0.000014*SIN(GG-L)
   1    -0.000010*COS(G-L-J)
 US=1.000421 - (0.033503-0.000084*T)*COS(G)
   1     - 0.000140*COS(GG)
   1     - 0.000033*SIN(G-J)+0.000027*SIN(GG-VV)
 WS= (-0.041295+0.000046*T)*SIN(LL)
   1    +(0.032116-0.000080*T)*SIN(G)
   1    -0.001038*SIN(G-LL)-0.000346*SIN(G+LL)
   1    -0.000095           -0.000079*SIN(N)
   1    +0.000068*SIN(GG) +0.000030*SIN(C-L)
   1    -0.000025*COS(G-J)+0.000024*SIN(GG+GG-M-M-M-M-M-M-M-M-M+J+J+J)
   1    -0.000019*SIN(G-V)   -0.000017*COS(GG-VV)
C TYPE *, T,G,L,A,C,N,D,B,E,V,W,M,J
 SUNMOON(1)=L+ASIN(WS/SQRT(US-VS*VS))
 SUNMOON(2)=ASIN(VS/SQRT(US))
 SUNMOON(3)=SQRT(US)
C MOON
 VMM=      23.89684D0*SIN(B+N)  +4.95372D0*SIN(B)
   1 +1.96763D0*SIN(A-B-N)
 VMM=      +0.65973*SIN(A+B+N)
   1 +0.40248*SIN(A-B)  -0.38899*SIN(A+B-DD+N)
   1 -0.20017*SIN(B-DD+N)  -0.18354*SIN(B-DD)
   1 -0.14511*SIN(A-B-DD-N)  +0.13622*SIN(A+B)
   1 -0.06505*SIN(A+B-DD)  -0.04771*SIN(B-N)+vmm
      vmm=+0.04732*SIN(B+DD+N)  -0.03982*SIN(G-B-N)
   1 -0.03759*SIN(G+B+N)  -0.02994*SIN(A-B-DD)
   1 +0.02700*SIN(AA+B+N)  -0.01868*SIN(AA+B-DD+N)+vmm
      vmm=-0.01652*SIN(A+G+B-DD+N)-0.01434*SIN(G+B-DD+N)
   1 -0.01250*T*SIN(B+N)   +0.01064*SIN(B-D+N)
   1 +0.00970*SIN(B+DD)   +0.00965*SIN(A-G-B-N)
```

1 -0.00947*SIN(AA-B-N)   -0.00929*SIN(G+B-DD)+vmm
    vmm=-0.00713*SIN(A+G-B-DD-N) -0.00638*SIN(A+G-B-N)
1 +0.00564*SIN(A-G+B+N)   +0.00561*SIN(AA+B)+vmm
vmm=   +0.00490*SIN(AA-B) +0.00466*SIN(A+B+DD+N)
1 -0.00456*SIN(BB+B-DD+N) +0.00449*SIN(A-B+DD)
1 -0.00442*SIN(AA-B-DD-N) -0.00411*SIN(A+G+B+N)
1 -0.00383*SIN(B+D+N) -0.00347*SIN(G-B+DD)
1 +0.00345*SIN(A-B+N) -0.00339*SIN(G-B-DD-N)+vmm
    vmm=-0.00283*SIN(A+G+B-DD) -0.00262*SIN(AA+B-DD)
1 +0.00246*SIN(A-BB-B-N) +0.00235*SIN(A-G-B)
1 -0.00205*SIN(A+G-B)   +0.00200*SIN(B-D)
1 -0.00196*SIN(G-B+DD-N) -0.00194*SIN(B-DD-N)
1 +0.00184*SIN(A-G+B-DD+N)-0.00159*SIN(G-B)+vmm
    vmm=+0.00157*SIN(G-B+D-N) -0.00149*SIN(A+G-B-DD)
1 -0.00145*SIN(G+B) +0.00136*SIN(A+B-D+N)
1 -0.00131*SIN(A+B-N)   +0.00130*SIN(AA+A+B+N)
1 -0.00121*SIN(AA-B-DD-DD-N)+0.00107*SIN(A-G-B-DD-N)+vmm
    vmm=-0.00103*SIN(A-B-N)*T -0.00102*SIN(A-B-DD-DD-N)
1 -0.00101*SIN(A+B-DD-DD) +VMM
VM=VMM
UMM=   3649.33705D0
1   -395.13669D0*COS(A)   -68.62152D0*COS(A-DD)
1   -53.97626D0*COS(DD)+6.60763D0*COS(AA-DD)
UMM= -5.37817*COS(AA) -3.83002*COS(G-DD)
1 -2.74067*COS(A+G-DD) -2.45500*COS(A-G)
1 +2.07579*COS(D) +1.99463*COS(A+G)
1 -1.67417*COS(A+DD) +1.50534*COS(A-BB)
1 +0.86170*COS(G) +0.63844*COS(G+DD)+umm
    umm=+0.47999*COS(A-G-DD) -0.36333*COS(A-DD-DD)
1 -0.31717*COS(G+D) +0.24454*COS(AA+G-DD)
1 +0.22594*COS(AA+A-DD) +0.22383*COS(BB-DD)
1 -0.19482*COS(GG-DD) -0.18815*COS(AA-DD-DD)
1 +0.17697*COS(A+BB-DD) -0.16949*COS(A-D)+umm
    umm=-0.16070*COS(A-G+DD) -0.14986*COS(AA+A)
1 -0.12428*COS(A+G-DD-DD) -0.12291*COS(AA-BB)
1 -0.12291*COS(BB) -0.10243*COS(A+GG-DD)
1 +0.10225*COS(A+G+DD) +0.10177*COS(A-BB+DD)+umm
    umm=-0.09261*COS(A+DD+DD)+0.08119*COS(A-DD-D)
1 -0.07369*COS(G-DD-DD) -0.06652*COS(AA-G)
1 -0.06444*COS(DD+DD)+0.06290*COS(A+D)
1 +0.05491*COS(AA+G)   +UMM
UM=UMM
WMM=   6.32962*SIN(A) -2.47970*SIN(BB+NN)
1 -1.28658*SIN(A-DD)-1.07447*SIN(BB+N)
1 +1.07142*SIN(N) +0.59616*SIN(DD)
1 -0.20417*SIN(A-BB-NN) -0.18647*SIN(G)
    wmm=-0.11463*SIN(BB) -0.08724*SIN(A+N)
1 -0.08724*SIN(A-BB-N) -0.06846*SIN(A+BB+NN)
1 -0.05697*SIN(A+G-DD) -0.05566*SIN(AA-DD)
1 -0.04273*SIN(G-DD)+0.04221*SIN(AA)

```
1 +0.04037*SIN(A+BB-DD+NN)+0.03983*SIN(BB-DD+N)+wmm
     wmm=-0.03983*SIN(DD+N) +0.03684*SIN(A-G)
1 -0.03487*SIN(D)  -0.02954*SIN(A+BB+N)
1 -0.02952*SIN(A-N) -0.02527*SIN(A+G)
1 +0.02077*SIN(BB-DD+NN)  -0.01567*SIN(BB-DD)+wmm
     wmm=+0.01506*SIN(A-BB-DD-NN)+0.01424*SIN(A-BB)
1 +0.01410*SIN(A+BB-DD+N) +0.01410*SIN(A-DD-N)
1 +0.01122*SIN(A+DD)+0.00700*SIN(A-G-DD)
1 +0.00648*SIN(A-DD+N) +0.00648*SIN(A-BB-DD-N)+wmm
     wmm=-0.00621*SIN(G+DD)  +0.00516*SIN(A-D)
1 +0.00504*SIN(G+D) -0.00491*SIN(BB+DD+NN)
1 -0.00490*SIN(NN)+0.00413*SIN(G-BB-NN)+wmm

WM= +0.00390*SIN(G+BB+NN) -0.00350*SIN(A16E18W)
1 -0.00317*SIN(A+BB) +0.00312*SIN(AA+A)
1 -0.00280*SIN(AA+BB+NN)   +0.00279*T*SIN(BB+NN)
1 -0.00253*SIN(A-BB+DD) -0.00247*SIN(A-DD-DD)
     wm=-0.00215*SIN(AA+A-DD) -0.00213*SIN(BB+DD+N)
1 -0.00213*SIN(DD-N)-0.00210*SIN(GG)
1 -0.00207*SIN(A+GG-DD) +0.00201*SIN(G+BB-DD+N)
1 +0.00201*SIN(G-DD-N)+0.00194*SIN(AA+BB-DD+NN)
1 +0.00193*COS(A16E18W)   -0.00190*SIN(GG-DD)+wm
     wm=-0.00175*SIN(AA+G-DD) +0.00171*SIN(A+G+BB-DD+NN)
1 -0.00157*SIN(AA-DD-DD) +0.00149*SIN(G+BB-DD+NN)
1 -0.00122*SIN(AA+BB+N) -0.00122*SIN(AA-N)
1 +0.00112*SIN(DD+DD) -0.00110*SIN(BB-D+NN)+wm
     wm=-0.00109*SIN(A+BB-DD) -0.00106*SIN(AA+N)
1 -0.00106*SIN(AA-BB-N) +0.00102*SIN(A-G+DD)
1 +0.00100*SIN(AA-G) -0.00100*SIN(A+G-DD-DD)
1 -0.00100*SIN(A-G-BB-NN) +WMM+wm
C TYPE *, VS,US,WS,VM,UM,WM
 SUNMOON(4)=C+ASIN(WM/SQRT(UM-VM*VM))
 SUNMOON(5)=ASIN(VM/SQRT(UM))
 SUNMOON(6)=SQRT(UM)
 RETURN
 END
```

附录 D　大气模型计算程序

1. 子程序名：

CIRA1972 (T,Z,PHAI,ALPHA,SUNMOON,FKP,PHO)
功能：CIRA 1972 (动态模式):
　　按 CIRA1972 计算大气密度值:

变量表说明：

变量名称	类型	属性	意义
T	D	IN	日期的 MJD,包括天的小数.
Z	R	IN	高度(KM)
PHAI	R	IN	星下点纬度(弧度)
ALPHA	R	IN	星下点地方恒星时(弧度)
SUNMOON(6)	R	IN	日月坐标,只用 α(太阳), δ(太阳).
FKP(0:3)	R	IN	流量及地磁指数.
	FKP(0)	日期	
	FKP(1)	F(10.7)(平均)	
	FKP(2)	F10.7	前一天
	FKP(3)	KP	前 0.279 天
PHO	R	OUT	大气密度 (KG/M3)

说明：本程序已与 CIRA1972 有所不同，静态模型已做改动。

2. 子程序名

DTM1994(T,Z,PHAI,ALPHA,SUNMOON,FKP,PHO)

功能：用 DTM1994 模式计算大气密度

变量表说明：同 CIRA1972

3. 子程序名

PMO2000(T,Z,PHAI,ALPHA,SUNMOON,FKP,PHO)

功能：用 PMO2000 模式计算大气密度

变量表说明：同 CIRA1972 .

（1）CIRA1972 模式

```
SUBROUTINE CIRA1972(T,Z,PHAI,ALPHA,SUNMOON,FKP,PHO)
REAL*8 T
REAL    Z,PHAI,ALPHA,SUNMOON(6),FKP(0:3),PHO,LN10,LNN(6)
    1 ,TINF,TC,H,TAU,TL,DTG,F,EKP,DTF,DTFP,PI,PHI
    1 ,ETA,THETA,SINTHETA,S,C,COSTAUO2,DLOGPM,EL
    1 ,M(6),FZ,TT,GT,DLGPSA,DLTHE
DATA M /28.0134,31.9988,15.9994,39.948,4.0026,1.00797/
PI=3.1415926535
LN10=LOG(10.0)
EL=0.4091
H=ALPHA-SUNMOON(1)-0.6457718
TAU=H+0.10472*SIN(H+1.396263)
TC=379.0+3.24*FKP(1)+1.3*(FKP(2)-FKP(1))
ETA=0.5*ABS(PHAI-SUNMOON(2))
THETA=0.5*ABS(PHAI+SUNMOON(2))
```

```
      SINTHETA=SIN(THETA)

      IF (SINTHETA.GT.0.0001) THEN
      S=EXP(2.2*LOG(SIN(THETA)))
      ELSE
      S=0.0
      ENDIF


      C=EXP(2.2*LOG(COS(ETA)))
      COSTAUO2=ABS(COS(TAU/2.0))
      TL=TC*(1.0+0.30*(S+(C-S)*COSTAUO2*COSTAUO2*COSTAUO2))
      EKP=EXP(FKP(3))
      DTF =28.0*FKP(3)+0.03*EKP
      DTFP=14.0*FKP(3)+0.02*EKP
      F=0.5*(TANH(0.04*(Z-350.0))+1.0)
      DTG=DTFP*(1.0-F)+DTF*F
      TINF=TL+DTG
      CALL MDCIRA(TINF,Z,LNN)
      DLOGPM=(0.012*FKP(3)+1.2E-5*EKP)*(1.0-F)
      PHI=dMOD((T-33281.92336)/365.2422,1.0D0)
      FZ=(5.876E-7*EXP(2.331*LOG(Z))+0.06328)*EXP(-2.868E-3*Z)
      TT=PHI+0.09544*((0.5+0.5*SIN(2.0*PI*PHI+6.035))**1.65-0.5)
      GT=0.02835+0.3817*(1.0+0.4671*SIN(2.0*PI*TT+4.137))
     1    *SIN(4.0*PI*TT+4.259)
      DLGPSA=FZ*GT
      DLTHE=0.65*ABS(SUNMOON(2)/EL)*((SIN(PI/4.0-0.5*PHAI
     1    *SUNMOON(2)/ABS(SUNMOON(2))))**3-0.353553391)
      PHO=0.0
      DO 10 I=1,6
      Y=DLOGPM+DLGPSA
      IF (I.EQ.5) Y=Y+DLTHE
      LNN(I)=LNN(I)+LN10*Y
      PHO=PHO+EXP(LNN(I))*M(I)
10    continue
      PHO=PHO/6.02257E26
      RETURN
      END
c-------------------------------------------------------------------
      SUBROUTINE MDCIRA(TINF,Z,LNN)
      REAL TINF,Z,KSI,T120,ALPHA(6),LOGNI(4,6),M(6),T,G120R,G120RT,
     1 LNN(6),RE,LNTT120,LOGT,LN10,LGN120(6)
      DATA ALPHA /0.0,0.0,0.0,0.0,-0.38,0.0/
      DATA M /28.0134,31.9988,15.9994,39.948,4.0026,1.00797/
      DATA LOGNI /17.58903, -0.1019351,    -0.050718889,  0.064430341,
     1      16.74504, -0.1006159,    -0.062343474,  0.075255454,
     1      17.16018, -0.1047196,    -0.018412175,  0.032317001,
     1      15.18643, -0.098096631, -0.083837934,  0.094907887,
     1      13.54069, -0.070001535,  0.0058753183, 0.0057019019,
     1      11.12017, -2.636274,     1.151634,     -0.042193025/
```

```
RE=6356.766
G120R=1.136184687
LN10=LOG(10.0)
G120RT=G120R/TINF
LOGT=LOG(TINF/1000.0)
SIGMA=1.9001033E-2-7.8342259E-3*LOGT+7.3453685E-4*LOGT*LOGT
T120=321.3302+0.038038572*TINF-215.816*EXP(-0.00216222*TINF)


KSI=(Z-120.0)*(RE+120.0)/(RE+Z)
T=TINF-(TINF-T120)*EXP(-SIGMA*KSI)
LNTT120=LOG(T/T120)


DO 10 I=1,6
LGN120(I)=((LOGNI(4,I)*LOGT+LOGNI(3,I))*LOGT+LOGNI(2,I))*LOGT
    1    +LOGNI(1,I)
LNN(I)=LGN120(I)*LN10-(1.0+ALPHA(I)+M(I)*G120RT/SIGMA)*LNTT120
    1    -M(I)*G120RT*KSI
10 continue


RETURN
END
c===================================================================
```

（2）DTM1994 模式[6]

```
$DEBUG
      SUBROUTINE DTM1994(T,Z,PHAI,ALPHA,SUNMOON,FAP,PHO)
C                                            SUBROUTINE    MODDTM94
(DAY,F,FBAR,AKP,ALTI,HL,APHI,XLON,TZ,TINF,RO)
C*subr***************************************************************
C******************************************************************
C*AUTEUR
C*VERSION DECEMBRE 94
C*BUT CALCUL DE LA TEMPERATURE, CONCENTRATIONS, DENSITE TOTALE
C*PAR ENTREES
C      DAY=JOUR DE L ANNEE
C      F=FLUX INSTANTANE A T - 1J
C      FBAR=FLUX MOYEN A T
C      AKP= Kp TRI-HORAIRE (avec un delai de 6-abs(alat)*0.033 en heure)
C      ALTI=ALTITUDE EN KM SUPERIEURE A 120 KM
C      HL=HEURE LOCALE EN HEURE
C      APHI= LATITUDE DU POINT EN DEGRE
C      XLON= LONGITUDE DU POINT EN DEGRE
C*PAR SORTIES
C      TZ=TEMPERATURE A L ALTITUDE ALTI
C      TINF=TEMPERATURE EXOSPHERIQUE
C      D(1)=CONCENTRATION HYDROGENE ATOMIQUE
C      D(2)=CONCENTRATION HELIUM
C      D(3)=CONCENTRATION OXYGENE ATOMIQUE
```

```
C      D(4)=CONCENTRATION AZOTE MOLECULAIRE
C      D(5)=CONCENTRATION OXYGENE MOLECULAIRE
C      RO=DENSITE TOTALE EN G/CM3
C
C*********************************************************************
C
       PARAMETER (NLATM=39)
       REAL*8     T,XTO2PID,SS
       REAL       SUNMOON(6),FAP(0:10),FKPN0(0:14,30),FKP(0:3)
       DIMENSION TT(NLATM),H(NLATM),HE(NLATM),O(NLATM),AZ2(NLATM),
      [        O2(NLATM),T0(NLATM),TP(NLATM)
       DIMENSION ALEFA(6),MA(6),VMA(6),DBASE(6),FZ(6)
       DIMENSION
DTT(NLATM),DH(NLATM),DHE(NLATM),DO(NLATM),DAZ2(NLATM),
      [        DO2(NLATM)
       DIMENSION CC(6),D(6)
     COMMON /FKPFKP/ FKPN0
       COMMON/CONS/PI,DEUPI,CDR
       COMMON/HLOCAL/HL0,CH,SH,C2H,S2H,C3H,S3H
       COMMON/PLGDTM/P10,P20,P30,P40,P50,P11,P21,P31,P41,P51,P22,P32,P42,
      [        P52,P33,P10MG,P20MG,P40MG

C      coefficient de diffusion thermique
       DATA ALEFA/-0.40,-0.38,0.,0.,0.,0./
C      masse atomique H, HE, O, N2, O2, N
       DATA MA/1,4,16,28,32,14/
C      masse atomique / nombre d'AVOGADRO (6.022E+23 /mole)
       DATA VMA/1.6606E-24,6.6423E-24,26.569E-24,46.4958E-24,53.1381E-24,
      [        23.2479E-24/
       DATA RE/6356.77/,GSURF/980.665/,RGAS/831.4/,ZLB/120./
C      coordonnees du pole magnetique (79N,71W)
       DATA CPMG,SPMG,XLMG/.19081,.98163,-1.2392/

C
C
C ***    MODELE DTM94
C
C       TEMPERATURE
       DATA (TT(I),I=1,39)/1000.5,
      * 0.94610E-02, 0.42671E-01, 0.17948E-02,-0.79900E-05, 0.33674E-02,
      * 0.22629E-01, 0.37865E-01,-0.19230E-01,-0.92415E-02,-0.21066E 03,
      * 0.10326E-01, 0.28856E-01,-0.76311E 02,-0.18498E 00,-0.20306E-01,
      * 0.14473E-01,-0.36306E 01,-0.28940E-01,-0.17367E 03,-0.10819E 00,
      *-0.19993E-02, 0.33966E-02,-0.16132E-01,-0.96095E-02,-0.10455E 00,
      * 0.45752E-02, 0.45844E-02, 0.17764E-01,-0.42270E-02,-0.35667E-02,
      *-0.36061E-03, 0.10493E-01, 0.45712E-02,-0.21751E-04, 0.15110E-02,
      * 0.21666E-02,-0.11423E-05, 0.65823E-04/

C      HYDROGENE

       DATA (H(I),I=1,36)/1.761E+05,
```

427

```
*-1.33700E-01, 0.              ,-1.24600E-02, 0.              ,-1.93000E-02,
*-6.00000E-02,-0.20000E-02, 5.87800E-02, 0.              ,  9.22700E 01,
* 0.          , 0.            , 0.          ,  3.30100E-01, 1.04500E-01,
* 0.          ,-1.47700E 01,-9.06500E-02,-7.20000E 01, 2.09400E-01,
* 2.83000E-02, 0.            ,  8.57100E-02,-2.47500E-02, 3.83000E-01,
* 2.94100E-02, 0.            ,-3.97400E-03, 4.35600E-02, 0.          ,
* 0.          , 0.            , 0.          , 0.          , 0.          /
```

C   HELIUM

```
    DATA (HE(I),I=1,39)/2.791E+07,
* 0.10965E 00,-0.19084E 00,-0.20772E-03, 0.48346E-05, 0.21123E-02,
* 0.22119E-03,-0.16174E 00,-0.92223E-01,-0.83007E-02, 0.21353E 03,
* 0.23504E 00,-0.79051E-01, 0.11040E 03,-0.12677E 01,-0.18512E-01,
* 0.66625E-01,-0.18703E 03,-0.42149E-01,-0.21671E 03,-0.12779E 00,
*-0.61824E-02,-0.17450E-01,-0.43600E-01,-0.52850E-01, 0.31204E 00,
*-0.21372E-01,-0.24529E-01,-0.36727E-02,-0.88330E-01, 0.33991E-01,
* 0.51314E-02,-0.14740E-01, 0.85563E-02, 0.19571E-02,-0.45034E-02,
*-0.10241E 00,-0.16867E-04,-0.14265E-02/
```

C   OXYGENE ATOMIQUE

```
    DATA (O(I),I=1,39)/0.8472E+11,
*-0.66447E-01,-0.97415E-01, 0.12284E-02, 0.44976E-05, 0.53580E-02,
* 0.25573E-02,-0.98221E-01, 0.10091E 00, 0.62609E-02, 0.11565E 02,
* 0.17600E 00,-0.71284E-01, 0.10639E 03, 0.33295E 00,-0.11448E 00,
*-0.42425E-02,-0.67511E 00,-0.41712E-01, 0.13443E 03,-0.65932E-01,
*-0.19344E-01,-0.85846E-02, 0.86347E-01, 0.85679E-01, 0.45486E-01,
*-0.38719E-01,-0.12872E-01,-0.91778E-01, 0.42617E-01, 0.43386E-01,
* 0.56894E-02, 0.66512E-02,-0.10174E-01, 0.27058E-02,-0.47104E-02,
*-0.14639E-01,-0.64057E-05, 0.15178E-02/
```

C   AZOTE MOLECULAIRE

```
    DATA (AZ2(I),I=1,39)/3.2045E+11,
*-0.14019E 00, 0.57220E-01, 0.11260E-02,-0.20779E-05, 0.34239E-02,
*-0.11588E-01,+0.55158E-01,-0.10049E-01,-0.43905E-01, 0.19594E 03,
* 0.32483E-01, 0.56500E-01, 0.88202E 02, 0.28812E 00,-0.31427E-01,
* 0.00000E 00,-0.20015E 03, 0.60700E-01, 0.51153E 02,-0.46104E-01,
*-0.97000E-02, 0.34910E-02, 0.          , 0.          ,-0.73329E-01,
* 0.21159E-01, 0.70334E-02, 0.          , 0.          ,-0.69199E-02,
* 0.          ,-0.72899E-02, 0.          ,-0.29200E-02, 0.27047E-02,
*-0.59939E-02, 0.00000E 00, 0.82127E-02/
```

C   OXYGENE MOLECULAIRE

```
    DATA O2(1) /4.775E+10/
```

C   TEMPERATURE A 120 KM

```
        DATA T0(1) /380.0/

C       GRADIENT DE TEMPERATURE A 120 KM

        DATA TP(1) /14.348/

        DAY=MOD((T-43509),365.2422)
        F=FAP(2)
        FBAR=FAP(10)
! CALL FFAPKP(T-(6-ABS(PHAI)*0.033)/24.0-3.D0,
! 1       T-(6-ABS(PHAI)*0.033)/24.0+1.D0,FKPN)
  CALL UFAPKP(T-(6-ABS(PHAI)*0.033)/24.0,FKPN0,FAP,FKP)
  AKP=FAP(4)*0.154
        AKP=1.89*log(aKp+sqrt(aKp*aKp+1.0))
        ALTI=Z
        HL=(ALPHA-SUNMOON(1))/2.0/3.141592653589793D0*24.0+12.0
        APHI=PHAI*57.29578
        CALL SDRLTIME(DINT(T)*1.D0,T-INT(T),SS)
  XLON=XTO2PID(ALPHA-SS)*57.29578

        RO=0.
        DTINF=0.
        DT120=0.
        DTP120=0.
        FZ(1)=0.
        FZ(2)=0.
        FZ(3)=0.
        FZ(4)=0.
        FZ(5)=0.
        FZ(6)=0.
        PI=ACOS(-1.)
        DEUPI=2.*PI
        CDR=PI/180.
        ALAT=APHI*CDR
        ALON=XLON*CDR
C
C    calcul des polynomes de Legendre
        C=SIN(ALAT)
        C2=C*C
        C4=C2*C2
        S=COS(ALAT)
        S2=S*S
        P10=C
        P20=1.5*C2-0.5
        P30=C*(2.5*C2-1.5)
        P40=4.375*C4-3.75*C2+0.375
        P50=C*(7.875*C4-8.75*C2+1.875)
        P11=S
        P21=3.*C*S
        P31=S*(7.5*C2-1.5)
```

```
      P41=C*S*(17.5*C2-7.5)
      P51=S*(39.375*C4-26.25*C2+1.875)
      P22=3.*S2
      P32=15.*C*S2
      P42=S2*(52.5*C2-7.5)
      P52=3.*C*P42-2.*P32
      P33=15.*S*S2
C
C     calcul des polynomes de Legendre / pole magnetique (79N,71W)
          CLMLMG=COS(ALON-XLMG)
          SP   =S*CPMG*CLMLMG+C*SPMG
C
      CMG=SP            ! pole magnetique
      CMG2=CMG*CMG
      CMG4=CMG2*CMG2
      P10MG=CMG
      P20MG=1.5*CMG2-0.5
      P40MG=4.375*CMG4-3.75*CMG2+0.375
C
C     heure locale
      HL0=HL*PI/12
      CH=COS(HL0)
      SH=SIN(HL0)
      C2H=CH*CH-SH*SH
      S2H=2.*CH*SH
      C3H=C2H*CH-S2H*SH
      S3H=S2H*CH+C2H*SH
C     flux
      FMFB=F-FBAR
      FBM150=FBAR-150.
C     calcul de la fonction G(L) / TINF, T120, TP120
      IKP=1
      CALL GLDTM94 (FMFB,FBM150,AKP,DAY,TT,GDELT,1.,XLON,IKP)
      DTT(1)=1.+GDELT
      TINF=TT(1)*DTT(1)
      T120=T0(1)
      TP120=TP(1)
C     calcul des concentrations n(z): H, HE, O, N2, O2
      SIGMA=TP120/(TINF-T120)
      DZETA=(RE+ZLB)/(RE+ALTI)
      ZETA=(ALTI-ZLB)*DZETA
      SIGZETA=SIGMA*ZETA
      EXPSZ=EXP(-SIGZETA)
      TZ=TINF-(TINF-T120)*EXPSZ
C     calcul de la fonction G(L) / H, HE, O, N2, O2
      IKP=2
      CALL GLDTM94 (FMFB,FBM150,AKP,DAY,H,GDELH,0.,XLON,IKP)
        DH(1)=EXP(GDELH)
      DBASE(1)=H(1)*DH(1)
      CALL GLDTM94 (FMFB,FBM150,AKP,DAY,HE,GDELHE,0.,XLON,IKP)
```

430

```
      DHE(1)=EXP(GDELHE)
      DBASE(2)=HE(1)*DHE(1)
      CALL GLDTM94 (FMFB,FBM150,AKP,DAY,O,GDELO,1.,XLON,IKP)
      DO(1)=EXP(GDELO)
      DBASE(3)=O(1)*DO(1)
      CALL GLDTM94 (FMFB,FBM150,AKP,DAY,AZ2,GDELAZ2,1.,XLON,IKP)
      DAZ2(1)=EXP(GDELAZ2)
      DBASE(4)=AZ2(1)*DAZ2(1)
      CALL GLDTM94 (FMFB,FBM150,AKP,DAY,O2,GDELO2,1.,XLON,IKP)
      DO2(1)=EXP(GDELO2)
      DBASE(5)=O2(1)*DO2(1)
C
      GLB=GSURF/(1.+ZLB/RE)**2
      GLB=GLB/(SIGMA*RGAS*TINF)
      T120TZ=T120/TZ
      XLOG=ALOG(T120TZ)
      TINFTZ=TINF/TZ
      T120TT=T120/(TINF-T120)
      DO 1 I=1,5
      GAMMA=MA(I)*GLB
      UPAPG=1.+ALEFA(I)+GAMMA
      FZ(I)=T120TZ**UPAPG*EXP(-SIGZETA*GAMMA)
C     concentrations en H, HE, O, N2, O2
      CC(I)=DBASE(I)*FZ(I)
C     densites en H, HE, O, N2, O2
      D(I)=CC(I)*VMA(I)
C
C     densite totale
      RO=RO+D(I)
1     CONTINUE
      PHO=RO*1000.0
      RETURN
      END
C*********************************************************************
      SUBROUTINE GLDTM94 (FMFB,FBM150,AKP,DAY,A,GDEL,FF0,XLON,IKP)
C*********************************************************************
C*AUTEUR
C*VERSION DECEMBRE 94
C*ROLE CALCUL DE LA FONCTION G(L) EVOLUEE
C
C     A = TABLEAU DES COEFFICIENTS POUR CALCUL DE G(L) POUR LA
C           TEMPERATURE OU CHAQUE CONSTITUANT
C     FF0=1 POUR L'OXYGENE , L'AZOTE , LA TEMPERATURE
C     FF0=0 POUR L'HYDROGENE , L'HELIUM'
C     IKP=1 POUR LA TEMPERATURE
C     IKP=2 POUR CHAQUE CONSTITUANT
C     GDEL=RESULTAT DU CALCUL DE G(L)
C*********************************************************************
      PARAMETER (NLATM=39)
      COMMON/CONS/PI,DEUPI,CDR
```

431

```
      COMMON/HLOCAL/HL,CH,SH,C2H,S2H,C3H,S3H
      COMMON/PLGDTM/P10,P20,P30,P40,P50,P11,P21,P31,P41,P51,P22,P32,P42,
     [      P52,P33,P10MG,P20MG,P40MG
      DIMENSION A(NLATM)
C                2*PI/365 ,         2*ROT
      DATA ROT/.017214206/,ROT2/.034428412/
C                2*PI/24 ,          2*PI/86400
!      DATA ROTH/.261799387/,ROTS/7.27220E-05/
C     termes de latitude
      TPHI=A(2)*P20+A(3)*P40+A(37)*P10
C     termes de flux
      TFLU=A(4)*FMFB+A(5)*FMFB*FMFB+A(6)*FBM150
     [      +A(38)*FBM150*FBM150
C     termes de Kp
      IF(IKP.EQ.1) TKP=A(7)*AKP+A(8)*P20MG*AKP+A(39)*EXP(AKP)
      IF(IKP.EQ.2) TKP=A(7)*AKP+A(8)*P20MG*AKP+A(39)*AKP*AKP
C     fonction G(L) non periodique
      F1F=1.+TFLU*FF0
      F0=TPHI+TFLU+ TKP
C     termes annuels symetriques en latitude
      COS11=COS(ROT*(DAY-A(11)))
      TASL=(A(9)+A(10)*P20)*COS11
C     termes semi-annuels symetriques en latitude
      COS14=COS(ROT2*(DAY-A(14)))
      TSASL=(A(12)+A(13)*P20)*COS14
C     termes annuels non symetriques en latitude
      COS18=COS(ROT*(DAY-A(18)))
      TANSL=(A(15)*P10+A(16)*P30+A(17)*P50)*COS18
C     terme  semi-annuel  non symetrique  en latitude
      COS20=COS(ROT2*(DAY-A(20)))
      TSANSL=(A(19)*P10)*COS20
C     termes diurnes (et couples annuel)
      TDCA=A(21)*P11*CH+A(22)*P31*CH+A(23)*P51*CH
     1 +A(24)*P11*CH*COS18
     2 +A(25)*P21*CH*COS18+A(26)*P11*SH+A(27)*P31*SH+A(28)*P51*SH
     3 +A(29)*P11*SH*COS18+A(30)*P21*SH*COS18
C     termes semi-diurnes (et couples annuel)
      TSDCA=A(31)*P22*C2H+A(32)*P32*C2H*COS18
     1  +A(33)*P22*S2H+A(34)*P32*S2H*COS18
C     termes ter-diurnes
      TTERD =A(35)*P33*C3H+A(36)*P33*S3H
C     fonction G(L) periodique
      FP=TASL + TSASL + TANSL + TSANSL + TDCA + TSDCA + TTERD
C     fonction G(L) totale (couplage avec le flux)
      GDEL=F0+FP*F1F
C
      BBBBB=XLON
      RETURN
      END
```

（3）PMO2000 模式

```
      SUBROUTINE PMO2000(T,Z,PHAI,ALPHA,SUNMOON,FAP,PPHO)
     REAL*8 T,SS
     REAL Z,PHAI,ALPHA,SUNMOON(6),FAP(0:10),T1P,T1P1,T1P2

     REAL A(40),B(40),C(40),OGO(40),AZOTE(40),ALEFA(6),MA(6),DBASE(6)
    1 ,TO2,RE,GSURF,RGAS,ZLB,PI,DAY,F,FBAR,KP,ALTI,TZ,ZETA
    1 ,SIGMA,EXPSZ,GLB,AA,GAMMA,LONG

     REAL P10,P20,P30,P40,P50,P11,P21,P31,P51,P22,P32,P33,P20CW
    1 ,COSP,COS2P,DF,DF2,ROT2,C1T,S1T,C2T,S2T,C3T,S3T,X(6),Y(6)
    1 ,BETA(6),TINF,D(6),PHO,GL

     COMMON /POL1/ P10,P20,P30,P40,P50,P11,P21,P31,P51,P22,P32,P33
    1 ,COSP,COS2P,DF,DF2,ROT2,C1T,S1T,C2T,S2T,C3T,S3T,X,Y,BETA
    1 ,TINF,D,PHO,GL,P20CW

     DATA TO2/4.75E10/
     DATA ALEFA/0.0,-0.38,0.0,0.0,0.0,0.0/
     DATA MA/1,4,16,28,14,32/
     DATA RE/6356.77/,GSURF/980.665/,RGAS/8.314E2/,ZLB/120/
     DATA OGO/    1037.000000,-2.839888E-02, 7.078198E-03, 1.883055E-03,
     #           -7.990394E-06, 3.367174E-03, 4.387876E-03, 2.413292E-02,
     #           -3.021129E-02, 0.000000E+00,   -182.865700, 4.905625E-02,
     #            0.000000E+00,    -81.335530, 0.000000E+00, 0.000000E+00,
     #            0.000000E+00, 0.000000E+00, 0.000000E+00, 0.000000E+00,
     #            0.000000E+00, 0.000000E+00, 0.000000E+00, 0.000000E+00,
     #            0.000000E+00, 0.000000E+00, 0.000000E+00, 0.000000E+00,
     #            0.000000E+00, 0.000000E+00, 0.000000E+00, 0.000000E+00,
     #            0.000000E+00, 0.000000E+00, 0.000000E+00, 0.000000E+00,
     #            2.075744E-01, 4.654449E-02, 0.000000E+00, 0.000000E+00/
     DATA A/     2.791000E+07, 0.000000E+00, 0.000000E+00,-2.077000E-05,
     #            4.835000E-06, 2.112531E-03, 2.212000E-04,-1.617000E-01,
     #            0.000000E+00, 0.000000E+00, 0.000000E+00, 0.000000E+00,
     #            0.000000E+00, 0.000000E+00, 0.000000E+00, 0.000000E+00,
     #            0.000000E+00, 0.000000E+00, 0.000000E+00, 0.000000E+00,
     #            0.000000E+00, 0.000000E+00, 0.000000E+00, 0.000000E+00,
     #            0.000000E+00, 0.000000E+00, 0.000000E+00, 0.000000E+00,
     #            0.000000E+00, 0.000000E+00, 0.000000E+00, 0.000000E+00,
     #            0.000000E+00, 0.000000E+00, 0.000000E+00, 0.000000E+00/
     DATA B/     8.261097E+10, 1.092255E-01, 0.000000E+00,-2.691094E-04,
     #           -2.843674E-06, 3.920059E-03, 2.653721E-02,-9.822161E-02,
     #            2.352018E-02, 0.000000E+00,    4.195251, 5.412202E-02,
     #            0.000000E+00,    140.797300, 0.000000E+00, 0.000000E+00,
     #            0.000000E+00, 0.000000E+00, 0.000000E+00, 0.000000E+00,
     #            0.000000E+00, 0.000000E+00, 0.000000E+00, 0.000000E+00,
     #            0.000000E+00, 0.000000E+00, 0.000000E+00, 0.000000E+00,
     #            0.000000E+00, 0.000000E+00, 0.000000E+00, 0.000000E+00,
```

```
     #          0.000000E+00, 0.000000E+00, 0.000000E+00, 0.000000E+00,
     #          4.016158E-03, 1.548444E-02, 0.000000E+00, 0.000000E+00/
     DATA C/    2.972220E+11,-2.017901E-02, 0.000000E+00, 3.116375E-03,
     #         -1.794743E-05, 1.418967E-03,-1.159539E-02, 5.516162E-02,
     #         -5.123129E-02, 0.000000E+00,    195.900000, 1.533912E-01,
     #          0.000000E+00,    95.859790, 0.000000E+00, 0.000000E+00,
     #          0.000000E+00, 0.000000E+00, 0.000000E+00, 0.000000E+00,
     #          0.000000E+00, 0.000000E+00, 0.000000E+00, 0.000000E+00,
     #          0.000000E+00, 0.000000E+00, 0.000000E+00, 0.000000E+00,
     #          0.000000E+00, 0.000000E+00, 0.000000E+00, 0.000000E+00,
     #          0.000000E+00, 0.000000E+00, 0.000000E+00, 0.000000E+00,
     #          0.000000E+00, 0.000000E+00, 0.000000E+00, 0.000000E+00/
     DATA AZOTE/5.736000E+08, 0.000000E+00, 0.000000E+00, 0.000000E+00,
     #          0.000000E+00, 9.951000E-03, 0.000000E+00, 0.000000E+00,
     #          0.000000E+00, 0.000000E+00, 0.000000E+00, 0.000000E+00,
     #          0.000000E+00, 0.000000E+00, 0.000000E+00, 0.000000E+00,
     #          0.000000E+00, 0.000000E+00, 0.000000E+00, 0.000000E+00,
     #          0.000000E+00, 0.000000E+00, 0.000000E+00, 0.000000E+00,
     #          0.000000E+00, 0.000000E+00, 0.000000E+00, 0.000000E+00,
     #          0.000000E+00, 0.000000E+00, 0.000000E+00, 0.000000E+00,
     #          0.000000E+00, 0.000000E+00, 0.000000E+00, 0.000000E+00/

PI=3.141593
     DAY=MOD((T-43509),365.2422)
     KP=(FAP(5)*0.5+FAP(6)*0.4+FAP(7)*0.3+FAP(8)*0.2+FAP(9)*0.1)
 1      *0.154/1.5
F=FAP(2)
FBAR=FAP(10)
KP=1.89*log(Kp+sqrt(Kp*Kp+1.0))

DF=F-FBAR
DF2=DF*DF

ALTI=Z
HL=(ALPHA-SUNMOON(1))*12.0/PI+12.0

ROT1=2.0*PI/24.0
ROT2=2.0*PI/365.0

C1T=COS(ROT1*HL)
S1T=SIN(ROT1*HL)
C2T=COS(2.0*ROT1*HL)
S2T=SIN(2.0*ROT1*HL)
C3T=COS(3.0*ROT1*HL)
S3T=SIN(3.0*ROT1*HL)

DF=F-FBAR
DF2=DF*DF
COSP=SIN(PHAI)*SIN(SUNMOON(2))
```

434

```
1       +COS(PHAI)*COS(SUNMOON(2))*COS(ALPHA-SUNMOON(1)-PI/6.0)
COS2P=2.0*COSP*COSP-1.0
CALL SDRLTIME(T,0.D0,SS)
LONG=ALPHA-SS

CALL PMOPOLY(PHAI,LONG)

CALL PMOGDEL(FBAR,KP,DAY,A,GL,2)
DBASE(2)=A(1)*EXP(GL-1)
     CALL PMOGDEL(FBAR,KP,DAY,B,GL,3)
DBASE(3)=B(1)*EXP(GL-1)
CALL PMOGDEL(FBAR,KP,DAY,C,GL,4)
DBASE(4)=C(1)*EXP(GL-1)
DBASE(6)=TO2
CALL PMOGDEL(FBAR,KP,DAY,AZOTE,GL,6)
DBASE(5)=AZOTE(1)*EXP(GL-1)
     CALL PMOGDEL(FBAR,KP,DAY,OGO,GL,1)
TINF=OGO(1)*GL
T1P1=15.86
T1P2=2.523
     t1p=T1P1*(1.0+T1P2/1000.0*(fbar-150.0))
SIGMA=T1P/(TINF-380.0)
ZETA=(ALTI-ZLB)*(RE+ZLB)/(RE+ALTI)
EXPSZ=EXP(-SIGMA*ZETA)
TZ=TINF-(TINF-380.0)*EXPSZ
GLB=GSURF/(1.0+ZLB/RE)**2
AA=1.0-380.0/TINF
DO 10 I=2,6
GAMMA=MA(I)*GLB/(SIGMA*RGAS*TINF)

D(I)=DBASE(I)*(380.0/TZ)**(1.0+ALEFA(I)+GAMMA)
1       *EXP(-SIGMA*GAMMA*ZETA)

  10 CONTINUE
DTOTAL=1.6603E-24*(4.0*D(2)+16.0*D(3)+28.0*D(4)+14.0*D(5)+
1               32.0*D(6))
PHO=DTOTAL*1000.0

     PPHO=PHO
     RETURN
END
C=================================================================
  SUBROUTINE PMOGDEL(FBAR,KP,DAY,A,GGL,I)
C       TO COMPUTATE OF G(L)
C       A=VECTOR OF COEFFICIENTS FOR G(L)
C       I=1 : TEMPERATURE              I=2 : HELIUM
C       I=3 : ATOMIC OXYGEN    I=4 : NITROGEN      I=6 : AZOTE
MOLECULAIRE
C       GL=VALUE OF G(L)
  REAL A(40),FBAR,KP,DAY,CX2,GGL
```

```
      INTEGER I
      REAL P10,P20,P30,P40,P50,P11,P21,P31,P51,P22,P32,P33,P20CW
     1 ,COSP,COS2P,DF,DF2,ROT2,C1T,S1T,C2T,S2T,C3T,S3T,X(6),Y(6)
     1 ,BETA(6),TINF,D(6),PHO,GL
      COMMON /POL1/ P10,P20,P30,P40,P50,P11,P21,P31,P51,P22,P32,P33
     1 ,COSP,COS2P,DF,DF2,ROT2,C1T,S1T,C2T,S2T,C3T,S3T,X,Y,BETA
     1 ,TINF,D,PHO,GL,P20CW
      CX2=COS(ROT2*(DAY-A(18)))
      BETA(I)=1.0+A(4)*DF+A(5)*DF2+A(6)*(FBAR-150.0)
      GL=BETA(I)+A(2)*P20+A(3)*P40+(A(7)+A(8)*P20CW)*KP
      IF (I.EQ.2) BETA(I)=1.0
      X(I)=(A(9)+A(10)*P20)*COS(ROT2*(DAY-A(11)))
     1 +(A(12)+A(13)*P20)*COS(2.0*ROT2*(DAY-A(14)))
     1 +(A(15)*P10+A(16)*P30+A(17)*P50)*CX2
     1 +A(19)*P10*COS(2.0*ROT2*(DAY-A(20)))

      Y(I)=(A(21)*P11+A(22)*P31+A(23)*P51+(A(24)*P11+A(25)*P21)
     1 *CX2)*C1T+(A(26)*P11+A(27)*P31+A(28)*P51+(A(29)*P11+A(30)*P21)
     1 *CX2)*S1T+(A(31)*P22+A(32)*P32*CX2)*C2T
     1 +(A(33)*P22+A(34)*P32*CX2)*S2T+A(35)*P33*C3T+A(36)*P33*S3T
     1    +A(37)*BETA(I)*COSP+A(38)*BETA(I)*COS2P
      GL=GL+BETA(I)*(X(I)+Y(I))+A(39)*P10+A(40)*P30
      GGL=GL
      RETURN
      END
      SUBROUTINE PMOPOLY(ALAT,LONG)
      REAL ALAT,R,R2,R4,RR,PI
      REAL P10,P20,P30,P40,P50,P11,P21,P31,P51,P22,P32,P33
     1 ,COSP,COS2P,DF,DF2,ROT2,C1T,S1T,C2T,S2T,C3T,S3T,X(6),Y(6)
     1 ,BETA(6),TINF,D(6),GL,LONG,SCPHAI,P20CW
      COMMON /POL1/ P10,P20,P30,P40,P50,P11,P21,P31,P51,P22,P32,P33
     1 ,COSP,COS2P,DF,DF2,ROT2,C1T,S1T,C2T,S2T,C3T,S3T,X,Y,BETA
     1 ,TINF,D,PHO,GL,P20CW
      PI=3.141593
      SCPHAI=SIN(ALAT)*COS(11.7*PI/180.0)+COS(ALAT)*SIN(11.7*PI/180.0)*
     1          COS(LONG-291.0*PI/180.0)
      P20CW=0.5*(3.0*SCPHAI**2-1.0)
      R=SIN(ALAT)
      R2=R*R
      R4=R2*R2
      RR=COS(ALAT)
      P10=R
      P20=0.5*(3.0*R2-1.0)
      P30=0.5*R*(5.0*R2-3.0)
      P40=0.125*(35.0*R4-30.0*R2+3.0)
      P50=0.125*R*(63.0*R4-70.0*R2+15.0)
      P11=RR
      P21=3.0*R*RR
      P31=RR*1.5*(5.0*R2-1.0)
      P51=(RR*15.0*(21.0*R4-14.0*R2+1.0))/8.0
```

P22=3.0*(RR*RR)
P32=15.0*R*(RR*RR)
P33=15.0*(RR*RR*RR)
RETURN
END

附录 E　便查表

为了便于读者了解人造卫星测轨预报中一些量的大致量级，我们这里给出四种常用的便查表：

（1）dΩ/dt,dω/dt 便查表

dΩ/dt,dω/dt 是卫星动力学的最基本的量，因此，我们给出了这个便查表[表 E1]，使用这个表时，查表引数是卫星周期，表中给出了周期 88～113 分的数值，这些量包括：

平运动 n（单位为圈/天），平均地面高度 H（千米），以及倾角 30～110 度（间隔 10 度，共 9 个）的 **dΩ/dt,dω/dt**（度/天）。

说明，在计算[表 E1]时，假定卫星是圆轨道，给出的数值是根数的一阶长期项。即：

$$\dot{\Omega} = -\frac{3}{2}\frac{J_2}{a^2}n\cos i, \quad \dot{\omega} = \frac{3}{4}\frac{J_2}{a^2}n(4-5\sin^2 i)$$

（2）H-h-θ-ρ 便查表

H-h-θ-ρ 表，是估计卫星是否可见，以及预报估算的基本量之间的关系。我们给出此便查表[表 E2]。使用此表时，引数是卫星地面高度 H（km）和仰角 h（度），表中给出 H（150～6000km）和仰角 h（10～86 度）的卫星地心张角 θ（度），以及卫星到测站的距离 ρ（km）的便查表。

在计算此表时，计算公式如下：

$$\theta = \frac{\pi}{2} - \sin^{-1}(\frac{R}{R+H}\cos h) - h$$
$$\rho = \sqrt{(R+H)^2 - R^2\cos^2 h} - R\sin h$$
$$R = 6378.137 \text{ km}$$

（3）预报误差便查表

预报误差的来源有：

①测轨误差的传播；

②大气模式的误差；

③大气模式参数在预报期中的误差。

对于观测预报而言，人们常将预报误差分成两部分：

—位置误差

—时间误差

下面，我们以经纬仪观测预报为例，来说明位置误差及时间误差的概念：

为了能看到卫星，我们总是先从 t_0 时的轨道根数出发，计算出某测站某一时刻 t 时卫星位置 $\vec{r}_c$，根据 $\vec{r}_c$ 及测站的几何关系，再计算出预报位置：t(预报时间)，A（预报方位角），h(预报高度角)。应该说明：我们将经纬仪位置放在（A,h）之上，即是将望远镜指向卫星的预报的空间位置 $\vec{r}_c$。

由于，预报受各种原因的制约，总会有误差，我们将看到卫星并不在望远镜中心通过，而且，卫星通过视场中心附近的时间也不是预报时间 t，而是另一个时间 t'。

我们常称：$\Delta t = t' - t$ 为预报的时间误差，而卫星在 t' 时的位置（A',h'）与预报位置（A,h）之差：$\Delta A = A' - A$，$\Delta h = h' - h$ 为位置误差，将 $\Delta A, \Delta h$ 化算为视切平面上的距离 D，我们共给出了高度五张表[表 E3-1，表 E3-2，表 E3-2.1，表 E3-3，表 E3-3.1]。

表 E3-1，表 E3-2，表 E3-3 中，列出了卫星近地点高度（200~1000km），e=0，0.025,0.05,0.075 四种不同偏心率，预报期为 1，3，5，7，10 天的位置误差 D (以米为单位)，以及时间误差 T（以毫秒为单位）。表 E3-2.1，表 E3-3.1 列出外层温度的改正因子。

1）测轨误差 100 米引起的预报误差[表 E3-1]

表 E3-1 给出测轨误差 σ=100 米的预报误差如果测轨误差不是 100 米，则表列数值按比例增减。

这里我们假定：$\dfrac{\Delta a}{a}$ 的误差比其他根数小一个量级，$\Delta \dot{n}$ 的误差为其他根数的 1/2。其他根数的误差均为 100 米。

2）1%模式误差引起的预报误差[表 E3.2-1]

说明：在计算时，假定 A/M=0.1，$T_\infty = 1000°k$。如 $A/M \neq 0.1$，则要相应增减，如 $T_\infty \neq 1000°k$，则要乘上表的比例因子，如果模式差不是 1%，要乘上相应的比例。

实际外层温度，可以用下式估计：$T_\infty = 535 + 3.5 \times \bar{F}_{10.7}$

式中，$\bar{F}_{10.7}$ 为太阳 10.7 厘米平均辐射流量（81 天平均）。

与其他误差相比，近地点大于 800km 的卫星，只要 $A/M<0.1$，可以不考虑这项误差，不同高度的模式差（%），大致如下：

近地点（km）　　200　　300　　400　　500　　>600
误差（%）　　　　2　　　3　　　5　　　7　　　8

3）外层温度改正因子 1[表 E3-2.1]

由于不同的外层温度，变化 1 度引起的预报误差不同，需要乘上外层温度改正因子 1[表 E3-2.1]。

4）外层温度差引起的预报误差[表 E3-3]

说明：在计算本表时，假定外层温度为 $1000°k$，A/M=0.1，并假定在预报期中，温度预报差为 $\Delta T = 10 + i - 1$ 度，$i=1,2,\cdots,N$，如 $A/M \neq 0.1$，则要相应增减，如 $T_\infty \neq 1000°k$，则要乘上表 E3-2.1，表 E3-3.1 的比例因子。

5）外层温度改正因子 2[表 E3-3.1]

说明：在查外层温度改正因子时，如果外层温度不是表列数值，可以内插得到。

实例：近地点 200km, e=0.05, A/M=0.3, 测轨误差为 80m, 在 $T_\infty = 900°k$ 时，预报 5 天的预报误差：

- 测轨误差的传播：
  由表 E3-1 查得：　　　$\Delta D = 281$ m　　$\Delta T = 1.^s171$
  乘上测轨精度比例　　　0.8
  　　　　$\Delta D = 281 \times 0.8 = 225$ m
  　　　　$\Delta T = 1.^s171 \times 0.8 = 0.^s9368$
- 大气模式差：近地点 200 km，模式差为 2%，则：
  由表 E3-2 查得：　　　$\Delta D = 695$ m　　$\Delta T = 12.^s234$
  乘上　A/M　比例：　　　　3
  乘上　模型误差比例　　　　2
  乘上　E3-2.1 的因子：　　0.848

$$\Delta D = 695 \times 3 \times 2 \times 0.848 = 3536\,\text{m}$$

$$\Delta T = 12.^s234 \times 3 \times 2 \times 0.848 = 62.^s247$$

● 温度差引起的预报差

由表 E3-3 查得：$\qquad \Delta D = 771\,\text{m} \qquad \Delta T = 11.^s641$

$\qquad$ 乘上 A/M 比例：$\qquad\qquad$ 3

$\qquad$ 乘上 表 E3-3.1 的因子：$\qquad$ 1.256

$\qquad$ 乘上 E3-2.1 的因子：$\qquad\qquad$ 0.848

最后：$\qquad \Delta D = 771 \times 3 \times 1.256 \times 0.848 = 2464\,\text{m}$

$\qquad\qquad \Delta T = 11.^s641 \times 3 \times 1.256 \times 0.848 = 37.^s196$

这 3 项误差的总和（平方和开根号）为：

$$\Delta D = 4316\,\text{m} \qquad \Delta T = 72.^s520$$

（4）各种恒星 0 等星的光子数分布[7]

本表根据"HANDBOOK OF SPACE ASTRONOMY AND ASTROPHYSICS"第 103 页的如下公式计算：

$$f(\lambda) = \frac{8.48 \times 10^{34} \times 10^{-0.4bc}}{T^4 \lambda^4 [\exp(1.44 \times 10^8 / \lambda T) - 1]} \quad \text{光子 cm}^{-2}\text{s}^{-1}\text{Å}^{-1}$$

其中，λ 为波长（埃），T 为有效温度，bc 为色指数。各类恒星的 T 和 bc 参见该手册 68~70 页。

表 E1 $n,H,\mathrm{d}\Omega/\mathrm{d}t,\mathrm{d}\omega/\mathrm{d}t$ 的便查表

P	n	\multicolumn{9}{c}{不同倾角的 $\mathrm{d}\Omega/\mathrm{d}t,\mathrm{d}\omega/\mathrm{d}t$}								
	H	30	40	50	60	70	80	90	100	110
88.	16.3636	-7.847	-6.941	-5.824	-4.531	-3.099	-1.573	.000	1.573	3.099
	175.49	12.459	8.763	4.829	1.133	-1.881	-3.847	-4.531	-3.847	-1.881
89.	16.1798	-7.643	-6.761	-5.673	-4.413	-3.018	-1.532	.000	1.532	3.018
	225.05	12.135	8.535	4.703	1.103	-1.832	-3.747	-4.413	-3.747	-1.832
90.	16.0000	-7.446	-6.587	-5.527	-4.299	-2.941	-1.493	.000	1.493	2.941
	274.42	11.823	8.315	4.582	1.075	-1.785	-3.651	-4.299	-3.651	-1.785
91.	15.8242	-7.257	-6.419	-5.386	-4.190	-2.866	-1.455	.000	1.455	2.866
	323.60	11.522	8.103	4.466	1.047	-1.739	-3.558	-4.190	-3.558	-1.739
92.	15.6522	-7.074	-6.257	-5.251	-4.084	-2.794	-1.418	.000	1.418	2.794
	372.61	11.231	7.899	4.353	1.021	-1.695	-3.468	-4.084	-3.468	-1.695
93.	15.4839	-6.898	-6.101	-5.120	-3.982	-2.724	-1.383	.000	1.383	2.724
	421.44	10.952	7.703	4.245	.996	-1.653	-3.382	-3.982	-3.382	-1.653
94.	15.3191	-6.728	-5.951	-4.994	-3.884	-2.657	-1.349	.000	1.349	2.657
	470.10	10.682	7.513	4.140	.971	-1.612	-3.299	-3.884	-3.299	-1.612
95.	15.1579	-6.564	-5.806	-4.872	-3.790	-2.592	-1.316	.000	1.316	2.592
	518.58	10.421	7.329	4.039	.947	-1.573	-3.218	-3.790	-3.218	-1.573
96.	15.0000	-6.405	-5.666	-4.754	-3.698	-2.530	-1.284	.000	1.284	2.530
	566.89	10.170	7.153	3.942	.925	-1.535	-3.141	-3.698	-3.141	-1.535
97.	14.8454	-6.252	-5.530	-4.641	-3.610	-2.469	-1.254	.000	1.254	2.469
	615.04	9.927	6.982	3.848	.902	-1.498	-3.066	-3.610	-3.066	-1.498
98.	14.6939	-6.104	-5.400	-4.531	-3.524	-2.411	-1.224	.000	1.224	2.411
	663.02	9.692	6.817	3.757	.881	-1.463	-2.993	-3.524	-2.993	-1.463
99.	14.5455	-5.961	-5.273	-4.425	-3.442	-2.354	-1.195	.000	1.195	2.354
	710.84	9.465	6.657	3.669	.860	-1.429	-2.923	-3.442	-2.923	-1.429
100.	14.4000	-5.823	-5.151	-4.322	-3.362	-2.300	-1.168	.000	1.168	2.300
	758.50	9.246	6.503	3.584	.841	-1.396	-2.855	-3.362	-2.855	-1.396
101.	14.2574	-5.690	-5.033	-4.223	-3.285	-2.247	-1.141	.000	1.141	2.247
	805.99	9.034	6.353	3.501	.821	-1.364	-2.790	-3.285	-2.790	-1.364
102.	14.1176	-5.560	-4.918	-4.127	-3.210	-2.196	-1.115	.000	1.115	2.196
	853.34	8.828	6.209	3.422	.803	-1.333	-2.726	-3.210	-2.726	-1.333
103.	13.9806	-5.435	-4.808	-4.034	-3.138	-2.147	-1.090	.000	1.090	2.147
	900.52	8.630	6.069	3.345	.785	-1.303	-2.665	-3.138	-2.665	-1.303
104.	13.8462	-5.314	-4.701	-3.944	-3.068	-2.099	-1.066	.000	1.066	2.099
	947.56	8.437	5.934	3.270	.767	-1.274	-2.606	-3.068	-2.606	-1.274
105.	13.7143	-5.197	-4.597	-3.857	-3.000	-2.052	-1.042	.000	1.042	2.052
	994.44	8.251	5.803	3.198	.750	-1.245	-2.548	-3.000	-2.548	-1.245
106.	13.5849	-5.083	-4.496	-3.773	-2.935	-2.007	-1.019	.000	1.019	2.007
	1041.18	8.070	5.676	3.128	.734	-1.218	-2.492	-2.935	-2.492	-1.218
107.	13.4579	-4.973	-4.399	-3.691	-2.871	-1.964	-.997	.000	.997	1.964
	1087.77	7.896	5.553	3.060	.718	-1.192	-2.438	-2.871	-2.438	-1.192
108.	13.3333	-4.866	-4.304	-3.612	-2.809	-1.922	-.976	.000	.976	1.922
	1134.21	7.726	5.434	2.995	.702	-1.166	-2.386	-2.809	-2.386	-1.166
109.	13.2110	-4.763	-4.213	-3.535	-2.750	-1.881	-.955	.000	.955	1.881
	1180.51	7.562	5.318	2.931	.687	-1.141	-2.335	-2.750	-2.335	-1.141
110.	13.0909	-4.662	-4.124	-3.460	-2.692	-1.841	-.935	.000	.935	1.841
	1226.67	7.402	5.206	2.869	.673	-1.117	-2.286	-2.692	-2.286	-1.117
111.	12.9730	-4.565	-4.038	-3.388	-2.635	-1.803	-.915	.000	.915	1.803
	1272.69	7.248	5.097	2.809	.659	-1.094	-2.238	-2.635	-2.238	-1.094
112.	12.8571	-4.470	-3.954	-3.318	-2.581	-1.765	-.896	.000	.896	1.765
	1318.58	7.097	4.992	2.751	.645	-1.071	-2.192	-2.581	-2.192	-1.071
113.	12.7434	-4.378	-3.873	-3.250	-2.528	-1.729	-.878	.000	.878	1.729
	1364.32	6.952	4.889	2.694	.632	-1.049	-2.147	-2.528	-2.147	-1.049

表 E2 $H-h-\theta-\rho$ 表

	150.		200.		250		300.		350.	
86.	.09	150.4	.12	200.5	.15	250.6	.18	300.7	.21	350.8
84.	.14	150.8	.18	201.1	.23	251.3	.27	301.6	.31	351.8
82.	.18	151.4	.24	201.9	.30	252.4	.36	302.8	.42	353.3
80.	.23	152.3	.31	203.0	.38	253.7	.45	304.4	.53	355.1
78.	.28	153.3	.37	204.3	.46	255.4	.55	306.4	.63	357.4
76.	.33	154.5	.43	205.9	.54	257.4	.64	308.8	.74	360.1
74.	.38	155.9	.50	207.8	.62	259.7	.74	311.5	.85	363.3
72.	.43	157.5	.57	210.0	.70	262.3	.83	314.7	.97	367.0
70.	.48	159.4	.63	212.4	.78	265.4	.93	318.3	1.08	371.2
68.	.53	161.5	.70	215.2	.87	268.8	1.04	322.4	1.20	375.9
66.	.58	163.8	.77	218.3	.96	272.6	1.14	326.9	1.32	381.2
64.	.64	166.4	.85	221.7	1.05	276.9	1.25	332.0	1.44	387.0
62.	.70	169.3	.92	225.5	1.14	281.6	1.36	337.6	1.57	393.5
60.	.76	172.5	1.00	229.8	1.24	286.9	1.48	343.9	1.71	400.7
58.	.82	176.1	1.08	234.5	1.34	292.7	1.59	350.7	1.84	408.6
56.	.88	180.0	1.17	239.6	1.45	299.0	1.72	358.2	1.99	417.3
54.	.95	184.3	1.26	245.3	1.55	306.0	1.85	366.5	2.14	426.8
52.	1.02	189.0	1.35	251.5	1.67	313.7	1.98	375.6	2.29	437.3
50.	1.10	194.3	1.45	258.3	1.79	322.1	2.13	385.6	2.46	448.8
48.	1.17	200.0	1.55	265.9	1.92	331.4	2.28	396.6	2.63	461.4
46.	1.26	206.3	1.66	274.2	2.05	341.6	2.44	408.7	2.81	475.3
44.	1.35	213.3	1.78	283.4	2.19	352.9	2.60	421.9	3.01	490.5
42.	1.44	221.1	1.90	293.5	2.35	365.3	2.78	436.6	3.21	507.3
40.	1.54	229.7	2.03	304.7	2.51	379.0	2.98	452.7	3.43	525.7
38.	1.65	239.2	2.18	317.1	2.69	394.2	3.18	470.5	3.67	546.1
36.	1.77	249.9	2.33	331.0	2.88	411.1	3.41	490.3	3.92	568.7
34.	1.91	261.8	2.50	346.4	3.08	429.9	3.65	512.3	4.20	593.7
32.	2.05	275.2	2.69	363.8	3.31	450.9	3.91	536.8	4.49	621.5
30.	2.21	290.3	2.89	383.2	3.55	474.5	4.20	564.2	4.82	652.5
28.	2.38	307.5	3.12	405.3	3.83	501.0	4.51	594.9	5.17	687.1
26.	2.58	327.1	3.37	430.3	4.13	531.0	4.86	629.6	5.57	726.0
24.	2.80	349.6	3.65	458.8	4.47	565.1	5.25	668.7	6.00	769.9
22.	3.06	375.6	3.97	491.7	4.85	604.1	5.68	713.2	6.48	819.4
20.	3.35	406.0	4.34	529.6	5.28	648.8	6.17	764.0	7.02	875.7
18.	3.69	441.6	4.76	573.8	5.77	700.4	6.72	822.2	7.63	939.7
16.	4.09	484.0	5.25	625.6	6.33	760.3	7.35	889.1	8.32	1012.9
14.	4.56	534.7	5.81	686.8	6.98	830.3	8.07	966.5	9.10	1096.7
12.	5.12	596.0	6.48	759.5	7.74	912.2	8.90	1056.2	9.99	1193.0
10.	5.81	670.8	7.28	846.4	8.62	1008.6	9.85	1160.4	11.00	1303.6

表 E2　$H-h-\theta-\rho$ 表

	400		450		500.		600.		700.	
86.	.24	400.9	.26	451.0	.29	501.1	.34	601.3	.40	701.5
84.	.36	402.1	.40	452.3	.44	502.6	.52	603.0	.60	703.5
82.	.47	403.7	.53	454.1	.58	504.6	.69	605.4	.80	706.2
80.	.60	405.8	.67	456.5	.73	507.1	.87	608.4	1.00	709.7
78.	.72	408.4	.80	459.4	.88	510.3	1.05	612.2	1.20	714.0
76.	.84	411.5	.94	462.8	1.04	514.1	1.23	616.7	1.41	719.2
74.	.97	415.1	1.08	466.9	1.19	518.6	1.41	622.0	1.62	725.3
72.	1.10	419.3	1.22	471.5	1.35	523.7	1.59	628.0	1.83	732.2
70.	1.23	424.0	1.37	476.8	1.51	529.6	1.78	634.9	2.05	740.1
68.	1.36	429.4	1.52	482.8	1.67	536.1	1.98	642.6	2.27	749.0
66.	1.50	435.3	1.67	489.4	1.84	543.4	2.18	651.3	2.50	758.9
64.	1.64	442.0	1.83	496.8	2.01	551.6	2.38	660.9	2.73	769.9
62.	1.78	449.3	1.99	505.0	2.19	560.6	2.59	671.5	2.97	782.0
60.	1.93	457.4	2.16	514.0	2.38	570.5	2.81	683.2	3.22	795.4
58.	2.09	466.4	2.33	524.0	2.57	581.4	3.03	696.0	3.48	810.1
56.	2.25	476.2	2.51	534.9	2.77	593.4	3.26	710.1	3.74	826.1
54.	2.42	487.0	2.70	546.9	2.97	606.6	3.50	725.5	4.02	843.7
52.	2.60	498.8	2.89	560.0	3.19	621.0	3.76	742.4	4.30	863.0
50.	2.78	511.7	3.10	574.4	3.41	636.8	4.02	760.8	4.60	884.0
48.	2.98	526.0	3.32	590.2	3.65	654.1	4.29	781.0	4.92	906.9
46.	3.18	541.5	3.54	607.4	3.90	673.0	4.59	803.1	5.25	931.9
44.	3.40	558.7	3.78	626.4	4.16	693.7	4.89	827.2	5.59	959.2
42.	3.63	577.5	4.04	647.2	4.44	716.4	5.22	853.5	5.96	989.0
40.	3.88	598.2	4.31	670.0	4.74	741.3	5.56	882.4	6.35	1021.5
38.	4.14	621.0	4.60	695.2	5.05	768.7	5.92	914.0	6.76	1057.1
36.	4.42	646.2	4.91	722.9	5.39	798.9	6.31	948.7	7.20	1096.0
34.	4.73	674.1	5.25	753.5	5.76	832.1	6.73	986.9	7.66	1138.7
32.	5.06	705.0	5.61	787.4	6.15	868.8	7.18	1028.9	8.17	1185.5
30.	5.42	739.4	6.01	825.0	6.58	909.5	7.67	1075.2	8.70	1236.9
28.	5.81	777.7	6.44	866.9	7.04	954.6	8.19	1126.3	9.29	1293.5
26.	6.25	820.6	6.91	913.5	7.54	1004.8	8.76	1182.9	9.91	1355.8
24.	6.72	868.8	7.42	965.7	8.10	1060.7	9.38	1245.5	10.59	1424.4
22.	7.25	923.0	7.99	1024.1	8.71	1123.1	10.06	1315.1	11.33	1500.2
20.	7.84	984.2	8.63	1089.9	9.38	1193.0	10.81	1392.4	12.14	1583.9
18.	8.50	1053.5	9.33	1163.9	10.13	1271.4	11.62	1478.5	13.02	1676.5
16.	9.24	1132.1	10.12	1247.5	10.95	1359.5	12.52	1574.3	13.98	1778.9
14.	10.07	1221.7	10.99	1342.1	11.87	1458.5	13.52	1681.1	15.03	1892.1
12.	11.01	1323.6	11.98	1449.0	12.90	1569.9	14.61	1800.0	16.19	2017.2
10.	12.08	1439.8	13.09	1570.0	14.05	1695.1	15.82	1932.3	17.45	2155.3

表E2　$H-h-\theta-\rho$ 表

	800		900.		1000.		1200.		1400	
86.	.45	801.7	.50	901.9	.54	1002.1	.63	1202.5	.72	1402.8
84.	.67	803.9	.74	904.3	.82	1004.8	.95	1205.6	1.08	1406.3
82.	.90	807.0	.99	907.7	1.09	1008.5	1.27	1209.9	1.45	1411.3
80.	1.12	810.9	1.25	912.1	1.37	1013.3	1.60	1215.5	1.81	1417.6
78.	1.35	815.8	1.50	917.6	1.65	1019.2	1.92	1222.5	2.18	1425.5
76.	1.59	821.7	1.76	924.0	1.93	1026.3	2.25	1230.7	2.56	1434.9
74.	1.82	828.5	2.02	931.6	2.22	1034.6	2.59	1240.3	2.94	1445.8
72.	2.06	836.3	2.29	940.2	2.51	1044.0	2.92	1251.4	3.32	1458.3
70.	2.31	845.1	2.56	950.0	2.80	1054.8	3.27	1263.9	3.71	1472.5
68.	2.56	855.1	2.84	961.1	3.11	1066.9	3.62	1277.9	4.11	1488.4
66.	2.81	866.2	3.12	973.4	3.41	1080.3	3.98	1293.5	4.52	1506.0
64.	3.08	878.6	3.41	987.0	3.73	1095.2	4.35	1310.8	4.93	1525.6
62.	3.35	892.2	3.71	1002.1	4.06	1111.6	4.73	1329.9	5.36	1547.1
60.	3.62	907.2	4.01	1018.6	4.39	1129.7	5.11	1350.8	5.79	1570.7
58.	3.91	923.6	4.33	1036.8	4.74	1149.5	5.51	1373.7	6.24	1596.4
56.	4.21	941.6	4.66	1056.6	5.09	1171.1	5.92	1398.6	6.71	1624.5
54.	4.51	961.3	5.00	1078.3	5.46	1194.7	6.35	1425.8	7.18	1655.0
52.	4.84	982.8	5.35	1101.9	5.84	1220.3	6.79	1455.4	7.68	1688.1
50.	5.17	1006.2	5.72	1127.6	6.24	1248.3	7.25	1487.4	8.19	1724.0
48.	5.52	1031.7	6.10	1155.6	6.66	1278.7	7.72	1522.2	8.72	1762.8
46.	5.89	1059.5	6.50	1186.1	7.09	1311.7	8.22	1559.9	9.28	1804.8
44.	6.27	1089.8	6.92	1219.2	7.55	1347.5	8.74	1600.8	9.85	1850.2
42.	6.68	1122.9	7.36	1255.3	8.03	1386.4	9.28	1645.0	10.45	1899.3
40.	7.10	1158.9	7.83	1294.6	8.53	1428.7	9.85	1692.9	11.09	1952.2
38.	7.56	1198.1	8.32	1337.3	9.06	1474.7	10.45	1744.8	11.75	2009.4
36.	8.04	1241.0	8.85	1383.8	9.62	1524.6	11.09	1801.0	12.44	2071.1
34.	8.55	1287.8	9.40	1434.5	10.22	1579.0	11.75	1861.9	13.17	2137.7
32.	9.10	1339.1	10.00	1489.8	10.85	1638.1	12.46	1927.8	13.94	2209.6
30.	9.69	1395.2	10.63	1550.2	11.53	1702.4	13.21	1999.2	14.75	2287.1
28.	10.32	1456.6	11.31	1616.2	12.25	1772.5	14.00	2076.5	15.61	2370.8
26.	11.00	1524.0	12.03	1688.2	13.02	1848.8	14.85	2160.3	16.52	2461.0
24.	11.73	1598.0	12.81	1767.0	13.84	1932.0	15.75	2251.1	17.49	2558.3
22.	12.53	1679.3	13.66	1853.3	14.72	2022.6	16.71	2349.5	18.51	2663.2
20.	13.39	1768.7	14.56	1947.6	15.68	2121.5	17.73	2456.0	19.60	2776.1
18.	14.32	1867.0	15.55	2050.9	16.70	2229.2	18.83	2571.3	20.75	2897.7
16.	15.34	1975.0	16.61	2163.9	17.80	2346.5	20.00	2696.0	21.98	3028.3
14.	16.44	2093.7	17.75	2287.3	18.99	2474.1	21.25	2830.6	23.28	3168.6
12.	17.64	2224.1	19.00	2422.1	20.27	2612.8	22.59	2975.8	24.67	3319.0
10.	18.95	2366.9	20.34	2569.0	21.64	2763.2	24.02	3132.0	26.14	3480.0

表 E2 $H-h-\theta-\rho$ 表

	1600		1800.		2000.		2500		3000	
86.	.80	1603.1	.88	1803.4	.96	2003.7	1.13	2504.4	1.28	3005.0
84.	1.21	1607.0	1.32	1807.7	1.44	2008.4	1.69	2509.9	1.92	3011.2
82.	1.61	1612.5	1.77	1813.8	1.92	2014.9	2.26	2517.6	2.57	3020.0
80.	2.02	1619.6	2.22	1821.6	2.40	2023.4	2.83	2527.5	3.22	3031.3
78.	2.43	1628.4	2.67	1831.1	2.89	2033.8	3.41	2539.8	3.87	3045.1
76.	2.85	1638.8	3.12	1842.6	3.39	2046.1	3.99	2554.3	4.53	3061.6
74.	3.27	1651.0	3.59	1855.9	3.89	2060.5	4.58	2571.3	5.20	3080.8
72.	3.70	1664.9	4.05	1871.1	4.39	2077.0	5.17	2590.6	5.87	3102.7
70.	4.13	1680.6	4.53	1888.3	4.91	2095.7	5.78	2612.5	6.55	3127.4
68.	4.57	1698.3	5.01	1907.6	5.43	2116.5	6.39	2636.9	7.24	3155.0
66.	5.02	1717.9	5.51	1929.0	5.96	2139.7	7.01	2663.9	7.94	3185.5
64.	5.48	1739.5	6.01	1952.7	6.50	2165.2	7.64	2693.7	8.65	3219.0
62.	5.96	1763.3	6.52	1978.7	7.06	2193.2	8.29	2726.4	9.38	3255.7
60.	6.44	1789.4	7.05	2007.1	7.63	2223.8	8.95	2762.0	10.12	3295.6
58.	6.94	1817.9	7.59	2038.1	8.21	2257.2	9.62	2800.6	10.88	3338.9
56.	7.45	1848.8	8.14	2071.7	8.80	2293.3	10.31	2842.5	11.65	3385.7
54.	7.97	1882.4	8.72	2108.2	9.42	2332.5	11.02	2887.7	12.44	3436.2
52.	8.52	1918.8	9.30	2147.7	10.05	2374.9	11.75	2936.5	13.25	3490.4
50.	9.08	1958.2	9.91	2190.3	10.70	2420.6	12.50	2988.9	14.08	3548.6
48.	9.66	2000.8	10.54	2236.3	11.38	2469.8	13.27	3045.2	14.93	3610.9
46.	10.27	2046.7	11.20	2285.9	12.07	2522.7	14.06	3105.5	15.81	3677.5
44.	10.89	2096.3	11.87	2339.3	12.80	2579.6	14.88	3170.1	16.71	3748.6
42.	11.55	2149.7	12.58	2396.7	13.55	2640.6	15.73	3239.2	17.64	3824.3
40.	12.24	2207.2	13.31	2458.4	14.33	2706.2	16.61	3313.0	18.60	3905.0
38.	12.95	2269.2	14.08	2524.6	15.14	2776.4	17.52	3391.7	19.59	3990.8
36.	13.70	2335.8	14.88	2595.8	15.98	2851.6	18.46	3475.7	20.62	4082.0
34.	14.49	2407.6	15.72	2672.1	16.87	2932.1	19.45	3565.1	21.68	4178.7
32.	15.31	2484.7	16.59	2754.0	17.79	3018.2	20.47	3660.3	22.78	4281.2
30.	16.18	2567.7	17.51	2841.8	18.75	3110.4	21.53	3761.5	23.91	4389.8
28.	17.10	2656.9	18.48	2935.9	19.76	3208.8	22.63	3869.1	25.09	4504.6
26.	18.07	2752.7	19.50	3036.6	20.82	3313.8	23.78	3983.3	26.32	4626.0
24.	19.09	2855.6	20.56	3144.4	21.94	3426.0	24.98	4104.3	27.59	4754.2
22.	20.16	2966.0	21.69	3259.6	23.10	3545.5	26.23	4232.6	28.91	4889.3
20.	21.30	3084.4	22.87	3382.7	24.33	3672.7	27.54	4368.3	30.28	5031.6
18.	22.51	3211.2	24.12	3514.1	25.61	3808.1	28.90	4511.7	31.70	5181.2
16.	23.78	3346.9	25.44	3654.2	26.96	3951.9	30.32	4663.1	33.17	5338.4
14.	25.13	3492.0	26.82	3803.2	28.38	4104.4	31.81	4822.6	34.71	5503.2
12.	26.56	3646.7	28.28	3961.6	29.87	4266.0	33.36	4990.5	36.30	5675.9
10.	28.07	3811.5	29.82	4129.6	31.43	4436.7	34.97	5166.8	37.95	5856.3

表E2 $H-h-\theta-\rho$ 表

	3500.		4000.		4500		5000.		6000.	
86.	1.42	3505.5	1.54	4006.0	1.66	4506.4	1.76	5006.8	1.94	6007.5
84.	2.13	3512.4	2.32	4013.5	2.49	4514.5	2.64	5015.4	2.91	6017.0
82.	2.84	3522.1	3.09	4024.0	3.32	4525.8	3.53	5027.4	3.89	6030.2
80.	3.56	3534.6	3.87	4037.6	4.16	4540.4	4.41	5042.9	4.87	6047.2
78.	4.29	3550.0	4.66	4054.3	5.00	4558.2	5.31	5061.8	5.85	6068.1
76.	5.01	3568.2	5.45	4074.1	5.85	4579.5	6.21	5084.3	6.84	6092.9
74.	5.75	3589.4	6.25	4097.1	6.70	4604.1	7.11	5110.4	7.83	6121.6
72.	6.49	3613.5	7.05	4123.3	7.56	4632.1	8.02	5140.2	8.84	6154.2
70.	7.24	3640.8	7.87	4152.8	8.43	4663.7	8.95	5173.6	9.85	6190.9
68.	8.00	3671.1	8.69	4185.7	9.31	4698.8	9.88	5210.7	10.87	6231.6
66.	8.77	3704.7	9.52	4222.0	10.20	4737.6	10.82	5251.7	11.90	6276.5
64.	9.56	3741.5	10.37	4261.8	11.11	4780.0	11.77	5296.6	12.95	6325.6
62.	10.35	3781.8	11.23	4305.2	12.02	4826.3	12.74	5345.5	14.00	6378.9
60.	11.17	3825.6	12.10	4352.4	12.95	4876.5	13.72	5398.5	15.07	6436.6
58.	11.99	3872.9	12.99	4403.4	13.90	4930.8	14.72	5455.6	16.15	6498.8
56.	12.83	3924.1	13.90	4458.3	14.86	4989.1	15.73	5517.0	17.25	6565.5
54.	13.70	3979.1	14.82	4517.3	15.84	5051.7	16.76	5582.8	18.37	6636.7
52.	14.58	4038.1	15.77	4580.5	16.84	5118.6	17.81	5653.0	19.50	6712.7
50.	15.48	4101.2	16.73	4648.1	17.86	5190.1	18.88	5727.9	20.66	6793.5
48.	16.40	4168.7	17.72	4720.1	18.90	5266.1	19.97	5807.5	21.83	6879.2
46.	17.35	4240.7	18.73	4796.8	19.96	5346.9	21.08	5892.0	23.03	6970.0
44.	18.32	4317.4	19.76	4878.3	21.05	5432.6	22.22	5981.5	24.24	7065.8
42.	19.33	4398.9	20.82	4964.7	22.17	5523.4	23.38	6076.1	25.49	7166.9
40.	20.36	4485.4	21.91	5056.3	23.31	5619.3	24.57	6175.9	26.75	7273.2
38.	21.42	4577.1	23.03	5153.1	24.48	5720.7	25.79	6281.1	28.04	7385.0
36.	22.51	4674.3	24.18	5255.5	25.68	5827.5	27.03	6391.8	29.36	7502.4
34.	23.64	4777.1	25.37	5363.4	26.92	5939.9	28.31	6508.2	30.71	7625.3
32.	24.80	4885.7	26.59	5477.2	28.18	6058.2	29.62	6630.4	32.09	7753.9
30.	26.00	5000.4	27.84	5597.0	29.48	6182.3	30.96	6758.4	33.50	7888.3
28.	27.24	5121.3	29.14	5722.9	30.82	6312.6	32.33	6892.4	34.94	8028.5
26.	28.53	5248.5	30.47	5855.2	32.20	6449.1	33.75	7032.5	36.41	8174.7
24.	29.85	5382.4	31.84	5993.9	33.61	6591.8	35.20	7178.8	37.92	8326.8
22.	31.23	5523.1	33.26	6139.1	35.07	6741.0	36.68	7331.3	39.46	8484.8
20.	32.65	5670.7	34.72	6291.1	36.57	6896.7	38.21	7490.2	41.04	8648.9
18.	34.11	5825.3	36.23	6449.8	38.11	7058.9	39.78	7655.4	42.66	8819.0
16.	35.63	5987.1	37.79	6615.5	39.69	7227.7	41.39	7826.9	44.31	8995.0
14.	37.21	6156.2	39.39	6788.0	41.33	7403.2	43.05	8004.9	46.00	9177.0
12.	38.83	6332.6	41.05	6967.5	43.00	7585.2	44.75	8189.2	47.73	9364.8
10.	40.52	6516.3	42.75	7153.9	44.73	7773.9	46.49	8379.7	49.51	9558.5

表 E3-1　测轨误差 100 m 引起的预报误差

r_p	r_a	周期	1		3		5		7		10	
km	km	分	D(m)	T(ms)	D(m)	T(ms)	D(m)	km	km	分	D(m)	T(ms)
300	300	90.5	217	218	236	644	258	1075	282	1509	322	2172
350	350	91.5	219	220	237	649	259	1083	282	1521	321	2188
400	400	92.6	220	222	238	654	259	1091	282	1532	320	2205
500	500	94.6	223	225	240	663	260	1107	282	1555	318	2239
600	600	96.7	226	229	243	673	261	1123	282	1578	316	2272
800	800	100.9	232	236	247	692	264	1155	283	1624	314	2340
1000	1000	105.1	237	243	252	712	267	1188	285	1670	313	2408
200	537	91.9	227	226	246	667	268	1113	292	1564	331	2250
225	564	92.4	228	227	247	670	268	1118	292	1570	331	2259
250	590	93.0	229	228	248	672	269	1122	292	1576	330	2268
300	642	94.0	231	230	249	678	269	1130	292	1588	329	2286
350	695	95.1	232	232	250	683	270	1139	292	1600	329	2303
400	748	96.1	234	234	251	688	271	1147	292	1612	328	2321
500	853	98.3	237	237	253	698	272	1164	293	1636	326	2356
600	958	100.4	240	241	256	708	273	1181	293	1660	325	2392
800	1168	104.8	246	248	260	728	277	1215	295	1708	324	2463
1000	1378	109.2	252	256	266	749	281	1249	297	1757	324	2535
200	892	95.6	241	239	260	702	281	1171	304	1645	342	2369
225	920	96.1	242	240	260	705	281	1176	304	1652	341	2378
250	948	96.7	243	241	261	707	281	1180	304	1658	341	2388
300	1003	97.8	245	243	262	713	282	1189	304	1671	340	2406
350	1058	98.9	246	244	263	718	283	1198	304	1683	339	2425
400	1113	100.0	248	246	265	723	284	1207	305	1696	339	2443
500	1224	102.2	251	250	267	734	285	1225	305	1721	338	2481
600	1335	104.4	254	254	270	745	287	1243	306	1747	337	2518
800	1556	108.9	261	262	275	766	291	1279	308	1798	337	2594
1000	1777	113.5	268	270	281	788	295	1314	311	1849	337	2670
200	1267	99.5	256	252	274	739	295	1232	318	1732	355	2494
225	1296	100.0	257	253	275	742	295	1237	318	1738	355	2504
250	1325	100.6	258	254	276	744	296	1242	318	1745	354	2514
300	1383	101.7	260	256	277	750	297	1251	318	1758	354	2534
350	1441	102.9	261	258	278	756	297	1260	319	1771	353	2553
400	1499	104.0	263	260	280	761	298	1270	319	1785	353	2573
500	1615	106.4	267	264	282	772	300	1289	320	1812	352	2613
600	1732	108.7	270	268	285	784	302	1308	321	1838	352	2652
800	1964	113.4	277	277	291	806	307	1345	324	1892	352	2732
1000	2196	118.2	284	285	297	829	312	1383	327	1946	353	2813

表 E3-2   1%大气模式误差引起的预报误差

r_p	r_a	周期	1		3		5		7		10	
km	km	分	D(m)	T(ms)	D(m)	T(ms)	D(m)	km	km	分	D(m)	T(ms)
300	300	90.5	48	252	179	2233	385	6183	683	12102	1309	24670
350	350	91.5	18	95	67	848	144	2347	254	4594	486	9365
400	400	92.6	7	39	27	345	57	957	101	1872	193	3817
500	500	94.6	1	7	5	64	10	179	18	351	34	717
600	600	96.7	0	1	1	13	2	38	3	75	7	153
800	800	100.9	0	0	0	1	0	3	0	6	0	12
1000	1000	105.1	0	0	0	0	0	0	0	1	0	3
200	537	91.9	124	638	449	5649	941	15640	1633	30611	3070	62404
225	564	92.4	64	332	233	2940	486	8139	842	15929	1580	32474
250	590	93.0	36	185	129	1642	269	4547	466	8899	873	18141
300	642	94.0	12	65	45	583	94	1615	162	3162	304	6447
350	695	95.1	5	25	17	229	36	635	62	1244	117	2537
400	748	96.1	2	10	7	95	15	265	25	519	47	1059
500	853	98.3	0	2	1	18	2	52	4	101	9	207
600	958	100.4	0	0	0	4	0	11	1	23	1	47
800	1168	104.8	0	0	0	0	0	1	0	2	0	5
1000	1378	109.2	0	0	0	0	0	0	0	0	0	1
200	892	95.6	97	499	344	4419	695	12234	1173	23945	2148	48815
225	920	96.1	50	259	177	2294	358	6351	604	12429	1104	25339
250	948	96.7	38	144	98	1279	198	3541	334	6930	609	14128
300	1003	97.8	9	51	34	453	69	1254	116	2456	211	5006
350	1058	98.9	8	20	13	178	27	493	45	964	81	1967
400	1113	100.0	1	8	5	74	11	205	18	402	33	820
500	1224	102.2	0	1	1	14	2	40	3	78	6	160
600	1335	104.4	0	0	0	3	0	9	0	18	1	36
800	1556	108.9	0	0	0	0	0	1	0	2	0	4
1000	1777	113.5	0	0	0	0	0	0	0	0	0	1
200	1267	99.5	89	457	309	4053	606	11220	998	21960	1777	44767
225	1296	100.0	46	237	159	2102	312	5820	514	11392	914	23228
250	1325	100.6	25	132	88	1171	173	3243	284	6348	504	12942
300	1383	101.7	9	46	31	415	60	1148	99	2248	175	4583
350	1441	102.9	3	18	12	162	23	451	38	882	67	1799
400	1499	104.0	1	7	5	67	9	188	15	368	27	750
500	1615	106.4	0	1	0	13	1	36	3	72	5	146
600	1732	108.7	0	0	0	3	0	8	0	16	1	33
800	1964	113.4	0	0	0	0	0	0	0	1	0	3
1000	2196	118.2	0	0	0	0	0	0	0	0	0	1

表 E3-2.1　外层温度改正因子 1

r_p	r_a	周期	dP1000	800	900	1000	1100	1200	1400	1600
300	300	90.5	-0.47919	0.520	0.748	1.000	1.265	1.537	2.082	2.610
350	350	91.5	-0.18265	0.435	0.692	1.000	1.348	1.729	2.550	3.413
400	400	92.6	-0.07476	0.363	0.639	1.000	1.438	1.945	3.121	4.450
500	500	94.6	-0.01415	0.257	0.546	1.000	1.638	2.467	4.682	7.558
600	600	96.7	-0.00305	0.209	0.484	1.000	1.837	3.064	6.869	12.543
800	800	100.9	-0.00025	0.320	0.541	1.000	1.896	3.496	10.039	22.924
1000	1000	105.1	-0.00007	0.462	0.678	1.000	1.512	2.392	6.439	16.268
200	537	91.9	-1.19023	0.687	0.846	1.000	1.145	1.282	1.533	1.756
225	564	92.4	-0.62067	0.624	0.810	1.000	1.188	1.371	1.722	2.047
250	590	93.0	-0.34745	0.567	0.776	1.000	1.231	1.465	1.931	2.382
300	642	94.0	-0.12398	0.472	0.715	1.000	1.318	1.662	2.405	3.191
350	695	95.1	-0.04899	0.393	0.659	1.000	1.409	1.878	2.973	4.224
400	748	96.1	-0.02054	0.328	0.608	1.000	1.505	2.121	3.663	5.558
500	853	98.3	-0.00406	0.242	0.525	1.000	1.707	2.677	5.488	9.457
600	958	100.4	-0.00094	0.225	0.487	1.000	1.872	3.216	7.716	15.039
800	1168	104.8	-0.00011	0.382	0.600	1.000	1.738	3.048	8.625	20.413
1000	1378	109.2	-0.00004	0.460	0.680	1.000	1.456	2.153	5.077	12.166
200	892	95.6	-0.92264	0.690	0.848	1.000	1.143	1.277	1.520	1.735
225	920	96.1	-0.47991	0.627	0.812	1.000	1.185	1.365	1.705	2.019
250	948	96.7	-0.26813	0.571	0.778	1.000	1.227	1.456	1.910	2.346
300	1003	97.8	-0.09541	0.475	0.717	1.000	1.313	1.651	2.375	3.135
350	1058	98.9	-0.03764	0.396	0.661	1.000	1.403	1.865	2.932	4.143
400	1113	100.0	-0.01576	0.330	0.610	1.000	1.499	2.105	3.609	5.445
500	1224	102.2	-0.00311	0.243	0.526	1.000	1.700	2.656	5.403	9.253
600	1335	104.4	-0.00072	0.224	0.488	1.000	1.866	3.194	7.602	14.718
800	1556	108.9	-0.00008	0.379	0.596	1.000	1.741	3.047	8.541	20.032
1000	1777	113.5	-0.00003	0.460	0.676	1.000	1.467	2.177	5.106	12.068
200	1267	99.5	-0.83920	0.691	0.848	1.000	1.142	1.275	1.517	1.729
225	1296	100.0	-0.43624	0.627	0.812	1.000	1.184	1.363	1.701	2.011
250	1325	100.6	-0.24360	0.571	0.779	1.000	1.226	1.454	1.904	2.336
300	1383	101.7	-0.08662	0.476	0.718	1.000	1.312	1.648	2.367	3.119
350	1441	102.9	-0.03415	0.396	0.662	1.000	1.402	1.862	2.922	4.120
400	1499	104.0	-0.01430	0.331	0.610	1.000	1.498	2.101	3.596	5.414
500	1615	106.4	-0.00282	0.243	0.526	1.000	1.699	2.653	5.386	9.203
600	1732	108.7	-0.00065	0.223	0.487	1.000	1.868	3.196	7.597	14.674
800	1964	113.4	-0.00008	0.378	0.594	1.000	1.749	3.072	8.637	20.243
1000	2196	118.2	-0.00003	0.464	0.677	1.000	1.470	2.190	5.176	12.270

表 E3-3 外层温度差引起的预报误差（A/M=0.1 DT= 10+i-1）

r_p	r_a	周期	1		3		5		7		10	
km	km	分	D(m)	T(ms)	D(m)	T(ms)	D(m)	T(ms)	D(m)	T(ms)	D(m)	T(ms)
300	300	90.5	0	0	287	2658	766	10917	1528	25447	3316	60521
350	350	91.5	0	0	142	1327	377	5451	750	12705	1621	30215
400	400	92.6	0	0	72	681	191	2797	378	6519	815	15505
500	500	94.6	0	0	19	186	51	764	100	1781	214	4236
600	600	96.7	0	0	5	52	14	214	27	499	57	1187
800	800	100.9	0	0	0	4	1	18	2	43	4	103
1000	1000	105.1	0	0	0	0	0	2	0	6	0	15
200	537	91.9	0	0	400	3686	1041	15142	2031	35296	4309	83946
225	564	92.4	0	0	269	2481	697	10190	1356	23754	2871	56494
250	590	93.0	0	0	184	1702	475	6992	923	16298	1950	38763
300	642	94.0	0	0	89	833	230	3421	444	7974	936	18966
350	695	95.1	0	0	45	421	115	1732	221	4037	465	9602
400	748	96.1	0	0	23	217	58	894	112	2084	235	4957
500	853	98.3	0	0	6	59	15	245	30	572	62	1360
600	958	100.4	0	0	1	16	4	69	8	161	17	384
800	1168	104.8	0	0	0	1	0	6	0	15	1	87
1000	1378	109.1	0	0	0	0	0	1	0	3	0	8
200	892	95.6	0	0	306	2834	771	11641	1460	27136	3006	64538
225	920	96.1	0	0	205	1904	515	7823	974	18235	2002	43370
250	948	96.7	0	0	140	1305	352	5362	663	12498	1360	29725
300	1003	97.8	0	0	68	638	170	2620	320	6107	653	14524
350	1058	98.9	0	0	34	322	85	1325	159	3090	325	7349
400	1113	100.0	0	0	17	166	43	684	81	1595	165	3795
500	1224	102.2	0	0	4	45	11	188	21	438	43	1042
600	1335	104.4	0	0	1	12	3	53	6	124	12	295
800	1556	108.9	0	0	0	1	0	5	0	12	1	29
1000	1777	113.5	0	0	0	0	0	1	0	2	0	6
200	1267	99.5	0	0	277	2588	681	10632	1258	24783	2515	58943
225	1296	100.0	0	0	186	1739	456	7142	840	16648	1676	39596
250	1325	100.6	0	0	127	1191	311	4894	572	11408	1139	27132
300	1383	101.7	0	0	62	582	150	2390	276	5572	548	13253
350	1441	102.9	0	0	31	294	75	1209	138	2819	273	6705
400	1499	104.0	0	0	16	152	38	624	70	1455	139	3462
500	1615	106.4	0	0	4	41	10	171	19	399	37	951
600	1732	108.7	0	0	1	11	2	48	5	113	10	269
800	1964	113.4	0	0	0	1	0	4	0	11	0	26
1000	2196	118.2	0	0	0	0	0	1	0	2	0	5

表 E3-3.1 外层温度改正因子 2

r_p	r_a	周期	dP1000	800	900	1000	1100	1200	1400	1600
300	300	90.5	0.2648	1.6588	1.2708	1.0000	0.8115	0.6792	0.4844	0.3652
350	350	91.5	0.3483	1.6933	1.2795	1.0000	0.8087	0.6749	0.4830	0.3664
400	400	92.6	0.4384	1.7319	1.2914	1.0000	0.8030	0.6661	0.4749	0.3603
500	500	94.6	0.6379	1.7569	1.3049	1.0000	0.7934	0.6500	0.4564	0.3428
600	600	96.7	0.8373	1.5739	1.2758	1.0000	0.7974	0.6506	0.4515	0.3376
800	800	100.9	0.8960	0.7714	0.9464	1.0000	0.9418	0.8339	0.6127	0.4598
1000	1000	105.1	0.5123	0.9136	0.9280	1.0000	1.1348	1.2415	1.1984	0.9963
200	537	91.9	0.1452	1.5895	1.2522	1.0000	0.8227	0.7028	0.5161	0.4021
225	564	92.4	0.1878	1.5908	1.2503	1.0000	0.8232	0.7006	0.5131	0.3978
250	590	93.0	0.2307	1.5954	1.2496	1.0000	0.8238	0.7000	0.5129	0.3974
300	642	94.0	0.3176	1.6216	1.2554	1.0000	0.8218	0.6958	0.5101	0.3954
350	695	95.1	0.4086	1.6593	1.2667	1.0000	0.8165	0.6872	0.5015	0.3880
400	748	96.1	0.5051	1.6903	1.2778	1.0000	0.8104	0.6772	0.4904	0.3778
500	853	98.3	0.7067	1.6515	1.2814	1.0000	0.8046	0.6650	0.4736	0.3622
600	958	100.4	0.8720	1.3422	1.2056	1.0000	0.8234	0.6851	0.4871	0.3690
800	1168	104.8	0.7378	0.7715	0.9050	1.0000	1.0219	0.9710	0.7756	0.6044
1000	1378	109.2	0.4561	1.0476	1.0311	1.0000	1.0495	1.1398	1.2195	1.1127
200	892	95.6	0.1427	1.5986	1.2560	1.0000	0.8203	0.6992	0.5114	0.3975
225	920	96.1	0.1848	1.5992	1.2536	1.0000	0.8211	0.6974	0.5089	0.3938
250	948	96.7	0.2271	1.6030	1.2527	1.0000	0.8219	0.6972	0.5094	0.3941
300	1003	97.8	0.3132	1.6286	1.2580	1.0000	0.8203	0.6936	0.5075	0.3933
350	1058	98.9	0.4034	1.6662	1.2692	1.0000	0.8152	0.6853	0.4995	0.3866
400	1113	100.0	0.4993	1.6978	1.2803	1.0000	0.8091	0.6754	0.4887	0.3767
500	1224	102.2	0.7001	1.6623	1.2852	1.0000	0.8031	0.6629	0.4716	0.3611
600	1335	104.4	0.8665	1.3579	1.2116	1.0000	0.8210	0.6820	0.4844	0.3673
800	1556	108.9	0.7409	0.7726	0.9133	1.0000	1.0124	0.9568	0.7622	0.5948
1000	1777	113.5	0.4666	1.0064	1.0264	1.0000	1.0389	1.1120	1.1698	1.0670
200	1267	99.5	0.1421	1.6009	1.2570	1.0000	0.8196	0.6980	0.5094	0.3949
225	1296	100.0	0.1841	1.6013	1.2546	1.0000	0.8204	0.6962	0.5069	0.3912
250	1325	100.6	0.2263	1.6049	1.2535	1.0000	0.8213	0.6960	0.5075	0.3917
300	1383	101.7	0.3122	1.6304	1.2587	1.0000	0.8198	0.6926	0.5059	0.3912
350	1441	102.9	0.4022	1.6681	1.2699	1.0000	0.8146	0.6844	0.4980	0.3848
400	1499	104.0	0.4980	1.6999	1.2812	1.0000	0.8086	0.6745	0.4872	0.3750
500	1615	106.4	0.6994	1.6668	1.2862	1.0000	0.8023	0.6619	0.4702	0.3593
600	1732	108.7	0.8679	1.3645	1.2145	1.0000	0.8196	0.6799	0.4819	0.3649
800	1964	113.4	0.7491	0.7621	0.9114	1.0000	1.0098	0.9510	0.7536	0.5864
1000	2196	118.2	0.4696	0.9798	1.0164	1.0000	1.0443	1.1185	1.1692	1.0600

表 E4 各种恒星 0 等星的光子数分布[7]

	T	BC	450	500	550	600	650	700	750	800	850	900
太阳	5777	-.08	788	903	974	1008	1014	998	968	928.	883	835
												主序星
O9	31900	-3.34	2507	1937	1525	1221	992	816	680	572.	485	415
B0	30000	-3.17	2483	1926	1522	1222	995	820	684	576.	490	420
B.5	27000	-2.80	2258	1766	1404	1133	927	767	642	542.	462	396
B1	24200	-2.50	2191	1730	1385	1125	925	769	645	547.	467	402
B2	22100	-2.23	2077	1654	1335	1090	900	751	633	538.	461	398
B3	18800	-1.77	1884	1529	1252	1035	863	726	616	527.	454	394
B5	16400	-1.39	1703	1409	1171	980	826	701	599	516.	446	389
B6	15400	-1.21	1604	1339	1122	945	801	683	586	506.	439	384
B7	14500	-1.04	1508	1272	1075	911	776	665	573	496.	432	378
B8	13400	-.85	1418	1215	1038	889	763	658	570	496.	434	381
B9	12400	-.66	1316	1145	992	858	743	645	562	492.	432	381
A0	10800	-.40	1197	1076	956	845	745	656	579	512.	454	404
A2	9730	-.25	1125	1042	947	852	763	681	608	543.	485	435
A5	8620	-.15	1077	1035	971	896	819	744	673	609.	550	498
A7	8190	-.12	1053	1031	981	916	845	774	706	642.	583	530
F0	7240	-.08	987	1014	1003	967	916	857	797	736.	678	624
F2	6930	-.06	945	990	994	970	928	877	820	763.	707	654
F5	6540	-.04	886	953	977	970	942	901	852	800.	747	695
F8	6200	-.05	845	933	977	987	972	941	899	851.	801	750
G0	5920	-.06	803	907	969	994	992	971	937	894.	848	799
G2	5780	-.07	782	895	965	999	1005	989	959	920.	875	827
G5	5610	-.10	765	891	974	1019	1034	1025	1001	965.	923	877
G8	5490	-.15	771	908	1003	1058	1081	1078	1058	1024.	983	937
K0	5240	-.19	729	883	997	1071	1111	1123	1114	1089.	1054	1012
K2	4780	-.25	618	793	938	1048	1123	1167	1185	1183.	1166	1136
K5	4410	-.65	703	953	1180	1369	1514	1616	1680	1710.	1714	1697
K7	4160	-.90	722	1023	1312	1568	1777	1937	2050	2120.	2154	2158
M0	3920	-1.20	754	1119	1492	1839	2141	2388	2577	2711.	2796	2838
M1	3680	-1.48	737	1155	1607	2054	2466	2822	3113	3339.	3503	3610
M2	3500	-1.76	746	1221	1763	2323	2860	3345	3761	4100.	4363	4553
M3	3360	-2.03	769	1308	1948	2634	3315	3951	4514	4991.	5376	5672
M4	3230	-2.31	795	1404	2157	2994	3852	4677	5431	6091.	6643	7086
M5	3120	-2.62	856	1567	2477	3521	4621	5708	6728	7642.	8430	9083
M8	2660	-4.20	1179	2576	4707	7549	10972	14791	18801	22813.	26667	30246
												巨星
G5	5010	-.20	665	828	956	1046	1102	1129	1132	1118.	1091	1055
G8	4870	-.21	626	793	929	1029	1096	1132	1144	1137.	1115	1084
K0	4720	-.30	625	809	963	1083	1166	1216	1240	1241.	1226	1198
K1	4580	-.36	605	800	969	1104	1202	1267	1302	1313.	1305	1283
K2	4460	-.42	590	793	976	1126	1239	1318	1365	1386.	1385	1369
K3	4210	-.59	567	796	1013	1203	1357	1473	1552	1600.	1621	1620
K4	4010	-.79	567	826	1085	1321	1523	1683	1802	1883.	1931	1950
K5	3780	-1.08	577	883	1206	1518	1798	2034	2223	2364.	2462	2521
M0	3660	-1.17	540	850	1188	1523	1833	2102	2324	2497.	2623	2707
M1	3600	-1.25	537	857	1212	1570	1905	2201	2448	2644.	2791	2892
M2	3500	-1.42	545	893	1289	1698	2091	2445	2750	2998.	3190	3329
M3	3300	-1.80	563	973	1470	2012	2557	3073	3537	3935.	4263	4520
M4	3100	-2.44	697	1283	2040	2912	3837	4755	5620	6400.	7075	7638
M5	2950	-3.23	1041	2020	3352	4959	6733	8563	10349	12017.	13514	14810
M6	2800	-4.15	1673	3442	5990	9220	12945	16940	20987	24901.	28540	31809

附录 F　平均值系数表

本附录给出 $\langle(\frac{a}{r})^p\cos qf\rangle$ 平均值的系数表和 $\langle(\frac{r}{a})^n\cos mf\rangle$ 平均值系数表

（1）$\langle(\frac{a}{r})^p\cos qf\rangle$ 的系数，按下式计算

$$\langle(\frac{a}{r})^p\cos qf\rangle=(1-e^2)^{-(p-3/2)}\sum_{k=0}^{[\frac{1}{2}(p-2-q)]}\binom{p-2}{q+2k}\binom{q+2k}{k}(\frac{e}{2})^{q+2k}\quad(p\geq2,q\leq p-2)$$

表 F1 给出 $p=2,3,\cdots,12,q=0,1,\cdots,p-2$ 的系数，表中第 1-3 列，给出 $p,q,-(p-3/2)$，第一行 4-12 列为 $2k$，表中给出相应的的系数，它的 e 的幂次，为 $q+2k$，即对应的第二列以及第一行数字的和。而平均值 $\langle(\frac{a}{r})^p\cos qf\rangle$ 的表达式为，对应行所有项的和。例如，$\langle(\frac{a}{r})^7\cos f\rangle$，这时 $p=7,q=1$，查下表得：

p	q		0	2	4	6	8
7	1	-11/2	5/2	15/4	5/16		

即表示：　$\langle(\frac{a}{r})^7\cos f\rangle=(1-e^2)^{-11/2}e[\frac{5}{2}+\frac{15}{4}e^2+\frac{5}{16}e^4]$

（2）$\langle(\frac{r}{a})^n\cos mf\rangle$ 平均值系数[8]，按下式计算

$$\langle(\frac{r}{a})^n\cos mf\rangle=(-1)^m\frac{(n+1+m)!}{(n+1)!}\sum_{l=0}^{[(n+1-m)/2]}\frac{(n+1-m)!}{l!(m+l)!(n+1-m-2l)!}(\frac{e}{2})^{m+2l}$$

$$=(-1)^m\sum_{l=0}^{[(n+1-m)/2]}\binom{n+1+m}{m}\binom{2l}{l}\binom{n+1-m}{2l}(\frac{e}{2})^{m+2l}/\binom{m+l}{m}$$

表 F2 给出 $n=0,1,\cdots,13,m=0,1,\cdots,n$ 的系数，表中第 1-2 列，给出 n,m，第一行 3-11 列为 $2l$，表中给出相应的的系数，它的 e 的幂次，为 $m+2l$，即对应的第二列以及第一行数字的和。而平均值 $\langle(\frac{r}{a})^n\cos mf\rangle$ 的表达式为，对应行所有项的和。

例如，$\langle(\frac{r}{a})^n\cos mf\rangle$，这时 $n=7,m=2$，查下表得：

n	m	0	2	4	6	8	10
7	2	45/4	225/8	675/64	45/128		

即表示：$\langle(\frac{r}{a})^7\cos 2f\rangle=e^2[\frac{45}{4}+\frac{225}{8}e^2+\frac{675}{64}e^4+\frac{45}{128}e^6]$

表F1　$\langle (\frac{a}{r})^p \cos qf \rangle$ 平均值系数表

p	q		0	2	4	6	8	10
2	0	-1/2	1					
3	0	-3/2	1					
3	1	-3/2	1/2					
4	0	-5/2	1	1/2				
4	1	-5/2	1					
4	2	-5/2	1/4					
5	0	-7/2	1	3/2				
5	1	-7/2	3/2	3/8				
5	2	-7/2	3/4					
5	3	-7/2	1/8					
6	0	-9/2	1	3	3/8			
6	1	-9/2	2	3/2				
6	2	-9/2	3/2	1/4				
6	3	-9/2	1/2					
6	4	-9/2	1/16					
7	0	-11/2	1	5	15/8			
7	1	-11/2	5/2	15/4	5/16			
7	2	-11/2	5/2	5/4				
7	3	-11/2	5/4	5/32				
7	4	-11/2	5/16					
7	5	-11/2	1/32					
10	5	-17/2	7/4	7/16				
10	6	-17/2	7/16	1/32				
10	7	-17/2	1/16					
10	8	-17/2	1/256					
11	0	-19/2	1	18	189/4	105/4	315/128	
11	1	-19/2	9/2	63/2	315/8	315/32	63/256	
11	2	-19/2	9	63/2	315/16	63/32		
11	3	-19/2	21/2	315/1	189/32	21/128		
11	4	-19/2	63/8	63/8	63/64			
11	5	-19/2	63/16	63/32	9/128			
11	6	-19/2	21/16	9/32				
11	7	-19/2	9/32	9/512				
11	8	-19/2	9/256					
11	9	-19/2	1/512					
12	0	-21/2	1	45/2	315/4	525/8	1575/128	63/256
12	1	-21/2	5	45	315/4	525/16	315/128	
12	2	-21/2	45/4	105/2	1575/32	315/32	105/512	
12	3	-21/2	15	315/8	315/16	105/64		
12	4	-21/2	105/8	315/16	315/64	15/128		
12	5	-21/2	63/8	105/16	45/64			
12	6	-21/2	105/32	45/32	45/1024			
12	7	-21/2	15/16	45/256				
12	8	-21/2	45/256	5/512				
12	9	-21/2	5/256					
12	10	-21/2	1/1024					

表 F2　$\langle (\frac{r}{a})^n \cos mf \rangle$ 平均值系数[a]

n	m	0	2	4	6	8	10
0	0	1					
1	0	1	1/2				
1	1	-3/2					
2	0	1	3/2				
2	1	-2	-1/2				
2	2	5/2					
3	0	1	3	3/8			
3	1	-5/2	-15/8				
3	2	15/4	5/8				
3	3	-35/8					
4	0	1	5	15/8			
4	1	-3	-9/2	-3/8			
4	2	21/4	21/8				
4	3	-7	-7/8				
4	4	63/8					
5	0	1	15/2	45/8	5/16		
5	1	-7/2	-35/4	-35/16			
5	2	7	7	7/16			
5	3	-21/2	-63/16				
5	4	105/8	21/16				
5	5	-231/16					
6	0	1	21/2	105/8	35/16		
6	1	-4	-15	-15/2	-5/16		
6	2	9	15	45/16			
6	3	-15	-45	-9/16			
6	4	165/8	99/16				
6	5	-99/4	-33/16				
6	6	429/16					
7	0	1	14	105/4	35/4	35/128	
7	1	-9/2	-189/8	-315/16	-315/128		
7	2	45/4	225/8	675/64	45/128		
7	3	-165/4	-825/32	-495/128			
7	4	495/16	297/16	99/128			
7	5	-1287/32	-1287/128				
7	6	3003/64	429/128				
7	7	-6435/128					
8	0	1	18	189/4	105/4	315/128	
8	1	-5	-35	-175/4	-175/16	-35/128	
8	2	55/4	385/8	1925/64	385/128		
8	3	-55/2	-825/16	-495/32	-55/128		
8	4	715/16	715/16	715/128			
8	5	-1001/16	-1001/32	-143/128			
8	6	5005/64	2145/128				
8	7	-715/8	-715/128				
8	8	12155/128					

表F2 $\langle(\frac{r}{a})^n\cos mf\rangle$ 平均值系数（续）

n	m	0	2	4	6	8	10
9	0	1	45/2	315/4	525/8	1575/128	63/256
9	1	-11/2	-99/2	-693/8	-1155/32	-694/256	
9	2	33/2	77	1155/16	231/16	77/256	
9	3	-143/4	-3003/32	-3003/64	-1001/256		
9	4	1001/16	3003/32	3003/128	143/256		
9	5	-3003/32	-5005/64	-2145/256			
9	6	1001/8	429/8	429/256			
9	7	-2431/16	-7293/256				
9	8	21879/128	2431/256				
9	9	-46189/256					
10	0	1	55/2	495/4	1155/8	5775/128	693/256
10	1	-6	-135/2	-315/2	-1575/16	-945/64	-63/256
10	2	39/2	117	2457/16	819/16	819/256	
10	3	-91/2	-637/4	-1911/16	-637/32	-91/256	
10	4	1365/16	5733/32	9555/128	1365/256		
10	5	-273/2	-1365/8	-585/16	-195/256		
10	6	1547/8	1105/8	3315/256			
10	7	-1989/8	-5967/64	-663/256			
10	8	37791/128	12597/256				
10	9	-20995/64	-4199/256				
10	10	88179/256					231/1024
11	0	1	33	1485/8	1155/4	17325/128	2079/128
11	1	-13/2	-715/8	-2145/8	-15015/256	-15015/256	-3003/1024
11	2	91/4	1365/8	9555/32	9555/64	9555/512	23/1024
11	3	-455/8	-4095/16	-17199/64	-9555/128	-4095/1024	
11	4	455/4	637/2	3185/16	455/16	455/1024	
11	5	-1547/8	-10829/32	-7735/64	-7735/1024		
11	6	4641/16	9945/32	29835/512	1105/1024		
11	7	-12597/32	-62985/256	-20995/1024			
11	8	62985/128	20995/128	4199/1024			
11	9	-146965/256	-88179/1024				
11	10	323323/512	323323/1024				3003/1024
11	11	-676039/1024					-231/1024
12	0	1	39	2145/8	2145/4	45045/128	9009/128
12	1	-7	-231/2	-3465/8	-8085/16	-24255/128	-4851/256
12	2	105/4	1925/8	17325/32	24255/64	40425/512	3465/1024
12	3	-70	-1575/4	-2205/4	-7032/32	-1575/64	-315/1024
12	4	595/4	1071/2	7479/16	1785/16	5355/1024	
12	5	-1071/4	-2499/4	-5355/16	-10710/256	-595/1024	
12	6	6783/16	20349/32	101745/512	11305/1024		
12	7	-4845/8	-72675/128	-24225/256	-1615/1024		
12	8	101745/128	56525/128	33915/1024			
12	9	-124355/128	-74613/256	-6783/1024			
12	10	572033/512	156009/1024				
12	11	-156009/128	-52003/1024				

参考文献

1. J.L.Hilton，et al． Celest. Mech. Dyn. Astron.，2006（94）：351-367.

2. G. H. Kaplan，et al． USNO CIRCULAR181，2009.

3. N. Capitaine，et al． A&A，2006（450）：855-872.

4. B.D. Tapley， J. Geophy. Res. 1996（101）：B12 28029-28049

5. G. H. Kaplan，et al． USNO CIRCULAR155，1977.

6. C. Berger，et al． J. Geodesy，1998（72）：161-178.

7. M.V. ZOMBECK HANDBOOK OF SPACE ASTRONOMY AND ASTROPHYSICS，
   New York，1990.

8. J.Laskar，et al． A&A 522 A（60）.